U0914355

只 为 优 质 阅 读

好
读

Goodreads

荷马和他的向导

威廉·阿道夫·布格罗

苏格拉底之死

雅克·路易·大卫

第欧根尼

让·莱昂·热罗姆

罗马角斗士

让·莱昂·热罗

基督殉道者最后的祈祷

让·莱昂·热罗姆

蒙娜丽莎

达 · 芬奇

爱和灵魂

威廉·阿道夫·布格罗

一个年轻的女孩在抵抗爱洛斯

威廉·阿道夫·布格罗

History of Western Aesthetics

Zhu Guangqian

西方美学史

朱光潜 著

浙江文艺出版社
Zhejiang Literature & Art Publishing House

目 录

第二部分　十七八世纪和启蒙运动

第三部分　十八世纪末到二十世纪初

甲　德国古典美学

序 论

一 美学研究的对象；美学由文艺批评、哲学和自然科学的附庸发展成为一门独立的社会科学

新中国成立后，五十年代在党领导之下持续数年之久的全国范围的美学批判讨论，引起了广大文艺理论工作者和一般读者对美学的浓厚兴趣和深入研究的要求。参加这场批判讨论对我是一次深刻的教育。我从此开始钻研马克思列宁主义、毛泽东思想，来对自己过去所接受的西方资产阶级美学思想进行一些初步的分析批判。一九六一年，北京大学哲学系为了适应当时的需要，曾特设美学专业来训练预备开美学课的教师，我参加了该专业的教学工作，开始编写西方美学史讲义。一九六二年，中国科学院社会科学部门举行文科教材会议，决定把西方美学史列入教材编写规划，编者接受了这项任务，根据已编的讲义、学习笔记和资料译稿，编出了这部两卷本的《西方美学史》，一九六三年由人民文学出版社印行，次年重印过一次。

接着就是“文化大革命”。林彪和“四人帮”一开始就违反毛主席的教导，窃取“文化大革命”的口号另搞一套篡党夺权的阴谋诡计，先对老知识分子后对老干部施行法西斯统治和迫害。我也被戴上“反动权威”的帽子，在很长一段时间里被迫放弃了教学工作和科研工作。北京大学哲学系的美学专业也和许多其他专业一样，被迫解散了。我直到获得“解放”后才重理旧业，在最近几年中继续把黑格尔《美学》第二、

第三两卷译完，还选译了爱克曼的《歌德谈话录》，校改了已遗失而重新发现的莱辛的《拉奥孔》旧译稿，都已交出版机关陆续付印。现在抽空来校改这部《西方美学史》第一版，把《序论》和《结束语》两章改写过。

一九七六年十月，我们的党中央一举粉碎“四人帮”，为知识分子解脱了“两个估计”和“黑线专政”的精神枷锁。和一般的知识分子一样，我对这“第二次解放”无限欢欣鼓舞，誓趁八十开外的余年，努力在自己毕生从事的美学领域里多出点添砖加瓦的微薄力量，来报答毛主席对我们旧知识分子的殷切关怀和谆谆教导，和响应党中央抓纲治国、大干快上的号召。一息尚存，此志不容稍懈！

现在约略交代一下编写《西方美学史》的一些意图和工作过程。这部小书原是作为高等院校文科教材而编写的。教材要兼顾到教师和学生。因此用了较多的篇幅，以便多援引一些重要的原始资料。编者在工作过程中，在搜集和翻译原始资料方面所花的功夫比起编写本身至少要多两三倍。用意是要史有实据，不要凭空杜撰或摭拾道听途说。按原计划还要编一本资料汇编。从古代到中世纪部分原已选译，文艺复兴和启蒙运动时期的资料也零星地选译了一些。不幸由于“四人帮”的捣乱，资料译稿大部分都已散失。如果时间允许，今后还想把这项工作做下去。

严格地说，本编只是一部略见美学思想发展的论文集或读书笔记，不配叫作《西方美学史》。任何一部比较完备的思想史都只有在一些分期专题论文的基础上才写得出来，而且这也不是由某个人或几个人单干所能完成的。为着适应目前的紧迫需要，编者只能介绍一些主要流派中主要代表的主要论点，不能把面铺得太宽，把许多问题都蜻蜓点水式地点一下就过去了。一部教材不仅要传授知识，更重要的是训练独立研究和独立思考的能力，从而造就真正的人材，培养成优良的学风和文风。因此，编者力图把重点摆在文艺理论中几个关键性问题上，就这些问题进行一些分析，在最后一章中就这些问题做一些小结。编者限于知识水平和思想水平，自己也不满意于这种初步尝试，不过认为工作程序是应该如此进行的。

编者对主要流派中主要代表的选择只有一条标准：代表性较大，影响较深远，公认为经典性权威，可说明历史发展线索，有积极意义，足资借鉴的才人选。反面人物也不一概排斥，古代的柏拉图，中世纪的普洛丁和托玛斯·亚昆那和近代的克罗齐都是唯心主义的有反动倾向的人物，但是在美学思想发展中都起了巨大作用，你还不能把他们一笔勾销。这是辩证唯物主义和历史唯物主义的要求。正确的思想总是在和错误思想的斗争中形成的。不懂得反面，也就难懂正面。

本编第一版原有《编写凡例》和《序论》，现在改写合在一起。《序论》的重点只有两个，一是美学研究的对象，它和其他学科的关系，它变成一门社会科学的经过；一是美学史的研究方法，指导原理是辩证唯物主义和历史唯物主义，编写马克思主义的美学史的艰巨性和光明前途。下面先谈谈美学研究的对象，它和其他学科的关系，它怎样变成一门社会科学。

照字面看，美学当然就是研究美。但是过去学者对此久有争论。德国哲学家鲍姆嘉通在一七五〇年才把它看作一门独立的科学，给它命名为"埃斯特惕克"（Aesthetik）。这个来源于希腊文的名词有感觉或感性认识的意义。他把美学看作与逻辑是对立的。逻辑研究的是抽象的名理思维，而美学研究的是具体的感性思维或形象思维。黑格尔曾指出"埃斯特惕克"这个名称不恰当，用"卡力斯惕克"（Kallistik）才符合"美学"的意义。不过黑格尔认为"卡力斯惕克"也还不妥，"因为所指的科学所讨论的并非一般的美，而只是艺术的美"，所以"正当的名称是艺术哲学"，黑格尔自己的讲义毕竟也命名为《美学》，理由是这个名称"已为一般语言所采用"。鲍姆嘉通的《美学》发表在一七五〇年，足见美学作为一门独立科学，还是比较近的事。这并不等于说，前此就没有美学思想。人类自从有了历史，就有了文艺；有了文艺，也就有了文艺思想或美学理论。就西方来说，在古希腊雕刻、史诗和悲剧鼎盛时代，柏拉图就已经在《理想国》里着重地讨论了文艺及其政治影响。他还写了一篇专门论美的对话《大希庇阿斯》。接着他的门徒亚理士多德[①] 就写了《诗学》和《修辞学》。从此这两位大哲学家就为后来西方美学的发展奠定了基石。

从历史发展看，西方美学思想一直在侧重文艺理论，根据文艺创作实践作出结论，又转过来指导创作实践。正是由于美学也要符合从实践到认识又从认识回到实践这条规律，它就必然要侧重社会所迫切需要解决的文艺方面的问题，也就是说，美学必然主要地成为文艺理论或“艺术哲学”。艺术美是美的最高度集中的表现，从方法论的角度来看，文艺也应该是美学的主要对象。正如马克思指出的，人体解剖有助于对猴体解剖的理解，研究了最高级的发达完备的形式，就不难理解较低级的发达较不完备的形式。这个观点并不排除对自然美和现实美的研究。过去一些重要的美学家大都涉及自然美，但是也大都从文艺角度去对待自然美，并不把这两种美当作两个不可统一的对立面。

美学理论既然是文艺实践的总结和指导，对于某一时代文艺的理解就必有助于对该时代美学思想的理解，反过来说也是如此。例如不理解法国新古典主义文艺作品，就很难理解布瓦罗的《论诗艺》；反之，研究了布瓦罗的《论诗艺》，也就有助于理解法国新古典主义文艺作品。因此，决不能把美学思想和文艺创作实践割裂开来，而悬空地孤立地研究抽象的理论，那就成为“空头美学家”了。

美学必须结合文艺作品来研究，所以它历来是和文艺批评紧密联系在一起而成为文艺批评的附庸。西方有些著名的美学家首先是文艺批评家，如贺拉斯、布瓦罗、狄德罗、莱辛、丹纳和别林斯基都是些著例。随着人类文化的进展，文艺日益成为自觉的活动，最好的文艺批评家往

①亚理士多德，今通译作亚里士多德。——编者注

往是文艺创作者本人。诗和戏剧方面的歌德，绘画方面的达·芬奇和杜勒，雕刻方面的罗丹，小说方面的巴尔扎克和福楼拜等大师，在他们的谈话录、回忆录、书信集或专题论文里都留下了珍贵的文艺批评，其所以珍贵，是因为他们是从亲身实践经验出发的。

其次，美学实际上是一种认识论，所以它历来是哲学的一个附属部门。从柏拉图、亚理士多德、托马斯·亚昆那一直到康德和黑格尔，西方著名的美学家都是些哲学家。美学在西方大学里过去大半都设在哲学系，甚至有时就附属在哲学这门课里，因为它是作为一种认识论看待的。美学的命名人鲍姆嘉通就把美学和逻辑学对立起来，前者研究感性认识而后者则研究理性认识。美学既然离不开哲学，要研究西方美学史，就必须研究西方哲学史（有些哲学史也附带地讲些美学史）。例如不理解十七世纪以后欧洲大陆笛卡儿派理性主义与英国培根、洛克等人的经验主义之间的基本分歧以及德国古典哲学对这种分歧所作的调和妥协，就不可能理解近代西方美学史的发展线索。反之，不理解一个哲学家的美学思想，也就不可能真正理解他的哲学体系。例如不理解康德的美学专著《判断力批判》上卷，就很难理解他的三大批判是怎样构成一个完整体系的。再如掌握了黑格尔的《美学》，对他的《逻辑学》和《精神现象学》等著作也就可以理解得更具体些。

第三，近代自然科学蒸蒸日上，它也闯进了文艺领域。文艺复兴时代的达·芬奇、启蒙运动时代百科全书派和浪漫运动时期的歌德，都不仅是文艺创作者而且是卓越的自然科学家。自然科学对文艺不仅在创作工具和技巧方面有所贡献，而且对世界观和创作方法也产生了有益的影响。理所当然的是美学从此不仅附属于哲学和文艺批评，而且日渐成为一种自然科学的附庸了。首先是从英国经验主义盛行以后，心理学日渐成为美学的主要支柱。休谟和博克都主要是从心理学观点去研究美学问题的。德国哲学家、“美学始祖”鲍姆嘉通本人以及以研究形象思维著名的维柯，多少都是继承英国经验主义的衣钵；从心理学角度看问题的风靡一时的费肖尔和立普斯的“移情说”，于认识之外研究情感在欣赏艺术和自然中所发生的作用。到了上世纪末，佛洛伊特[①]、融恩和爱德勒等人还运用变态心理学来分析文艺活动。本世纪初，英美各大学把心理学的实验和测验也应用到美学研究里去。

此外，生物学和人类学对美学也发生了一些影响。法国实证主义派美学家丹纳把文艺比作一种生物，说文艺作品是种族（Race）、社会氛围（Milieu）和时机（Moment）三种因素必然的产物。这种学说一方面是近代法国现实主义文艺以及继起的自然主义文艺的理论基础，另一方面也是费尔巴哈和车尔尼雪夫斯基的“人类学原则”（Anthropological Principle，过去误译为“人本主义原则”）的萌芽。人类学是把人当作动物的一个种属来研究的。

第四，西方从十九世纪下半期进入帝国主义时期以来，一般思想界日益进入危机。文艺和文艺理论方面也日趋腐朽颓废，“主义”五花八门，故作玄虚，支离破碎，大半仍是过去的唯心主义和形而上学的货色改换新装。它们在敲帝国主义文化的丧钟。我们在这种教材里无须为它们浪费笔墨。

也就在这个帝国主义文化衰亡时期，随着工人运动的上升和生产方式的改变，马克思主义出现了，而且传播到全世界各个角落，日益显示出它的强大威力。文艺和文艺理论已被科学地证明是一种由经济基础决定，反过来又对经济基础起反作用的社会意识形态。这就是说，美学已由文艺批评、哲学和自然科学的附庸一跃而成为一门重要的社会科学了。它的任务已不仅在认识世界和解释世界，而更重要的是在改造人和改造世界，从此它的重要性空前提高了。

①佛洛伊特，今通译作弗洛伊德。——编者注

二 研究美学史应以历史唯物主义为指南；它的艰巨性和光明前途

本编原定的范围是用作教材的一部介绍历代西方美学思想发展的梗概。马克思主义行世以来的美学思想发展不在本编范围之内，应另行编写。但是我们生活在马克思主义时代和毛泽东思想的故乡，社会主义的中国，即使只介绍到资本主义时代为止的西方美学思想发展，为着古为今用，洋为中用，也必须努力运用辩证唯物主义和历史唯物主义的观点和方法。这是一项光荣的任务，也是一项艰巨的任务。在这里编者不妨约略谈一下自己在这方面所经历的甘苦和体会。

编者在参加过几年全国范围的美学讨论批判的基础上着手编写这部教材时，也曾立志要从马克思主义出发，但是对这项任务的艰巨性估计很不足。自以为只要抓住经济基础决定上层建筑和意识形态而上层建筑和意识形态对经济基础也起反作用这个总纲就行了。在实际运用这个总纲时，就先试图确定所涉时期的社会类型，看它是奴隶社会，封建社会，还是资本主义社会，然后就设法说明该时期的文艺和文艺思想如何联系到该社会类型。但是这样进行下去，就愈来愈认识到这种贴标签的简单化办法恰恰是违反马克思主义的。

首先给我敲了一个当头棒的是恩格斯在一八九〇年十月五日给施米特的信，信中提到对于当时德国青年作家来说：

> ……唯物主义只是一个套语，他们把这个套语当作标签贴到各种事物上去，再不作进一步的研究……就以为问题已经解决了。但是我们的历史观首先是进行研究工作的指南，并不是按照黑格尔学派的方式构造体系的方法。必须重新研究全部历史，必须详细研究各种社会形态存在的条件，然后设法从这些条件中找出相应的政治、私法、美学、哲学、宗教等的观点。在这方面，到现在为止只做出了很少一点成绩……他们（德国年轻人——引者）只是用历史唯物

主义的套语……来把自己的相当贫乏的历史知识（经济史还处在襁褓之中呢！）尽速构成体系，于是就自以为非常了不起了。[①]

编者每次读这封信，就不免反躬自省一番，自己虽不是"德国青年"，这番话是不是恰恰打中了自己的要害而且痛下了针砭？！恩格斯教导我们"必须详细研究全部历史，必须详细研究各种社会形态存在的条件"，这"存在的条件"就是具体情况，要熟悉全部历史和有关社会类型的具体情况，才能就有关问题作具体分析。恩格斯特别重视经济史，在一八九四年一月二十五日给博尔吉乌斯的信里还再次惋惜"在德国，达到正确理解的最大障碍，就是出版物中对于经济史不可原谅的忽视，以致很难于抛掉那些在学校里已被灌输的关于历史发展的观念（唯心史观——引者），而且难于搜集为此所必要的材料"[②]，这就是说，不掌握经济史，就很难建立唯物史观。经济史这样重要，而它对编者恰恰是个空白点！怎么不叫人气馁呢！

经济史基本知识的贫乏会造成什么恶果呢？恩格斯在一八九〇年六月五日给在这方面有缺点的恩斯特的信里举出了一个生动的事例：

……至于谈到您用唯物主义方法处理问题的尝试，首先我必须说明：如果不把唯物主义当作研究历史的指南，而把它当作现成的公式，按照它来剪裁各种历史事实，它就会转变为自己的对立物（唯心主义——引者）。……您把整个挪威和那里所发生的一切都归入小市民阶层的范畴，接着您又毫不迟疑地把您对德国小市民阶层的看法硬加在这一挪威小市民阶层身上，这样一来就有两个事实使您寸步难行。

接着恩格斯就指出（一）在法国复辟王朝时期，挪威就已"争得一部比

① 《马克思恩格斯选集》，第四卷，第475页。
② 《马克思恩格斯选集》，第四卷，第507页。

当时欧洲任何一国宪法都较民主得多的宪法”；(二)“挪威在最近二十年中所出现的文学繁荣只有俄国能比美，在欧洲各国文学打上了他们的印记”。此外，拿挪威和德国相比，在小市民阶层的力量，工业生产和运输贸易等方面，挪威都比德国远较先进，妇女地位尤“相隔天壤”。恩格斯还举易卜生的戏剧为例，说“它们反映了一个即使是中小资产阶级的但是比起德国的来却有天渊之别的世界”，接着恩格斯就向恩斯特进了一句忠告：“我宁愿先把它深入地研究一番，然后再下判断。”[①]

试看马克思主义者以多么谨严的态度去研究历史！我们这批人轻易地“按照公式”来“剪裁历史事实”，也就是歪曲历史。我们把一个作家和小资产阶级画等号就心安理得了，还分什么小资产阶级和中小资产阶级！还分什么挪威和德国！还分什么历史背景不同或发展水平的高低！一锅煮就完了！

这就涉及一个更基本的问题：编者曾提到立志要抓历史唯物主义的总纲，对于这个总纲究竟有了正确的认识没有？学习马克思主义也有二十多年了，现在发现自己对这个根本问题并没有弄清楚。这问题必须弄清楚，所以我不怕出丑，来公开地清理一下自己的糊涂想法，敬求同志们批评纠正。

先研究一下马克思在一八五九年发表的《政治经济学批判》序言中的一段话：

> ……人们在自己生活的社会生产中发生一定的，必然的，不以他们的意志为转移的关系，即同他们的物质生产力的一定发展阶段相适合的生产关系。这些生产关系的总和构成社会的经济结构，既有法律的和政治的上层建筑竖立其上，并有一定的社会意识形式与之相适应的现实基础。物质的生产方式制约着整个社会生活，政治

① 《马克思恩格斯选集》，第 471—474 页，据德文对译文略有校改。

生活和精神生活的过程。不是人们的意识决定人们的存在，相反，是人们的社会存在决定人们的意识……[①]

这一整段话就是历史唯物主义的总纲。马克思去世之后，恩格斯在一八九〇年九月写给布洛赫的信里对这个总纲作了如下的阐明和补充：

> 根据唯物史观，历史过程中的决定性因素**归根到底**是现实生活的生产和再生产。无论马克思或我都没有肯定比这更多的东西。如果有人对此进行歪曲，说经济是**唯一**起决定作用的因素，他就是把上述命题变成一句空洞、抽象而荒谬的废话。经济状况是基础，但是上层建筑的各种因素——阶级斗争的各种政治形式及其结果——由斗争取得胜利的阶级所建立的各种宪章等——各种法律形式，乃至这一切实际斗争在参加者头脑中的各种反映，政治的，法律的和哲学的理论，以及各种宗教观点及其进一步发展出来的教义体系——也都要对各种历史斗争的进程发生影响，而且在很多情况中对斗争的形式起着主要的决定作用，上述一切因素在这里都起着交互作用，其中经济运动归根到底要作为必然的东西透过无数偶然事物……而获得实现。否则把上述理论（唯物史观——引者）应用到任何一个历史时期，就会比解答简单的一次方程式还更容易了。[②]

---

①《马克思恩格斯选集》，第二卷，第82—83页。建议将译文稍改动一下，“……经济结构即现实基础，在这基础上竖立着上层建筑，与这基础相适应的有一定的社会意识形式。”这是按原文直译，不致产生上层建筑等于意识形态或意识形态只适应上层建筑的之类误解，原文“现实基础”是放在前面作为“经济结构”的同位语，而译文把它挪至句尾，“与之相适应”的“之”字，依中文代词少有放在所代词之前的习惯，就有可能被认为代上文“上层建筑”，而实际上“之”字仍是代“现实基础”的。

②见《马克思恩格斯选集》，第四卷，第477页，原译文对原文的句型、代词和标点符号，都有些任意更动，弄得纠缠不清，易生误解，因校原文对译文作了一些修改，改译中连接词“乃至”的原德文是 und nun gar，英译作 and even，法译作 et měme，至关重要，说明下文“各种反映”（意识形态）是和上文“上层建筑”的各种“因素”对举，语气是“不但上层建筑……就连各种意识形态也都要……”，并不是把意识形态也列为上层建筑的各种因素之一。原文下一段话中头几句也证明这样看是正确的。

后来列宁在《马克思主义的三个来源和三个组成部分》中的提法和马克思、恩格斯的提法也是一致的，而且更加明确：

> 人的认识反映不依赖于它而存在的自然界，也就是反映发展着的物质；同样，人的社会认识（就是哲学、宗教、政治等各种不同的观点和学说）也反映社会的经济制度，政治制度是经济基础的上层建筑。[①]

仔细把上引马克思、恩格斯和列宁的三段话比较看，编者不免感到有些迷惑，现在分述如下：

迷惑之一：马克思本来不曾说“经济是唯一起决定作用的因素”，可是在《序言》里确实只强调经济因素，为什么恩格斯在信里要特地否定经济是唯一决定因素呢？这是不是恩格斯和马克思不一致呢？这种糊涂思想只有在编者仔细推敲恩格斯给梅林的信中下引一段话才得到澄清：

> ……我们最初是把重点放在从作为基础的经济事实中探索出政治观念，法律观念和其他思想观念所制约的行动，而当时是应当这样做的。但是我们这样做的时候，为了内容而忽略了形式方面，即忽略了这些观念是由什么样的方式和方法产生的，这就给了敌人以称心如意的借口来误解和歪曲。[②]

这里两次说“我们”，足见恩格斯参加或赞同过《序言》中那条历史唯物主义总纲的制定，谈不上什么“不一致”，要点是在“当时”把重点放在经济基础上是“应该”的，为什么“应该”，恩格斯没有说明，因

① 《列宁选集》，第二卷，第443页，查原文，“经济制度”，应改译为“经济体系”（或结构）。
② 《马克思恩格斯选集》，第四卷，第500—501页，校原文对译文略有修改。

为理由是很明显的，当时首要的任务是破唯心史观从而建立唯物史观，是要说明推动历史发展的不是心灵或思想体系，而是物质力量或经济基础，恩格斯承认这是为了内容而忽略了形式，是个“过错”。“内容”指重点所在的历史唯物主义的基本原理，“形式”指经济基础如何透过上层建筑和意识形态而发挥作用，即这三大因素之间的作用和反作用的错综复杂的关系网。恩格斯还指出这个“过错”给敌人钻了空子进行歪曲。[①] 从此可见，唯物史观在当时就已遭到敌人的歪曲和诽谤，而矛头恰恰针对着“经济是唯一的决定性因素”这句本身就是歪曲的话，这些敌人之中有些是资产阶级唯心史观的卫护者。他们一向高唱“精神文化”和“道义力量”，诬蔑唯物史观为功利主义，但是更险恶的敌人还是伪装拥护社会主义的修正主义者。他们宣扬所谓“经济唯物主义”，也就是宣扬“经济是唯一的决定性因素”。这个错误的观点本是他们自己的，他们却把它栽进马克思主义里，还自夸是“合法的马克思主义者”。恩格斯给梅林的信主要是对这批修正主义者的驳斥。“经济唯物主义”是一种片面的，庸俗的，认为经济是社会发展的唯一动力的历史观。它否认政治、政治机构、思想和理论在历史过程中所起的积极作用。经济唯物主义的维护者在西欧有伯恩斯坦，在俄国有合法的马克思主义者，“经济派”和孟什维克。实际上苏修叛徒赫鲁晓夫和勃列日涅夫之流都在继承“经济唯物主义”的衣钵。他们宣称单靠经济的“自发力量”就可以“和平长入社会主义”，用不着进行阶级斗争和革命来建立和巩固无产阶级专政，也用不着进行马克思主义的政治思想教育来提高广大人民群众的思想觉悟，他们利用经济力量来扩充军备，以便对内实行法西斯统治，对外实行侵略扩张和霸权主义。我国“四人帮”尽管诡称反对“唯生产力论”，骨子里还是继承苏修衣钵的。这批叛徒在理论上的荒谬和在实践中的胡作非为所造成的灾难是有目共睹，尽人皆痛恨的。

①梅林本人也曾有过经济唯物主义的错误观点，但不属敌人之列，恩格斯在对他进行同志式的开导。

恩格斯给梅林的信里否定经济是唯一的决定因素，详细说明了经济基础，政治法律的上层建筑以及相应的思想体系这三种因素有机地联系在一起，成为一种错综复杂的作用和反作用的关系网或“合力”来推动历史发展，这就进一步阐明了和发展了马克思主义。这种功绩在捍卫马克思主义和批判修正主义的斗争中意义是非常重大的。

迷惑之二：历史前进的动力究竟有几种呢？马克思、恩格斯和列宁在上引三段关于历史唯物主义的教导里[①]一致肯定了有三种：1．经济结构即现实基础，2．法律的和政治的上层建筑，3．与基础相适应的社会意识形态或思想体系。

我所特别感到迷惑的是上层建筑和意识形态之间的关系。过去有三种不同的提法。

第一种提法就是马克思、恩格斯和列宁在上引三段话里的提法，即上层建筑竖立在经济基础上而意识形态与经济基础相适应，与上层建筑平行，但上层建筑显然比意识形态重要，因为它除政法机构之外也包括恩格斯所强调的阶级斗争，革命和建设。

第二种提法是上层建筑包括意识形态在内，提得最明确的是斯大林在《马克思主义和语言学问题》里的一段话：

> 基础是社会发展的一定阶段上的社会经济制度，上层建筑是社会的政治、法律、宗教、艺术观点，以及和这些观点相适应的政治、法律机构（重点引者加）。

这里使我迷惑的有两点：头一点是马克思所说的“与之相适应”的“之”这个代词是指基础，就是说各种观点或意识形态适应基础（查《马克思恩格斯全集》俄文本，俄译对原文是忠实的），在这第二种提法里却变

①指马克思在《〈政治经济学批判〉序言》里，恩格斯在给布洛赫的信里和列宁在《马克思主义的三大来源和三个重要组成部分》里阐明历史唯物主义的三段话。

成政治法律机构的上层建筑和“这些观点相适应了”。其次一点是意识形态显得比政治、法律机构还更重要，因为政治、法律机构反而要适应意识形态。这些变动是否无关宏旨呢？

此外还有第三个提法，即在上层建筑和意识形态之间画起等号来，《马克思主义和语言学问题》里也有这种提法，原话是这样说的：

> ……上层建筑与生产及人的生产行为没有直接联系，上层建筑只是经过经济的中介，基础的中介，与生产发生间接的联系……上层建筑活动的范围是狭窄和有限的。

这里上层建筑就只指意识形态而不包括政治、法律机构及其措施了，也就是说，在上层建筑与意识形态之间画起等号，把意识形态当作上层建筑了；否则就不能说政权、政权机构及其措施（上层建筑）对于生产和经济不能有直接的联系或发生直接影响了。这样说，不但违反马克思主义，而且也不符合常识。再者如果说上层建筑也包括政权、政权机构及其措施，能说“上层建筑活动的范围是窄狭和有限的”吗？

编者在解放前一向没有接触过马克思主义，新中国成立后不久，由于专业是语言，头一部要学习的经典著作就是当时（1950 年）刚出版的《马克思主义和语言学问题》，由于过去一直教外国文学课，就经常接触到伊瓦肖娃的《十九世纪外国文学史》之类苏联著作，其中文艺都列在上层建筑，重理美学旧业时还接触到匈牙利的马克思主义理论权威卢卡契的《美学史论文集》，看到他在一九五一年在匈牙利科学院所作的《作为上层建筑的文学和艺术》长篇报告，也是以上层建筑代替了意识形态。此外，苏联出版的尤金院士编的《简明哲学词典》中“基础与上层建筑”条的提法也是如此，于是自己也就鹦鹉学舌，把原属意识形态的文艺说成上层建筑，在《西方美学史》初版里就有不少的例证。现在趁这部教材再版的机会，想检查一下自己对于原来发愿要依据的历史唯物主义究竟认识到什么程度，就重新学习马克思主义创始人关于历史唯物主义的明确教导，才发现这里还大有问题，自己并没有弄清楚，所以汗流浃背。我曾在内部讨论中提出过自己的一些不成熟的表示怀疑的想法，有几位关心的同志劝我要慎重考虑，仿佛这是“禁区”。经过几个月的慎重考虑，我还是决定要把这些想法公开出来，因为党中央再三教导我们要按照毛主席的“二百”方针办事。毛主席还教导过我们说，马克思主义不怕批评，要批判修正主义。而且马克思在阐明历史唯物主义的《〈政治经济学批判〉序言》的结尾曾引但丁的《地狱》门楣上的两句诗来告诫探科学之门的人说：“这里必须根绝一切犹豫，这里任何怯懦都无济于事。”[①] 这就壮了我的胆。

我要说的只有两点：

第一，我并不反对上层建筑除政权、政权机构及其措施之外，也可包括意识形态或思想体系，因为这两项都以“经济结构”为“现实基础”，而且都是对基础起反作用的，“上层建筑”原来是对“经济结构”即“现实基础”而言的，都是些譬喻词，实质不在名词而在本质不同的三种推动历史的动力。马克思主义创始人在较早的著作里也偶尔让上层建筑包括意识形态在内，人所熟知的例证是，恩格斯在《反杜林论》的《引论》里下列一段话：“……每一时代的社会经济结构形成现实基础，每一个历史时期由法律设施和政治设施以及宗教的、哲学的其他的观点所构成的全部上层建筑，归根到底都是应由这个基础来说明的。”[②]

不过这里用“以及”联起来的前后两项是平行的，并没有以意识形态代替上层建筑。

其次，我坚决反对在上层建筑和意识形态之间画等号，或以意识形态代替上层建筑。理由有四：

一、这种画等号的办法在马克思主义经典著作里找不到任何先例或根据。恩格斯和列宁阐明历史唯物主义时都以马克思的《〈政治经济学

① 《马克思恩格斯选集》，第二卷，第 85 页。

②同上书，第三卷，第 66 页。

批判〉序言》为据，在讨论上层建筑和意识形态之间的关系时，首先就要深刻体会这篇序言，特别是这几句著名的结论：

> ……物质生活的生产方式制约着整个社会生活、政治生活和精神生活的过程。不是人们的意识决定人们的存在，是人们的社会存在决定人们的意识。

这里上层建筑和经济基础同属于“社会存在”，而“精神生活”就包括意识形态，只是社会存在的运动和变革在人们头脑中的反映，马克思主义创始人经常指出意识反映的虚幻性，和客观社会存在是本质不同的两种动力。所以马克思紧接着上文就告诫人们必须时刻把“可用自然科学的精确性指明的”物质变革和“不能根据来判断这种变革时代的意识形态区别开来”。把上层建筑和意识形态等同起来，就如同把客观存在和主观意识等同起来是一样错误，混同客观存在与主观意识，这就是以意识形态代替上层建筑说的致命伤。

二、在《德意志意识形态》和其他经典著作里①，马克思主义创始人曾多次提到由于社会分工，有专门从事意识形态工作的人，各个领域的意识形态都有自己的历史持续性和相对独立的历史发展。这就是说，它要有由过去历史留传下来的“思想材料”，而在一定的社会类型和时代的经济基础及上层建筑既已变革之后，前一阶段的意识形态还将作为思想材料而对下一阶段的意识形态发生作用和影响，意识形态的变革一般落后于政治经济的变革，这个事实也是斯大林自己所强调过的。这个事实是历史文化批判继承的前提。就是根据这个道理，列宁严厉地批判了“无产阶级文化”派的割断历史的虚无主义态度，而毛主席也多次强调不能割断历史，对历史文化要批判继承，也正是由于这个道理，上层建

①见《马克思恩格斯全集》，第三卷，第52—53页；恩格斯给梅林的信，见《马克思恩格斯选集》，第四卷，第501页。

筑决不能和意识形态等同起来。

三、上层建筑比起意识形态来距离经济基础远较邻近，对基础所起的反作用也远较直接，远较强有力。政治和经济是不可分割的，所以列宁说，“政治是经济的集中表现”，恩格斯在给施米特的信里把意识形态称之为“那些更高地浮在空中的思想领域”① 。在马克思主义经典著作里，“法律”和“法观点”,“政治”和“政治观点”往往同时并提而截然分开，这些都是上层建筑和意识形态不能混同的明证。

四、如果确认上层建筑包括政权、政权机构及其措施和意识形态两项，在这两项之间画等号就是以偏概全，不但违反最起码的形式逻辑，而且也过分抬高了意识形态的作用，从而降低了甚至抹煞了政权，政权机构及其措施的巨大作用。这就有坠入唯心史观和修正主义的危险。意识形态既自有专名，何必僭用上层建筑这个公名，以致发生思想混乱呢？

毛主席在《新民主主义论》里教导我们说：

> 一定的文化（当作观念形态的文化）是一定社会的政治和经济在观念形态上的反映，又给予伟大影响于一定社会的政治和经济，而经济是基础，政治则是经济的集中表现。

这几句话是对历史唯物主义的最简赅也最深刻的阐明和发挥，既肯定了经济基础，又指出了政治和经济的密切联系，至于意识形态则是这二者的反映。在这里毛主席并没有把意识形态列入上层建筑，更没有在它们中间画等号。从反映论的角度来看，只有意识形态是反映，而政治和经济都是“社会存在”，不能把存在和意识等同起来。

编者在对这个问题感到惶惑以后，为着想澄清这个问题，查阅了五十年代初期的与此有关的一些苏联论著，特别是《苏联文学艺术论

①见《马克思恩格斯选集》，第四卷，第431页。

文集》（学习杂志出版社，1954）、《斯大林语言学著作中的哲学问题》（三联书店，1953）和康士坦丁主编的《历史唯物主义》（人民出版社，1955），才察觉到本文所提的问题，并非自我作古，而是一个老问题了。五十年代初期在苏联早已掀起过激烈争论。值得特别注意的是《苏联文学艺术论文集》所转载的苏联《哲学问题》杂志中一篇未署名的《论艺术在生活中的地位和作用》一篇长文。这显然是对当时的争论所作的总结，结论是从文艺观点来替意识形态作为上层建筑辩护。该文指责特罗菲莫夫“不承认进步艺术的上层建筑性质，硬说‘马克思把艺术当作一种社会意识形态，而没有把它列入上层建筑，他只把政治和法律列入上层建筑’”。我的看法显然和这个受斥责的“硬说”不谋而合，所以就专心致志地等待作者说出理由。可是下文洋洋万言都在回避为什么意识形态非取代上层建筑不可这个关键问题，听他说来说去，就只归结为一句话，否认文艺的上层建筑性，就是否认经济基础对于文艺的决定作用。马克思主义者从来没有否认经济基础对于文艺的作用和影响，现在把意识形态改称为上层建筑，就可以保证经济基础对文艺必起决定作用吗？更奇怪的是该文作者从他的论点所得出的关于艺术的看法。他说：“艺术本身乃是科学分析的结果。”他反对“艺术观点和艺术这两个概念在原则上有什么分别”，因为据说“艺术创作就是社会艺术观点的具体表现和体现”，这正如否认政治和政治观点有什么不同一样。这样一来，文艺作品不是用具体形象直接反映现实，而只是反映作者主观方面的文艺观点了。这种“主题先行论”和马克思主义创始人关于文艺的明确教导是完全背道而驰的。有人怀疑我们在搞西方美学史，为什么要辩论历史唯物主义问题，从这一具体事例就可以得到回答。不弄清历史唯物主义，就不可能有正确的美学观点。从这番辩论和学习，我深刻地体会到历史唯物主义不是像一般人所想象的那样轻而易举的武器，同时也认识到许多号称马列主义权威的人，特别在苏修那里，对待马列主义的态度实在太不严肃，前车之覆应引起后车之戒。这个歪曲马列主义的盖子是不会长久捂住的，愈早揭开就愈早肃清流毒。我们要弄清问题，并不是要全盘否定斯大林。毛主席对斯大林早有“三七开”的正确评价。斯大林在辩证唯物论方面没有正确理解否定的否定；在历史唯物论方面他以意识形态代替了上层建筑；在社会主义过渡时期方面没有正确理解这种过渡的艰巨性和长期性而过早宣布苏联为“全民国家”；这些可以说是他的“三分”过错，但并不能埋没他在国内战争时期和第二次世界大战以及在社会主义建设中的伟大功绩。

恩格斯在上文引过的致布洛赫的信里在阐明了推动历史前进的三种因素之后，还强调必然的东西要“通过无穷无尽的偶然事件”而起交互作用；还说明了人类创造历史首先是“在十分确定的前提和条件下进行创造”的，其次“最终的结果是从许多个别的意志互相冲突中产生出来的”，“这样就有无数互相交错的力量，无数平行四边形的力量，由此就产生出一个总的结果，即历史事变”。他还警告我们说：“我请您根据原著来研究这个理论，而不要根据第二手材料来进行研究，这倒的确容易得多。”仔细玩味这些话，就可以认识到要懂透历史唯物主义并不是一件易事，要善于运用就更难了。

迷惑之三：特别关于思想史研究工作本身的问题，即如何对待恩格斯所说的“思想材料有相对独立的发展”，亦即“纯思想范围”或“纯思想线索”问题，如果“经济唯物主义”是修正主义者的法宝之一，那么，“纯思想线索”就是持唯心史观的资产阶级史学家们的唯一法宝。编者自己过去研究美学史也是从“纯思想线索”出发的，就是从柏拉图和亚理士多德的思想一直追踪到康德、黑格尔和克罗齐等人的思想，看这一联串的思想是怎样一个接着一个发展出来的，仿佛美学史领域是一个从思想到思想的独立自足的小天地或世外桃源。新中国成立后学习了一点马克思主义，编者才认识到这个程序是历史唯心主义的，认识到这个小天地只是宇宙整体的无数部分中一个小部分，它与无数其他部分以及各部分所组成的全体都是互相依存，牵一发即动其余的。自己对这个小天地知道就很有限，对此外广阔宇宙，不是完全无知，就是近于无知，如果还是走从纯思想到纯思想的线索那条老路，就是死路一条。如果严格按照唯物史观办事，厘清自己的这个小天地和广大宇宙整体及其各部之间错综复杂的关系，粮食储备实在太贫乏了，能在崎岖的长途上探险吗？想到这里，编者不仅是迷惑，而且是惶恐。编者也看到一条光明的出路，待下文再说，现在且谈一谈在现在历史阶段，我们这些既不懂经济史，又不懂政治史和其他有关科学的人能否或应否仍去冒险探索美学史呢？“思想线索”是否就一文不值了呢？

首先，且不对客观事实作出评价，先看意识形态（包括一切观点和理论）是怎样一种客观事实。恩格斯在上引给梅林的信里对意识作为“思想材料”是这样说的：

> ……历史思想家们……在每一科学部门里都有一定的材料。这些材料都是从以前各代人的思维中独立形成的，并且在这些世代相继的人们的头脑中经过了自己的独立发展的道路。当然，属于这个或那个领域以外的事实也能作为并发的原因给这种发展以影响，但是这种事实本身也被默认为只是思维过程的结果。于是我们便停留在纯粹思维的范围之中……[①]

这里所说的有两点，第一点是每门领域以内有独立形成和独立发展的思想材料，也就是专业知识储备。这是客观事实，不容否认。第二点是本领域以外对本领域发展有影响的那些事实（实指经济和政治方面的）也被认为是思维过程的结果。这却是歪曲客观事实的唯心史观了，这种情况也是由经济基础决定的，它起于社会分工制。马克思主义创始人在《德意志意识形态》里是这样说的：

① 《马克思恩格斯选集》，第四卷，第 501 页，译文略有校改。

……分工制是先前历史的主要力量之一。现在分工也以精神劳动和物质劳动分工的形式出现在统治阶级中间，因为在统治阶级内部，一部分人是作为该阶级的思想家而出现的……[①]

这种社会分工制在社会主义过渡时期还要继续存在，也就是说，意识形态专职工作者也还要继续存在，而且文化日益前进和高涨，分工还会日益严密，新科学和边缘科学还会日益倍增。我们应肯定分工制是推动历史发展的一种动力，但同时也应认识到分工制的局限性和流弊（这些流弊马克思在《经济学—哲学手稿》里论“异化”时已多次指出过）。如何发扬分工制的优点和消除分工制的流弊是我们科研工作中的一项艰巨的任务，还有待逐步解决。

分工制在意识形态领域里所产生的流弊之一是主体反映客观世界的歪曲，意识形态或思想体系作为客观存在在人脑里的反映，必然要受当事人主体方面的各种因素的影响，例如阶级地位、文化程度、民族的历史传统和地理环境乃至个人生理心理的特殊情况，等等。因此，主体反映对客观存在不免有所歪曲而成为“首足倒置的”“折光的反映”，其中有些有片面的真理，有些只是幻想或谬论，人类思想史中就充满着这种幻想和谬论。例如“神”“天意”“命运”“天才”“普遍人性”“永恒真理”“先验的真理”“超验的纯理性”“理性的王国”“孤立的个人”之类“天经地义”曾迷惑过多少人，造成多少灾害！在美学史领域也是如此。对这种幻想和谬论我们应采取什么态度呢？想要幻想和谬论在世上绝迹，这种想法本身就是幻想，相反相成，这就是辩证的道理。有正有反才有矛盾，才能推动历史发展。检验真理的标准是群众的实践，根据实践，世世代代的人对过去的思想体系不断地进行检验和批判，因而不断地克服

① 《马克思恩格斯选集》，第三卷，第 53 页，Ideologie 旧译为“思想体系”，似比“意识形态”较醒豁，实即指“社会意识形式”。有些著作把思想家称为“意识形态制造者”。

错误，逐渐接近真理，马克思主义创始人和伟大导师毛主席都费过大量的精力去批判过去的幻想和谬论，上文所举的那些幻想和谬论都是他们所批判过的。试想一想，马克思恩格斯如果不批判一系列的空想社会主义者，能建立科学的社会主义吗？不批判黑格尔和费尔巴哈对他们自己的影响，能建立辩证唯物主义和历史唯物主义吗？一切思想工作的任务（包括研究思想史）就在进行去粗取精，去伪存真的批判工作，这样才能把各门科学逐步推向前进，更好地为人民服务。

想到这里编者就打消了怕蹈追溯“纯思想线索”那种唯心史观覆辙的顾虑。“纯思想线索”的要害在于“纯”，“纯”就要排外孤立，就要否定“物”而独尊“心”，蔑视思维以外任何历史动力。如果把倒置了的心与物的关系摆正了，思想线索还是客观存在的，思想史对它还是要清理的，马克思主义创始人在《德意志意识形态》《社会主义从空想到科学的发展》和《费尔巴哈和德国古典哲学的终结》以及列宁在《马克思主义的三个来源和三个组成部分》等光辉著作里都替清理思想线索的思想史作出了光辉典范，每个研究思想史的人都应把这些典范当作自己研究工作的指南和衡量自己研究成绩的尺度。如果拿这个尺度来衡量我们自己到现在为止的一些思想史著作，那就还有天渊之隔，这部《西方美学史》就更是如此，如果在这些著作上面贴上“马克思主义的”这样光荣的标签，那就未免把思想史研究工作看得太轻易了。“虚心使人进步”，要想进步，还是谦虚一点为妙。首先我们对自己应有一个正确的估计，要认识到自己对马克思主义、毛泽东思想都还学得不够，对严格运用唯物史观所绝对必需的文化知识和专业资料都还太贫乏。毛主席教导我们说，“马克思主义的活的灵魂，就在于具体地分析具体情况”①，为此就要“详细地占有材料”。毛主席还指出我们的毛病在于“缺乏调查研究客观实际情况的浓厚空气”，“瞎子摸鱼，夸夸其谈，满足于一知

①见《毛泽东选集》，第一卷，第287页。

半解”。[1] 这里所涉及的根本问题是学风和文风。万恶的“四人帮”长达十年之久的横行霸道把我们的思想阵线搞得混乱不堪，现在首要的任务仍是彻底扫除他们的流毒，才能整顿好学风和文风，来保证我国科研工作的健康发展。分工制带来了单干、分散、重叠、闭门造车和浪费人力等现象也还有待克服，克服的办法只有仿照计划经济来实行计划科研，仿照生产社会化来实行科研社会化。编者多年来一直在根据自己的亲身经验和对学术界一般实际情况的观察，来考虑在科研中如何发扬分工制的优点，克服分工制的流弊这个问题，认为全国规模的计划科研和科研工作社会化是今后必由之路，而现在这正是在党的领导之下各种科研规划会议所探索的道路。在党的领导之下，按周密的短期和长期规划，分期安排人力进行全国规模的集体分工协作，第一步宜组织人力搜集和翻译必需的资料。培养这方面的新生力量也是一个迫切的任务。

自党中央粉碎“四人帮”以来，全国人民意气风发，形势一派大好，工农业和科技方面已初见成效，社会科学也势必很快就跟上来。我们有党的领导和社会主义的优越性，真正干起来，步伐必然比西方资本主义国家快得多，质量也必然好得多。

恩格斯在《自然辩证法》导言里预言过：

> ……一个新的历史时期将从这种社会生产组织（重点引者加）开始，在这个新的历史时期中，人们自身以及他们的活动的一切方面，包括自然科学在内，都将突飞猛进，使以往的一切都大大的相形见绌。[2]

祝愿我们将会是这个伟大预言获得实现的见证人，不但在自然科学方面而且也在社会科学方面，同心协力地踏上这样光明的前途！

---

①《毛泽东选集》，第三卷，第 754 页。

②见《马克思恩格斯选集》，第三卷，第 458 页。

第一部分　古希腊罗马时期到文艺复兴

第一章　希腊文化概况和美学思想的萌芽

一　希腊文化的概况

希腊美学思想，就有历史记载可凭的来说，发源于公元前六世纪，极盛于公元前五世纪到四世纪，即柏拉图和亚理士多德的时代。它是和希腊社会经济基础和一般文化情况密切联系着的。

西方古代文化发源于地中海沿岸，特别是地中海东部爱琴海一带的岛屿以及希腊半岛（巴尔干半岛）。这是一个多民族的地区，在公元前三千纪到二千纪，发生过民族大迁徙，在希腊南部发展出古典文化的民族大半是由爱琴海各岛屿以及由半岛北部移来的。他们带来了他们原有的奴隶制度，在侵略战争和殖民扩张之中又不断地把战俘变成奴隶，替他们畜牧耕作和进行其他方式生产。姑举文化中心的雅典为例来说，在公元前五世纪，它的全部人口约四十万，其中奴隶就占二十五万左右，剩下的十五万人之中有一部分是自由民，奴隶主只占少数。

希腊早期的生产主要是农业。由于奴隶主对奴隶的剥削和对自由民的强取豪夺，财产日渐分化，农业的发展日渐趋向土地集中，这样就形成了一种土地贵族阶级。到了公元前六世纪左右，即我们要研究的美学起源的时代，希腊经济基础开始发生激烈的变化。由于战争的频繁（其中最长久的是波斯战争，这是由于雅典势力扩张到小亚细亚，和波斯发生利益冲突所引起的），交通的发达，手工业和商业的发展，在像雅典那样拥有海港的城邦里，农业经济日渐转到工商业经济。这就带来阶级力量对比的改变：原来经营农业的贵族奴隶主就日趋没落，新兴的工商业奴隶主就日渐上升。这新兴阶级代表当时进步的力量，与地主贵族阶级争夺政权。这就形成两大政党——民主党与贵族党，所谓“民主”也只是“有限的民主”，即奴隶主内部的民主。在公元前五世纪左右，这两党力量的对比在希腊各城邦之中并不平衡。就两个最强盛的城邦斯巴达和雅典来说，斯巴达还主要靠农业，所以贵族党占优势；雅典主要靠利润较大的工商业，所以民主党占优势。希腊各城邦（一般很小，只有几万人口）大半环绕着斯巴达和雅典，形成贵族党和民主党两个对立的阵营，斗争往往很尖锐，酿成绵延不断的内部战争。希腊文艺家和思想家在政治上也有这两种不同的倾向，在我们所要研究的美学思想家之中，大半属于贵族党，只有德谟克利特可能是例外。

流传下来的古希腊文化主要是奴隶主的文化。他们靠奴隶劳动，所以有从事文化活动的“自由”。希腊文化起源是很早的。希腊民族在原始公社和氏族社会阶段，就已经有一套丰富而完整的神话。这是“已经通过人民的幻想用一种不自觉的艺术方式加工过的自然和社会形式本身”，它“不只是希腊艺术的武库，而且是它的土壤”。[①]

这套希腊神话有很大一部分保存在荷马史诗里。荷马史诗从公元前九世纪便已在人民中间口头流传，到公元前六世纪才写成定本。荷马史诗在古代是一般人民的主要教科书，流传广，所以影响深。其次，希腊神话也有一部分保存在戏剧里。希腊戏剧，特别是悲剧，在公元前五世纪左右达到了顶峰，代表作家为埃斯库洛斯、索福克勒斯、欧里庇德斯（三大悲剧家）和亚理斯多芬（喜剧家）。演戏是雅典每年祭神节和文娱节的一个重要项目。看戏就是受教育，它是雅典公民的一种宗教的和政治的任务。所以文艺在希腊人生活里远比在后来二千多年中都较重要。此外，在公元前五世纪前后，希腊的音乐、建筑、绘画、雕刻等艺术也

① 《马克思恩格斯选集》，第二卷，第 113 页。

都很繁荣，特别是雕刻，它发展到欧洲后来一直没有赶上的高峰。因此，希腊美学理论是有丰富的文艺实践做基础的。

美学在西方一开始就是哲学的一个部门。希腊文艺到了公元前五世纪前后在雅典达到了它的黄金时代，即所谓伯里克里斯时代。但是也就在这个时代，希腊文化由传统思想统治转变到自由批判，由文艺时代转变到哲学时代。三大悲剧家中最后的欧里庇德斯就常向哲学家请教，在作品中对现实社会问题进行尖锐的批判，喜剧家亚理斯多芬的作品里也时常流露自由批判的精神。从此哲学就日渐占上风，一系列的卓越的哲学家，例如毕达哥拉斯、赫拉克利特、德谟克利特、苏格拉底、柏拉图和亚理士多德，就陆续出现了。由文艺时代转变到哲学时代的原因主要有三个，第一个原因是随着生产的发展，自然科学的研究便日渐繁荣，这就带动了哲学的研究。其次是工商业的发展所造成的阶级力量对比的变化（民主力量的上升）。新兴的工商业奴隶主向地主贵族阶级争夺政权。这种“民主运动”促成了批评辩论的风气。掌握知识和辩论的本领成为争夺政权者的必备条件，于是就有诡辩学派应运而起。诡辩学派在当时多半站在民主党方面，代表学术上进步力量，批判和辩论的风气是由他们煽起的。希腊思想的对象由自然现象转变到社会问题，主要也应归功于他们。第三，由于希腊在贸易和战争中和斐尼基、波斯和埃及各民族发生日益频繁的接触，外来的文化思想对希腊也起了激发哲学思考的作用。

哲学家们既然要注意到社会问题，就势必注意到文艺问题；文艺发展本身也要求理论性的概括，就势必注意到美学问题。希腊美学思想发源于毕达哥拉斯学派，赫拉克利特、德谟克利特和苏格拉底，极盛于柏拉图和亚理士多德。现在分述如下。

二　毕达哥拉斯学派

毕达哥拉斯学派盛行于公元前六世纪。他们都是些数学家、天文学家和物理学家。当时希腊哲学的主要对象还是自然现象，毕达哥拉斯学派以及稍后的赫拉克利特都主要是从自然科学观点去看美学问题的。在自然科学中当时哲学家们有一个普遍的企图，就是在自然界杂多现象之中，找出统摄一切的原则或元素。毕达哥拉斯学派大半都是数学家，便认为万物最基本的元素是数，数的原则统治着宇宙中一切现象。这样把事物的一种属性（数）加以绝对化，仿佛把它看成一种先于一切而独立存在的东西，这就是客观唯心主义的萌芽。这个基本观点也影响到毕达哥拉斯学派对于美的看法。

他们认为美就是和谐。他们首先从数学和声学的观点去研究音乐节奏的和谐，发现声音的质的差别（如长短、高低、轻重等）都是由发音体方面数量的差别所决定的。例如发音体（如琴弦）长，声音就长，震动速度快，声音就高，震动速度慢，声音就低。因此，音乐的基本原则在数量的关系，音乐节奏的和谐是由高低长短轻重各种不同的音调，按照一定数量上的比例所组成的。这派学者是用数的比例来表示不同音程的创始人，例如第八音程是 1∶2，第四音程是 3∶4，第五音程是 2∶3。

从音乐里数量关系的研究中，毕达哥拉斯学派找到了一个辩证的原则，这个原则由这派门徒波里克勒特在他的《论法规》里这样加以转述：

> 毕达哥拉斯学派说（柏拉图往往采用这派的话），音乐是对立因素的和谐的统一，把杂多导致统一，把不协调导致协调。

这是希腊辩证思想的最早的萌芽，也是文艺思想中“寓整齐于变化”原则的最早的萌芽。

毕达哥拉斯学派把音乐中和谐的道理推广到建筑、雕刻等其他艺术，探求什么样的数量比例才会产生美的效果，得出了一些经验性的规范。波里克勒特在前已提到的《论法规》里就记载了一些这样的规范。例如在欧洲有长久影响的“黄金分割”（最美的线形为长与宽成一定比例的长方形）就是这派发见的。他们也有时认为圆球形最美。这种偏重形式的探讨是后来美学里形式主义的萌芽。

这派学者还把数与和谐的原则应用于天文学的研究，因而形成所谓“诸天音乐”或“宇宙和谐”的概念，认为天上诸星体在遵照一定轨道运动之中，也产生一种和谐的音乐。苏联美学史家阿斯木斯在《古代思想家论艺术》的序论里评论这种概念说，“音乐和谐的概念原只是对一种艺术领域研究的结果，毕达哥拉斯学派把它推广到全体宇宙中去……因此，连天文学即宇宙学在这派看来，也具有美学的性质”。他们把天体看成圆球形，认为这也是最美的形体。这里可注意的是毕达哥拉斯学派把整个自然界看作美学的对象，并不限于艺术。

毕达哥拉斯学派还注意到艺术对人的影响。他们提出两个带有神秘色彩的看法，一个是“小宇宙”（人）类似“大宇宙”的看法（近似中国道家“小周天”的看法）。他们认为人体就像天体，都由数与和谐的原则统辖着。人有内在的和谐，碰到外在的和谐，“同声相应”，所以欣然契合。因此，人才能爱美和欣赏艺术。另一个看法是人体的内在和谐可以受到外在的和谐的影响。他们把这个概念应用到医学上去，得出类似中国医学里阴阳五行说的结论。不但在身体方面，就是在心理方面，内在和谐也可以受到外在和谐的影响。他们把音乐风格大体分为刚柔两种，不同的音乐风格可以在听众中引起相应的心情而引起性格的变化，例如听者性格偏柔，刚的乐调可以使他的心情由柔变刚。艺术可以改变人的性情和性格，所以产生教育的作用。

毕达哥拉斯学派的带有神秘主义色彩的客观唯心主义的和形式主义的美学思想对柏拉图、普洛丁的新柏拉图主义以及文艺复兴时代专心钻研形式技巧的艺术家们，都发生过深刻的影响。

三　赫拉克利特

西方早期哲学中朴素的唯物主义和辩证观点的最大的代表是赫拉克利特（公元前530—公元前470左右）。他的重要著作《论自然》现在仅存一些残篇断简，其中直接涉及美学的不多。他受过毕达哥拉斯学派的影响，但是放弃了这派的唯心的和神秘的色彩，明确地走唯物主义的方向。他在自然的杂多现象里寻求统一原则时，认为希腊人所说的地、水、风、火四大元素之中，火是最基本的。自然事物都是处在由地到水到风到火（上升）和由火到风到水到地（下降）的不断转变的过程。这样他就肯定了世界的物质基础和转变发展的辩证过程。

在辩证观点方面，赫拉克利特也认为"自然趋向差异对立，协调是从差异对立而不是从类似的东西产生的"，"结合体是由完整的与不完整的，相同的和相异的，协调的与不协调的因素所形成的"。这个看法虽近似毕达哥拉斯学派的，但却比它迈进了一大步。毕达哥拉斯学派侧重对立的和谐，赫拉克利特则侧重对立的斗争。他说得很明确："差异的东西相会合，从不同的因素产生最美的和谐，一切都起于斗争。"侧重和谐就是侧重平衡和静止，侧重斗争就是侧重变动和发展，所以毕达哥拉斯学派把数量关系加以绝对化和固定化，而赫拉克利特则强调世界的不断的变动和更新。他认为一切都在变动中，像流水一样，前水已不是后水，没有人能在同一河流里插足两次。这虽是一个一般哲学的观点，对于美学却有重大意义，相信赫拉克利特的看法，美就不能是绝对永恒的东西。赫拉克利特说过，"比起人来，最美的猴子也还是丑的"。这就是美的标准相对性的一句最简短最形象化的说明。

四　德谟克利特

德谟克利特（公元前460—公元前370左右）是古代唯物思想的重要代表，原子论的创始人。据古代传记，他写过《节奏与和谐》《论音乐》《论诗的美》《论绘画》等一系列的有关美学的著作，可惜已全部失传。就他的一些断简残篇看，很大部分是谈灵感问题的。他认为“荷马由于生来就得到神的才能，所以创造出丰富多彩的伟大的诗篇”；“没有一种心灵的火焰，没有一种疯狂式的灵感，就不能成为大诗人”。这是古代希腊流行的看法，所以在神话中每门艺术都有护神。不过灵感说与德谟克利特的哲学观点不符合，疑流传的资料不很可靠。

古代乐论家斐罗迭姆在《论音乐》里引过德谟克利特的一段话，说他认为“音乐是最年轻的艺术”，因为“音乐并不产生于需要，而是产生于正在发展的奢侈”(有译为“余力”的)。这里有两点值得注意,第一，他开始从社会发展看艺术的起源；其次，他这个看法多少含有近代席勒和斯宾塞的“余力说”的萌芽。依这种余力说，人在满足直接生活需要而有余力时，才进行自由的艺术活动，创造出多少是超功利的美的作品。

但是德谟克利特的较重要的贡献在于他的原子论和认识论。根据他的原子论，物体的表面分泌出微细的液粒，通过空气影响人的感官，才使人得到物体的“意象”。这就是感性认识。感性认识还是朦胧的，要达到正确的认识，却必须经过理智。在这里，他肯定了物质第一性，意识第二性的原则，也指出了感性认识与理性认识的正确关系。这就替美学打下了唯物主义的认识论基础。

五　苏格拉底

苏格拉底(公元前469—公元前399)在西方哲学中起过深刻的影响，

却没有留下一部著作。关于他的美学观点，主要的文献是他的门徒克塞纳芬的《回忆录》。他标志着希腊美学思想的一个很大的转变。前此毕达哥拉斯学派和赫拉克利特等人都主要地从自然科学的观点去看美学问题，要替美找自然科学的解释；到了苏格拉底才主要地从社会科学的观点去看美学问题，要替美找社会科学的解释。从《回忆录》卷三第八章的资料看，他把美和效用联系起来看，美必定是有用的，衡量美的标准就是效用，有用就美，有害就丑。从效用出发，苏格拉底见出美的相对性。所谓"相对"就是依存于效用，是有所对待的，例如"盾从防御看是美的，矛则从射击的敏捷和力量看是美的"。从此可见，同一件东西，对这个效用（例如防御）来说是美的，对另一个效用（例如进攻）来说就不是美的。所以一件东西是美是丑，要看它的效用；效用好坏，又要看用者的立场。因此，美不能说是完全在事物本身，与人无关。阿斯木斯评论到苏格拉底的这一观点时，说过一段很精辟的话：

> 美不是事物的一种绝对属性，不是只属于事物，既不依存于它的用途，也不依存于它对其他事物关系的那种属性。美不能离开目的性，即不能离开事物在显得有价值时它所处的关系，不能离开事物对实现人愿望它要达到的目的的适宜性。就这个意义说，"美"和"善"两个概念是统一的；也就是从这个意义出发，苏格拉底始终一贯地阐明了美的相对性。
>
> ——《古代思想家论艺术》的序论

此外，苏格拉底对于艺术创造的看法也很值得注意。他早年继他的父亲操石匠的职业，以石匠的身份学过雕刻，所以对艺术创造活动有亲身的体会。他接受了当时普遍流行的"艺术模仿自然"的信条，但是他反对把"模仿"理解为"抄袭"。从《回忆录》卷三第十章所记载的他和当时艺术家的两次谈话看，他主张画家画像，雕刻家雕像，都不应只描绘外貌细节,而应“现出生命”,“表现出心灵状态”,使人看到就觉得“像是活的”;他还说艺术不应奴隶似的临摹自然,而应在自然形体中选择出一些要素,去构成一个极美的整体。因此,他认为艺术家刻画出来的人物可以比原来的真人物更美。

六　结束语

在早期希腊,美学是自然哲学的一个组成部分。早期思想家们首先关心的是美的客观现实基础。毕达哥拉斯学派把美看成在数量比例上所见出的和谐,而和谐则起于对立的统一。从数量比例观点出发,他们找出了一些美的形式因素,如完整(圆球形最美),比例对称(“黄金分割”最美),节奏等。数的概念经过绝对化,美仿佛就只在形式。赫拉克利特对于辩证观点深入了一步,侧重对立的斗争,因而见出美的发展过程与美的相对性。德谟克利特提出一种唯物主义的原子论和感性认识与理性认识统一的认识论。

苏格拉底是早期希腊美学思想转变的关键。他把注意的中心由自然界转到社会,美学也转变成为社会科学的一个组成部分。他从社会观点指出美的评价标准在于对于人的效用;根据效用标准,他见出美的相对性。从此美与善就密切联系在一起,而美学与伦理学和政治学也就密切联系在一起了。文艺的社会功用问题也从此突出地提到日程上来了。他对于希腊的“艺术模仿自然”的看法也比过去有深一层的理解,见到了艺术的理想化。

总之,柏拉图和亚理士多德以前已有相当好的基础。美学的主要问题大体明确了:那就是文艺的现实基础和文艺的社会功用。柏拉图和亚理士多德所要解决的也正是这两个主要问题。

第二章　柏拉图

柏拉图（公元前427—公元前347）出身于雅典的贵族阶级，父母两系都可以溯源到雅典过去的国王或执政。他早年受过很好的教育，特别是在文学和数学方面。到了二十岁，他就跟苏格拉底求学，学了八年(公元前407—公元前399)，一直到苏格拉底被当权的民主党判处死刑为止。老师死后，他和同门弟子们便离开雅典到另一个城邦墨伽拉，推年老的幽克立特为首，继续讨论哲学。在这三年左右期内，他游过埃及，在埃及学了天文学，考查了埃及的制度文物。到了公元前396年，他才回到雅典，开始写他的对话。到了公元前388年他又离开雅典去游意大利，应西西里岛塞拉库萨的国王的邀请去讲学。他得罪了国王，据说曾被卖为奴隶，由一个朋友赎回。这时他已四十岁，就回到雅典建立他的著名的学园，授徒讲学，同时继续写他的对话，几篇规模较大的对话如《斐东》《会饮》《斐德若》和《理想国》诸篇都是在学园时代前半期写作的。他在学园里讲学四十一年，来学的不仅有雅典人，还有许多其他城邦的人，亚理士多德便是其中之一。在学园时代后半期他又两度（公元前367和公元前361）重游塞拉库萨，想实现他的政治理想，两次都失望而回，回来仍旧讲学写对话，一直到八十一岁死时为止。《法律》篇是他晚年的另一个理想国的纲领。

柏拉图所写的对话全部有四十篇左右，内容所涉及的问题很广泛，主要的是政治、伦理教育以及当时争辩剧烈的一般哲学上的问题。美学的问题是作为这许多问题的一部分零星地附带地出现于大部分对话中的。专门谈美学问题的只有他早年写作的《大希庇阿斯》一篇，此外涉及美学问题较多的有《伊安》《高吉阿斯》《普罗塔哥拉斯》《会饮》《斐德若》《理想国》《斐利布斯》《法律》诸篇。

除掉《苏格拉底的辩护》以外，柏拉图的全部哲学著作都是用对话体写成的。对话在文学体裁上属于柏拉图所说的“直接叙述”一类，在希腊史诗和戏剧里已是一个重要的组成部分。柏拉图把它提出来作为一种独立的文学形式，运用于学术讨论，并且把它结合到所谓“苏格拉底式的辩证法”，这种辩证法是由毕达哥拉斯和赫拉克利特等人的矛盾统一的思想发展出来的①，其特点在于侧重揭露矛盾。在互相讨论的过程中，各方论点的毛病和困难都像剥茧抽丝似的逐层揭露出来，这样把错误的见解逐层驳倒之后，就可引向比较正确的结论。在柏拉图的手里，对话体运用得特别灵活，向来不从抽象概念出发而从具体事例出发，生动鲜明，以浅喻深，由近及远，去伪存真，层层深入，使人不但看到思想的最后成就或结论，而且看到活的思想的辩证发展过程。柏拉图树立了这种对话体的典范，后来许多思想家都采用过这种形式，但是至今还没有人能赶得上他。柏拉图的对话是希腊文学中一个卓越的贡献。

但是柏拉图的对话也给读者带来了一些困难。第一，在绝大多数对话中，苏格拉底都是主角，柏拉图自己在这些对话里始终没有出过场，我们很难断定主要发言人苏格拉底在多大程度上代表柏拉图自己的看法。第二，这些对话里充满着所谓“苏格拉底式的幽默”。他不仅时常装傻瓜，说自己什么都不懂，要向对方请教，而且有时模仿诡辩学派的辩论方式来讥讽他的论敌们，我们很难断定哪些话是他的真心话，哪些话是摹拟论敌的讽刺话。第三，有些对话并没有作出最后的结论（如《大希庇阿斯》篇），有些对话所作的结论彼此有时矛盾（例如就文艺对现实关系的问题来说，《理想国》和《会饮》篇的结论彼此

①参看《柏拉图文艺对话集》，人民文学出版社1963年版，第323—325页《斐德若》篇的题解；关于苏格拉底式辩证法的说明。

有矛盾）。不过尽管如此，把所有的对话摆在一起来看，柏拉图对于文艺所提的问题以及他所作的结论都是很明确的。总的来说，他所要解决的还是早期希腊哲学家所留下来的两个主要问题，第一是文艺对客观现实的关系，其次是文艺对社会的功用。此外，他所常涉及的艺术创作的原动力的问题，即灵感问题，也是德谟克利特早就关心的一个问题。

但是柏拉图是在新的历史情况下来提出和解决这些问题的。他的文艺理论是和当时现实紧密结合在一起的。首先，我们应该记起当时雅典社会的剧烈的变化，贵族党与民主党的阶级斗争到了白热化的程度，贵族党失势了，民主党当权了，旧的传统动摇了，新的风气在开始建立了。柏拉图是站在贵族阶级反动立场上的。在学术思想上他和代表民主势力的诡辩学派（许多对话中的论敌）处在势不两立的敌对地位。在他看来，希腊文化在衰落，道德风气在败坏，而这种转变首先要归咎于诡辩学派所代表的民主势力的兴起，其次要归咎于文艺的腐化的影响。他的亲爱的老师在民主党当权下，被法院以破坏宗教和毒害青年的罪状判处死刑，这件事在他的思想感情上投下了一个浓密的阴影，更坚定了他的反民主的立场。他要按照他自己的理想，来纠正当时他所厌恶的社会风气，在新的基础上来建立足以维持贵族统治的政教制度和思想基础。他的一切哲学理论的探讨都是从这个基本动机出发的。他在中年和晚年先后拟订了两个理想国的计划，而且尽管遭到卖身为奴的大祸，还两度重游塞拉库萨，企图实现他的政治理想。他对文艺方面两大问题，也是从政治角度来提出和解决的。

其次，我们还须记起柏拉图处在希腊文化由文艺高峰转到哲学高峰的时代。在前此几百年中统治着希腊精神文化的是古老的神话，荷马的史诗，较晚起的悲剧喜剧以及与诗歌密切联系的音乐。这些是希腊教育的主要教材，在希腊人中发生过深广的影响，享受过无上的尊敬。诗人是公认的“教育家”“第一批哲人”“智慧的祖宗和创造者”。照希腊文艺的光辉成就来看，这本是不足为奇的。但是到了公元前五世纪，希腊文艺的鼎盛时代已逐渐过去。随着民主势力的开展，自由思想和自由辩论的风气日渐兴盛起来，古老的传统和权威也就成为辩论批判的对象。首先诡辩学家们就开始瓦解神话，认为神是人为着自然需要而假设的（见《斐德若》篇）。但是也有一部分诡辩学家以诵诗讲诗和论诗为业，他们之中有一种风气，就是把古代文艺作品看作寓言，爱在它们里面寻求隐藏着的深奥的真理，来证明那些作品的价值。这是一种情况。另一种情况就是在柏拉图时代，希腊戏剧虽然已渐近尾声，但仍然是希腊公民的一个主要的消遣方式。从《理想国》卷三涉及当时戏剧的地方看，柏拉图对它是非常不满的，认为它迎合群众的低级趣味，伤风败俗。在《法律》篇里柏拉图还造了一个字来表现剧场观众的势力，叫作“剧场政体”（Theatrocracy），说它代替了古老的贵族政体（Aristocracy），对国家危害很大。根据这两种情况，从他所要建立的“理想国”的角度，柏拉图对荷马以下的希腊文艺遗产进行了全面的检查，得出两个结论，一个是文艺给人的不是真理，一个是文艺对人发生伤风败俗的影响。因此，他在《理想国》里向诗人提出这两大罪状之后，就对他们下了逐客令。他认为理想国的统治者和教育者应该是哲学家而不是诗人。过去一般资产阶级学者把这场斗争描绘为“诗与哲学之争”，说柏拉图站在哲学的立场，要和诗争统治权。其实这只是从表面现象看问题，忽略了上面所提到的柏拉图在政治上的基本动机，就是要在新的基础上建立足以维持贵族统治的政教制度和思想基础。他理想中的哲学家正是他理想中的贵族阶级的上层人物。所以这场斗争骨子里还是政治斗争。他控诉荷马以下诗人们的那两大罪状同时也是针对当时柏拉图的政敌的——诗不表现真理的罪状也针对着代表民主势力的诡辩学者把诗当作寓言的论调，诗败坏风俗的罪状也针对着民主政权统制下的戏剧和一般文娱活动。

在攻击诗人的两大罪状里，柏拉图从他的政治立场去解决文艺与现实的关系和文艺的社会功用那两个基本问题。现在先就这两个问题进一步说明柏拉图的美学观点。

一　文艺对现实世界的关系

对于文艺与现实的关系，柏拉图的思想里存在着深刻的矛盾，就是在《理想国》卷十里，在控诉诗人时，他把所谓“理式”认为是感性客观世界的根源，却受不到感性客观世界的影响；在《会饮》篇里第俄提玛启示的部分，他却承认要认识理式世界的最高的美，须从感性客观世界中个别事物的美出发；因此他对艺术和美就有两种互相矛盾的看法，一种看法是艺术只能模仿幻相，见不到真理（理式），另一种看法是美的境界是理式世界中的最高境界，真正的诗人可以见到最高的真理，而这最高的真理也就是美。

先说他在《理想国》卷十里的看法。在这里他采取了早已在希腊流行的模仿说，那就是把客观现实世界看作文艺的蓝本，文艺是模仿现实世界的。不过柏拉图把这种模仿说放在他的客观唯心主义的基础上，因而改变了它原来的朴素的唯物主义的涵义。依他看，我们所理解的客观现实世界并不是真实的世界，只有理式世界才是真实的世界，而客观现实世界只是理式世界的摹本。用他自己的实例来说，床有三种：第一是床之所以为床的那个床的“理式”（Idea，不依存于人的意识的存在，所以只能译为“理式”，不能译为“观念”或“理念”）；其次是木匠依床的理式所制造出来的个别的床；第三是画家模仿个别的床所画的床。这三种床之中只有床的理式，即床之所以为床的道理或规律，是永恒不变的，为一切个别的床所自出，所以只有它才是真实的。木匠制造个别的床，虽根据床的理式，却只模仿床的理式的某些方面，受到时间、空间、材料、用途种种有限事物的限制。床与床不同，适合于某一张床的不一定适合于其他的床。这种床既没有永恒性和普遍性，所以不是真实的，只是一种“摹本”或“幻象”。至于画家所画的床虽根据木匠的床，他所模仿的却只是从某一角度看的床的外形，不是床的实体，所以更不真实，只能算是“摹本的摹本”，“影子的影子”，“和真实隔着三层”。[①]从此可知，柏拉图心目中有三种世界：理式世界、感性的现实世界和艺术世界。艺术世界是由模仿现实世界来的，现实世界又是模仿理式世界来的，这后两种世界同是感性的，都不能有独立的存在，只有理式世界才有独立的存在，永住不变，为两种较低级的世界所自出。换句话说，艺术世界依存于现实世界，现实世界依存于理式世界，而理式世界却不依存于那两种较低级的世界。这也就是说，感性世界依存于理性世界，而理性世界却不依存于感性世界，理性世界是第一性的，感性世界是第二性的，艺术世界是第三性的。柏拉图形而上学地使理性世界脱离感性世界而独立化，绝对化了。这里我们可以看出，柏拉图的客观唯心主义哲学系统是和他的形而上学的思想方法分不开的。

但是在《会饮》篇第俄提玛的启示里，柏拉图说明美感教育（其实也就是他所理解的哲学教育）的过程，却提出与上文所说的相矛盾的一个看法。他说受美感教育的人“第一步应从只爱某一个美形体开始”，“第二步他就应学会了解此一形体或彼一形体的美与一切其他形体的美是贯通的。这就是要在许多个别美形体中见出形体美的形式”（这“形式”就是“概念”），再进一步他就要学会“把心灵的美看得比形体的美更可珍贵”。如此逐步前进，由“行为和制度的美”，进到“各种学问知识”的美，最后达到理式世界的最高的美。“这种美是永恒的，无始无终，不生不灭，不增不减的。”[②]

从这个进程看，人们的认识毕竟以客观现实世界中个别感性事物为基础，从许多个别感性事物中找出共同的概念，从局部事物的概念上升到全体事物的总的概念。这种由低到高，由感性到理性，由局部到全体

①参看《柏拉图文艺对话集》，第 67—79 页。

②同上书，第 271—272 页。

的过程正是正确的认识过程。在这里柏拉图思想中具有辩证的因素。他的错误在于辩证不彻底，“过河拆桥”，把本是由综合个别事物所得到的概念孤立化，绝对化，使它成为永恒不变的“理式”。本来概念是一般，是现象的规律和内在本质，的确比个别现象重要。柏拉图把这“一般”绝对化了，认为只有它才是真实的，没有看到“一般之中有特殊，特殊之中有一般”一条基本的辩证的原则。这里我们可以更清楚地看到，柏拉图的形而上学的思想方法和他的客观唯心主义哲学系统是分不开的。

同时我们还要认识到意识形态毕竟为它所自出的社会基础服务。柏拉图的“理式世界”正是宗教中“神的世界”的摹本，也正是政治中贵族统治的摹本。无论是在古代还是在近代，唯心哲学都是神权社会的影子。神权是统治阶级麻痹被统治者的工具，过去的君主都是“天子”，高高在上，“代天行命”。柏拉图要保卫正在没落的雅典贵族统治，必然要保卫正在动摇的神权观念。他强调理式的永恒普遍性，其实就是强调贵族政体（他认为这是体现理式的）的永恒普遍性，他攻击荷马和悲剧家们的理由之一就是他们把神写得像人一样坏，他说“要严格禁止神和神战争，神和神搏斗，神谋害神之类故事”，而且制定了一条诗人必须遵守的法律：“神不是一切事物的因，只是好的事物的因。”（《理想国》卷三）要保卫神权，就要有一套保卫神权的哲学。柏拉图的“理式”正是神，他的客观唯心主义正是保卫神权的哲学，也正是保卫贵族统治的哲学。

由于在认识论方面柏拉图有这两种互相矛盾的看法，一种以为理性世界是感性世界的根据，超感性世界而独立，另一种以为要认识理性世界，却必须根据感性世界而进行概括化，所以他对艺术模仿的看法也是自相矛盾的。从表面看，他肯定艺术模仿客观世界，好像是肯定了艺术的客观现实的基础以及艺术的形象性。但是他否定了客观现实世界的真实性，否定了艺术能直接模仿“理式”或真实世界，这就否定了艺术的真实性。他所了解的模仿只是感性事物外貌的抄袭，当然见不出事物的内在本质。艺术家只是像照相师一样把事物的影子摄进来，用不着什么主观方面的创造活动。这种看法显然是一种极庸俗的自然主义的、反现实主义的看法。由于对于艺术模仿有了这种庸俗的歪曲的看法，所以艺术和诗的地位就摆得很低。它只是“摹本的摹本”，“影子的影子”，“和真理隔着三层”。但是柏拉图心目中有两种诗和诗人。在《斐德若》篇里他把人分为九等，在这九等之中第一等人是“爱智慧者，爱美者，诗神和爱神的顶礼者”，此外又还有所谓“诗人和其他模仿的艺术家”，列在第六等，地位在医卜星相之下。很显然，柏拉图在《理想国》里所攻击的诗人和艺术家是属于“模仿者”一类的，即第六等人，绝不是他在这里所说的第一等人。这第一等人就是《会饮》篇里所写的达到“美感”教育的最高成就的人。

这里就有一个重要的问题：这第一等人和第六等人的分别在哪里呢？彼此有没有关系？如果把这个问题弄清楚，我们也就可以看出柏拉图的艺术概念和美的概念都建筑在鄙视群众、鄙视劳动实践和鄙视感性世界的哲学基础上。

第一，我们须记起希腊人所了解的“艺术”（tekhne）和我们所了解的“艺术”不同。凡是可凭专门知识来学会的工作都叫作“艺术”，音乐、雕刻、图画、诗歌之类是“艺术”，手工业、农业、医药、骑射、烹调之类也还是“艺术”，我们只把“艺术”限于前一类事物，至于后一类事物我们则把它们叫作“手艺”“技艺”或“技巧”。希腊人却不作这种分别。这个历史事实说明了希腊人离艺术起源时代不远，还见出所谓“美的艺术”和“应用艺术”或手工艺的密切关系。但是还有一个历史事实，就是在古希腊时代雕刻图画之类艺术，正和手工业和农业等生产劳动一样，都是由奴隶和劳苦的平民去做的，奴隶主贵族是不屑做这种事的。他们对“艺术”的鄙视，很像过去中国封建阶级对于“匠”的鄙视。在希腊，“艺术家”就是“手艺人”或“匠人”，地位是卑微的。笛尔斯在《古代技术》里说过：“就连斐狄阿斯这样卓越的雕刻大师在当时也只被看作一个手艺人。”[①] 柏拉图采取了当时一般奴隶主这样轻视艺术技巧的态度。这一方面是由于他轻视奴隶和平民所从事的生产劳动，而技巧或技术一般是与生产劳动分不开的；另一方面也由于他痛恨诡辩学派，而诡辩学派中有许多人为着教学的目的，爱谈文艺和修辞学的技巧，并且写了许多这一类的课本。柏拉图对诡辩学派所谈的技巧一碰到机会就大加讽刺。在他看来，艺术创作的首要条件不是技巧而是灵感，没有灵感，无论技巧怎样熟练，也决不能成为大诗人。关于这一点，我们下文还要详谈，现在只说柏拉图所说的第一等人，“爱智慧者，爱美者，诗神和爱神的顶礼者”，正是神灵凭附，得到灵感的人。他有意要拿这“第一等人”和普通的“诗人和其他模仿的艺术家”对立，来降低这些“第六等人”的身份；而他所谓“爱智慧者，爱美者，诗神和爱神的顶礼者”正是柏拉图理想中的“哲学家”，也就是贵族阶级中的文化修养最高的代表，至于那“第六等人”，“诗人和其他模仿的艺术家”则是运用技巧知识从事生产劳动的“手艺人”。所以柏拉图对普通的“诗人和其他模仿的艺术家”的轻视是有阶级根源的。

其次，特别值得注意的是柏拉图心目中的“爱智慧者，爱美者，诗神和爱神的顶礼者”并无须创作艺术作品，而他们所“爱”的“美”也不是艺术美。柏拉图在他的两篇最成熟的对话里——《会饮》篇和《斐德若》篇——都用辉煌灿烂的词句描写了这些“第一等人”所达到的最高境界：

> 这时他凭临美的汪洋大海，凝神观照，心中起无限欣喜，于是孕育无数的优美崇高的思想语言，得到丰富的哲学收获。如此精力弥满之后，他终于一旦豁然贯通唯一的涵盖一切的学问，以美为对象的学问。
>
> ——《会饮》篇

①阿斯木斯的《古代思想家论艺术》的序论第 9 页所引。

> 那时隆重的入教典礼所揭开给我们看的那些景象是完整的，单纯的，静穆的，欢喜的，沉浸在最纯洁的光辉之中让我们凝视。
>
> ——《斐德若》篇

从此可知，人生的最高理想是对最高的永恒的“理式”或真理“凝神观照”，这种真理才是最高的美，是一种不带感性形象的美，凝神观照时的“无限欣喜”便是最高的美感，柏拉图把它叫作“神仙福分”。所谓“以美为对象的学问”并不是我们所理解的美学，这里“美”与“真”同义，所以它就是哲学。这种思想有两个要点，第一个要点是“凝神观照”为审美活动的极境，美到了最高境界只是认识的对象而不是实践的对象，它也不产生于实践活动。这个看法正是马克思在《关于费尔巴哈的提纲》里所说的[①] 从“直观”去掌握现实而不是从“实践”去掌握现实。在美学方面这种思想方法从古希腊起一直蔓延到马克思主义兴起为止。柏拉图在这方面起了深远的影响。他轻视实践也还是和他轻视劳苦大众的生产劳动分不开的。凝神观照理式说的第二个要点是审美的对象不是艺术形象美而是抽象的道理。他对感性世界这样轻视，正是要抬高他所号召的“理式”和“哲学”，结果是用哲学代替了艺术。这是他从最根本的认识论方面，即从艺术对现实关系方面，否定了艺术的崇高地位。在这方面，他对后来黑格尔的美学思想起了深刻影响。黑格尔不但也把艺术看得比哲学低，而且在辩证发展的顶端，也让哲学吞并了艺术。

这里就有一个问题，柏拉图所说的第六等人即“诗人和其他模仿的艺术家”的作品能不能拿“美”字来形容呢？柏拉图并不否定一般艺术美，而且在他早年写的《大希庇阿斯》篇对话里专门讨论了艺术和其他感性事物的美。他逐一分析了一些流行的美的定义，例如“美就是有用的”“美就是恰当的”“美就是视觉和听觉所生的快感”“美就是有益的快感”等，

① 《马克思恩格斯全集》，第一卷，第 16 页。

发见每一个定义在逻辑上都不圆满，但是最后并没有得到一个圆满的结论。从后来的一些对话看，柏拉图对于感性事物的美有三种不同的看法。第一种就是在《大希庇阿斯》篇已经提到的“效用”的看法，这其实是他的老师苏格拉底的看法。就是从效用观点，柏拉图在《理想国》和《法律》篇里权衡哪些种类艺术还可以留在理想国里。第二种就是他在《理想国》里所提出的模仿的看法。艺术模仿感性事物，感性事物又模仿“理式”，而“理式”是美的最后的也是最高的根源，所以直接或间接模仿“理式”的东西也就多少“分享”到理式的美。就艺术来说，它所得到的只是真正的美的“影子的影子”，所以是微不足道的。第三种就是他在《斐德若》篇结合“灵魂轮回”说所提出的一种神秘的看法，就是感性事物的美是由灵魂隐约“回忆”到未依附肉体以前在天上所见到的真美。后两个看法都把艺术美看作绝对美的影子。这两种看法和“效用”观点之间有深刻的矛盾。因为效用观点替美找到了社会基础，而另外那两种看法则设法在另一世界找美的基础。这种矛盾是根本无法统一的。

柏拉图把感性事物（艺术在内）的美，看成只是理式美的零星的、模糊的摹本。这种思想所隐含的意义是：美不能沾染感性形象，一沾染到感性形象，美就变成不完满的。这是把形而上学的客观唯心主义哲学推演到极端的一种结论。在这方面，黑格尔比柏拉图就前进了一大步，他肯定了理念与感性形象统一之后才能有美。

就文艺与现实的关系来说，柏拉图还有一个看法是值得一提的，那就是现实美高于艺术美，因为现实美和“理式”的绝对美只隔一层，而艺术美和它就要隔“两层”。在《理想国》卷十里他质问荷马说：

> 亲爱的荷马，如果像你所说的，谈到品德，你并不是和真理隔着两层，不仅是影像制造者，不仅是我们所谓模仿者，如果你和真理只隔着一层，知道人在公私两方面用什么方法可以变好或变坏，我们就要请问你，你曾经替哪一国建立过一个较好的政府？……世

间有哪一国称呼你是它的立法者和恩人？

在柏拉图看来，斯巴达的立法者莱科勾和雅典的立法者梭伦才是伟大的诗人，而他们所制定的法律才是伟大的诗，荷马尽管伟大，还比不上这些立法者。荷马只歌颂英雄，柏拉图讥笑他说，他对英雄不会有真正的认识，否则“他会宁愿做诗人所歌颂的英雄，不愿做歌颂英雄的诗人”。他的这种思想到老未变，在《法律》篇卷七里他假想有悲剧诗人要求入境献技，他该这样答复他们：

> 高贵的异邦人，按照自己的能力，我们也是悲剧诗人，我们也创作了一部顶优美，顶高尚的悲剧。我们的城邦不是别的，它就是模仿了最优美最高尚的生活，这就是我们所理解的真正的悲剧。你们是诗人，我们也是诗人，是你们的同调者，也是你们的敌手。最高尚的剧本只有凭真正的法律才能达到完善，我们的希望是这样。

这就是说，建立一个城邦的法律比创作一部悲剧要美得多，高尚得多。这种思想当然有片面的真理，但是柏拉图也形而上学地把它绝对化了。如果有了实际生活便不要艺术，艺术不就成为多余的无用的活动了吗？

二　文艺的社会功用

柏拉图攻击诗，并非由于他不懂诗或是不爱诗，他对诗的深刻影响是有亲身体会的。在《理想国》卷十里责备荷马的诗有毒素之后，还这样道歉：

> 我的话不能不说，虽然我从小就对于荷马养成了一种敬爱，说

出来倒有些于心不安。荷马的确是悲剧诗人的领袖。不过尊重人不应该胜于尊重真理，我要说的话还是不能不说。

因为他认识到诗和艺术的深刻影响，所以在制订理想国计划时，便不能不严肃地对待这种影响。“理想国”有一个重大的任务，就是“保卫者”或统治者的教育，所以柏拉图首先要解决的问题就是诗和艺术在这种教育里应该占什么地位。教育计划要根据培养目标，培养目标既然是一种理想的“保卫城邦”的人，一种他所谓有“正义”的人，那就要问：怎样才算是有“正义”的人或理想人？柏拉图对于理想人的看法是和他对于理想国的看法分不开的。理想国的理想是“正义”，所谓“正义”就是城邦里各个阶级都站在他们所应站的岗位，应统治的统治，应服从的服从，形成一种和谐的有机整体。柏拉图把理想国的公民分成三个等级，最高的是哲学家，其次是战士，最低的是农工商。这后两个等级都要听命于哲学家，国家才能有“正义”。马克思在《资本论》卷一里对柏拉图的这种等级划分曾说过：“在柏拉图的理想国中，分工是被说成是国家的构成原则，就这一点说，他的理想国只是埃及种姓制度在雅典的理想化。”[①] 这就是说，柏拉图要在雅典的情况下，把埃及的等级制加以改良，其目的当然仍在维护贵族统治。柏拉图还把这种等级划分应用到人身上去。人的性格中也有三个等级，相当于哲学家的是理智，相当于战士的是意志，相当于农工商的是情欲。人的性格要达到“正义”，意志和情欲也就要受理智的统治。柏拉图既然定了这样的教育理想，他就追问：当时教育的主要途径，荷马史诗，悲剧或喜剧以及与诗歌相关的音乐能否促成这种教育理想的实现呢？能否培养成能“保卫”理想国的理想人呢？

他先就这些文艺作品的内容来仔细检查了一番。发现荷马和悲剧诗

①参看马克思：《资本论》，第一卷，第404—405页。

人们把神和英雄们描写得和平常人一样满身是毛病，互相争吵，欺骗，陷害；贪图酒食享乐，既爱财，又怕死，遇到灾祸就哀哭，甚至奸淫掳掠，无所不为。在柏拉图看来，这样的榜样决不能使青年人学会真诚，勇敢，镇静，有节制，决不能培养成理想国的“保卫者”。

柏拉图谈到这里，还对文艺的影响作了一些心理的分析，他说，“模仿诗人既然要讨好群众，显然就不会费心思来模仿人性中的理性的部分……他会看重容易激动的情感和容易变动的性格，因为它最便于模仿”。这里所说的“情感”指的特别是与悲剧相关的“感伤癖”和“哀怜癖”。感伤癖是“要尽量哭一场，哀诉一番”那种“自然倾向”。在剧中人物是感伤癖，在听众就是哀怜癖。这些自然倾向本来是应受理智节制的。悲剧性的文艺却让它尽量发泄，使听众暂图一时快感，“拿旁人的灾祸来滋养自己的哀怜癖”，以致临到自己遇见灾祸时，就没有坚忍的毅力去担当。喜剧性的文艺则投合人类“本性中诙谐的欲念”，本来是你平时引以为耻而不肯说的话，不肯做的事，到表演在喜剧里，“你就不嫌它粗鄙，反而感到愉快”，这样就不免使你“于无意中染到小丑的习气”。此外，像性欲、愤恨之类情欲也是如此。“它们都理应枯萎，而诗却灌溉它们，滋养它们。”总之，从柏拉图的政治教育观点去看，荷马史诗以及悲剧和喜剧的影响都是坏的，因为它们既破坏希腊宗教的敬神和崇拜英雄的中心信仰，又使人的性格中理智失去控制，让情欲那些“低劣部分”得到不应有的放纵和滋养，因此就破坏了“正义”。

此外，柏拉图还检查了文艺模仿方式对于人的性格的影响。依他的分析，文艺模仿方式不外三种。第一种是完全用直接叙述，如悲剧和喜剧；第二种是完全用间接叙述，“只有诗人在说话”，如颂歌；第三种是头两种方式的混合，如史诗和其他叙事诗。柏拉图认为第二种方式最好，最坏的是戏剧性的模仿。他反对理想国的保卫者从事于戏剧模仿或扮演。这有两个理由，第一个理由是一个人不能同时把许多事做好，保卫者应该“专心致志地保卫国家的自由”，“不应该模仿旁的事”；第二个理由是演戏者经常模仿坏人坏事或是软弱的人和软弱的事，习惯成自然，他的纯洁专一的性格就会受到伤害。

根据这种种考虑，柏拉图在《理想国》卷三里向诗人们下了这样一道逐客令：

> 如果有一位聪明人有本领模仿任何事物，乔扮任何形状，如果他来到我们的城邦，提议向我们展览他的身子和他的诗，我们要把他当作一位神奇而愉快的人物看待，向他鞠躬敬礼；但是我们也要告诉他：我们的城邦里没有像他这样的一个人，法律也不准许有像他这样的一个人，然后把他洒上香水，戴上毛冠，请他到旁的城邦去。至于我们的城邦里，我们只要一种诗人和故事作者，没有他那副悦人的本领而态度却比他严肃；他们的作品须对于我们有益；须只模仿好人的言语，并且遵守我们原来替保卫者们设计教育时所定的那些规范。

到写《理想国》卷十时，他又把这禁令重申了一遍，说得更干脆：

> 你心里要有把握，除掉颂神的和赞美好人的诗歌以外，不准一切诗歌闯入国境。如果你让步，准许甘言蜜语的抒情诗或史诗进来，你的国家的皇帝就是快感和痛感；而不是法律和古今公认的最好的道理了。

到他晚年设计第二理想国写《法律》篇对话时，他又下了一道词句较和缓而实质差别甚微的禁令。从这三道禁令我们可以看出柏拉图要对当时文艺大加“清洗”的用心是非常坚决的。经过这样大清洗之后，理想国里还剩下什么样的文艺呢？主要的是歌颂神和英雄的颂诗，这种颂诗在内容上只准说好，不准说坏；在形式上要简朴，而且像《法律》篇所规定的，应该像埃及建筑雕刻那样，固守几种传统的类型风格，代代相传，“万年不变”。《理想国》完全排斥了戏剧，《法律》篇略微放松了一点，剧本须经过官方审查，不能有伤风败俗的内容，至于喜剧还规定只能由奴隶和雇用的外国人来扮演。此外，柏拉图还特别仔细地检查了音乐。在当时流行的四种音乐之中，他反对音调哀婉的吕底亚式和音调柔缓文弱的伊俄尼亚式，只准保留音调简单严肃的多里斯式和激昂的战斗意味强的佛律癸亚式。他的关于音乐的判决书不仅表现出他对于音乐的理想，也表现出他对于一般文艺的理想，值得把原文引在这里：

> 我们准许保留的乐调要是这样：它能很妥帖地模仿一个勇敢人的声调，这人在战场和在一切危难境遇都英勇坚定，假如他失败了，碰见身边有死伤的人，或是遭遇到其他灾祸，都抱定百折不挠的精神继续奋斗下去。此外我们还要保留另一种乐调，它须能模仿一个人处在和平时期，做和平时期的自由事业……谨慎从事，成功不矜，失败也还是处之泰然。这两种乐调，一种是勇猛的，一种是温和的；一种是逆境的声音，一种是顺境的声音；一种表现勇敢，一种表现聪慧。我们都要保留下来。

综观以上的叙述，在文艺对社会的功用问题上，柏拉图的态度是非常明确的。他对于希腊文艺遗产的否定，并不是由于他认识不到文艺的社会影响，而是正由于他认识到这种影响的深刻。在许多对话里他时常回到文艺的问题，在《理想国》里他花了全书四分之一的篇幅来反复讨论文艺，对于希腊文艺名著，几乎是逐章逐句地加以仔细检查。假如他不看重文艺的社会功用，他就不会这样认真耐烦。他的基本态度可以用这样几句话来概括：文艺必须对人类社会有用，必须服务于政治，文艺的好坏必须首先从政治标准来衡量；如果从政治标准看，一件文艺作品的影响是坏的，那么，无论它的艺术性多么高，对人的引诱力多么大，哪怕它的作者是古今崇敬的荷马，也须毫不留情地把它清洗掉。柏拉图在西方是第一个人明确地把政治教育效果定作文艺的评价标准，对卢梭和托尔斯泰的艺术观点都起了一些影响。近代许多资产阶级文艺理论家往往特别攻击柏拉图的这个政治第一的观点，其实一切统治阶级都是运用这个标准，不过不常明说而已。

三　文艺才能的来源——灵感说

除掉上述两个主要的问题以外，柏拉图在对话集里还时常谈到一个问题，就是文艺创作的才能是从哪里来的？诗人凭借什么写出他们的伟大的诗篇？他的答案是灵感说，但是对所谓灵感有两种不同的解释。

第一种解释是神灵凭附到诗人或艺术家身上，使他处在迷狂状态，把灵感输送给他，暗中操纵着他去创作。这个解释是在最早的一篇对话——《伊安》——里提出来的。伊安是一个以诵诗为职业的说书人，苏格拉底追问他诵诗和做诗是否都要凭一种专门技艺知识。反复讨论所得的结论是：无论是荷马或是伊安本人，尽管在歌咏战争，却没有军事的专门知识；尽管在描写鞋匠，却没有鞋匠的专门知识。至于诗歌本身是怎样一种专门技艺，凭借什么知识，伊安始终说不出。当时修辞家们虽然也替诗定了一些规矩，但是学会这套规矩，还是不一定就能做诗，因此柏拉图就断定文艺创作并不凭借什么专门技艺知识而是凭灵感。他说，灵感就像磁石：

> 磁石不仅能吸引铁环本身，而且把吸引力传给那些铁环，使它们也像磁石一样，能吸引其他铁环，有时你看到许多个铁环互相吸引着，挂成一条长锁链，这些全从一块磁石得到悬在一起的力量。诗神就像这块磁石，它首先给人灵感，得到这灵感的人们又把它递传给旁人，让旁人接上他们，悬成一条锁链。凡是高明的诗人，无

> 论在史诗或抒情诗方面，都不是凭技艺来做成他们的优美的诗歌，而是因为他们得到灵感，有神力凭附着。

因此，诗人是神的代言人，正像巫师是神的代言人一样，诗歌在性质上也和占卜预言相同，都是神凭依人所发的诏令。神输送给诗人的灵感，又由诗人辗转输送给无数的听众，正如磁石吸铁一样。这样，柏拉图就解释了文艺何以能引起听众的欣赏以及文艺的深远的感染力量。

灵感的第二种解释是不朽的灵魂从前生带来的回忆。这个解释是在《斐德若》篇里提出来的。依柏拉图的神秘的观点看，灵魂依附肉体，只是暂时现象，而且是罪孽的惩罚。依附了肉体，灵魂就仿佛蒙上一层障，失去它原来的真纯本色，认识真善美的能力也就因此削弱。但是灵魂在本质上是努力向上的，脱离肉体之后（死后），它还要飞升到天上神的世界，即真纯灵魂的世界。它飞升所达到的境界高低，就要看它努力的大小和修行的深浅。修行深，达到最高境界，它就能扫去一切尘障，如其本然地观照真实本体，即尽善尽美，永恒普遍的“理式”世界。这样，到了它再度依附肉体，投到人世生活时，人世事物就使它依稀隐约地回忆到它未投生人世以前在最高境界所见到的景象，这就是从摹本回忆到它所根据的蓝本（理式）。由摹本回忆到蓝本时，它不但隐约见到“理式”世界的美的景象，而且还隐约追忆到生前观照那美的景象时所起的高度喜悦，对这“理式”的影子（例如美人或美的艺术作品）欣喜若狂，油然起眷恋爱慕的情绪。这是一种“迷狂”状态，其实也就是“灵感”的征候。在这种迷狂状态中，灵魂在像发酵似的滋生发育，向上奋发。爱情如此，文艺的创造和欣赏也是如此，哲学家对智慧的爱慕也是如此。所以柏拉图的“第一等人”，“爱智慧者，爱美者，诗神和爱神的顶礼者”都是从这同一个根源来的。在柏拉图的许多对话里，特别是在《斐德若》篇和《会饮》篇里，常拿诗和艺术与爱情相提并论，也就因为无论是文艺还是爱情，都要达到灵魂见到真美的影子时所发生的迷狂状态。

唯心哲学都是和宗教上神的信仰分不开的。柏拉图的灵感说的最后根据还是希腊神话。按照希腊神话，人的各种技艺如占卜、医疗、耕种、手工业等都是由神发明，由神传授的。每种技艺都有一个负专责的护神。诗歌和艺术的总的最高的护神是阿波罗，底下还有九个女神，叫作缪斯。柏拉图说文艺须凭神力或灵感，正是肯定希腊神话中的古老的传说。至于灵魂轮回说本是东方一些宗教中的信仰，大概是由埃及传到希腊的。除掉这个宗教的根源以外，柏拉图的灵感说和迷狂说和上文已提到的贵族阶级鄙视与生产劳动有关的技艺，以及苏格拉底派学者鄙视诡辩学派高谈技艺规矩两个事实也是分不开的。

很显然，灵感说基本上是神秘的反动的。它的反动性特别表现在它强调文艺的无理性。在《伊安》篇里柏拉图一再提到这一点：

> 酒神的女信徒们受酒神凭附，可以从河水中汲取乳蜜，这是她们**在神志清醒时所不能做的事**。抒情诗人的心灵也正像这样。……不得到灵感，**不失去平常理智而陷入迷狂**，就没有能力创造，就不能做诗或代神说话。
>
> 神对于诗人们像对于占卜家和预言家一样，**夺去他们的平常理智**，用他们做代言人，正因为要使听众知道，诗人并非借自己的力量**在无知无觉中**说出那些珍贵的词句，而是由神凭附着来向人说话。(重点是引者加的)

这种拿文艺与理智相对立的反动观点后来在西方发生过长远的毒害影响。新柏拉图派的普洛丁（205—270）结合柏拉图的灵感说与东方宗教的一些观念，又把艺术无理性说推进了一步，成为中世纪基督教世界文艺思潮中的一个主要的流派。这种反理性的文艺思想到了资本主义末期就与消极的浪漫主义和颓废主义结合在一起。康德的美不带概念的形式主义的学说对这种发展也起了推波助澜的作用。此后德国狂飙突进时代的天才说，尼采的“酒神精神”说，柏格森的直觉说和艺术的催眠状态说，佛洛伊特的艺术起源于下意识说，克罗齐的直觉表现说以及萨特的存在主义，虽然出发点不同，推理的方式也不同，但是在反理性一点上，都和柏拉图是一鼻孔出气的。

柏拉图在提出灵感说时却也见出一些与文艺创作有关的重要问题。首先是理智在艺术中的作用问题。他也看到单凭理智不能创造文艺，文艺创造活动和抽象的逻辑思考有所不同，他的错误在于把理智和灵感完全对立起来，既形而上学地否定理智的作用，又对灵感加以不科学的解释。这是和他把诗和哲学完全对立起来的那个基本出发点分不开的。其次是艺术才能与技艺修养的问题。他也看出单凭技艺知识不能创造文艺，诗人与诗匠是两回事，他的错误也正在把天才和人力完全对立起来，既把天才和灵感等同起来，又形而上学地否定技艺训练的作用。这是和他鄙视劳动人民和生产实践的基本态度分不开的。不过在这问题上他又前后自相矛盾。在《伊安》篇里他完全否定了技艺知识，而在《斐德若》篇里他又说文学家要有三个条件：“第一是生来就有语文的天才，其次是知识，第三是训练。”但是总的说来，他是轻视技艺训练而片面地强调天才与灵感的。第三是艺术的感染力问题。他的磁石吸引铁环的譬喻生动地说明了艺术的感染力既深且广，而且起团结听众的作用。这个思想和托尔斯泰的感染说很有些类似，只是他把感染力的来源摆在灵感上而不摆在人民大众的实践生活以及作品内容的真实性与艺术性上，这也说明了他对艺术本质的认识根本是错误的。

四　结束语

柏拉图的一般哲学思想和美学思想都是从他要在雅典民主势力上升时代竭力维护贵族统治的基本政治立场出发的。他的客观唯心主义哲学就是一种借维护神权而维护贵族统治的哲学。他的永恒的“理式”就是神，所居的地位也正是高高在上的贵族地位。只有贵族阶级中文化修养最高的人（“爱智慧者”）才有福分接近这种高不可攀的“理式”，只有根据这种理式，在人身上才能保证理智的绝对控制，意志和情欲的绝对服从；也只有根据这种理式，在国家里才能保证哲学家和“保卫者们”的绝对统治，其他阶级的绝对服从。这样，才能达到理想人和理想国的目的，即柏拉图所谓“正义”。从这个基本立场出发，柏拉图鄙视理式世界以下的感性世界，鄙视与肉体有关的本能、情感和欲望，鄙视哲学家和“保卫者们”以外的劳苦大众，鄙视哲学家的观照以外的实践活动以及和实践活动有关的技艺。

从这个基本立场出发，柏拉图对早期希腊思想家所留下来的美学上两大主要问题提出了极明确的答案。

就文艺对现实世界的关系来说，他歪曲了希腊流行的模仿说，虽然肯定了文艺模仿现实世界，却否定了现实世界的真实性，因而否定了文艺的真实性，这也就是否定了文艺的认识作用。这是反现实主义的文艺思想。

就文艺的社会功用来说，柏拉图明确地肯定了文艺要为社会服务，要用政治标准来评价。他要文艺服务的当然是反动政治。在这问题上他也有两个极不正确的看法。第一是他因为要强调政治标准，就抹煞了艺术标准。其次他因为要使理智处于绝对统治的地位，就不惜压抑情感，因而他理想中的文艺不是起全面发展的作用，而是起畸形发展的作用，即摧残情感去片面地发扬理智。

就文艺创作的原动力来说，柏拉图的灵感说抹煞了文艺的社会源泉。只见出艺术的社会功用而没有见出艺术的社会源泉就还不算真正认识到文艺与社会生活的血肉关系。此外，他的迷狂说宣扬了反理性主义。这种反理性的文艺思想在长期为基督教所利用以后，又为颓废主义种下了种子。

柏拉图的两个基本的文艺观点，文艺不表现真理和文艺起败坏道德的作用，都遭到他的弟子亚理士多德的批判，亚理士多德在《诗学》里说明了诗的真实比历史的真实更带有普遍性，符合可然律与必然律，而且诗起于人类的爱好模仿（学习）和爱好节奏与和谐的本能，对某些情绪可起净化作用。从此西方美学思想便沿着柏拉图和亚理士多德的两条对立的路线发展，柏拉图路线是唯心主义的路线，亚理士多德路线基本上是唯物主义的路线。如果从文艺创作方法的角度来看，在古代思想家中柏拉图和朗吉弩斯所代表的主要是浪漫主义的倾向，亚理士多德和贺拉斯所代表的主要是古典主义和现实主义的倾向。就古代文艺思想对后来的影响来说，也是浪漫主义者侧重柏拉图和朗吉弩斯，古典主义者和现实主义者侧重亚理士多德和贺拉斯。

对柏拉图作出恰当的估价并不是一件易事，很有一部分人因为柏拉图是唯心主义的祖师和雅典贵族反动统治的维护者，就对他全盘否定，甚至说柏拉图只能对反动派发生影响，对进步的人类来说，他是毫无可取的。但是在唯物主义的进步的思想家之中，也有持相反意见的，车尔尼雪夫斯基就是一个例子。这位俄国革命民主主义的美学家说，“柏拉图的著作比亚理士多德的具有更多的真正伟大的思想”；对于模仿说，“柏拉图比亚理士多德发挥得更深刻，更多面”；“柏拉图所想的首先是：人应该是国家公民……他并不是从学者或贵族的观点，而是从社会和道德的观点，来看科学和艺术”[①]，这里把“贵族观点”与“社会和道德观点”看作两回事，不承认柏拉图从贵族观点来看艺术，都是不正确的。但是车尔尼雪夫斯基对柏拉图作出这样高的评价，也不是毫无根据，它至少应该提醒我们对柏拉图不能匆促地下片面的结论。这里牵涉文化遗产批判继承问题。在历史上像柏拉图这样反动的唯心主义的思想家多至不可胜数，他们是否就不可能在个别问题上有片面的正确的看法呢？如果没有，他们早就应该被人忘却，对进步的人类不会发生丝毫有益的影响。关于这一点，下文还要谈。如果有，我们就应该对具体问题作具体分析，

①见车尔尼雪夫斯基的《美学论文选》，人民文学出版社1957年版，第129—139页。

把可能有的正确论点肯定下来，尽管它是片面的。

首先来检查一下柏拉图的影响。在西方相当长的一个时期内，柏拉图的影响超过了亚理士多德。在亚历山大理亚和罗马时代，很少有文艺理论家提到亚理士多德，朗吉弩斯没有提到他而对柏拉图则推崇备至，连古典主义者贺拉斯也没有提到亚理士多德。亚理士多德在中世纪因为著作稿本丧失，提到他的人大半根据传说，等到十三世纪他的部分著作才由阿拉伯文移译为拉丁文，此后他才逐渐发生影响。柏拉图的学园维持到公元六世纪，他的传统则一直没有断过。郎吉弩斯在《论崇高》里显然受到他的影响。通过普洛丁和新柏拉图派，他的文艺思想垄断了大部分中世纪。在中世纪柏拉图的思想和基督教的神学结合起来。这确实可以说明它的思想较容易为反动派所利用。但是历史也证明他的思想对进步的人类并非绝对不曾发生有益的影响。在西方近代两大文艺运动中，柏拉图都起了不小的作用。一个是文艺复兴运动。当时意大利人文主义者研究柏拉图的风气很盛，他们在十五世纪在意大利文化中心佛罗伦萨建立了一座柏拉图学园，研究柏拉图的思想，定期集会讨论文艺问题和哲学问题，参加这种活动的有大艺术家米琪尔·安杰罗。在当时著名的诗论家之中，从斯卡里格到佛拉卡斯托罗，很少有人没有受柏拉图影响。这情形也并不限于意大利，法国人文主义者杜·伯勒在《法兰西语言的辩护与提高》里以及英国人文主义者锡德尼在《诗的辩护》里都是柏拉图的信徒。另一个是浪漫运动。在这个时期许多诗人和美学家都在不同程度上是柏拉图主义者或新柏拉图主义者，赫尔德、席勒和雪莱是其中最显著的。歌德本来基本上是一位唯物主义者和现实主义者，但是在他的《关于文艺的格言和感想》里，我们也发见有些段落简直是从新柏拉图主义者普洛丁的《九部书》中翻译过来的。[①] 此外，柏拉图对启蒙运动也并非毫无影响。当时英国研究美学的风气是由新柏拉图主义者夏夫兹

①例如就顽石和雕像的比较来说明形式与材料的关系。

博里开创的，他是法德两国启蒙运动领袖们所最推崇的一位英国思想家。美学中美善统一的思想是由夏夫兹博里从新柏拉图主义派接受过来，又传到大陆方面去的。

这里所提到的柏拉图的影响只是一个粗略的梗概，但足以说明过去进步的人类，曾不断地发见柏拉图的美学思想中有足资借鉴的地方。究竟足资借鉴的地方是些什么呢？要回答这个问题，有必要先指出文化遗产批判继承的历史过程中一个发人深省的现象。每个时代都按当时的特殊需要去吸收过去文化遗产中有用的部分，把没有用处的部分扬弃掉，因此所吸收的部分往往就不是原来的真正的面貌，但也并不是和原来的真正面貌毫无联系。例如柏拉图在哲学上和美学上的中心思想都是"理式"，这是一个客观唯心主义的概念，但是也正是这个概念对后来的影响最大。文艺复兴时代大半把"理式"概念和亚理士多德的"普遍性"概念结合起来或混同起来，从而论证典型的客观性与美的普遍标准。浪漫运动时代大半把"理式"理解为"理想"，康德、歌德、席勒乃至黑格尔所标榜的"理想"都来自柏拉图，但是都是一般与特殊的统一，理性与感性的统一，并不像柏拉图那样把"理式"理解为不依存于感性与特殊的一般。最高的理式是真善美的统一，这是绝对不含感性内容的，但是后来论证现象世界真与美统一或真与善统一者也往往援柏拉图为护身符。再如柏拉图的灵感说和迷狂说都建立在希腊宗教迷信的基础上；到了浪漫运动时代，它却变成"天才""情感"和"想象"三大口号的来源，尽管当时人并不再相信阿波罗、缪斯和灵魂轮回说。

这里只能举这几个突出的事例，足见批判继承的实际情况是复杂的，柏拉图产生过深远的影响也并不是毫无内在原因的。美学史家们一方面要认识到柏拉图的客观唯心主义的反动性，另一方面也要追究他在西方既然起了那么大的影响，他的思想中究竟是否还有什么值得学习的。对于我们来说，这个工作还仅仅刚开始。

第三章　亚理士多德

一　亚理士多德——欧洲美学思想的奠基人

在《论亚理士多德的〈诗学〉》里，车尔尼雪夫斯基说，“《诗学》是第一篇最重要的美学论文，也是迄至前世纪末叶一切美学概念的根据”，又说，“亚理士多德是第一个以独立体系阐明美学概念的人，他的概念竟雄霸了二千余年”[①]。研究一下从希腊到十九世纪的欧洲文艺思想发展史，我们就会明白车尔尼雪夫斯基的评价是毫不夸张的。最早的希腊哲学家们如毕达哥拉斯学派和赫拉克利特等从自然科学的观点去看美学问题，到了苏格拉底和柏拉图才转而从社会科学观点去看美学问题。亚理士多德可以说是从自然科学的较发达的基础上，达到了自然科学观点和社会科学观点的统一。他是以前希腊美学思想的集大成者，不但是苏格拉底和柏拉图的直接继承者，而且也受到早期毕达哥拉斯学派以及唯物主义者赫拉克利特和德谟克利特的影响。在希腊文艺已达到高峰而转趋衰落的时代，他用科学的方法替希腊文艺的辉煌成就作了精细的分析和扼要的总结，因而写成了两部有科学系统的有关美学思想的专著：《诗学》和《修辞学》。除了这两部专著之外，他在他的许多著作例如《形而上学》（涉及艺术与科学，形式与材料，美的客观基础等问题），《物理学》（涉及艺术与自然，艺术与形式），《伦理学》（涉及艺术的创造性，

①见车尔尼雪夫斯基的《美学论文选》，人民文学出版社 1957 年版，第 124、129 页。

艺术与认识，艺术家的修养等问题)，《政治学》(涉及艺术教育问题)等书中都谈到一些重要的美学问题，提出他的独到的见解。他的这些理论著作在后来欧洲文艺思想界具有“法典”的权威，是作为探讨希腊文艺辉煌成就的钥匙而一直发生着深刻影响的。

亚理士多德是柏拉图的高足弟子。拿他和柏拉图来比较，他是既批判师说而又继承师说的，其中批判的部分远比继承的部分更重要。亚理士多德标志着希腊思想发展中的一个很大的转折点。这转折的关键在于亚理士多德首先是个自然科学家和逻辑学家，他放弃了过去的主观的甚至是神秘的哲学思辨，对客观世界进行冷静的客观的科学分析。这是一种方法上的转变。亚理士多德认识到方法对于科学研究的重要性，他写成了欧洲第一部逻辑学著作(《论工具》)。在《诗学》和《修辞学》里，他用的都是很谨严的逻辑方法，把所研究的对象和其他相关的对象区分出来，找出它们的同异，然后再就这对象本身由类到种地逐步分类，逐步找规律，下定义。例如他先把艺术和“理论科学”与“实践科学”区别出来，找出它的特点在创造，然后再就艺术(包括工艺等)中分出我们所了解的美的艺术，即他所谓“模仿的艺术”，找出它们的特点在“模仿”，于是再用模仿的“手段”或“媒介”，“对象”和“方式”作为标准来区别诗和其他艺术以及诗本身各种(如史诗、悲剧、喜剧等)的特质和规律以及彼此之间的同异和关系。而在这种分析过程中，亚理士多德经常地从希腊文艺作品中举例证，这就替文艺理论建立了科学分析的范例。

与此相关的是亚理士多德把一些其他科学的观点和方法应用到文艺理论领域里，最显著的是他从生物学里带来了有机整体的概念，从心理学里带来了艺术的心理根源和艺术对观众的心理影响两个重要的观点，从历史学里带来了艺术种类的起源，发展与转变的观点。这些相关科学的观点和方法的应用对亚理士多德的许多文艺见解的形成是有重大影响的。在后来欧洲文艺理论领域里有所谓“自然科学派”“心理学派”和“历史学派”。这些学派都要从亚理士多德的《诗学》里找出它们的祖先。

与方法相联系但比方法更基本的转变是哲学观点的转变。在哲学思想上亚理士多德表现出相当深刻的矛盾，但是拿柏拉图来比较，亚理士多德在由唯心主义到唯物主义的转变过程中迈进了一大步，尽管这转变还不彻底。首先应该指出的是他认识到普遍与特殊的辩证的统一，“理”即在“事”中，离“事”无所谓“理”，这就推翻了柏拉图的超感性世界的永恒的“理式”以及整个客观唯心主义哲学的基础。他肯定了我们所居住的这个世界就是真实的世界，不是“理式”的影子或摹本。列宁在读黑格尔哲学史笔记里说：亚理士多德对柏拉图的“理式”的批判，就是对一般唯心主义本身的批判。他又说：亚理士多德的唯心主义“在自然哲学里往往＝唯物主义”。这个基本的唯物主义的原则应用到文艺上来，应有的结论是文艺所模仿的对象既是真实的，它本身也就应该是真实的。这就肯定了文艺的理性和文艺的认识作用。

但是亚理士多德向唯物主义的转变终究是不彻底的，充满矛盾的，动摇于唯物主义与唯心主义之间的。他的矛盾首先表现在他对事物成因的看法。依他看，一切事物的成因不外四种：材料因、形式因、创造因和最后因。用他自己的例子来说，房子这个事物首先必有材料因，即砖瓦土木等。这些材料只有造成房子的潜能，要从潜能转到实现，它们必须具有一座房子的形式，即它的图形或模样，这就是房子的形式因。要材料具有形式，必须经过建筑师的创造活动，建筑师就是房子的创造因。此外，房子在由潜能趋向实现的过程中一直在趋向一个具体的内在的目的，即材料终于获得形式，房子达到完成，这种目的就是房子的最后因，亚理士多德所谓“材料”包含我们通常所说的“物质”以及“物质”以外一切可以造成一件事物的东西，例如诗所写的人物行动和具体情境，都包括在内。就肯定物质第一性来说，这里含有唯物主义的因素。但是亚理士多德假定物质原来没有形式而形式是后加的。材料是潜能（例如芽），经过发展达到实现，才有形式（例如树）。就一方面说，这里含有发展的观念；就另一方面说，形式和内容是被割裂开来了，亚理士多德没有看到这二者的统一性，没有看到既是物质就必具有形式，物质发展，形式也就随之发展。此外，还须指出，在材料与形式二者之中亚理士多德把形式看成是更基本的。这些都显出他的唯心主义的倾向。“创造因”这个概念如果应用到物质世界，就须假定有个创造主，因此，亚理士多德没有放弃“神”的概念，神还是“形式的形式”。亚理士多德所了解的“目的”也是指造物主（神）的目的；房子的目的并不指人的居住，而是指房子本身要达到房子形式的目的。他没有看到推动事物发展的主要是它的内在规律或内因，却认为只有神这个外因才能赋予形式于物质，决定事物的目的（最后因）。这显然也都还是唯心主义的。这种对事物成因的看法当然也要应用到文学和艺术。实际上亚理士多德是把“自然”或“神”，看作一个艺术家，把任何事物的形成都看成艺术创造，即使材料得到完整的形式，艺术本身也不过是如此。这种目的论对近代莱布尼茨和鲍姆嘉通等人所代表的理性主义的美学以及康德的美学都发生过深刻的影响。这种看法必然要影响到亚理士多德关于艺术模仿的看法。如果说艺术家模仿自然，自然只是材料因，作品的形式是形式因，艺术家才是创造因，他的模仿活动其实就是创造活动，他的模仿自然就不是如柏拉图所了解的，只抄袭自然的外形，而是模仿自然那样创造，那样赋予形式于材料，或则说，按照事物的内在规律，由潜能发展到实现了。

其次，亚理士多德的矛盾还表现在他对人类活动的看法以及根据这个看法而对全体科学所作的区分。他认为人类活动不外三种：认识或观照，实践行动，创造。在这三种之中他把认识或观照看成是最高的，因为只有借这种活动，人才能面对最高真理，才能显出他的智慧，才能享受到最高的幸福。在这一点上亚理士多德显然露出他的贵族阶级的人生观和柏拉图的唯心哲学思想的残余。柏拉图也是认为人生最高幸福在观照绝对真实世界（见《斐德若》篇和《会饮》篇）。亚理士多德所说的“实践活动”指城邦公民所应尽的职责，也就是伦理和政治方面的活动。至于“创造”则是艺术活动，这里“艺术”包括一切人工制作在内，不专指我们所了解的艺术。对这种广义的“艺术”，亚理士多德在《伦理学》里下了这样的定义：

> 艺术就是创造能力的一种状况，其中包括真正推理的过程。一切艺术的任务都在生产，这就是设法筹划怎样使一种可存在也可不存在的东西变为存在的，这东西的来源在于创造者而不在所创造的对象本身；因为艺术所管的既不是按照必然的道理既已存在的东西，也不是按照自然终须存在的东西——因为这两类东西在它们本身里就具有它们所以要存在的来源。创造和行动是两回事，艺术必然是创造而不是行动。①

用简单的话来说，一座房子（艺术）和一棵树不同，一棵树自然产生，自然存在，在它本身中就有必然产生和存在的道理，而房子却是可以存在也可以不存在的，所以它本身没有必然存在的道理，它的存在理由要溯源到建筑师，在这个意义上它有些偶然性。这里有一点基本上是唯物主义的，就是承认自然本身会有它必然存在的道理，但是这个正确的看法与“创造因”或“造物主”的概念是互相矛盾的。就艺术来说，亚理士多德把创造者从整个社会历史情境中孤立起来看，便以为艺术的形成完全靠个别的艺术家，而艺术本身便无必然产生和存在的道理，这也还是形而上学的唯心主义的看法。在人类活动区分的问题上，亚理士多德的最基本的毛病当然还在把认识、实践和创造看成三种分立的活动，既没有看出认识与实践的密切联系，也没有看出所谓“创造”还是认识和实践范围以内的活动。亚理士多德之所以作这样的区分，一方面是要指出艺术与科学（认识或理论活动）的分别，另一方面是要指出艺术与伦

---

①见《伦理学》，第六卷，第四节，根据牛津版劳斯的英译。

理和政治（实践活动）的分别。它们之中的分别确实是存在的，亚理士多德没有看出文艺是认识活动与实践活动的统一，创造活动不是落在认识与实践之外的。

就是根据人类活动的区分，亚理士多德把科学分为三类来容纳他自己的著作，即理论性的科学，包括“数学”“物理学”和“形而上学”；实践性的科学,包括“政治学”和“伦理学”;创造性的科学,包括“诗学”和“修辞学”。既然都叫“科学”，就有一个共同的任务：求知识。不过依亚理士多德的理论与实践分立的看法，理论性的科学只是为知识而知识，另外两种科学才有外在的目的，实践性的科学知识要指导行动，创造性的科学知识要指导创造。从这种科学系统的安排，我们可以看出在亚理士多德的心目中，涉及美学问题的“诗学”和“修辞学”在这个系统中所应占的地位和所应起的作用。他是把艺术放在知识基础上的，艺术家不仅对所用的材料要有知识，而且还要对创造的规律有知识。这一点须在研究他对艺术与现实的关系之后，才可以更清楚地看出。

二　模仿的艺术对现实的关系

亚理士多德用“艺术”（Tekhne）这个名词时还是用它的当时流行的意义，即一切制作，包括职业性的技术在内。至于我们现代所谓“美的艺术”如诗歌、音乐、图画、雕刻等，在亚理士多德的著作中叫作“模仿”(mimesis) 或“模仿的艺术”。从这个名称上就可以看出他把“模仿”看作这些艺术的共同功能。在表面上这还是柏拉图的看法，但是在实质上亚理士多德却在“模仿”这个名词里见到一种新的远较深刻的意义。柏拉图认为艺术所模仿的对象既不真实，它既只模仿这种虚幻的对象的外形，它本身就更不真实，“和真实隔着三层”，这种说法就构成他控诉诗人的两大罪状之一。亚理士多德见到普遍与特殊的辩证的统一，放弃了柏拉图的"理式"，肯定了现实世界的真实性，因而也就肯定了模仿它的艺术的真实性。这一点我们在上文已经谈到，但是还有更重要的一点：亚理士多德不仅肯定艺术的真实性，而且肯定艺术比现象世界更为真实，艺术所模仿的决不如柏拉图所说的只是现实世界的外形（现象），而是现实世界所具有的必然性和普遍性即它的内在本质和规律。这个基本思想是贯串在《诗学》里的一条红线，是诗与艺术的最有力的辩护，是现实主义的一条基本原则，所以也是亚理士多德对于美学思想的一个最有价值的贡献。但是这里可以看出亚理士多德的美学观点与哲学观点之间的矛盾，在哲学观点中他忽略了，而在美学观点中他却承认了，现实世界按内在规律的发展。

关于诗的高度真实性，亚理士多德的《诗学》第九章里拿诗和历史作比较时说得最清楚：

> 诗人的职责不在描述已发生的事，而在描述可能发生的事，即按照可然律或必然律[①] 是可能的事。诗人与历史家的差别不在于诗人用韵文而历史家用散文——希罗多德的历史著作可以改写成韵文，但仍旧会是一种历史，不管它是韵文还是散文。真正的差别在于历史家描述已发生的事，而诗人却描述可能发生的事，因此，诗比历史是更哲学的，更严肃的：因为诗所说的多半带有普遍性，而历史说的则是个别的事。所谓普遍性是指某一类型的人，按照可然律或必然律，在某种场合会说些什么话，做些什么事——诗的目的就在此，尽管它在所写的人物上安上姓名，至于所谓特殊的事就例如亚尔西巴德所做的事或所遭遇到的事。[②]

---

①可然律指在假定的前提或条件下可能发生某种结果。必然律指在已定的前提或条件下按照因果律必然发生某种结果。

②参照巴依瓦脱 (Bywater) 和布乔尔 (Butcher) 两种英译本译出，本文以下引文同。

用简单的话来说，历史所写的只是个别的已然的事，事的前后承续之间不一定见出必然性；诗所写的虽然也是带有姓名的个别人物，他们所说所行却不仅是个别的，而是带有普遍性的，合乎可然律或必然律的，因此诗比历史显出更高度的真实性。亚理士多德对于历史的认识还局限于编年纪事，所以见不到历史也应该揭示事物发展的规律。但是他比较诗与历史的用意是明白的，就是诗不能只模仿偶然性的现象而是要揭示现象的本质和规律，要在个别人物事迹中见出必然性与普遍性。这就是普遍与特殊的统一。这正是"典型人物"的最精微的意义，也正是现实主义的最精微的意义。

亚理士多德在《形而上学》里还说过：

> 知识和理解属于艺术较多，属于经验较少，我们以为艺术家比只有经验的人较明智……因为艺术家知道原因而只有经验的人不知道原因。只有经验的人对于事物只知其然，而艺术家对于事物则知其所以然。

拿这几句话和上引《诗学》里的一段话参校，艺术应揭示事物本质与规律的意思就更明显了。

这个看法是由总结希腊文艺经验得来的。《诗学》第二十五章里列举三种不同的模仿对象，其实也就是三种不同的创作方法：

> 像画家和其他形象创造者一样，诗人既然是一种模仿者，他就必然在三种方式中选择一种去模仿事物，照事物的本来的样子去模仿，照事物为人们所说所想的样子去模仿，或或是照事物的应当有的样子去模仿。

这里第一种就是简单模仿自然，第二种是指根据神话传说，第三种就是上文所说的“按照可然律或必然律”是“可能发生的事”。在这三种方式之中亚理士多德所认为最好的是第三种，这可以从第二十五章后半段的话看出：

> 如果以对事实不忠实为理由来批评诗人的描述，诗人就会这样回答：这是照事物应当有的样子描述的——正如索福克勒斯说他自己描绘人物是按照他们应该有的样子，而欧里庇德斯描写人物却按照他们的本来的样子。

在《诗学》里索福克勒斯一直是亚理士多德的理想的悲剧诗人，而欧里庇德斯却是经常遭到他谴责的。从此可知，按照事物或人物应该有的样子去描写，这是亚理士多德理想的创作方法。

“按照事物应该有的样子去描写”，这句话可能有两种解释。一种是唯心主义的解释，那就是艺术家凭主观而对事物加以“理想化”，这个看法在西方文艺理论界有悠久的历史，持这个看法的人大半都引亚理士多德为护身符。另一种是唯物主义的解释，那就是承认这是理想化，而这个理想却不单纯是诗人的主观产物而是按照事物的本质和规律来形成的。车尔尼雪夫斯基在《生活与美学》里替美下过这样的定义：

> 任何事物，我们在那里面看得见依照我们的理解**应当如此**的生活，那就是美的。[①]（重点是引者加的）

如果我们记得车尔尼雪夫斯基推崇《诗学》的话，这里就不难看出亚理士多德的影响，从作者的美学立场来看，他无疑是按照唯物主义的解释去理解“应当如此”的。“应当如此”就是“客观本质规律”。

① 《生活与美学》，人民文学出版社 1957 年版，第 6—7 页。

诗人所写的应该是按照道理来讲可能发生的事。但是希腊文艺的宝库，神话，所叙述的就是不可能发生的事。亚理士多德所举的三种创作方式中的第二种——“照事物为人们所说所想的样子去模仿”——替神话留了一条出路。关于这一点，他在《诗学》第二十五章里说：

> 一般地说，写不可能的事须在诗的要求，或更好的原则，或群众信仰里找到理由来辩护。从诗的要求来看，一种合情合理的不可能总比不合情理的可能较好。如果说宙克什斯所画的人物是不可能的，我们就应该这样回答：对，他们理应画得比实在的更好，因为艺术家应该对原物范本有所改进。

这里“不可能的事”是指像神话所叙述的在事实上不可能发生的事。从此可知，亚理士多德肯定了神话的虚幻性。但是他区别出“合情合理的（于理可信的）不可能”和“不合情理的可能”，而认为前者更符合诗的要求。所谓“不合情理的可能”是指偶然事故，虽可能发生，甚至已经发生了，但不符合规律，显不出事物的内在联系。所谓“合情合理的不可能”是指假定某种情况是真实的，在那种情况下某种人物做某种事和说某种话就是合情合理的，可以令人置信的。例如荷马根据神话所写的史诗在历史事实上虽是不真实的，而在他所假定的那种情况下，他的描写却是真实的，“合情合理的”，“符合可然律或必然律”，见出事物的普遍性和必然性的。亚理士多德自己在《诗学》第二十四章里是这样解释的：

> 主要的是荷马把说谎说得圆的艺术教给了其他诗人。秘诀在于一种似是而非的逻辑推理。如果假定A存在或发生，B就会存在或发生；人们因此就想到：如果B存在，A也就会存在——但是这是一种错误的推理，因此，如果A是不真实的，而假定A是真实的B就必真实的时候，只把B的真实写出就行了。因为我们既然知道

B是真实的，就会错误地推想到A也是真实的。①

这段话就是后来“艺术幻觉”说的起源，其中含有极深刻的意蕴。艺术的逼真并不是毕肖现象的浮面的真实，而是要揭示现象内部所含的普遍性与必然性，因此它的前提不妨是假设或虚构的，在历史事实上是不可能的，但是在假定这前提下，如果所写的都近情近理，令人看到就起逼真的幻觉，这就已尽了艺术的能事。

必然性和普遍性是事物发展的逻辑，要在发展过程中才见得出，所以亚理士多德提到人物性格时总是说“在行动中的人物”。人物也只有在行动中才见出典型性。如果把典型看作静止面或是数量上的总结，那就不会真正了解典型。就是在诗通过行动揭示人物事迹的普遍性和必然性这个意义上，亚理士多德断定“诗比历史是更哲学的，更严肃的”。诗所写的现实是经过提炼的现实，是比带有偶然性的现象世界更高一层的真实。因此，艺术可以化自然丑为艺术美，《诗学》第四章里说，“事物本身原来使我们看到就起痛感的，在经过忠实描绘之后，在艺术作品中却可以使我们看到就起快感，例如最讨人嫌的动物和死尸的形象”。此外，艺术也可以使事物比原来形状更美，《诗学》第十五章里说悲剧诗人“应该仿效好的画像家的榜样，把人物原形的特点再现出来，一方面既逼真，一方面又比他原来更美”。上面《诗学》第二十五章引文里所提到的希腊名画家宙克什斯就曾把希腊克罗通城邦里最美的美人召集在一起，把这许多美人的美点融会在一起，画成他的名画《海伦后》。这画既有现实的根据，又远比现实更美。②

亚理士多德论诗与其他艺术，经常着重有机整体的观念。这也是和他对文艺与现实关系的基本看法分不开的：形式上的有机整体其实就是内容上内在发展规律的反映。整体是部分的组合，组合所应根据的原则

①例如说“假定天下雨，地就会湿”，从此推论到“地湿了，天下了雨”，就是错误的推理。
②见罗马作家西赛罗（西赛罗，今通译作西塞罗。——编者注）的《谈创造》。

就是各部分之间的内在逻辑。亚理士多德在《政治学》（134a）里说过：

> 美与不美，艺术作品与现实事物，分别就在于在美的东西和艺术作品里，原来零散的因素结合成为一体。

零散的东西不免具有偶然性，彼此之间见不出必然的互相因依关系，结合成为一体之后，偶然的就要抛开，剩下来的因素彼此之间就要见出必然的互相因依的关系，就像人体各部分一样。在《诗学》第七章里亚理士多德替整体下了一个貌似平常而实在深刻的定义：

> 一个整体就是有头有尾有中部的东西。头本身不是必然地要从另一件东西来，而在它以后却有另一件东西自然地跟着它来。尾是自然地跟着另一件东西来的，由于因果关系或是习惯的承续关系，尾之后就不再有什么东西。中部是跟着一件东西来的，后面还有东西要跟着它来。所以一个结构好的情节不能随意开头或收尾，必须按照这里所说的原则。

各部分紧密衔接，见出秩序，这就是各部分在整体里不仅是不可少的因素，而且所站的位置也是不可移动的。这样，一个整体里一切都是必然的，合理的，没有任何偶然的和不合理的东西夹杂在内。《诗学》第八章里有一段话把这个意思说得很清楚："一个完善的整体之中各部分须紧密结合起来，如果任何一部分被删去或移动位置，就会拆散整体。因为一件东西既然可有可无，就不是整体的真正部分。"

这个有机整体观念在亚理士多德的美学思想里是最基本的。就是根据这个观念，他断定悲剧是希腊文艺中的最高形式，因为它的结构比史诗更严密。也就是根据这个观念，他断定叙事诗和戏剧之中最重要的因素是情节结构而不是人物性格，因为以情节为纲，容易见出事迹发展的必然性；以人物性格为纲，或像历史以时代为纲，就难免有些偶然的不相关联的因素。在《诗学》第二十三章里他指出叙事诗与历史的分别说："它在结构上与历史不同。历史所写出的必然不只是某一个情节，而是某一个时期，那个时期中对某个人或某些人所发生的事，尽管这些事彼此可以不联贯。"诗的结构却要是见出内在联系的单一完整的统一体。这正是《诗学》第八章所要求的"动作或情节的整一"。亚理士多德只强调过动作的整一，后来新古典主义者加上时间与空间的整一，合成所谓"三一律"，他们把动作的整一看成每篇诗只能写一个情节，不穿插附带的情节，这是从形式上看整一，忽略了内容上的内在联系。不仅如此，亚理士多德谈戏剧中的合唱队、音乐和语言等因素，也要求一切都要服从整体。谈到音乐时，他把一曲乐调比作一个城邦，其中统治者和被统治者都要各称其分，各得其所。[①]

在亚理士多德的美学思想中，和谐的概念是建立在有机整体的概念上的：各部分的安排见出大小比例和秩序，形成融贯的整体，才能见出和谐。后来许多美学家（例如康德以及实验美学派的费希纳）把和谐、对称、比例之类因素看成单纯的形式因素，好像与内容无关。在这一点上亚理士多德就比他们高明得多。他把这些因素看成与内在逻辑和有机整体联系在一起的，即由内容决定的。最能说明他的意思的是音乐，即他所认为"最富于模仿性的艺术"。在《问题》篇第十九章里他提出这样一个问题："节奏与乐调不过是些声音，为什么它们能表现道德品质而色香味却不能呢？"他的答案是："因为节奏与乐调是些运动，而人的动作也是些运动。"这就是说，音乐的节奏与和谐（形式）之所以能反映人的道德品质（内容，见于动作），是因为两者同是运动。音乐的运动形式直接模仿人的动作（包括内心情绪活动）的运动形式，例如高亢的音调直接模仿激昂的心情，低沉的音调直接模仿抑郁的心情，不像其

① 《政治学》1254a。

他艺术要绕一个弯从意义或表象上间接去模仿，所以说音乐是最富于模仿性的艺术。因为音乐反映心情是最直接的，它打动心情也是最直接的，所以它的教育作用也比其他的艺术较深刻。从此可见，音乐的节奏与和谐不能单从形式去看，而是要与它所表现的道德品质或心情联系在一起来看的。亚理士多德的这个内容形式统一的看法是深刻的，与形式主义相对立的。

关于文艺与现实关系方面，还有一点值得一提。亚理士多德看文艺问题，主要的从科学出发，要求一切都有一个理性的解释，所以抛开了过去的一些神秘观念。最显著的例子是他谈悲剧不提命运，谈艺术创造，他也放弃了柏拉图所崇奉的灵感。关于命运概念，下文再谈，现在只说“灵感”，这个名词在《诗学》里没有出现过一次，只有在《修辞学》卷三里谈词藻的选择时他偶然提到“诗是一种灵感的东西”。但是从这句上下文看，他用这个名词也不过像我们现在用它一样，指创造活动中的思致焕发，没有柏拉图所了解的因神灵凭附而转入迷狂状态的意思。与此相反，亚理士多德所要求于诗人的是清醒的理智。这在《诗学》第十七章里说得很明白：

> 在构思情节和用恰当的语言把它表现出来之中，诗人应尽量把所写的情景摆在眼前，把它看得活灵活现，恍如身历其境。这样他才会看出哪些才是妥当的，不至于把前后不一致的地方忽略过去。

从这番话以及从上述强调内在逻辑与有机整体的那些话看，我们可以说，亚理士多德对于希腊人所习用的“模仿”一词理解得比柏拉图远较深刻：它不是被动地抄袭，而是要发挥诗人的创造性和主观能动性，不是反映浮面的现象，而是揭示本质与内在联系。这种文艺思想基本上是符合现实主义的。

三　文艺的心理基础和社会功用

在文艺功用问题上，亚理士多德也比柏拉图前进了一大步。分别在于伦理理想。依柏拉图，理想的人格要能使理智处在绝对统治的地位，理智以外的一切心理功能例如本能、情感、欲望等，都被视为人性中“卑劣的部分”，都应该毫不留情地压抑下去。文艺正是要投合人性中这些“卑劣的部分”来产生快感，所以对于人的影响是坏的。这显然是摧残人性中大部分的潜能来片面地伸张理智的看法。亚理士多德的看法却与此相反。他的理想的人格是全面和谐发展的人格。本能、情感、欲望之类心理功能既是人性中所固有的，就有要求满足的权利；给它们以适当的满足，对性格就会发生健康的影响。就是从这种伦理思想出发，他对诗和艺术进行辩护：文艺满足人的一些自然要求，因而使人得到健康的发展，所以它对于社会是有益的。他在《诗学》第四章里首先就替文艺找心理根源，这其实也就是替文艺找辩护的理由：

> 一般的说，诗的起源大概有两个原因，每个原因都伏根于人类天性。首先模仿就是人的一种自然倾向，从小孩时就显出。人之所以不同于其他动物，就在于人在有生命的东西之中是最善于模仿的。人一开始学习，就通过模仿。每个人都天然地从模仿出来的东西得到快感。这一点可以从这样一种经验事实得到证明：事物本身原来使我们看到就起痛感的，在经过忠实描绘之后，在艺术作品中却可以使我们看到就起快感，例如最讨人嫌的动物和死尸的形象。原因就在于学习能使人得到最大的快感，这不仅对于哲学家是如此，对于一般人也是如此，尽管一般人在这方面的能力是比较薄弱些。因此，人们看到逼肖原物的形象而感到欣喜，就由于在看的时候，他们同时也在学习，在领会事物的意义，例如指着所描写的人说：“那就是某某人。”如果一个人从来没有见过原人或原物，他看到这种

形象所得到的快感就不是由于模仿，而是由于处理技巧，着色以及类似的原因。因为不仅模仿出于人类天性，和谐与节奏的感觉也是如此，诗的音律也是一种节奏。人们从这种天生资禀出发，经过逐步练习，逐步进展，就会终于由他们原来的“顺口溜”发展成为诗歌。

这里亚理士多德指出文艺的两种心理根源：一种是模仿本能，模仿也是学习的一种方式，使人从客观事物获得知识，所以能产生快感；另一种是爱好节奏与和谐的天性，模仿出来的东西如果见出节奏与和谐，也就能产生快感。第一种是有关内容的，把模仿和学习联系起来，这也就肯定了文艺反映现实的认识作用。第二种是有关形式的，和谐与节奏即属于上文所说的“处理技巧，着色以及类似的原因”。为着分析方便，亚理士多德把内容和形式分开来看，其实文艺是同时具有模仿本能与节奏和谐的感觉两种心理根源，内容与形式是分不开的。资产阶级的学者有人认为亚理士多德在这里承认单纯形式因素的独立存在，那是错误的。

欧洲文艺界有一个长久争辩的问题：文艺的目的是什么？快感，教益，还是快感兼教益？三种答案都各有很多的拥护者。柏拉图是片面强调教益而力图扼杀快感的。亚理士多德是最早的一个替快感辩护的哲学家。从《诗学》里许多提到快感的地方看，人们容易猜想亚理士多德好像肯定文艺目的就专在产生快感。事实上有许多资产阶级学者就采取这样的看法。例如《诗学》的英译者布乔尔（Butcher）就说：“亚理士多德对于诗的评断都根据审美的和逻辑的理由，并不直接考虑到伦理的目的或倾向。”“他是第一个设法把美学理论和伦理理论分开的人。他一贯地主张诗的目的就是一种文雅的快感。”[①] 阿特铿斯（Atkins）也说：“亚理士多德像是把美感的目的和道德的目的分开，认为前者是基本的，后者是附带的。”“代替这一切（指作者先已提到的“根据现实标准和道德

① 《亚理士多德的诗与艺术的理论》，1932 年伦敦版，第 225、238 页。

标准所作的破坏性的短见的批评”——引者），亚理士多德提供了一些更合理更有效的方法，特别指出审美的标准是唯一的标准，文学判断的真正基础就在于艺术的要求和标准。”“他的判断完全根据审美的理由。”[①]

事实是否果真如此呢？资产阶级学者们的根据是《诗学》第二十五章里所说的这样一句话：“正确性在诗里和在政治里不相同，正如它在诗里和在任何其他艺术里不相同一样”（布乔尔在他的英译里把“正确性”译成“正确的标准”）。其实亚理士多德在这里至多不过说艺术标准和政治标准（包括伦理标准）不完全是一回事，并没有说二者不可统一或互相排斥。作为一个逻辑学者，他要在不同事物中找出不同所在，以便见出每种事物的特质。他要在诗和政治之中见出分别，正如他要在诗和其他艺术之中见出分别一样。他指出了悲剧和史诗的不同，但是这并不曾妨碍他肯定悲剧和史诗的基本一致性。同理，他指出了艺术标准和政治标准的不同，但是这也不能就使人得出二者互不相容的结论。

我们近代人一提到艺术就联想到“美”或“审美”的字眼。其实“审美”这个字眼在希腊文里就不存在[②]，“美”字在《诗学》里只见过几次（例如第七章“美在于体积大小和秩序”）。至于与“善”字同义的“好”字则在《诗学》里经常出现。在《修辞学》里他替“美”所下的定义是把它作为一种善：“美是一种善，其所以引起快感，正因为它善。”[③] 这就足以说明亚理士多德对于诗的评断是否“都根据审美的和逻辑的理由，并不直接考虑到伦理的目的或倾向”，如布乔尔所说的。亚理士多德给“人”下的定义是“政治的动物”[④] 关于文艺的讨论占他的《政治学》的很大一部分篇幅。这是理所当然的。作为“政治的动物”，人就不能离开政治和道德观点来考虑文艺问题。近代资产阶级学者对于亚理士多德加以曲

---

① 《古代文艺批评史》，1934 年剑桥版，第一卷，第 81、112—113 页。

② “审美”(Aesthetic) 这个词虽源于希腊文的 Aesthetikos，但原义只是“感觉”。

③ 《修辞学》1366。

④ 《政治学》1253a。

解，一方面是替“为文艺而文艺”的口号找护身符，一方面也由于他们的形而上学的思想方法，把“审美的”“逻辑的”“道德的”等范畴截然分开；而亚理士多德考虑文艺问题，一般是把这些范畴融会在一起来想的。我们最好引亚理士多德在《诗学》第十三章对于他所最看重的悲剧情节结构所说的一段话，来说明他对文艺的辩证的看法：

> 如上所述，在最完美的悲剧里，情节结构不应该是简单直截的而应该是复杂曲折的；并且它所模仿的行动必须是能引起哀怜和恐惧的——这是悲剧模仿的特征。因此，有三种情节结构应该避免。一、不应让一个好人由福转到祸；二、也不应让一个坏人由祸转到福。因为第一种结构不能引起哀怜和恐惧，只能引起反感；第二种结构是最不合悲剧性质的，悲剧应具的条件它丝毫没有，它既不能满足我们的道德感（原文是“人的情感”——引者），又不能引起哀怜和恐惧；三、悲剧的情节结构也不应该是一个穷凶极恶的人从福落到祸，因为这虽然能满足我们的道德感，却不能引起哀怜和恐惧——不应遭殃而遭殃，才能引起哀怜；遭殃的人和我们自己类似，才能引起恐惧；所以这第三种情节既不是可哀怜的，也不是可恐惧的。四、剩下就只有这样一种中等人：在道德品质和正义上并不是好到极点，但是他的遭殃并不是由于罪恶，而是由于某种过失或弱点。

接着他讨论悲剧情节的转变只应有由福转祸一种，悲剧的结局应该是悲惨的。他赞扬欧里庇德斯为“最富于悲剧性的诗人”，就因为在他的悲剧里结局都是最悲惨的。此外，还有一种用双重情节的悲剧：

> 例如《奥德赛》就用了善有善报，恶有恶报的双重情节。由于观众的弱点，这种结构才被人看成是最好的；诗人要迎合观众，也就这样写。但是这样产生的快感却不是悲剧的快感。这种结构较宜

于用在喜剧里。在喜剧里最大的仇人，例如俄瑞斯特斯和埃基斯徒斯，在终场时可以变成好朋友，没有谁杀人，也没有谁被杀。

从这番话看，亚理士多德分析悲剧情节结构，无宁说是首先是从道德方面来考虑问题。悲剧主角应该是好人而不是坏人；情节的转变不应当引起反感而应满足道德感；由于要引起哀怜和恐惧，悲剧人物在道德品质上应该“和我们自己类似”。这里当然也有逻辑的考虑。一切安排都应该是合理的。亚理士多德明白地说过：“在所写的情节之中不应有任何不近情理的东西。”[①] 悲剧的特征在于模仿引起哀怜和恐惧，所以善有善报、恶有恶报的情节在逻辑上就不宜于悲剧而只宜于喜剧。一般的说，一件艺术作品如果既合道德标准（亦即政治标准），又合逻辑标准（亦即现实标准），在亚理士多德看来，它就已符合艺术标准了，上文四种情节结构的分析可以为证。但也有虽符合道德标准而不符合逻辑标准的事例，如上文所说的善有善报、恶有恶报的双重情节，不符合悲剧的定义，这同时也就不符合艺术标准。一般观众喜欢这类“圆满收场”，亚理士多德指责这是“弱点”。在这种情况之下，就要强调艺术标准和逻辑标准。但是他是否就因此放弃了道德标准呢？这个问题不但涉及亚理士多德对于悲剧的基本看法，而且也涉及他对于一般文艺的基本看法，须在这里弄清楚。

要弄清这个问题，我们须进一步研究亚理士多德的两个极重要的关于悲剧的理论：一个是悲剧主角的“过失”[②] 说，一个是哀怜和恐惧的“净化”说。

先谈“过失”说。悲剧的情节一般是好人由福转祸，结局一般是悲剧的。这种情节和结局，如果单从道德观点来看，是不易说得通的。希腊人自己的看法以及后来西方学者对于希腊悲剧的看法，都是归咎于命

① 《诗学》，第一五章。

②巴依瓦特的英译作“判断的错误”。

运。人们说，希腊悲剧所写的是人与命运的冲突，而近代戏剧所写的则是人与人的冲突，或是同一个人身上两种势力的冲突。亚理士多德要求一切合理，在《诗学》里从来不提希腊人所常提的“命运”二字，并且明白地谴责希腊戏剧所常用的“机械降神”（Deus ex Machina），即遇到无法解决的情境就请神来解决的办法。他怎样来解释好人由福转祸的情节呢？他的解释表面上好像是自相矛盾的。一方面他要求祸不完全由自取，他说，“不应遭殃而遭殃，才能引起哀怜”，另一方面他又要求祸有几分由自取，他说，悲剧主角的遭殃并不由于罪恶而是由于某种过失或弱点，所以“在道德品质和正义上并不是好到极点”，也就是说，“和我们自己类似”，才能引起我们怕因小错而得大祸的恐惧。把这两点合在一起来看，亚理士多德像是采取了折衷的办法来说明悲剧的合理。其实这正是他的辩证处。只有这种辩证的看法才能说明哀怜（须祸不由自取）和恐惧（须小过失引起大灾祸），因此，才能说明亚理士多德所了解的悲剧。他要求悲剧主角的性格有“和我们自己类似”之处，意义是极深刻的。只有这样，悲剧主角才能叫我们同情；也只有这样，悲剧作品才能成为社会的财富。这种考虑单是“道德的”呢？单是“逻辑的”呢？还单是“审美的”呢？应该说，它是这三种考虑的辩证的统一。

次谈“净化”说。《诗学》第六章悲剧定义中最后一句话是悲剧“激起哀怜和恐惧，从而导致这些情绪的净化”。这里所提的“净化”（katharsis）是历来研究亚理士多德的学者们长久争辩不休的一个问题。他们提出各种不同的解释。有人说“净化”是借重复激发而减轻这些情绪的力量，从而导致心境的平静；有人说“净化”是消除这些情绪中的坏的因素，好像把它们洗干净，从而发生健康的道德影响；也有人说“净化”是以毒攻毒，以假想情节所引起的哀怜和恐惧来医疗心理上常有的哀怜和恐惧。这些说法都有一个共同点，就是都认为悲剧的净化作用对观众可以发生心理健康的影响。

“净化”的真正解释要在《政治学》卷八里去找，在这里亚理士多德讨论音乐的功用也提到“净化”，但不是单提“净化”，原文是这样：

> 音乐应该学习，并不只是为着某一个目的，而是同时为着几个目的，那就是（1）教育，（2）净化（关于“净化”这一词的意义，我们在这里只约略提及，将来在《诗学》里还要详细说明）[①]，（3）精神享受，也就是紧张劳动后的安静和休息。从此可知，各种和谐的乐调虽然各有用处，但是特殊的目的，宜用特殊的乐调。要达到教育的目的，就应选用伦理的乐调；但是在集会中听旁人演奏时，我们就宜听行动的乐调和激昂的乐调。因为像哀怜和恐惧或是狂热之类情绪虽然只在一部分人心里是很强烈的，一般人也多少有一些。有些人受宗教狂热支配时，一听到宗教的乐调，就卷入迷狂状态，随后就安静下来，仿佛受到了一种治疗和净化。这种情形当然也适用于受哀怜恐惧以及其他类似情绪影响的人。某些人特别容易受某种情绪的影响，他们也可以在不同程度上受到音乐的激动，受到净化，因而心里感到一种轻松舒畅的快感。因此，具有净化作用的歌曲可以产生一种无害的快感。[②]

从此可知，这里所说的“净化”和《诗学》里所说的“净化”原是一回事。柏拉图也提到过古代希腊人用宗教的音乐来医疗精神上的狂热症，并且拿这种治疗来比保姆把婴儿抱在怀里摇荡来使他入睡的办法。[③]他所指的也正是“净化”这个治疗方式。从亚理士多德和柏拉图所举的“净化”的例子来看，可知“净化”的要义在于通过音乐或其他艺术，使某种过分强烈的情绪因宣泄而达到平静，因此恢复和保持住心理的健

---

① 《诗学》已残缺，现存的《诗学》没有关于“净化”的详细解释。“净化”有译作“陶冶”的，不妥，因为“陶冶”就是“教育”，亚理士多德明明把“教育”放在“净化”之上。

② 根据纠微特（Jowett）的英译。

③ 《法律》篇，第七卷。

康。在《诗学》里提到的是悲剧净化哀怜和恐惧两种情绪，在《政治学》里提到的是宗教的音乐净化过度的热情，这里同时还明白指出受“其他情绪影响的人”也都可以受到净化。从此可见艺术的种类性质不同，所激发的情绪不同，所生的“净化”也就不同。总之，人受到净化之后，就会“感到一种舒畅的松弛”，得到一种“无害的快感”。亚理士多德的这种“净化”说正是针对着柏拉图对诗人的控诉。柏拉图说，情绪以及附带的快感都是人性中“卑劣的部分”，本应该压抑下去而诗却“滋养”它们，所以不应留在理想国里。亚理士多德替诗人申辩说：诗对情绪起净化作用，有益于听众的心理健康，也就有益于社会，净化所产生的快感是“无害”的。

从此可知，亚理士多德反对悲剧用善恶报应的“圆满收场”而力持悲剧情节的转变应须由福转祸，收场定要悲惨，并不单纯地从文艺标准出发，他的“净化”说实在也带有社会的道德的考虑，正如他的“过失”说一样。他对悲剧的想法是深刻的，但是也有它的局限性。悲剧的主要的道德作用决不在情绪的净化，而在通过尖锐的矛盾斗争场面，认识到人生世相的深刻方面。亚理士多德虽然引用过赫拉克利特的和谐起于矛盾斗争的统一那个重要的学说，却没有把它应用来解释悲剧，这就是他的局限处。一直等到黑格尔用矛盾冲突来解释悲剧，悲剧的真正特质才算揭露了出来。

回到关于音乐净化的引文，亚理士多德在谈音乐歌曲的功用时，把教育的功用摆在第一位。只是这个简单的事实就足以粉碎资产阶级学者认为亚理士多德只顾审美标准的谬论。

对于一般美学原理来说，亚理士多德的净化说里还有一点值得特别注意。他认为不同种类不同性质的文艺激发不同的情绪，产生不同的净化作用和不同的快感。例如悲剧所产生的快感只是哀怜和恐惧两种情绪净化后的那种特殊的快感，亚理士多德屡次把它叫“悲剧的快感”，并且指出它是悲剧所特有的，至于写善恶报应所生的快感以及写滑稽性格所生的快感就只宜于喜剧而不宜于悲剧。这种快感其实就涉及一般美学家所说的“美感”。历来美学家谈到“美感”，大半把它看作在一切审美事例中都相同的一种通套的快感。这是脱离产生美感的具体情境来看美感，把美感加以抽象化和套板化。亚理士多德的看法则是：产生美感的东西不同，所产生的美感也就不同。还不仅此，情绪净化的快感只是美感来源之一，他还提到模仿中认识事物所生的快感以及节奏与和谐所产生的快感。这几种快感在不同的文艺作品中分量配合不同，总的效果——美感——也就不一致。这是一种带有辩证意味的看法，可惜历来美学家没有给以足够的重视。

亚理士多德也是心理学的祖宗，无论是在《诗学》里还是在《修辞学》里，他随时随地都在进行心理的分析，特别是考虑重要问题，都从观众心理着眼。上文所介绍的“净化”说，“过失”说，关于悲剧情节的看法以及关于美感的看法，都足以说明这一点。此外，《诗学》里还有一段专门讨论美，另一段专门讨论喜剧，附带地提到丑，也都是心理分析的范例。这两段虽都是断简零篇，对美学思想的发展史却很重要，所以应该在这里介绍一下。

关于美的一段是在第七章：

> 一个有生命的东西或是任何由各部分组成的整体，如果要显得美，就不仅要在各部分的安排上见出一种秩序，而且还须有一定的体积大小，因为美就在于体积大小和秩序。一个太小的动物不能美，因为小到无须转睛去看时，就无法把它看清楚；一个太大的东西，例如一千里长的动物，也不能美，因为一眼看不到边，就看不出它的统一和完整。同理，戏剧的情节也应有一定的长度，最好是可以让记忆力把它作为整体来掌握。

这里指出了美的客观标准，同时也指出了这种客观标准与人的认识能力的密切联系。事物如果要显得美，一方面要靠它本身的特质，一方面也要靠观众的认识能力。

关于喜剧和丑的一段在《诗学》第五章：

> 喜剧的模仿对象是比一般人较差的人物。所谓“较差”，并非指一般意义的“坏”,而是指具有丑的一种形式,即可笑性（或滑稽）。可笑的东西是一种对旁人无伤，不致引起痛感的丑陋或乖讹。例如喜剧面具虽是又怪又丑，但不致引起痛感。

这里有三点值得注意，第一，是把“丑”作为一个审美范畴提出，喜剧里不但模仿的对象丑（人物），而且模仿的成品（面具）也丑。这种丑的存在却不妨碍人把喜剧作为艺术来欣赏。这事实就引起一些颇难解决的美学问题：丑能否化为美？丑在艺术中是否可以有地位？丑是否可以作为审美的对象？丑与美的关系究竟如何？这些问题在后来美学中是经常争论的，这里当然不能详谈，只略提“丑”这个审美范畴提出的重要性。其次,“可笑的东西是一种对旁人无伤,不致引起痛感的丑陋或乖讹”这句定义是深刻的。后来许多关于喜剧和滑稽的理论都可以在这句话里找到萌芽（例如康德的乖讹说，柏格荪的机械动作说等）。第三，悲剧定义中着重行动情节，喜剧定义中却着重人物性格的丑陋乖讹，这种分别是正确的、重要的，一般戏剧作品都可以证明。

四　亚理士多德的美学观点的阶级性

亚理士多德从社会观点看文艺，往往不免流露一些他的贵族阶级的意识形态。最明显的例子是他所定的悲剧主角的条件之一就是“享有盛名的境遇很好的人，例如伊底普斯、提厄斯特斯以及出身于这样家族的名人”[①]。这就是说，只有上层贵族阶级的人物才可以当悲剧主角。这个思想长久地统治着西方戏剧界。对于过去社会来说，它未始没有片面的真理，因为统治阶级人物有较多的机会去发出社会影响重大的行动。但是在社会主义社会里，不平凡的事往往是平凡的人所做出来的，所以亚理士多德的规律就不能适用于近代戏剧小说或电影。

其次，亚理士多德在《政治学》里所设计的文艺教育，也像在柏拉图的《理想国》里一样，只以统治阶级的青年为对象。他特别着重音乐，但是主张儿童只应学会欣赏音乐，却不应自己去演奏，来供旁人娱乐。儿童也应学图画，但是目的不在当画师，只在培养对美的形象的欣赏力以及艺术品收藏家的鉴别力。他认为涉及工匠技艺和劳动，便会降低贵族文化人的身份。他说得很明白：“我们的教育计划排除关于音乐演奏的职业性的训练以及一切具有职业性的课程”[②]，从此可知，亚理士多德和柏拉图一样，对于职业性的技艺以及把文艺作为职业性的活动，都是极端轻视的。

第三，最根本的还是亚理士多德对文艺所采取的观点完全是静观的观点。我们在上文已介绍过他对人类活动的区分以及他把认识或观照看成人生的最高幸福。他不但把认识的活动和实践的活动完全分开，而且认为实践活动希求达到外在的目的，远不如认识活动那样没有外在的目的，“无所为而为”，在平静中欣赏它自身所产生的乐趣。因此，他谈到文艺，也想把它看成只关观照的认识活动，不把它作为一种实践活动。希腊人的最高幸福理想是神的生活，而神的活动，据亚理士多德看，是寂静的，不带动态的。[③] 人应该像神一样，从静观默想中得到最高的快乐，艺术也应该表现出神的庄严静穆，才真达到最高的风格。这就是一般批评家们所常说的“古典的静穆”。这种静穆理想正是希腊文艺理论与实

① 《诗学》，第一三章。

② 《政治学》，第七卷。

③ 《形而上学》10746。

践都偏重静观的结果，同时也是奴隶主的生活理想的反映。所以亚理士多德在伦理和艺术两方面都采取了静观的观点，是有历史根源与阶级根源的。苏联美学史家阿斯木斯特别强调亚理士多德的这一个弱点，认为他把创造和欣赏都看成“被动的反映”，而他所定的一些审美的规范也只是“消费者”的规范，“只关心到要遵照它们才能达到美感欣赏或观照的那一类的规则”[①]，除掉“被动的反映”一点以外，这话是说得很透辟的。不过侧重静观是过去西方美学思想中一个普遍的长久存在的弱点，直到马克思在《费尔巴哈论纲》里指出静观观点与实践观点的分别和关系之后，实践观点才逐渐在美学界占上风。

五　结束语

亚理士多德处在希腊哲学、文艺以及一般文化都已发展到可以做总结的时代，而他在哲学方面特别是在逻辑学和自然科学方面，都有足够的修养来做这种总结。他的《诗学》和《修辞学》都是西方最早的具有科学系统性的有关美学的著作。由于他一方面总结了希腊文艺的最高成就，一方面建立了一些规范性的理论，所以他在西方文艺思想界发生了长久的深刻的影响。

他的基本哲学观点是徘徊于唯心主义与唯物主义之间的，但是对于文艺与现实关系问题，他的看法却基本上是唯物主义的，现实主义的。由于他放弃了柏拉图的客观唯心主义的“理式”，认识到普遍与特殊的统一，这就使他能批判柏拉图的文艺“和真实隔着三层”的谬论，肯定了文艺的客观真实性。还不仅此，他还批判了柏拉图的模仿只是抄袭表面现象的看法，认为模仿应揭示事物发展的普遍性和必然性，诗的灵魂

①见阿斯木斯的《古代思想家论艺术》序论。

在它的内在逻辑，要表现出某种人物在某种情境所言所行，都是必然的，合理的，具有普遍性的。这就替典型说打下了基础。从普遍性与必然性两个概念出发，他又建立了艺术有机整体的概念。事物的内在逻辑本身就要求有机整体的形式来表现，这是内容与形式统一原则中的一个最基本的意义。根据有机整体的概念，他断定了悲剧是希腊诗的最高形式，在悲剧里情节结构是最基本的要素，人物性格只有在见诸行动即表现在情节结构里才有意义，而且情节结构要单一而完整（三一律中的动作的整一）。由于他要求一切有科学的解释，他也放弃了希腊人所深信的命运观以及柏拉图所主张的灵感说。

就文艺的社会功用问题来说，他经常是把这问题和文艺的心理根源与心理影响问题摆在一起来考虑的。他认为模仿是学习的基础，是人类生来就有的自然倾向，爱好节奏和谐之类美的形式也是人类生来就有的自然倾向。自然倾向就是生机，它要求宣泄，要求满足，否则心理健康就会受到影响，因此，文艺激发情绪，产生快感，并不是什么坏事，像柏拉图所说的。总之，他肯定了文艺的要求是一种自然的要求，因此，也就有它的存在理由以及它的社会功用。他虽然指出文艺标准不同于政治标准（包括伦理标准），但却不认为评判文艺只靠文艺标准就行，如一般资产阶级文艺理论者所主张的。恰恰相反，他总是把美和善，文艺和道德，联系在一起来考虑问题的。最典型的例证是他的悲剧“净化”说和悲剧主角“过失”说。他认识到文艺能发生深刻的教育作用，所以在《政治学》里定出了详细的文艺教育计划。

亚理士多德的文艺思想，由于受到赫拉克利特的影响，不但有些唯物主义因素，而且有些自发的朴素辩证法的因素，这主要表现于下列各点：(1) 诗的真理是普遍与特殊的统一，这不但已建立了典型说，而且也已隐含黑格尔的“美是理念的感性显现”那个定义；(2) 艺术反映现实，但须经过理想化，“照事物应当有的样子去模仿”，主观理想应与客观规律符合，这里已见出“主观与客观的统一”；(3) 艺术是有机的整体，部分与全体密切联系，才产生和谐；(4) 在人物性格的塑造中，艺术的考虑与伦理的考虑须统一，不应像柏拉图那样片面地从政治观点看艺术，这里已隐含政治标准与艺术标准的统一；(5) 文艺的功用首先在对客观事物的认识，其次在形式和谐所引起的美感；情节的内在逻辑要求布局有头有尾有中部；这里已隐含内容与形式统一而内容起决定作用的原则。

在某些问题上，特别是在主张上层统治人物才能做悲剧主角，轻视技艺和文艺职业以及把静观悬为文艺的最高理想等方面，他反映出当时奴隶主阶级的意识形态，因而暴露出他的历史局限性。

第四章　亚历山大理亚和罗马时代：贺拉斯、朗吉弩斯和普洛丁

古希腊的政治经济到了公元前四世纪，由于奴隶制的生产关系已不能适应当时生产力发展的水平，开始遇到危机。政治中心由雅典移到北方的马其顿，马其顿的国王亚历山大（公元前356—前322）在不到十年之中，凭军事力量，开创了一个横跨欧非亚三洲的庞大帝国。但是这个帝国统治之下的许多民族既是仅凭军事力量统一起来的，内部组织松散，所以亚历山大一死，它立即四分五裂。从此西方政治中心就逐渐由希腊移到罗马。罗马鼎盛是从公元前一世纪开始的，前此约莫三百年中，希腊文化还经过一个“同化希腊的”或亚历山大理亚的阶段。亚历山大理亚是埃及的一座名城，是由亚历山大部下统治非洲的将军托雷密所建立的。这个地方在公元前三世纪左右，继腓尼基亚成为地中海沿岸各民族的商业中心，工商业的繁荣引起了文化的繁荣。托雷密在此建立了一座当时规模最大的图书馆和一座带有科学研究机构性质的博物馆。这就从希腊吸引来大批学者，包括亚理士多德的许多门徒，托雷密本人就是亚理士多德的一个门徒。他们成立了一些学派，开创了一种经院式的学术风气，他们对于科学和哲学的研究在当时西方发生了广泛的影响。罗马之接受希腊文化，在很大程度上是通过亚历山大理亚的媒介。

亚历山大理亚的文化终究是西方文化进入长期低潮的开始。个人与城邦集体统一的那种希腊盛世的政治情况已经一去不返，个人已从社会分裂开来，进行一些独立的分散的活动。亚历山大理亚的学者们就大半

是些脱离现实的关在书斋里辛勤钻研的学究，不像柏拉图和早期诡辩学派那样积极参加政治斗争。他们的视野很窄狭，也没有伟大的社会理想和社会力量来鼓动他们的思想，因此这个阶段没有成就突出的伟大人物。

统治这个时期乃至罗马时期的哲学思想主要有三派：伊壁鸠鲁派、斯多噶派和怀疑派，都起源于公元前四世纪和三世纪。伊壁鸠鲁派在三派之中是最进步的。他们继承德谟克利特的原子论的传统，相信物质是现实世界的基础，感觉经验是认识的基础。在伦理方面，他们认为人生最高的目的在快感，而快感据说就是“不受身体方面的痛苦和精神方面的忧虑”。他们虽然否认快感就是感官享乐，但是一般把伊壁鸠鲁主义加以庸俗化的人总是把它的人生理想了解为感官享乐。这种人生理想毕竟带有颓废意味，因为它特别侧重个人主义和恬淡静穆的生活。斯多噶派在早期继承赫拉克利特的传统，本来有些唯物的和辩证的倾向，但是到后期却转变为反动的唯心主义的，宣扬命定主义和禁欲主义，认为人生最高理想是静观默想，丝毫不动情感，丝毫没有欲望。这里颓废色彩是很显著的。怀疑派以庇雍（公元前365—公元前275左右）为代表，宣扬事物不可知论，因此，他们认为对事物最好不下判断，不置可否，这样才可以保持心境的平静安宁，寂然不动。值得注意的是这三派在人生观方面是彼此很接近的，他们都反对情感的激动，都提倡个人心境的安宁静穆。他们对于用实践行动来改变世界都缺乏信念，都把最高理想摆在清静无为、无忧无虑上面。这显然反映出奴隶社会的开始瓦解和西方古代文化的开始衰颓。

衰颓迹象在文艺理论和美学思想方面也表现得很清楚。亚历山大理亚学者们既没有一种昌盛的新的文艺创作实践做基础，又没有一种结合现实生活的有强大生命力的哲学思想做基础，所以他们对于文艺的研究，已由文艺对现实的关系和文艺的社会影响之类根本问题转到形式技巧的分析。他们的产品主要的是些修辞学论著，纵然偶尔涉及诗学，也还是从修辞学的角度来看诗学问题。有人把亚理士多德死后五六百年的时期（包括罗马时期）叫作“修辞学的时期”，这是很有见地的。这时期修辞学论著确实是如雨后春笋，多至不可胜数。他们的功绩在于奠定了修辞学和语法学的基础，铸造了这两门科学中的一些术语，提出了一些分类标准。他们对于古典作品的分析和比较文学的研究也树立了一些典范。在他们作品中披沙拣金，往往也可以找出一些有理论价值的见解，例如斯多噶派修辞学家指出语言与思想的统一，斐罗斯屈拉特（公元三世纪）在传统的“模仿”概念之外，提出了“想象”一个概念，认为“想象”比“模仿”是“更明智的匠人”，“模仿造出它所见过的，想象则造出它所没有见到而只根据现实比拟来假设的”。[①] 不过总的来说，亚历山大理亚学派修辞学大半偏重形式技巧，理论性不强，比较繁琐枯燥。

罗马时期的文艺理论和美学思想大半都受到亚历山大理亚学派的影响，所以也染到这派风气中的一些缺点和毛病。在罗马时期，开始了长久统治西方的崇拜古典的风气。无论在创作方面还是在理论方面，罗马人都把古希腊的成就看作不可逾越的高峰。希腊人强调艺术模仿自然，罗马人也接受了这个现实主义的基本原则，却更强调“模仿古人”。罗马诗人们大半都从模仿希腊古典入手，例如维吉尔（公元前 70—公元前 19）在史诗方面模仿荷马，在田园诗方面模仿希阿克利特。文艺理论家们也大半寸步不离亚理士多德，到晚期又逐渐转向柏拉图。

趁此须略谈一下古典主义。这在罗马时代就已开始形成，它广泛流行于文艺复兴时代（文艺复兴的本义就是“古典学术的复兴”），演变为十七八世纪的新古典主义。这个古典主义何以在罗马时期形成呢？这里主要的原因是政治的。第一，罗马文艺的鼎盛时期是在公元前一世纪奥古斯都时代，这时罗马人通过长期侵略战争，已把一个共和政体的城邦变成一个军事统治的庞大帝国，久已开始的生产力的发展与落后的奴隶生产关系之间的矛盾更加尖锐化，民族间、阶级间以及统治阶级内部的斗争都日趋剧烈，大规模的区域暴动和奴隶起义经常发生，所以罗马统

①参看本书第二十章（二）。

治阶级的最艰巨的任务是维持政权。这就迫使他们倾全力于军事、交通、贸易、政治、法律、税收以及农业、水利、建筑之类实际工作。因此，罗马文化的突出成就也主要在这些方面。他们没有余力，也没有需要，在哲学和文艺方面独自开辟一个新天地，由于罗马和希腊同是奴隶社会，基础大致相同，意识形态不妨一致，所以罗马接受希腊古典遗产是顺理成章的事。此外，在罗马本土以及罗马所统治的许多地区，希腊语是广泛流行的，文化教育也主要是希腊的。利用原已存在的统一的文化作为从思想上统一被征服的各民族的统治工具，这从政治角度来看，对于维持罗马帝国的政权是有利的。也正是为了这个缘故，罗马帝国后来接受了基督教。

罗马文艺作为希腊文艺的继承来看，不免是"取法乎上，仅得其中"。它的发展很符合一般文化由成熟转到衰颓时所常现出的规律，原始的旺盛的生命力和深刻的内容已不存在，人们所醉心的是艺术形式的完美乃至于纤巧。希腊文艺落到罗马人手里，"文雅化"了，"精致化"了，但是也肤浅化了，甚至于公式化了。罗马的拉丁古典主义与其说近于希腊，无宁说更近于亚历山大理亚。在文艺理论与美学思想方面情形也大致如此。

在亚历山大理亚和罗马时期，我们在无数文艺理论家和修辞学家之中，只选了贺拉斯、朗吉弩斯和普洛丁三人为代表。贺拉斯是拉丁古典理想的奠定者，对文艺复兴和新古典主义时代起过深刻的影响。朗吉弩斯的《论崇高》弥补了亚理士多德的《诗学》的一个缺陷，把文艺的情感效果生动地表现出来，流露了一些浪漫主义的倾向。普洛丁在三人之中算是自有一个哲学系统的，他是新柏拉图主义的开山祖，中世纪基督教神秘主义美学思想的主要来源，形成古代与中世纪美学思想的桥梁。

一　贺拉斯

贺拉斯（Horatius，公元前65—公元8）生在罗马文学的黄金时代，即所谓奥古斯都时代，与维吉尔和瓦留斯两位大诗人同时。他自己也是一个有才能的讽刺诗人和抒情诗人。他的《论诗艺》本是给罗马贵族庇梭父子论诗的一封诗体信。据说这是根据希腊学者尼阿托雷密的一部论诗的著作写的，其中创见不多，但代表当时流行的一些文艺信条。内容分三部分：第一部分泛论诗的题材、布局、风格、语言和音律以及其他技巧问题；第二部分讨论诗的种类，主要讲戏剧体诗，特别是悲剧；第三部分讨论诗人的天才和艺术以及批评和修改的重要性。这三部分的思想层次往往很零乱，尽管作者再三强调诗文要讲究层次布局。就性质来说，这篇作品与其说是理论的探讨，不如说是创作的方剂。

在泛论里贺拉斯没有深入讨论文艺本质问题，大体上接受了传统的艺术模仿自然的观点。他劝诗人“向生活和习俗里去找真正的范本，并且从那里吸收忠实于生活的语言”。在“模仿”之外，他提出了一个新的概念——“创造”。创造可以凭想象虚构，但是“为引起娱乐而作的虚构须紧密接近事物的真相”。“如果为追求变化多彩而改动自然中本是融贯整一的题材，那就会像在树林里画条海豚，在海浪里画条野猪，令人感到不自然。”因此，“好作品的源泉在于正确的思辨”。总的来说，贺拉斯的文艺观基本上是符合现实主义的。

但是这也只是肤浅的现实主义。这表现在他对于人物性格的看法。有人以为贺拉斯是典型性格说的主要提倡者。其实他所了解的“典型”只是定型和类型。定型是传统人物的传统写照，他说：

> 写剧本如果再用“远近驰名的”阿喀琉斯，你就得把他写成一个暴躁，残忍的凶猛的人物，不承认一切法律，法律仿佛不是为他而设的，他要凭武力解决一切……

所以要把他写成这样，是因为荷马在《伊利亚特》史诗里是这样写的。这好比中国旧戏写曹操，一向都把他写成老奸巨猾，这已经成了定型，后来的作家就不敢翻案。这种定型说是和崇拜古典的观点一致的，只能说是一个极端保守的观点，与我们所理解的揭示人物本质的典型性格并不是一回事。

关于类型，贺拉斯举不同年龄的人物为例，说幼年、青年、中年和老年各有一种共同的性格，例如"老年人一般多烦恼，因为他们总是贪得无厌，挣来的钱只知储蓄，舍不得享受；同时他处理一切事务总是没精打采，迟疑不定，缩手缩脚，不敢抱大希望，贪生怕死，动不动就生气，老是颂扬过去，一开口就是'当我年轻的时候'，对青年后进总爱批评责备"。他劝告作者说，"如果你想观众静听终场，鼓掌叫好，你就必须根据每个年龄的特征，把随着年龄变化的性格写得妥帖得体"，"不要把老年人写成青年人，也不要把小孩子写成老年人"。从此可见，贺拉斯所说的是同类人物的共性，是一种由概括化得来的抽象品，是数量上的总结而不是共性与个性统一的有血有肉的典型性格。如果我们回想一下亚理士多德在《诗学》第九章里关于诗的普遍性所说的话，就不难看出贺拉斯在典型问题上不是前进了而是倒退了。亚理士多德在《修辞学》卷二第十二到十七节里为着说明修辞家须了解听众性格时，也曾经就人的年龄和境遇，分成若干类型，但是着眼在文词对观众的效果，而不在文学所要反映的人物性格的典型。贺拉斯关于三种年龄的类型的说法可能受到亚理士多德的影响。这种类型说是与"普遍的人性"一个概念密切联系的，过去古典主义派所理解的"典型"大半就是这种类型。这也是"典型"的意义之一，但也只是一个肤浅的片面的意义，它容易导致公式化和概念化。

在诗的功用问题上，贺拉斯的看法对后来人的影响比较大。前此存在着文艺应不应该以产生快感为目的的问题。我们记得，柏拉图只看重诗的教育功用，把"滋养快感"看作诗的一大罪状。亚理士多德才承认诗产生快感是合乎自然的，同时也承认诗的教育功用乃至于保健功用。贺拉斯认为诗有教益和娱乐的两重功用，本来他也没有说出什么新的东西，不过他的话说得比前人简洁而明确：

> 诗人的目的在给人教益，或供人娱乐，或是把愉快的和有益的东西结合在一起。

这就成了一个公式，后来文艺复兴和新古典主义时代的文艺理论家们反复地援引过，讨论过。在另一段里，贺拉斯还强调诗对开发文化的作用，举例证说，奥浮斯[①]“使森林里的野蛮部落放弃残杀的粗野的生活”，此外还有些古代诗人“划定人与国的界限和神与凡的界限，建立城廓，防止奸淫，替夫妇定出礼法，把法律刻在木板上”，歌颂英雄，鼓舞斗志，以及“用诗篇来传达神旨，给人指出生活的道路”。从文艺复兴时代起，西方不断地出现所谓“诗的辩护”，大体上都是模仿这段话的口吻。

《论诗艺》对后来发生影响最大的在于古典主义的建立。贺拉斯劝告庇梭父子说：

> 你们须勤学希腊典范，日夜不辍。

这句劝告成为新古典主义运动中一个鲜明的口号，布瓦罗、波普等人都应声复述过，这句口号强调古典文化的继承，原有它的积极的一方面，但是不建立在批判的基础上，继承就必流于保守。这表现在贺拉斯所建立的一系列的教条上。首先是文艺选材的问题。贺拉斯虽然承认选材可以“谨遵传统”，即沿用旧题材，也可以独创，即运用新题材，但是在这两种办法之中，沿用旧题材是比较稳妥的。他说得很明确：

> 用自己独创的方式去运用日常生活的题材，这是一件难事，所

---

①希腊传说中的古诗人。

以你与其采用过去无人知晓，无人歌唱过的题材，倒不如从《伊利亚特》史诗里借用题材，来改编成为剧本。

这句劝告是欧洲剧作者长期遵守的。只消把法国十七世纪高乃伊和拉辛的悲剧题材作一个统计，便可看出绝大部分都是希腊罗马的旧题材。莎士比亚的悲剧也大半取材于历史或前人作品。到了启蒙运动，狄德罗和莱辛对严肃喜剧或市民剧的提倡多少改变了这个沿用旧题材的风气，但是也并没有完全把它废去，歌德的《浮士德》和《伊斐见尼亚》都可以为证。

其次关于处理题材的方式，贺拉斯的看法也基本上是保守的。上文已经提到，沿用古典作品中的人物，还必须遵照古人所写的那种定型。连诗的格律，贺拉斯也主张拉丁诗应沿用希腊诗的格律，尽管这两种语言在音调上有很大的分别。他说，“国王和将领的事迹和战争的悲惨应该用什么格律去写，荷马已经树立了典范”。但是在诗的语言问题上，贺拉斯的观点却是进步的。他承认词汇在不断地新陈代谢，“人手制造出来的东西都必终于消逝，语言的美妙更难万古长青。许多久已过时的字还会复活，现在大家都称赞的字将来也会消亡。这一切都取决于习惯，习惯才是语言的裁判，法则和规律”。因此，贺拉斯不反对诗人运用日常生活中的词汇，甚至不反对铸造新字来表示新事物。他把新字叫作“带有时代烙印的字”。

贺拉斯强调模仿古典，但也反对生搬硬套，或者“逐句逐字的翻译”。沿用旧题材，也并不妨碍反映新生活，他称赞拉丁诗人说：

我们本国诗人试用过各种体裁，特别可引以为荣的是他们并不墨守希腊成规，能在悲剧和喜剧里歌颂我们自己民族的事迹。

这就是承认旧瓶可以装新酒。

古典主义者都号召向古典文学作品学习，究竟古典文学的理想是什么呢？或则说，根据古典主义者的看法，诗所必不可少的品质是什么呢？贺拉斯的回答是“合式”（decorum）或“妥帖得体”。“合式”这个概念是贯串在《论诗艺》里的一条红线。根据这个概念，一切都要做到恰如其分，叫人感到它完美，没有什么不妥当处。这主要是对于艺术形式技巧的要求。亚理士多德在《诗学》和《修辞学》里已一再涉及这个概念，但是并没有过分强调。到了罗马时代，“合式”就发展成为文艺中涵盖一切的美德。

“合式”这个概念首先要求文艺作品首尾融贯一致，成为有机整体。有机整体也是亚理士多德在《诗学》里特别强调的，不过他是专就作品的内在逻辑和结构来说的。贺拉斯进一步把整体概念推广到人物性格方面：

> 如果你把前人没有用过的题材搬上舞台，敢于创造新人物，就必须使他在收场时和初出场时一样，前后完全一致。

这话说得很含混，如果指人物不能有发展和转变，那就是不正确的；如果指人物的发展要依内在的必然性，那就当然是正确的。

整体概念与和谐概念是密切联系的。《论诗艺》一开始就用了一个譬喻，说明一部作品不能“把不相协调的形象胡乱拼凑在一起”，说这种作品就好比一幅画在马颈上安上人头，上身是美女，下身却拖着一条又黑又丑的鱼尾巴。因此，他就定下一条规则：“不管你写什么，总要使它单纯，始终一致。”

贺拉斯还把和谐整体的要求推广到风格方面。他反对为着炫耀，在作品中插进一些色彩特别鲜艳的与上下文不协调的辞藻。他把这种卖弄词采的段落取了一个有名的绰号——“大红补丁”。

根据“合式”的概念，贺拉斯替戏剧制定了一些“法则”，例如每个剧本“应该包括五幕，不多也不少”；每场里“不宜有第四个角色出来说话”；丑恶凶杀的情节只宜通过口头叙述，不宜在台上表演；悲剧和喜剧各有合式的语言和格律，不能乱用；语言要适合人物的性别、年龄、职业和社会地位之类。这些“法则”大半来自当时戏剧实践，原来各有理由，不过贺拉斯有把它们定成死板规律的倾向，这对于后来西方戏剧的发展有时成了一种束缚。

“合式”牵涉文艺标准问题。合什么“式”呢？这“式”是由谁定的呢？它是否一成不变呢？古典主义者大半都是普遍人性论者。他们相信人性中都有理性，无论就创作还是就欣赏来说，理性都是判断好坏的标准。贺拉斯所要求的“合情合理”“一致性”和“正确的思辨”其实都假定普遍永恒的理性。我们知道，“思辨”与“判断”是意识形态方面的事，总不免要牵涉思辨者与判断者的主观因素、历史背景和阶级立场，绝对普遍永恒的理性和“式”都是不存在的。贺拉斯的“合式”概念毕竟还是奴隶主阶级意识的表现，合式其实主要是合有教养的奴隶主的“式”。当时文化日渐发达，下层阶级已开始参预文艺活动，他们的趣味和要求（他们的“式”）已开始发生影响；在贺拉斯看来，这不免破坏“合式”的准则。在短短的四百几十行的《论诗艺》里，他对此一再深致慨叹，一则说，“试想一些没有教养的乡下人出来度节日，和城里贵族们混在一起，你能指望他们有什么文艺趣味呢？”再则骂新近的戏剧“满口淫词秽语，只会博得买炒栗炒豆吃的人们的赞赏，凡是有马有家族有财产的人就会起反感”。这些话都足以证明贺拉斯的“合式”的理想是和罗马贵族的生活理想分不开的。

当时罗马贵族的生活理想也在改变，工商业的繁荣使过去的土地贵族变成工商业贵族，金钱的盘算和追求对文艺发生不利的影响，贺拉斯对此也深致感慨：

> 从前希腊人只一心一意追求荣誉，诗神才把天才和完美的表达能力赐给他们。我们罗马人从小就长期学打算盘，学会称斤较两。……既然这样利欲熏心，我们怎么能希望写出好诗歌，值得涂

上松脂，放在柏木锦匣里珍藏起来呢？

这段话不但说明了“对于钱袋的依赖”不利于文艺发展，在奴隶社会已然；也说明了罗马文艺在它的鼎盛时期就已开始呈现衰颓的迹象了。

《论诗艺》大部分是对有志从事文艺创作者谈经验教训，贺拉斯要求艺术的正确完美，但也看到“过分小心，怕遭风险，那只好在地上爬着走”，“连荷马也有时打盹”；在天资与人力的关系上，他认为“没有天资而专靠学习，或是只有天资而没有训练，都没有用处，这两个因素必须结合在一起，相辅相成”；他警告诗人，“凡庸得不到宽恕，神，人和书贾都不会宽恕诗人的凡庸”，但是诗人也要量力，“哪些是你的肩膀无力担负的，应经过长久的考验”；他提醒诗人要懂得“修辞立其诚”的道理，“你如果要我哭，你自己就得首先感到悲伤”；他特别劝告诗人多修改，不要急忙发表；要虚心对待批评。这一系列的忠告都是有益的，往往带有辩证意味的，尽管大半都是些老生常谈。

《论诗艺》对于西方文艺影响之大，仅次于亚理士多德的《诗学》，有时甚至还超过了它。这对于许多读《论诗艺》而感觉它平凡枯燥的人不免引起疑问：贺拉斯的成功秘诀究竟在哪里呢？这主要在于他奠定了古典主义的理想。他虽然有些保守，他的基本观点却是现实主义的。他把他所理解的古典作品中最好的品质和经验教训总结出来，用最简洁而隽永的语言把他的总结铭刻在四百几十行的“短诗”里，替后来欧洲文艺指出一条调子虽不高而却平易近人，通达可行的道路。这并不是一件可轻视的工作，他的成功并不是侥幸的。

二　朗吉弩斯

《论诗艺》以外，罗马时代的文艺理论著作对后代影响最大的就是《论崇高》。它的作者是谁，写于哪个世纪，现在还很难断定。过去一般学者都认为这部书的作者就是公元三世纪雅典修辞学家，做过叙利亚的帕尔米拉的韧诺比亚王后顾问的卡苏斯·朗吉弩斯（Casius Longinus，213—273）。这个看法到了十九世纪就引起异议。有一些学者举了一些例证，说《论崇高》的作者不是三世纪的朗吉弩斯，而是一世纪的另一位朗吉弩斯或修辞学家达奥尼苏斯。但是这些论证还不能说是充分的。书中引到希伯来的《旧约》，可能不属于基督教在罗马尚遭禁止和迫害的公元一世纪。它比贺拉斯的《论诗艺》较晚，作者不是罗马人而是希腊人，这些都是可以确定的。这部书埋没了很久，到了文艺复兴时代，才由意大利学者劳鲍特里把它印行出来。一六七四年法国新古典主义者布瓦罗把它译成法文，以后就引起了广泛的注意。

《论崇高》，或则较恰当地说，“论崇高风格”，是一封写给一位罗马贵族的信。前此有一位开什琉斯曾写过一篇讨论崇高风格的著作，朗吉弩斯对这部著作不满意，所以提出他自己的研究结果。因为长久埋没，《论崇高》已经有些残缺。作者的意图是找出崇高风格的因素。依他看，这有五种（他的提纲在第八章），即“掌握伟大思想的能力”“强烈深厚的热情”“修辞格的妥当运用”“高尚的文词”和“把前四种联系成为整体的”“庄严而生动的布局”。前两种因素要靠自然或天资，后三种要靠艺术或人力。这五种因素有一个“共同基础”，那就是“运用语言的能力”。全书就是按照这五种崇高风格的来源顺序讨论的。在分析中作者从希腊罗马以及其他民族的古典作品中引例论证。所以这部书主要属于修辞学范围。

要了解这部论著的地位和重要性，我们最好拿它和《论诗艺》作一比较，看哪些论点是和《论诗艺》基本一致的，哪些论点是《论诗艺》所没有的，因而能见出它的独创性的。首先，朗吉弩斯和贺拉斯一样，也是一个古典主义者。《论崇高》的主要任务就在指出希腊罗马古典作品的“崇高”品质，引导读者去向古典学习。不过他和贺拉斯在对古典的态度上毕竟有所不同。贺拉斯谈到模仿古典时所侧重的是从古典作品中所抽绎出来的“法则”和教条，朗吉弩斯则强调具体作品对于文艺趣味的培养。他主张读者从具体作品中体会古人的思想的高超，情感的深刻以及表现手段的精妙。长期地这样沉浸在古典作品里，就会受到古人的精神气魄的潜移默化，或则说，“得到灵感”，“在狂热中不知不觉地分得古人的伟大”（见第一三章）。他还强调学习古人不应满足于古人的成就而应和古人“竞赛”，争取超过他们：

> 这些伟大的人物（上文提到的荷马——引者）昂然挺立在我们面前，作为我们竞赛的对象，就会把我们的心灵提到理想的高度。
>
> ——第一三章

这是一个新的提法。从此可见，作者认识到继承和发扬光大是分不开的。

古典主义者大半有一个共同信念，认为经得起各阶层读者在长时期里的考验，能持久行远，才算是真正好的作品或“古典”。这就是普遍永恒标准或绝对标准说的实质。朗吉弩斯是一个最早的明确地提出这种看法的人：

> 一篇作品只有在能博得一切时代中一切人的喜爱时，才算得真正崇高。如果在职业，生活习惯，理想和年龄各方面都各不相同的人们对于一部作品都异口同声地说好，这许多不同的人的意见一致，就有力地证明他们所赞赏的那篇作品确实是好的。
>
> ——第七章

绝对标准说的哲学基础就是普遍人性论。就正确的一面来说，它肯定了标准的存在以及人民性的重要；就错误的一面来说，它忽视了历史发展观点和阶级观点。

在文艺与现实的关系上，古典主义者大半深信文艺要有现实生活做基础。他们不排斥虚构，但是虚构也要“紧密接近事物的真相”，要“合情合理”。这道理贺拉斯提到过，朗吉弩斯也说，“作家的想象只有在能产生真实感时才算运用得最好”（第一五章）。真实是同时就客观和主观两方面说的，一方面要忠实于客观现实，一方面也要如实表现作者的灵魂和人格。古典主义者往往把人格的修养看作文艺修养的基础。贺拉斯曾经提到过一个人只要自己懂得做人的道理，他就会“万无一失地知道怎样正确地处理人物性格”；朗吉弩斯也认为“伟大的语言只有伟大的人才说得出”，“崇高风格是伟大心灵的回声”（第九章）。

在自然与艺术（天资与人力）的关系上，贺拉斯和朗吉弩斯都持两点论。在两点之中人们往往过分强调自然而看轻艺术，即一般学习和方法技巧的训练。朗吉弩斯在第二章里就批判了“天才是天生的，不是学来的”那个流行的观点，强调“伟大的东西既要有鞭策，也要有约束”，凭天资的作品也要“受技巧规则的约束”，而技巧规则是学来的。这个看法与古典主义者所重视的“理性”和“节制”分不开。理性和节制表现于“法则”。作为自然事物的规律，法则是必须遵守的；作为僵化的公式教条(像在有些新古典主义者手里那样)，法则也可以在片面要求“正确”的幌子下，成为创造才能的束缚。朗吉弩斯认识到这种流弊，所以在指出法则的重要性的同时，他也指出天才更为重要，“艺术应该做自然的助手”，“没有错误，不过可免指责，伟大的才能才引起惊赞”，“始终一致的正确只靠艺术就能办到，而突出的崇高风格，尽管不是通体一致的，却来自心灵的伟大”（均见三六章）。当时流行的“亚历山大理亚的风格”以及罗马“白银时代”的文艺作品[①]，毛病都正在形式技巧的完美超过了前代，却见不出伟大的精神气魄。朗吉弩斯的这番话是切中时

① “亚历山大理亚的风格”指晚期希腊风格，技巧成熟，但缺乏有生命的内容。“白银时代”是继“黄金时代”即奥古斯都时代来的。

弊的。

在方法技巧上，古典主义的基本信条是文艺作品在结构方面必须是完整的有机体。我们见过亚理士多德和贺拉斯都非常重视这一点。朗吉弩斯在分析作品时虽大半只引片段的章句做证，但认为崇高风格的五大来源之一就是布局，而布局还特别重要，因为它把其余四个来源组织成为整体。他说：

> 文章要靠布局才能达到高度的雄伟，正如人体要靠四肢五官的配合才能显得美。整体中任何一部分如果割裂开来孤立地看，是没有什么引人注意的，但是把所有各部分综合在一起，就形成一个完美的整体。
>
> ——第四〇章

从此可见，他和一般古典主义者一样，认为完满一致的整体就是和谐，也就是美。

以上所说的朗吉弩斯和贺拉斯的一些基本的共同点，说明了当时一些古典主义的共同传统和共同理想。但是朗吉弩斯和贺拉斯的分歧还更显著，这说明他的独创性和风气的转变——这可以说是从现实主义倾向到浪漫主义倾向的转变。贺拉斯虽然也提到文艺的情感效果，但是他的文艺思想的基调却是侧重传统法则和理智判断的。他提出了文艺的两重功用：教益和娱乐。当时修辞学家又特别对散文提出了“说服”一个功用。朗吉弩斯不满意这种传统看法，对文艺提出了更高的要求：

> 不平凡的文章对听众所产生的效果不是**说服**而是**狂喜**，奇特的文章永远比只有**说服力**或是只能供**娱乐**的东西具有更大**感动力**。（重点是引者加的）
>
> ——第一章

这里所说的“狂喜”（希腊文 Eχδταιѕ，英译 Ecstasy）是指听众在深受感动时那种惊心动魄，情感白热化，精神高度振奋，几乎失去自我控制的心理状态。这比“娱乐”或“乐趣”要远较深刻和强烈。他所要求于文艺的不是平淡无奇，温汤热的东西，而是伟大的思想，深厚的感情，崇高的风格；是气魄和力量，是狂飙闪电似的效果：

> 崇高风格到了紧要关头，像剑一样突然脱鞘而出，像闪电一样把所碰到的一切劈得粉碎，这就把作者的全副力量在一闪耀之中完全显现出来。
>
> ——第一章

这种对强烈效果的要求，像一条红线贯穿在《论崇高》全书里。这首先表现在对具体作品的分析和比较上。有名的第九章对《伊利亚特》和《奥德赛》两部史诗的比较就是一个很好的例证。朗吉弩斯指出《伊利亚特》充满着戏剧性的动作和冲突，深挚的情感，真实而生动的形象和始终一致的崇高风格，而《奥德赛》却缺乏这些优点。因此，他断定后一部是荷马老年的作品，说它“好比落日，虽然还是一样伟大，而强烈的光辉却已不存在了”。他还指出《伊利亚特》是戏剧性的，把生动的情节直接摆在眼前，而《奥德赛》则“把重点摆在人物性格的描绘上”；他认为这种唠叨的叙述是“由于热情的衰退”，是“老年人的特别标志”。从此可见，他把动作或情节看得比人物性格更重要，是和亚理士多德一致的。不过亚理士多德侧重动作，是因为以动作为纲，容易见出内在逻辑和达到结构整一；朗吉弩斯侧重动作，是因为最能打动强烈情感的是动作的直接表演而不是人物性格的间接描绘。

他对希腊大演说家德谟斯特尼斯和罗马大演说家西赛罗作比较，也得出类似的结论：前者比后者伟大，因为前者“具有烈火般的气魄”，“以他的力量，气魄，速度，深度和强度，像迅雷疾电一样，燃烧一切，粉碎一切”，而“西赛罗却像一片燎原的大火，四方八面地燃烧”，这就是说，广度有余，速度、深度和强度都不足。从他所举的许多例子看，朗吉弩斯很看重“真实而生动的形象”。对形象的重视在当时还是少见的。

朗吉弩斯的看法往往是辩证的，他虽然把情感抬得极高，却也并不抹煞理智，这在第三十九章所作的音乐与文学的比较中可以见出。他认为音乐的和谐只借本身无意义的声音造成一种节奏的运动，“迫使听众跟着这节奏运动,使自己和乐音相应”,因此,它的“极大的迷人力量”“不是由人的心思产生出来的”，即不是通过理智而只通过感官的。文学则较高一层，“它的和谐不只是由声音而是由文字意义组成的，而文字对于人是自然的，不仅能打动听觉，而且能打动整个的心灵”；“通过由文词建筑起来的巨构，作者能把我们的心灵完全控制住，使我们心醉神迷地受到文章所写出的那种崇高，庄严，雄伟以及其他一切品质的潜移默化”，总之，文学比音乐具有更大的感动力，因为它不仅诉诸感官和情感，尤其重要的是通过文字意义而诉诸理智。这个看法对美学有很重要的意义：它涉及艺术只关感性还是也关理性的问题。朗吉弩斯认为音乐只关感性而语文艺术更关理性。近代西方象征主义起来之后,有所谓“纯诗”运动，要求诗和音乐一样，直接用声音打动听众，用不着假道于意义。这是近代感性主义与形式主义猖獗的结果，与朗吉弩斯的看法是背道而驰的。

朗吉弩斯对美学的更重要的贡献还在于把“崇高”作为一个审美范畴提出。在这个问题上过去的意见不一致。一派以为朗吉弩斯所说的“崇高”与后来美学家博克和康德等人所说的“崇高”是一回事，同是一个审美范畴；另一派以为《论崇高》的希腊原文（περς γψoμs）译成拉丁文字的“崇高”（De Sublimate）是译错了，朗吉弩斯所讨论的是文章风格的雄伟或优异，与美学家们所说的“崇高”并不是一回事。我们认为第一派意见是正确的，理由有二。第一，没有理由可以断定文章风格的雄伟就不能产生审美的“崇高”效果；近代美学家讨论崇高，从文学作品中举例证，也是常见的事。其次，即使把崇高限于自然景物和人的伟大品质和事迹（这是不正确的），这些对象如果在文学作品中得到真实的反映，并不会因此就失去原有的崇高。朗吉弩斯在第九章里所引的《旧约·创世记》中“上帝说要有光，于是就有了光”那个著名的例子，其中所表现的也正是形象方面的崇高。第十章所讨论的荷马描写大风暴的一段诗也是如此。第三十五章中有一段更能说明问题：

> 大自然把人放到宇宙这个生命大会场里，让他不仅来观赏这全部宇宙壮观，而且还热烈地参加其中的竞赛，它就不是把人当作一种卑微的动物；从生命一开始，大自然就向我们人类心灵里灌注进去一种不可克服的永恒的爱，即对于凡是真正伟大的，比我们自己更神圣的东西的爱。因此，这整个宇宙还不够满足人的观赏和思索的要求，人往往还要游心骋思于八极之外。一个人如果四方八面把生命谛视一番，看出一切事物中凡是不平凡的，伟大的和优美的都巍然高耸着，他就会马上体会到我们人是为什么生在世间的。因此，仿佛是按照一种自然规律，我们所赞赏的不是小溪小涧，尽管溪涧也很明媚而且有用，而是尼罗河、多瑙河、莱茵河，尤其是海洋。

很显然，这段对人类尊严的歌颂中所描写的一些“不平凡的，伟大的”事物正是美学家所谓“崇高”的对象，其中有康德所说的“数量的”（大河和海洋）和“力量的”（人的尊严）两种崇高，并且指出“崇高”的特征是伟大和不平凡，“崇高”的效果是提高人的情绪和自尊感。这里面已经就有康德的解释崇高的学说的萌芽了。趁便指出，这段话也是古典主义者所崇奉的“人道主义”的最早的一段文献。

从以上的叙述和比较看，朗吉弩斯在一些古典主义的基本信条上（例如古典的典范作用，自然与艺术的关系，创造与虚构的关系，理智与判断力的重要性，文艺作品的整一性等)，和贺拉斯是一致的。但是他毕竟比贺拉斯前进了一大步。严肃的题材，深刻的思想感情，崇高的风格，这三者必须统一起来，这个古典主义的基本信条到了朗吉弩斯手里更加明确化了。文艺的强烈效果，普遍的标准以及作为一个审美范畴的崇高也都是首次明确地提出来的。朗吉弩斯的理论和批评实践都标志着风气的转变：文艺动力的重点由理智转到情感，学习古典的重点由规范法则转到精神实质的潜移默化，文艺批评的重点由抽象理论的探讨转到具体作品的分析和比较，文艺创作方法的重点由贺拉斯的平易清浅的现实主义倾向转到要求精神气魄宏伟的浪漫主义倾向。英国诗人屈莱顿认为朗吉弩斯是“亚理士多德以后最大的希腊批评家”，这个估价不是过分的。

三　普洛丁

普洛丁（Plotinus，205—270）是新柏拉图学派的领袖，亚历山大理亚学派希腊哲学家的殿军，中世纪宗教神秘主义的始祖，是站在古代与中世纪交界线上的一个思想家。他生在埃及，在亚历山大理亚从阿牟尼乌斯求学。传说阿牟尼乌斯原是一个基督教徒，因为基督教会仇视他所热爱的艺术和科学，后来脱离了基督教。从此可以推测到普洛丁可能对基督教有些接触。他还随罗马远征军到过波斯，用意是在学习印度和波斯的哲学。所以从思想来源看，普洛丁是把柏拉图的客观唯心主义，基督教的神学观念和东方神秘主义的思想熔冶于一炉的。他所处的时代，公元三世纪，是罗马奴隶社会由于腐朽透顶而日渐瓦解的时代。罗马统治阶级的生活方式达到了骄奢淫逸的顶点，一般人姑图现世享乐，而在这享乐生活中也反映出对现实前途的绝望。普洛丁的思想有浓厚的否定现实、悲观禁欲和在对神灵的信仰中找安慰的色彩，可能也受到斯多噶学派禁欲主义思想的影响。他在罗马讲学二十多年，一直到死。他的思想颇投合当时没落的奴隶主贵族的要求，所以声望影响都很大。他留下的著作有五十四卷之多，经过他的门徒编辑，统名为《九部书》(Enneads)，其中第一部第六卷有一篇专门讨论美学的论文，其他部分也往往涉及美学问题。

在哲学系统上，普洛丁把柏拉图的“最高理式”看作神或“太一”。这是宇宙一切之源。这种浑然太一的神超越一切存在和思想，本身是纯粹精神，也就是最高的真善美三位一体。普洛丁用“放射”说来说明神如何创造出世界。神好像是太阳，把他的光“放射”出来，放射愈远，光就变得愈弱。神最早放射出来的是只有理智才能达到的“理”或宇宙的原则大法（相当于柏拉图的理式）；接着就放射出“世界精神”或“世界心灵”，这世界心灵又放射出（具体体现于）个别心灵；最后神才放射出感官所接触的物质世界。神本是无物质的，但是在放射过程中每一步都比前一步降低本质或退化，终于碰到无形式的物质的障碍，所以个别灵魂才和物质（肉体）结合起来。物质是和神或太一相对立的，它是杂多体，也是罪孽的根源。神所放射的各级存在（理、世界心灵、个别心灵）都有回归到神的倾向，只有物质不能回归到神。个别灵魂的最后来源是神，神是个别灵魂的家，个别灵魂由于肉体的障碍，一方面脱离了家，一方面又思念家，渴望回到神的怀抱，与神契合为一体。要做到这一点，灵魂就要努力解脱肉体的束缚，凭清修静观，苦行默想，达到宗教的心醉神迷状态才行。在这种迷狂状态中，灵魂才能凭神原来放射给它的智力或直觉本领，达到所谓“灵见”，见到神的绝对善和绝对美，这就仿佛是回到了家，与神达到某种程度的契合。就是因为这个，人才有美的爱好。

普洛丁承认物质世界里有美，但是他的美学思想的全部意图都在证明物质世界的美不在物质本身而在反映神的光辉。当时流行的关于物体美的学说是西赛罗的形式主义的看法，认为美在各部分与全体的比例对称和悦目的颜色。普洛丁反驳这种学说，认为单纯的东西如太阳的光和乐调中每一个音虽没有比例对称的关系，仍然使人觉得美，而且文章、事业、法律、学术等的美不能说有什么比例对称，足见美不在物体形式上的比例对称（《论美》第一章）。他自己的解释还是神的“放射”说亦即物的“分享”说，可以总结为以下几个要点：

一 物体美不在物质本身而在物体分享到神所“放射”的理式或理性（《论美》第二章）。这理式也就是真实，“真实就是美，与真实对立的就是丑”（《论美》第六章）。

二 物体美表现在它的整一性上。理式本身是整一的，“等到它结合到一件东西上面，把那件东西各部分加以组织安排，化为一种凝聚的整体，在这过程中就创造出整一性。事物受到理式的灌注，就不但全体美，各部分也美。美的整体中不可能有丑的组成部分。丑就是“物质还没有完全由理式赋予形式，因而还没有由一种形式或理性统辖着的东西”（《论美》第二章）。

三 神或理式就是真善美的统一体，所以“美也就是善”，“丑就是原始的恶”，所谓“原始”指物质未经理式灌注以前的状况（《论美》第六章）。

四 物体美“主要是通过视觉来接受的，就文词和各种音乐来说，美也可以通过听觉来接受”（《论美》第一章）。但是物体美也要心灵凭理性来判断（《论美》第二章）。理性就是“一种为审美而特设的功能”，“这种功能本身进行评判，也许是用它本有的理式作为标准，就像用尺衡量直线一样”（《论美》第三章）。

五 美不能离开心灵，心灵对于美之所以有强烈的爱，是由于心灵接近真实界（神，理式）；美既有真实性，能显出理式，所以心灵和美的事物有“亲属的关系”，一见到它们，“就欣喜若狂地欢迎它们”（《论美》第二章）。真实界也可以比作心灵的老家，心灵由于受到物质的污染，才离了家，但是既是心灵，它就还思念家；它要想回家，就得经过“净化”，洗清物质的污染，“变成无形体的”，拒绝尘世的感官的美，这样才能回到“我们的故乡或我们所自来的处所。我们的父亲就住在那里”；这样才能达到“与神契合为一体”的愿望，见到最高的美。要见到这最高的美，也不能靠肉眼而要靠心眼，要靠“收心内视”（《论美》第七、八、九章）。总之，“心灵由理性而美，其他事物——例如行动和事业——之所以美，都是由于心灵在那些事物上印上它自己的形式。使物体能称为美的也是心灵。作为一种神圣的东西，作为美的一部分，心灵使自己所接触到而且统辖住的一切东西都变成美的——美到它们所能达到的限度”（《论美》第六章）。“心灵本身如果不美，也就看不见美”（《论美》第九章）。

六　美有等级之分。感官接触的物体美是最低级的；其次是“事业，行动，风度，学术和品德”的美，这些都是“从感觉上升到较高的领域”。物体和一般事物之所以美，“并非由于它们的本质而是由于分享；也有些事物是由于它们的本质而美，例如品德”。在这些之上，还有一种“先于这一切”即涵盖这一切的美，那就是与真善合一，脱去一切物质负累的纯粹理式的美。这不能靠感官而要靠纯粹的心灵或理性去观照（《论美》第三章）。

七　关于艺术美，它也不在物质而在艺术家的心灵所赋予的理式。拿顽石与雕像为例来说，“雕的如果是人，就不是某某个人，而是各种人的美的综合体。这块已由艺术按照一种理式的美而赋予形式的石头之所以美，并不能因为它是一块石头（否则那块未经艺术点染的顽石也就应该一样美），而是由于艺术所赋予的理式。这理式原来并不在石头材料里，而在未被灌注到顽石里之前，就已存在于构思的心灵里”（《九部书》第五部，第八卷，第一章）。这就是说，艺术美是理想化的结果。普洛丁又说，“艺术并不只是模仿由肉眼可见的东西，而是要回溯到自然所由造成的道理；艺术中还有许多东西是由艺术自己独创的，弥补事物原来缺陷的，因为艺术本身就是美的来源。例如斐底阿斯雕刻天神宙斯，并不是按照什么肉眼可见的蓝本，而是按照他对于宙斯如果屑于显现给凡眼看时理应具有什么形象的体会”（《九部书》第四部，第一八章）。

在这一点上，普洛丁放弃了柏拉图的艺术被动地抄袭自然的看法。但是在蓝本与模仿的优劣上，他和柏拉图的看法仍是一致的。他认为自然美比它们反映的理式美较减色，艺术作品美也不能完全体现艺术家的理想美（《九部书》第五部，第八卷，第一章）。

普洛丁的美学观点大体如上所述。他是在奴隶社会日渐瓦解，基督教开始在西方流行的历史情况下，来发展柏拉图的美学思想的。他所发展的是柏拉图思想中最反动的部分。第一是片面地抬高精神而否定物质。物质生来就丑，心灵用理式克服物质的丑，才能有美。美的高低就要看心灵克服物质的程度大小。这个看法多少影响了黑格尔的美学观点。其次是片面地抬高理性而否定感官。要拒绝感官所接受的美才能上升到最高的纯粹理式的美，因为感官最易受物质的引诱和污染。第三是抬高对神的观照而否定社会实践。按照普洛丁的看法，精神和理性仿佛都不是在社会实践的经验中形成的，而是与生俱来的，由神“放射”给人的。这些反动观点的实质就是有神论和禁欲主义的辩护和宣扬。它反映出奴隶社会没落时期思想家们对社会现实生活的绝望，幻想在另一世界找到乐园。这就是说，普洛丁的新柏拉图主义与它同时在西方开始流行的基督教，在基本思想上以及在社会根源上都是相同的。所以在中世纪基督教统治的约莫一千年之中，美学思想流派中占统治地位的就是新柏拉图主义。圣奥古斯丁和圣托玛斯的美学思想在很大程度上都是新柏拉图主义的发展。

普洛丁的新柏拉图主义带有很浓厚的神秘主义，这不仅表现在神“放射”出世间一切的观点上，不仅表现在他对柏拉图的“迷狂”说与灵感说的发挥上，而且还表现在他所强调的理性或智力上。这不是根据经验事实去推理的能力，也不是生活经验所培养成的洞察力，而是神所赐予的一种先天的先经验的神秘的直觉力。它不但不是通常人凭通常理智所能了解的，而且寻常理智对于它甚至是一种障碍。所以普洛丁的关于“理性”的强调实质上恰是反理性主义。这种反理性主义的思想对后来一般视文艺活动为一种神秘力量所支配的美学观点也不断地在发生影响。

在艺术观点方面，就把理式看作一切美的来源说，普洛丁还是继承柏拉图的客观唯心主义；就把艺术看作艺术家凭心灵中的理式赋予形式于物质或材料来说，普洛丁已有转到主观唯心主义的倾向。主观唯心主义本是近代资产阶级个人主义的产品，但是普洛丁的思想里已略露萌芽，在古代他也是处在城邦集体生活瓦解，个人主义开始出现之后。就艺术赋予形式于物质这个看法来说，康德的先验范畴说和克罗齐的直觉说，也多少受了普洛丁的影响。但是普洛丁对近代美学思想发展的影响是复杂的。在英国乃至于欧洲大陆上在启蒙运动时代的美学思想发展中，夏夫兹博里所起的启发作用很大，而他就是新柏拉图派代表人物。德国启蒙运动领袖文克尔曼也是新柏拉图主义的信徒。在浪漫运动中普洛丁的新柏拉图主义也是一股潜流，歌德、席勒和许莱格尔等思想家也偶尔受到它的影响，特别是关于真善美统一，艺术赋形式于物质以及艺术创造须有内在理想的看法。

第五章　中世纪：奥古斯丁、托斯·亚昆那和但丁

普洛丁是希腊罗马古典文艺思想的殿军，他死之后，从第四世纪到十三世纪这一千年左右漫长的时期中，欧洲文艺思想和美学思想实际上处于停滞状态，如果说还有些活动，那也只是把普洛丁所建立的新柏拉图主义附会到基督教的神学上去，一直到但丁，这种停滞的局面才开始转变。为着约略说明这种停滞的原因，首先须回顾一下中世纪几件重大的文化史实。

一　奴隶社会的解体与封建制度的奠定

奴隶社会在罗马帝国表面上还很强盛的时代，就已开始现出衰颓的迹象。衰颓的原因在于罗马统治阶级的残酷的剥削和镇压引起了被统治的人民的日益强烈的痛恨和反抗，罗马对外侵略战争以及统治阶级内部争权夺利的内战频年不绝，这就削弱了兵力和财力，阻止了生产的发展，加深了人民的痛苦。从第三世纪起，欧洲就在发生民族大迁徙，即过去历史家所说的“蛮族的入侵”。北欧一些新兴民族（主要是条顿民族）以及压迫这些民族的匈奴大举进犯欧洲南部，陆续侵占相当于近代的德、法、意、英、西班牙和东欧的一些区域。为了统治和防御的方便，罗马帝国在三九五年就正式分裂为二。西罗马帝国都罗马，东罗马帝国都拜赞庭（君

士但丁[①]）。此后北欧各族南侵的声势就日益浩大，罗马曾经一度被攻破，到了四七六年西罗马帝国便亡在条顿族一个部落领袖奥多莎手里。这些入侵的“蛮族”在侵占一个地方之后，往往由酋长统治，把掠夺的土地分赐给功臣和随从部落，被征服的居民则沦为农奴，因此就逐渐形成了封建制度，“蛮族”就在罗马帝国里成立了一些封建政体的国家。这个过程从“蛮族”入侵开始，到了八〇〇年左右查理大帝时代就已大致完成。

二　基督教的传播和基督教会对欧洲的封建统治

基督教发源于住在巴勒士坦的希伯来民族，是对于希伯来旧教（犹太教）的一种改革。巴勒士坦是罗马帝国统治下的一省，地瘠民贫，受剥削特别沉重。基督教的创始人（传说是耶稣）宣扬在终会到来的天国里，人们一律平等和互相友爱，反对家庭制度、私产制度和世俗政权，本来带有反抗罗马帝国的意味。这是一种穷苦人的宗教，代表当时被压迫被奴役的人民的希望。它之所以能在罗马帝国里得到迅速而广泛的传播，就因为它在广大人民群众中有深广的心理基础。在基督教开始传播的头三百年里，它不断地遭到罗马政权的残酷的迫害和镇压，有时只能在地下活动。但是它的传播并不因此停顿，反而蔓延得更深更广，深入罗马帝国的每一个角落。从三世纪以后，罗马政权开始改变政策，以利用代替镇压，到了第四世纪，就把基督教正式定为国教，并且下令禁止其他的宗教信仰，罗马政权想利用基督教的广泛的群众基础，来牢笼复杂的被统治的多民族，使他们有一种思想信仰上的统一，便于维持罗马政权。宗教本是一种精神上的麻醉剂，麻痹人民的斗争意志，使他们安分守已，这对于维持罗马政权是有利的。

①拜赞庭，今通译作拜占庭；君士但丁，今通译作君士但丁堡。——编者注

从三九五年东西罗马帝国分立之后，基督教会也就逐渐分成东西两教会。东教会叫作“正教”，西教会叫作“天主教”。跟中世纪欧洲政局和文化特别有关的是西教会。从四七六年西罗马帝国灭亡之后，在几百年之中，罗马教皇就由天主教会的首领变成同时是世俗政权的首领。天主教会对于封建制度的奠定起了很大的作用。它本身变成极大的封建地主，拥有全欧土地的四分之一到三分之一。教会的官阶也是按封建等级制来分的。为着维持罗马教廷的封建统治，教会还制造出“神权说”，作为封建制度的理论基础。据说世俗政权是由上帝授予的（上帝是最高的封建主），教皇是上帝在尘世间的代理人，代上帝把政权以及政权所统辖的土地人民授予国王，国王以下各等级的权益也是这样由上一层递授予下一层，一直到最下层的农奴。国王加冕应由罗马教皇主持，这就是“封”。受封的国王就变成教皇的隶属或佃户（vassal）。八〇〇年查理大帝受教皇的“封”，就标志着封建制度的正式奠定，“神圣罗马帝国”的开始以及宗教与封建政权的联盟。但是“神圣罗马帝国”的成立也标志着近代国家的兴起（查理大帝所统辖的疆域就是近代法德等国的摇篮）以及世俗政权的重新抬头。此后数百年的历史便成为教廷与世俗政权之间勾结和冲突的历史。到了十一世纪十字军东征以后，工商业日渐发达，人民的力量日渐抬头，反封建反教会的斗争日益尖锐，到了文艺复兴时代，近代资产阶级起来了，封建和教会的势力才日渐削弱。

三　中世纪文化的落后，教会对文艺的仇视

中世纪的经济穷困，生产落后，政治腐败，战争频繁，以及社会动荡不宁的情况都是不利于文化发展的。当时统治一切的教会对于世俗文化是极端仇视的。凡是教会认为是违反自己的教义和利益的思想和行动，都受到“异端”的罪名和残酷的镇压。对于一般人民，教会所采取的是

愚民政策，不让他们有受教育的机会。中世纪在很长时期里，仅有的学校是寺院中训练僧侣的学校（后来的巴黎、牛津等大学都是由僧侣学校发展出来的），这也就是说，僧侣是唯一的受教育的阶层，一切有关文化的事都由僧侣垄断。许多声名煊赫的国王和贵族骑士都是文盲，其他可想而知。当时唯一的通用的官方语言是拉丁，圣经是用拉丁文本为官方定本，礼拜仪式和宣讲教义都用拉丁文进行，而拉丁文也是僧侣阶级的专利品，普通人民所说的地方语是受鄙视的。

天主教会要扼杀世俗文化教育，因为它认识到世俗文化教育在当时只能是根深蒂固的希腊罗马古典的文化教育，而这种古典文化教育和基督教所宣扬的教义是不共戴天的。基督教的基本教义是神权中心与来世主义。现世据说就是孽海，一切罪孽的根源在肉体的要求或邪欲。服从邪欲，灵魂就会堕落，就会远离上帝的道路而遭到上帝的严惩。所以人应当抑肉伸灵，抛弃现世的一切欢乐和享受，刻苦修行，以期获得上帝的保佑，到来世可登天国，和上帝在一起同享永恒的幸福。来世主义是与禁欲主义分不开的；现世的禁欲是为着来世的享乐。“归到神的怀抱”是人生的终极目的。这就是基督教的基本教义。这种教义是在希腊罗马古典文化长期扎根的地区里传播开来的，它一开始就把自己作为古典文化的鲜明的对立面而提出，就和古典文化所代表的理想进行顽强的斗争。古典文化代表哪些理想呢？古典文化是建筑在人本主义和现世主义的基础上的。“人是一切事物的权衡”，希腊罗马虽然也信神，但是他们的多神教还是根据人的生活和人的需要来建立的。他们理想中“最高的善”是现世的幸福，并不把希望寄托在来世。他们要求灵与肉的平衡发展和多方面的自由活动，如体育锻炼、学术探讨和文娱活动等。就是这种人本主义和现世主义的古典文化，基督教要把它连根拔掉，代之以它自己的神权主义和来世主义。在基督教会看来，人当满足于对上帝和基督教义的信仰，只有这个才是真理，此外一切知识欲都是无用的，有罪的，应当一律压制下去，否则人们就会落到“邪教”的圈套里，这就等于把灵魂交给魔鬼。就是为了防止“邪教”的复辟，基督教会才想尽一切方法，去禁止世俗文化教育的活动。当然，这背后的根本理由还在巩固神权，即教会的封建统治的思想基础。

基督教会仇视一般文化教育活动，特别是文学和艺术。假如反对文学和艺术的论调也算是文艺理论，基督教会也就有一套文艺理论。基督教会攻击文艺的理由和柏拉图所提出的大致相同，就是文艺是虚构，是说谎，给人的不是真理；并且挑拨情欲，伤风败俗。早期基督教神父特尔屠良（Tertullianus，公元160—230）说得很清楚：“真理的主宰痛恨一切虚伪，把一切不真实的或伪造的东西都看作邪淫。”所谓“不真实的或伪造的东西”指的正是文艺。他认为圣经和神父们的讲道录才“不是艺术的勾当而是大道至理”。人们有这个就够了，无用外求。就文艺的道德影响来说，基督教会除掉重复柏拉图所提的题材淫荡，亵渎神圣，伤风败俗以外，还有它的特别的理由。文艺是感官的享受，所满足的还是一种肉体的要求，所以本身就是种罪孽；它打动情感，也妨碍基督教所要求的心地平静，凝神默想和默祷。圣奥古斯丁在《忏悔录》里追述他早年酷爱荷马和维吉尔的史诗中一些描写爱情的部分，痛自追悔，仿佛这就是犯了滔天罪行。从此可知，当时虔诚的基督教徒是从心坎里厌恶世俗文艺的。

基督教会史里有几次镇压文艺活动的运动。例如在第四世纪，希阿多什（Theodosius）大帝在罗马帝国东部发动了一次声势浩大的镇压“邪教”的运动，把境内所有的希腊罗马的庙宇建筑以及雕刻图画等文物遗迹都毁灭掉。另一个镇压文艺运动是破坏偶像运动。从宗教宣传观点出发，基督教会也想利用文艺来为宗教服务，但总是把它严格局限在宗教范围之内，例如图画雕刻的题材总不出圣经故事的范围，音乐和诗歌只限于对上帝的颂赞。有些神父对这样利用文艺来宣传宗教，也表示怀疑和反对。在第六世纪，法国马赛区的主教下令销毁他的教区里所有的圣像。这事闹到教皇格列高里（Gregory）那里，教皇为神像辩护，说读书人可以从文字理解教义，不识字的广大群众只能从图像去理解教义，不能把崇拜圣母，耶稣和圣徒们的图像看作一般的偶像崇拜。由于这位教皇的影响，宗教性的文艺在西教会里才得维持下去。在东教会里问题不是这样容易解决了的。“销毁偶像运动”进行了一百余年之久（726—842）。在七五四年君士但丁宗教会议里曾正式通过决议说：“基督在他的光荣化的人身中，虽然不是无形体的，却提升到超越感性事物的一切局限和缺陷，所以决不能通过人的艺术，按照一般人身的类比，用形象把基督表现出来。”因此，决议最后宣布，凡是用图形去表现基督和圣徒的人一律开除教籍。这个决议到九世纪中叶以后才失效。以上这些事例都充分说明基督教会对文艺的仇视和摧残。

四　圣奥古斯丁和圣托玛斯的美学思想

尽管基督教对文艺是仇视的，它所传播的区域是希腊罗马古典文化植根很深的区域，而且它本身也还要利用文艺为宗教服务，它就不能不有一套文艺理论和美学思想，来抵制古典的“邪教”的文艺理论和美学思想，并且为它所利用的宗教性的文艺作辩护。当时所谓“经院派”学者都属僧侣阶级，对一切问题都是从宗教的角度去看，所以把一切学问都看成神学中的个别部门，美学也是如此。在这方面，他们对于希腊罗马的“邪教”思想毕竟有所继承，那就是把普洛丁的新柏拉图主义附会到基督教的神学上去。从圣奥古斯丁到圣托玛斯，中世纪欧洲有一股始终一贯的美学思潮，就是把美看成上帝的一种属性，上帝代替了柏拉图的“理式”。上帝就是最高的美，是一切感性事物（包括自然和艺术）的美的最后根源。通过感性事物的美，人可以观照或体会到上帝的美。从有限美见出无限美，有限美只是到无限美的阶梯，它本身并没有独立的价值。在美的自然事物与艺术作品之中，经院派学者一般是看重前者而鄙视后者，因为前者是神所创造的而后者只是人所创造的。“人造的”就含有“虚构的”“不真实的”意味。虔诚的教徒们要“从上帝的作品中去赞美上帝”。因此，中世纪的美学并不以文艺为主要对象。这是中世纪美学的总的情况，现在就两个主要代表的美学思想分述如下。

1．圣奥古斯丁

圣奥古斯丁（Augustine，354—430）在还未皈依基督教以前，对希腊罗马古典文学有相当深刻的研究，当过文学和修辞学教师，并且还写过一部美学专著，题为《论美与适合》，手稿在当时就已失传。皈依基督教后，他一方面钻研基督教经典，一方面仍继续研究他早年所爱好的柏拉图。他的美学言论大半见于他的神学著作和《忏悔录》。

圣奥古斯丁给一般美所下的定义是“整一”或“和谐”，给物体美所下的定义是“各部分的适当比例，再加上一种悦目的颜色”。前一个定义来自亚理士多德，后一个定义来自西赛罗，在字面上都只涉及形式。但是这些侧重形式的老定义在圣奥古斯丁的思想里是和中世纪神学结合在一起的。无论在自然中还是在艺术中，使人感到愉快的那种整一或和谐并非对象本身的一种属性，而是上帝在对象上面所打下的烙印。上帝本身就是整一，他把自己的性质印到他所创造的事物上去，使它尽量反映出他自己的整一。有限事物是可分裂的，杂多的，在努力反映上帝的整一时，就只能在杂多中见出整一，这就是和谐。和谐之所以美，就因为它代表有限事物所能达到的最近于上帝的那种整一。但是由于与杂多混合，比起上帝的整一，它究竟还是不纯粹不完善的。从此可见，圣奥古斯丁关于无限美（最高美，绝对美）与有限美（感性事物的美，相对美）的分别的看法基本上还是柏拉图的看法（感性事物的美只是理式美的影子）。

通过柏拉图，圣奥古斯丁还接受了毕达哥拉斯学派神秘主义的影响，把数加以绝对化和神秘化。现实世界仿佛是由上帝按照数学原则创造出来的，所以才显出整一、和谐与秩序。他说：“数始于一，数以等同和类似而美，数与秩序不可分。”人体的匀称，动物四肢的平衡，乃至地水风火的体积和运动都由数在统辖着。美的基本要素也就是数，因为它就是整一。他又说，“理智转向眼所见境，转向天和地，见出这世界中悦目的是美，在美里见出图形，在图形里见出尺度，在尺度里见出数”。这种从数量关系上找美的想法，上承毕达哥拉斯学派的黄金分割说，下开达·芬奇、米琪尔·安杰罗以及霍嘉兹诸艺术大师对于美的线形所求出的数量公式，以及费希纳和实验美学派对于美的形象所进行的试验和测量，在美学发展中一直是很有影响的。它的基本出发点是形式主义。

圣奥古斯丁还提出丑的问题。有限世界在本质上虽是杂多的，却具有上帝所赋予的整一或和谐。丑的事物（包括罪恶在内）在这和谐整体里占什么地位呢？圣奥古斯丁认为美虽有绝对的而丑却没有绝对的。丑都是相对的，孤立地看是丑，但在整体中却由反称而烘托出整体的美，有如造型艺术中阴阳向背所产生的反称效果。这就是说，丑是形成美的一种因素。因此，丑在美学中不是一种消极的而是一种积极的范畴。圣奥古斯丁还指出一个人能否从差异部分的统一中见出和谐，要看他的资禀和修养何如。要有合拍的心灵，才能认识到整体的和谐；否则只见到各个孤立的不同的部分，见不出整体及其和谐，就觉得某些部分丑，甚至全体都丑。圣奥古斯丁打过这样的比喻：

> 在我们看来，宇宙中万事万物仿佛是混乱的。这正如我们如果站在一座房子的拐角，像一座雕像一样，就看不出这整座房子的美。再如一个士兵也不懂得全军的部署；在一首诗里，一个富于生命和情感的音节也见不出全诗的美，尽管这音节本身有助于造成全诗的美。

在和谐的整体中，丑的部分有助于造成和谐或美，也是如此；单从丑的局部看，就看不出美而只看出丑。这里丑在整体美里是作为被克服而纳到统一体里的一个对立面来了解的。在运用“寓杂多于整一”的原则来解释丑时，圣奥古斯丁表现出一些朴素的辩证思想。同时，这里也可以见出他维护反动的封建统治的企图，把丑恶的东西说成美好的东西所赖以形成的条件，叫人接受它而不去消除它。后来理性派哲学家莱布尼茨和沃尔夫等也有类似的想法，并且认为丑恶烘托出美好，是上帝那位钟表匠的明智的安排。

2. 圣托玛斯·亚昆那

圣托玛斯（St. Thomas Aquinas, 1226—1274）是基督教会公认的中世纪最大的一位神学家。他的美学思想散见于他的《神学大全》。他的基本出发点是和圣奥古斯丁一致的，也是把普洛丁的新柏拉图主义附会到神学上去，不过他同时也接受了亚理士多德的影响。

我们最好把《神学大全》中有关美学的几段关键性的言论译出，然后从这些言论中分析出他的美学观点：①

> 美有三个因素。第一是一种完整或完美，凡是不完整的东西就是丑的；其次是适当的比例或和谐；第三是鲜明，所以着色鲜明的东西是公认为美的。
>
> 人体美在于四肢五官的端正匀称，再加上鲜明的色泽。
>
> 美与善是不可分割的，因为二者都以形式为基础；因此，人们通常把善的东西也称赞为美的。但是美与善毕竟有区别，因为善涉及欲念，是人都对它起欲念的对象，所以善是作为一种目的来看待的；所谓欲念就是迫向某目的的冲动。美却只涉及认识功能，因为凡是一眼见到就使人愉快的东西才叫作美的。所以美在于适当的比例。感官之所以喜爱比例适当的事物，是由于这种事物在比例适当这一点上类似感官本身。感觉是一种对应，每种认识能力也都是如

①这些段落是从《神学大全》各章中选出的，并不是一气连贯的。

此。认识须通过吸收，而所吸收进来的是形式，所以严格地说，美属于形式因的范畴。①

美与善一致，但是仍有区别。因为善是"一切事物都对它起欲念的对象"，从这个定义可以看出：善应使欲念得到满足。但是根据美的定义，见到美或认识到美，这见或认识本身就可以使人满足。因此，与美关系最密切的感官是视觉和听觉，都是与认识关系最密切的为理智服务的感官。我们只说景象美或声音美，却不把美这个形容词加在其他感官（例如味觉和嗅觉）的对象上去。从此可见，美向我们的认识功能所提供的是一种见出秩序的东西，一种在善之外和善之上的东西。总之，凡是只为满足欲念的东西叫作善，凡是单凭认识到就立刻使人愉快的东西就叫作美。

这几段话里有几点值得特别注意：

第一，"凡是一眼见到就使人愉快的东西才叫作美的"。这个定义指出美是通过感官来接受的，美的东西是感性的，美感活动是直接的，不假思索的，也就是说，只涉及形式而不涉及内容意义的。这种强调美的感性和直接性的观点在后来康德和克罗齐的主观唯心主义美学里得到进一步的发展。它就是美只关形式不沾概念说与艺术即直觉说的萌芽。

第二，在指出美与善一致的同时，圣托玛斯又指出美与善毕竟有分别，这分别就在于善是欲念的对象，欲念所追求的目的不是立即可以达到的；美是认识的对象，一认识到，就立刻使美感得到满足。对于对象并不起欲念，这也就是说，美没有什么外在的间接的实用的目的。这样把美与善的区分归结为带不带欲念和有没有外在目的的区分，对后来唯心主义美学的发展也很有影响。这就是康德的"审美判断的二律背反"说的萌芽，康德也认为美不关欲念，无外在目的。

---

①"形式"在经院派的术语里有时指形式所由造成的道理。"形式因"是亚理士多德所用的名词，见第三章。

第三，圣托玛斯在各种感官之中只承认视觉和听觉为审美的感官，其理由有二：第一，视觉与听觉“与认识关系最密切”，是“为理智服务的”，而审美首先是认识活动。其他感官如味觉嗅觉等所得到的快感等则主要是欲念的满足，生理方面的动物性的反应。其次，“美属于形式因的范畴”，形式只能通过视觉和听觉去察觉。这种看法的重要性有两点：它是寻找美感与一般快感的分别的一个最早的尝试；而且确定视觉和听觉为专门的审美感官，这对后来美学的发展也起了一些影响，例如达·芬奇认为视觉更高于听觉，因此断定绘画（通过视觉）更高于诗歌音乐（通过听觉），莱辛根据视觉和听觉的分别来确定绘画与诗歌的界限。

第四，最突出的是圣托玛斯的形式主义的观点几乎与圣奥古斯丁的完全一致。他所指出的美的三个因素：完整、和谐与鲜明都是形式的因素，所以他说“美属于形式因的范畴”。中世纪经院派学者们谈到美，大半都认为美只在形式上，很少有人结合到内容意义来讨论美。在这一点上康德在《美的分析》中也是与中世纪经院派学者一致的。此外，康德的在美感中“各种官能和谐地发挥作用”的说法在圣托玛斯的美学观点里也已有萌芽。“感官喜爱比例适当的事物，是由于这种事物在比例适当这一点上类似感官本身”，这就是说，美的事物和感官本身相应，所以合拍。

第五，在美的三个因素之中，完整与和谐是从希腊以来美学家们一向就着重的，圣托玛斯结合到西赛罗和圣奥古斯丁所提到的颜色，另提出“鲜明”一个概念（他用了许多同义词，如“光辉”“光芒”“照耀”“闪烁”之类）。在运用这个概念中他把美归结为神的特性。他给“鲜明”所下的定义是：

> 一件东西（艺术品或自然事物）的形式放射出光辉来，使它的完美和秩序的全部丰富性都呈现于心灵。

这种光辉是从哪里来的呢？按照基督教的教义，上帝是“活的光辉”，世间美的事物的光辉就是这种“活的光辉”的反映，所以人从事物的有限美可以隐约窥见上帝的绝对美。

圣托玛斯集中世纪基督教神学的大成，也是经院派哲学的殿军，上承新柏拉图派的神秘主义，下启康德的主观唯心主义的和形式主义的美学。他的重要性是不可忽视的。他的美学思想正如他的政治思想一样，以维护天主教会的反动的封建统治为主要目的，所以在帝国主义时代，它仍然可利用来作为维护法西斯统治的思想武器。以玛里坦（Maritain）的《艺术与经院哲学》一书为代表的新托玛斯主义美学在法意美英等国还有相当广大的市场，便是一个明证。

五　中世纪民间文艺对封建制度与教会统治的反抗

尽管基督教会仇视文艺，竭力阻止人民从事文艺活动，人民对文艺的自然要求毕竟是阻止不住的。中世纪在艺术上最大的成就要算建筑，主要的是散布在欧洲各国的大教寺。这些建筑由早期的罗马式发展成为十一世纪以后的高惕式，达到了西方建筑的高峰。随着大教寺建筑的发展，一些相关的艺术如雕刻、壁画、板画、着色玻璃、嵌镶图案等也都逐渐繁荣起来，为文艺复兴时代的光辉灿烂的艺术打下了基础。这些艺术虽然仍是为宗教服务的，却是当时劳动人民的艺术天才和辛勤劳动的成果。当时各门艺术家都是基尔特或职业行会的成员，是用工人的身份参加各种艺术创作的。他们对宗教并不存多大的幻想，所以他们的作品在精神和风格上能超越宗教所限定的范围，表现出对现世美好事物的爱好。例如许多圣母画像的杰作之所以能动人，与其说是由于宗教的涵义，无宁说是由于充分表现出女性美，事实上它们大半是用尘世间活的美人为蓝本的。

在文学方面，中世纪民间世俗文学也呈现出一种繁荣的局面，体裁多种，形式千变万化，例如传奇体叙事诗、抒情民歌、叙事民歌、寓言、短篇故事、讽刺小品、宗教剧、谐剧、诗和散文杂糅的抒情故事、隐语、谐谈等，真是美不胜收。民间世俗文学的作者大半是没有文化教育的普通人民，不知道有希腊史诗和悲剧，也不知道有亚理士多德和贺拉斯，所以他们不受古典传统中陈腐规则的束缚，在作品中能自由表现自己的思想情感。这些民间作品的共同特色在于情感的真挚，想象的丰富（有时不免离奇）和形式的自由（有时不免缺乏比例和谐）。在十八世纪后期，文艺界对于新古典主义的清规戒律和矫揉造作的风格感到厌倦，掀起了一个反抗运动，叫作浪漫运动。这个浪漫运动就是回头向中世纪民间文艺学习的运动，要求情感和想象的自由表现的运动。“浪漫”这个词本身就是从中世纪传奇故事诗（roman）来的。顾名思义，浪漫主义就是中世纪传奇故事诗所表现的精神和风格。十九世纪初期欧洲各国文艺都受到这种精神和风格的深刻影响。“浪漫”这个词在近代欧洲拉丁系统语言里又是“小说”这种新体裁的称号，小说是近代文学的主要形式，也是从中世纪传奇故事诗发展出来的。同时我们还须记得，中世纪官方语言是拉丁，这是各国基督教会中通用的语言，但是当时民间文学大半用本地方言创作的，由口头流传的，所以它是西方近代各国民族文学的起源。从此可知，中世纪民间文艺对近代欧洲文学影响之大，正不亚于希腊罗马古典文艺。

民间文艺创作在中世纪虽然很繁荣，但是民间诗人和艺术家大半是劳动群众，被剥夺了受文化教育的机会，而且全部精力都耗在生产实践活动，没有足够的条件去进行文艺理论的探讨。不过这并不等于说，他们对于文艺就没有明确的看法。这种看法在他们的作品中就流露出来了。他们对封建制度和基督教会提出了强烈的抗议，对统治阶级的腐败和愚蠢进行了尖锐的讽刺，对劳动人民的英勇和智慧进行了热情的表扬，表现出对现世生活的重视以及对美好事物的爱好，和基督教会所宣扬的来世主义和禁欲主义处于明显的对立。例如英国洛宾荷德系统的民歌，德国《列那狐》的故事，法国传奇故事《愁斯丹和绮瑟》和《奥卡逊和尼柯莱特》等都是富于反抗性和现世性的。姑举奥卡逊的故事（十二世纪诗和散文杂糅的爱情故事）为例。他笃爱一个回教徒的女俘（当时基督教和回教是死敌）尼柯莱特。按照教会的规矩，他如果不放弃尼柯莱特，就要下地狱。他宣告他宁可下地狱的决定说："到那里去的有金有银，有披貂戴翎的，也有琴师，行吟诗人和国王。我决定和他们结伴，只要我能和我的密友尼柯莱特在一起。"这在中世纪是一个新鲜的勇敢的呼声，它和天主教会所宣扬的一套是完全对立的。这呼声标志着风气的转变，揭示出文艺复兴的曙光了。

六　但丁的文艺思想

但丁（Dante, 1265—1321）比圣托玛斯迟生四十年，是在圣托玛斯所发扬的经院派的神学笼罩一切的学术气氛中生长起来的；同时他又是意大利文艺复兴运动的先驱，近代第一位最大的诗人①。所以他是中世纪与近代交界线上的人物，他的文艺思想最适宜于用来说明由中世纪到文艺复兴的转变，这也就是由封建社会到资产阶级社会的转变。

但丁生在佛罗伦萨。这在当时意大利是一个工商业发达最早的城市，资产阶级已开始露头角。资产阶级在和教会的封建统治进行斗争之中，是站在代表近代国家的世俗政权一边的。当时有两大政党，拥护教会统治的教皇党和拥护世俗政权的皇帝党。这两党的斗争在佛罗伦萨特别激烈。教皇党最后虽取得胜利，但本身又分裂为黑白两派。在这两派纷争中，但丁被教皇迫令终身流放境外。所以在政治立场上他是反对教皇的。在《神曲》里但丁把这位教皇打下第八层地狱。但丁寄希望于世俗政权，

①恩格斯说但丁是"中世纪的最后一位诗人，同时又是新时代的最初一位诗人"（《马克思恩格斯选集》，第一卷，第 249 页）。

从他的《论君主》一书中也可以见出。但是由于他是两个时代交界线上的人物，就不免有交界线上的人物所常有的矛盾。他在思想上有一半是近代人，也有一半还是中世纪的人。就拿《神曲》为例来说，这部杰作的主题是灵魂的进修历程，看遍地狱中的罪孽和惩罚，到净界得到净化，终于升入天堂，凝神观照那个极乐世界的庄严优美，这些毕竟还是基督教的神学的形象化。但是这部大诗里有很多东西是基督教会不会点头称赞的。基督教会中许多上层领导人物如教皇、大主教等都被他打下地狱了。但丁的地狱和净界的向导是罗马大诗人维吉尔，天堂的向导是他幼年所钟情而后来嫁给别人的一位美丽的女子比阿屈理契。这岂不是“邪教”与“肉欲”的结合？凭“邪教”和“肉欲”作向导就登了天堂，但丁要置神父于何地呢？《神曲》很明显地表现出新旧两个时代思想的矛盾，而其中主导的方面也显然是新生的东西，即对个性解放的要求与对现世生活的肯定。但丁在流放时期接触到各阶层的人民与上节所说的民间歌颂爱情的诗歌和行吟诗人的作品。正是这些民间文学鼓舞了他大胆地放弃拉丁文而用近代意大利语言，去写近代第一部伟大的民族诗，去创造一种既非戏剧又非史诗的新形式，去运用教会所斥为“邪教”和“亵渎神圣”的题材。

1. 诗为寓言说

但丁的文艺理论主要地见于两部著作：给斯卡拉族的康·格朗德（Can Grande della Scala）呈献《神曲》的《天堂》部分的一封信和《论俗语》。在给康·格朗德的信里他说明《神曲》的意图，特别强调这部诗的寓言的意义：

> 为着把我们所要说的话弄清楚，就要知道这部作品的意义不是单纯的，无宁说，它有许多意义。第一种意义是单从字面上来的，第二种意义是从文字所指的事物来的；前一种叫作字面的意义，后一种叫作寓言的，精神哲学的或秘奥的意义。为着说明这种处理方

> 式，最好用这几句诗为例："以色列出了埃及，雅各家离开说异言之民。那时犹大为主的圣所，以色列为他所治理的国度。"① 如果单从字面看，这几句诗告诉我们的是在摩西时代，以色列族人出埃及；如果从寓言看，所指的就是基督为人类赎罪；如果从精神哲学的意义看，所指的就是灵魂从罪孽的苦恼，转到享受上帝保佑的幸福；如果从秘奥的意义看，所指的就是笃信上帝的灵魂从罪恶的束缚中解放出来，达到永恒光荣的自由。这些神秘的意义虽有不同的名称，可以总称为寓言，因为它们都不同于字面的或历史的意义。

从这段引文看，但丁的文艺思想显然还带有中世纪经院派神学的神秘气息和烦琐方法。但是这段引文并不因此而失其重要性，它可以帮助我们了解中世纪关于文艺的一个普遍的看法。这就是认为一切文艺表现和事物形象都是象征性或寓言性的，背后都隐藏着一种秘奥的意义。圣托玛斯把光辉作为神的象征，就是一个例子。中世纪文艺作品中象征或寓言的意味也特别浓厚，这是与宗教神秘主义分不开的。例如在造型艺术之中，牧羊人象征基督或传教士，羊象征基督教徒，三角形象征神的三身一体，蛇象征恶魔之类。天主教神学家们把圣经的《旧约》（本来主要是希伯来民族史）看作预示基督降临的寓言。经院派学者们甚至把希腊神话解释成基督教义中某些概念的象征，例如胜利神变成基督教的天使，爱神变成基督教的博爱。但丁所说的诗的四种意义也并不是他的独创，而是中世纪长期以来普遍流行的概念。六世纪罗马教皇格列高里就认为圣经有字面的，寓言的和哲理的三种意义。第四种意义，即秘奥的意义，也是在但丁以前就有人加上去的。这四种意义的区分是烦琐的，穿凿附会的，实际上像但丁所指出的，字面的意义以外都可以叫作寓言的意义。寓言或象征是中世纪文艺创作与理论的一个指导原则。就但丁的这一段

① 《旧约》《诗篇》，第一一四篇，用"官话译本"。

话看，中世纪文艺创作者所用的思维可以说是寓言思维。寓言思维是一种低级的形象思维，因为感性形象与理性内容本来是分裂开来而勉强拼凑在一起，感性形象还不一定就能很鲜明地把理性内容显现出，所以它还带有神秘色彩。黑格尔把东方原始艺术称为象征型，把基督教时代艺术称为浪漫型，其实就中世纪这个阶段来说，说基督教的艺术属于象征型，也许更符合实际些。

但丁说明他写《神曲》的用意说：

> ……从寓言来看全诗，主题就是人凭自由意志去行善行恶，理应受到公道的奖惩。

后来流行的“诗的公道”说（善恶报应说）在此已初次露面了。但丁认为《神曲》是隶属于哲学的，但是它所隶属的哲学是“属于道德活动或伦理那个范畴的，因为全诗和其中各部分都不是为思辨而设的，而是为可能的行动而设的。如果某些章节的讨论方式是思辨的方式，目的却不在思辨而在实际行动”。认为诗的目的在影响人的实际行动，这个提法是新的，深刻的，比起贺拉斯的教益说更为明确。但丁的实际生活斗争使他明白了文艺的最终目的还是在于实践。但丁虽然相信诗的公道，诗属于伦理哲学，诗的目的在于实际行动，却没有把美和善看作一回事。他主张文艺在内容上要善，在形式上要美。他在《筵席》里说：

> 每一部作品中的善与美是彼此不同，各自分立的。作品的善在于思想，美在于词章雕饰。善与美都是可喜的。这首歌的善应该特别能引起快感。……这首歌的善是不易了解的，我看一般人难免更多地注意到它的美，很少注意到它的善。

这番话把内容和形式对立起来，仿佛美有相当的独立性，但丁的用意是要强调内容的重要，认为内容的善应该引起更大的美感，深怕读者只看到他的《筵席》中歌的美，看不见它的善。

2. 论俗语

但丁的最重要的理论著作是《论俗语》。

他所谓“俗语”是指与教会所用的官方语言，即拉丁语相对立的各区域的地方语言。但丁以前的文人学者写作品或论文，一律都用拉丁文，这当然只有垄断文化的僧侣阶级才能看懂。就连《论俗语》这部著作本身，因为是学术性论文，也还是用拉丁文写的。从十一世纪以后，欧洲各地方近代语言逐渐兴起来了，大部分民间文学如传奇故事，抒情民歌，叙事民歌等都开始用各地方民间语言创作（多数还是口头的）。至于用近代语言写像《神曲》那样的严肃的宏伟的诗篇，但丁还是一个首创者。《论俗语》不但是但丁对自己的创作实践的辩护，也不但是要解决运用近代语写诗所引起的问题，分析各地方近代语言的优点和缺点，作出理论性的总结，用以指导一般文艺创作的实践；而且还应该看作他想实现统一意大利和建立意大利民族语言的政治理想中一个重要环节。但丁所面临的问题颇类似我们在五四时代初用白话写诗文时所面临的问题：白话（相当于但丁的“俗语”）是否比文言（相当于教会流行的拉丁语）更适宜于表达思想情感呢？白话应如何提炼，才更适合于用来写文学作品呢？这里第一个问题我们早就解决了，事实证明：只有用白话，才能使文学接近现实生活和接近群众。至于第二个问题，我们还在摸索中，还不能说是解决了，特别是就诗歌来说。因此，但丁的《论俗语》还值得我们参考。

但丁首先指出“俗语”与“文言”的分别，并且肯定了“俗语”的优越性：

> 我们所说的俗语，就是婴儿在开始能辨别字音时，从周围的人们所听惯了的语言，说得更简单一点，也就是我们丝毫不通过规律，

> 从保姆那里所模仿来的语言。此外我们还有第二种语言，就是罗马人所称的“文言”[①]。这第二种语言希腊人有，其他一些民族也有，但不是所有的民族都有。只有少数人才熟悉这第二种语言，因为要掌握它，就要花很多时间对它进行辛苦的学习。在这两种语言之中，俗语更高尚，因为人类开始运用的就是它；因为全世界人都喜欢用它，尽管各地方的语言和词汇各不相同；因为俗语对于我们是自然的，而文言却应该看成是矫揉造作的。

这样抬高“俗语”，就是要文学更接近自然和接近人民。作为意大利人，但丁最关心的当然是意大利的“俗语”。但是意大利在当时既不是一个统一的国家，也没有一种统一的民族语言，在意大利半岛上各地区有各地区的“俗语”。在这许多种“俗语”之中用哪一种作为标准呢？但丁把理想中的标准语叫作“光辉的俗语”。他逐一检查了意大利各地区的“俗语”，认为没有哪一种（连最占优势的中西部塔斯康语[②] 在内）够上标准，但是每一种都或多或少地含有标准因素；“在实际上意大利的光辉的俗语属于所有的意大利城市，但是在表面上却不属于任何一个城市”。这就是说，标准语毕竟是理想的，它要借综合各地区俗语的优点才能形成。所以要形成这种理想的“光辉的俗语”，就要把各地区的俗语“放在筛子里去筛”，把不合标准的因素筛去，把合标准的留下。这里我们应该谨记在心，但丁所考虑的是诗的语言，而且他心目中的诗是像他自己的《神曲》那样具有严肃内容和崇高风格的诗，所以他主张经过筛而留下来的应该是“宏伟的字”。“只有宏伟的字才配在崇高风格里运用”。在下面一段话里他说明了经过“筛”的过程，哪些应该去掉，哪些应该留下：

---

①原文是 grammatica，照字面看是“语法”，实际上就是“文言”，即不是从听和说学来的，而是从语法规律学来的。对于当时欧洲人民来说，拉丁语已成为这“第二种语言”。

②但丁自己的佛罗伦萨语属于这一系统。

> 有些字是孩子气的，有些字是女子气的，有些字是男子气的。在男子气的字之中有些是乡村性的，有些是城市性的。在城市性的字之中，有些是经过梳理的，有些是油滑的，有些是粗毛短发的，有些是乱发蓬松的。在这几类的字之中，经过梳理的和粗毛短发的两类就是我们所说的宏壮的字。……所以你应该小心谨慎地把字筛过，把最好的字收集在一起。如果你考虑到光辉的俗语——上文已经说过，这是用俗语写崇高风格的诗时所必须采用的——你就必须只让最高尚的字留在筛子里。……所以你得注意，只让城市性的字之中经过梳理的和粗毛短发的两种字留下，这两种的字才是最高尚的，才是光辉的俗语中的组成部分。

这段话需要两点说明，第一，依但丁自己的解释，他“筛”字的标准完全看字的声音，例如“经过梳理的字”是“三音节或三音节左右的字，不带气音，不带锐音和昂低音，不带双 Z 音或双 X 音，不要两个流音配搭在一起，不要在闭止音之后紧接上流音——这种字好像带一种甜味脱出说话人的口唇，例如 Amore、donne、Saluta 等”；至于“粗毛短发的字”则是一般不可缺少的单音节字，如前置词代名词惊叹词之类，以及为配搭三音节字而造成和谐的词组的多音节字，但丁举的例子之中有十一音节的长字。意大利语言的音乐性本来很强，而但丁作为诗人，更特别重视字的音乐性。他说，“诗不是别的，只是按照音乐的道理去安排成的词章虚构”。因此，他认为诗是不可翻译的，“人都知道，凡是按照音乐规律来调配成和谐体的作品都不能从一种语言译成另一种语言，而不致完全破坏它的优美与和谐”[①]。但丁这样强调诗的语言的音乐性，是否有些形式主义呢？和近代纯诗派不同，他认为音和义是不可分割的，

①见但丁的《筵席》，第一卷，第七章。

因为诗要有最好的思想，所以也需要最好的语言。他说，“语言对于思想是一种工具，正如一匹马对于一个军人一样，最好的马才适合最好的军人，最好的语言也才适合最好的思想”。

其次，但丁所要求的诗的语言是经过筛沥的“光辉的俗语”，并不像英国浪漫派诗人华滋华斯（Wordsworth）在《抒情民歌序》里所要求的“村俗的语言”或“人们真正用来说话的语言”。他并不认为诗歌是“自然流露的语言”；相反地，他说，“诗和特宜于诗的语言是一种煞费匠心的辛苦的工作”。他主张诗歌应该以从保姆学来的语言为基础，经过筛沥，沥去有“土俗气”的因素，留下“最好的”“高尚的”因素。他所采取的是城市性的语言，也就是有文化教养的语言。他用来形容他的理想的语言的字眼,除掉“光辉的”以外,还有“中心的”“宫廷的”和“法庭的”三种。“光辉的”指语言的高尚优美；“中心的”指标准性，没有方言土语的局限性；“宫廷的”指上层阶级所通用的；“法庭的”指准确的，经过权衡斟酌的。但丁要求诗的语言具有这些特点，是否带有封建思想的残余，轻视人民大众的语言，像十七八世纪新古典主义者所要求那种“高尚的语言”呢？从主张用从保姆学来的语言做基础来看，从他放弃拉丁而用近代意大利语写《神曲》来看，我们很难说但丁对于人民大众的语言抱有轻视的态度。当时宫廷垄断了文化教养，他要求诗的语言具有“宫廷的”性质，也不过是要求它是见出文化教养的语言。诗歌和一般文学不仅是运用语言，而且还要起提高语言的作用。每个民族语言的发展总是与文学的发展密切相联系的。在当时意大利语言还在不成熟的草创阶段，要求语言见出文化修养，对于提高语言和建立统一的民族语言，实在是十分必要的。至于十七八世纪新古典主义者所要求的那种“高尚的语言”乃是堂皇典丽，矫揉造作的与人民语言有很大距离的“文言”，而这种“文言”正是但丁认为比不上“俗语”高尚的。这两种“高尚的语言”称呼虽同，实质却迥不相同。

但丁在《论俗语》里所侧重的是词汇问题，但是也顺带地讲到诗的题材，音律和风格的问题。他认为严肃的诗（他用“严肃的”这一词和用“悲剧的”这一词是同义的，都指题材重大与风格崇高）应有严肃的题材，而严肃的题材不外三类，他用三个拉丁字来标出这三类的性质，即 salus（安全），这是有关国家安全，如战争，和平以及带有爱国主义性质的题材；venus（爱情），这是西方诗歌中一种普遍的传统的题材；以及 virtus（优良品质，才德），这是有关认识和实践的卓越的品质和能力的题材。这些“严肃的题材如果用相应的宏伟的韵律，崇高的文体和优美的词汇表现出来，我们就显得是在用悲剧的风格”。他把风格分为四种：(1)“平板无味的”，即枯燥的陈述；(2)“仅仅有味的”，即仅做到文法正确；(3)“有味而有风韵的”，即见出修辞手段；(4)“有味的，有风韵的而且是崇高的”，即伟大作家所特具的风格。这最后一种是但丁所认为最理想的。但丁讨论词汇和风格时，主要是从诗歌着眼，但是他认为“光辉的俗语”也适用于散文。因为散文总是要向诗学习，诗总是先于散文，所以他只讨论诗。

语言的问题是中世纪末期和文艺复兴时期欧洲各民族开始用近代地方语言写文学作品时所面临的一个普遍的重要的问题。当时创作家和理论家们都对这个问题特别关心。在《论俗语》出版（1529 年但丁死后）之后二十年(1549)，法国近代文学奠基人之一，约瓦辛·杜·伯勒(Joachin du Belly)，也许在但丁的影响之下，写成了他的《法兰西语言的维护和光辉化[①]》，也是为用近代法文写诗辩护，并且讨论如何使法文日趋完善。他所要解决的问题和所提出的解决的办法与但丁的基本类似，只是杜·伯勒处在人文主义和古典主义影响较大的历史阶段，特别强调向希腊拉丁借鉴。这两部辩护地方语言的书不但对于意大利语言和法兰西语言的统一，而且对于欧洲其他各种民族语言的形成和发展，都有很大的影响。

①“光辉化”即提高。

第六章　文艺复兴时代：薄迦丘、达·芬奇和卡斯特尔维屈罗等

一　文化历史背景

文艺复兴是中世纪转入近代的枢纽。西方从此摆脱了中世纪封建制度和教会神权统治的束缚，逐渐得到了生产力的解放和精神的解放。在经济上资本的原始积累，工商业的发达以及新兴资产阶级势力的日渐发展都替近代资本主义社会打下了基础。在精神文化方面，自然科学的发展，唯物主义哲学日渐抬头，文艺的世俗化与对古典的继承都标志着这时代的欧洲文化达到了希腊以后的第二个高峰。它发源于意大利，逐渐向北传播，终于席卷全欧。在北方各国，它演变成为宗教改革或新教运动。它极盛于十六世纪，但是在十三四世纪就已在意大利酝酿。但丁、帕屈拉克和薄迦丘三位意大利文学奠基人都是文艺复兴运动的先驱。文艺复兴的影响在后来每一个政治运动和文化运动中都可以见出，至今还可以说是活着的。

顾名思义，文艺复兴就是希腊罗马古典文艺的再生。但是这个名称并不足以包括这个伟大运动的全面。首先它不只是意识形态的转变，更加重要的是社会经济基础的转变，也就是封建势力的削弱和资本主义生产方式和生产关系的建立。对于这个重大的历史转变，马克思和恩格斯在《共产党宣言》里以及恩格斯在《自然辩证法》的导言里都作过扼要的分析。它的原因是极其复杂的，主要的是十字军东征以后东西交通网

的广泛建立以及航海的探险与许多重要的地理发现。从经济方面来说，这些活动和成就替欧洲人开辟了市场和殖民地以及原料和资本的来源，从而在物质上促进了工商业的发展，加强资产阶级的地位和势力。从精神文化方面来说，这些活动和成就打破了欧洲过去闭关自守的状态，扩大了西方人的眼界，破除了他们的迷信，提高了他们的好奇心和进取的斗志。从此他们要求脱离中世纪的愚昧和落后状态，发挥固有的智慧，去从生产斗争和阶级斗争中改变他们的现状。

当时欧洲人接触到一些水平较高的文化，特别是阿拉伯、印度和中国的文化，因而吸收了外来文化中许多有用的东西。单以中国为例来说，中国对于西方文艺复兴运动起过深刻的影响。马可·波罗到中国游历（十三世纪，元朝初期）后所写的游记激发了哥伦布从西路航海到东方的壮志，从而发现美洲的新大陆。当时中国的罗盘（指南针）已传到西方，引起了航海术上的革命，许多航海探险和地理发现（包括哥伦布发现新大陆在内）都是借指南针来测定航行路线的。其次是中国的火药制造术经过阿拉伯人传到西方，引起了军事上的革命，欧洲资产阶级就是利用这种新式武器去击败主要靠骑射的封建骑士军队的。第三是中国的造纸术（可能印刷术也要算上）传到西方，引起了教育和文化宣传上的革命。过去西方书籍都是用手抄在皮革上，所以文化只能垄断在少数统治阶级（僧侣）手里；有了纸张和印刷，书籍就可以大量地向广大人民开放，使他们获得教育和文化知识。这只是就中国一个例子来说，当然文艺复兴所受到的外来影响不限于中国。从此也可以见出，把文艺复兴只看作希腊罗马古典的再生是很不全面的。

文艺复兴在西文的解释一般是“古典学术的再生”，而汉语中习惯译词把“文艺”代替了“学术”，也很容易引起误解。文艺复兴运动在精神文化方面的表现，首先还不能说是只在文艺方面，而是在自然科学方面。像恩格斯在《自然辩证法》里所指出的，近代自然科学是从文艺复兴“这样一个伟大的时代算起”的。这时代的自然科学的伟大成就恩格斯也已详加阐述。这种成就当然要首先归功于生产力的发展。像在任何时代一样，生产力的发展都需要有相适应的科学技术。这需要在当时之所以得到满足，外来科学文化的刺激和启发以及希腊科学方法与观点的继承和发扬也都起了很大的作用。与中世纪的神学相对立，自然科学在西方也还是属于“古典学术”的传统。恩格斯指出当时自然科学的一些伟大成就“本身便是彻底革命的”，这不仅因为它们促进了新兴资产阶级所需要的生产力的解放，也因为它们动摇了基督教的神学基础，促进了精神的解放。

精神的解放很明显地表现于这时期的哲学思想。由于面临着反封建反教会斗争的任务，由于密切联系到自然科学的新成就，文艺复兴时代的哲学在中世纪神学长期统治之后，开始恢复它的世俗性和科学性。唯物主义日渐占优势，无神论也开始在酝酿。对自然的观察与实验代替了经院派的烦琐思辨；感性认识得到了空前的重视，归纳逻辑打破了演绎逻辑的垄断；因果律代替了目的论（天意安排说）；理性代替了对权威的盲目崇拜，精神解放了，人的地位提高了。人开始感觉到自己的尊严与无限发展的潜能。因此，他把个性自由，理性至上和人性的全面发展悬为自己的生活理想，带着蓬勃的朝气向各方面去探索，去扩张。

这个生活理想实质上就是“人道主义”。文艺复兴这个概念和人道主义是分不开的。西文“人道主义”（Humanism）这一词有两个主要的涵义。就它的原始的也是较窄狭的涵义来说，它代表希腊罗马古典学术的研究，所以也有人把它译为“人文主义”。从十一世纪以后，在僧侣学校以外，世俗学校也开始建立了。僧侣学校原来只讲神学。世俗学校初建立时，在“神学科”（studio divina）以外，添设了“人文学科”（studio humana），它的内容就是希腊罗马传下来的各种世俗性的古典学术，包括文艺和自然科学在内。所以“人文学科”原是与“神学科”相对立的。在欧洲一些古老的大学里，古典科目到现在还叫作“人文学科”，历史家们把文艺复兴时代的学者一概称为“人文主义者”，指的就是他们是古典学术的研究者和倡导者。其次，与这个意义密切相联系的是与基督教的神权说相对立的古典文化中所表现的人为一切中心的精神。就这个意义说，有人把 Humanism 译为“人本主义”或“人道主义”，人本主义所否定的是神权中心以及其附带的来世主义和禁欲主义，所肯定的就是上文所说的那种要求个性自由、理性至上和人的全面发展的生活理想。这个意义在两个意义之中是较重要的。在文艺复兴时代，人道主义的基本社会内容是反封建反教会的斗争以及新兴资产阶级的自由发展的要求，所以它是进步的。但是人道主义者所代表的毕竟只是新兴资产阶级的利益，他们所号召的个性自由，理性和全面发展毕竟还只是为本阶级服务。资产阶级的思想基础是个人主义，这种个人主义其实也就是人道主义的主要组成部分。此外，封建思想与神权思想的残余也并没有彻底肃清，他们的反封建反教会的斗争大半还是在宗教的旗帜之下进行的。所以这时期的哲学思想还不可能是彻底的唯物主义与无神论。

由于个性的解放，由于资本主义的分工方式还未形成，个人的才能有可能同时在多方面发展，文艺复兴就成为恩格斯所说的“巨人时代”。恩格斯举了达·芬奇为例。达·芬奇“不仅是大画家，并且是大数学家，力学家和工程师，他在物理学各种不同的部分都有重要的发现”。他设计过纺织机，兴修过水利工程和军事工程，研究过解剖学和透视学，并且设计过飞机和降落伞。他在笔记里详细记录了他在多方面的经验和体会，充分体现了当时新兴资产阶级的个性全面发展的理想和勇于进取的精神。当时许多“巨人”的伟大成就是与这种新的理想和精神分不开的。

二　文艺复兴时代意大利的领导地位

文艺复兴虽然是全欧的运动，它的发源地和主要的活动场所却在意大利。意大利之所以成为文艺复兴运动的领导者，主要的原因在于资产阶级在意大利最早登上历史舞台。马克思在《资本论》里曾指出，在意大利“资本主义生产发展最早”。意大利在当时虽然还是许多独立的小城邦的集体，还没有形成统一的国家，但是由于它把握着地中海以及海上的交通和贸易，工商业就迅速发展起来，使意大利成为当时欧洲最富庶最先进的地区，工商业和银行业都占欧洲的第一位。当时意大利经济最发达的是北部三个共和政体的较大城邦：经营海上航业和商业的威尼斯和热那亚以及经营工业和银行业的佛罗伦萨。当时意大利的文艺活动乃至一般文化活动也主要在北部，特别是佛罗伦萨。

新的经济基础需要新的上层建筑和意识形态为它服务，所以新兴的意大利资产阶级一开始就努力发展新文化，以便粉碎封建统治和教会权威，促进资本主义的发展。摆在他们面前的捷径是接受古典文化遗产。在这方面意大利有特别的便利条件。第一，意大利是古罗马的直接继承者，罗马文化就是意大利民族的文化，拉丁语就是意大利各区语言的祖先。从中世纪后期世俗性的学校建立以后，维吉尔、西赛罗、贺拉斯这一系列的拉丁诗人和作家的作品一直是意大利人的文化教养中的主要部分。十五六世纪在罗马废墟中发掘出来的古代雕刻杰作变成了意大利人有目共睹的典范。其次，意大利在古代是“大希腊”的一部分，希腊文化的影响一直是绵延不绝的，我们已经说过，尽管中世纪基督教会仇视希腊文化，中世纪两位最大的经院派学者，圣奥古斯丁和圣托玛斯，都受到过希腊哲学的深刻影响。自从一四五三年伊斯兰教徒攻陷君士但丁，消灭了东罗马帝国（罗马时代保存希腊文化较多的地区），那里的大批希腊古典学者携带了书籍，流亡到意大利去避难，因而促进了意大利原已早在进行的希腊古典的研究。在佛罗伦萨以工商业起家的新贵族麦迪契家族中的罗冉佐在十五世纪建立了一个“柏拉图学园”，来提倡希腊古典的研究。从此可见，“古典学问的再生”发生于意大利，一方面是由于历史的渊源，一方面是由于得到新兴资产阶级的大力提倡。

近代西方各民族之中，文艺发达最早的也要数意大利。在文学方面，但丁、帕屈拉克和薄迦丘都用近代语言创造了伟大的新型的作品，不仅奠定了近代意大利民族文学的基础，对于欧洲其他各国民族文学的建立，也起了鼓舞和典范的作用。阿里奥斯陀（《罗兰的疯狂》）和塔索（《耶露撒冷的解放》）继承和发扬中世纪传奇体诗的传统，不仅扩大了欧洲人长期囿于史诗和悲剧两个传统类型的叙事诗观念，而且还直接影响到近代的小说。在艺术方面，意大利在文艺复兴时代的成就更为卓越。造型艺术自从中世纪为教会服务以来，在意大利已有悠久的传统，到了文艺复兴时代，在米琪尔·安杰罗、里阿那多·达·芬奇和拉斐尔这一系列大师手里，它就达到了西方造型艺术在古希腊以后的第二次高峰；而单就绘画来说，则达到了欧洲的第一次高峰。从此可见，在文艺理论和美学思想方面，文艺复兴时代的意大利是有丰富的卓越的文艺创作实践做基础的。

由于上述的一些原因，意大利成为文艺复兴运动的领导者。当时各国的文艺理论和美学思想在基调上都是跟着意大利走的。所以掌握了意大利的文艺理论和美学思想的情况，其他各国的也就不难理解。

三　意大利的文艺理论和美学思想

在文艺复兴的萌芽阶段，意大利人文主义者所面临的任务首先是针对着中世纪基督教会对文艺的攻击和摧残，为文艺进行辩护。由于他们还没有完全解脱封建思想和神学的束缚，他们的反封建反教会的斗争大半还是在宗教旗帜之下进行的。但丁在给康·格朗德的信里（见第五章）所提到的诗的寓言意义，就已经是从宗教观点为诗辩护。接着薄迦丘在《神谱》和《但丁传》里以及帕屈拉克在给他的兄弟癸那多的信里都重复了但丁的论调。他们都承认诗要用虚构，但是虚构不是为着说谎，而是“要把实在的真理隐藏在虚构这幅障面纱后面”，“虚构所产生的美能吸引哲学论证和辞令说服所不能吸引的人们”。他们向为着保卫神学而攻击诗的教会说，“诗和神学可以说是一回事”，“神学实在就是诗，关于上帝的诗”。不能指责虚构，圣经里就可以找到无数的虚构的事例。“福音里基督所说的故事不正是都有言外之意吗？或者用术语来说，不正是寓言吗？寓言是一切诗的经纬。”[①]

意大利文艺复兴运动巨大先驱者关于诗即寓言亦即神学的看法，简直如同从一鼻孔出气。教会说，神学才是真理，诗只是说谎，所以和神学是对立的，应该排斥。人文主义者辩护说：神学本身也就是诗，诗也就是神学，因为它们都是寓言，都把真理隐藏在障面纱后面。所以不应该为神学而排斥诗。这种论调一方面向教会表示对立，另一方面还是用宗教作为诗的护身符，毕竟还是羞羞答答，不是理直气壮的。

随着文艺复兴运动的进展，到了十五六世纪，意大利文艺理论家们就逐渐脱离宗教的圈套，从文艺反映现实的本质和文艺的教育与娱乐的功用之类根本理由，来为文艺辩护，而且还就文艺的其他重要问题进行独立的思考和科学的探讨。讨论的范围日渐扩大了，思路也日渐加深了。这个转变主要有三个原因。第一，工商业日益发展，资产阶级的地位日益巩固，因而反封建反教会的斗争也就日渐可以取更公开的更尖锐的形式了。其次，自然科学日益发展，给人文主义者带来理性和经验两大武器，一切都要受理性和经验的考验，过去所崇敬的迷信和权威就日渐站不住脚了。第三，对希腊罗马古典的研究到十五六世纪才达到了高潮，柏拉图、亚理士多德和贺拉斯的影响，特别是亚理士多德的《诗学》的影响，在日益上升，意大利人文主义者受到了这些古代思想家的启发，日渐注意到古代文艺论著中所曾讨论过的一些文艺的基本问题，并且结合到当时的文艺创作实践，根据理性和经验的标准，去就那些基本问题进行独立的思考和自由的讨论。这些原因都促使意大利文艺思想朝着新的方向

①帕屈拉克给癸那多的信。

迈进。

文艺复兴虽说是“巨人时代”，但在美学和文艺理论方面，“巨人”却不很多，不像从希腊到中世纪那样可以选出少数突出的人物就可以代表一个时代。因此，我们的叙述将不能以代表人物为纲，而要以突出的问题为纲，在每个问题下面约略涉及代表人物。关于一些主要问题的研究和争论的情况大致如下：

1. 古典的批判与继承

“文艺复兴”这个名词本身首先就涉及对古典的批判与继承问题。如果单就文艺领域来说，十六世纪意大利的文艺复兴实质上就是新古典主义的萌芽，十七八世纪法英德各国的新古典主义实际上是由意大利开端的。新古典主义在意大利的开端首先要归功于对亚理士多德的《诗学》的翻译和研究，在十六世纪达到了高潮。在这一个世纪里，在意大利印行的《诗学》的新译本和注释本有十几种之多，贺拉斯的《论诗艺》也译成意大利文，至于意大利学者按照《诗学》和《论诗艺》的方式所写的论诗专著就不知其数。单就这些书籍的数量来看，就可以见出当时文艺理论工作的活跃以及亚理士多德和其他古典诗学家的影响的上升。

当时意大利学者对古典的态度有新旧两派之分。早期保守派较多，以维达（Vida）的《论诗艺》（1527），屈理什诺（Trissino）的《诗学》（1529），丹尼厄罗（Daniello）的《诗学》（1536），明屠尔诺（Minturno）的《论诗艺》（1564）和斯卡里格（scaliger）的《诗学》（1561）等著作为代表。亚理士多德的《诗学》中几乎每字每句都经过反复的不厌烦的注释和讨论。他们自己的论著也很少越出《诗学》范围一步，所讨论的问题还是史诗、悲剧、情节的整一，人物的高低，哀怜与恐惧的净化，近情近理，诗与历史，诗与哲学之类老问题。贺拉斯的“学习古人”的号召又成为响彻云霄的口头禅。亚理士多德被斯卡里格捧为“诗艺的永久立法者”，所以他的一些经验总结性的理论被认为牢不可破的普遍永恒的“规则”。

但是也有一批人强调理性与经验，拒绝盲从古典权威。他们认识到文艺是随时代发展的，老规律不一定能适用于新型作品。喜剧家拉斯卡（Il Lasca）在他的一部剧本的序文里说过一段很有代表性的话：

> 亚理士多德和贺拉斯只知道他们的时代，我们的时代却和他们的不相同。我们的风俗习惯，宗教和生活方式都是另样的，所以我们写剧本，也必然要按照不同的方式。

极左派朗底（Ortensio Landi）对当时的保守派极不满，骂他们“竟心甘情愿把牛轭套在自己的颈项上，把亚理士多德那个蠢畜生捧上宝座，把他的言论当作圣旨”。有些新派虽然也尊重亚理士多德，但是却不“把他的言论当作圣旨”，在讨论《诗学》时往往独抒己见，表示异议，甚至改变《诗学》的原意，来论证自己的主张，卡斯特尔维屈罗（Castelvetro）的《亚理士多德〈诗学〉的诠释》就是一个突出的代表。

这些新派理论家大半是从意大利自己的文学作品得到启发的。意大利文学是一种不同于古典的新型文学。例如但丁的《神曲》既非史诗而又非戏剧，帕屈拉克的抒情诗是承受民间诗歌影响的，薄迦丘的《十日谈》在希腊罗马也找不到来源，阿里奥斯陀的《罗兰的疯狂》是发扬中世纪传奇体叙事诗传统的。这些新型作品如果拿古典规则来衡量，就会一无是处。究竟是这些新型作品破坏古典规则是错误的呢，还是古典规则本身有问题呢？这是当时争论的一个中心问题。例如《罗兰的疯狂》初问世，就引起一场激烈的争论。保守派批评家如屈理什诺就根据《诗学》来斥责阿里奥斯陀，较进步的基拉尔底·钦特尼阿（Giraldi Cintnio）却为他辩护说，“亚理士多德所定的规则只适用于只用单一情节的诗，凡是叙述几个英雄的许多事迹的诗就不能纳到亚理士多德替写单一情节的诗人们所界定的范围里”。

这场争论实际上已是一种“古今之争”，问题在于古人是否一切优越，今人是否一无可取。当时保守派是拜倒于古典权威膝下的，但是新派却认为意大利文学同样伟大或是更伟大。皮柯（G.Pico）在一五一二年写给邦波（Bembo）的信里说："我认为我们比古人要伟大"，"如果古人比我们伟大，学他们的步伐也跟不上他们；如果我们比他们伟大，我们放慢步伐来迁就他们，不就显得蹒跚可笑吗？文风是应该随着时代变迁的。"从此可见，在十七世纪法国曾轰动一时的"古今之争"在十六世纪就已在意大利开端了。

在古典继承的问题上，意大利学者的意见不管有多么大的分歧，这个问题对当时文艺思想的活跃却起了很大的促进作用。总的说来，他们是结合当时文艺创作实践，对古典加以批判吸收的。问题当然还没有完全解决，十七世纪法国的古今之争以及十八九世纪之交的古典主义与浪漫主义之争实际上都是意大利的这场争辩的继续和扩大。

2. 文艺对现实的关系

我们在第五章已经提到，中世纪基督教会攻击文艺的理由基本上还是重复柏拉图控诉诗人的两大罪状：文艺不能显示真理和伤风败俗。对于头一条罪状，十三四世纪的人文主义者已提出辩护，说诗和神学一样是寓言，隐藏着深刻的真理。十五六世纪的人文主义者腔调变了，不设法使诗托庇于神学了。既然说真理是哲学的研究对象（当时哲学还包括科学），如果要论证诗也能显示真理，那就要证明诗和哲学原是一回事。实际上这就是当时学者们所采取的战略。例如瓦尔齐（Varchi）分哲学为两类：一类是以实在事物为对象的"实在哲学"，包括形而上学、伦理学、物理学之类；另一类是以研究事物和表达事物的思想语言为对象的"理性哲学"，包括逻辑学、辩证法、修辞学、语法学和诗之类。他又说，诗就是一种逻辑，诗人必须同时是逻辑家，逻辑愈精通，诗也就会做得愈好。著名的政治改良主义者莎封拿洛拉（Savonarola）也发表过同样的见解。大画家达·芬奇认为绘画也是一种哲学："如果诗所处理的是精神哲学，绘画所处理的就是自然哲学。”从这个观点，他断定画比诗更真实，因为诗用间接的文字符号，而画用直接的具体形象。这种文艺与哲学或逻辑学同一说当然混淆了形象思维与抽象思维，但同时肯定了文艺的理性和真实性，仍有片面的真理。

文艺复兴时代作者和思想家们一般都坚持“艺术模仿自然”这个传统的现实主义的观点。在自然科学发展的条件下，他们对于这句老口号却有较新的体会。不像过去人文主义者比文艺为隐藏真理的“障面纱”，他们现在都喜欢比文艺为反映现实的“镜子”。[①] 莎士比亚在《哈姆雷特》里劝演员要“拿一面镜子去照自然”，这是人们所熟知的。画家达·芬奇也爱用“镜子”这个比喻。他说，“画家的心应该像一面镜子，经常把所反映事物的色彩摄进来，面前摆着多少事物，就摄取多少形象”。他还劝画家用镜子照所画的事物来检查画是否符合实际事物。因为重视自然，达·芬奇反对脱离自然而去临摹旁人的作品。他说：“画家如果拿旁人的作品做自己的典范，他的画就没有什么价值；如果努力从自然事物学习，他就会得到很好的效果。”他还从意大利画史举例证明绘画的衰落总是在临摹风气很盛的时代，绘画的复兴也总是直接向自然学习的时代。他认为画家应该是“自然的儿子”，如果临摹旁人的模仿自然的作品，那就变成“自然的孙子”了。拿汲水做比譬，他说，“谁能到泉源去汲水，谁就不会从水壶里去取点水喝”。这些话充分显出当时艺术家对于自然的坚定的信念和后来新古典主义者的“模仿古人就是模仿自然”的教条是对立的。

但是他们也并不满足于被动模仿自然，还要求理想化或典型化。十五世纪著名的雕刻家和画家阿尔伯蒂（Alberti）在《论雕刻》里说过这样一段话：

①参看基尔博特和库恩合著的《美学史》第六章。

雕刻家要做到逼真，就要做到两方面的事：一方面他们所刻画的形象归根到底须尽量像活的东西，就雕像来说，须尽量像人。至于他们是否把苏格拉底、柏拉图之类名人的本来形象再现出来，并不重要，只要作品能像一般的人——尽管本来是最著名的人——就够了。另一方面他们须努力再现和刻画的还不仅是一般的人，而是某一个别人的面貌和全体形状，例如凯撒[①]，卡通之类名人处在一定情况中，坐在首长坛上或是向民众集会演讲。

这里要求了三个要点：一、不必像真实人物的本来形象；二、像一般的人；三、再现某个别人"处在一定情况中"的面貌和全体形状。这三点好像是互相矛盾的。其实阿尔伯蒂在这里已隐约见到典型与个性的统一以及艺术须经理想化的道理。拿他的话来检查最好的雕刻作品，就可以见出他的三点抓住雕刻乃至一般艺术的本质。

达·芬奇也认识到理想化的重要性，他说，"画家应该研究普遍的自然，就眼睛所看到的东西多加思索，要运用组成每一事物的类型的那些优美的部分。用这种办法，他的心就会像一面镜子，真实地反映面前一切，就会变成好像是第二自然。"这段话有两点值得注意。第一，从对"普遍的自然"的观察和思索，找出事物类型中的优美的部分来运用，这就需要选择和集中，这也就是典型化或理想化。达·芬奇劝画家"每逢到田野里去，须用心去看各种事物，细心看完这一件再去看另一件，把比较有价值的东西选择出来，把这些不同的东西捆在一起"。这里所指的也还是理想化。其次，说艺术家就是"第二自然"，是强调艺术创造的重要。依当时的看法，事物是由自然创造的（自然代替了过去的上帝），艺术不但要模仿自然事物的形象，还要模仿自然那样创造事物形象的方法，这就是说，就要按照自然规律来进行创造。就是为着这个目

①凯撒，今通译作恺撒。——编者注

的，达·芬奇辛勤地研究了解剖透视配色等有关绘画的科学技术。这两点意思在佛拉卡斯托罗(Fracas-toro)的一篇叫作《瑙格吕斯》(Naugerius)的对话里阐述得更清楚：

> 诗人像画家一样，不愿照个别的人原来的样子来描写他，把他的各种缺点也和盘托出，而是在玩索了造物主在创造人时所根据的那种普遍的最高的美的理想之后，按照事物应该有的样子去创造它们。[①]

“按照事物应该有的样子”，这个提法是亚理士多德早已提过的。《诗学》在对诗和历史进行比较时所说的诗比历史是更哲学的一段话是文艺复兴时代诗论家们所经常讨论的一个问题；其次，亚理士多德对于“原来有的样子”和“应该有的样子”以及事实的真实与近情近理（逼真）之间所作的分别对于他们的启发也很大。当时一般论诗著作都经常涉及这些问题，这颇有助于当时对典型化和理想化的认识的提高。当时传奇体叙事诗大半还是采用过去历史题材，这就产生了写历史题材如何才算真实的问题，也就是诗是否应该严格按照史实的问题。亚理士多德的关于诗与历史的分别所定下的原则帮助他们解决了这个难题。钦特尼阿提出的解决办法是这样：

> 历史家有义务，只写真正发生过的事，并且按照它们真正发生的样子去写；诗人写事物，并不是按照它们实有的样子而是按照它们应当有的样子去写，以便教导读者去了解生活。所以尽管诗人所用的材料是古代的，也要使这古代材料适应现时的风俗习惯，要运用一些不符合古时实况而却符合现时实况的事物。

①见基尔博特和库恩的《美学史》第六章引文。

因此，当时传奇体叙事诗的写法不应受到“反历史主义”的指责。

理想化的问题是和想象虚构分不开的。早期人文主义者曾用寓言来辩护想象虚构，现在诗论家们却由于受到了亚理士多德的启发，从诗的本质和人的心理活动来看待这个问题。例如马佐尼（Mazoni）就设法论证“要达到诗的逼真就要靠想象的能力”，诗人所要求的逼真是“由诗人凭自己的意愿来虚构的”；“适宜于创作的能力是想象的能力”，“决不能是按照事物本质来形成概念的那种理智的能力”；“诗既然依靠想象力，它就要由虚构的想象的东西来组成”。形象思维和抽象思维在这里是分辨得很清楚的。虚构并不等于虚伪，但是虚构所要求的不是事实的真实而是逼真（近情近理，可信）。马佐尼从亚理士多德所指出的这个分别中见出“诗人和诗的目的都在于把话说得能使人充满着惊奇感，惊奇感的产生是在听众相信他们原来不相信会发生的事情的时候”。马佐尼的这番话还是结合当时现实的，因为惊奇的因素是当时传奇体叙事诗的一个特征。

关于文艺与现实的关系，还有一点值得一提，那就是模仿的对象或文艺的题材问题。亚理士多德原来主要就希腊史诗和悲剧做总结，所以认为诗只“模仿行动”。文艺复兴时代思想家们根据当时文艺作品的实况，对这个看法表示过怀疑和异议。瓦尔齐认为“行动”应该包括“情绪和心理习惯”，达·芬奇也认为诗涉及精神哲学，要“描绘心的活动”。这样就替帕屈拉克所写的那种描写主观心理状态的抒情诗争到了地位，扩大了文艺描写对象的范围。后来佛拉卡斯托罗又进了一步，认为诗的对象不应限于人的行动或人的生活，还应包括自然界一切事物，否则维吉尔只能在史诗里才是诗人，而在描写田园农事的诗里便不是诗人了。这是自然诗的最早的辩护。反对亚理士多德的帕屈理齐（Patrizzi）在诗的题材问题上还更进了一步。他提出一个自认为是“普遍的正确的结论”：“凡是科学、技艺，以至历史所包括的一切题材都是适合于诗的题材，只要那题材是用诗的方式来处理的。”从此可见，在文艺复兴时代理论家们心目中，文艺的题材首先由人的行动推广到人的内心生活，再推广到整个自然界，最后又推广到哲学、科学、技艺和历史方面的一切材料，这就是否认题材有任何范围限制了。这颇近似后来别林斯基的看法。推广了题材的范围，实际上就是推广了文艺的现实基础，所以这是一个重要的进展。

综观以上所述，文艺复兴时代意大利艺术家和文艺理论家大半一方面要求艺术模仿自然，另一方面也见到艺术要对自然加工，要求理想化与典型化。他们见到虚构不等于虚伪，模仿不妨碍创造，艺术的真实不等于生活的真实（包括历史的真实）。所以他们的观点基本上是现实主义的。

3. 对艺术技巧的追求

和文艺对现实关系问题密切相联系的是艺术技巧问题。文艺复兴时代的文艺，无论是在实践方面还是在理论方面，重视技巧是一个特色，而且还可以说，这是西方艺术发展史上一个转折点。我们记得，在古典时代，柏拉图和亚理士多德都由于轻视匠人的劳动而轻视技巧。在中世纪手工业者在某些部门也表现出高度的技巧，但是总的来说，那时技巧还是落后的。技巧本来是科学理论知识在具体实践上的运用，所以在科学没有重大发展以前，艺术技巧就很难有重大的转变或改进。意大利绘画在文艺复兴时代之所以能达到欧洲第一次高峰，在很大程度上是科学技术进展的结果。当时一些重要的艺术家都同时是科学家，阿尔伯蒂、达·芬奇和米琪尔·安杰罗都是突出的例子。他们认识到艺术既然是模仿自然，就要把艺术摆在自然科学的基础上。这句话有两层意义：头一层是对自然本身要有精确的科学的认识，其次是把所认识到的自然逼真地再现出来，在技巧和手法上须有自然科学的理论基础。因此，他们除掉强调艺术家要对自然事物进行精细的观察以外，还孜孜不倦地研究艺术表达方面的科学技巧。与造型艺术密切相关的一些科学，例如解剖学、透视学、配色学等，在近代都不是由专业的自然科学家而是由一些造型艺术家开始研究起来的。

另一方面，对艺术技巧的重视还和对劳动的态度密切相关，因为技巧是“熟练劳动”方面的事。文艺复兴时代意大利艺术家们不但是些科学家，而且在职业地位上，大半是基尔特或工商业行会中的成员，这就是说，他们在社会上被公认为从事手工业的劳动者。从劳动实践中他们体会到技巧的重要。因此当时有一种流行的美学思想，认为美的高低乃至艺术的高低都要在克服技巧困难上见出，难能才算可贵。这种思想最早表现在薄迦丘的《但丁传》里：

> 经过费力才得到的东西要比不费力就得到的东西较能令人喜爱。一目了然的真理不费力就可以懂，懂了也感到暂时的愉快，但是很快就被遗忘了。要使真理须经费力才可以获得，因而产生更大的愉快，记得更牢固，诗人才把真理隐藏到从表面看来好像是不真实的东西后面。

“费力”就是花较多较大的劳动，在这里被看成是美感的一个来源。卡斯特尔维屈罗在《亚理士多德〈诗学〉的诠释》里也认为美感的来源不外两种，一种是题材的新奇，另一种就是处理手法上所现出的难能的技巧。他说，“对艺术的欣赏就是对克服了的困难的欣赏”。诗的题材如果完全采用历史上的已成事实，“诗人在运用这种题材时就丝毫不用费力，找到它也显不出诗人的聪明，所以他就不应得到赞赏”。他还认为叙事诗的情节整一本身并非必要，但是把情节安排到现出整一，却是件费力的事，所以能加强美感。

当时资产阶级竞争风气已开始在文艺领域里出现。艺术家们常爱抬高自己所从事的那一门艺术的地位，降低其他门艺术的地位，因而引起很多的争辩。达·芬奇的《画论》大部分是要尊画抑诗。在他以前，阿尔伯蒂也持过类似的主张。他们抬高本行艺术（绘画）的理由之一就是它较难，媒介较难掌握，费力较大。这种从费力大小来衡量艺术高低的看法，说明了文艺复兴时代，艺术家们还多少继承中世纪手工业者的传统，把艺术当作一种生产劳动，还能领略到劳动创造的乐趣与文艺欣赏的密切联系。

这种对技巧的追求，如果不结合到内容，就有堕入形式主义的危险。事实上文艺复兴时代艺术家们并没有完全摆脱这种危险。从毕达哥拉斯学派起，经过新柏拉图派一直到文艺复兴，西方有一股很顽强的美学思潮，把美片面地摆在形式因素上。就物体美来说，形式因素之中主要的是西赛罗、奥古斯丁诸人所强调的比例。文艺复兴时代艺术家们对技巧的辛勤的探讨主要也是在比例方面。路加·巴契阿里（Luca Pacioli）、阿尔伯蒂、佛朗切斯卡（Piero della Francesca）、达·芬奇、米琪尔·安杰罗、杜勒（A.Dürer）等画家都有讨论比例的专著。他们苦心钻研，想找出最美的线形和最美的比例，并且用数学公式把它表现出来。例如楚卡罗（F.zuccaro）规定画女神应以头的长度为标准来定身长的比例，例如天后和圣母的身长应该是头长的八倍，月神的身长应该是头长的九倍之类。西蒙兹（J.A.Symonds）在《米琪尔·安杰罗的传记》里也说“他往往把想象的身躯雕成头长的九倍，十倍乃至十二倍，目的只在把身体各部分组合在一起，寻找出一种在自然形象中找不到的美”。当时对比例的重视从杜勒的言论中可以看得最清楚。杜勒本是德国画家，为着要学意大利的新技巧，特意跑到意大利去留学，后来大部分光阴也是留在意大利工作。他谈到威尼斯画家雅各波（Jacopo）研究比例的工作说，“他让我看到他按照比例规律来画男女形象，我如果能把他所说的规律掌握住，我宁愿放弃看一个新王国的机会”。谈到美，他说，“美究竟是什么我不知道”，“我不知道美的最后尺度是什么”，但是他认为这个问题可以用数学来解决。“如果通过数学方式，我们就可以把原已存在的美找出来，从而可以更接近完美这个目的”[①]。从上述这些事例看，形式主义

①见英国康威（Conway）所编的《杜勒遗著》第245页。

的倾向是很明显的。

在搜寻“最美的线形”“最美的比例”之类形式之中，当时的艺术家们仿佛隐约感觉到美的形式是一种典型或理想，带有普遍性和规律性。这种感觉还是基于他们对自然科学的信心。他们的缺点在离开具体内容来看问题，把典型和理想机械地片面地看成原已“隐藏”在自然里，如果把它发现出来，定成公式，就可以一劳永逸，让一切艺术家如法炮制。米琪尔·安杰罗就有这种看法。他认为美的形象原已隐藏在顽石里，雕刻家的任务就在把隐藏这美的形象的那部分顽石剜去，使原已存在的美的形象显露出来。这种美学观点与当时流行的关于理想化和想象创造的观点就有些互相矛盾了。

总的说来，文艺复兴时代对形式技巧的追求，尽管有它的形式主义的一面，尽管和当时关于想象创造的理论有些矛盾，它毕竟是艺术发展史上的一个进步运动，因为它使艺术技巧结合到自然科学，实际上起了推动西方艺术向前迈进的作用。费力和困难的克服有助于美感的加强，这个把劳动的成功和美感联系起来的思想对美学也是一种宝贵的新贡献。

4. 文艺的社会功用：文艺的对象是人民大众

针对中世纪基督教会以伤风败俗为理由对文艺所进行的攻击，十五六世纪学者们如丹尼厄罗和斯卡里格等人大半采取贺拉斯的诗寓教训于娱乐，对开发文化有功劳的说法以及亚理士多德的净化说，来为文艺进行辩护。明屠尔诺似乎受到朗吉弩斯的影响，在教训与娱乐之外，还加上了“感动”。但是当时不同的论调是很多的，并不限于复述古人的旧说。佛拉卡斯托罗认为诗的功用既不在娱乐，因为说它在娱乐便是降低诗；也不在教训，因为教训是历史和哲学的事；而是在模仿事物的普遍性和理想美，把一种“奇妙的而且几乎神圣的和谐渗透到读者的心灵里”，因而使他感到一种惊心动魄的狂喜。这样说来，诗的功用就只在“感动”了。卡斯特尔维屈罗主张诗只有一个功用，就是娱乐，用不着管教训。他也认为教训是哲学家和科学家的事。他的理由如下：

> ……诗的发明原是专为娱乐和消遣的，而这娱乐和消遣的对象我说是一般没有文化教养的人民大众，他们并不懂得哲学家在研究事物真相时或是职业专家在工作时所用的那种脱离平常人实际经验很远的微妙的推理，分析和论证。……

明确地把娱乐看作诗的唯一目的，这在西方文化思想里还是第一次（尽管作者认为亚理士多德也把娱乐看成诗的唯一目的，我们在第三章已论证过亚理士多德的看法并不如此），这就是否定了艺术的思想性和教育功用。资产阶级美学史家和文学批评史家对卡斯特尔维屈罗的这种看法都齐声喝彩，认为这是在文艺功用观点上迈进了一大步。其实这种看法的片面性是很显然的。卡斯特尔维屈罗在当时还未必有“为文艺而文艺”的想法，他不过是从实际情况出发，看到当时多数人所期望于文艺的是娱乐而不是思想教育，诗人和艺术家要想作品受到欢迎，就必须考虑到人民大众的趣味。为着迎合人民大众的趣味，他认为诗宜选用可以令人惊奇的新奇题材，并且要在处理技巧上显出令人惊奇的本领。

文艺对象为人民大众的提法在当时也是新颖的，进步的。它反映出在资产阶级反封建的斗争中，人民群众已开始显示出他们的力量和影响，文艺家不能不考虑到他们了。塔索尼（Tassoni）在他的《杂想录》里说过一段话，也足以说明这个问题：

> 历史、诗和修辞这三门高贵的艺术都是政治学的各别部门，都依存于政治。历史关系到王侯士绅的教育，诗关系到一般人民的教育，而修辞则关系到律师和谋士的教育。[①]

---

①据克罗齐的《美学史》第183页的引文。

塔索尼显然比卡斯特尔维屈罗又进了一步，他不但肯定了“诗关系到一般人民的教育”，而且还见出文艺依存于政治。当时艺术家大半是从人民群众中来的，所以对人民群众一般是重视的。画家阿尔伯蒂曾经说过，艺术之迷失方向，不是在抛开传统的时候，而是在不以博得全体人民喜爱为目的的时候。[①]

人民群众的影响还可以从另一事实上见出，这就是不仅是上层统治阶级，一般人民群众也开始在文艺作品中得到表现。前此在西方戏剧中悲剧和喜剧有严格的界限，悲剧专描写上层人物，喜剧才描写较低下的人物。人们都认为这是由亚理士多德定下来的规矩，因此悲剧和喜剧不应夹杂在一起，上层人物和一般人民也不应夹杂在一起。十六世纪意大利剧作家瓜里尼（G.Guarini）便有意识地要打破这个框子，首创了田园诗体的悲喜混杂戏（《牧羊人斐多》），在同一场面上反映两个不同阶层的人物，因此遭到保守派的反对。他于是写出“悲喜混杂剧体诗的纲领”一部理论著作，为他所建立的新剧种进行辩护。他还是援引亚理士多德做护身符：说亚理士多德固然说过悲剧只写上层人物，喜剧才写一般人民，但是上层人物统治的政体是寡头政体，一般人民统治的政体是民主政体，亚理士多德曾说过这两种政体的混合就形成共和政体。瓜里尼接着就提出一个问题：“如果政治可以使他们（上层阶级和一般人民）混合在一起，为什么诗就不可以这样做呢？”他看不出有什么理由说诗不能这样做，因此他就断定使上层阶级和一般人民出现在同一场面的悲喜混杂剧是合理的，并且认为这种新剧种比单纯的悲剧和喜剧都是较高的发展，因为它可以把悲剧和喜剧的优点统一起来。

瓜里尼的悲喜混杂剧的理论是极端重要的。它首先说明当时社会现实对文艺实践和理论的影响。它反映当时人民群众力量的上升。瓜里尼

①据基尔博特和库恩的《美学史》，第192—193页。

所说的共和政体，口头上虽援引亚理士多德为依据，而实际上他所想到的是摆在他面前的意大利的一些共和政体的城邦，其中一般人民在开始和贵族分享政权。他的论证很清楚地说明了文艺的发展是随政治经济的发展为转移的。其次，过去西方传统的看法认为文艺的类型往往是固定的，所以亚理士多德对希腊史诗悲剧等类型所作的结论被认为后代必须遵守的规则，种类定型被认为是不应破坏的。在美学方面，人们也相信一些审美的范畴如美、崇高、悲剧性、喜剧性之类，也是界限森严，不能混杂的。悲喜混杂剧证明了文艺的类型和每类型的“规则”都不是一成不变的而是随历史发展的；审美的范畴也只是经验性的区分，悲剧性既可和喜剧性交融在一起，其他范畴也就应依此类推。瓜里尼在意大利建立悲喜混杂剧是和莎士比亚及其他伊利莎白时代剧作家在英国建立悲喜混杂剧同时的。这个新剧种实际上就是后来启蒙时代狄德罗和莱辛所提倡的严肃剧或市民剧的先驱。它应该看作和传奇体叙事诗具有同等重要性。

此外，瓜里尼对于文艺虚构的心理效果还有一种在当时很富于代表性的看法。基督教会曾指责文艺虚构，伤风败俗。当时为文艺辩护者有一个相当普遍的论证，就是正因为文艺是虚构，它不会产生不道德的影响。瓜里尼就是持这种见解的。他认为诗中悲惨的和邪恶的因素本来是虚构的，观众不致把它们误信为真实而受到震撼，以致引起自己性格的腐化，他们所关心的只是这些因素是否与人物和情节融贯一致。他说：“我们所批评的是艺术家，不是道德家。”这好像是片面强调艺术标准，但是瓜里尼的本意是要指出文艺虚构与现实生活的分别，反对从窄狭的道德观点来衡量文艺。

从窄狭的道德观点来衡量文艺，这在当时是一股很占势力的美学思潮。这有两个来源。一个来源是柏拉图的绝对理式为最高的真善美的统一说以及这个学说在中世纪新柏拉图主义与基督教神学结合后所形成的变相。美就是善，美与善的最后根源都是上帝。意大利人文主义者之中有许多人并没有完全摆脱柏拉图和新柏拉图派的影响。“诗学即神学”的口号便是一个例证。甚至大画家阿尔伯蒂和达·芬奇等人都还认为绘画是为上帝服务的，画家就是一种传教士，要做一个好画家，就要做一个虔诚的有品德的人。[①] 另一个来源是贺拉斯的诗寓教益于娱乐的学说。有些人文主义者把重点放在“教益”上，而对于“教益”又是从道学家的窄狭观点去看的，把“教益”和所谓“诗的公道”混为一谈。瓦尔齐可以作为这一思潮的代表。他认为诗、哲学和历史这三种学问在目的上是一致的，都是要促进人类生活的完美；但它们所用的手段不同，哲学通过教训，历史通过叙述，而诗则通过模仿。这三种手段之中，以诗所用的模仿为最有效，因为它提高人的道德品质，不是通过抽象的教条而是通过具体的典范，使读者从活生生的具体事例中看到善有善报，恶有恶报（这就是“诗的公道”），因而自己也就会趋善避恶。例如《神曲》就起着这种典范作用，在《地狱》篇恶人受到惩罚，在《天堂》篇善人得到报偿。[②] 这种“诗的公道”说到了新古典主义时代更占势力，例如莎士比亚的一些悲剧在十八世纪上演时，常被改成皆大欢喜的结局。瓦尔齐肯定了文艺的教育作用，并且指出文艺起教育作用所用的手段是具体形象而不是抽象概念，这是正确的一面。但是他的“诗的公道”说把文艺和伦理，美与善完全等同起来了，看不到它们的区别，这就是道学家的狭隘观点。

总之，美与善的关系问题在文艺复兴时代被突出地提出来了，意见是分歧的。有一小部分人片面地强调美，忽视文艺的教育作用（卡斯特尔维屈罗、佛拉卡斯托罗等）；绝大部分人混淆了美与善，文艺与道德，落到道学家的狭隘观点（维达、斯卡里格、瓦尔齐等）。美与善既有联系而又有区别的辩证观点还没有出现。但是当时总的倾向是重视文艺的教育作用，并且认定广大人民群众为对象。这比过去总算是迈进了一步。

①参看基尔博特和库恩的《美学史》，第169—170页。

②参看斯宾干 (Spingarn)《文艺复兴时代意大利文学批评》，第50—52页。

5. 美的相对性与绝对性

文艺复兴时代艺术家和思想家还关心到美的标准问题。美是一种普遍永恒的绝对价值呢，还是相对的，随着历史情况和鉴赏人的立场和性格而有所变更呢？在普遍人性论还是文艺的一种哲学基础的时代，在柏拉图的绝对理式说还有市场的时代，“绝对美”的概念就还会占优势。事实上文艺复兴时代艺术家和思想家们大半自觉或不自觉地接受了“绝对美”的概念。对“最美的线形”“最美的比例”之类形式因素的追求就隐含着两种思想：第一，美可以单从形式上见出；其次，它可以定成公式，让人们普遍地永恒地应用，这就要以假定“绝对美”的存在为前提。此外，当时人们对于他们所热烈讨论的亚理士多德所说的诗的“普遍性”往往误解了，不是把它看作人物性格的典型性而是把它看作内在于每一类事物的理想美。这就是把亚理士多德的“普遍性”和柏拉图的“理式”混淆起来了，“普遍性”就变成“绝对美”了。这种看法的重要代表是佛拉卡斯托罗。他在上文已提到的对话里，在讨论到亚理士多德的诗写普遍性那个原则时，作了这样解释：

> 诗人和画家一样，不肯按照他本来带有许多缺点的某某个别的人去再现他，而是在体会了造物主在创造他时所依据的那种**普遍的最高的美的观念**，使事物现出它们应该有的样子。（重点是引者加的）

很显然，经过偷梁换柱，“普遍的”就变成“最高的美的观念”（绝对美）了。[①]

绝对美的概念与普遍人性的概念是密切相联系的。诗人塔索可以作为这方面的代表。他认为世间有些事物本身无所谓好坏，好坏是由习

①参看斯宾干《文艺复兴时代意大利文学批评》，第31—34页；基尔博特和库恩：《美学史》，第190—192页。

俗决定的；也有些事物本身就有好坏之分，不随习俗而转移，例如人的道德品质，“恶本身就是坏，善本身就可以令人欣羡”。美也是如此。自然美在比例和色泽，“这些条件本身原来就是美的，也就会永远是美的，习俗不能使它们显得不美，例如习俗不能使尖头肿颈显得美，纵使是在尖头肿颈的国度里”。艺术美既然模仿自然美，也就应列入“不变因”里，例如古希腊的著名雕刻，“古代人觉得它们美，我们也一样觉得它们美，许多时代的消逝和许多种习俗的更替都不能使它们减色”。“诗中的情节整一在本质上就是完美的，在一切时代，无论是过去还是未来，它都是如此。”接着他说人的性格中也有一些不随习俗而转移的可列入“不变因”的特点，并引用贺拉斯的性格定型为例证。[①] 他把绝对美和普遍人性结合在一起谈，这显然是说美有普遍永恒的吸引力，因为人性本来就是普遍永恒的。

主张相对美的人在文艺复兴时代还是居少数，有些人徘徊于绝对美与相对美两说之间。例如受意大利影响最深的德国画家杜勒在他的《人体比例》一书里基本上相信美的形式有它的普遍性和永恒性，但同时也见出美的千变万化，同样使人觉得美的不同事物之中往往找不出相同点或类似点：

> 美（原文用复数，指各种美的因素——引者）是这样综合在人体上的，我们对它们的判断是这样没有把握的，以致我们可能发现两个人都美，都很好看，但是这两人彼此之间在尺度上或在种类上，乃至无论在哪一点或哪一部分上，都毫无类似之处。[②]

杜勒只是就同类事物（人体）来说，如果就不同的事物来说，例如一朵花和一部小说，一座建筑和一个女人，一支乐曲和一幅画，情形就更明

①参看第四章关于贺拉斯的部分。

②康威编的《杜勒遗著》，第 248 页。

显，我们对这些不同的对象尽管都感觉到美，可是甲里面的美不是乙里面的美，乙里面的美又不是丙里面的美。这个简单的事实就足以证明美不是一种普遍的永恒的属性，为一切叫作美的事物所共有（这就是“普遍性”的意思），而是要随内容和其他条件而转变的。这也就是说，这个简单的事实就足以否定绝对美的存在。不过杜勒并没有作出这样的结论。从柏拉图、普洛丁和圣托玛斯的例子看，一个人同时相信绝对美和相对美实际上还是很多的。

《太阳城》的作者康帕涅拉（Campanella）是当时持相对论的一个少有的例子。他是一位主张从经验出发，反对经院派烦琐哲学的思想家。由于他对宗教和政治的态度都是进步的，就以“异端邪说”的罪名，遭受过二十年的监禁。从实际斗争生活中他认识到美与丑和鉴赏人的立场密切相关。他举战士的伤痕为例，在友人看是美的，因为它是勇敢的标志；但是它也标志敌人的残酷，因此它又有丑的一面。他的基本观点是事物本身并没有美丑之分，它们显得有美丑之分，是由它们对人的社会意义来决定的。它们本身（例如伤痕）不过是一种“符号”或“标志”（signum）。符号所标志的意义（例如英勇或残酷）是人从一定立场出发所加上去的。同是一个事物，从这个角度去看是美的，从另一角度去看却是丑的，所以美丑是相对的。[①] 这个看法忽视了事物方面须有一定的美的条件，仍带有片面性，但是明确地肯定了美与丑的相对性以及立场对判别美丑的影响，仍是一种难得的贡献。

6. 结束语

文艺复兴运动处在欧洲由封建社会过渡到资本主义社会的转折点，它是一个伟大的精神解放运动。在文艺理论方面，它一方面面临着反封建反教会的斗争任务，另一方面又有文艺创作实践方面的巨大成就做基

①参看克罗齐的《美学史》第 181 页引文。

础，所以在约莫三百年之间，它得到蓬勃的发展。

工商业的发展促进了自然科学的发展，而自然科学的发展又促进哲学逐渐走上唯物主义的道路。这就替文艺复兴时代带来了两大思想武器，理性与经验。欧洲哲学思想从十七世纪以后分成理性主义和经验主义两大流派，而在文艺复兴时代，理性和经验还是统一的。达·芬奇在《笔记》里有一段话说明了这种统一的关系：

> 经验，这位在足智多谋的自然和人类之间作翻译的人，教导我们说，这个自然在受必然约制的凡人之中所创造出来的东西，只能按照它的向导，理性，所教给它的方法去发挥它的作用。

这就是说，从经验中人们认识到自然是按照理性即按照必然规律办事的，而人也要受这必然规律约制。一切都是可以理解的。有了这个认识，神权和教会的神秘主义以及中世纪经院派的烦琐的脱离实际的思想方法就都站不住脚了。这就为美学思想发展的道路扫除了障碍，使这时代的美学思想站在稳实的经验和理性的基础上。

另一方面，资产阶级建立为自己服务的新文化的需要，使得他们严肃地对待古典文化遗产继承的问题。古典文化遗产适合他们的需要，因为他们所要建立的是与教会文化相对立的世俗文化，是反对神权的人道主义的文化，而古典文化正是一种世俗性的人道主义的文化。“古典学问的再生”促进了精神的解放，而且也提供了关于文艺实践和理论的光辉的典范。在古典文化继承问题上，人文主义者对古典有过分崇拜的，也有过分鄙夷的，但是总的来说，他们是从当时的需要与新型文艺作品经验出发，去探讨柏拉图、亚理士多德和贺拉斯的理论中有哪些是不妥的，哪些是可以继承的。当时对于传奇体叙事诗和悲喜混杂剧的论争都充分表现出他们结合实际对古典文艺理论进行批判继承的严肃态度。

在一些美学基本问题上，意大利的人文主义者的意见是相当分歧的，有时甚至自相矛盾的。在文艺与现实关系问题上,由于自然科学的影响,他们对“艺术模仿自然”的传统信条是坚信不移的,对于“艺术家就是第二自然”,须就自然加以理想化的道理也有不同程度的认识。所以他们的思想主要方向是现实主义的。但是诗学与神学的同一说以及诗与哲学或逻辑学的同一说都足以证明他们之中有些人对于美与真的关系以及形象思维与抽象思维的关系都还没有摆得很正确。他们对于自然的信念虽然促进了对艺术技巧的探讨,但是艺术技巧的侧重也使一些艺术家流露出形式主义的倾向,仿佛美可以单从形式上见出。在文艺社会功用的问题上,他们之中虽有少数人抹煞了或是看轻了文艺的教育作用,把文艺的功用仅限于娱乐,绝大多数人却深信贺拉斯的教益和娱乐的两点论。在这部分人之中也有人从道学家的狭隘观点来看文艺,把文艺和伦理混同起来,把美与善混同起来。在文艺标准问题上,由于当时人大半强调人性的普遍,各时代各民族的人在好恶上的一致,绝对美与绝对标准的看法是比较流行的,但相对美与相对标准的看法也在开始出现。

总之,文艺复兴是思想解放和思想酝酿的时代,还不是思想成熟的时代。当时文艺界的探讨和争辩是极端活跃的,观点是相当分歧的。这种酝酿状态对文艺理论和美学思想仍起了巨大的推动作用,使文艺复兴成为古代美学思想和近代美学思想之间的一个重要的桥梁。

第二部分　十七八世纪和启蒙运动

第七章　法国新古典主义：笛卡儿和布瓦罗

一　经济政治文化背景

文艺复兴运动在意大利到了十六七世纪之交就已衰退，从此西方文化中心和领导地位就由意大利转移到法国。法国在十七世纪领导了新古典主义运动，在十八世纪领导了启蒙运动。

法国经过百年战争，在一四五三年终于战胜了英国，从此工商业日渐发展，统治阶级的地位日益巩固。在一百多年之中法国君主所采取的政治路线都是中央集权。为了达到这个目的，法国君主一方面要和封建割据的大贵族作殊死斗争，另一方面要防止资产阶级中下层和广大人民群众势力的扩张。他们的策略是联合资产阶级上层“穿袍贵族”，去应付来自世袭大贵族和广大群众两方面的抵抗和压力。这场斗争集中表现于一五六二到一五九四年“胡格诺战争”。经过残酷的镇压和屠杀，信仰喀尔文新教的大部分属于手工业者胡格诺派以及利用他们的世袭贵族终于被打垮。法国在政治上恢复了统一，但在经济上由于长期战争却导致民生凋敝。在路易十三和十四时代，两个有才能的宰相黎塞留和玛扎里尼相继执政，采取了一系列政治和经济的措施，结果把法国建立成为当时在欧洲最强大的中央集权的君主专制的国家，在君主专制下奖励工商业的发展和图谋对外进行殖民扩张。所以十七世纪的法国政权是封建贵族与上层资产阶级在君主制左右利用和调节之下的妥协性的政权。当时三个等级之中，占第一等级的是天主教的僧侣，宰相黎塞留就是以大主教的身份掌朝纲的，第二等级是世袭贵族，第三等级是资产阶级的上层新贵，所占的还只能说是附庸地位。所以就阶级力量对比来看，封建势力（教会和世袭贵族）还是占优势。

意识形态总是社会经济基础与阶级关系的反映。十七世纪法国新古典主义在实质上就是当时法国阶级妥协和中央集权制的产物。象征之一就是法兰西学院。这是在路易十四和黎塞留的庇护之下，从原来由贵妇人主持的文艺沙龙发展而成的法国官方的最高学术团体。它精选全国文艺、学术乃至政治军事各方面的最杰出的代表四十名，号称四十“不朽者”，来讨论一般文化特别是文艺方面的问题，进行表决。这种决议就具有法律的权威，一切文艺学术工作者都必须谨遵无违。这样，这些“不朽者”就制定了一个唯一的文艺和学术思想发展的路线。很显然，这就是文艺和学术思想方面的中央集权的具体表现。一切要有一个中心的标准，一切要有法则，一切要规范化，一切要服从权威，这就是新古典主义的一些基本信条。这种文艺上中央集权的势力，从关于高乃伊[①]的第一部成功的悲剧《熙德》的争论中可以得到一个很好的具体例证。法兰西学院对这部受群众热烈欢迎的剧本发表一篇评论，指责它违犯了古典的义法，特别是三一律中的地点一律，高乃伊此后在讨论剧艺的文章中，便不得不附和法兰西学院的迂腐的观点，在创作实践方面，也小心翼翼地力求投合法兰西学院的口胃。

中央集权是和资产阶级的个性自由的理想不相容的，但是在当时却是符合资产阶级利益的，一个强大的中央政权对内可以维持治安秩序，对外可以威慑争权夺利的搏斗场中的敌人，对工商业的发展与殖民的扩张都是有利的。在这里民族传统也起了作用。法国人作为拉丁民族，是古罗马的继承人。在政治上罗马帝国在他们心目中一直是一个光辉的榜样。“帝国”这个响亮的称号是当时法国统治阶级所心醉神迷的。他们

①高乃伊（Gorneille，1606—1684），法国新古典主义戏剧作家三大代表之一，主要作品有《熙德》《贺拉斯》等。

想在法兰西的土壤上恢复古罗马帝国处在奥古斯都时代的那种宏伟的排场。政治法律的机构在很大的程度上是效法古罗马帝国的。在文艺方面情形也是如此，法国新古典主义的原型只是拉丁古典主义。高乃伊和拉辛[①] 在悲剧方面的成就在于排场的宏壮，形式技巧的完美和语言的精练，这些都还是拉丁文学的优美品质；至于在理论方面，在读过贺拉斯的《论诗艺》之后来读布瓦罗的《论诗艺》，我们感觉到这两部著作简直如同从一个鼻孔里出气，尽管在时间上它们隔着一千七百年。

马克思在《路易·波拿巴政变记》里曾指出法国资产阶级革命“依次穿上了罗马共和国和罗马帝国的服装”，“穿着这种久受崇敬的服装，用这种借来的语言，演出世界历史的新场面”。[②] 这番话也完全可以适用于路易十四时代（所谓与奥古斯都时代媲美的“伟大的世纪”）的政权形式和文艺中的新古典主义。但是法国新古典主义也不能说完全就是拉丁古典主义的“借尸还魂”，它所表演的毕竟是一个“历史的新场面”。这毕竟是由封建社会过渡到资本主义社会的场面，是过渡时期照例都有的新旧两因素妥协的局面。许多沿袭来的类似的外表往往掩盖着不同的实质。高乃伊所歌颂的是十一世纪的西班牙骑士熙德。他所要塑造的却是当时情况下的符合新英雄主义理想的少年男女；拉辛的《伊斐见尼亚》是模仿欧理庇得斯的希腊悲剧写成的，上演时波旁王室中一位小公主看到后伤心地向人泣诉说：“戏里把我的未婚夫写进去了！”圣·厄弗若蒙批评拉辛的《亚历山大》悲剧说：“在这部悲剧里我认不出亚历山大，只是听到他的名字……泡鲁斯变成了一位道地的法国人。作者不是把我们带到印度而是把我们带回到法国。”是的，服装和背景是借来的，表演的毕竟是一个“历史的新场面”，表现出的是封建贵族和新兴资产阶级妥协的情况下的人生理想和情调。

①拉辛（Racine，1639—1699），法国新古典主义戏剧作家三大代表之一（另一位为喜剧家莫里哀），主要作品有《安竺若玛克》《斐德若》《伊斐见尼亚在奥里斯》《亚历山大》等。
②《马克思恩格斯选集》，第一卷，第603页。

二　笛卡儿的理性主义的哲学和美学

像一切妥协情况一样，不伦不类的东西往往是杂糅在一起的。当时君主专制体系的哲学基础还是中世纪的神权说，但是这神权说到了这时据说是建筑在人们所一致尊崇的“理性”上面的。法国新古典主义文艺就是法国理性主义哲学的体现，这是一般人所公认的。新古典主义在法国的第一声炮响是高乃伊的《熙德》悲剧的上演，这是在一六三七年，而正是在这一年出现了哲学上的一部划时代的著作：笛卡儿（R. Descartes 1596—1650）的《论方法》。这虽是一部个人的著作，而实际上却是由封建社会到资本主义社会那整个时期中自然科学发展所带来的理性主义思潮的结晶。它也体现了两个交锋的对立阶级的世界观和人生观的妥协。笛卡儿承认了物质世界和精神世界的并存（二元论），却没有认识到精神世界对物质世界的依存。他企图用思维来证实存在（“我思故我在”），而这思维乃是人类理性的活动。一切要凭理性去判断，理性所不能解决的不能凭信仰就可了事。这种理性主义在当时确实有很大的进步性，因为它动摇了中世纪烦琐哲学的思辨方法和对教会权威的信仰，要求对事物进行科学分析，肯定了事物的可知性。但是他的物质精神二元论终究没有解决谁先谁后的问题，结果终须替神留一个地位。在《论方法》里他坦白地承认他的道德原则是“服从我的国家的法律和习俗，坚决遵守由于上帝的仁慈使我从小就受它教养起来的那个宗教”。所以二元论终于要走到唯心主义。再说他所理解的理性是先天的与生俱来的良知良能，和经验与实践是不相干的。他说：“善于判断和辨别真伪的能力——这其实就是人们所说的良知或理性——在一切人之中生来就是平等的。”这就足见他没有见出理性与感性，认识与实践的正确关系。理性与感性，认识与实践，都是互相割裂开来的。因此，他的是非善恶美丑的分辨标准终于只是主观的。在片面强调理性中，他忽视了感性认识的重要性，因而一方面忽视了在物质世界中实践的重要性；另一方面忽视了想象在文艺中的重要性，文艺被认为完全是理智的产物，这就是美学中的理性主义。

笛卡儿除了在他的哲学著作中建立了理性主义的基本原则和对人的情绪和想象作了一些分析之外，还写了一部论音乐的专著，一封给麦尔生神父讨论美的定义的信和一封涉及文章风格的谈巴尔扎克书简的信。在《论音乐》里他把声音的美溯源到声音的愉快，把声音的愉快溯源到声音与人的内在心理状态的对应。声音中以人声为最愉快，“因为人声和人的心灵保持最大限度的对应或符合”。音乐能感动人，也是按照对应的道理，缓慢的调子引起厌倦忧伤之类温和安静的情绪，急促活跃的调子引起快乐或愤怒之类激昂的情绪。这种“同声相应”的看法以及他对于一些音程的量的比例的研究基本上还没有越出古希腊毕达哥拉斯学派的窠臼。

在给麦尔生神父的信里，回答美究竟是什么的问题，笛卡儿认为“所谓美和愉快都不过是我们的判断和对象之间的一种关系；人们的判断既然彼此悬殊很大，我们就不能说美和愉快能有一种确定的尺度”。这种相对论既不符合他的人人都具有同样理性的看法，也不符合新古典主义对中心标准的要求。但是他毕竟提出一种标准，即听众接受难易的标准：

> 在感性事物之中，凡是令人愉快的既不是对感官过分容易的东西，也不是对感官过分难的东西，而是一方面对感官既不太易，能使感官还有不足之感，使得迫使感官向往对象的那种自然欲望还不能完全得到满足；另一方面对感官又不太难，不致使感官疲倦，得不到娱乐。

接着他举花坛图案的布置为例，说明人与人的嗜好很不相同，“按理，凡是能使最多数人感到愉快的东西就可以说是最美的，但是正是这一点是无从确定的”。后来他又提到美丑的感觉与当事人的生活经验有关：

> 同一件事物可以使这批人高兴得要跳舞，却使另一批人伤心得想流泪；这全要看我们记忆中哪些观念受到了刺激。例如某一批人过去当听到某种乐调时是在跳舞取乐，等到下次又听到这类乐调时，跳舞的欲望就会又起来；就反面说，如果有人每逢听到欢乐的舞曲时都碰到不幸的事，等他再次听到这种舞曲，他就一定会感到伤心。

在这里他似乎放弃了理性主义的立场，采取类似后来英国经验主义的“观念联想”的观点来解释美感了。这也还是相对美的看法。

在《论巴尔扎克的书简》里，他特别称赞巴尔扎克[①] 的“文词的纯洁”。看全信的意思，“文词的纯洁”包括两个意思。第一是整体与部分的谐和，他说：

> 这些书简里照耀着优美和文雅的光辉，就像一个十全十美的女人身上照耀着美的光辉那样，这种美不在某一特殊部分的闪烁，而在所有各部分总起来看，彼此之间有一种恰到好处的协调和适中，没有哪一部分突出到压倒其他部分，以致失去其余部分的比例，损害全体结构的完美。

这段话可以看作从形式方面来替美所下的定义，和上文他从听众接受的难易替美所下的定义可以参看。这基本上还是从亚理士多德以来的传统的看法。其次一个意义是内容与形式或思想与语言的一致。笛卡儿在这封信里指出文章通常有四种毛病：第一种是文词漂亮而思想低劣；其次是思想高超而文词艰晦；第三是介乎第一二两种之中，想要朴质说理而文词粗糙生硬；第四是追求纤巧，玩弄修辞格，卖弄小聪明。他认为

①巴尔扎克（1597—1654），法国文学家、批评家、法兰西学院元老之一，影响最大的著作是《书简》，曾多次再版。

巴尔扎克丝毫没有这些毛病，所以他的文词显出高度的纯洁。这种文词的纯洁也是从新古典主义运动以后法国文学语言的一个理想。这个理想与法国文学语言的另一个理想——“明晰”——是密切相关的；要真正做到整体与部分的谐和，语言与思想的一致，才能达到“明晰”。“明晰”是逻辑思想的优美品质，所以它正是笛卡儿的理性主义所要求的，他在《论方法》里就曾强调理性如果要掌握真理，那真理就须明晰地呈现出来，不容有可怀疑的余地。文艺常带有民族性，“明晰”和“纯洁”是法国文艺的特色。它的长处在此，它总是明朗的，完美的，易于理解的；但是它的短处也在此，它因过分侧重理智因素，情感的深刻，想象的奔放，力量气魄的感觉以及言有尽而意无穷的韵味就不免受到损失。拿拉辛的悲剧和莫里哀的喜剧跟莎士比亚的悲剧和喜剧稍作比较，这个分别就立刻见出。

综观以上所述，笛卡儿对于一些具体的美学问题，大半还停留在探索阶段，还见不出一套完整的美学体系，但是他的思想基调是理性主义，而这个理性主义对新古典主义时代的文艺实践和理论却产生了广泛而深刻的影响。

三　布瓦罗的《论诗艺》，新古典主义的法典

新古典主义的立法者和发言人是布瓦罗（Boileau Despréaux，1636—1711），它的法典是布瓦罗的《论诗艺》。像朗生所说的，“《论诗艺》的出发点，就是《论方法》的出发点：理性”[①]。“理性”是贯串《论诗艺》全书中的一条红线。在第一章里布瓦罗就把这个口号很响亮地提出：

①朗生（G. Lanson）：《法国文学史》，第501页。

因此，要爱理性，让你的一切文章
永远只从理性获得价值和光芒。[①]

——I：37—38 行

这“理性”也就是笛卡儿在《论方法》里所说的“良知”[②]，它是人生来就有的辨别是非好坏的能力，是普遍永恒的人性中的主要组成部分，所以在创作过程中，一切都要以它为准绳：

不管写什么题材，崇高还是谐谑，
都要永远求良知和音韵密切符合。

——I：27—28 行

一切作品都要以理性为准绳，都只能从理性得到它们的“价值和光芒”，这就是说，文艺的美只能由理性产生，美的东西必然是符合理性的。理性是“人情之常”，满足理性的东西必然带有普遍性和永恒性，所以美也必然是普遍的永恒的，是美就会使一切人都感觉美。下文还要提到，布瓦罗和其他新古典主义者大半都在相信普遍人性（主要是理性）的大前提下相信美的绝对价值和文艺的普遍永恒的标准。

依理性主义，凡是真理都带有普遍性和永恒性，美既然是普遍永恒的，它就与真只是一回事了。所以布瓦罗在《诗简》里说：

只有真才美，只有真才可爱；
真应该到处统治，寓言也非例外：
一切虚构中的真正的虚假

①参看任典的布瓦罗的《诗的艺术》的译文，本章引文有时比对原文略有改正，例如“理性”任典译作“义理”，和 raison 的涵义不完全符合。

②法文 bon sens 指天生的好的审辨力，近似古汉语的“良知”。

都只为使真理显得更耀眼。

——《诗简》，第九章

这种和“美”同一的“真”，依布瓦罗看，也就是“自然”。还是在《诗简》第九章里，他这样说：

虚假永远无聊乏味，令人生厌；

但自然就是真实，凡人都可体验：

在一切中人们喜爱的只有自然。

因此，布瓦罗再三敦劝诗人研究自然和服从自然：

让自然作你唯一的研究对象。

——III：359 行

谨防不顾良知去纵情戏谑，

永远一步也不要离开自然。

——III：413—414 行

这里要说明一句，新古典主义者所了解的“自然”并不是自然风景，也还不是一般感性现实世界，而是天生事物（“自然”在西文中的本义，包括人在内）的常情常理，往往特别指“人性”。自然就是真实，因为它就是“情理之常”。新古典主义者都坚信“艺术模仿自然”的原则，而且把自然看作是与真理同一，由理性统辖着的，这就着重自然的普遍性与规律性。所以在文艺与自然的关系上，新古典主义者很坚定地站在现实主义的立场。他们的口头禅之一就是亚理士多德所提到过的“近情近理”（“逼真”“可信”），反对任何怪诞离奇的事出现于文艺。布瓦罗劝告悲剧作家说：

切莫演出一件事使观众难以置信：
有时候真实的事可能并不近情理。
我绝对不能欣赏荒谬离奇，
不能使人相信，就不能感动人心。

——III：47—50 行

但是只要逼真，艺术可以把丑恶的东西描写成为可以欣赏的对象：

绝对没有一条恶蛇或可恶的怪物
经过艺术模仿而不能赏心悦目：
精妙的笔墨能用引人入胜的妙技
把最怕人的东西变成可爱有趣。

——III：1—4 行

为着要逼真，悲剧的主角就不应写成十全十美，最好带一点亚理士多德所要求的过错或毛病：

谨防像传奇把英雄写得小气猥琐，
但是也要使伟大心灵有些过错，
阿喀琉斯[①] 如果斯文一点，便不够味，
我爱看到他受到屈辱也生气流泪，
在他的形象里见到这点白圭之玷，
人们就欣喜，在这里认识到自然。

——III：104—107 行

①阿喀琉斯（Achilles），荷马史诗《伊利亚特》中主角之一，荷马把他写得很勇猛，但粗暴任性。

但是要做到逼真，依新古典主义者看，最重要的事还是抓住人性中普遍永恒的东西，这就是说，要创造典型。新古典主义者对于典型的理解大半还没有超出贺拉斯的定型和类型的看法[①]。布瓦罗说：

> 写阿迦麦农[②] 应把他写成骄横自私；
> 写伊尼阿斯[③] 要显出他敬畏神祇；
> 写每个人都要抱着他的本性不离。
> 还须研究各代各国的风俗习惯，
> 气候往往使人的脾气不一样。
>
> ——III：110—114 行

这还是写曹操就要把他写成老奸巨猾的论调，传统的定型是不可移动的。引文最后两句好像表示布瓦罗认识到时代和国度不同，性格就不一样。但是他所说的“脾气”（humeurs）虽是随时随地不同的，却和他所说的“本性”（propre caractére）不是一回事，那是永远固定的。在固定人性这一点上，当时法国新古典主义者之中还有旁人说得比布瓦罗更明确。布瓦罗所最赞许的拉辛在他的《伊斐见尼亚在奥里斯》悲剧的序文里说过一段有名的话：

> 关于情绪方面，我力求更紧密地追随欧里庇德斯。[④] 我要承认

---

①参看第四章和《论诗艺》第三章，第 374—390 行，布瓦罗在这里重复了贺拉斯关于性格随年龄变更的论调。

②阿迦麦农（Agamemnon），也是《伊利亚特》中希腊方面一个将领，希腊悲剧家埃斯库罗斯在以他为题的悲剧里把他写得专横自私。

③伊尼阿斯（Aeneas），罗马诗人维吉尔的史诗《伊尼雅德》中的主角，他在非洲卡塔基地方和美人狄多（Dido）发生深挚的恋爱，但终于听神旨，离开了她，她因而自杀。这段情节是这部史诗中最动人的部分。

④欧里庇德斯用过伊斐见尼亚的题材写过悲剧，拉辛的这部悲剧要模仿古希腊的蓝本。

我的悲剧中最受赞赏的一些地方都要归功于他。我很愿意这样承认，特别是因为这些赞赏更坚定了我一向就有的对于古代作品的敬仰。我很高兴地从在我们法国舞台上所产生的效果中看到群众所赞赏的尽是我从荷马或欧里庇德斯那里模仿来的，从此我也看到良知和理性在一切时代都是一样的。巴黎人的审美趣味毕竟和雅典人的审美趣味符合；使我的观众受感动的东西正是使往时希腊最有学问的人们落泪的东西。

这段引文生动地说明了新古典主义者对于普遍人性论的信心之坚定。此外，它也可以说明新古典主义者的另外两个基本信条。

头一个信条是文艺具有普遍永恒的绝对标准。人性（自然）是符合理性的，符合理性的东西就必然带有普遍性和永恒性，所以文艺作品必须把这普遍永恒的东西表现出来，才能得到古往今来的一致的赞赏。反过来说，凡是得到古往今来一致赞赏的作品也就必然是抓住普遍永恒人性的作品，即符合理性的作品，亦即最好的作品。就是因为这个，新古典主义者把时间的考验作为衡量文艺作品价值的标准。能持久行远的便是好作品。布瓦罗在《对朗吉弩斯的感想》第七篇里这样说：

等到一些作家受到了许多世纪的赞赏，除掉一些趣味乖僻的人（这种人总是时常可以遇到的）以外，没有人轻视过他们，这时候要想怀疑这些作家的价值，那就不仅是冒昧，而且是狂妄。……大多数人在长久时间里对于见出心智的作品是不会认错的……一个作家的古老并不足以保证他的价值，但是一个作家因为他的作品而受到长久的经常的赞赏却是一个颠扑不破的证据，证明那些作品是值得赞赏的。

总之，作品的好坏要靠长时间里多数人的裁判。多数人都有理性，他们的裁判是不会误事的。

第二个信条是跟着第一个信条来的，既然久经考验的东西才是好的，希腊罗马的古典是符合这个条件的，就值得我们学习。新古典主义这名词本身[①] 就包括继承古典为它的主要内容。在这方面，法国在十七世纪不过是继续做意大利在文艺复兴时代所做的工作。不过法国新古典主义者对古典的崇拜所表现的独立思考的精神已不如意大利人文主义者，不甚加批判的接受是比较普遍的。上文已提到他们把自然、理性、真实和美都等同起来，其实在这些被他们等同起来的事物行列中，还应加上古典。他们的想法是这样：既然古典经过长久时间的考验而仍为人所赞赏，它们就是抓住了自然（人性）中普遍永恒的东西，符合理性的东西，真实的和美的东西。它们可以教会我们去怎样看自然，怎样表现自然。“因此，古典就是自然，模仿古典，就是运用人类心智所曾找到的最好的手段，去把自然表现得完美。”[②] 这种想法在受布瓦罗影响很深的英国新古典主义者波普[③] 的《论批评》里也说得很明确：“荷马就是自然”，“模仿古人就是模仿自然”。上文已提到拉辛现身说法，说自己的成就都要归功于对古典的学习。布瓦罗在给帕罗的信里也认为“形成拉辛的是索福克勒斯和欧里庇德斯，莫里哀是从普洛特[④] 和特林斯[⑤] 那里学得他的艺术里最精妙的东西”。此外，当时一些重要作家和思想家关于推尊古典的话是不胜枚举的。

模仿古人怎样对待自然，这是方法的问题。作为笛卡儿的《论方法》的信徒，新古典主义者是把模仿古典和“规则”或“义法”的概念结合

①法国人自己总是只用“古典主义”，其他国家多用“新古典主义”，“新古典主义”较名正言顺，因为希腊罗马各有它们的古典主义的理想。

②参看朗生的《法国文学史》，第 503 页，关于新古典主义者对古典看法的总结。

③波普（Pope，1688—1744），英国新古典主义诗人和文艺理论家，他的《论批评》是模仿布瓦罗的《论诗艺》的著作。

④普洛特（Plautus，公元前 254—公元前 184 左右），罗马著名喜剧家。

⑤特林斯（Terence，公元前 190—公元前 159 左右），罗马著名喜剧家。

在一起的。题材和人物当然是借用古典中已经用过的最好，但是更重要的是处理题材的方法。古典作品体现了表现自然的最好的方法，这些方法就是后人的规矩。后人一方面要直接从古典作品中抽绎这些规矩，但是另一方面还有一个既简便而又稳妥的办法，那就是仔细揣摩亚理士多德的《诗学》和贺拉斯的《论诗艺》之类古典文艺理论著作，因为这些著作据说是已经替后人把古典作品中的规矩抽绎出来了。在布瓦罗的《论诗艺》里，高乃伊的《论戏剧》里以及这时代其他文艺理论著作里，我们不断地看到亚理士多德和贺拉斯的老话的复述。他们很重视文艺种类或体裁的区别，认为这些文艺种类仿佛是固定不变的，每一种类都有它的特殊的性质和特殊的规则。布瓦罗的《论诗艺》共分四章，其中二三两章都谈种类和规则。当时讨论最热烈的规则之一就是三一律。这在《论诗艺》里是这样规定的：

> 剧情发生的地点也要固定，标明，
> 庇里牛斯山那边[①] 诗匠把许多年
> 缩成一日，摆在台上去表演，
> 一个主角出台时还是个顽童，
> 到收场时已成了白发老翁。
> 但是理性使我们服从它的规则，
> 我们就要求按艺术去安排情节，
> 要求舞台上表演的自始至终，
> 只有一件事在一地一日里完成。
>
> ——III：38—46 行

上文已提到过，高乃伊在《熙德》悲剧里没有完全遵守这个三一律，就

①指西班牙。

受到法兰西学院的申斥。一切事本来都应该有个规则，但是新古典主义者没有能从发展观点来看这问题，误认种类和规则都是一成不变的（布瓦罗的理由是“理性在前进中往往只有一条路”〔Ⅰ：48行〕)。规则仿佛变成创作的方剂，可以让任何人如法炮制。单拿三一律来说，在前一个世纪里莎士比亚就已用他的光辉的成就证明这并不是什么天经地义了。

新古典主义者特别看重规则，还与他们轻视内容而过分重视形式技巧有关。布瓦罗认为思想没有是新鲜的，只有表现思想的语言才可以是新鲜的。在他的文集的序言里，他说过：

> 什么才是一个新的辉煌的不平凡的思想呢？这并不是人们所不曾有过的或不能有的思想，像一些无知之徒所想象的，它只是人人都可以碰见的思想，不过有人首先找到方法把它表现出来罢了。一句漂亮话之所以漂亮，就在所说的东西是每个人都想到过的，而所说的方式却是生动的，精妙的，新颖的。

在《论诗艺》里他又一再提出这个观点：

> 总之，没有语言，尽管有神圣的才华，
> 无论你写什么，你还是个坏作家。
>
> ——Ⅰ：161—162行

所以新古典主义者特别重视表现技巧，而在表现技巧之中又特别重视语言。在法国诗人中马来伯[①] 是竭力使法国语言达到“纯洁”和“明晰”这两个理想的。布瓦罗对他备至推崇，劝告诗人们说：

①马来伯（Malherbe，1555—1625)，法国诗人，对法国语言纯洁化很强调。

照着他的足迹走，要喜爱纯洁。
从他的优美笔调中去学习明晰。

——I：141—142 行

布瓦罗认识到语言是跟着思想一起走的，所以要写得明晰，就先须想得明晰：

因此在写作之前先要学会思想。
你的文词跟着思想，暧昧或明朗，
全靠你的意思是晦涩还是清爽。
如果你事先想得清清楚楚，
表达的文词就容易一丝不走。

——I：150—154 行

以上所述是新古典主义的一些基本信条。总之，它从理性主义观点出发，坚信自然中真实的和符合理性的东西都有普遍性和规律性，因此文艺所要表现的是普遍的而不是个别的偶然的东西；古典作品之所以长久得到普遍的赞赏，也就因为它们抓住了普遍的东西；所以我们应向古人学习怎样观察自然和处理自然；事实上古人在实践和理论中已经揭示出文艺写作的基本规律，后来人应该谨遵毋违。文艺的职责首先在表现，因为普遍的东西都不是新鲜的而是人人都知道或都能知道的，艺术的本领就在把人人都知道的东西很明晰地很正确地而且很美妙地说出来，供人欣赏而同时也给人教育。做到这种境地，文艺就达到了高度的完美。应该肯定，新古典主义的这种理想基本上是健康的，符合现实主义的。但是这种理想所根据的世界观是恩格斯在《自然辩证法》的导言中所指出的“认定自然界绝对不变的见解”。新古典主义者的基本病源在于缺乏正确的历史发展的观点，所以他们的见解一般是拘板的，保守的。这就使得他们对于普遍性，典型，文艺标准，古典规范，文艺种类及其法则之类问题的理解都表现出很大的片面性和局限性。

由于片面地强调理性，他们对于从中世纪以来民间文艺所表现的丰富想象力几乎丝毫没有敏感。布瓦罗在《论诗艺》里对想象（形象思维）这样一个重要问题竟只字不提，本来理性主义者，从笛卡儿起，就一向轻视想象。布瓦罗在《论诗艺》里就文艺种类作史的叙述时不提中世纪，他瞧不起不合古典规则的传奇体叙事诗，反对诗人运用《圣经》中的神奇故事，认为塔索[①] 的传奇体叙事诗“绝对不能算是意大利的光荣”（III：215—216 行），甚至反对选一个中世纪英雄什尔德伯兰（Childebrand）来歌颂，说这样一个声音生硬古怪的名字就足以“使全诗显得野蛮”（III：242—244 行）。一切稍微越出常规正轨显得奇特的东西都遭到布瓦罗的厌恶。他对于近代刚兴起的抒情诗也十分隔膜，因为抒情诗写的是个人情感，不符合他对理性和普遍性的要求。

由于他过分崇拜古典，缺乏历史发展观点，布瓦罗对新事物是一律厌恶的。依他看，人类思想没有什么真正是新鲜的，题材、体裁和表现方法一切都要按照古人的规矩。悲剧家拉辛是这样办的，所以成为布瓦罗的理想诗人。当时成就最大的是喜剧家莫里哀，布瓦罗对他却有美中不足之感，责备他：

> ……过分做人民之友，把精辟的刻画
> 往往用来显示人物的憨皮笑脸，
> 为着演小丑，他就不顾斯文风雅，
> 恬不知耻地把特林斯搭配上塔巴朗[②] 。
>
> ——III：395—398 行

①塔索（Tasso，1544—1595），意大利大诗人，已见第六章。

②特林斯见上文，塔巴朗是当时法国有名的小丑。

这几行诗充分暴露了布瓦罗对新事物的厌恶，他不同情于“人民之友”，他鄙视莫里哀投合人民大众的在他看来是“低级”的趣味，在喜剧中尽情笑谑。他要求的总是“风雅”“高尚”“审慎”和“节制”，他最忌讳的是“卑劣”“猥琐”“过分”和“离奇”。这一切说明什么呢？它说明了布瓦罗所代表的新古典主义文艺理想基本上还是封建宫廷的文艺理想，尽管不同的作家在不同的程度上也开始反映一些新兴资产阶级的要求。布瓦罗对诗人有一句有名的劝告：

> 研究宫廷，认识城市。
>
> ——III：391 行

这虽然同时照顾到两个阶级（“城市”指的是资产阶级），但是对宫廷须“研究”，对城市却只需“认识”，轻重是很分明的。当时宫廷所喜爱的是伟大人物的伟大事迹，堂皇典丽的排场，灿烂耀眼的服装，表现上层阶级的文化教养，高贵的语言，优雅精妙的笔调，有节制的适中的合礼的文雅风度，而这些正是当时文艺所表现的。当时法国宫廷在文化教养上贵妇人很占势力，文艺沙龙大半是由她们主持的，作家和艺术家大半是由她们庇护的。稍涉粗俗，古怪离奇或缺乏斯文风雅的东西会使她们震惊，一句漂亮话，一个优雅的姿态或是一个色彩煊灿的场面也会使她们嫣然喜笑颜开。她们的贵族女性的脾胃或趣味也在这个时代的文艺理想上刻下不可磨灭的烙印，尽管她们在文艺界所造成的“纤巧”风气也曾遭到过新古典主义者的指责。

法国新古典主义在文学上的成就主要在戏剧。这时期古典悲剧的形式之所以流行，三一律之类规则之所以被认为金科玉律，都由于这时期文艺的封建贵族性，普列汉诺夫在他的《从社会学观点论法国戏剧文学和十八世纪绘画》一文里已作过透辟的分析，读者可以参看。

四 “古今之争”：新的力量的兴起

但是封建宫廷的理想在新古典主义运动中尽管还占优势，新兴资产阶级也在开始形成他们自己的文艺理想。当时新旧两阶级在文艺上的斗争还是很激烈的。轰动一时的“古今之争”就是一个具体的表现。这场论战在整个新古典主义时期都在进行着，当时文艺界的要角大半全都卷了进去。问题很简单：究竟是古人高明还是今人高明？在文艺方面是否果真今不如古？古派以布瓦罗为领袖，主要代表着旧势力；今派以写神话寓言的帕罗（G. perrault，1628—1703）为主要发言人，其中虽然也包括一部分颂扬“太阳皇帝”和“伟大世纪”的宫廷走卒，主要的却代表新兴资产阶级。双方的论点往往同样是幼稚的迂腐的，我们无须在这里复述。特别值得一提的是在这场热闹争论中，今派之中涌现出一些新的文艺理论家，其中杰出者之一是圣厄弗若蒙（Saint Evremont，1610—1703）。他之可贵，在于他表现出当时一般新古典主义者所缺乏的历史发展观点。他认识到当时法国诗人“写出了一些坏诗，是因为他们要适应古代诗的模子，服从一些和许多其他事物一起都已被时间推翻了的规则”。规则来自亚理士多德的《诗学》。他说“这固然是一部好书，但是它也并不完善到可以指导一切民族和一切时代”，各民族风俗习惯不同，而时代也一直在变，“想永远用一套老规矩来衡量新作品，那是很可笑的”。“宗教和法律尚且不能勉强我们服从老规矩，诗却要向我们这样苛求，那是办不到的。”他向诗人发出一个号召：

> ……宗教，政治机构以及人情风俗都已经在这个世界里造成了很大的变化，所以我们应该把脚移到一个新的制度上去站着，才能适应现时代的趋向和精神。
>
> ——《论古代人的诗》

“把脚移到一个新的制度上去站着”，那就要把脚从新古典主义的立场上挪开。这是一个革命的号召，从这个号召声中，我们已隐约听到了启蒙运动的消息。

第八章　英国经验主义：培根、霍布士[1]、洛克、夏夫兹博里、哈奇生、休谟和博克

英国自从十六世纪战胜了西班牙，夺取了海上霸权，对美洲进行贸易和殖民扩张，便一跃而成为西方最先进的资本主义的国家。它在十七世纪中叶就进行了资产阶级革命，推翻了君主专制制度，建立了内阁向议会负责的代议制。在经济方面，它在十八世纪就进行了工业革命，以机器工厂代替了手工业工厂。随着政治经济的发展，自然科学在牛顿的影响之下也有迅速的进展。哲学在自然科学影响之下建立起一套经验主义的思想体系。经验主义强调感性经验是一切知识的来源，否认有所谓先天的理性观念，所以和大陆上莱布尼茨派的理性主义是对立的。在培根、霍布士和洛克诸人的手里，经验主义基本上是唯物主义的。但是由于片面地强调感性经验，它或是停留在机械主义上面（例如霍布士、洛克和博克），或是流为感觉主义，导致主观唯心主义（例如巴克莱）或怀疑主义和不可知论（例如休谟）。

在文艺实践方面，英国文学自从伊利莎白时代戏剧在莎士比亚手里达到高峰以后，一直在蓬勃地发展。莎士比亚的范例教育了英国人敢于冲破古典传统的公式和规则，结合时代的需要，独辟蹊径，进行创作。在十七世纪有密尔敦的《失乐园》和《桑姆生》，反映了资产阶级革命和民族独立的理想。随着君主专制的短期复辟，法国新古典主义的影

①霍布士，今通译为霍布斯。——编者注

响逐渐渗透到英国，竺来敦、波普和约翰生等人发展出一种带有民族色彩的冲淡了的新古典主义文学。由于资产阶级渐占上风，文学的听众也逐渐由上层阶级转到中产阶级，而文学的性质也逐渐变成主要是反映资产阶级生活和理想的。由于这个缘故，报刊文学，市民戏剧以及近代小说都最早在英国出现，浪漫主义的萌芽也在新古典主义运动中就已逐渐生长起来。这些转变在欧洲大陆上都发生过深刻的影响。例如英国市民戏剧帮助了狄德罗和莱辛建立市民戏剧的理论，打破了新古典主义的桎梏；英国感伤主义的小说促进了法国反映市民现实生活的小说的发展（例如卢梭的作品），英国民间文学和带感伤气氛的自然诗也在欧洲唤醒了浪漫主义的情调。

这时期的英国美学思想一方面是建立在经验主义哲学基础上，一方面也是反映当时英国文艺实践情况的。英国经验主义美学家有一个很长的行列，这里只介绍代表性和影响都较大的人物。

一　培根

培根（Francis Bacon，1561—1626）和莎士比亚同生在英国资产阶级上升的时期，是文艺复兴时代的精神在英国的体现。他总结了当时新兴的自然科学的经验和成就，并且瞭望到自然科学发展的远景，立志要促进这种发展，在《学术的促进》《新大西洋》和《新工具论》这一系列的著作中奠定了英国经验主义哲学的基础。他的思想在各方面都带有深刻的革命的意义。首先他初步认识到认识与实践的密切关系；认识是为着实践，认识也要根据实践。他是近代把人生理想由观照转到行动的第一个人。他有一句名言："知识就是力量，要借服从自然去征服自然。"这句话在实质上已隐含着"自由是对必然的认识"的意思。知识的力量要用在征服自然方面，而征服自然就要服从通过经验知识所掌握到的自然的必然规律。他反对过去经院派的玄学思辨，把它比作蜘蛛，只会从自己腹中吐出丝来织网；他认为真正的哲学家要像蜜蜂，从各种花蕊采取甜汁，通过自己的消化力，把它转化成蜜。这就是说，哲学家不应从概念出发而应从感性经验出发。但是他也承认感官带有欺骗性，不完全可靠，特别是因为人们满脑子都是迷信，成见和偏见之类“偶像”，这些都足以阻碍真知灼见，所以要破除这些“偶像”，才能保持认识功能的清洁与锐敏，还要通过不断的观察和实验去证实或纠正感性的认识。由于重视观察和实验，培根攻击长期统治西方的亚理士多德的偏重演绎法的形式逻辑，指出由个别事例上升到一般原则的归纳法更有助于科学发明。把感性认识看作知识的基础，信任根据观察和实验的归纳法，以及强调认识的实践功用，这是培根思想中两大基本概念，而这两大基本概念替近代科学的发展指出了正确的方向。马克思和恩格斯说过：“英国唯物主义和整个现代实验科学的始祖是培根”①，足见马克思主义创始人对培根的估价是很高的。

培根对于美学的贡献首先就应从他的科学观点和科学方法去认识。由于他奠定了科学实践观点和归纳方法的基础，美学才有可能由玄学思辨的领域转到科学的领域，而在实际上由培根思想发展出来的英国经验派的美学也正是朝着科学的道路前进，特别是在对审美现象进行心理学的分析方面。这并非说，培根的个别的美学观点就无足轻重。他把人类学术分为历史、诗和哲学三部分，把人类知解力也分为记忆、想象和理智三种活动，认为“历史涉及记忆，诗涉及想象，哲学涉及理智”。他在这里已见出形象思维和抽象思维的分别，明确地把诗纳到想象的范围，为后来美学对想象研究的重视开了先例。他也把复现的想象（记忆）和创造的想象分开，指出创造想象的特征在于“放纵自由”。他说，“想象既不受物质规律的拘束，可以把自然已分开的东西合在一起，也可以把

①见《马克思恩格斯全集》，第二卷，第163页。

自然已结合在一起的东西分开，这样就在许多自然事物中造成不合法的结婚和离婚”。这里所指出的就是近代心理学家所说的想象中联想和分想两种对立的活动。由于诗是想象的产品，所以它是一种“虚构的历史”。为什么要有“虚构的历史”呢？培根回答说：

> 世界在比例上赶不上心灵那样广阔。因此，为着使人的精神感到愉快，就须有比在事物的自然本性中所遇到的更宏伟的伟大，更严格的善和更绝对的变化多彩。因为真实历史中的行动和事迹见不出能使人满足的那种宏伟，诗就虚构出一些较伟大，较富于英雄气概的行动和事迹。……这样，诗就显得有助于胸怀的宏敞和道德，也有助于欣赏。所以诗在过去一向被认为分享得几分神圣性质，因为它能使事物的景象服从人心的愿望，从而提高人心，振奋人心……①

这就是说，艺术要对自然加以理想化，借提高自然来提高人的心灵，具有娱乐和教育的双重作用。

在《论美》一篇短文里，培根用简短的隽语来表达他关于美的一些独到的看法。从罗马西赛罗以后，美在于形状的比例和颜色，在西方已成为流行的看法，培根却认为“秀雅合度的动作的美才是美的精华，是绘画所无法表现出来的”。这句话已暗含莱辛在《拉奥孔》里所说的美与媚（动态美）之分以及绘画不适宜于表现动作的意思。培根也不赞成美在比例的看法。他说，“凡是高度的美没有不在比例上显得有些奇怪”。他既反对希腊画家亚帕勒斯“从许多面孔中选择最好的部分去构成一个顶美的面孔”的办法，也反对德国画家杜勒“按照几何比例去画人像”的办法，因为他认为画家“在把面孔画得比实际更美时不应该凭死规矩，而应该凭一种得心应手的轻巧，就像一个音乐家演奏出一曲优美的

①本段引文均见《学术的促进》，第二卷。

乐调那样”。这就是说，艺术不能凭机械的拼凑而要凭艺术家的灵心妙运，接着他指出美不在部分而在整体以及美与品德的关系。他说的话虽不多，但足以见出他考虑到美的一些重要问题，而且敢于提出不同于过去的看法。在强调想象虚构，理想化，动态美和艺术家的灵心妙运这几点上，他的美学思想已含有浪漫主义的最初萌芽。

二　霍布士（附：洛克）

霍布士（Thomas Hobbes，1588—1679）早年做过培根的秘书，在英国革命前夕他屡次住过巴黎，结识了当时欧洲哲学界和科学界的领袖笛卡儿、嘉桑底和迦里略，部分地接受了他们的影响。他重视培根所忽视的依靠演绎推理的几何学和数学。他“把培根的唯物主义系统化了”[①]，但是也把它机械化了。“一切存在的东西都是物体，一切发生的事件都是运动。”人是“自动的机械”，心也只是精微的物体，心的一切活动如思想情感意志等都是物质的运动。只有个别的物体存在，抽象的一般的观念都只是些文字符号，实际上并不存在。哲学的任务只在运用数学的方法去研究物体和它的运动，寻求事物之间的因果关系。因此在哲学里他排除了有神论和目的论。这是他的一个很大的功绩。

生在革命时代，霍布士所最关心的是政治。他害怕革命战争的威胁，从资产阶级要求安定的巩固的社会秩序以便发展生产的立场出发，他在他的名著《巨鲸[②]》里提出一套为君主专制制度辩护的哲学。这套哲学是以极端的性恶说和功利主义为基础的。依霍布士看，人生来是自私的，残酷的，在“自然状态”（原始状态）里，“人对人是豺狼”，互相残杀，以便维持自己的生命和安全。等到这种情况维持不下去了，原始人才订

①见《马克思恩格斯全集》，第二卷，第164—165页。

②《巨鲸》，今通译为《利维坦》。——编者注

成社会公约，宣布放弃原来的每个人都有的互相掠夺残杀的自由和权力，把它移交给一位代表共同意志的个人（专制君主），对他都要绝对服从，以便换取社会全体成员都需要的和平和安全。是非善恶本来是不存在的，在“自然状态”中每个人所希求的东西就是善的，所厌恶的东西就是恶的；在受公约约束的社会里，是非善恶就要取决于专制君主。宗教也要服从世俗政权。霍布士的主张不是当时英国人所乐闻的，教会对他特别仇恨。他的《巨鲸》曾遭到议会的申斥。他对教会神权和中世纪经院派哲学的攻击，他的机械唯物主义，以及他的关于社会公约的学说在当时都带有进步的意义，对法国启蒙运动的领袖们发生过显著的影响。

在美学方面，霍布士的贡献在于他在《论人性》里以及在《巨鲸》里有系统地深入地讨论了人类心理活动。他可以说是英国经验派心理学的始祖。他奠定了经验主义哲学的基本原则：一切人类思想都起源于感觉。他也初步建立了经验派美学用来解释想象和虚构乃至一般审美活动的观念联想律，指出想象虽是“衰退的感觉”，却可以把不同的感觉所留下来的意象或观念加以自由综合，例如“感觉在一个时候显出一座山的形状，在另一个时候显出黄金的颜色，后来想象就把这两个感觉组合成一座黄金色的山”[①]。霍布士有时把这种观念的联想叫作“复合的想象”，例如一个人“想象自己就是赫库理斯或亚历山大”，他指出这“实际上只是心的一种虚构”。[②] 这些都属于所谓“类似联想”。霍布士也注意到“接近联想”，他说，“凡是在感觉中彼此直接衔接的运动在感觉后也还是联在一起的。一旦前一个运动再度发生，后一个运动根据被推动的物质的联贯性，也就接着来”[③]。

霍布士对于想象研究的创见在于把想象和欲念联系起来，这正如他把感觉和情感联系起来一样，骨子里是认识与实践的结合。依他看，感

①《论人性》，第三章。

②《巨鲸》，第二章。

③同上书，第三章。

官受到另一物体运动的冲击，就产生两种反应，一是认识性的反应，就是感觉；二是实践性的反应，就是快感或痛感（情感）。如果受到的冲击有益于生命功能，就会产生快感以及随着来的欲念；如果受到的冲击有害于生命功能，就会产生痛感以及随着来的厌恶。这样就引起寻求和畏避两类行动的意志。根据想象是否联系到欲念，霍布士把“思想的联系”或“思路”分为不经控制没有意图的和有控制有意图的两种，并且把有控制有意图的思想联系和创造发明的能力等同起来：

> ……第二种思想联系较恒常，因为它是由某个欲念或意图控制住的。……从欲念出发，就想起我们过去见过的某种手段可以达到我们现在所悬的目的，从此又想到要用上这个手段，还要通过另一手段，如此继续想下去，终于发见在我们能力范围之内的那个开始着手点。……总之，思路在受意图控制的时候，它不是别的，就是寻求，就是拉丁人所称为“智慧”的那种创造发明的能力，它或是就现在或过去的某一结果去寻求它的原因，或是就现在或过去的某一原因去寻求它的结果。
>
> ——《巨鲸》，第三章

霍布士在这里所说的正是创造的想象。这里有两点值得注意。第一点是创造的想象必然要受欲念、意图或目的控制，因此，想象就必然是与情感联系的，也必然是艺术家的自觉活动。第二点是这番话对于形象思维和抽象思维是同样适用的，形象思维也有它的逻辑性，和抽象思维并非绝对对立。

霍布士不认为单凭想象就可以创造艺术，这还可以从他对于想象力和判断力的关系的看法上见出。他对这两种认识功能所指出的分别是著名的：

> 在思想的承续中，人们对他们所想的事物只注意到两方面：它们彼此相类似或不相类似，它们有什么用处或怎样用它们来达到目

> 的。能看出旁人很少能看出的事物间的类似点，这种人就算是……有很好的想象力。能看出事物间的差异和不同，就要靠在事物中进行分别，辨识和判断，在不易辨识的地方能辨识，这种人就算是有很好的判断力。……
>
> ——《巨鲸》，第八章

总之，想象力用来求同，判断力用来辨异。这两种认识功能是互相补充的，在诗和一般艺术中也是如此。霍布士把想象力和十七八世纪文艺界所流行的一个术语“巧智”（Wit）等同起来，认为这个品质使诗人达到崇高境界，他又把判断力和“审慎”（Discretion）等同起来，认为须有这个品质才可以控制想象。[①] 所以在二者之中，判断力是更为重要的。“想象力如果没有判断力的帮助，就不应作为一种优良品质来表扬”[②]。因此，霍布士认为“一个人如果准备写一部英雄体诗，去显示出英雄品质的可敬爱的形象，他就不仅要凭一位诗人的资格，去搜集他的材料，而且也要凭一位哲学家的资格，去整理他的材料”[③]。霍布士对于判断力的重视有一个深刻的原因：他认为诗要逼真才美。他说：

> 我不同意那些认为诗的美就在于虚构离奇的人。因为正如真实对历史的自由是应有的约束，逼真对诗的自由也是应有的约束。……一个诗人可以超越自然的实在的作品，但是决不可以超越自然的可思议的可能性。[④]（重点是引者加的）

历史要真实，真实就是符合已然事实；诗却要逼真，逼真者于事不必已然，于理却必可能；它可以虚构自然界所没有的东西，造出“第二自然”来，

① 《奥德赛》的英译本序文。

② 《巨鲸》，第八章。

③④给达文兰特的《冈地博特》史诗的序文的回答。

但是决不可以违反自然的理性和规律。从亚理士多德指出诗与历史的分别以后，关于“真实”和“逼真”的话说得很多，霍布士的这几句话说得最为简赅透辟，在精神实质上是符合现实主义的。

关于美与善和丑与恶的联系和分别，霍布士也有一个值得注意的看法：

> 有三种善：在指望中的善，即美；在效果上的善，即欲念所向往的目的，叫作愉快的；以及作为手段的善，叫作有用的，有利益的。恶也有这三种。
>
> ——《巨鲸》，第六章

从此可见，美还是一种善（丑也还是一种恶），所不同者通常所谓“善”不外是“欲念所向往的目的”或是达到这目的所须采取的手段。满足欲念，所以是愉快的；帮助实现目的，所以是有效用的；至于美则指“凡是由某种明显的符号使人可指望到善的东西”，这种符号表现在“形状或面貌”上，这就是说，美是善在“形状或面貌”上的“明显的符号”，使人见到这种符号，就可以“指望”到善。所以善是美的内容，而美是善的表现形式。丑与恶可以由此类推。这个看法的优点在于既见出美与善的联系，又见出美与善的区别。它和后来康德的“美是道德精神的象征”的看法有些类似。

霍布士对可笑性或喜剧性这个审美范畴也提出过独创的见解。他指出“习以为常的事不能引人发笑，引人发笑的都必定是新奇的，不期然而然的”，笑的原因在于“突然发现自己的优越”，因此他对笑下了如下的定义：

> 笑的情感不过是发见旁人的或自己过去的弱点，突然想到自己的某种优越时所感到的那种突然荣耀感。人们偶然想起自己过去的蠢事也往往发笑，只要那蠢事现在不足为耻。人们都不喜欢受人嘲

> 笑，因为受嘲笑就是受轻视。
>
> ——《论人性》，参看《巨鲸》第六章

笑的突然性和不期然而然的情况后来被康德采用到他的学说里。“突然荣耀感”可以解释“嘲笑”一类现象，但不一定能解释一切笑与喜剧性的现象。

英国经验主义哲学的基本观点在霍布士的著作里都已大致奠定，所以他应该是最有资格代表这一派哲学的人，但是过去美学史家们往往不选他而选洛克（John Locke，1632—1704），主要的理由在于洛克对后来经验主义哲学思想发展的影响比较大。如果就思想的独创性以及深度和广度来看，霍布士实在洛克之上。洛克的《论人的知解力》不过是就霍布士思想的某些部分加以发挥和修正。例如霍布士已注意到观念联想的事实，洛克给这事实确定下一个为后来人一直沿用的名称，即“观念的联想”（Association of Ideas）。他也修正了霍布士，霍布士只承认感觉为一切观念的来源，洛克却认为观念除感觉之外，还有在心理功能方面的一个来源，就是反思（reflection）的能力。在美学方面，洛克的贡献并不多。他的关于“巧智”和判断力的分别所说的一段话是爱迪生和后来人所常援引的：

> 巧智主要见于观念的撮合。只要各种观念之间稍有一点类似或符合时，它就能很快地而且变化多方地把它们结合在一起，从而在想象中形成一些愉快的图景。至于判断力则见于仔细分辨差别极微的观念，这样就可避免为类似所迷惑，误把一件事物认成另一件事物。这种办法（判断力所用的）和隐喻与影射（巧智或想象力所常使用的两种修辞格——引者）正相反，而隐喻与影射在大多数场合下正是巧智使人逗趣取乐的地方，它们很生动地打动想象，受人欢迎，因为它的美令人不假思考就可以见到。如果用真理和理性的规

则去衡量这种巧智，那对它就会是一种唐突，因为这样办，就会显出它并不符合这类规则……

——《论人的知解力》，第二卷，第一一章

不难看出，这里所指出的分别正是霍布士所曾经指出过的求同与辨异的分别。像当时一般新古典主义批评家一样，洛克把想象和“巧智”等同起来，把它窄狭化到隐喻和影射的运用。他以施恩惠的口吻，宽容想象的产品“不符合真理和理性的规则”。

洛克对诗和艺术抱着一种极端功利主义的态度。他在《论教育》里劝父母不让儿童学诗，要“把他们的诗才压抑下去，使它窒息”，“因为在诗神的领域里，很少有人发现金矿银矿”，“除掉对别无他法营生的人以外，诗歌和游戏一样不能对任何人带来好处”。这番话倒可以生动地说明资本主义社会极不利于诗和艺术的发展。

三　夏夫兹博里

经验主义是十七八世纪英国的主要思潮，但是当时也还有一股次要的对立的思潮，那就是剑桥派的新柏拉图主义。夏夫兹博里（The Earl of Shaftesbury，1671—1713）是接近这一派的。[①] 他出身贵族，早年曾受过洛克的教育，但是他对洛克以及霍布士的哲学思想却坚决反对。争执的焦点在于人是否生来就有道德感（包括美感）的问题。霍布士曾力图证明人在一切方面都从自私的动机出发，道德不过是维持社会秩序的一种方便，趋善避恶其实只是求奖避惩。洛克则认为人心本来是一张白

①夏夫兹博里的主要著作有：(1)《论特征》(1711)，这是关于“人、习俗、意见、时代等”的杂感，其中《道德家们》《给一位作家的忠告》等文涉及美学问题的较多；(2)《论特征》第二编（1713），副题为“形式的语言”，实即论艺术的表现方式。

纸，一切知识都只是感官印象的拼凑，没有先天观念，也没有先天的道德感。夏夫兹博里反对这些学说，因为它们都把世界和人看成单纯的机械，使人类社会所需要的道德在人性中找不到根基。他在给一位大学青年的信里指责洛克说：

> 是洛克把一切基本原则都打破了，把秩序和德行抛到世界之外，使秩序和德行的观念（这就是神的观念）变成不自然的，在我们心里找不到基础。

这几句话总结了夏夫兹博里和经验派的分歧。他这位新柏拉图主义者是站在当时以莱布尼茨为首的理性派一边的。按照这派的看法，人心里生来就有一些先天的理性观念，如“秩序”“德行”之类，正是这些理性观念才是道德行为在人心中的基础。洛克否定了一切先天观念，因而也就使秩序和德行之类理性观念变成“不自然的”，这也就是说，不是天生的，这也就无异于抛开秩序和德行在人心中的基础。在夏夫兹博里看来，这就会导致宇宙间道德秩序的瓦解和人的精神生活的灭亡。他的整部伦理学说和美学学说都是为着挽救这种悲惨结局而建立的。

他的基本出发点就是人天生就有审辨善恶和美丑的能力，而且审辨善恶的道德感和审辨美丑的美感根本上是相通的，一致的。他替这种天生的能力取了各种不同的称号：“内在的感官”“内在的眼睛”“内在的节拍感”，等等。后来人也有把这种感官称为“第六感官”的。这里有两点值得注意。第一点是在视听嗅味触五种外在的感官之外，设立另一种在心里面的“内在的感官”，作为审辨善恶美丑的感官，足见审辨善恶美丑不能靠通常的五官。其次，审辨善恶美丑的能力虽是一种心理的能力，而在性质上却还不是理性的思辨能力，而是一种感官的能力，它在起作用时和目辨形色，耳辨声音具有同样的直接性，不是思考和推理的结果：

> 眼睛一看到形状，耳朵一听到声音，就立刻认识到美、秀雅与和谐。行动一经察觉，人类的感动和情欲一经辨认出（它们大半是一经感觉到就可辨认出），也就由一种内在的眼睛分辨出什么是美好端正的，可爱可赏的，什么是丑陋恶劣的，可恶可鄙的。这些分辨既然植根于自然（“自然”指“人性”——引者），那分辨的能力本身也就应是自然的，而且只能来自自然，怎么能否认这个道理呢？
>
> ——《道德家们》，第三部分，第二节

从此可见，夏夫兹博里认为对善恶美丑的分辨既然是直接的，所以就是自然的，即天生的；分辨的动作既是自然的，分辨的能力本身也就只能是自然的，即天生的；人心并不像洛克所说的生来就只是一张白纸。

不过“内在的感官”毕竟不同于外在的感官，而是与理性密切结合的。夏夫兹博里举吃草的牲畜在美丽的原野上欢天喜地为例，说牲畜们并不是认识到美而快乐，“它们所欢喜的并不是形式而是形式后面的实物。……形式如果不经过观照，评判和考察，就决不会有真正的力量，而只是平息被激动的感官和满足人的动物性部分的东西的一种偶然的标志”[①]。接着他下结论说：

> 如果动物因为是动物，只具有感官（动物性的部分），就不能认识美和欣赏美，当然的结论就会是：人也不能用这种感官或动物性的部分去体会美或欣赏美；他欣赏美，要通过一种较高尚的途径，要借助于最高尚的东西，这就是他的心和他的理性。

夏夫兹博里在这里把人分为动物性的部分和理性的部分；通常的感官属

① 《道德家们》，第三部分，第二节。

于动物性的部分，“内在的感官”才属于人的心和理性的部分；审美的能力只属于后者而不属于前者。

这种有别于动物性部分的理性部分究竟是什么呢？按照霍布士的性恶论，人生来是自私的，道德的行为也出于自私的动机，就是考虑到善恶会招致奖惩报应，所以人就只有动物性的部分而没有理性的部分。夏夫兹博里提出理性的部分是针对霍布士的性恶论而进行反驳的。理性的部分就是人性中的善根，就是生来就有的道德感或是非感。所谓“善”和“道德”是和社会生活分不开的。所以理性的部分就是生而就有的适合于社会生活的道德品质。夏夫兹博里反驳霍布士说：“如果吃和喝是天生自然的，群居也是天生自然的。”因此一个人不可能生而没有适宜于群居的道德感：

> 不可能设想有一个纯然感性的人，生来禀性就那么坏，那么不自然，以致到他开始受感性事物的考验时，他竟没有丝毫的对同类的好感，没有一点怜悯，喜爱，慈祥或社会感情的基础。也不可能想象有一个理性的人，初次受理性事物的考验时，把公正，慷慨，感激或其他德行的形象接受到心里去时，竟会对它们没有喜爱的心情或是对它们的反面品质没有厌恶的心情。一个心灵如果对它所认识的事物没有赞赏的心情，那就等于没有知觉。所以既然获得了这种以新的方式去认识事物和欣赏事物的能力，心灵就会在行动，精神和性情中见出美和丑，正如它能在形状，声音，颜色里见出美和丑一样。
>
> ——《论德行或善良品质》，第一卷，第三部分，第一节

夏夫兹博里把“在行动，精神和性情中见出美和丑”和“在形状，声音，颜色里见出美和丑”看作是相同的，也就是把道德感和美感看作是相同的。人好善而恶恶，其实就是因为善是美的而恶是丑的。所以有人认为

夏夫兹博里的伦理观点以美学观点为基础，这是不错的。由于他看出美与善的密切联系，他也看出审美是与怜悯、喜爱、慈祥、公正、慷慨之类“社会感情”的密切联系，这也就是说，他看出了美的社会性。这是他的美学观点中的合理因素，正是在这一点上，他的学说对经验派片面强调动物性本能的美学观点是一个重要的纠正。他的错误在于肯定这类“社会情感”不是社会发展的产物而是人在“自然状态”中生而就有的资禀。在把道德看成社会发展的产物这一点上，霍布士无疑比他正确。另外一点是夏夫兹博里没有认识清楚的：美感究竟是感性的活动还是理性的活动呢？从他把审美能力称为内在的感官看，他似乎强调审美活动的感性的性质，所以他强调它的不假思索和直接性。但是从他区别动物性部分与理性部分，把审美归到理性活动看，他又似强调审美活动的理性的性质。感性活动和理性活动是可以统一而且应该统一的，但是它们究竟属于两个不同的阶段，而夏夫兹博里却把它们在同一阶段（实际是感性阶段）里统一起来，把理性活动看成一种不假思考的近似感性直觉的活动，这就带有神秘主义的色彩了。

事实是夏夫兹博里没有脱离神秘主义，因为他的哲学基础是新柏拉图主义。他还肯定神的存在。他不满意霍布士和洛克把宇宙只看作“神的机械”，他自己却要把宇宙看作“神的艺术作品”。宇宙就是一个和谐整体，就是一件美的艺术品，“这整体就是和谐，节拍是完整的，音乐是完美的”。他沿袭普洛丁的看法，恶与丑只是部分的，其功用在衬托出整体的和谐。这世界就像莱布尼茨所说的，是“一切可能世界中的最好的世界”。莱布尼茨之所以对夏夫兹博里那样赞赏，也正因为他们两人都是理性主义者和乐观主义者。夏夫兹博里还采取了新柏拉图派的人天相应的学说。人是小宇宙，反映大宇宙；人心中善良品质所组成的和谐或“内在节拍”反映大宇宙的和谐。这大宇宙的和谐才是夏夫兹博里所说的“第一性美”，而人在自然界和自己的内心世界所见到的美只是“第一性美”的影子。“内在节拍”又是认识和欣赏形状声音和颜色的外在美所必有的条件。所以自己的心灵不美的人就无法真正认识美和欣赏美。

宇宙既是一件艺术品，而宇宙的创造者，上帝，当然也就是一位艺术家。他是一切美的来源，也是一切艺术家的榜样。在《给一位作家的忠告》里夏夫兹博里说：

> 真正的诗人事实上是一位第二造物主，一位在天帝之下的普罗米修斯。就像天帝那位至上的艺术家或造型的普遍的自然一样，他造成一个整体，本身融贯一致而且比例合度，其中各组成部分都处在适当的从属地位……

值得注意的是“天帝那位至上的艺术家”又叫作“造型的普遍的自然”。作为一个“自然神”论者，夏夫兹博里是把“普遍的自然”和神等同起来的。作为一个新柏拉图主义者，他是把物质（材料）和精神（心灵）看作不但对立而且彼此独立的。这两个对立面之中精神是首要的，精神贯注到物质里，物质才能有形式，有生命。神是使物质具有形式的最后因，所以说他是一位“造型的”“至上艺术家”。是他造成了宇宙这个和谐整体。就作用来说，诗人或艺术家也是赋予形式于物质的，也是“造型”的，所以他是“第二造物主”，而他的作品就是“第二自然”，也是本身融贯一致，主从关系恰当的和谐整体。

所以无论是自然还是艺术作品都应该是美的，而在美这个属性上都应该是一致的。这就涉及美在哪里的问题。由于把精神和物质，形式与材料割裂开来，由于把精神和形式看成第一性的，夏夫兹博里得出的结论是：

> 美的，漂亮的，好看的都决不在物质（材料）上面，而在艺术和构图设计上面；决不能在物体本身，而在形式或是赋予形式的力量。
>
> ——《道德家们》，第三部分，第二节

他举徽章、钱币、镶嵌品、雕像之类艺术品为例，认为金属材料是“被美化者”，而艺术才是“美化者”，“真正美的是美化者而不是被美化者”。“物体里并没有美的本原”，因为物体既不能“控制自己或调节自己”，又不能“对自己存目的，起意图”，只有心灵才有本领去控制物质，调节物质，对物质存目的，起意图，所以心灵才是物体美的本原。

接着他把形式（美所在）分为三类。第一类是“死形式”，“它们由人或自然赋予一种形状，但是它们本身却没有赋予形式的力量，没有行动，也没有智力”。例如山川金石草木和人所制作的一切。第二类是“赋予形式的形式”，“它们有智力，有行动，有作为”；“这类形式有双重美，一方面有形式（心的效果），另一方面又有心”，所以远比“死形式”的美较高级。这其实就指心灵完美的人。第三类形式不仅赋予形式于物质，而且“赋予形式于心本身”，所以就是“一切美的本原和泉源”，“建筑，音乐以及人所创造的一切都要溯源到这一类美”。这就是所谓“第一性美”，也就是自然神。夏夫兹博里用这种客观唯心主义的美学观点作为武器，向经验主义或机械唯物主义进行斗争，其基本倾向是反历史潮流的，但是其中也并非毫无投合历史潮流的因素。其一是把“赋予形式的形式”看作高于“死形式”，即把人的优美品质看作高于“形状、声音和颜色”的外在美那种人道主义思想，其次是“赋予形式”“造型”“构图设计”这些概念所隐含的对创造想象的重视。

此外，夏夫兹博里的美学思想中还有三点值得注意：

第一是他在《赫库理斯的选择》[①] 一文里，提到画家在描写动作时应该在这动作过程中选择最富于暗示性的一顷刻。这个看法是由莱辛在《拉奥孔》里加以发挥的。

其次是他的美标志健康和旺盛，而丑则标志疾病和灾祸的看法：

---

① 《论特征》，第二编。

比例合度的和有规律的状况是每件事物的真正旺盛的自然的状况。凡是造成丑的形状同时也造成不方便和疾病。凡是造成美的形状和比例同时也带来对适应活动和功用的便利。

——《杂想录》，第三部分，第二章

他认为这个道理也适用于艺术所模仿的形状以及心灵方面的美和丑，因此他下结论说：

凡是美的都是和谐的和比例合度的，凡是和谐的和比例合度的都是真实的，凡是既美而又真实的也就当然是愉快的和善的。

——《杂想录》，第三部分，第二章

他在这里从“对适应活动和功用的便利”的角度来衡量事物形状或品质的善和美，断定美在于旺盛的生命而丑在于疾病和灾祸。这个看法在后来许多美学家（例如黑格尔、车尔尼雪夫斯基等）的著作里得到进一步的发挥。不过夏夫兹博里所理解的“对适应活动和功用的便利”是和他的目的论与宇宙理性秩序的概念分不开的。

第三是他再三强调文艺的繁荣有赖于政治的自由，暴力专制下的阿谀逢迎的情况不利于产生伟大的文艺。他举罗马为例：

罗马人自从开始放弃他们的野蛮习俗，向希腊学会用正确的典范来培养他们的英雄、演说家和诗人之日起，就违反公道，企图剥夺世界人民的自由，因而也就很符合公道地丧失了他们自己的自由。随着自由的丧失，他们就不仅丧失了他们的词章中的力量，而且连他们的文章风格和语言本身也都丧失了。后来在他们中间起来的诗人都只是些不自然的长得很勉强的植物。

——《给一位作家的忠告》，第二部分

文艺需要自由，因为文艺是为进行说服教育的，说服教育就要假定人民有根据自愿去行动的自由：

> 在把说服作为领导社会的主要手段的地方，在人民先须受到说服才肯行动的地方，那里词章就会得到重视，演说家和诗人就会得到听众，而民族中天才和有智慧的人们也就会献身于借理智去说服人民的那些艺术的研究。
>
> ——《给一位作家的忠告》，第二部分

文艺与政治自由的密切联系在启蒙运动时期是一般文艺理论家所特别看重的。休谟在《论文艺和科学的兴起和发展》里以及文克尔曼在《古代造型艺术史》里都着重地论证过这种联系。这反映当时上升资产阶级的要求。

夏夫兹博里的新柏拉图主义无疑是反历史潮流的，但是对经验派感觉主义的片面性也起了一些纠正作用。至少是他的著作引起了人们的思考和辩论，促进了美学思想的发展。他在当时的影响是巨大的，不但在英国建立一个美学学派，而且对大陆上启蒙运动的领袖们也发生过广泛的影响。莱布尼茨，孟德斯鸠，狄德罗，莱辛，赫尔德以至康德和席勒对他都作过很高的估价。

四　哈奇生

夏夫兹博里的《论特征》曾受到曼德维尔（Mandeville，1670—1733）的讥嘲和攻击。这位在英国行业的荷兰医生在哲学思想上接近霍布士。他在《蜜蜂的寓言》和其他著作里特别反对夏夫兹博里这派道德家们的人生来就有道德感的看法。他认为德行起于荣辱感，而荣辱感起于自私，它是“谄媚配上骄傲所养的孩子”，是僧侣和政客们为他们自己利益的宣传口号，所以是教育、习俗和训练的结果，不是什么天赋的品质。而且道德家们所责备的恶劣行为也是文明社会所必需的，因为肯花钱过骄奢淫逸生活的人愈多，对货物的要求也就愈多，就业者也就愈多而工资也就愈高，因此社会也就愈繁荣。他的这套似乎骇人听闻的论调曾轰动一时，引起许多卫道者的反驳，其中之一便是夏夫兹博里的门徒哈奇生（Francis Hutcheson，1694—1747）。

哈奇生的主要著作是《论美和德行两种观念的根源》（1725）。他曾明白宣布这部著作的目的是“解释和辩护夏夫兹博里的学说”，也就是针对曼德维尔的攻击，辩护道德感或“内在感官”的先天性。这部书第一卷专论美，在英国专门论美的著作中，这要算是头一部。哈奇生继承了夏夫兹博里的主要观点，即美感与道德感是相通的，一致的而且是天生的。他所反对的是洛克派的“对美和秩序的喜爱是便利，习俗或教育的结果”的看法。他认为如果说美感起于便利，便是把美感和利害计较混淆起来，这就必然要否定美感与道德感的一致性；如果说美感起于习俗或教育，便是否认审美能力在自然本性中的根源。他用来反驳敌对论调的论证是审美活动的直接性以及在作用上和感官的类似性。“有些事物立刻引起美的快感”，所以就应有“适宜于感觉到这种美的快感的感官”，即内在感官（Ⅰ：15）。这种内在感官与外在的五官既有区别，也有类似。区别在于耳目之类外在感官只能接受简单的观念，只能受到较微弱的快感；但是认识“美、整齐、和谐”的内在感官却可“接受复杂的观念，所伴随的快感远较强大”。“例如就音乐来说，一部优美的乐曲所产生的快感远远超过任何一个单音所产生的快感”（Ⅰ：8）。这就是说，单音产生简单的观念，只需靠外在感官（耳）去接受，乐曲产生复杂的观念，却须靠较精细的内在感官去接受。所以单凭视觉或听觉的人只能感到简单观念所产生的较微弱的快感，“也许不能从乐曲、绘画、建筑和自然风景中得到快感”（Ⅰ：10）。像一般经验派美学家一样，哈奇生也没有看出美感与感官快感在性质上的分别，只看到它们的量的分别，美感只是“远较强大的快感”。

但是内在感官和外在感官在直接性上毕竟类似，哈奇生就是根据这一点把审美能力称为一种独立的“感官”：

> 把这种较高级的接受观念的能力叫作一种“感官”是恰当的，因为它和其他感官在这一点上相类似：所得到的快感并不起于对有关对象的原则，原因或效用的知识，而是立刻就在我们心中唤起美的观念。
>
> ——Ⅰ：13

在这里他把知觉（感官印象）和知识对立起来，对于“原则，原因或效用的知识”要通过理智，没有感觉的那种直接性。因此，他推论到“美的快感和在见到利益时由自私心所产生的那种快感是迥不相同的”（Ⅰ：15）。除掉产生时直接与间接的分别以及上文所提过的强度上分别之外，他指不出这种不同究竟何在。

哈奇生把审美的内在感官和“审美趣味”看作一事，认为它既是天生的，不是习俗造成的，就用不着教育和训练。这样片面地强调天资而否定社会环境的影响，哈奇生就比他的老师倒退了一大步，因为夏夫兹博里很重视文化修养对于审美趣味的作用。在这一点上哈奇生也不免自相矛盾。在谈到在审美趣味的分歧时，他又说这种分歧是由于联想。他似乎没有想到“联想”当然不能是天生的，只能是习俗教育和个人生活经验的结果。承认“联想”的作用，内在感官的直接性就不是那么绝对了。

在对美作分类尝试的美学家中，哈奇生算是较早的一个。他把美分为本原的（或绝对的）和比较的（或相对的）两种。绝对美是单就一个对象本身看出来的，相对美是拿一个对象与其他相关对象作比较才看出来的。哈奇生特别声明“绝对”只指一对象与另一对象不发生关系，并非指它与认识主体或心不发生关系：

> 本原美或绝对美并非假定美是对象所固有的一种属性，这对象单靠本身就美，对认识它的心毫无关系；因为美，像其他表示感性观念的名称一样，严格地只能指某个人的心所得到的一种认识。……所以我们所了解的绝对美是指我们从对象本身里所认识到的那种美，不把对象看作某种其他事物的摹本或影像，从而拿摹本和蓝本进行比较；例如从自然作品，人工制造的各种形式，人物形体，科学定理这类对象中所认识到的美。比较美或相对美也是从对象中认识到的，但一般把这对象看作另一事物的摹本或与另一事物相类似。
>
> ——II：3

在继续说明绝对美时，哈奇生认为对象本身引起绝对美观念的是对寓变化于整齐的感觉。他说：

> 在对象中的美，用数学的方式来说，仿佛在于一致与变化的复比例：如果诸物体在一致上是相等的，美就随变化而异；如果在变化上是相等的，美就随一致而异。
>
> ——II：3

寓变化（多样性）于整齐（一致），从杂多中见整一，这是历来从形式看美的美学家们所一致看重的一条规律。哈奇生所谓事物本身的绝对美还是侧重形式方面。在说明绝对美的具体事例中，他到处都应用这一条规律。最能说明问题的是音乐：

> 在本原美项下可以列入和谐或声音的美，因为和谐通常不是看作另一事物的摹本。和谐往往产生快感，而感到快感的人却不懂得

这快感是怎样起来的，但是人们知道，这快感的基础在于某种一致性。

——II：13

这就是说，音乐不属于模仿性艺术，它的快感不起于内容意义而起于形式上某种一致性。

值得注意的是哈奇生认为科学定理也可以美，而这种美是属于绝对的一类。他的理由是科学定理的发明或认识必然引起一种喜悦，这喜悦是一种感觉，与对定理的单纯知识本身不同；它之所以发生，还是由于在杂多中见出一致，定理虽只一条，而可包括的事例却无穷（III：2）。

相对美或比较美主要地指模仿性艺术的美。“这种美是以蓝本和摹本之间的符合或统一为基础的”，所以逼真是艺术的一个根本要求。但是这并非说艺术就等于自然，“如果只需得到比较美，并不一定要蓝本里原来就有美”。“尽管蓝本里丝毫没有美，一个精确的摹本仍然是美的”（IV：1）。

哈奇生注意到自然中也可以有相对美，因为自然事物可以象征人的心情：

> 由于我们有一种奇怪的倾向，欢喜类似，自然中每一事物就被用来代表旁的事物，甚至于相差很远的事物，特别是用来代表我们最关心的人性中的情绪和情境。
>
> ——IV：4

结合到这个事实，他提到比喻、象征和寓言的美，这里显然涉及移情现象。此外，他还提到“面貌，风度，姿势，动态中那种最有力量的美起于想象的表现人心中某些良好道德品质的标志”（II：9）。

和当时多数理性派思想家一样，哈奇生是一个目的论者。他认为动物的身体结构美使我们发生快感，是由于这种结构适应该动物的“必需和便利”，即符合它的本质所决定的目的。这是由神的智慧所设计安排的。这种美即一般目的论者所说的“完善”，也属于相对美一类（II：2；V:1）。

推广一点，变化中见出一致性就产生美感这条总的规律也还是天意的安排，因为“寓变化于整齐的观照对象，比起不规则的对象较易被人更明晰地认出和记住”，把对这种对象的观照和快感结合在一起，就足见“神所具有的那种明智的恩惠”（Ⅷ：2）。

以上是哈奇生的一些基本美学观点。它们只是夏夫兹博里的美学杂感的系统化。他对德国古典美学曾发生过一些影响。莱辛曾把他的《道德哲学体系》译成德文。他的美感与道德感一致，审美活动不涉及概念和利害计较，以及内在感官见出天意安排等观点在康德的《美的分析》里留下了明显的痕迹。他对绝对美与相对美的区分和康德的纯粹美与依存美的区分也有些类似，并且在狄德罗的《论美》里这个区分也被沿用着。

哈奇生的基本出发点是唯心主义的。他的“内在感官”在近代心理学和生理学里都找不到证据，下文还要提到，博克对这种“内在感官”说进行过有力的驳斥。他把美作为由内在感官所接受的一种“观念”（意指“印象”），“美是观念”的提法也要溯源到他。这种看法在当时很流行，连对哈奇生进行斗争的博克也还是把“崇高”和“美”都看作“观念”。

五　休谟

休谟（David Hume，1711—1776）是英国经验主义的集大成者。由于把感觉主义推到极端，把事物间的因果关系归结为观念联想上的一致性，否定事物间的必然规律，走到怀疑主义和唯心主义。但是他还没有像巴克莱[①] 那样否定客观存在，尽管他认为存在与意识的关系是无从解

①巴克莱（G. Berkeley，1685—1753），由经验主义转到主观唯心主义的英国哲学家。

决的。他的《关于自然宗教的对话》动摇了基督教的有神论的基础，他极力攻击迷信与偏见，力图对人的内心界和自然界进行深入的分析，据说他曾经把康德“从哲学的酣睡中唤醒过来”。

在英国经验派哲学家中，他是最笃好文艺的一个，而且也是最关心文艺和美学问题的一个。他指责亚理士多德以后的批评家们对文艺和美学问题所发的空谈甚多，所得到的成就甚小，其原因在于没有用“哲学的精密性”来指导审美趣味。他的企图就是要把“哲学的精密性”带到美学领域里来。由于他的美学观点中有很多的矛盾，要正确估价他的贡献是不易的；但是有些人认为他是“一个极端的主观唯心主义者和相对主义者”，则未免只抓住矛盾的反面的一面，休谟的著作（在美学方面主要的是《论人性》中的一部分,《论审美趣味的标准》以及《论怀疑派》）却不能证实这种片面的结论。

继承英国经验派的传统，休谟主要地用心理学分析方法去探讨他所最关心的两个基本问题，一是美的本质，一是审美趣味的标准。

1. 美的本质

关于美的本质问题，他坚决反对美是对象的属性的看法。他举过去许多形式主义者所赞美的圆形为例：

> 幽克立特曾经充分说明了圆的每一性质，但是不曾在任何命题里说到圆的美。理由是明显的，美并不是圆的一种性质。美不在圆周线上任何一部分上，这圆周线的部分和圆心的距离都是相等的。美只是圆形在人心上所产生的效果，这人心的特殊构造使它可感受这种情感。如果你要在这圆上去找美，无论用感官还是用数学推理在这圆的一切属性上去找美，你都是白费气力。（重点是引者加的）
>
> ——《论怀疑派》

休谟指出美不是对象的一种属性，而是某种形状在人心上所产生的效果，并且说明这种效果之所以能产生，是由于“人心的特殊构造”。这几句话可以作为休谟的基本美学观点的总结。是否从此就可以断定休谟是“一个极端的主观唯心主义者和相对主义者”呢？休谟的观点是有矛盾的。这问题要分作两方面来看。我们再引他的两段关键性的话加以分析和说明：

> 美是〔对象〕各部分之间的这样一种秩序和结构；由于人性的本来的构造，由于习俗，或是由于偶然的心情，这种秩序和结构适宜于使心灵感到快乐和满足，这就是美的特征，美与丑（丑自然倾向于产生不安心情）的区别就在此。所以快感与痛感不只是美与丑的必有的随从，而且也是美与丑的真正的本质。（后面的重点是引者加的）
>
> ——《论人性》

> 同一对象所激发起来的无数不同的情感都是真实的，同为情感不代表对象中实有的东西，它只标志着对象与心理器官或功能之间的某种协调或关系；如果没有这种协调，情感就不可能发生。美不是事物本身的属性，它只存在于观赏者的心里。每一个人心见出一种不同的美。这个人觉得丑，另一个人可能觉得美。（重点是引者加的）
>
> ——《论审美趣味的标准》

应该注意的是休谟在前一段里把美和审美者的快感等同起来，在后一段[①] 里肯定美“只存在于观赏者的心里”。如果单就这一类的话来看，休谟的美学观点无疑地有主观唯心主义和相对主义的一面。

①后一段虽是转述旁的哲学家的话，却基本上代表他自己的意见。

但是他也还有另一面，在上引两段话中已可见出。他说对象各部分之间的某种“秩序和结构适宜于使心灵感到快乐和满足”，在《论审美趣味的标准》里他还说，“由于内心体系的本来构造，某些形式或性质就能产生快感”，这些话就显然肯定了客观存在（对象的某种“秩序和结构”“形式或性质”）是美感的成因之一，这就不是主观唯心主义了。不过他认为只有这一个成因还不够，美感还有另一个成因，就是“人性的本来的构造”或“心理器官或功能”。这客观的和主观的两方面因素须协调合作，才能产生审美的快感。这个看法和康德的美起于外在形式符合认识功能说是一致的，不过没有像康德说的那么玄奥，康德相信目的论，而休谟并不相信目的论。这里也未见得有多大的主观唯心主义的色彩。

问题在于休谟把审美者的快感和美等同起来，认为“快感与痛感是美与丑的本质”。如上所说，这是主观唯心主义的。但是他在这个问题上并没有想得明确，所以露出矛盾。在《论怀疑派》里，他在说明审美趣味与推理作用的区别时，说过这样的话：

> 在美和丑之类情形之下，人心并不满足于巡视它的对象，按照它们本来的样子去认识它们；而且还要感到欣喜或不安，赞许或斥责的情感，作为巡视的后果，而这种情感就决定人心在对象贴上“美”或“丑”，“可喜”或“可厌”的字眼。很显然，这种情感必然依存于人心的特殊构造，这种人心的特殊构造才使这些特殊形式依这种方式起作用，造成心与它的对象之间的一种同情或协调。（重点是引者加的）

这里所说的“欣喜或不安”两种情感就是快感或痛感。休谟在这里并没有把这种快感和美等同起来，而是把它看作人心判定对象为美的原因。依这段话看，审美过程是这样：对象的特殊形式引起快感，这快感又引起对对象作美的评价；就因果关系来说，快感是物我内外协调的结果，而美的评价又是快感的结果。这种看法是否就站不住呢？如果美不是事物本身的一种属性，也不是没有客观基础的主观心理活动的虚构，它就只能是人给对象所评定的一种价值。休谟的矛盾在于他徘徊不定（怀疑主义者的特征），时而把美看成快感，时而又把美看成快感所引起的评价，时而又用日常谈话所用的松懈的语言，说美引起快感，丑引起痛感，又回到他所反对的“美是对象本身的属性”说。

在美的本质问题上，休谟还有说明心理构造与快感来源的两个密切相关的看法。一个是效用说。“美有很大一部分起于便利和效用的观念”，例如“标志强壮的形状对于某一动物是美的，标志轻巧敏捷的形状对于另一动物是美的。一座宫殿的秩序对于它的美在重要性上并不次于它的单纯的形体和外貌”。[①]又如“能使一片田地产生快感的莫过于它的肥沃丰产，这种美是任何装饰或位置的优点所不能比拟的”。“一片荆棘丛生的平原，就它本身来说，可能和一座栽满葡萄和橄榄的山冈一样美，尽管对熟悉这两类果木价值的人来说，它们就不会是一样美。”接着这些例子他加以说明，“这只是一种来自想象的美，在直接呈现于感官的东西里却找不到根据。肥沃丰产和价值要涉及效用，而效用就要涉及财富，欢乐和富裕生活”。[②] 这种美在效用说早就由苏格拉底提出过，不过休谟对它加以新的解释。这里有两点可以注意：第一，像苏格拉底一样，他借此来说明美的相对性（这并不等于相对主义），美是对人才有效的，它必然随人的利益不同而显出分歧。其次是休谟把美分为来自感觉的和来自想象的两种。感觉的美（例如宫殿的形体和外貌，荒原和果园单就它们本身来看）是由感官直接接受来的，只涉及对象的形式；想象的美则起于对象形式所引的对象的便利和效用之类观念联想，这就必然涉及内容意义。从上引诸事例看，休谟总是把内容看作比形式更重要。效用说出于休谟这个具体的思想家口里，表现出当时英国经验派一般崇尚功

①《论人性》，第二卷，第一部分，《论美与丑》节。

②同上书，第五节。

利主义的倾向。

与效用说密切联系的是同情说。同情即属于休谟所说的“人性的本来的构造”或“心理功能”的重要组成部分。对象之所以能产生快感，往往由于它满足人的同情心，不一定触及切身的利害。例如我们看到肥沃丰产的果园，尽管自己不是业主，不能分享业主的好处，“但是我们仍可借助于活跃的想象，体会到这些好处，而且在某种程度上和业主分享这些好处”，这就是运用同情了。休谟还举了另外一个例子。房主引我们客人看房子，总要仔细指出它的种种便利细节，休谟接着加以分析：

> 很显然，房子之所以美，主要地就在这些细节。看到便利就起快感，因为便利就是一种美。但是它究竟怎样引起快感呢？这当然牵涉不到我们自己的利益，但是这又实在是一种来自利益而不是来自形式的美，那么，它之所以使我愉快，只能由于传达，以及由于我们对房主的同情。我们借助于想象，设身处地想到他的利益。因而也感到他对这些对象自然会感到的那种满足感。

这里应该注意两点：第一，来自利益的美与来自形式的美即上文所说的想象的美和感觉的美。其次，利益不一定就是自己的利益，旁人的利益也可以由于同情和想象在某种程度上变为自己的利益，因而旁人觉得美的自己也觉得美。所以美感不一定不涉及利害计较（如哈奇生和康德所说的），也不一定因此就涉及自私的动机（如霍布士所说的）。

休谟还用同情说来说明一般所谓“形式美”，如平衡、对称之类，仍要涉及内容意义。他说，“建筑学的规矩要求柱子上细下粗，因为这样的形体才使我们起安全感，而安全感是一种快感；反之，上粗下细的柱子使我们起危险感，这是不愉快的”[①]。他又说，“绘画里有一条顶合理

① 《论人性》，第二卷，《论美与丑》节。

的规则：使人物保持平衡，极精确地把它们摆在各自特有的引力中心上。一个摆得不是恰好平衡的形体是不美的，因为它引起它要跌倒、受伤和苦痛之类观念，这些观念如果由于同情的影响，达到某种程度的生动和鲜明，就会引起痛感”。从这两个例子看，休谟所了解的同情并不限于人，也可以推广到无生命的东西（如柱子），柱子上细下粗就令人起安全感，上粗下细就可以令人起危险感，不平衡的形体会引起跌倒的观念，这些都可以由于同情的影响，先想象到对象处在安全、危险或跌倒的状态，然后观者自己也随之起快感或痛感。这已经是移情说的雏形了。此外，休谟还认为“人体美的主要部分是一种健康活泼的神色，以及标志强壮和活动的四肢构造。这种美的观念也非用同情说就不能解释”。[①] 这就是说，设身处地想象到对象的健康活泼等，因而自己也分享到那种快乐。

“同情”（sympathy）在西文里原义并不等于“怜悯”，而是设身处地分享旁人的情感乃至分享旁物的被人假想为有的情感或活动。现代一般美学家把它叫作“同情的想象”。以后我们还会看到，同情说在博克、康德以及许多其他美学家的思想里占着很重要的地位。立普司一派的“移情”说和谷鲁斯一派的“内模仿”说实际上都只是同情说的变种。[②] 休谟所提的同情说着重美的社会性或道德性，可以看作一种健康的观点。它有力地打击了形式美的传统观点。

2. 审美趣味的标准

与美的本质密切相关的是审美趣味标准问题。这问题涉及上文所提到的休谟是否持“极端的相对主义”的问题。审美趣味就是鉴赏力或审美的能力。像一般经验主义者一样，休谟否认先天的观念，但不否认先天的功能。审美趣味和理智都是先天的功能。休谟把这二者看成是对立的：

①以上引文均见《论人性》，第二卷，第二部分，第五节。（引文中简写为Ⅱ：5，下同）
②参看本书第十九章。

> 理智传运真和伪的知识，趣味则产生美与丑和善与恶的情感。[①]前者按照事物在自然中的实在情况去认识事物，不增也不减；后者却具有一种制作的功能，用从心情借来的色彩去渲染一切自然事物，在一种意义上形成一种新的创造。
>
> ——《人的知解力和道德原则的探讨》

这里指的就是抽象思维和形象思维（想象）的分别，前者不夹杂主观情感色调，而后者要夹杂主观情感色调；所以前者是如实反映，而后者却是一种新的创造。新的创造并不是无中生有，它还要运用感性经验，不过可以根据情感的需要，对实在的感性经验加以虚构式的处理：

> 人的想象是再自由不过的。它虽不能超出内在的和外在的感官所提供的那些观念的原始储备，却有不受局限的能力把那些观念加以掺拌、混合和分解，成为一切样式的虚构和意境。
>
> ——《论人的知解力》，第四部分，第二节

审美趣味涉及想象，要“用从心情借来的色彩去渲染一切自然事物”，多少已带有凭理想去改造自然的意味，休谟从这里见出审美趣味与理智的另一区别：“理智是冷静的，超脱的，所以不是行动的动力……趣味则由于能产生快感或痛感，带来幸福或苦痛，所以成为行动的动力。”[②]从此可见，休谟对文艺的作用有很高的估价。它作为审美趣味的对象，影响到情感，所以也就成为行动的动力了。

审美趣味涉及想象，而想象又凭情感指使，所以带有很大的个人主观性。就在这个意义上，休谟强调审美趣味的相对性：

①像夏夫兹博里一样，休谟把美感和道德感看作是相通的。

②《人的知解力和道德原则的探讨》，接上面的引文，牛津版，第294页。

> 美与价值都只是相对的，都是一个特别的对象按照一个特别的人的心理构造和性情，在那个人心上所造成的一种愉快的情感。
>
> ——《论怀疑派》

审美趣味方面的个别分歧是一个客观事实，承认这个客观事实并不就构成相对主义。相反地，休谟并不曾把重点摆在相对性上，他的著名的《论审美趣味的标准》全文主旨正是要驳斥相对主义，要论证审美趣味不管有多么大的分歧，毕竟还有一种普遍的尺度，人与人在这方面还是显出基本一致性。他讥诮相对主义者否认标准，就无异于把微不足道的诗人奥吉尔看成和密尔顿一样伟大，把鼠丘和大山看成一样高。他指出创作有规则，“创作规则的基础在于经验；这些规则都不过是对于在一切国家和一切时代都普遍令人喜爱的东西所作的一般性的论断”。接着他举例说：

> 两千年前在雅典和罗马博得喜爱的那同一位荷马今天在巴黎和伦敦仍然博得喜爱。气候、政体、宗教和语言各方面所有的变化都没有能削弱荷马的光荣。

因此他得出结论：“尽管审美趣味是变化无常的，褒或贬的一般性的原则毕竟是存在的。”这种一般性的原则就可以作为标准。这里涉及两个问题：一个是分歧之中何以仍有标准？一个是怎样找出这种标准？

关于第一个问题，休谟还是从人性论里求解决。人在心理构造上虽然有很大的个别差异，却仍有基本的一致性。

> 自然本性在心的情感方面比在身体的大多数感觉方面还更趋一致，使人与人在内心部分还比在外在部分显出更接近的类似。……但是这种一致性并不妨碍人与人在对美和价值的情感上有相当大的

> 分歧，也不妨碍教育、习俗、偏见、偶然的心情和惯有的脾气经常能改变这种趣味。
>
> ——《论怀疑派》

基本一致，何以又有分歧呢？休谟认为这要归咎于心理功能方面的某种缺陷，“只有在健康的情况下，才能提供审美趣味和情感的正确标准”，心理功能不健康的人不能审美，犹如黄疸病人不能辨色。分歧有两个来源：“一个是人与人的脾气不同，另一个是时代和国家各有特殊的习俗和看法。审美趣味的一般原则在人性中本是一致的；如果人们在判断上有分歧，一般都可以看出心理功能上有某种缺点或反常，这是由于偏见，缺乏训练，或是缺乏锐敏性。”[①]休谟特别看重“想象力的锐敏性”，具有这种品质的人能辨别美与丑的精微分别，犹如善品酒者连一樽陈年老酒中因为樽底有一把皮带系着的钥匙而使酒味不纯时，也能把那点极些微的皮带味和铁味辨别出来。所谓“想象力的锐敏性”其实就是一般所谓“敏感”。休谟认为人与人之间在敏感上生来就有很大的差别，但是可以通过训练和学习来提高。这种训练要通过观察和比较。休谟对评判作品提出两条原则。一条是要把作品摆在它的特殊历史情境中去看。“每一部艺术作品，如果要产生应有的心理效果，必须从某一定观点去看它；如果读者所处的情境不符合那作品本来所需要的情境，他们就不能充分欣赏它，例如要欣赏古代某一演说家，就必须了解当时的听众。”另一条是要了解作品的目的，“它的好坏程度就要看它在多大程度上适合于达到这个目的”。

总之，审美趣味本来是有普遍标准的，但是人们不易把它找出来，因为缺乏天资和修养两方面的必要的条件。因此休谟把估定文艺标准的责任摆在少数优选者身上：

---

① 《论审美趣味的标准》。

就连在文化最高的时代，在美的艺术领域里真正的裁判人总是稀有的角色：要有真知灼见，配合到很精微的情感，这些要通过训练去提高，通过比较研究去达到完善，而且还要抛开一切偏见；只有这些条件具备，才能构成这种有价值的角色。如果这样的裁判人能找到的话，他们一致通过的判决就是审美趣味和美的真正标准。

这就是休谟对于怎样找出审美标准问题的答复。这还是从朗吉弩斯以后长期在西方占统治地位的一种老看法。这决不是“极端的相对主义”。这个看法有它的辩证处：一方面承认审美趣味有很大的个别分歧，另一方面更强调它的基本一致；一方面指出天资的重要，另一方面却更强调修养。至于这个看法所表现的“精神贵族”思想却是过去历史情境的真实反映，在今天是应该抛弃的。

3. 文艺发展的历史规律

当时一般英国美学家都还缺乏历史观点，休谟也是个历史家，在这方面作过一些尝试。上文所已提到的把作品摆在历史情境里去看的主张在当时还是新鲜的。他还写了一篇《论文艺和科学的兴起和发展》，试图替文艺的发展找出规律。他所找到的有四条：(1) 文艺只有在自由的政体下才能发展；(2) 一系列的独立的邻国维持商业和政治上的联系最有利于文艺的发展；(3) 文艺可以由一个国家移植到一个政体不同的国家，开明的君主国对文艺发展最有利（共和政体对科学发展最有利）；(4) 文艺在一个国家里发展到高峰之后就必然衰落。他举了一些历史事例作为论证。这些观点只是一个时代的反映(例如把自由的条件摆在第一位，文艺达到高峰后必然衰落之类)，有它们的历史局限性；但是用历史观点来看文艺，在当时究竟还是起了进步的影响。在这方面他也可能受到法国启蒙运动的影响，因为他和多数法国启蒙运动的先驱都有交谊。

六　博克

博克（Edmund Burke, 1729—1797）是英国著名的政治家和政论家。他早年附和卢梭，写过一文《为自然社会辩护》，揭露近代资产阶级社会的“穷困和罪恶”；在美洲殖民地向美国要求独立时，他在议会里力主和解，反对镇压；但是对法国革命却坚决反对，著书大肆诬蔑。在哲学思想上他主要的是继承英国经验主义的传统，也受到法国启蒙运动的影响。他和休谟同时代，休谟比他年长，哲学声望较高，对他也起了不小的影响，不过休谟由感觉主义发展到怀疑主义和唯心主义，他却由感觉主义发展到有几分庸俗化的唯物主义。

他的美学著作《论崇高与美两种观念的根源》，据说是从十九岁就开始写作的，到一七五六年出版，还比休谟的《论审美趣味的标准》早出一年。在朗吉驽斯以后和康德以前，他的这部著作是西方关于崇高与美这两种审美范畴的最重要的文献。书分五部分：(1) 论崇高与美所涉及的快感和痛感以及人类基本情欲；(2) 论崇高；(3) 论美；(4) 论崇高与美的成因；(5) 论文学的作用与诗的效果。在第二年（1757）再版时，博克对全书作了一些修改，又加进去一篇《论审美趣味》，作为全书的导论。

洛克派经验主义者大半侧重观念及其联想，即侧重知的方面；博克较接近于霍布士，侧重情欲和情感之类活动，即侧重本能与情绪方面。这方面要更多地涉及生理基础，所以博克研究美学所根据的主要是生理学的观点，即把人和一般动物看作差不多都是在追求生理的本能的要求（这就是他所谓“情欲”）的满足。他分析崇高和美的心理原因，也就是从这个观点出发。因此，他的美学观点有一个基本缺点，即忽视了社会实践与历史发展过程对审美趣味所起的决定性作用。

1. 崇高感和美感的生理心理基础

博克把人类基本情欲分成两类，一类涉及“自体保存”，即要求维持个体生命的本能，一类涉及“社会生活”，即要求维持种族生命的生殖欲以及一般社交愿望或群居本能。大体说来，崇高感所涉及的基本情欲是前一类，美感所涉及的基本情欲是后一类。

为什么说崇高感涉及“自体保存”的情欲或本能呢？这类情欲一般只在生命受到威胁的场合才活跃起来。激起它们的一定是某种苦痛或危险；它们在情绪上的表现一般是恐怖或惊惧，而这种恐怖或惊惧正是崇高感的主要心理内容。所以博克说：

> 凡是能以某种方式适宜于引起苦痛或危险观念的事物，即凡是能以某种方式令人恐怖的，涉及可恐怖的对象的，或是类似恐怖那样发挥作用的事物，就是崇高的一个来源。
>
> ——《论崇高与美》I：7

恐怖本是一种痛感，痛感在力量上远比快感较强烈，所以恐怖是一种“最强烈的情欲”，这是符合生命安全需要的。崇高的对象和实际生命危险一样产生恐怖，但在情感调质上显得不同。对实际生命危险的恐怖只能产生痛感，而对崇高对象的恐怖却夹杂着快感，因为崇高感发生的条件是一方面要仿佛面临危险，而另一方面这危险又须不太紧迫或是受到缓和：

> 如果危险或苦痛太紧迫，它们就不能产生任何愉快，而只是可恐怖。但是如果处在某种距离以外，或是受到了某些缓和，危险和苦痛也可以变成愉快的。
>
> ——I：7

关于缓和，下文还要谈到。就是因为这个分别，真正的危险因产生恐怖而令人畏避，而崇高对象的危险却因产生恐怖而使人感到某种程度的愉快，对它持欣赏的态度。

为什么说美感涉及“社会生活的情欲”呢？博克所了解的“社会生活”是狭义的，只涉及生理要求或本能方面的，它包括异性间的性欲和一般人与人之间的社交要求。性欲的目的在于生殖，在于绵延种族生命。博克承认在这方面人和动物毕竟不同。动物并不凭美感去选择对象，而人则“能把一般性的情欲和某些社会性质的观念结合在一起，这些社会性质的观念能指导而且提高人和其他动物所共有的性欲”。这种“复合的情欲”才叫作“爱”，而爱正是一般美感的主要心理内容。爱的对象总具有“人体美的某些特点”，人爱异性，不仅因为对象是异性，而且因为对象美，他是有选择的。究竟什么才是“社会性质”呢？博克对此还是只有生理学的狭义的了解：

> 我把美叫作一种社会的性质，因为每逢见到男人和女人乃至其他动物而感到愉快或欣喜的时候……他们都在我们心中引起对他们身体的温柔友爱的情绪，我们愿他们接近我们。
>
> ——I：10

这就还只是社交或群居的要求。说美是一种社会性质，实际上不过是指美的对象能满足社交或群居的要求，在实质上和博克所说的第二类“社会生活的情欲”还是一脉相通的。人为什么要求社交或群居呢？博克认为社交本身并不能给人任何积极的快感，只是它的反面，“孤独寂寞”，“乃是人所能想象到的最大的积极的痛感”，所以人要求社交或群居，乃是为着避免“孤独寂寞”。当然，孤独寂寞之所以是最大的痛感，毕竟还是群居本能在作祟。博克在这里仍然是从生理学观点来考虑“社会性质”的。

这第二类基本情欲，即“一般社会生活的情欲”，又分为“同情”“模仿”和“竞争心”三种。其中“同情”一项是博克谈得最多的，他认为文艺欣赏主要基于同情：

由于同情，我们才关怀旁人所关怀的事物，才被感动旁人的东西所感动。……同情应该看作一种代替，这就是设身处在旁人的地位，在许多事情上旁人怎样感受，我们也就怎样感受。因此，这种情欲可能还带有自身保存的性质。……主要地就是根据这种同情原则，诗歌、绘画以及其他感人的艺术才能把情感由一个人心里移注到另一个人心里，而且往往能在烦恼、灾难乃至死亡的根干上接上欢乐的枝苗。大家都看到，有一些在现实生活中令人震惊的事物，放在悲剧和其他类似的艺术表现里，却可以成为高度快感的来源。

——I：13

这个看法和托尔斯泰的"情感感染"说颇有些类似，近代美学所讨论的"移情作用"和"内模仿作用"也都是以同情说为基础的。引文后部分涉及悲剧何以产生快感的问题。西方向来有一种学说，以为悲剧是虚构，其中悲惨事件不触及观众对自己命运的恐怖，所以仍能产生快感。博克反对此说，指出一些事例来证明真正的悲惨事件由于激发更大的同情，还比在悲剧或其他文艺作品的虚构里，能引起更大的快感。他在一个著名的段落里设想观众正在紧张地等着看一个第一流演员班子表演一部第一流悲剧时，忽然有人宣告剧院附近的广场上就要处决一个国事犯，这时全场就会为之一空，争着去看杀人。他的结论是：

悲剧愈接近真实，离虚构的观念愈远，它的力量也就愈大。但是不管它的力量如何大，它也决比不上它所表现的事物本身。

——I：15

这段话不仅表现出博克对于文艺的现实主义的看法，也表现出他的艺术比不上现实的看法，而这两种看法的出发点都是他的同情说。

“一般社会生活的情欲”中第二种是模仿，模仿还是一种变相的同情，“正如同情使我们关心旁人所感受到的，模仿则使我们仿效旁人所做的，因此，我们从模仿里以及一切属于纯然模仿的东西里得到快感，无须经过任何推理功能的干预。”像亚理士多德一样，博克把模仿看作学习。我们的仪表、思想和生活方式大半来自模仿，所以“模仿是社会的最坚牢的链环之一”。艺术的基础也在模仿。艺术所产生的美感有时来自模仿对象本身，有时也来自模仿的形式技巧：

> 绘画和许多其他的愉快的艺术之所以有力量，主要基础之一就是模仿。……如果诗或绘画所描绘的对象本身是我们不愿在现实中看到的，我们相信它在诗或画中的力量就只由于模仿而不由于对象本身。画家所说的“写生”画大半属于这一类。……但是如果诗或画所描写的对象是我们在现实中要抢着去看的，不管它引起哪种奇怪的感觉，我们都可以相信那诗或画的力量从对象本身性质得来的就远远超过从模仿的效果或模仿者的熟练技巧（不管它多么卓越）得来的。
>
> ——I：16

这里显然有割裂内容与形式的毛病，不过博克毕竟把内容看作远比形式重要。

第三种是竞争心或向上心。结合竞争心来谈美感的恐怕博克算是最早的一个人。在这方面他可能受到霍布士和曼德维尔的影响。竞争心是“自己在人类公认为有价值的东西方面要比旁人优越”的要求。“就是这种情欲驱遣人们千方百计地炫耀自己”。它是模仿的必要的补充，模仿只是学习已有的，竞争心才是推进社会进步的一种力量。这个看法显然反映资本主义社会的商业竞争。值得特别注意的是博克把这种竞争心和崇高感联系在一起：

> 不管所根据的理由是好是坏，任何东西只要能提高一个人对自己的估价，都会引起对人心是非常痛快的那种自豪感[①]和胜利感。在面临恐怖的对象而没有真正危险时，这种自豪感就可以被人最清楚地看到，而且发挥最强烈的作用，因为人心经常要求把所观照的对象的尊严和价值或多或少地移到自己身上来。朗吉弩斯所说的读者读到诗歌词章中风格崇高的章节时，自己也从内心里感到光荣和伟大的感觉，那就是这样起来的。
>
> ——I：18

这段话可能对康德有所启发，因为康德也认为崇高感是一种自我尊严和精神胜利的感觉。

惊惧这种情绪在情感调质上是属于痛感的，在崇高感中它何以成为快感，博克对此虽没有明确的说明，却给了两点暗示。一点就是这里所说的自豪感和胜利感。另一点是他所提出的劳动和练习能保持心理功能的健康的学说。他认为身心两方面的功能如果长久休息不活动，就会衰朽甚至酿成疾病。“恐怖对人的心理构造中较精细的部分就是一种练习。”“这类情绪既然能把粗细器官中危险的，制造麻烦的一些累赘物加以清除，所以就能产生快感。”（Ⅳ）这个看法可能受到亚理士多德的“净化”说的影响，其中已隐含后来佛洛伊特派心理学说中某些因素的萌芽。

2．崇高和美的客观性质

在讨论了崇高与美的主观方面心理生理基础（情欲）之后，博克花了很多的篇幅研究客观事物本身产生崇高感与美感的性质。在这部分博克的简单化的唯物主义倾向显得特别突出。贯串这部分的有一个总的原则，就是崇高感和美感都只涉及客观事物感性方面的（可用感官和想象

①原文是 swelling，字面的意义是膨胀，实指自豪感中的心情膨胀。

力来掌握的）性质，这些性质很机械地直接地打动人类某种基本情欲，因而立即产生崇高感或美感，理智和意志在这里都不起作用。

先说崇高。崇高的对象都有一个共同性，即可恐怖性，“凡是可恐怖的也就是崇高的”。博克对崇高感作了如下的描绘：

> 自然界的伟大和崇高……所引起的情绪是惊惧。在惊惧这种心情中，心的一切活动都由某种程度的恐怖而停顿。这时心完全被对象占领住，不能同时注意到其他对象，因此不能就占领它的那个对象进行推理。所以崇高具有那样巨大的力量，不但不是由推理产生的，而且还使人来不及推理，就用它的不可抗拒的力量把人卷着走。惊惧是崇高的最高度效果，次要的效果是欣羡和崇敬。
>
> ——II：1

可恐怖性是一种共性，还是抽象的，须具体表现于某些具体的感性性质。依博克的分析，崇高对象的感性性质主要是体积的巨大（例如海洋），其次是晦暗（例如某些宗教的神庙），力量（例如猛兽，力量由人制服后对人成为有用的，即不再崇高），空无（例如空虚、黑暗、孤寂、静默），无限（例如大瀑布的不断的吼声），壮丽（例如星空），突然性（例如巨大的声音突然起来或停止），等等。从此可见，博克所了解的崇高在现实界有非常广阔的范围，而且也不仅限于自然，在举例分析中博克经常提到艺术，例如谈到晦暗时，他对法国美学家杜博斯[①]的“画比诗较明晰，所以也较优越”的论调表示异议，指出在自然中阴暗的混茫的形象比明确清楚的形象还能产生更大的效果，在诗中也是如此。

> 诗不管是多么晦暗，比起绘画来，对情绪的统治力还更普遍，更强烈。为什么晦暗的观念，如果表达得恰当，其感动力还比明晰

①杜博斯（Abbé Dubos，1670—1742），著有《诗与画的批判性的感想》。

的观念更大呢？我想这在自然（本性）中可以找到理由。凡是引起我们的欣羡和激发我们的情绪的都有一个主要的原因：我们对事物的无知。等到认识和熟悉了之后，最惊人的东西也就不大能再起作用。……在我们的所有观念之中最能感动人的莫过于永恒和无限；实际上我们所认识得最少的也就莫过于永恒和无限。

——II：4

接着他引密尔顿所塑造的撒旦的形象以及《旧约》中约伯的形象为例，来证实他的主张。这段话是重要的。因为它涉及诗画的界限问题，在下文还可以看到，博克认为诗以文字为媒介，本来不须像绘画那样用明晰的形象，而晦暗反而更富于暗示性。其次，杜博斯忠实于法国新古典主义的文艺理想，所以重视明晰；博克在论崇高里经常表现新兴的浪漫主义的审美趣味。所以诗不忌晦暗的主张也是新起的浪漫主义文艺理想对新古典文艺理想的反抗。

其次说美。博克把美和崇高看作是对立的。如果崇高感是基于人类要保存个体生命的本能，它的对象虽暗示危险而又不是紧迫的真正的危险，它所引起的情绪主要是惊惧，在情感调质上本是痛感，仿佛由“自豪感和胜利感”以及劳动或练习转化为快感；美感则基于社交本能，特别是异性间的生殖欲，它的对象一般具有引诱力，它所引起的情绪是爱，在情感调质上始终是愉快的。

像过去许多美学家一样，博克把美限于物体的感性性质，因而很少谈到文学的美或精神的美。他对美下定义如下：

我所谓美，是指物体中能引起爱或类似爱的情欲的某一性质或某些性质。我把这个定义只限于事物的纯然感性的性质。……我把这种爱也和欲念或性欲分开。“爱”所指的是在观照任何一个美的事物时心里所感觉到的那种喜悦，欲念或性欲却只是迫使我们占有

某些对象的心理力量，这些对象之所以能吸引我们，并不是因为它们美，而是由于完全另样的缘故。（重点是引者加的）

——III：1

美只涉及爱而不涉及欲念，这个看法在近代美学思想中很占势力，特别是在经过康德加以发挥之后。

这样说明了自己的观点以后，博克花了大量篇幅批判当时流行的一些关于美的学说。他首先驳斥了“美在比例”那个久占势力的传统学说，他的理由是：

像一切关于秩序的观念一样，比例几乎完全只涉及便利，所以应该看作理解力的产品，而不是影响感觉和想象的首要原因。我们并非经过长久的注意和研究，才发现一个对象美；美并不要求推理作用的帮助，连意志也与美无关。美的形状很有灵效地引起某种程度的爱，就像冰或火很有灵效地引起冷或热的感觉那样。比例是相对数量的测量。……但是美当然不是属于测量的观念，它和计算与几何学都毫不相干。

——III：2

他接着指出无论是雕像还是活人在比例上彼此可以相差很远，但是仍可以都是美的。

他所驳斥的第二个看法是美在适宜或效用，即物体各部分形状构造适宜于实现它们的目的。博克认为比例说实际上也是从适宜说出发的，比例合度也适宜于达到某种目的。他很诙谐地讥诮持这种主张的人“没有足够地请教经验。如果这个学说能成立，猪就应该是顶美的，因为它鼻子尖，鼻端软骨坚韧，一双小眼睛凹下去，这些连同头部构造都很适宜于掘土嚼草根”（III：6）。美的成因也不能在于“完善”。“美这个性质，在达到高度时，例如在女人身上，往往带有软弱或不完善的意味。女人们很体会到这一点，因此她们学着咬舌头说话，走路故意作摇摇欲坠的样子，装弱不禁风甚至装病。”“最动人的美是愁苦中的美，含羞红脸的力量略次一等”（III：9）。“凡是使我们一见钟情，觉得可爱的都是些比较柔和的品德，例如和蔼、体贴、慈祥、宽宏之类。”（III：10）

然则美的原因究竟何在呢？博克认为“美大半是物体的这样一种性质：它通过感官的中介作用，在人心上机械地起作用”（III：12），美的事物的这样一种性质首先就是它的小，因此，许多民族的语言都用指小词来称呼爱的对象，例如“小亲爱的”“小鸟儿”“小猫儿”之类。在这里也可以见出美与崇高的对立：

> 崇高是引起惊羡的，它总是在一些巨大的可怕的事物上面见出；爱的对象却总是小的，可喜的，我们屈服于我们所惊羡的东西，但是我们喜爱屈服于我们的东西；在前一种情形之下，我们是被迫顺从；在后一种情形之下，我们是由于得到奉承而顺从。
>
> ——III：13

小之外，博克还找出一些与小类似的性质，例如柔滑、娇弱、明亮之类，作为美的原因。“柔滑”包括“逐渐的变化”，各部分安排既见出变化而“这些见出变化的部分又不露棱角，彼此融成一片”。所以博克赞成画家霍嘉兹的“美的线条就是蛇形曲线”的理论。

结合到“柔滑”作为美的一种客观性质，博克还立专节（III：22）来讨论“秀美”（gracefulness）这个审美范畴。“秀美”见于姿态和动态，它须显得轻盈、安详、圆润和微妙，有曲线而无突出的棱角。这颇近于莱辛所说的“媚”或“动态的美”。

结合到比例问题，博克还讨论了“丑”这个审美范畴。他反对把美看作事物的常态（具有常见的比例），把“畸形”看作美的反面，“美的真正的反面不是比例失调或畸形，而是丑”。例如“驼背是畸形，因为他违反常态，给人一种疾病或灾难的印象”。但是四肢五官停匀端正的人可以见不出丝毫美（III：5）。博克见出丑与崇高之间有某种一致性。丑本身不一定就崇高。但是如果丑和引起强烈恐怖的那些性质结合在一起，它会显得崇高（III：21）。这个看法在近代也有些附和者，例如德国美学家哈特曼。

3. 诗与画的分别

博克在论文中分析崇高和美，主要限于自然界的物体及其运动，只在论崇高部分偶尔涉及文艺的崇高效果，至于论美部分则几乎没有提到文艺。所以他在论文的最后一部分，即第五部分，专论诗和一般文学作品的审美效果。像莱辛一样，他把文学和其他艺术的区别主要地摆在所使用的媒介上。文学用文字为媒介，来间接代表事物，不像雕刻和绘画之类造型艺术那样用形色为媒介，直接描绘事物。博克因此认为文学产生效果也和造型艺术不同。造型艺术唤起事物的形象，而文学所用的文字一般并不唤起事物的形象。

> 诗在事实上很少靠唤起感性意象的能力去产生它的效果。我深信如果一切描绘都必然要唤起意象，诗就会失掉它的很大一部分的力量。
>
> ——V:5

接着他举荷马对海伦的美所作的描绘为例。荷马只写海伦的美引起特洛伊国元老们的惊赞，并不对她的美的具体细节进行冗长的描绘，反而更能使人感动。博克因此下结论说：

> 诗和修辞不像绘画那样能在精确描绘上取得成功：它们的任务在于通过同情而不是通过模仿去感动人，在于展示事物在作者或旁

人心中所产生的效果，而不在于把那些事物本身描绘出一种很清楚的意象来。

——V:5

这个看法和莱辛在《拉奥孔》里所提的看法有些明显的类似，荷马写海伦后的例子莱辛也举过。在写《拉奥孔》之前，莱辛在和曼德尔生的通信里曾提到博克的看法，足见莱辛是受到博克影响的。在唤起意象这一点上诗固然不同于绘画，但是对于很大一部分人，很大一部分的诗还是可以借唤起意象去产生效果，所以博克的看法仍不免具有片面性，莱辛虽然指出诗在唤起意象上受到语言媒介的限制，却也并不把意象完全排出诗的领域之外。

4. 审美趣味的性质和标准

最后，我们还须约略介绍博克的《论崇高与美》这部专著的《导论》或《论审美趣味》。这是在一七五七年再版时加进去的。休谟的《论审美趣味的标准》也是在这年发表的，从《导论》的主要论点看，博克可能受到了休谟的影响。最重要的一个论点是：审美趣味涉及三种心理功能，感官、想象力和判断力或推理的能力，判断力仿佛显得特别重要，因为“一涉及处理，妥帖得体，融贯一致，总之，一涉及最好的有别于最坏的审美趣味的地方，我坚信在那里理解力在起作用，而且只有理解力在起作用”。而且“错误的审美趣味的原因就在于判断力的毛病”。这种看法就和休谟的一致，但是对判断力或理解力这样强调实在有些突然，因为《论美与崇高》全书都一直强调崇高感和美感都只涉及感性功能（感觉和想象），不受理智的干预。博克只在《导论》里对自己片面强调直接感性活动的错误进行了纠正，但是全书里这种错误却还是原封未动（尽管博克在再版序文里说全书也经过了修改），这就显出《导论》与全书的矛盾。《导论》的第二个重要论点是人性在感官、想象力和理解力三方面在大体上都是一致的，因而审美趣味有它的逻辑，它的普遍原则和它的标准；至于个别差异则由于敏感和判断力生来就有很大的悬殊，对于对象注意的精粗程度，训练的深浅以及知识的多寡也可以起作用。这基本上也还是休谟的论调。《导论》的第三个重要论点是否认审美趣味除掉感觉、想象和理解力之外还有什么特殊的天生的功能，这是针对夏夫兹博里和哈奇生的“内在感官”说进行批判的。

5. 对博克的估价

总的说来，博克可以看作英国经验派美学的集大成者。比起洛克和休谟，他较坚决地从唯物主义（尽管是经过简单化的）立场出发，信任从感性经验进行总结的归纳法，对当时夏夫兹博里和哈奇生所代表的唯心主义的美学进行不调和的斗争。他的成就在于初步找到了审美经验的一些主观和客观两方面的基础，对于美学上一些重要问题作了一些锐敏的揣测，特别是在对于崇高的看法，多少反映出新兴的浪漫主义的文艺思想。他对德国古典美学（特别是莱辛和康德）的影响也是重要的。他的缺点在于把心理基础的研究简化为生理基础的研究，见不出社会实践和历史发展对审美趣味和文艺所起的决定性作用，把社会的人几乎降到动物的水平。他把美感和一般感官快感混同起来，把审美活动中的情绪也和一般实际生活中的情绪等同起来，片面地强调感性，忽视了理性作用，这一切也都和他的侧重生理基础，缺乏历史观点的形而上学的思想方法分不开的。他的这个缺点后来受到康德和席勒的批判。

博克在论文第一部分结尾曾记下这样的体会：

> 一个人只要肯深入事物表面以下去探索，哪怕他自己也许看得不对，却为旁人扫清了道路，甚至能使他的错误也终于为真理的事业服务。

这个体会是亲切的。这位二十来岁的青年人对他的结论相当谦虚，但是对他的贡献却抱有很坚强的自信。历史已证明他对自己的评价大致是正确的。

七 结束语

英国在十七八世纪的欧洲是一个先进的国家，资产阶级革命和工业革命在英国比在其他欧洲国家都较早一百多年。政治上的“自由”概念，宗教上的“自然神”概念，哲学上的经验主义以及文学上反映上升资产阶级要求，侧重情感和想象的浪漫主义理想都是由英国传到欧洲大陆的。法德两国的启蒙运动在很大程度上都受到英国的影响。恩格斯谈到英国思想家对法国启蒙运动的影响时曾经指出：“如果说，法国在上世纪末给全世界做出光荣的榜样，那么我们也不能避而不谈这一事实：英国还比它早一百五十年就已做出了这个榜样”；十八世纪法国哲学家们所“阐明的那些思想是首先产生在英国的”[①]。这番话也适用于德国启蒙运动。

在美学方面，这时期的英国美学著作和文艺实践也成为法德等国美学思想发展的推动力。英国戏剧的成就帮助了狄德罗和莱辛发展出市民剧的理论，打破了新古典主义的桎梏；英国小说的成就帮助了卢骚和其他法国作家发展出反映市民现实生活的小说；英国带感伤气氛的歌颂自然的诗歌在欧洲唤醒了浪漫主义的情调。英国经验主义美学家们在个别代表的成就上没有人比得上狄德罗和莱辛，但是他们所代表的倾向对西方美学思想发展的影响却不是狄德罗和莱辛所能比拟的。他们有力地证明了感性认识的直接性和重要性以及目的论和先天观念的虚幻性，对莱布尼茨派的理性主义树立了一个鲜明的对立面，推进了唯物主义思想的发展。正是经验主义美学与理性主义美学的对立才引起康德和黑格尔等人企

①见《马克思恩格斯全集》，第四卷，第425页。

图达到感性与理性的统一。英国经验主义美学是德国古典美学的先驱。

夏夫兹博里和博克关于诗和画的见解都启发了莱辛在《拉奥孔》里所表现的思想。博克的关于崇高和美的学说是康德写《判断力批判》的动机之一，康德批判了他的美感等于快感的论点，但多少接受了他的美与崇高的对立以及崇高以无限大引起恐惧的看法。康德还接受了休谟的物的形式与人心构造内外相应的观点，作为他的美学体系的一个主要支柱。夏夫兹博里的内在感官说和美善统一说在当时得到广泛的响应，哈奇生的相对美和绝对美的区分对狄德罗的《论美》也可能起了一些影响。

英国经验派美学家一直着重生理学和心理学的观点，把想象、情感和美感的研究提到首位，并且企图用观念联想律来解释审美活动和创造活动，用生理观点的有利于生命发展与否来区别美与丑，这样就把近代西方美学的发展指引到侧重生理学研究特别是心理学研究的方向。休谟和博克所提出的同情说为近代德国移情说打下了基础。立普斯在早期著作里仍用同情说，后来才把它发展为移情说，而移情说的法国代表巴希则始终把移情看作象征性的同情。

英国经验主义美学的最大缺点在于缺乏历史发展的辩证观点，由于过分重视生理和心理的基础，把人只看作动物性的人而不看作社会性的人；由于过分重视审美的感性和直接性以及情欲和本能的作用，就忽视了审美活动的理性方面。霍布士和博克都把美感溯源到满足人类情欲和本能的快感。这种片面的机械的观点往下发展，第一步就成为达尔文的美起于“性的选择”（美是为着吸引异性的）说，再进一步就成为佛洛伊特派的艺术起于“欲望升华”说。英国经验派美学家对近代西方美学反理性一方面的发展也是“始作俑者”。

总之，英国经验派美学家可以说是播种人，他们所播种的有香花也有毒草。

第九章 法国启蒙运动：伏尔太[①]、卢骚和狄德罗

一 启蒙运动的背景和意义

朝前看，法国启蒙运动是文艺复兴运动的继续；朝后看，它是法国资产阶级革命（1789—1794）的思想准备。文艺复兴是西方新兴资产阶级对封建制度和教会势力的第一次大进攻，随着工商业的发展，自然科学和近代技术的勃兴，古典文化的“再生”，人类精神得到了空前的解放，从而基本上动摇了植根于宗教神权的封建统治，建立了理性主义和人道主义的思想基础。但是由于各国工商业的发展不平衡，阶级力量的对比不一致，法国在十七世纪中，封建贵族和天主教会结成巩固的联盟，对“第三等级”还占压倒的优势。资产阶级的上层依附了封建专制君主，造成了妥协局面。所以文艺复兴运动在法国文艺界产生了一种消极的后果：它促成基本上仍为封建统治服务的新古典主义运动，使对权威的信仰和传统教条的统治得到了进一步的巩固，尽管理性主义的号召对于资产阶级文艺的发展也起了一些促进作用。但是法国中央集权的君主专制毕竟是封建制度日落时的回光返照。封建的生产关系阻碍着生产力的发展，宫廷的豪奢生活加重了人民的负担和痛苦，所以到了十八世纪初期，社会阶级矛盾就日益尖锐化，农民暴动和工人罢工不断地出现，改变现状的要求一天比一天紧迫起来了。同时摆在法国人民面前的还有英国的

①伏尔太，今通译作伏尔泰。——编者注

先进榜样。英国的资产阶级革命和产业革命，英国的代议制，培根和洛克的经验主义哲学以及伊利莎白时代英国戏剧和十八世纪初期的英国小说对法国资产阶级，特别是启蒙运动者，都起了很大的激发作用。

法国启蒙运动的总目标是从思想战线上接着文艺复兴进一步打垮法国封建统治和它的精神支柱——天主教会，所以它是法国资产阶级革命的思想准备。法国资产阶级革命的自由、平等和博爱三大口号就是由启蒙运动者提出和宣扬开来的。“启蒙”(Illumination)这个词的原义是“照亮”，实际上就是思想的解放。在启蒙运动者看，社会制度的腐败根源在于思想的混浊，而这混浊是由宗教迷信造成的。所以改良社会制度先须破除宗教迷信和教会黑暗势力的统治，先须“照亮”人们的头脑，为着达到这个目的，就要宣扬理性和近代自然科学和技术。因此启蒙运动者把他们的力量集中在《百科全书》的编纂上。《百科全书》的全称是“各门科学、艺术和技艺的据理性制定的词典”。他们认为凭这把知识的钥匙就可以打开人们的眼界,“照亮”人们的头脑,等到人们认识清楚了,社会自然就会日趋完善。法国人自己并不常用“启蒙运动”这个名词，他们常用的是《百科全书》,这对于他们就具体地体现了启蒙运动的理想。

启蒙运动不但达到了它的“照亮”头脑的目的，基本上削弱了教会神权和封建统治，把西方哲学思想发展逐渐拨上唯物主义和无神论的正轨，替资产阶级制造了一套新的意识形态，促进了资产阶级革命的发展。

但是启蒙运动也有它的局限性和不彻底性。启蒙运动的领袖们都是些知识分子，政治斗争首先取了思想斗争的形式，他们没有看到，也不可能看到，社会发展的动力是物质生产的经济基础。他们认为单凭文化思想运动来“照亮”头脑，启发理性，就可以扫除社会一切病根，然后按理性去安排新的制度，就可以带来人类的普遍的幸福生活。恩格斯谈到启蒙运动时代说：“思维着的悟性成了衡量一切的唯一尺度，那时如黑格尔所说的，是世界用头立地的时代。……人的头脑以及通过它的思维发现的原理，要求成为一切人类活动和社会结合的基础。”同时，启蒙运动者的“理性的王国”“正是资产阶级的理想化的王国”，“按照这些启蒙学者的原则建立起来的资产阶级世界也是不合乎理性和不正义的”[①]。

从此可见，启蒙运动的领袖在社会思想方面，大半还是持唯心史观的。这还表现在他们对人所作的抽象的理解。这一点与他们的文艺思想密切相关，所以值得在这里提出。他们说到“人”时，所指的不是一定历史情况下的一定阶级的人，而是“一般的人”，这“一般的人”具有普遍的永恒的人性，其中主要的组成部分便是理性。伏尔太说：“一般说来，人向来就是像他在现在那样的……他向来就有同样的本能，使他爱朋友，爱儿孙，爱自己的作品，并且爱他自己。从世界的这一极端到另一极端，这个道理是永远不变的。”他又说：“我所指的规律就是自然在一切时代向一切人显示出来，以便维护正义的。”这就是启蒙运动者所说的“自然律”。他们认为人性中有理性，自然中也有理性，顺着这个理性，人类社会和自然就有无穷的“可完善性”(perfectibilité)，就自然而然地向日益完善的境界发展。这种乐观主义是建筑在唯心史观基础上的。

对自然的信念还导致启蒙运动的另一领袖——卢骚——对社会发展采取了反动的看法。他把自然和社会文化对立起来，认为人性生来都是善良的，只是被社会文化教养坏了，在《爱弥儿》教育小说和在《民约论》里他一再宣扬过这种思想。因此，他认为近代人的出路在于“回到自然”，这就是说，回到人的野蛮状态。这固然反映出他认识到当时社会的腐朽，但是他不向未来找出路，而要历史开倒车。启蒙运动者彼此之间思想也并不一致。伏尔太的看法和卢骚的却正相反，他鄙视原始与野蛮，拥护在当时欧洲占统治地位的法国文化，在“古今之争”中明确地站在今派方面，尽管他对近代文化中封建的和宗教的因素还是持敌对的态度。

①见《马克思恩格斯选集》，第三卷，第404—406页。

二　启蒙运动者对文艺的基本态度

启蒙运动者对文艺的态度是和他们对自然和社会的看法一致的。在文艺领域，启蒙运动可以说是反对新古典主义的运动。新古典主义者是路易十四君主专制政体的歌颂者和反映者，而启蒙运动者却是上升资产阶级思想战线上的发言人，所以他们对新古典主义的不满是理所当然的。但是在这方面他们的思想也并不一致。总的说来，他们反对新古典主义，远不如他们反对封建统治和教会权威那么明确而坚决。他们想用文艺来推进启蒙运动，使文艺更好地为上升资产阶级服务，对于新古典主义文艺的体裁种类（史诗、悲剧、喜剧等）、题材（大半用古代英雄人物的伟大事迹）、语言形式（谨严的亚历山大格）和传统的“规则”（如三一律）有时感觉到是一种拘束，要求结合现实生活，有较大的自由。他们受到英国范例的启发，多少感觉到像莎士比亚那样不顾古典规则，密尔顿就那样运用圣经题材，芮迦德生[①]的《克拉里莎》那样结合现代生活的感伤情调的散文小说，以及表现市民生活的悲喜混杂剧和“感伤剧”都有它们的独到之处，值得取法。不过他们对新古典主义作家们的成就大半还是心悦诚服，仿佛很难跳出他们的圈子。伏尔太就认为高乃伊和拉辛比希腊悲剧家还高明，莫里哀比“小丑亚理斯多芬”还高明。[②] 关于古典“规则”，他们之中多数人也认为还是必要的，他们说过很多的辩护三一律的话。达朗伯的话很可以代表他们对于“规则”的态度：“诗人是这样的一个人：人们要求他戴上脚镣，步子还要走得很优美；应该允许他有时轻微地摇摆一下。”[③] 基本的问题还在于启蒙运动者大半还相信新古典主义者所宣扬的普遍人性。他们说：“审美趣味的基本规则在一切时代

---

①芮迦德生，今通译作理查德森。——编者注

②见伏尔太《哲学词典》里《古人和今人》条。

③达朗伯：《诗的感想》续编。

都是相同的，因为它们来自人类精神中一些不变的属性。”[①] 在相信普遍人性的同时，他们也时常强调人类的不断进步（康多塞说：“人的可完善性是无穷的”），以及审美趣味随时代、民族和人情风俗而变化。他们说，“在相衔接的两个世纪里，文艺情况有时显出很大的差别，这是不是由于物质的原因呢？是不是物质的原因推动了精神的原因呢？”[②] “一个民族的政体的风俗习惯方面所起的变化必然引起他们的审美趣味的变革”[③]。很显然，历史发展的正确观点在露面了。但是这和普遍永恒的人性观点如何调和？伏尔太曾经设法调和这个矛盾。他在《论史诗》里说：

> ……你也许问我：审美趣味方面就没有一些种类的美能使一切民族都喜爱么？当然有，而且很多。从文艺复兴以来，人们拿古代作家作为典范，荷马、德谟斯特尼斯、维吉尔、西赛罗这些人仿佛已经把欧洲各民族都统一在他们的统治之下，把这许多的民族组成一个单一的文艺共和国。但是在一般协调之中，每个民族的风俗习惯也造成了一种特殊的审美趣味……

他见出了文艺趣味的普遍性和特殊性的矛盾，也见出了这矛盾在事实上是统一的，但是究竟如何统一，为什么理由可以统一，他却没有明确地说出。

一般地说，作为启蒙运动的最高领袖伏尔太（Voltaire，1694—1778）在思想上还是保守的。在哲学上他相信自然神论，还未摆脱唯心主义；在政治上他提倡开明君主专制，对人民群众持鄙视的态度；在文艺上他基本上还是留恋古典主义传统，不但五体投地钦佩拉辛，辩护三一律和其他“规则”，而且在自己的创作实践方面，还是用古典形式写史诗和悲剧，

---

①《百科全书》里《古人》条（苏尔则写的）。

②杜博斯：《诗画杂感》，第二卷，第一三章。

③赫尔维修斯：《论精神》，第二讲，第一八、一九章。

瞧不起反映市民生活的叫作“流泪的喜剧”的新型剧种。[①] 他的矛盾和局限特别表现于他对莎士比亚的评价。他说,这位“怪物”“乡村小丑”“喝醉了的野蛮人”“具有雄强而丰富的天才，既自然，又雄伟，但是没有一点好的审美趣味，丝毫不懂得规则”。[②] 他是首先向法国人介绍莎士比亚的，等到法国人宁愿读莎士比亚而不愿读高乃伊和拉辛时，他很懊丧地说，“我是头一个人把从莎士比亚的大粪堆里所发现的珍珠指给法国人看，真料想不到有一天我竟帮助人们把高乃伊和拉辛的桂冠放在脚下践踏，来替一位野蛮的戏子贴金抹粉”[③]。他认为莎士比亚只代表粗野的自然，拉辛才代表文明的艺术，戏剧的理想在于拿莎士比亚的生动的人物和情节结合到拉辛的炉火纯青的诗的语言。从此可见，伏尔太对莎士比亚的天才虽不是毫无理解，但是新古典主义的成见妨碍了他有正确的理解。不但莎士比亚，就连荷马史诗和希伯来民族的《旧约》他也认为在艺术上还不成熟，还有“野蛮气息”。在他看来，西方文艺只有在罗马的奥古斯都时代和法国的“伟大世纪”才算登峰造极。这一切都说明了伏尔太基本上还是新古典主义的信徒，尽管他有时也稍微流露一点新时代的精神和历史发展的观点。

在启蒙运动三大领袖之中，对近代资产阶级各方面思想影响最大的要算卢骚（Jean Jacques Rousseau，1712—1778）。作为一个小资产阶级的代表（他是一位日内瓦钟表匠的儿子),他充满着狂热、幻想和摇摆性；作为一个经过穷苦生活的流浪人,他对当时腐朽的社会怀有深刻的仇恨。他因为厌恶近代社会，幻想自然生活的美满，就连文化和艺术也厌恶起来。尽管他是一个音乐家和作曲家，他对文艺的态度是否定的。在他的第一篇论文《科学与艺术的进展是败坏了风俗还是净化了风俗》里，他就提出风俗败坏了艺术而艺术也会败坏风俗的论点。后来百科全书派另

①伏尔太：哲学词典里《剧艺》条以及《拿宁》剧的序文。

②伏尔太：《英国书简》。

③伏尔太给达简塔尔的信，1776 年 7 月 19 日。

一位活跃分子达朗伯计划在日内瓦开设戏院，卢骚以清教徒的口吻写信给他竭力诋毁剧艺伤风败俗，劝他打消他的计划。这种思想在《爱弥儿》和其他著作里也时常出现。这种观点令人联想到柏拉图对希腊文艺的大清洗以及托尔斯泰对莎士比亚和歌德等文艺巨匠的指责。他一方面认识到近代西方文化和文艺的腐朽，另一方面却看不到出路，以为禁止戏剧就可以消除腐朽文艺的腐蚀影响，这就无异于因噎废食，只能看作反动的观点。

尽管卢骚否定文艺，他对近代欧洲文艺还是起了很大的作用，特别是对浪漫运动的影响。这首先通过他模仿英国芮迦德生的书信体小说所写的《新爱洛伊斯》。这部小说于十七八世纪所崇奉的理性之外，突出地把情感提高到统治的地位。新爱洛伊斯——朱丽——冲破封建礼教的桎梏，和她的教师发生了恋爱。卢骚尽情地渲染了他们的爱慕和痛苦。这部小说在近代西方起了解放情感的作用，表现出浪漫主义的基本精神。其次，卢骚的“回到自然”的口号后来也被浪漫主义者重新提出。它的影响有两方面：在积极的浪漫主义者的心目中，它代表精神解放和接近现实的要求；在消极的浪漫主义者的心目中，它却代表着逃避现实，想历史开倒车的观点。

在启蒙运动三大领袖之中，狄德罗的地位是独特的，论当时声望的煊赫，他不如伏尔太；论对当时影响的深广，他不如卢骚，但是论思想的进步性和丰富性，他在三人之中是首屈一指的。他的重要性到近几十年来才逐渐为人所认识到。本章将着重地介绍他。

三　狄德罗的文艺理论和美学思想

狄德罗（Diderot，1713—1784）是一位乡下刀匠的儿子，他父亲送他到巴黎学神学，准备当神父，但是他违反了父亲的意旨，放弃了神学，转到了哲学和文学，终于变成了一个坚决的唯物主义者和无神论者以及启蒙运动的最活跃的组织者和宣传者。启蒙运动的主要喉舌是《百科全书》，而《百科全书》的胜利主要是狄德罗的功绩，他不但是主编，而且是主要撰稿人，写了近千条的专题。

狄德罗对文艺的兴趣是极广泛的，几乎每一门艺术他都谈到，但是他集中注意的主要有三方面。首先是戏剧，在这方面他的意图是打破新古典主义的悲剧和喜剧的框子，建立符合资产阶级需要的严肃喜剧或市民剧。主要论剧艺著作有《和多华尔关于〈私生子〉的谈话》(1757)，附在《一家之主》剧本后面的《论戏剧体诗》(1758）以及《谈演员》的对话（晚年写作，死后1830年出版)。其次是造型艺术，在这方面他的意图是要扭转法国绘画的风气，把它从以布薛（Bouchcr）为代表的新古典主义的浮华纤巧的“螺钿”风格，扭转到以谷若则（Greuze）为代表的较符合资产阶级要求的生动深刻的带有浪漫主义倾向的风格。这方面的重要理论著作有从一七五九年到一七八一年评介历届巴黎图画雕刻展览的《沙龙》(Les Salons）和《画论》(1765)。第三是美学。狄德罗的美学观点零星散见于他的许多著作，有系统的论著是他在《百科全书》里发表的《论美》的长文（1750)。本章拟先介绍狄德罗关于严肃剧种和演剧的理论，然后介绍他的一般文艺理论和美学观点，附带地叙述他关于绘画的看法。

1. 戏剧理论

(a）关于市民剧

狄德罗在文艺方面最关心的是戏剧。他要用符合资产阶级理想的市民剧来代替十七世纪主要为封建宫廷服务的新古典主义的戏剧，作为反封建斗争的一种武器。随着资产阶级力量的上升，古典型的悲剧和喜剧以及它们的传统的规则已经不能满足新时代的要求。这种情形在较先进的资产阶级国家里早已显得很突出。例如在英国，伊利莎白时代标志着英国戏剧的高峰。当时戏剧家虽然仍沿用悲剧和喜剧的名称，却完全不理睬这两个剧种的传统规则，内容主要反映资产阶级的人生理想和现实社会矛盾，所以只是用旧瓶装新酒。有时候他们发现旧瓶不能装新酒，便索性创造新剧种。莎士比亚所常用的悲喜混杂剧便是一例。我们在第六章已提到瓜里尼在意大利所作的同样的改革。这种悲喜混杂剧的成功打破了戏剧体裁须依传统定型的迷信。到了十七八世纪之交，英国又发展出另一新剧种，叫作"感伤剧"（Sentimental drama），进一步打破古典剧种的框子，用日常语言写普通人的日常生活，情调大半是感伤的，略带道德气味的（法国人把它取了一个诨号"泪剧"Le drame larmoyant）。它不像悲剧那样专写上层社会，也不像喜剧那样谑浪笑傲，目的总是在宣扬资产阶级所重视的道德品质，所以又叫作"严肃剧"，其实就是市民剧，也就是话剧的祖宗。

在启蒙运动的初期，法国新古典主义戏剧的影响还很顽强，一般理论家不大瞧得起这个新剧种，从"泪剧"的诨号上就可以见出，上文已提到过伏尔太对"泪剧"的鄙视。狄德罗对新事物的敏感比较强，新古典主义的成见比较浅。他对古典戏剧的态度多少是辩证的：一方面肯定了高乃伊和拉辛的卓越成就，另一方面也反对古典戏剧的矫揉造作和清规戒律。他感觉到英国的新剧种更符合新时代的要求。当时资产阶级常针对着封建贵族的豪奢淫逸的腐朽生活，夸耀本阶级的道德品质，来降低敌对阶级的地位。这种斗争方式广泛地反映在当时新型剧本和小说里。正是这种倾向投合了狄德罗的口胃。他明确地提出文艺要在听众中产生道德的效果，要使"坏人看到自己也曾做过的坏事感到愤慨，对自己给旁人造成的苦痛感到同情"，"走出戏院之后，作坏事的倾向就比较减少"[1]。戏剧要宣扬德行，而德行就是"在道德领域里对秩序的爱好"[2]。因此，戏剧在题材上应有现实社会内容。其次，狄德罗认为如果要戏剧产生道德效果，就必须从打动听众的情感入手，而为着打动情感，戏剧就要产

①《论戏剧体诗》，第二章。

②《和多华尔的谈话》，第二篇。

生如临真实情境的幻觉，使听众信以为真。他说，“戏剧的完美在于把情节模仿得精确，使听众经常误信自己身临其境”[①]。

根据这个要求来看，法国古典戏剧就太不自然，太冷静，不能产生逼真的幻觉，引起深刻的情感，起戏剧所应起的教育作用。因此，狄德罗在英国感伤剧的启发之下，建议创立较适合时代要求的介乎悲剧与喜剧之间的新剧种，总名为“严肃剧种”（Les genres serieux），其中又分“家庭悲剧”和“严肃喜剧”两种。他在《和多华尔的谈话》里这样说明了他的新剧种的理想：

> ……在戏剧如在自然里，一切都是互相联系着的。如果我们从某一方面接触到真实，我们就会同时从许多其他方面接触到真实。既然用了散文，我们就会在戏台上看得到一般礼貌（这是天才与深刻效果的敌人）所禁用的自然情境。我要不倦地向法国人高呼：要真实！要自然！要古人！要索福克勒斯！要菲罗克特提斯[②]那样的人物！诗人替他所布置的场面是睡在一个岩洞口边，身上盖着一些破布片，在剧疼之下辗转反侧，放声哀号，吐出一些听不清楚的呻吟。布景在荒野，用不着什么排场就可以表演。服装真实，语言真实，情节简单而自然。如果这种场面不比那些穿着华丽衣服，打扮得矫揉造作的人物所出现的场面，更能使人深受感动，那就只能怪我们的审美趣味已腐朽透顶了。

狄德罗在这里把他的理想剧种和新古典主义的戏剧作了一个对比，只要自然，宁可粗野一点，决不要虚伪腐朽的“文明”。他把这个新剧种的

①《不尴尬的戒指》。

②菲罗克特提斯（Philoctetes）是索福克勒斯的一部悲剧的主角。他参加希腊东征大军，航行中在一个荒岛上被毒蛇咬伤生病。被大军遗弃在那里，过了九年孤苦生活。因为要打下特洛伊城，就要他的神箭，希腊人到了第十年才把他请出来参战。狄德罗在下文所谈的就是这部悲剧的场面。

性质界定为“市民的，家庭的”，他的政治意图也是很明显的。市民与贵族中伟大人物对立，家庭与宫廷对立，他要求戏剧抛开贵族中伟大人物而表现市民，抛开宫廷生活而写家庭日常生活。这就是要求戏剧接近现实，更好地为新的阶级服务。所以他力劝作家们深入生活，“要住到乡下去，住到茅棚里去，访问左邻右舍，最好是瞧一瞧他们的床铺、饮食、房屋、衣服，等等”。[①] 这种呼声在当时还是“空谷足音”。

在拿严肃剧与传统剧种作对比时，狄德罗指出悲剧写的是“具有个性的人物”，喜剧写的是“代表类型的人物”，而严肃剧所写的则是“情境”。这是一个新的看法。戏剧（小说和叙事诗也一样）在内容上一般不是像古典作品那样侧重动作或情节[②]，就是像近代作品那样侧重人物性格。狄德罗却提出“情境”作为新剧种内容重点，并且明确指出，“人物性格要取决于情境”，所以情境比人物性格更重要。[③] 结合到“情境”，狄德罗还提出“关系”概念，说明“情境”是由“家庭关系、职业关系和友敌关系等形成的”。这里有两点值得注意：第一是他把社会内容提到了首要地位，其次是他已隐约见到性格与环境的密切关联。关于悲剧写个性喜剧写典型的看法也是新颖的。这看法符合莫里哀型的喜剧，但是把典型和个性对立起来，还不是辩证的看法。

狄德罗也极重视戏剧中的情节处理，不过还是要求情节密切联系到情境。在这方面有两点值得注意：第一点是他的“对比”说。过去喜剧常用人物性格的对比，例如出现了一个急躁粗鲁的人物，就配上一个镇静温和的人物来作反衬。狄德罗反对这种机械的对比，因为这不仅单调，而且会使主题不明确，叫听众“不知道应该对谁发生兴趣”。他认为在现实生活里，人物性格只是“各有不同”，并非“截然对立”。人物性格既然取决于情境，严肃剧所应采用的就应该是人物性格与情境的对比：

---

①据阿塔莫诺夫和格拉季丹斯卡亚的《十八世纪外国文学史》中第246—247页的引文。

②参看第三章亚理士多德关于这个问题所说的话。

③参看《论戏剧体诗》，第一三节，《和多华尔的谈话》，第三篇。

> 情境要强有力，要使情境和人物性格发生冲突，让人物的利益互相冲突。不要让任何人物企图达到他的意图而不与其他人物的意图发生冲突；让剧中所有人物都同时关心一件事，但每个人各有他的利害打算。
>
> 真正的对比是人物性格和情境的对比，这就是不同的利害打算之间的对比。
>
> ——《论戏剧体诗》，第一三节

他接着举例说明他所要求的对比：“如果你写一个守财奴恋爱，就让他爱上一个贫苦的女子。”这是一个贫富悬殊的对比。两人出身不同，社会地位不同，人生观不同，对同一件事的利害计较就不同，由此而生的情境就是戏剧性的情境。从此可知，狄德罗所说的“对比”其实就是矛盾对立，就是冲突。这样把辩证观点应用到戏剧情节的发展，已经露出黑格尔的“冲突”说的萌芽了。

第二点是他对于戏剧布局的看法。他一方面要求情节要有现实基础和社会内容，另一方面也强调在处理情节中创造想象的作用，这也是他的辩证处。他说：

> 布局就是按戏剧体裁的规则在剧中安排出一部足以令人惊奇的历史；悲剧家可以部分地创造这部历史，喜剧家则可以全部地创造这部历史。

这种创造要在显示事件之间联系上见出。在现实世界一系列事件之间本有内在联系，但是由于我们还没有全盘认识，这种内在联系往往被许多偶然事件掩盖起来，使人不易察觉，因此它们就现出一些偶然性。在戏剧里作家有选择和安排事件的自由，就可以把偶然的东西抛开，把一系列事件的内在联系突出地显示出来。因此，他认为“比起历史家来，戏剧家所显示的真实性较少而逼真性却较多”[①]。在《芮迦德生的礼赞》里他也说“历史往往只是一部坏小说，而像你所写的小说却是一部好历史”。这番拿文艺作品比历史的话显然受到亚理士多德的影响，用意要在个别已然事件与见出规律性的可然事件之间的分别。狄德罗把前者叫作“真实”（事实的真实）而后者叫作“逼真”（情理的真实），戏剧和一般文艺不是历史，只要求情理的真实而不要求事实的真实。“逼真”就是显示事物于理应有的内在联系。文艺在这方面又和哲学与科学不同，它不通过抽象思维而通过形象思维（想象）。狄德罗替文艺的想象下过一个很精确的定义：

> 从某一假定现象出发，按照它们在自然中所必有的前后次序，把一系列的形象思索出来，这就是根据假设进行推理，也就是想象。
>
> ——《论戏剧体诗》，第一〇节

这个定义之所以精确，因为它显示出形象思维的虚构性和逻辑性，不是把形象思维和抽象思维绝对对立起来。

关于文艺，从客观基础方面看，最基本的问题是个别形象的必然性和普遍性（一般与特殊的统一，“典型”的真正意义）；从主观活动方面看，最基本的问题是形象思维的理性或逻辑性。狄德罗不但抓住了这两个基本问题，而且指出它们二者之间的联系：主客两方面在达到“逼真”的“想象”上面统一起来了。

狄德罗不但是戏剧理论家而且是创作者。他写了两部新型市民剧，《私生子》和《一家之主》。他的理论著作都是用来说明和辩护他的实践的。这两部剧本近于对话录，说教的气味很重，不算很成功。但是对法

---

① 《论戏剧体诗》，第一〇节。

国戏剧来说，他的理论与实践起了扭转风气的作用，即把戏剧由古典型和封建性转到话剧型和市民性。这个运动在狄德罗的影响之下，莱辛在德国掀起了同样的市民剧运动，促进了西方剧艺进一步的发展，为易卜生型的问题剧打下了基础。在法国本身，直接继承狄德罗衣钵的是博马舍（Beaumarchais，1732—1799）。他写了两部成功的严肃剧：《塞维勒的理发师》和《费加罗的婚姻》和一篇《论严肃剧》的理论著作。

（b）关于演剧

狄德罗还深刻地研究了过去西方戏剧理论家很少注意的一方面，即戏剧的表演。他写了一篇对话，叫作《谈演员》[①]。这部对话所讨论的中心问题是：演员在扮演一个人物时是否要在内心生活上就变成那个人物，亲身感受到那个人物的情感？狄德罗的答案是否定的。依他看，演员的矛盾在于他在表演之中，一方面要把所扮演的人物的情感淋漓尽致地表现出来，使观众信以为真，受到感动；另一方面他却不应亲身感受到人物的情感，要十分冷静，保持清醒的理智，控制自己的表演，做到恰如其分。

狄德罗自己是个最易动情感的人，在文艺见解上他一般是要求信任自然，鼓吹文艺必须表现强烈的情感。但是对于演员，他所要求的却正相反，不是自然而是艺术，不是强烈的情感而是准确的判断力，不是自然流露而是一切都要通过学习、钻研和创造。用他自己的话来说：

> ……只有自然而没有艺术，怎么能养成一个伟大的演员呢？因为在戏台上情节的发展，并不是恰恰像在自然中那样，戏剧作品是按照一些原则体系写成的。……伟大的诗人们，演员们，也许无论哪一种伟大的模仿自然者，生来都有很好的想象力，很强的判断力，

①原题是“Paradox sur le Comédien”，过去有李健吾同志的译文。

很精细的处理事物的机智，很准确的鉴赏力；他们都是最不敏感（或"多情善感"）的。……敏感从来不是伟大天才的优良品质。伟大天才所爱的是准确，他发挥准确这个优良品质，却不亲自去享受它的甜美滋味。完成一切的不是他的心肠而是他的头脑。

狄德罗把演员分为两种，一种是听任情感驱遣的，一种是保持清醒头脑的。他对这两种演员的优劣对比的看法是这样：

……有一个事实证实了我的意见：凭心肠去扮演的演员们总是好坏不均。你不能指望从他们的表演里看到什么完整性；他们的表演忽强忽弱，忽冷忽热，忽平滑，忽雄伟。今天演得好的地方明天再演就会失败，昨天失败的地方今天再演却又很成功。但是另一种演员却不如此，他表演时要凭思索，凭对人性的钻研，凭经常模仿一种理想的范本[①]，凭想象和记忆。他总是始终一致的，每次表演都是一个方式，都是一样完美。一切都事先在他头脑里衡量过，配合过，学习过，安排过。他的台词里既不单调，又不致不协调。表演的热潮有发展，有飞跃，有停顿，有开始，有中途，有顶点。在多次表演里腔调总是每次一样的，动作也总是每次一样的；如果这次和上次有什么不同，总是这次比上次更好。他不是每天换一个样子，而是一面镜子，经常准备好用同样的准确度，同样的强度和同样的真实性，把同样的事物反映出来。

狄德罗在这里描绘了他的理想的演员。他所要求的冷静在实质上是什么呢？关键在于他所说的"理想的范本"，就是中国画家所说的"成竹在胸"。演员要事先仔细研究剧本，揣摩人物的内心生活以及它的表现方式，先

①从狄德罗评价一七六七年巴黎绘画雕刻展览文章（《沙龙》）以及其他著作谈到"理想的范本"的地方看，他所指的就是"典型"。

在心中把这个人物的形象塑造好，把他的一举一动，一言一笑，都准确地塑造出来，这样他心里就有了一个“理想的范本”，于是把它练习得滚透烂熟，以后每次表演都要把这个已经塑造好而且练习好的“范本”，像镜子在不同的时候反映同一事物一样，前后丝毫不差地复现出来。这样做，所需要的就不是飘忽的热情而是冷静的头脑。在当时法国名演员之中，狄德罗最推崇的是克勒雍。他对她塑造人物形象的功夫是这样描绘的：

> 有什么表演还能比克勒雍的更好呢？你且跟着她，研究她，你就会相信，到了第六次表演中，她就已把她的表演中一切细节以及角色所说的每句话都记得烂熟了。毫无疑问，她自己事先已塑造出一个范本，一开始表演，她就设法按照这个范本。毫无疑问，她心中事先塑造这个范本时是尽可能地使它最崇高，最伟大，最完美。但是这个范本她是从剧本故事中取来的，或是她凭想象把它作为一个伟大的形象创造出来的，并不代表她本人。假使这个范本只达到她本人的高度，她的动作就会软弱而纤小了！由于辛苦钻研，她终于尽她所有的能力，接近到她的理想。到了这个时候，就已万事俱备，她就坚决地守着那个理想不放。这纯粹是一套练习和记忆的功夫……一旦提升到她所塑造的形象的高度，她就控制得住自己，不动情感地复演自己。像我们有时在梦中所遇见的一样，她的头高耸到云端，她的双手准备伸出去探南北极。她像是套在一个巨大的服装模特儿里，成了它的灵魂，她的反复练习使这个灵魂依附到自己身上。她随意躺在一张长椅上，双手叉在胸前，眼睛闭着，屹然不动，在回想她的梦境的同时，她在听着自己，看着自己，判断自己，判断她在观众中所生的印象。在这个时刻，她是双重人格：她是纤小的克勒雍，也是伟大的亚格里庇娜。[①]

①亚格里庇娜是法国大悲剧家拉辛的《伯列丹尼库斯》剧本中的一个人物，一位骄傲的罗马皇后，上文描绘的是克勒雍扮演这位罗马皇后的姿态。

克勒雍可以说是冷静的范例。人们不禁要问：演员自己既不动情感，他怎样能表现出人物的情感，又怎样能打动观众的情感呢？依狄德罗看，每种情感各有它的“外在标志”，就是一般所说的“表情”；演员只要把这些情感的“外在标志”揣摩透，练习好，固定下来成为范本就行了。“最伟大的演员就是最善于按照塑造得最好的理想范本，把这些外在标志最完善地扮演出来的演员”。狄德罗甚至拿理想的演员比一个会假装有真实情感的娼妓。他认为这样的演员之所以是理想的，不仅因为他作为个别演员，可以按照艺术的要求去表演，可以一个人扮演许多不同的角色，在屡次扮演同一角色时可以扮演得一样好；而且因为作为全班中一个成员，在每个演员都像他那样办的条件下，他可以和其他演员达到最好的配合，产生全局统一而和谐的效果。假如每个演员都临时凭情感去表演，戏的章法就会大乱。

狄德罗的主张在西方演员中，并没有得到普遍的赞同。他们之中有许多人还是听从情感的驱遣去表演，并且以此自豪。姑举十九世纪后半期两个最著名的法国演员为例。莎拉·邦娜在她的《回忆录》里叙述她在伦敦表演拉辛的《裴德若》悲剧的经验说：“我痛苦，我流泪，我哀求，我痛哭，这一切都是真实的；我痛苦得难堪，我淌的眼泪是烫人的，辛酸的。”安探汪谈他演易卜生的《群鬼》的经验说：“从第二幕起，我就忘掉了一切，忘掉了观众以及戏对观众的效果，等到闭幕后还有好一阵时候我仍在发抖，颓唐，镇定不下来。”很显然，这两位法国名演员都没有理睬狄德罗的劝告。但是在欧洲也有些演员是符合狄德罗理想的。狄德罗屡次提到十八世纪英国名演员嘉理克，却没有提到裴兹杰罗德记下来的嘉理克演莎士比亚的《理查三世》的一段经过[①]，嘉理克扮演理查三世的激烈的情感[②]，演得活灵活现，使得演恩娜夫人的配角什敦斯夫

①见裴兹杰罗德：《嘉理克的传记》。

②见《理查三世》，方重译，人民文学出版社 1959 年版，第一幕，第二场。

人看到他的那可怕的面孔，当场就吓得惊慌失措。但是正在表现激烈情感的当中，嘉理克却暗中瞟了她一眼，提醒她不要打乱表演。从此可知，嘉理克当时心里还是很冷静的。狄德罗也没有援引英国一位更伟大的演员来替他的理论做证据。莎士比亚曾经通过哈姆雷特的口吻，向演员们提出这样的劝告：

> 千万不要老是用手把空气劈来劈去，像这样子，而是要用得非常文静；要知道，就是在你们热情横溢的激流当中，雷雨当中，我简直要说是旋风当中，你们也必须争取到拿得出一种节制，好做到珠圆玉润。[1]

要节制就要镇静，就不能凭一时的心血来潮。莎士比亚的指示与狄德罗的主张基本上还是一致的。

从此可知，关于演员在表演人物情感时自己是否应感受到这种情感的问题，在演员与戏剧理论家之中，存在着两个鲜明对立的阵营，即所谓体验派与表现派。狄德罗是主张先体验后表现的。他的毛病在于把一个基本正确的主张弄得太绝对化了。这里我们须注意两个事实：

头一个事实：演员与演员之间，个人才能是不一致的，有人长于发挥理智，也有人长于发挥情感。据近代文艺心理学的研究，演员们确实可以分为两派："分享派"（分享剧中人物的内心生活）和"旁观派"（旁观自己的表演）；而这两派的代表之中在表演艺术上都有登峰造极的。

第二个事实：过分强调理智控制，每次表演都重复一个一成不变的"理想的范本"，也易流入形式化和僵化，使戏剧缺少生气。

在演剧的领域里和在一般文艺领域里一样，真正的理想是现实主义与浪漫主义的结合：理智的控制不过分到扼杀情感和想象；情感和想象

①见《哈姆雷特》，卞之琳译，人民文学出版社 1957 年版，第 86—87 页。

的活跃也不过分到使演员失去控制。每次的表演是复演，同时也是创造。“理想的范本”一定要有，但是在每次表演中须获得新的生命。当然，这个理想需要更辛勤的锻炼，更高的艺术修养。

2．关于自然，艺术和美的看法

(a) 浪漫主义方面

从表面看，启蒙运动者仍和新古典主义者同样坚信艺术要模仿自然。狄德罗在《画论》里劈头一句话就是：“凡是自然所造出来的东西没有不正确的。”他力劝画家不要关在工作室里，整天临摹身体不健康的，姿态矫揉造作的模特儿，要“离开这个弄姿作态的铺子”，到教堂、街道、公园、市场各地去细心观察真实人物的真实动作。这好像和布瓦罗的“研究宫廷，认识城市”的劝告还是一致的。

但是狄德罗所了解的自然和新古典主义者所崇奉的自然毕竟是两回事。新古典主义者所崇奉的“自然”是抽象化的“人性”，是“方法化过的自然”，是受过封建文化洗礼的自然。他们是把“自然”和“合式”或“妥帖得体”（Decorum，décence）的概念联系在一起的。蛮野粗犷的东西决不会被他们看作自然，路易十四的宫廷生活对他们才是高级的自然。他们更醉心的是“文明”“文雅”“彬彬有礼”。自然只有在带上这些品质时才能引起他们的爱好和“模仿”。启蒙运动者之中只有伏尔太在这一点上还和新古典主义者气味相投。就卢骚和狄德罗来说，这种与“蛮野”相对立而与“文明”相结合的自然恰恰是不自然，也恰恰是他们深心厌恶的腐朽的封建宫廷的生活习俗。他们所号召的“回到自然”里面有一个涵义就是“回到原始生活”。他们是把自然和近代腐朽文化对立起来的，为着要离开这种腐朽文化，所以要“回到自然”。和卢骚一样，狄德罗的自然观也带有很浓厚的原始主义，他说：

> 在魄力旺盛方面，野蛮人比文明人强，希伯来人比希腊人强，

希腊人比罗马人强……英国人比法国人强。每逢哲学的精神愈发达，魄力和诗也就愈衰落。……这种单调的彬彬有礼对于诗造成了难以置信的巨大损失。……哲学精神产生了冗长而枯燥的文风。概括化的抽象的语言日渐多起来，就代替了形象化的语言。[①]

在另一段里他说得更具体：

一般说来，一个民族愈文明，愈彬彬有礼，它的风俗习惯也就愈没有诗意，一切都由于温和化而软弱起来了。只有在像下列一些情景发生的时候，自然才向艺术提供范本，例如父亲躺在病床上垂危了，儿女们在旁边撕发哀号……女人死了丈夫，披头散发，用指甲抓破自己的脸皮……我不说这些是好风俗，我只说这些风俗有诗意。

…………

诗人需要的是什么呢？生糙的自然还是经过教养的自然？动荡的自然还是平静的自然？他宁愿要哪一种美？纯静肃穆的白天里的美？还是狂风暴雨雷电交作，阴森可怕的黑夜里的美呢？……

诗需要的是一种巨大的粗犷的野蛮的气魄。[②]

从此可知，狄德罗要求文艺向自然吸取的是它的原始的蛮野的气息。他认为这种气息才有诗意，因为第一，这里面才有巨大的活力和强烈的情感；其次，在原始情况之下，人也才可以毫无拘束地表现这种活力和情感；他的思维方式才是形象的而不是抽象的，语言也是如此。自然对新古典主义者来说，它就是理性；对于狄德罗来说，它也还是理性，但尤其重要的是情感。他要求诗人能使观众在看表演时“仿佛碰到一次大地震，

① 《狄德罗全集》，第一一卷，第 131—132 页。

② 《论戏剧体诗》，第一八节。

看到房屋墙壁都在摇晃，觉得脚所站的土地就要陷下去似的”[①]。他又向诗人呼吁：“请打动我，震撼我，撕毁我；请首先使我跳，使我哭，使我震颤，使我气愤！”[②]

狄德罗的原始主义在当时应该看作进步的，因为他所要求的一切正是新古典主义所缺乏的东西，也正是后来浪漫运动所要求的东西。所以狄德罗在由新古典主义过渡到浪漫主义的发展过程中起了很大的促进作用。

(b) 现实主义方面

但是狄德罗的美学思想并非单纯的是浪漫主义的，其中主要的还是现实主义的一面。在这方面，他似乎接近新古典主义，而其实也向前迈进了一步。他对艺术与自然的密切关系比过去人看得较清楚，也说得较明确。首先他见出美与真同一，因为都是认识真实地反映了事物：

> 艺术中的美和哲学中的真都根据同一个基础。真是什么？真就是我们的判断与事物的一致。模仿性艺术的美是什么？这种美就是所描绘的形象与事物的一致。[③]

这几句言简而意赅的话不但说出反映论的基本道理，而且也指出艺术（形象思维）和哲学（抽象思维）的联系和区别。他肯定了艺术和美的现实基础，而对于艺术反映现实基础的性质和方式，他终于能达到艺术既要揭示事物的内在联系和必然规律，又要表现主观理想的辩证的观点。我们说“终于能达到”，因为狄德罗的美学思想是经过一个发展过程的。

(C) 美在关系说

① 《论戏剧体诗》。

② 《狄德罗全集》，第一〇卷，第499页。

③据上引《十八世纪外国文学史》第246页的引文。

在他早年写的发表在《百科全书》里的《论美》(1750),他提出“美在于关系”(rapports)的看法:

> ……我把凡是本身就含有某种因素,可以在我们理解中唤醒“关系”这个观念的性质,都叫作外在于我的美(beau hors de moi);凡是唤醒这个观念的性质,都叫作关系到我的美(beau par rapport é moi)。[1]

在作说明时,他又提出“绝对美”和“相对美”的概念,“虽然没有什么绝对美,却有两种关系到我们的美,一种是实在的美,一种是见到的美”。关系到人的美都是相对的,它都要经过观赏人的判断,而“判断总是几乎都只涉及相对美而不涉及绝对美”。“关系”以及相对美和绝对美的提法可能受到英国哈奇生的影响。[2] 相对美之中“实在的美”是“孤立地单就对象本身”(不问它对人的关系)去看时对象所有的美,例如孤立地就一朵花或一条鱼本身去看而说它美时,“我所指的就只能是我在它们的组成部分之中见出秩序、安排、对称和一些关系”。从此可知,狄德罗所说的“实在的美”是事物固有的一些形式因素,即哈奇生所说的“绝对美”。这是不依人的意识为转移的。他说,“无论我想到或是不想到卢浮宫的前壁,组成这前壁的各部分以及它们之间的安排仍然具有它们本有的那种形状:无论有人没有人,那形状并不减其美”。在这里他的思想有些混乱,因为接着他声明所谓“不减其美”是对于不是人(假定了没有人)而身心构造却和人一样的“可能的存在物”(这是什么,他没有说明)而言,而“对于旁的存在物(这是什么,他也没有说明),那形状可以既不美,也不丑,或者只是丑”。狄德罗在这里仿佛见到没

---

①两个定义的分别在于前者是可以“唤醒”,还是纯粹客观的美,后者是实际“唤醒”,已与我发生关系的美。

②参看第八章哈奇生节。

有人而仍有美的看法有些困难，但是他所假想的“可能的存在物”和“旁的事物”（都不是人而却能审美的存在物）却并不能解决这个困难。这种“实在的美”既然是“无论有人没有人，都不减其美”，何以仍然属于“关系到我们的美”？“实在的美”和“见到的美”之间有什么联系？这些问题在狄德罗的思想里都不是很清楚的。“实在的美”和“见到的美”对于狄德罗还是分裂的，对立的，还没有统一。问题的关键在于他没有认清人，自然和社会这些概念之间辩证的联系。在《论美》里他很少从社会发展观点去看美。

这个缺点在他对“关系”的极不明确的看法中特别明显。“关系”可能有三种不同的意义。一个是同一事物的各组成部分之间的关系，例如他所提到的比例、对称、秩序、安排之类形式因素。其次是这一事物与其他事物之间的关系，如他所提到的这朵花与其他植物乃至全体自然界的关系。第三还有对象与人（客体与主体）之间的关系。狄德罗所说的“关系到我的美”，理应在于这第三种关系，即理应与对象的社会性密切相关，但是正是在这一点上他的观念非常模糊。

这许多迹象都说明《论美》还只代表狄德罗早年对美学问题的摸索，其中有许多富于启发性的揣测，而矛盾和漏洞亦复不少。应该肯定的是“美在于关系”的看法，不管它多么含糊，却已隐约见出美在于事物的内在的和对外的联系。他所举的高乃伊的《贺拉斯》悲剧里“让他死吧！”一句话的例子很能说明问题。如果孤立地不从关系着眼去看这句话，就无从断定它的美丑。如果告诉读者这是回答一个人应该怎样对待一场战斗的话，关系就比较明确了，这句话就开始对读者有些意思。如果再告诉读者这场战斗关系到祖国的荣誉，提问题的人就是答话人的女儿，而那位参加战斗者就是他剩下的唯一的儿子，这位青年要以一个人抵挡三个敌人，他的两个弟兄都已被那三个敌人杀死，那老父亲是一个罗马人，他毅然决然地鼓励他的儿子去抗敌。这样一来，“让他死吧！”这一句本来说不上是美是丑的话，就随着情境和关系的逐渐展开，逐渐显得美，终于显得崇高庄严了。狄德罗用这个例子来说明美要靠对象和情境的关系，情境改变，对象的意义就随之改变，而美的有无和多寡深浅也就相应地改变。从这个例子看，狄德罗所说的由对外关系或情境决定的美就是哈奇生所说的“相对美”。值得注意的是狄德罗在这里把“关系”的概念结合到情境的概念，后来他的美学思想的发展都从此出发。

在《画论》里“关系”就明确化为事物的内在联系或因果关系了。狄德罗谈到画家的基本的素描功夫就要从显示这种内在联系或因果关系入手。他举了一些例证，证明人体各组成部分互相因依的关系，如果某一小部分失常，全身各部分的形状就都要受影响。例如一个早年失明的女子，不仅眼巢和眉睫都变了形，就连肩膀、颈项和咽喉也和常人的不一样。画家就要认识到事物的这种因果关系，“按照它们的本来面貌表现出来。模仿愈周全，愈符合因果关系，也就愈能使人满意”。[①] 他还要求画家“在形体的外表结构上显示出年龄、习惯，或实现日常功能的本领”。这就是说，从身体结构上，不但要看出画的是一个老年或青年，还要见出他是一个文明人或野蛮人，军人或搬运夫。这就是着重形体与社会情境的联系了。“关系”要在“情境”中才能见出，所以狄德罗愈到后来愈拿“情境”的概念代替“关系”的概念。在《画论》里他几乎等于说美在于情境，他的话是这样说的：

> 真善美是紧密结合在一起的。在真和善之上加上一种稀有的光辉灿烂的情境，真或善就变成美了。如果在一张纸上画出的三个点只是代表关于三个物体运动问题的答案，那就没有什么，不过是一条纯然抽象性的真理。假如这三个物体之中，一个是在白天里给我们放出光辉的太阳，一个是在黑夜里给我们照明的那个月亮，而其余的一个则是我们住在上面的地球：这样一来，真理就立刻变成伟大了，美了。[②]

---

①《画论》，第一章。

②同上书，第七章。

接着他就提到诗人的“秘诀在于表现具有伟大兴趣的对象，例如父母们，夫妻们，儿女们”。从此可见，狄德罗所说的“情境”是从事物对人的社会意义去看的。日、月和地球在轨道上运行的形象之所以成为“光辉灿烂的情境”，也因为它们和人生有密切关系，对于人是“具有伟大兴趣的对象”。接着他又举了其他的例子，说明美的事物对人生都有某种功用，例如从悬崖瀑布联想到磨坊，从大树里见到抵抗狂风骇浪的船桅。在这里他显然见到美的事物的社会意义了。

狄德罗所说的“具有伟大兴趣”的“父母们，夫妻们，儿女们”在他的戏剧观点里取得了突出的地位。他要用这些家庭关系去形成他理想中的新型悲剧，即“家庭悲剧”，而他自己创作的《一家之主》和《私生子》也正是以家庭关系的纠纷为中心。家庭关系在资产阶级的社会关系之中特别重要，所以狄德罗要求它在戏剧里得到反映。正是这种家庭关系再加上“职业关系和友敌关系等”形成狄德罗所认为新型市民剧中最重要的因素，即“情境”。他说：

> 一直到现在，在喜剧里主要对象是人物性格，而情境只是次要的；现在情境却应变成主要的对象，而人物性格则只能是次要的。一切情节上的纠纷都是从人物性格引出来的。人们一般要找出显出人物性格的周围情况，把这些情境互相紧密联系起来。应该成为作品基础的就是情境，它所包含的义务、便利和困难。[①]

从此可见，“情境”包括各种“关系”，比“关系”也较具体。上文已经提到，狄德罗主张戏剧情节应显示“人物性格和情境的冲突”，多少已露出黑格尔的冲突说的萌芽，这是对戏剧理论的一个重要的贡献。在人物性格与情境冲突中所显示的关系主要是社会关系，已不是《论美》

① 《和多华尔的谈话》，第三篇。

里所说的“秩序”“对称”“安排”之类自然事物的形式方面的关系了。狄德罗看社会关系，当然还是从资产阶级立场去看，所以特别重视家庭关系。但是他也并非完全没有注意到阶级关系，或是完全没有从劳苦大众着眼。在上文已引过的劝文艺创作者“住到乡下去”，“深入生活”的一段话中，狄德罗接着说：

> 这样，你就会了解到那些奉承你的人设法不让你知道的东西。要经常谨记着：只要有一个有势力的坏人就会使成千成万的人哭泣呻吟，痛不欲生；并不是自然（世上最大的权力）使人生下来就当奴隶，奴隶制度是屠杀和征服的结果；一切道德体系，一切政治机构，只要是为着离间人与人的关系而设立的，它们就都是坏的。[①]

当时工人骚动和农民起义虽然已在到处发展，这样的同情劳苦大众的呼声在知识分子中却还是稀罕的。从这种呼声中我们可以更好地理解到恩格斯所说的启蒙运动是法国资产阶级革命的准备。

从现实主义的观点出发，狄德罗认为要通过揭示“情境”，“关系”或事物的内在联系，文艺才能逼真；而揭示事物的内在联系，就要通过思索。所以狄德罗虽然强调情感，却也认识到理智的重要性，有时他甚至把理智看得比情感还更重要，《谈演员》里所强调的冷静自制可以为证。他提出诗的想象也要合乎逻辑的看法。“所谓合乎逻辑就是显出各种现象之间的必然联系。”[②] 他要求艺术家既要有热情，又要有冷静的回味和思索，不能单凭“心血来潮”去创作，他在《谈演员》里说：

> 你是否趁你的朋友或爱人刚死的时候就做诗哀悼呢？不，谁趁这种时候去发挥诗才，谁就会倒霉！只有等到激烈的哀痛已过去，

①据上引《十八世纪外国文学史》第246—247页的引文。

②《论戏剧体诗》，第一〇节。

……当事人才想到幸福遭到折损，才能估计损失，记忆才和想象结合起来，去回味和放大已经感到的悲痛。……如果眼睛还在流泪，笔就会从手里落下，当事人就会受情感驱遣，写不下去了。

这话正符合中国的“痛定思痛”一句经验之谈。有人认为狄德罗时而强调情感，时而强调理智，仿佛是自相矛盾，其实这正是他的辩证处，和上文引过的他替“想象”所下的定义一样，这里他也是不把形象思维和抽象思维完全对立起来。

(d) 自然与艺术的关系：现实美与理想美

狄德罗的辩证观点还表现在他对自然与艺术的关系的看法上。他一方面始终坚持艺术要模仿自然，另一方面也再三强调艺术并不等于自然，模仿并不等于被动地抄袭。他见到美一定同时是真实的，但并不是一切真实的东西都美，美也有高低深浅之别。他说，“自然有时枯燥，艺术却永远不能枯燥”。所以艺术对于自然，首先应有选择。“模仿自然并不够，应该模仿美的自然。”在《谈演员》里有这样一段对话：

乙：但是它里面应有自然的真实呀！

甲：就像一个雕刻家忠实地按照一个丑陋的模特儿刻成雕像，里面也有自然的真实那样。人们称赞这种真实，但觉得这整个作品贫乏可厌。

狄德罗在这里要说明的主要是美与真虽同一而毕竟有区别，以及艺术应注意内容不能专靠表现技巧的道理。他并不完全反对艺术表现丑陋的事物，像莱辛那样，他在《波滂的两个朋友》里说：

一位画家在画布上画了一个人头，其中一切形式都很有力，很

> 雄伟，端方四正，显得是一个最完美最罕见的整体。在看这幅画时我感到羡慕和惊骇。我想从自然中找到这幅画的蓝本，却找不到。和它比起来自然中一切都是软弱的，纤小的，凡庸的。于是我就感觉到这里画的是一个理想的头。但是我认为画家应该使我看到她额上露出一点轻微的裂痕，鬓边现出一个小瘢点，下唇现出一个小得看不见的伤口才好，这样就会使这幅画马上从一种理想变成一幅画像了。眼角或鼻梁旁边如果有点天花疹的痕迹，这女人面貌就不是爱神维纳斯的面貌，这幅画就是我的邻居中一个女子的画像了。

没有一点瑕疵的面孔，像爱神的那样，只是理想的，不是真实的，真人的面孔总不免有些小毛病，如果要使画像真实，就不宜把那些小毛病掩盖起来。狄德罗在这里所主张的是不要为典型而牺牲个性，已经微露浪漫主义的倾向，和新古典主义的审美趣味是对立的。就狄德罗关于美的言论前后摆在一起来看，他是主张艺术既要个性的真实，又要精选原来就美的事物为题材的。

在评价一七六七年巴黎艺展的《沙龙》里以及在《谈演员》的对话里，狄德罗再三标榜所谓“理想美”（le beau idéal）以及它与“现实美”（le beau réal）的分别。理想美首先要求对材料加以选择，但是更重要的是要求对现实材料的理想化、集中化和典型化。在《谈演员》里他质问反对艺术修改自然的论敌说：“如果说生糙的自然和偶然的安排比艺术的造作更好，艺术处理就难免损坏它，请问：人们所赞扬的艺术的魔力究竟何在呢？难道你不承认人可以美化自然吗？”很显然，“美化自然”就要“损坏生糙的自然的偶然的安排”。这种“美化”的结果就是艺术作品，它已不复是自然了。狄德罗举雕刻为例来说明这个道理：

> 雕刻先从第一个碰到的范本着手模仿，后来发现另外一些范本比第一个好，于是就这许多范本进行修改，先修改大毛病，再修改

> 小毛病，经过这样反复修改和一系列的工作之后，它才终于造成一个形象。这形象已不复是自然了。（重点是引者加的）

从此可见，艺术既要根据自然而又要超越自然，艺术美是一种理想美，是艺术家经过“意匠经营”，在自然上加工的结果。我们在上文已经提到过狄德罗要求演员先在心中揣摩出“理想的范本”。这种理想化的过程其实就是典型化的过程，从《论演员》里一段话中可以见出：

> 乙：你认为“某一伪君子”（un tartuffe）和“准伪君子”（le tartuffe）究竟有什么分别？
>
> 甲：毕亚行员是某一伪君子，格里则尔神义是某一伪君子，但是都不是准伪君子。……准伪君子是根据世上所有的一切格里则尔来形成的。这要显出他们的最普遍最显著的特点，这不恰恰是某一个人的画像，也没有什么人能在这里面认出自己来。

“某一伪君子”还是自然，“准伪君子”才是艺术作品，是经过艺术创造的“理想的范本”，是一种典型形象。这种典型形象虽然根据自然（“世上所有的一切格里则尔”）而却不是自然中生来就有的（“没有什么人能在这里面认出自己来”）。所以典型美也只能是艺术美或理想美。

因为认识到艺术既要根据自然而又要超越自然的辩证关系，狄德罗对于艺术“规则”也持有一种辩证的看法。一般地说，他对于新古典主义者所宣扬的“规则”是反对的，认为“规则把艺术变成呆板的工作”，“这些规则没有一条不能被天才成功地跳越过去”。[①]但是他并不否定文艺上一些合理的成规。他在《论演员》里谈到悲剧时，说明传统悲剧中一些人物并不是“历史人物”而是“诗所想象出来的幽灵”，并且为这种“幽

①据上引《十八世纪外国文学史》第245页的引文。

灵”辩护说：

> 因为他们都来自传统成规（convention）。这是由埃斯库罗斯老人定下来的一个三千年的老规约。

他又说，“在戏台上的情节发展并不恰恰像自然中那样，戏剧作品是按照一套原则体系来写成的”。因此，我们就不能根据自然现象或历史事实来衡量传统悲剧人物，而要根据艺术自己的“一套原则体系”。例如当时争论最热烈的“三一律”，狄德罗并不完全反对。

与此相关，狄德罗也并不完全反对“模仿古人”的口号，不过认为应向古人学习的不是一些死板的规则，而是古人如何对待自然的方法。在一七六五年的《沙龙》里，他提到文克尔曼的向古人学习比向自然学习更好的主张，表示不完全同意，说过一段很有辩证意味的话：

> 谁若是因为尊崇自然而菲薄古人，谁就不免冒一种危险，在素描、性格、服装、表情等方面总是显得纤小、软弱和庸劣。谁若是因为尊崇古人而忽视自然，谁就不免冒另一种危险，作品显得冷淡枯燥，缺乏生气，缺乏只有从自然中才能察觉出的那种隐藏的秘奥的真理，依我看。我们要**研究古人，是为着要学会如何处理自然**。（重点是引者加的）

我们已见过，在《和多华尔的对话》里，他也是把“要自然”和“要古人”并提的。这并不是调和论，而是把继承古典遗产和向自然学习结合起来的。

3．结束语

综观以上所述，在启蒙运动三大领袖之中，狄德罗是最杰出的。在反对为封建宫廷服务的新古典主义文艺的斗争中，他比伏尔太较彻底；在摸索文艺的新方向中，他比卢骚有较明确的认识和较具体的措施，他虽反对近代文艺的腐朽，却没有因此就像卢骚那样否定社会文化，要历史开倒车。他坚决地站在唯物主义的立场，坚持文艺的现实基础。从他口里我们第一次听到西方的深入农村生活的呼吁，和同情劳苦大众的呼声。不过在当时的阶级斗争中，他基本上站在资产阶级方面，主要的是资产阶级意识形态制造者。他要文艺更好地为资产阶级服务。在戏剧领域里他大力宣扬新型市民剧，而且认识到小说这一体裁有较广大的前途，不但向法国宣扬芮迦德生的作品，而且还亲自写出《拉摩的侄儿》和《宿命论者雅克》两部比他的剧本远较成功的小说。在造型艺术方面，他不遗余力地攻击当时流行的为宫廷点缀场面的浮华纤巧的“螺钿”(Rococo)风格，既在《画论》里提倡现实主义，又在《沙龙》里提倡新起的带有浪漫主义色彩的风格。他一方面要求艺术接近现实和接近群众，对近代现实主义起了促进的作用，另一方面强调文艺用自然的语言表现强烈的情感，也替浪漫运动作了一些准备。他认真地探讨过美学各方面的问题，他的早年《论美》专著虽然还流露一些形而上学的思想方法，没有能认识到“实在的美”和“关系到我们的美”如何由对立而统一，没有足够地认识到美的社会性，但是美在“关系”和“情境”的观点还是富于启发性的。他的思想是不断发展的，后来他逐渐认识到美的社会性，他的思想方法也逐渐变成辩证的，特别表现在他对于情感与理智，自然与艺术以及学习自然与学习古典这一系列对立关系的看法上面。

第十章　德国启蒙运动：高特雪特、鲍姆嘉通、文克尔曼和莱辛

一　德国启蒙运动的历史背景

在十七八世纪，德国在欧洲几个主要国家之中还是最落后的。在十六世纪，马丁·路德领导的宗教改革终于走到和封建诸侯相妥协的道路，托玛斯·闵泽尔所领导的农民起义遭到了残酷的镇压而终于挫败。从此德国在经济上长期保留了农奴制，农业生产落后，租税负担又特重，农民过着穷困痛苦的生活，工商业的情况还更坏；在政治上长期处在分散状态，在日耳曼那块不算太大的土地上就有三百多个独立小国，这些小国公侯一方面模仿法国宫廷的排场，过着骄奢淫逸的生活，不得不向原来就极端穷困的人民进行残酷的剥削，另一方面又互相倾轧，经常进行着争权夺利的战争，这对于农工商业也起了破坏的作用。加以在宗教上，这些小国也分裂成为两个阵营，北部的“新教联盟”和南部的“天主教联盟”，双方斗争也很激烈。政治上和宗教上的分裂，加上英、法、荷兰、西班牙等外国势力的勾结利用，就酿成历史上一场破坏性极大的三十年战争（1618—1648）。战争的结果使德国人口减少了四分之三，农工商业的凋敝就可想而知了。三十年战争结束后，布兰登堡公国就日渐强大起来，到了十八世纪初，它就成为普鲁士王国，在国王弗利特里希二世的统治之下，训练出一支庞大的军队，它从此就逐渐成为一个军国主义的国家，政治经济的力量都掌握在军阀（容克贵族地主）手里。

这就意味着封建势力在德国不但没有削弱，反而加强了。

资产阶级的力量在当时德国还是很薄弱的。政治的分散和经济的凋敝都极不利于资产阶级的发展。但是既有三百多个小国，就会有为数更多的城市，所以单就数量来说，市民阶级在德国人口中还是占了很大的比例。由于他们的经济地位薄弱，他们在政治上的表现也就特别软弱。当英国资产阶级在十七世纪就已进行了革命，法国资产阶级在十八世纪启蒙运动时期也已在积蓄力量，准备发动大革命时，德国资产阶级却仍奴颜婢膝地依附公侯的小朝廷，聊求残羹剩汁。他们自私自利，苟且偷安，眼睛望不到比井口更大的天，所以谈不到革命和文化方面的远大理想。他们在德国造成一种范围很大而影响很深远的“庸俗市民”风气（庸俗市民在德国取得了 Philister 的称号），马克思和恩格斯在讨论德国问题时，经常提到这种“庸俗市民”风气阻碍文化发展，甚至妨碍像歌德那样的大诗人能有较高远的理想。

从上述一些情况看，德国的条件对于开展启蒙运动是极端不利的。但是启蒙运动毕竟也在德国展开了，而且获得了相当显著的成绩。如果在政治上没有造成资产阶级革命，它至少为德国浪漫主义文学和古典哲学作了准备，这种成就在实质上就是为资产阶级制造出一套意识形态，有助于将来德国民族的统一。启蒙运动本来一般是由资产阶级知识分子发动的。德国资产阶级知识分子在极端不利的条件下之所以能发动启蒙运动，显然有它的内因和外因。就内因来说，德国从中世纪以来，民间文学传统一直是很光辉灿烂的（德国是《尼伯龙根之歌》《谷德伦》《巴赛伐尔》《列那狐》以及许多民间抒情诗歌的发源和流行的区域），一些古老的大学（例如海德堡、哥登堡、耶那、莱比锡等）里学术研究的风气也一直是很活跃的。这种优秀的文化传统在德国资产阶级分子中不但养成了爱好文艺和爱好哲学思考的风气，而且也养成了民族思想和爱国思想。这都促使他们迫切要求改变当时社会的落后面貌。就外因来说，德国启蒙运动显然受到英法等国的外来影响。在拿德国和英法对比之下，德国当时经济政治文化各方面的落后就显得格外突出，格外不可容忍，这些邻国的前进知识分子所进行的革新运动也给他们树立了改革现状的榜样，引起他们急起直追。内部还没有资产阶级政治革命的条件，而却有文艺和一般学术文化的优秀的传统，外部有文艺改革和思想促进的范例，这种情形就决定了德国启蒙运动所采取的独特的方向：它的直接目标还不在进行资产阶级革命而在德意志的民族统一，而它的领袖们都认为要达到民族统一，须通过建立统一的民族文化和民族文学；所以启蒙运动在德国主要是局限于文艺和文化思想领域以内的革新运动，尽管它也不可避免地要带有一些反封建反教会的色彩，却不像法国启蒙运动那样一开始就是一个很鲜明的反封建反教会的政治运动。当时德国思想家脱离现实厌谈政治的倾向一般还是很突出的。

单就文艺思想领域来说，德国启蒙运动还有两个特点。这两个特点都来自一个总的原因，就是在十七八世纪，德国还没有一个伟大的文艺创作实践的基础，它还拿不出像英国莎士比亚和密尔顿或是法国的高乃伊、拉辛和莫里哀那样伟大的诗人。因此，德国启蒙运动时期的文艺思想停留在抽象思考和抽象讨论上的倾向比较显著，高特雪特的《批判的诗学》和鲍姆嘉通的《美学》都是很明显的例证。其次，复古的倾向在德国启蒙运动中也比较显著。不能说当时德国文艺理论家完全不结合实际，但是当前德国的实际仿佛无可结合，他们只好结合过去的实际，古希腊罗马或是德国的中世纪，以及当时较先进的英法等国。文克尔曼、赫尔德尔、莱辛以至于席勒这一系列的健将都可以为例。

二　几个先驱人物

德国启蒙运动是从一个新古典主义运动开始的。与法国新古典主义运动相终始的是“古今之争”一场大辩论，德国新古典主义运动也掀起了一场大辩论，问题却不在古今的优劣而在于德国文艺应该借鉴的是法国还是英国，这可以说是在萌芽中的浪漫主义和即将没落的新古典主义在交锋了。高特雪特是这场争论中的中心人物。

1. 高特雪特

高特雪特（Gottsched，1700—1766）是莱比锡大学的教授，他的理论著作《批判的诗学》在十八世纪前半期发生过相当大的影响，使他成为德国文学界的最高权威。这部著作可以说是布瓦罗的《论诗艺》的翻版。法国新古典主义文学在当时欧洲是大家公认的光辉的典范，高特雪特对它景仰备至，以为要使德国文学脱离它原有的粗野奇怪的“巴洛克”（baroque）风格，踏上康庄大道，就必须把法国新古典主义搬到德国的土壤上，而法国新古典主义的信条和规则都具备在布瓦罗的《论诗艺》里，于是他就追随布瓦罗，写出他的《批判的诗学》，讨论了布瓦罗所讨论过的诗的一般原则，以及诗的分类，并且替每类体裁定下了详细的规则。我们姑举他对于悲剧情节结构所定的规则，聊见他的文艺观点的一斑：

> 诗人先挑选一个他要用感性形式去印刻在读者心中的道德主张。于是他拟好一个故事的轮廓，以便把这个道德主张显示出来。接着他就从历史里找出生平事迹颇类似所拟故事情节的有名人物，就借用他们的名字套上剧中人物，这样就使剧中人物显得煊赫。①

这显然是一种公式化的创作方法。

布瓦罗的哲学出发点，是笛卡儿的理性主义；高特雪特的哲学出发点则是笛卡儿加上德国哲学家莱布尼茨和伍尔夫的理性主义（下文还要

①高特雪特：《批判的诗学》，据鲍申葵的《美学史》第213页的引文。

说明)，都认为文艺基本上是理智方面的事，只要根据理性，掌握了一套规则，就可以如法炮制。像布瓦罗一样，高特雪特讨厌一切出乎陈规常轨的新生事物，他不但对中世纪传奇文学和近代新起的带有神奇怪诞色彩的阿里奥斯陀的《罗兰的疯狂》和密尔顿的《失乐园》大肆攻击，就连莎士比亚也由于不顾传统规则而遭到他的厌恶。

从高特雪特的基本主张看，他所领导的只是一种新古典主义运动。他具有布瓦罗的一切毛病，但是既没有布瓦罗的诗才，又没有布瓦罗可以依据的高乃伊、拉辛和莫里哀，所以布瓦罗的毛病在他身上就只能变本加厉。新古典主义推崇理性、规则与明晰，这是符合拉丁民族传统与民族性格的。德国从中世纪以来的民族传统就偏在情感和想象以及表现的自由和奇特方面，所以高特雪特移植法国新古典主义的企图是不符合德国民族特性的。不过事情往往有两方面，法国新古典主义文艺理想虽不符合德国民族传统，而对德国民族传统文学却起了补偏救弊的作用，从此德国文艺逐渐接近近代文明社会，开始走向规范化、统一化，语言文学开始纯洁化，特别是对于法国戏剧的宣扬引起了改革德国戏剧和建设戏剧理论的要求，为下阶段德国文学的发展铺平了道路。这些成就都不能不归功于高特雪特。在这个意义上，高特雪特虽是新古典主义的忠实信徒，却仍是启蒙运动的先驱。

但是时代风气毕竟在迅速地转变。高特雪特所领导的新古典主义运动只是昙花一现，它马上就遭到了瑞士屈黎西的波特玛（Bodmer，1698—1783）和布莱丁格（Breitinger，1701—1767）两人的联合驳斥，酿成所谓莱比锡派和屈黎西派的大争辩。这两派本来同属于启蒙运动初期的领导者行列，都相信艺术模仿自然和艺术的教育功用，而且在不同程度上都受了莱布尼茨和伍尔夫的理性主义哲学的影响。他们的分歧主要地在于互相关联的两点：第一，高特雪特所承受的影响主要是法国的，心目中只有拉丁文学和法国新古典主义文学，不但轻视中世纪和近代英国文学，就连荷马对他也还不够典雅。屈黎西派的审美趣味则正相反。波特玛是一位最早的研究中世纪德国民间文学的学者。他把《尼伯龙根之歌》《巴赛伐尔》和民间爱情诗歌发掘出来，编辑和印行了，这样就在德国开创了研究中世纪民间文学风气，对浪漫运动起了很大的作用。在外国文学方面，波特玛和布莱丁格都推崇英国，他们把爱迪生的报刊短文的形式介绍到德国，并且翻译了密尔顿的《失乐园》和英国民歌。特别是用圣经为题材的《失乐园》成了大争论中的一个中心问题，因为这部诗无论在精神，在题材还是在形式方面，都不合布瓦罗和高特雪特的信条。屈黎西派对民间生活和带有浪漫风味的自然风景也特感兴趣。当时英国一些描写自然的诗如汤姆生的《四季诗》对他们发生了影响，他们因此提倡描绘自然风景的诗。这和新古典主义者心目中只有宫廷生活和煊赫人物，也是大不相同的。不过在提倡描绘诗方面，他们后来遭到莱辛的反对。

与审美趣味相关的是理论观点。屈黎西派的理论观点是在波特玛的《论诗中的惊奇》（1740）和《论诗人的诗的图画》（1741）以及布莱丁格的《批判的诗学》（1740,和高特雪特的著作同名）几部著作里阐明的。高特雪特片面强调理性，而波特玛和布莱丁格虽不否定理性，却更强调想象。理性和想象究竟应该侧重哪一边，这是新古典主义和浪漫主义的分歧之一。我们记得笛卡儿是侧重理性而看轻想象的，他几乎用对数学的要求去要求文艺，布瓦罗在《论诗艺》里对想象竟一字不提。当时对想象与艺术关系的重视和研究是英国经验主义派休谟、爱迪生等人以及意大利受到经验主义影响的缪越陀里和维柯等人所引起的。在理论上对想象的侧重也反映出当时文艺创作实践已开始流露想象的色彩，波特玛所推尊的《失乐园》就是一个例子。波特玛和布莱丁格把从英国经验主义派关于想象的理论接受过来，并且结合到莱布尼茨的哲学思想上去，对艺术模仿自然的原则提出了一个新的看法。他们认为“诗人所模仿的是自然转化可能世界为现实世界的能力”，“诗的模仿不是取材于现实世界而是取材于可能世界”。“可能世界”是莱布尼茨哲学中一个术语（他说，“这个世界是一切可能世界中的最好的一个”)。诗也要在一切可能世界中选择一个最好的来，用想象把它转化为艺术现实。因此，诗所表现的世界应该是奇特的，不平凡的，足以引起惊奇的，像《失乐园》那样。从此可知，屈黎西派不但把艺术想象和艺术理想化结合起来，而且从想象观点出发，辩护新古典主义者所厌恶的诗中的惊奇因素。两派的大争论是先由高特雪特挑起的，他所攻击的正是波特玛的《论诗中的惊奇》。从此两派遭遇过许多回合，结果高特雪特遭到惨败，原来支持他的人也都转到屈黎西派了。

这场大辩论和它的结果标志着时代风气的转变。单就文艺本身来看，这是由法国影响优势到英国影响优势的转变，由新古典主义到浪漫主义的转变。但是这种转变反映出社会基础和阶级力量对比的转变。高特雪特的文艺理想，正和布瓦罗的一样，还是基本上为封建宫廷服务的。他的《批判的诗学》一打开封面就是三页用特大字体印的献词，受献的是两位伯爵夫人和一位男爵夫人。莱辛曾讥笑他的诗集内容可分三类：第一类是献给国王和王室中人物的诗，第二类是献给公侯之类人物的诗，第三类是有关朋友来往的抒情诗。但是到了四十年代，德国资产阶级力量逐渐加强了，屈黎西派所代表的更多的是资产阶级的文艺思想，想象的自由表现是与个性自由伸张的要求密切相连的。这个分歧也就是新古典主义文学理想与浪漫主义文学理想的分歧。

2. 鲍姆嘉通

在这场大辩论中，观点接近屈黎西派的还有一个人是美学史家所应特别注意的。这就是主张美学成为一个独立科学而且把它命名为“埃斯特惕卡”(Aesthetica)，因而获得“美学的父亲”称号的鲍姆嘉通(Baumgarten，1714—1762)。他是普鲁士哈列大学的哲学教授。哈列大学在启蒙运动中是德国莱布尼茨派的理性主义哲学的中心，在那里任教的莱布尼茨派学者伍尔夫是启蒙运动中哲学思想方面的一个领袖，鲍姆嘉通是直接继承他的衣钵的。他的美学是建立在莱布尼茨和伍尔夫的哲学系统上的。要明了他的美学观点，就须约略介绍这个理性主义的哲学系统，特别是其中的认识论。

莱布尼茨（Leibnitz，1646—1716）是德国理性主义哲学家们的领袖。他的理性主义也是从笛卡儿继承来的，不过只发展了笛卡儿的唯心主义的方面。笛卡儿的唯物主义方面则由英国经验主义派洛克加以发展的。洛克把人心比作一张白纸，一切知识都是由感性经验在这张白纸上印下来的印象，理性认识则是总结和提高感性认识的结果，凡是没有先在感性认识中存在的东西在理性认识中就不可能存在。所以他否认一切先天的观念。他在《论知解力》一书里阐明了这个观点。莱布尼茨写了一部《关于知解力的新论文》，从理性主义观点对洛克进行批评。他认为人生来就有些先天的并且先经验的理性认识，一种“一般概念”，它们就像“隐藏在我们心里的火种，感官的接触就使它们迸射出像打钢铁时所迸射出的火花”。他把“连续性”原则（程度不同的事物由低到高是逐渐上升的，中间没有间隔）应用到人的意识，认为“明晰的认识”是认识的最高阶段，它的下面有不同程度的“朦胧的认识”，处在半意识或下意识状态，梦中的意识就属于这一类。“明晰的认识”又分“混乱的”（感性的）和“明确的”（理性的）两种。“明确的认识”要经过逻辑思维，把其中部分和关系分辨得很清楚。“混乱的认识”则认识到事物的笼统的形状，印象可以很生动，但未经分析，其中各部分的关系不能分辨得很清楚。莱布尼茨把这种“混乱的认识”又叫作“微小的感觉”（les petites perceptions）。他举大海的啸声为例，说这是由许多个别的小浪声组成的。“明晰的认识”就要在总的啸声中分辨出每个小浪声以及许多小浪声的分别和关系。“混乱的认识”则只听到总的啸声，虽没有分辨出其中许多个别小浪声，而这些小浪声却对听觉发生了影响。这就是说，我们对于这些小浪声必然也有了“微小的感觉”，否则也就听不到总的啸声，“因为千百个

‘无’不能加成一个‘有’”。[1]

莱布尼茨认为审美趣味或鉴赏力就是由这“混乱的认识”或“微小的感觉”组成的，因其“混乱”，我们对它就“不能充分说明道理”，他说：

> 画家和其他艺术家对于什么好，什么不好，尽管很清楚地意识到，却往往不能替他们的这种审美趣味找出理由；如果有人问他们，他们就会回答说，他们不喜欢的那件作品缺乏一点“我说不出来的什么”（je ne sais quoi）。

这个“我说不出来的什么”在当时特别在法国成为美学家们的一种口头语，指的正是还不能认识清楚的美的要素。这其实是一种不可知论。值得注意的是莱布尼茨已把审美限于感性的活动，和理性活动对立起来。从他关于音乐的一句话［“音乐，就它的基础来说，是数学的，就它的出现（出现于人的意识——引者）来说，是直觉的”］来看，他已把审美活动看成一种直觉活动了。

莱布尼茨的世界观体现在他在《原子论》里所说的“预定的和谐”一个概念里。这世界好比一架钟，其中部分与部分以及部分与全体都安排得妥妥帖帖，成为一种和谐的整体，而上帝就是作出这种安排的钟表匠。在一切可能的世界中，这个世界是最好的。从美学观点看，它也就是最美的，因为它最完满地体现了和谐是寓杂多于整一的原则。像圣·奥古斯丁一样，莱布尼茨认为部分的丑恶适足以造成全体的和谐。这种目的论固然表现出启蒙运动者一般都有的乐观主义，但是在实质上却是为现存秩序辩护，使人苟安现状，所以遭到了伏尔太的尖锐的嘲讽（见他的小说《老实人》）。

伍尔夫（Christian Wolff，1679—1754）是莱布尼茨的忠实信徒，

---

①莱布尼茨：《关于知解力的新论文》。这部著作和《原子论》都是用法文写的。

他的功绩主要在于对莱布尼茨的理性主义哲学加以系统化和通俗化，独到的见解不多。就美学思想来说，他特别着重“完善”（perfection）一个概念。他替美所下的定义是：“一种适宜于产生快感的性质，或是一种显而易见的完善”，“美在于一件事物的完善，只要那件事物易于凭它的完善来引起我们的快感”。[①]这个定义是把客观事物的完善和它在主观方面所产生的快感效果作为美的两个基本条件。所谓“完善”指的是对象完整无缺，整体与各部分互相协调，近于莱布尼茨所说的和谐。

鲍姆嘉通接着伍尔夫对于莱布尼茨的理性哲学进行进一步的系统化。他看到人类心理活动既然分成知情意三方面，相应的哲学系统之中就有一个漏洞，因为研究知或理性认识的有逻辑学，研究意志的有伦理学，研究情感即相当于“混乱的”感性认识的却一直还没有一门相应的科学。他建议应设立一门这样的新科学，叫作“埃斯特惕卡”，这字照希腊字根的原义看，是“感觉学”。从此可见，这门新科学是作为一种认识论提出来的，而且是与逻辑学相对立的。莱布尼茨的“明晰的认识”所区分的“明确的认识”（理性认识）与“混乱的认识”（感性认识）于是在科学系统里都有了着落，前者归逻辑学而后者归美学。鲍姆嘉通在一七三五年发表的《关于诗的哲学默想录》里就已首次提出建立美学的建议，到了一七五〇年他就正式用“埃斯特惕卡”来称呼他的研究感性认识的一部专著。从此，美学作为一门新的独立的科学就呱呱下地了。

鲍姆嘉通在《美学》第一章里这样界定了美学的对象：

> 美学的对象就是感性认识的完善（单就它本身来看），这就是美；与此相反的就是感性认识的不完善，这就是丑。正确，指教导怎样以正确的方式去思维，是作为研究高级认识方式的科学，即作为高级认识论的逻辑学的任务；美，指教导怎样以美的方式去思维，是

---

①伍尔夫：《经验的心理学》。

作为研究低级认识方式的科学，即作为低级认识论的美学的任务。美学是以美的方式去思维的艺术，是美的艺术的理论。[①]（"感性认识的完善"实际上指凭感官认识到的完善。——引者）

从此可见，美学虽是作为一种认识论提出的，同时也就是研究艺术和美的科学。这两项任务之所以结合成为一个，是因为鲍姆嘉通把莱布尼茨的"混乱的认识"和伍尔夫的"美在于完善"两个概念结合在一起，认为美学所研究的对象是"凭感官认识到的完善"。[②] 完善是事物的一种属性，它可以凭理性认识到，也可以凭感官认识到。凭理性认识到的完善，例如一个数学演算式的完善，是科学所研究的真；凭感官认识到的完善，例如一首诗或一朵花的完善，就是美学研究的美。

"感性认识"在莱布尼茨和伍尔夫的哲学中有独特的意义。它虽是"混乱的"，却是"明晰的"，"混乱"指未经逻辑分析，"明晰"指呈现生动的图像。它可以是对外在事物的直接感觉，例如看见面前的一朵花；可以是从记忆中回想起来的过去印象，例如记起从前看到的一朵花的形状；可以是对自己的心理活动的感觉，例如各种情感，也可以是想象虚构，例如把从自然中得到的许多印象综合成一件自然中所没有的东西。凭这些感性认识见出事物的完善，就是见出美；见出事物的不完善，就是见出丑。虽是感性认识，它究竟还是一种审辨美丑的能力，这种审辨力鲍姆嘉通称之为"感性的审辨力"（iudicium sensuum），即一般所谓"审美趣味"或"鉴赏力"。

这里还有一点要说明，鲍姆嘉通把"凭感官认识到的美"和"对象与物质的美"严格分清。他说："丑的事物，单就它本身来说，可以用一种美的方式去想；较美的事物也可以用一种丑的方式去想。"[③] 这就是

①根据赫特纳的《德国十八世纪文学史》第二卷第四章引文。

②鲍姆嘉通：《关于诗的哲学默想录》，第一一五节。

③《美学》，第一八节。

说，通过艺术的处理，“对象和物质”的美或丑可以显得完善或不完善。从此可知，鲍姆嘉通承认离开认识主体的“对象和物质”本身可以有美，但认为美学所研究的是凭感官认识到的美，这种美不能脱离认识主体的认识活动。“美是凭感官认识到的完善”一个定义就同时顾到客观性质与主观认识。

鲍姆嘉通虽沿用伍尔夫的“完善”一个概念，却灌输一些新的内容进去，他一方面沿用“完善”所本来具有的完整无缺，寓杂多于整一，寓同于异，整体与部分协调的意义，另一方面却把杂多意象的明晰生动看成“完善”的一个重要组成部分。这就是说，他非常重视审美对象的个别性和具体形象性。他说：“个别的事物是完全确定的，所以个别事物的观念最能见出诗的性质。”[①] 所谓“完全确定”就是“极端具体”，所有的“定性”都由具体形象呈现出来，这朵花的红就是它所特有的红而不是抽象的一般性的红。从这个意义来说，个别事物在内容上要比普泛概念丰富得多。在鲍姆嘉通看来，一个观念或意象所含的内容愈丰富，愈具体，它也就愈明晰（他把这种明晰叫作“周延广阔的明晰性”〔extensive clarior〕）[②]，因而也就愈完善，愈美。所以“种的观念比总类的观念较富于诗的性质”（较美），而“最富于诗的性质的是个别事物”。所以鲍姆嘉通称赞荷马在《伊利亚特》里对各参战国的战船的描写，认为贺拉斯用“棕榈”（等于我们的“锦旗”）而不用“胜利的奖品”，是用具体语言代替抽象语言的好例子。具体形象是达到生动明晰的手段之一，另外一种手段是使用情感饱和的形象。他说，“情感愈强烈，就愈明晰生动”，能激发情绪的观念或意象就富于诗的性质。[③] 总之，完善要靠生动明晰，而生动明晰就要靠意象的内容丰富而具体，并且带有深厚的情感。这种意象才是诗所要求的寓杂多于整一的和谐整体：最完满的

①《关于诗的哲学默想录》，第一九节。

②同上书，第一六节。

③同上书，第二六节。

整一须调和最丰富的杂多。上文所说的“完善”的两个意义在鲍姆嘉通的思想中是统一起来的。这是对“寓杂多于整一”这个传统的原则的新看法。

鲍姆嘉通对于“艺术模仿自然”一个传统的原则也有一种与过去不同的认识。他继承了莱布尼茨的“在一切可能的世界之中这个世界是最好的世界”的看法。所谓“最好”就是“最完善”，最丰富的杂多调和于最完满的整一。因此，艺术须模仿自然，即表现自然呈现于感性认识的那种完善。这种完善当然带有内在的联系和规律，但是对于美学来说，这种内在的联系和规律不是由理性认识分析出来的，而是由感性认识把它作为感性形象来感觉出来的。所以诗也有它的真实，但是诗的真实不同于逻辑的真实。例如“诗人理解道德的真理，和哲学家所用的方式不同；一个牧羊人看日月蚀，也和天文学家所用的眼光不同”[①]。他把诗的真实看成可然的真实：

> 凡是我们在其中看不出什么虚伪性，但同时对它也没有确定把握的事物就是可然的，所以从审美见到的真实应该称为可然性，它是这样一种程度的真实：一方面虽没有达到完全确定，另一方面也不含有显然的虚伪性。
>
> ——《美学》，第四八三节

从此可以看出，鲍姆嘉通所指的可然性就是亚理士多德所说的按照可然律和必然律为可能的东西，过去对此有“近情近理”“逼真”“可信性”等称呼。由于认识到诗的真实是可然的，鲍姆嘉通不排斥虚构幻想，但是他毕竟认为虚构的世界只有一种“异样世界”（幻想世界）的真实(heterocosmic truth)，没有自然（现实世界）的真实那样完善，因而对

① 《美学》，第四二五节。

于诗和艺术是次要的。

依过去的习惯，鲍姆嘉通在《美学》里所讨论到的还主要是诗；《美学》里许多见解都是他早年的《关于诗的哲学默想录》的发挥。不过他声明过，美学所研究的规律可以应用于一切艺术，“对于各种艺术有如北斗星”。[①]

鲍姆嘉通的《美学》是用一种生硬的拉丁文写的，过去长久没有近代文的译本，所以遭到误解和忽视。例如鲍申葵在他的《美学史》里竟怀疑到一个意象既然是“明晰的”，何以又是“混乱的”，猜想“混乱的”意象就是“语言所不能再现的”，并且指责“完善或寓整齐于整一的形式原则”和“世界的巨大的个别的富丽景象”之中有一条鸿沟。[②] 克罗齐在他的《美学史》里则指责鲍姆嘉通由于坚持莱布尼茨的“连续性”原则，没有彻底地把感性认识和理性认识分开，因此对他的《美学》作了很低的估价。他说“这个将要出世的婴儿从他手里受到时机还未成熟的洗礼，得到了一个名称，而这名称就流传下来了。但是这个新名称却没有新内容”。[③] 很多人附和这种估计，认为鲍姆嘉通对于美学的功劳只在替它定了一个名称。

这种估价是否公允呢？首先，命名本身意味着美学作为一门独立科学的开始，这并不是一件小事，而且鲍姆嘉通在把美学对象限定为感性认识，把它和研究理性认识的逻辑学对立起来，这就决定了由康德到克罗齐本人的在西方占势力最大的一个美学派别的发展方向。这一派美学一向都以为审美和艺术活动都只关感性认识（康德把它叫作“观照”，克罗齐把它叫作“直觉”），与理智无关。鲍姆嘉通的基本观点的毛病倒不在克罗齐所说的感性认识还没有和理性认识彻底分开，而在把这两项分开过于彻底，艺术仿佛就绝对没有理性的内容。

鲍姆嘉通的《美学》究竟有没有“新内容”呢？这问题须结合到高

① 《美学》，第七一节。

②鲍申葵：《美学史》，第183—187页。

③克罗齐：《美学史》，第217—219页。

特雪特和屈黎西派大辩论以及它所反映的当时欧洲文艺实践和文艺思想的总的动向来看。这个动向，我们已经指出，是由封建性的新古典主义到资产阶级性的浪漫主义的转变。在这个转变中鲍姆嘉通是站在新生事物方面而不是站在垂死事物方面。他在新古典主义者所标榜的理性之外，把想象和情感提到第一位，在新古典主义者所标榜的普遍人性和类型之外，把个别事物的具体形象提到第一位。这些都是重大的观点转变，这种观点转变是当时全体文化界的事，当然不能只归功于鲍姆嘉通个人。和他所同情的屈黎西派一样，他虽然一只脚还停留在莱布尼茨和伍尔夫的理性主义的圈子里，另一只脚却已踏上浪漫主义的岸边了。就重视想象来说，爱迪生、缪越陀里和维柯等人都已走在他前边；就屈类型而尊个性来说，他却走在许多人的前面。他的《美学》是适应新时代的要求而产生的，所以不可能没有新内容，同时，它也是在莱布尼茨和伍尔夫的哲学基础上产生的，所以也不可能没有旧时代的遗痕。例如他的《美学》中“完善”这个基本概念是与莱布尼茨的“预定和谐”那种目的论分不开的。康德虽然否定了鲍姆嘉通的美在完善的看法，却仍坚持审美活动中的内外对应见出天意安排的目的论，多少还是受到鲍姆嘉通所继承的莱布尼茨和伍尔夫的理性主义哲学的影响。鲍姆嘉通在上文所说的孤立感性认识上以及在目的论上，对后来西方美学思想发展的影响虽是巨大的，却不完全是健康的。

3. 文克尔曼

在近代欧洲，文克尔曼（Winckelmann，1717—1768）是最早对古希腊造型艺术开始进行认真研究，并且加以热情赞赏的一个学者，因而掀起了崇拜希腊古典艺术的风气，对文艺理论和实践以及美学思想都发生了深远的影响。

他在一七五五年发表了一篇论文《关于在绘画和雕刻中模仿希腊作品的一些意见》。这部早年论文已含有他后来在《古代艺术史》里所提出的一些美学观点的雏形。他指出“无论是就姿势还是就表情来说，希腊艺术杰作的一般优点在于高贵的单纯和静穆的伟大”。他说，“希腊人的艺术形象表现出一个伟大的沉静的灵魂，尽管这灵魂是处在激烈情感里面；正如海面上尽管是惊涛骇浪，而海底的水还是寂静的一样”。在他所描绘的作品之中有“拉奥孔”雕像群。他认为拉奥孔身体上的极端痛苦“表现在面容和全身姿势上，并不显出激烈情感”；“身体的痛苦和灵魂的伟大仿佛经过衡量，均衡地分布于全体结构”。同时，在这篇论文里文克尔曼还提出诗画一致说。“有一点似乎无可否认，绘画可以和诗有同样宽广的界限，因此画家可以追随诗人，正如音乐家可以追随诗人一样”。这些论点后来成为莱辛的名著《拉奥孔》的一个起因。

这篇论文博得了赞赏，萨克森国王出钱送他到罗马去研究古代艺术。他在一七六四年发表了他的名著《古代艺术史》。这种工作在当时还是一种垦荒的工作。文克尔曼认识到艺术史的正确方向，这就是艺术史必须根据对艺术作品的直接接触和亲切体会，而且一个民族和一个时代的艺术必须看作和它的物质环境和社会背景有血肉联系。他在导言里这样说明了目的：

> 艺术史的目的在于叙述艺术的起源、发展、变化和衰颓，以及各民族各时代和各艺术家的不同风格，并且尽量地根据流传下来的古代作品来作说明。

他总结他对希腊艺术研究的结果说：

> 希腊艺术达到卓越成就的原因，一部分在于天气的影响，一部分在于希腊人的政治体制和机构以及由此产生的思想情况……[①]

① 《古代造型艺术史》，一般简称《古代艺术史》，第一卷，第四章。

这里所说的“天气”指的是地理环境。法国启蒙运动者孟德斯鸠和美学家杜博斯都强调过“天气”对文艺的影响（后来丹纳发挥此说），文克尔曼直接从孟德斯鸠那里得到了启发。他认为希腊半岛风和景明，容易使人体得到完美的发展。“就希腊的政治体制和机构来说，古希腊艺术的卓越成就的最主要的原因在于自由。在希腊，自由随时都有它的宝座”；“由于自由，全民族的思想得到提高，有如干强枝茂”，“正是自由……在人初生时仿佛就已播下了高贵性情的种子”。这番话未免美化了希腊奴隶社会，但是文克尔曼的用意是在把古希腊描绘成为一个理想的文艺环境，来和当时德国封建小朝廷统治下的令人窒息的庸俗腐朽的气氛作对比。他对于自由的渴望反映出启蒙运动中资产阶级对精神解放的迫切要求。“自由”从此就成为德国作家和理论家的一个口头禅。

文克尔曼替艺术史带来了一种初步的发展观点，见出艺术随时代变迁而具有不同的风格，美不是只有一种。他把希腊艺术史分为四个时期。第一，在雕刻家斐底阿斯（公元前五世纪）以前，希腊艺术还仅在初步尝试阶段，素描的线形很有魄力，但仍嫌生硬；在衣折细节方面往往很细致，但不很秀气，还没有抓住美的形式。其次，到了斐底阿斯时代，希腊艺术就达到了造型艺术的最高阶段，显出“崇高的或雄伟的风格”，特征在于纯朴和完整，但是还不以美见长。第三是雕刻家普拉克什特（公元前四世纪）时代，技巧已达到高度成熟，艺术才具有“美的风格”，才显出圆润清秀典雅之类特色。最后到了亚历山大时代以后，希腊艺术就失去了过去的蓬勃的朝气和活力，专从事模仿，风格特色在于折衷主义，就是把过去不同的风格杂糅在一起。这是文艺在衰颓时期的特点。

这种阶段区分可能对黑格尔的美学史观点发生了一些影响，至少是黑格尔也以静穆为古典艺术风格的最高表现。崇高和美的区分曾由英国博克详细讨论过，文克尔曼用历史发展阶段证实了这个区分，后来在康德美学中得到了进一步的发挥。在四阶段之中，第二阶段，即崇高风格阶段，是文克尔曼所最赞赏的，因为它符合他在早年论文里所提出的“高贵的单纯和静穆的伟大”那个最高艺术理想。他虽然认为美是第三阶段的特征，第二阶段的特色还不在那种秀美，可是他又说崇高的风格才能见出“真正的美”。这种真正的美，依他看，“就像从清泉里汲出来的最纯洁的水，愈没有味道就愈好，因为它不掺杂质”。它应该单纯到不表现什么感觉，情感乃至于意义的程度。“最高美的观念像是最单纯，最容易的，用不着顾到情绪的表现”。这里我们不禁要问：这种不表现感觉、情感和意义的（也就是没有个性没有内容的）艺术作品里面究竟有什么呢？那岂不只剩下抽象的线条所组成的形式？在这里我们涉及西方美学史中一个很基本的问题，即美在内容，在形式还是在内容与形式的统一？从毕达哥拉斯学派以后，经过新柏拉图派，文艺复兴时代探求美的比例的数学公式的艺术家们，到康德以及后来形形色色的形式主义派，美在形式的看法一直在占上风。内容与个性的侧重乃是近代的事，而且势力一直不很大，所以鲍姆嘉通对内容和个性的强调，实在是一种很重要的进展。这两派分别有些美学史家（例如鲍申葵）用“形式派”和“表现派”两个标签去标志出来。文克尔曼在这个问题上是自相矛盾的。他承认“无所表现的美就会没有性格，不美的表现就会不能使人愉快”，并且明白声称崇高风格的美并不只是花瓶轮廓或几何图案的美而是表现出沉静的心灵的美。但是在第一卷第四章里讨论美的本质时，他先讨论美（主要是美的形式），后来把表现分开来谈。这样把美和表现割裂开来，足见他认为美和表现是两回事。就文克尔曼的一般论调来看，他是倾向于美仅在形式的看法。他在第一卷第四章里说得很明白：

> 一个美的身体的形式是由线条决定的，这些线条经常改变它们的中心，因此决不形成一个圆形的部分，在性质上总是椭圆形的，在这个椭圆性质上它们类似希腊花瓶的轮廓。

从此可见，“椭圆的线条”是组成美形式的因素。结合到“静穆”的理想，这些线条就只能表示平衡、静止和稳定，不宜表示运动、动作和激动的姿态。实际上文克尔曼确实认为情感和个性的表现是损害静穆美的。“静穆”据说是希腊神（特别是日神和文艺神阿波罗）的特质，文克尔曼对静穆理想的宣扬说明了他在思想深处是一个新柏拉图主义者（还有许多其他例证，这里不能详举）。他说希腊艺术“表现出伟大的沉静的灵魂”。所谓“沉静的灵魂”就是不表现情感和动作的灵魂。所以这句话表面上像是肯定表现，而实质上则否定了表现。就美学思想发展说，他比鲍姆嘉通还倒退了一步。就这种思想所反映的政治态度来说，这反映出德国庸俗市民的妥协气质和对于冲突斗争的畏惧。在这个意义上，当时德国文化界崇拜古典的风气有一个消极方面，那就是逃避现实。显出这个消极方面的并不只文克尔曼一人，哥德和席勒也在所不免。

当时德国知识界对于希腊古典的看法，颇近似我们过去对于陶潜的看法，仿佛陶潜也是浑身静穆，只有“采菊东篱下，悠然见南山”的一面，没有“刑天舞干戚，猛志固常在”的一面。究竟希腊古典是否一味静穆，一味追求形式美，如文克尔曼所想的呢？另一位比文克尔曼晚一代的德国考古学家希尔特（Hirt）在他的《古代造型艺术史》里却提出不同的意见：

> 我和我的前辈文克尔曼和莱辛以及我的同时人赫尔德和歌德的看法都有冲突。客观的美被看成是古代艺术的原则。我的看法却相反，我凭着亲眼见到的一些古迹证明这些作品有各种各样的形式，有最美的，也有最平凡的甚至于最丑的，它们的对表情的刻画总是符合性格和动机。所以我认为古代艺术的原则不在客观的美和表情的冲淡，而只在个性方面有意义的或足见出特征的东西……[①]

①根据鲍申葵的《美学史》第 195 页的引文。

希尔特又回到鲍姆嘉通的强调个性和内容的立场了。他与文克尔曼的争论是重要的，因为黑格尔就是从批判这两个对立的观点出发，得出了美是理念的感性显现的结论。

无论作为艺术史看还是作为理论著作看，文克尔曼的《古代艺术史》都是久已过时的。作为艺术史家，他所看到的大半是希腊晚期作品的罗马复制品，不可能从此作出全面的正确的结论。作为美学家，他过分信任主观印象，缺乏逻辑的思考力，他的理论往往自相矛盾，而且他的新柏拉图主义的成见很深，这也妨碍他对艺术作品进行真正的科学的分析。但是在事实上他对德国文化却发生了深远的影响，这也并不是偶然的。就美学范围来说，文克尔曼有四点主要贡献：第一，过去新古典主义所推崇的只是拉丁古典主义，文克尔曼引导欧洲人进一步追寻拉丁古典主义的源头，即希腊古典主义，从而对真正的古典主义逐渐有较深广的理解。第二，过去的美学几乎等于诗学，很少有人认真地考虑到造型艺术，文克尔曼和莱辛引导了西方美学家注意到造型艺术方面的问题。因此推广了美学的视野，加强了不同种类艺术的比较研究。第三，就文艺进行史的研究，这个风气在德国也是由文克尔曼首创的。后来赫尔德、许莱格尔和黑格尔等人在这方面都受到了他的影响。历史的研究逐渐加深了文艺方面的历史发展的观点。最后，文克尔曼对古代艺术确实有亲切的感受和强烈的爱好，他用生动热烈的文笔把一些古代造型艺术作品（例如“拉奥孔”雕像群，赫库理斯的残雕，亚波罗的雕像等）描绘出来，对读者有极大的感染力。他的印象主义式的批评虽然是片面的，主观的，却往往是深刻的。这对于当时的审美教育起了很大的作用：他引导人朝深处感受，朝深处思想，扭转了新古典主义时代的那种斤斤计较规则的呆板浮浅的风气。因此，文克尔曼虽然是一个古典主义者，对于将要到来的浪漫运动也起了一些推动的作用。

4．莱辛

德国启蒙运动到莱辛才算达到了高潮。莱辛（Lessing，1729—1781）处在普鲁士在弗利特利希二世统治下迅速进行军国主义化的时代，亲历过德国在英国怂恿和支援之下打法国的七年战争（1756—1763）。当时德国封建势力的残酷和腐败日益暴露，资产阶级也日益觉醒。他以高度的要求改革现状的爱国热忱，坚忍不懈的努力和犀利的文笔，向德国腐朽势力进行全面的进攻：在《爱米丽亚·迦洛蒂》剧本里揭露德国封建暴主的荒淫和残暴，在《明娜·冯·巴恩赫姆》剧本里"鞭挞专制制度最致命的地方"（梅林语），即普鲁士的军国主义的残酷；在《反歌茨》论文和《智者纳旦》剧本里攻击路德正统派的教义，提出当时资产阶级的在宗教上的"宽容"和团结的理想；在《文学书简》和《汉堡剧评》里痛击高特雪特从法国贩来的新古典主义。他毕生不遗余力地做"启蒙"的工作，特别是企图通过民族戏剧的建立，来唤醒当代德国人，为扫除旧势力和民族统一进行准备。

就美学领域来说，莱辛的贡献主要在两方面：首先是通过他的名著《拉奥孔》，他指出诗和画的界限，纠正了屈黎西派提倡描绘体诗的偏向和文克尔曼的古典艺术特点在静穆的片面看法，把人的动作提到首位，建立了美学中人本主义的理想。其次，通过他的《文学书简》和《汉堡剧评》，和法国启蒙运动领袖狄德罗互相呼应，建立了市民戏剧的理论和一般文学的现实主义的理论。现在先介绍《拉奥孔》。

(a)《拉奥孔》，诗和画的界限

《拉奥孔》的副题是《论绘画和诗的界限》，一七六六年出版。莱辛从比较拉奥孔这个题材在古典雕刻和古典诗中的不同的处理，论证诗和造型艺术的区别，从具体例证抽绎出关于诗和造型艺术的基本原则。

拉奥孔（Laokoon）是一五〇六年在罗马发掘出来的一座雕像。它描绘一位老人拉奥孔和他的两个儿子被两条大蛇绞住时苦痛挣扎的情形。据希腊传说，拉奥孔是特洛伊国日神庙的司祭。特洛伊国王子巴里斯访问希腊，带着希腊著名的美人海伦王后私奔回国。希腊人动员全国人组成远征军去打特洛伊，打了九年不下。第十年上，希腊一位将领奥地苏斯想出了一个诡计，把一批精兵埋伏在一匹大木马的腹内，放在特洛伊城门外。特洛伊人好奇，把木马移到城内，夜间伏兵跳出把城门打开，于是希腊兵一拥而入，把特洛伊城攻下。在特洛伊人把木马移入城时，司祭拉奥孔曾极力劝阻，触怒了偏爱希腊人的海神，海神于是遣两条大蛇把他和他的两个儿子一起绞死。拉奥孔雕刻所用的就是这个题材。

这个题材罗马诗人维吉尔在他的史诗里也用过（见《伊利亚特》第二卷，第一九九至二四九行），维吉尔的诗和在罗马发现的雕刻有没有关系呢？它们哪个在前，哪个在后？是诗根据雕刻，还是雕刻根据诗，还是二者同根据一个较早的来源？莱辛花了很大篇幅来讨论这些考古学上的问题。文克尔曼认为雕刻是希腊亚历山大大帝时代的作品，所以比维吉尔较早。莱辛却以为是罗马皇帝惕图斯时代的作品，所以比维吉尔较晚，而且受到维吉尔的诗的影响。现代考古学家在罗德斯（Rhodes）岛上发现一些碑文，证明雕刻是公元前五十年左右刻成的。维吉尔的诗是公元前十七年（当他死后）出版的。所以文克尔曼和莱辛的看法都不准确。

莱辛拿雕刻和诗比较，发现一个基本的异点：拉奥孔的激烈的痛苦在诗中尽情表现出来，而在雕刻里却大大地冲淡了。例如在诗里拉奥孔放声哀号，在雕刻里他的面孔只表现出叹息；在诗里那两条长蛇绕腰三道，绕颈两道，在雕刻里它们只绕着腿部；在诗里拉奥孔穿着司祭的衣帽，在雕刻里父子都是裸体的。

为什么同样题材在诗和雕刻里有不同的处理呢？我们在上文已经提过，文克尔曼认为古典艺术要表现一种“静穆的伟大”，所以“拉奥孔”雕像群避免表现过分激烈的痛苦表情。莱辛不同意这种看法，他认为希腊造型艺术的最高法律不是“静穆的伟大”而是美。图画和雕刻不宜表现丑，而剧烈痛苦所伴随的面部扭曲却是丑的。拉奥孔雕刻不同于维吉尔诗篇的地方都说明雕刻家要表现美而避免丑。莱辛认为诗不适宜于表现物体美，但是在表现物体丑时，效果却不像在造型艺术里那么坏。莱辛的结论见于《拉奥孔》的第十六章和第二十一章。他是从三个观点来考虑诗画异同问题的。首先是从媒介来看，画用颜色和线条为媒介，颜色和线条的各部分是在空间中并列的，是铺在一个平面上的；诗用语言为媒介，语言（例如一段话）的各部分是在时间雕刻中先后承续的，是沿着一条直线发展的。这是第一个差别。其次是从题材本身来看，题材有静止的物体，有流动的动作：而物体各部分也是在空间中并列的，动作也是在时间中先后承续的，因此画的媒介较适宜于写物体，诗的媒介较适宜写动作。这是第二个差别。第三是从观众所用的感官来看，画是通过眼睛来感受的，眼睛可以把很大范围以内的并列事物同时摄入眼帘，所以适宜于感受静止的物体；诗是通过耳朵来接受的，耳朵在时间的一点上只能听到声音之流中的一点，声音一纵即逝，耳朵对听过的声音只能凭记忆追溯印象，所以不适宜于听并列事物的胪列，即静止物体的描绘，而适宜于听先后承续的事物的发展，即动作的叙述。这是第三个分别。其实这三个分别根本只是一个分别，即德国美学家们一般所说的"空间艺术"和"时间艺术"的分别。

莱辛并不否认在一定程度上诗也可以描绘物体；画也可以叙述动作。画叙述动作只能通过物体来暗示，只能在动作发展的直线上选取某一点或动作期间的某一顷刻。这一顷刻必须选择最富于暗示性的，能让想象有活动余地的，所以最好选顶点前的顷刻。拉奥孔雕刻正是运用这个手法。诗描绘物体也只能通过动作去暗示，只能化静为动，不能罗列一连串的静止的现象。化静为动有三种主要的方法：第一种是借动作暗示静态，例如用穿衣的动作来暗示一个人的衣着。这是中国诗所常用的技巧，例如"红杏枝头春意闹"，"山从人面起，云傍马头生"，"山舞银蛇，原驰蜡象，欲与天公试比高"，这些诗句中加重点的字都表示动作而实际上所描写的是静态。第二种是借所产生的效果来暗示物体美，莱辛举的例子是荷马所写的特洛伊国元老们见到海伦时私语赞叹的场面。中国诗用这种手法的也很多，例如古诗《陌上桑》：

> ……行者见罗敷，下担捋髭须；少年见罗敷，脱帽着绡头，耕者忘其犁，锄者忘其锄，来归相怨怒，但坐观罗敷。

这就比这首诗的上文“头上倭堕髻，耳中明月珠，湘绮为下裙，紫绮为上襦……”那一段静止现象的罗列要生动得多。第三种是化美为媚，“媚是在动态中的美”。莱辛举的例子是阿里奥斯陀所写的美人阿尔契娜，其实《诗经·卫风》里有一个更能说明问题的例子：

> ……手如柔荑，肤如凝脂，领如蝤蛴，齿如瓠犀，螓首蛾眉；巧笑倩兮，美目盼兮。

前五句历数静态，我们实无法把这些嫩草（柔荑）、浓油（凝脂）、蚕蛹（蝤蛴）、瓜子（瓠犀）之类东西拼合起来，造成一个美人的形象。但是后两句便是化美为媚，化静为动，把一个美人的姿态神情很生动地描写出来了。

以上是莱辛的基本论点，围绕着这些基本论点，他对于美、丑、可笑性（喜剧性）、可怖性等美学范畴提出了一些独到的见解，并且用生动的例证来说明他的见解。《拉奥孔》可以说是德国最早的一部最富于吸引力和启发性的美学著作，莱辛善于就具体事例作具体分析，不是从抽象概念出发。在他的分析中，他一方面着重各门艺术在题材方面和媒介方面的特点，另一方面更特别着重作品对于观众或听众的心理效果。这种研究方式对后来资产阶级的美学和文艺批评的发展产生了一些健康的影响。

关于诗和画的关系问题，历来美学家们和文艺批评家们较多地着重诗画的共同点。莱辛在序言中所引的希腊诗人西蒙尼德斯的“画是无声的诗，而诗则是有声的画”一句话，我国宋朝画论家赵孟溁也说过，几乎一字不差。苏东坡称赞王维说:“味摩诘之诗，诗中有画，观摩诘之画，画中有诗。”这是诗画同源说的一个常引用的例证。罗马诗人贺拉斯在《论诗艺》里所说的“画如此，诗亦然”，在西方也已经成为文艺界的一个信条。近代资产阶级美学家克罗齐特别强调各门艺术的共性而否定每门艺术的特性，甚至否定艺术可分类。这种在传统中比较占优势的诗画同源的看法是和莱辛的看法相对立的。莱辛也并不否认诗和画就其同为艺术而言，确有它们的共同点（模仿），但是他却更强调它们的特点。按照辩证的看法，这两说是相反相成的，必须统一起来看，才能达到全面的看法。莱辛的功绩在于突出指出诗和画的特点，即向来比较被忽视的一面。

莱辛之所以要严格辨清诗和画的界限，是和他所进行的启蒙运动分不开的。在这里他所进行的是两条阵线的斗争。一条阵线是反对高特雪特所提倡的法国新古典主义，新古典主义者仍然坚持贺拉斯的“画如此，诗亦然”的信条，特别强调诗和画的共同点而忽略它们各自的特点。就当时宫廷文艺实践来说，诗歌中仿古牧歌诗体和田园诗体的作品颇流行，侧重自然景物的描绘；绘画中侧重宣扬封建社会英雄理想的历史题材以及宣扬封建道德理想的寓言体裁。这种诗和画都受封建文艺信条的束缚，呆板无生气，为着革新诗和画，就必须弄清楚它们各自的界限。另一条阵线是反对屈黎西派和文克尔曼的片面的看法。他们虽然都反对高特雪特，却仍相信诗画一致，提倡英国汤姆生和扬恩等人带有感伤气氛的描写自然的诗。这本是资产阶级趣味的表现，但是这种诗与画的混淆也遭到莱辛的反对，因为他坚信亚理士多德的诗模仿人的行动的看法。这种看法在启蒙运动中是有积极意义的，因为它把人提到首位，把动作提到首位，是有利于革命斗争的。也就是由于这个缘故，莱辛不赞同文克尔曼的静穆理想。

《拉奥孔》是从文艺模仿自然一个基本信条出发的。莱辛就“自然”这个笼统的概念进行了分析，指出自然有静态与动态之分，由于所用媒介不同，诗只宜于写动态而画则宜于写静态。模仿自然就要服从自然的规律；诗与画的这种界限就是一条自然规律。所以就总的精神来说，《拉奥孔》是唯物主义的，现实主义的。

但是莱辛未免对诗与画的界限过分加以绝对化，因而导致一些不正确的结论。首先是对于美的形式主义的看法。根据从罗马西赛罗以来的西方长久的传统，莱辛所了解的美只是物体美，而物体美只能在形式上见出，所以他才作出美只限于绘画而不宜表现于诗歌的结论。这就无异于否认诗所写的行动和思想感情可以美，即内容意义可以美。因此，内容意义对造型艺术就无关宏旨，正如美对于诗也无关宏旨一样。从此可见，莱辛还是和文克尔曼一样，把艺术中表现（内容意义）和形式（美所在）割裂开来，陷入形式主义了。

《拉奥孔》从批评文克尔曼开始，容易使人误解莱辛和他有什么基本上的分歧，实质上这两人的美学观点是很接近的。在读过《古代艺术史》之后，莱辛准备写《拉奥孔》的续编，在续编的稿子里有这样一段话：

> 身体美的表现就是绘画的目的，所以身体的最高美就是艺术的最高目的。但是身体的最高美只有人才有，而人之所以有这种最高美是由于理想。这种理想只以较低级的形式存在于动物界，植物界或无生命的自然界都见不出这种理想。

这也正是文克尔曼的看法。这“理想”究竟是什么？它只能是精神或“灌注生命于物质”的灵魂，以精神的表现多寡来衡量美的高低，这也正是新柏拉图派的看法。新柏拉图派因此认为精神克服了物质，才能有美。这种思想在文克尔曼心里是存在的。莱辛多少也采取了这种看法，后来还影响到黑格尔。这种看法有人本主义的一方面，也有唯心主义的一方面。

莱辛在《拉奥孔》里也认真地讨论了丑。他的结论是：丑可以入诗，由于并列的形体已转化为在时间上承续的东西，丑“就比较不那么令人起反感，所以就效果说，丑已仿佛失其为丑”；通过对比，丑在诗里还可以加强喜剧的可笑性和悲剧的可怖性；至于画却不然，因为“形象完全摆在眼前，它所产生的效果并不比在自然里减弱多少”，所以“就画作为模仿来说，它可以表现丑；就画作为美的艺术来说，它却不肯表现丑”，“画只用能引起快感的那种可见的事物”。莱辛不大赞成亚理士多德的模仿艺术可以化丑为美的看法，认为丑须分“无害的”与“有害的”两种。“无害的丑”可以增强喜剧性，但是“不能长久地显得可笑，不愉快的感觉会逐渐占上风”；“有害的丑无论在绘画里还是在自然里都会引起惊骇”；总之，绘画还以不用丑为妙。在讨论丑的第二十三和二十四两章里，莱辛进行了一些很富于启发性的心理效果的分析，但是他的结论仍然带有很大的片面性。像对于美的看法一样，莱辛所了解的丑也主要的是物体形式的丑，但就丑能增强喜剧性和悲剧性来说，我们很难看出这种丑怎样能脱离它的内容意义来看。至于绘画能不能用丑的问题实质上就是画能不能表现反面形象的问题。如果真正不能，绘画就不能作为揭露丑恶的工具。就艺术史所供的例证来看，不但近代绘画中一些杰作，例如英国的伯来克以但丁的《地狱》篇为题材的作品，就连古希腊的关于林神、牧羊神、蛇神之类丑怪形象的描绘，也都证明造型艺术并不排除丑的材料。还不仅此，应该怎样去看真实人物的画像和雕像呢？是否原人物美，作品就美，原人物丑，作品就丑呢？荷兰冉伯朗的一些丑人物的画像对这问题已作了答复。希腊留下来的苏格拉底和柏拉图两位哲学家的雕像面貌也都很丑陋，但仍不失其为成功的艺术作品，足见绘画的“最高法律”是美而美又仅限于物体形式的看法是大有问题的。

问题的关键仍然在内容意义和个性特征描绘的真实是否有助于产生美的效果；这也就是在艺术中内容应该占什么地位的问题。莱辛对这方面简直是忽略过去了。黑格尔在《美学》序论里引了歌德的一句话说，“古人的最高原则是意蕴，而成功的艺术处理的最高成就就是美”。这才是表现和形式的辩证的统一的看法。[①]

(b)《汉堡剧评》，建立市民剧的理论基础

莱辛在建立市民剧方面所进行的理论和实践的工作，和狄德罗在法国所做的工作是大致相同而且是互相呼应的。要建立市民剧，就要扫清高特雪特所宣扬的法国新古典主义戏剧的障碍。所以屈黎西派反对高特雪特的大辩论又由莱辛在新的情况下再掀起来。这新的情况使德国资产阶级有了进一步的觉醒，德国文艺界对希腊古典戏剧的创作和理论有了比过去较深入的认识。莱辛所面临的问题还是屈黎西派所面临的那个老问题：究竟德国戏剧应采取法国典范还是英国典范。莱辛所向往的是英国典范，是莎士比亚的浪漫型戏剧，像《伦敦商人》之类的市民剧以及感伤主义的小说。在戏剧理论方面，莱辛认为亚理士多德的《诗学》“和幽克里特的几何学一样颠扑不可破”。所以他的理论工作的课题是：怎样证明符合亚理士多德的戏剧规律的是莎士比亚所代表的浪漫型戏剧，而不是高乃伊和拉辛的新古典主义型的戏剧，以及德国戏剧应该取法的是莎士比亚而不是高乃伊和拉辛。我们知道，莎士比亚型的戏剧是不能凭亚理士多德的《诗学》来分析和辩护的。这是莱辛的矛盾。所以尽管他对亚理士多德怀着无比的崇敬，终于不得不按照新时代的要求，来对《诗学》里关于戏剧的论点作了一些新的解释。这可以说是一种“托古改制”。

《诗学》根据希腊实践，只提到悲剧和喜剧两个类型。莱辛心目中

① 可参看莱辛的《拉奥孔》，人民文学出版社 1979 年版。其中“译后记”可以弥补本章的不足处。

的市民剧实际上既不是悲剧，也不是喜剧，而是一种由莎士比亚型的悲喜混杂剧演变出来的法国的“泪剧”和英国的“市民悲剧”。他对于这些已经存在的新型剧种作了如下的说明：

> 我想谈一谈戏剧体诗在我们的时代所发生的变化。无论是喜剧还是悲剧都没有逃脱这种变化。喜剧提高了若干度，悲剧却降低了若干度。就喜剧来说，人们想到对滑稽玩艺的嬉笑和对可笑的罪行的讥嘲已经使人腻味了，倒不如让人轮换一下，在喜剧里也哭一哭，从宁静的道德行为里找到一种高尚的娱乐。就悲剧来说，过去认为只有君主和上层人物才能引起我们的哀怜和恐惧。人们也觉得这不合理，所以要找出一些中产阶级的主角，让他们穿上悲剧角色的高底鞋，而在过去，唯一的目的是把这批人描绘得很可笑。喜剧的变化造成提倡者所称的打动情感的喜剧，而反对者则把它称为啼哭的喜剧。悲剧经过变革，成为市民的悲剧。……前一种变化是法国人造成的，后一种变化是英国人造成的。我敢说这两种变化都起于这两个民族的特殊习性。法国人的习性是想显出自己比实际较伟大一点，而英国人的习性却欢喜把一切伟大的东西拖下来，拖到自己的水平。法国人不喜欢看到自己老是在滑稽可笑的一方面被人描绘出来，他骨子里有一种野心驱遣他把类似他自己的人物描绘得比较高贵些。英国人则不高兴让戴王冠的头脑享受那么多的优先权，他认为强烈的情感和崇高的思想不见得就只属于戴王冠的头脑们而不属于他自己行列中的人。[①]

从此可知，莱辛从戏剧在英法已发生的变化中看出古典型的悲剧和喜剧的圈子已经在被打破，这已成的事实是应该接受的，尽管在亚理士多德

---

①据鲍申葵的《美学史》第231—232页的引文。原注：引自丹泽尔的《莱辛的生平和著作》，第一卷，第294页。

的《诗学》里未必找得到根据。他自己想在德国建立的市民剧也正是英法所已有的那两种。

上面引文里有两句话特别值得注意。一句是关于喜剧的，“在喜剧里也哭一哭，从宁静的道德行为里找到一种高尚的娱乐”。这也正是莱辛的市民喜剧的理想（和狄德罗的也相同），喜剧应该表现市民阶级，用道德行为的范例去感动他们，教育他们，不应一味打诨逗笑。一句是关于悲剧的，强烈的情感和崇高的思想不见得只属于君主而不属于中产阶级。这是要求用中产阶级人物代替君主和上层人物做悲剧的主角，其中有很明显的阶级意识。从此可以看出市民剧的建立为什么是反封建斗争中的一个重要的组成部分。莱辛在《汉堡剧评》第十四篇里有一段话也可以说明这个问题：

> 公侯们和英雄们的名字能够给一个剧本以华丽和威严，但它们不能感动。周围环境和我们环境里最接近的人的不幸，自然会最深地打动我们的灵魂。如果我们同情国王，那么我们不是把他当作国王，而是把他当作一个人来同情。[①]（重点是引者加的）

这段话除掉说明戏剧主角应采用中产阶级人物的主张以外，还说明了莱辛对于悲剧情感的看法：戏剧应引起人对人的同情，也就是说，应体现人道主义。

这就牵涉到亚理士多德的悲剧定义中悲剧“引起哀怜和恐惧，从而导致这些情感的净化”一句话所引起的争论。法国新古典主义者高乃伊认为这里指的是哀怜或恐惧之类的情感，悲剧可以只引起一种情感，哀怜，恐惧或是其他，例如欣羡；“净化”指的是通过善恶报应的道德教训，使观众趋善避恶。莱辛反对这种解释，认为哀怜和恐惧是悲剧所特有的

①据冯至等《德国文学简史》第94页的引文。

两种互相联系的情感，悲剧描绘类似我们自己的人因小过错而遭大灾祸，使我们不免想到自己也可能遭到类似的灾祸，所以产生哀怜和恐惧。这种哀怜仿佛不只是对剧中主角，恐惧也不只是为自己，而是在通过对主角命运的观照，把自己的命运和同类人的命运等同起来，觉得人有可能遭到这种命运，是一件可惧可悯的事。在观剧中，哀怜和恐惧经常得到发泄，它们的力量便日渐减弱到适中合宜的程度，所以“净化不是别的，只是把情感转化为符合道德的心习”（《汉堡剧评》，第七八篇）。

这里可以看出莱辛关于戏剧的两个基本思想：第一，悲剧应唤起人对同类人的同情，人仿佛要通过戏剧把自己的小我和人类的大我同一起来，对共同的命运起共同的哀怜和恐惧。莱辛有时把悲剧的心理效果描写成很类似崇高事物的心理效果。所以他的悲剧观点带有人道主义和浪漫主义的色彩。其次，莱辛特别强调戏剧的道德内容和道德影响。他说，“一切种类的诗都应使人变得较好些，可叹的是连这一点还要证明，更可叹的是有些诗人对这一点还在怀疑”（《汉堡剧评》，第七七篇）。着重道德内容和道德影响与否，是当时资产阶级文艺与封建文艺的分歧之一。我们记得，狄德罗在这方面也和莱辛是一致的。不过莱辛反对高乃伊的从善恶报应见道德教训那种道学家的窄狭观点，认为通过情感的净化，人可以更好地得到提高。

莱辛的另一个基本思想是戏剧和一般文艺都要有理性和真实性。他说，“谁能正确地推理，谁也就能正确地创造；谁要想创造，谁就要懂得推理”（《汉堡剧评》，第九六篇）。创造需要天才，天才的特征就在发见事物的内在联系，而戏剧作品里所要揭示的也正是这种内在联系：

> 天才只管互相联系的事件，只管因和果的锁链。从果追溯到因，用因来衡量果，到处都排斥偶然机会，要使凡是发生的事都不得不像它那样发生，这就是天才的任务。
>
> ——《汉堡剧评》，第三六篇

这是对亚理士多德的“近情近理”（“逼真性”，“可信性”）的要求所作的一段精辟的解释。莱辛坚信亚理士多德关于诗的真实不同于历史的真实的名言，他把诗的真实叫作“内在的逼真”，认为诗的虚构之所以可取信于观众，就是由于这种“内在的逼真”而不是由于历史的真实。“在剧院里我们所关心的并不只是某一个人物做了什么事，而是具有某种性格的人物在某种环境里照理会做什么事”（《汉堡剧评》，第一九篇）。这里可以见出他已认识到人物性格和环境之间有必然的联系。因此，他反对高乃伊的凭历史和传说就可以取信于观众的说法。他说：

> 诗人并不满足于把可信性建立在历史权威上，而是要设法把人物的性格塑造出来，使得推动这些人物去行动的一系列事件都顺着必然的次序互相衔接着，并且设法按照每个人物的性格去测定他们的情感，使这些情感逐步表现出来，让观众随时都见到事态的发展是最自然的，最寻常的。
>
> ——《汉堡剧评》，第三二篇

莱辛在这里所要说明的就是：诗的真实是要通过诗人的集中化、典型化和理想化的功夫才能显出的。所以他认为戏剧的世界是“另一世界”，“一种天才的世界”，这位天才“把现实世界中的一些零星片段加以移动和增损，从而形成一个符合他的意旨的整体”（《汉堡剧评》，第三四篇）。趁便指出，莱辛在这里所主张的是诗要以人物性格为纲，与亚理士多德所主张的动作或情节为纲并不符合，但是他反映出近代叙事作品（戏剧和小说）侧重人物性格的倾向。

莱辛虽然强调天才，但也不否定规则，因为规则是根据自然规律的，他批判了当时流行的“天才超越规则”和“规则压抑天才”之类说法（《汉堡剧评》，第九六篇）。规则须是合理的，例如法国新古典主义者认为应严格遵守的三一律，只有情节的整一才是亚理士多德所要求的，时间与地点的整一则须服从于情节的整一。三一律之所以产生，原来是为着要求真实；如果机械地遵守三一律，使得剧情发展反而不真实，如伏尔太在《麦洛帕》剧本里所做的那样，那就不如“忘掉这些书呆子的勾当”（《汉堡剧评》，第四六篇）。

（c）结束语

莱辛的文艺观点大概如上所述。他促成了德国启蒙运动的高潮，他的《拉奥孔》树立了具体分析古典文艺作品的典范，引导当时欧洲人特别是德国人对古典文艺获得较深广的了解，因此对德国民族文艺的繁荣起了巨大的推动作用；他的戏剧创作和《汉堡剧评》在德国建立了资产阶级所需要的市民剧。在这两方面他的基本立场是反封建反教会的，他的基本观点是唯物主义和现实主义的。他处在由新古典主义到浪漫主义的过渡时期，是这个大转变中的一个重要枢纽。由于当时德国历史情况的局限，他在推翻旧的事物和建立新的事物两方面都还表现出不彻底性，例如就美学观点来说，他还没有摆脱在欧洲长期占统治地位的形式主义。不过总的来说，他对德国文学艺术和美学的发展都做出了很大的贡献。他的影响也并不限于德国，俄国的平民革命家车尔尼雪夫斯基（写过《莱辛，他的时代，生平和著作》）对他进行过深入的研究，表示出极高的崇敬。马克思主义者梅林在《莱辛的传说》里批判了资产阶级学者对于莱辛的歪曲，对莱辛作了很高的评价，并且指出他的文化遗产是无产阶级所应当继承的。

作为莱辛功绩的见证，我们在这里引两段话。一段是歌德在《诗与真理》里所说的：

> 我们必须回到青年时代，才能体会到莱辛的《拉奥孔》对我们产生了多么深刻的影响。这部著作把我们从一种幽暗的直观境界引

导到思想的宽敞爽朗的境界。

这就是说，《拉奥孔》对当时德国青年一代起了解放思想的作用，使他们由直观转到自由思想。另一段是马克思说的。马克思在青年时代对《拉奥孔》进行过深入的钻研，并且作过一些摘录[1]，后来对莱辛作过这样的评价：

> 如果一个德国人回顾一下他的历史，他会发现莱辛以前德国政治发展迟缓和文学情况凄惨的主要原因之一在于所谓“有资格的作家们”，各守门户，享有特权的专行学者们，博士们和其他权威人士们，十七八世纪大学里一些没有性格的作家，披着浆过的假发，卖弄他们的学问，写作他们的分辨毫发的小论文，就是这些人是站在人民和精神之间，生活和科学之间以及自由和人之间的障碍物。创造我们德国文学的是些“没有资格的作家”。在高特雪特和莱辛之中，谁是“有资格的作家”，谁是“没有资格的作家”，由你去选择吧！[2]

这说明了莱辛在德国文化界是扭转风气的人，也是近代德国文学的奠基人。

①马克思在一八三七年十一月十日给他父亲的信。

②马克思：《关于出版自由的辩论》。根据《马克思恩格斯论文学艺术》，德文版，第455页。

第十一章　意大利历史哲学派：维柯

一　十八世纪意大利历史背景和文化概况[①]

意大利资产阶级在欧洲最早登上历史舞台，领导了文艺复兴，但由于新大陆的发现，商业中心从文艺复兴后期便开始由地中海移到大西洋东岸，意大利也就开始衰退。内部久不统一，各城邦互相倾轧，加之经济衰退，遂招来不断的外国的侵略。在十八世纪维柯的一生中，他出生的小城邦那不勒斯曾经连续受到三个外国的统治：西班牙、奥地利和法国。教廷和封建反动势力又抬头，勾结外来侵略者欺压人民，镇压异端和农民暴动。

文化衰退是经济衰退，外族统治和天主教会势力重新猖獗的必然结果。文化教育都掌握在耶稣学会派（天主教会的工具）的手里，思想在严厉的监督之下，稍触教廷的忌讳，便会视为“异端”而遭到残酷的迫害。如果学术在过去的光荣的传统影响之下还有少数人在研究，那也只是奄奄一息。而且为着避免教会的迫害，学者们有意识地脱离实际，不敢接触现实问题。在文学方面，法国新古典主义在十七八世纪意大利只发生过微弱的影响。格拉维拿（G. V. Gravina, 1664—1718）和缪越陀里（L. A. Muratori, 1672—1750）在这影响之下，企图复兴文艺复兴时代诗学研究的传统，都写过论诗的著作。格拉维拿的基本观点还是理性主义

① 英人劳伯特生的十八世纪《浪漫派理论的生长》(J. G. Robertson：The Genesis of Romantic Theory)，评价十八世纪法意等国文艺理论颇扼要，可参考。

的，认为诗借具体感性形象来表现抽象概念或真理，只是为哲学服务，以比较通俗的方式教育人民。在文艺复兴以来新型作品如浪漫传奇和悲喜混杂剧的启发之下，他曾反对过文学受体裁类别和规律的束缚，号召诗人们“在想象的高飞远举之中要从这种横蛮的束缚中解放出来”，但是他自己又就悲剧体裁讨论过悲剧应遵守的规则。缪越陀里基本上也还是一个新古典主义者，把诗看作“道德哲学的比历史还更愉快更有用的女儿和助手”。他更多地注意到美的问题。美是“一经看到、听到或懂得了就使人愉快，高兴或狂喜，就在人心中引起快感和喜爱的东西”，但是这个定义拖了一个狐狸尾巴：“在一切事物中，上帝最美。”理智求真，意志求善，途中会受到情欲的障碍，所以上帝“把美印到真与善上面来加强人心的自然求真求善的倾向”[①]。美（例如诗的和谐）不过是真理的装饰，要显示出“真理的焕发的光辉”。从缪越陀里对想象的研究里却比较能嗅出一些新时代气息。诗要以“新奇”引人入胜。新奇在内容本身，也可以在表现方式。他指出想象不同于理解，它的“功能不在指出或认出事物的真或假，而只是领会它们”。但想象须与理智合作，想象提供感性材料，理智加以安排组织。意象有三种：第一种单凭理智根据想象提供的材料来形成，第二种由理智和想象合作来形成，第三种由想象单独形成，例如在梦中和激烈的情感与迷狂状态中。缪越陀里认为第二种是主要的，就是“知解力和想象力合作得很和谐，因而构成并且表达出来的形象”[②]。这是强调形象思维与抽象思维的统一。我们在下文可以看到，这是和维柯的看法相反的。

在哲学方面，尽管在迦里略[③]的光荣传统影响之下，自然科学的研究还由陶芮切里（Torricelli，1608—1647）等人一直维持下去，它对哲学并没有发生显著的影响，哲学还是以经院派的烦琐分析为主。到了维

①缪越陀里：《论意大利诗的完美化》，第一卷，第六章。

②同上书，第一四章。

③迦里略，今通译作伽利略。——编者注

柯的时代,笛卡儿的理性主义,英国经验主义以至法国启蒙运动思想（康底雅克在意大利的巴玛住过很长时期）都先后流传到意大利，由于当地哲学研究空气的稀薄，它们所发生的影响是很微弱的。就是在这种极不利的条件之下，维柯写成了他的《新科学》，把近代西方哲学家的注意引到原始社会发展和历史哲学的方向。

二　维柯的生平和思想体系

维柯(Giovanni Battista Vico,1668—1744)生在意大利南部那不勒斯，终生都生活在外国统治下。那不勒斯一向是意大利的一个学术中心，和维柯思想发展有关的有两点可以提起:一点是这地方素以法学研究著名，另一点是笛卡儿的理性主义哲学传到意大利以后，主要以这地方为活动中心。维柯的主要研究对象就是法学，特别是罗马法，曾著有《君士但丁法学》，通过法学他才注意到原始社会发展和历史哲学。他对笛卡儿的理性主义始终持反对态度，曾论证“我思故我在”的公式不能作为哲学知识的基础:

> 知就是认识事物所由造成的原因。思考的我兼指心和身。如果思考是我存在的原因,它也就变成身体的原因。因为我兼有身和心,我才能思考，所以身和心的结合却是思考的原因。……我思考，这只是我为一种心智的符号，不是我为一种心智的原因，符号并不是原因。……[①]

所以笛卡儿的公式并不能说服怀疑者使他们承认对存在的知识有确凿可

①据英国弗林特的《论维柯》中第92页的引文。

凭的根据。维柯提出真理（Verum）与事实（Factum）的统一，作为知识的标准或根据。“事实”在拉丁文（Factum）中有“作”或“为”即行动的意思。所以他说“真理即事实”,意思就是“真理是作为的结果”,也就是说，“人类的真理是人在知的过程中所组合和造作出来的”。这里可以看出维柯的哲学思想是有矛盾的。从他批判笛卡儿以及他的论著中许多承认观念反映客观事物看，他有唯物主义的一方面。他把神意或天意（Providence）看作世界秩序的最后建立者来看，他也有唯心主义的一面。他是一个虔诚的天主教徒，但是他在著作中所反复证明的却是神和宗教都是由人凭想象创造出来，用以维持原始社会秩序的。他只把这个原则运用到基督教发源的希伯来民族以外的“异教世界”，不敢把它运用到基督教本身,这就不能不使人猜疑他在设法回避天主教会的忌讳。

维柯的主要著作是《新科学》(1725年初版，1730年增改版)。这是探讨人类社会文化起源和发展的一种大胆的尝试。维柯的历史观还是唯心主义的。他的基本出发点是共同人性论。各民族的历史发展就体现共同人性的发展，所以各民族起源和处境尽管不同，在历史发展上却必然表现出某些基本一致性或规律。维柯所探求的正是这种规律,《新科学》的全名是《关于各民族的共同性质的新科学的原则》。维柯认为要发现历史发展的规律或原则，单靠历史不够，单靠哲学也不够，经验与理性必须结合,史料的学问与哲学批判必须结合,他认为这就是语言学与哲学的结合。维柯所理解的“语言学”是最广义的，它是“关于各民族的语言和行动事迹的知识”，所以包括文学和历史两大项目。语言学提供历史发展的已然事实，哲学则揭示历史发展的所以然的道理。所以他在《新科学》里企图根据语言学所提供的史实，通过哲学批判，来探讨人类如何从野蛮生活转入社会生活，宗教、神话（诗）以及政治制度之类文化事项如何起源，如何发展。维柯的重点在原始社会，特别是古希腊罗马。希伯来民族因为涉及基督教，上文已经提到，被有意识地排除在研究范围之外。

维柯接受了埃及的一个传统的历史分期的看法：人类发展经过三个

阶段：神的时代、英雄的时代和人的时代。这三个时代各有相应的不同的心理、性格、宗教、语言、诗、政治和法律。维柯常拿种族发展和个人发展相比拟，原始社会是人类的儿童期，原始民族的心理活动类似儿童的心理活动。

在最初的**神的时代**，人类还处在野蛮状态，愚笨残酷，住在森林里过着各管自己死活的野兽般的生活。他们的体格特别发达，所以叫作“巨人”。他们还不会说话，不会思考，还没有自我意识，还不能分辨精神与物质，有生命的东西与无生命的东西。他们凭着本能过活，接触外界事物全靠感官印象，所以想象特别丰富强烈。这种野蛮的巨人如何进入文化呢？维柯没有考虑到生产斗争的需要，认为原始人进入社会生活是从信仰神或宗教之日起。他设想少数巨人在深山野林里初次碰到天上雷轰电闪，就感到恐惧。他们不知道雷电的真正原因，惯于凭自己的生活经验去了解自然现象，想到像迅雷疾电这般情景是某个强大的人在盛怒中咆哮。他们抬头望见天，就把天想象成为一种像人而比人强大的神，是他在咆哮，仿佛是在向人告诫什么。这样，雷神（最早也最大的天神）就由巨人们在恐惧中凭想象创造出来了。神本是人的虚构，人却把自己所虚构的信以为真，对神感到恐惧和虔敬。这样倒也有助于维持社会生活。他们原来是男女公开杂交的，现在面对着神，感到羞耻，就有些男人带着女人住在岩洞里，开始了婚姻制和家庭制。天后继天神而出现，就标志着婚姻制的起源。古希腊和罗马都有十二个天神，维柯认为他们标志十二个社会发展阶段，例如最早的雷神标志宗教的起源，最后的海神标志航海事业的开始。此外，原始人习惯的思想方式既是以己度物（像他们相信雷是神的咆哮那样），他们就认为自然事物也和自己一样有生命，有情感，有动作，每一件事物所以都是一个神。原始人起初和动物一样是哑口的，只用些姿势或符号来表达自己的意思，例如用三茎麦穗表示三年。在发现神而恐惧的时候，人就张开了口，起初的字音都是谐声的，惊叹的，单音的。这就是“象形的语言”或“神的语言”。家庭制起来之后，父亲成为一家之主，取得了神的代表的地位，可以发号施令，这种家长制就是宗法统治的最初形式。从此原始人组成了社会，就由深山野林移居到山谷和平原，“为了他们自己和他们的家族提供生活资料，既然不再吃草了，他们就得驯服土地播种谷子”[①]。

英雄的时代在神的时代后期就开始。“每个民族有它的雷神”，“每个民族也有它的赫库理斯，天神的儿子”[②]。这就“标志原始民族中英雄主义的起源”。赫库理斯在希腊神话中是一位多才多艺的大力士。这种人在原始社会中是能克服艰险的有担当的人，所以成为理想的英雄人物，是“英雄人物”这个类概念的一个突出的具体的代表。希腊在荷马时已转到英雄的时代，荷马就是一个英雄诗人，他所歌颂的是两种类型的英雄，一种是《伊利亚特》中的阿喀琉斯，代表早期希腊社会所奉为理想的勇猛；一种是《奥德赛》中的幽里赛斯，代表晚期希腊所奉为理想的智谋。荷马本人就是诗人中的这样一位英雄。当时全民族都是诗人，荷马只是其中之一，选出来作为理想的代表，事实上荷马史诗并不是某一个人或某一时代的产品，而是全体希腊人民在长时期中的集体创作。英雄时代的语言也叫作“英雄的语言”。由于抽象思维还不发达，词汇中很少有抽象的表示概念的字，绝大部分是以物拟人，有具体形象的属于隐喻格的字。表达方式也不是说而是歌唱。例如他们不是说“我发怒”而是唱“我的热血在沸腾”，不是说“地干旱”而是唱“地渴了”。这时代的政体是操纵在少数英雄手里的贵族统治。他们的意志和暴力就是法律。这时代社会已划分成家长或宗法主（Patriarchs）和平民（Plebians）两个阶级，平民处在“被保护者”或奴隶的地位，还不能分享宗教和政治各方面的权利；他们的不满情绪和反抗的斗争便日渐剧烈起来。

---

① 《新科学》，第 378 页。本文引用《新科学》的段落，都根据 T．G．Bergin 和 M．H．Fisch 的英译本（康奈尔大学 1948 年版）。《新科学》各部分有不同的名称，如《要素》《诗的智慧》等。

② 《新科学》，《要素》43。

就是这平民阶级的上升促成了英雄主义的解体，把历史推进到“人的时代”。维柯把这过程作了这样的总结：

> 随着年代的推移以及人类心智的更大发展，民族中的平民终于对这种英雄主义自封的权利起了猜疑，懂得了他们自己和贵族们具有同等的人性，所以坚决要求参加到城市的社会秩序里。因为人民到了适当的时机是要变成享有主权的，神意就允许平民和贵族之间先在敬神和宗教问题上进行斗争，进行要求把占卜[①]的权利由贵族推广到平民的英勇斗争，目的在于借此推广依存于占卜的一切公私权利，敬神和皈依宗教就这样使人民获得了政治上的主权。[②]

维柯在这里仍然暴露他惯有的矛盾，一方面认识到原始社会中平民与贵族的阶级斗争促成了政体由贵族统治转到民主政治的发展，另一方面还是把宗教看成历史发展的推动力。民主势力起来了，文化各部门都起了相应的变化。宗教变成道德教育的工具，脱除了原来的野蛮性，神话被遗忘了，人学会抽象思维，哲学，实用性的书写的文字和散文也都起来了。

人的时代是否就是历史发展的终点呢？维柯是历史循环论者，认为人类文明发展到了一个阶段，人就骄奢淫逸起来，失去了活力，不平等代替了平等，因而产生种种社会罪恶，于是人类又会回到野蛮时代，三个时代的循环就周而复始。依他看，西方从罗马帝国灭亡后转入“黑暗时代”，就是回到野蛮时代，到了但丁的时代又转入英雄的时代，但丁就是第二荷马，代表第二英雄时代的诗人。关于这第二个循环，维柯说得不多，他的重点在古希腊罗马的文化发展。

在今天看，维柯的宗教为文化发展动力的历史观以及历史循环论都

①古代社会中一切取决于神的意旨，占卜是探求神的意旨的一种技艺，这原来只能由贵族掌管。

②《新科学》，第379页。

显然是错误的，他所据的史料不尽翔实，他的哲学批判也往往流于主观幻想。但是他的人创造神的理论对宗教还是一个打击；他指出民主为人的时代的政治形式，也带有进步意义；他坚信文化在一定范围里是向前发展而且有规律可循的，对这方面他也作出一些天才的揣测，推进了历史哲学的发展。

维柯断定想象活动（诗的活动）是人类历史发展的最初阶段，着重地研究了想象活动与诗和其他文化事项的密切联系，所以他的美学观点是他的历史哲学中的一个重要组成部分。维柯对美学的最大贡献就在于初步运用历史发展观点和历史方法。他的历史发展观点和历史方法有一个总的原则作为出发点："凡是事物的本质不过是它们在某种时代以某种方式发生出来的过程。"[①] 这就是说，事物的本质应从事物产生的原因和发展的过程来研究。因此，维柯研究美学问题（主要是想象问题），不是像过去美学家们就某一个静止的横断面，而是就发展过程的整体去看。这在当时还是一个新的观点和方法。在较小的程度上维柯所做的正是后来黑格尔所做的。他的成就比不上黑格尔，因为他是一个开荒辟路的人，但是他的意义并不因此而减小。要认识维柯，首先就要认识到他的这一点基本贡献，然后再考察他的个别的美学观点。

三　维柯的基本美学观点

近代一些主要的美学家，如康德和黑格尔，都是从一些形而上学的原则和概念出发，去推演出关于局部问题（例如美和艺术）的结论，维柯却从心理学中一些经验事实出发，去寻求人类心理功能和人类文化各部门的因果关系，在这一点上他受到英国经验主义的影响。他很推崇培根。

① 《要素》14。

人类心理功能（如感觉、想象、理解等）也有一个发展过程。维柯爱拿人类的原始期来比拟个体的儿童期，把原始民族叫作人类的儿童。儿童先凭感官去接受外界事物的印象，这些印象留在记忆里，成为想象所凭借的材料。在很长一个阶段里，儿童的心理活动主要是想象活动，只关心事物的个别具体形象，而不注意事物之间的抽象的性质和关系，因为他们还不会抽象思考。儿童的行动主要是模仿，“他们一般都在模仿自己所能懂得的事物来取乐”。这就必然是诗的活动，“因为诗不是别的。就是模仿”[①]。全人类的心理功能发展的程序也与此类似。维柯把全人类心理功能发展也分为三个阶段：

> 人最初只有感受而不能知觉，接着用一种被搅动的不安的心灵去知觉，最后才用清晰的理智去思索。[②]

这段话结合另一段话来看，就较清楚：

> 亚理士多德关于个人所说的一句话也适用于全人类：“凡是不曾存在于感官的东西就不可能存在于理智。”这就是说，人心所理解的东西没有不是先已由感官得到印象的。人心在它所感觉到的东西之中见出一种不是感官所能包括的东西时，就是在用理智。[③]

这里主要指出感觉和理解的分别。实际上感觉包括接受感官印象（感觉本身）和综合感官印象（想象）两个阶段，因为感觉印象成为记忆，而想象须凭记忆。维柯在这两个阶段中所着重研究的是想象，因为它同诗的起源关系特别密切：

---

①《要素》52，现代瑞士心理学家庇阿杰（Piager）关于儿童的语言和思维的研究充分证明了维柯的看法。

②《要素》53。

> 儿童们记忆力最强，所以想象也格外生动，因为想象不过是展开的或复合的记忆。
>
> 这条公理说明世界在它的儿童时期所造成的诗的意象何以那么生动。[①]

总之，原始民族作为人类的儿童，还不会抽象思维，他们所借以认识世界的只是根据感觉的想象或形象思维，所以人类最初的文化，包括宗教、神话（诗）、语言乃至各种社会制度，都是通过形象思维而不是通过抽象思维来形成的。由于一切文化事项都来自形象思维，又由于形象思维都带有创造或虚构的性质，而创造或虚构就是诗的活动（维柯沿用古希腊人“诗”即“创作”的意义），所以原始民族中一切文化事项，从宗教、神话、语言、物理学乃至于政治和法律，都带有诗的性质，都与抽象概念和哲学无关。后来学者们从这些里面所见到的抽象概念或哲学意蕴都是凭自己的理解强加到原始文化遗迹上面的，实际上是歪曲。等到人类文化发展到了会作抽象思维即进行哲学活动的时候，人类就由儿童期转到成年期，即转入“人的时代”，神话就被遗忘，形象思维受制于抽象思维，诗也就失去了原有的强旺的生活力，除非人又回到野蛮时代。这是维柯的美学思想总轮廓。如果稍加分析，就有以下几点值得注意。

1. 形象思维的原始性与普遍性

如上所述，原始民族的形象思维的强旺是与抽象思维的缺乏分不开的。原始人还是些“愚笨的无知的可怕的畜生”，“在他们的强旺而无知的状态中，他们全凭身体方面的想象力去创造”[②]。所谓“身体方面的想象力”，就是说还没有掺杂理智因素的主要是动物本能性的想象力。唯其无知，原始人所以对事物感到惊奇。“惊奇是无知的女儿”，它本身又

---

① 《要素》50。

② 《新科学》，《诗的形而上学》，第一章。

是想象的母亲，因为惊奇是不知而求知的表现，想象是原始人求知的一种方式，是他们对外在事物所作的一种力所能及的主观的解释。例如他们不知道雷电的真正原因，就对雷电感到惊奇，努力去找原因，于是想象出雷神来，作为雷电的指使者。这种想象既是虚构，它的产品是否就因此不真实，毫无理性呢？维柯认为原始人虽在虚构，而自己却不认为是在虚构，其理由在于这种虚构适应了实践的需要：

> 伟大的诗有三重任务：(1) 发明适合于群众了解的崇高的神话故事；(2) 为着达到所悬的目的，要使人深受感动；(3) 教普通人按照诗人所教导去做合乎道德的事。从人类事物的这种性质就产生出一种永恒的特性，像塔什特[①]的名句所说的："他们一旦虚构出，就立刻信以为真。"[②]

维柯还引用亚理士多德的主张说，"特宜于诗的材料是近情近理的（可信的）不可能"，例如雷神操纵雷电，是种不可能，但是原始人仍深信不疑，因为对于原始人的想象力来说，这还是近情近理的。所以原始的想象虽不夹杂理智活动，却不因此就成为没有理性的或不可信的。

形象思维的普遍性基于人类本性的共同性。原始民族全都有强烈的想象力，所以"在世界的儿童期，人们按照本性就都是崇高的诗人"[③]，神话或诗的创造在原始社会中都是全民族的事。近代人见惯了个人创作，就把希腊史诗归功于荷马一个人。维柯在《新科学》卷三里有力地说明了荷马只是希腊人民中一个人，而且还只是一个理想中的人。实际上希腊史诗是由全体希腊人民在很长时期里逐渐创造出来的。作者的标签之所以贴在荷马身上，因为希腊人有把突出的个别具体人物代表同类人物

①塔什特（Tacitus），公元前一世纪罗马历史家。

②《诗的形而上学》，第一章。

③《要素》38。

的习惯，荷马也只是代表“诗人”（= 作者）这一类人物的英雄。希腊各地方都说荷马是它那里的公民，关于荷马的年代也有早晚不同的传说，其“理由就在于希腊各族人民自己就是荷马”，“荷马一直就在希腊各族人民的口头上和记忆中活着”。总之，荷马本身就是一种想象虚构。《伊利亚特》和《奥德赛》所写的是希腊民族早年时代与晚年时代的两种不同的社会生活和两种不同的英雄人物性格理想，这也说明这两部诗不可能是由某一个诗人在某一个时代里创造出来的。希腊史诗之所以崇高，也正由于它是全体人民的作品。“崇高性和人民喜见乐闻是分不开的”，维柯认为这个原则就显出诗的一个“永恒的特质”。维柯的这个关于诗的起源的看法，和他的关于政体演变的看法一样，反映出当时正在上升的民主思想，否定了诗是少数优选者或天才的专利品那种传统的贵族主义的看法，肯定了每个人“按本性就是诗人”，诗的真正生命力在于它能反映全民族的需要和理想，因而为广大人民所喜见乐闻，这种看法在十八世纪初期还是新鲜的，有进步意义的。

2. 形象思维与抽象思维的对立

由于把诗归原到想象，把原始民族的一切想象的产品都看成带有诗的性质，维柯对于诗的理解是取“诗”这一词的最广泛的意义。这种看法一方面虽显出诗与其他文化部门的紧密联系，另一方面也不免造成诗与其他文化部门的混淆。在原始时代，诗既然和宗教、神话、语言、历史等同是想象的产品，诗本身的特征究竟何在？这问题没有得到维柯的足够的注意。更严重的是维柯把形象思维与抽象思维的对立过分绝对化了，这也就是把诗与哲学的对立过分绝对化了。我们可以把他关于这方面的论断汇集在一起来看看：

> 推理力愈弱，想象力也就愈强。[①]

①《要素》36。

诗的语句是由对情欲和情绪的感觉来形成的，这和由思索和推理所造成的哲学的语句大不相同。哲学的语句愈上升到一般，就愈接近真理；而诗的语句则愈掌握个别，就愈确实。[①]

诗人可以看作人类的感官，哲学家可以看作人类的理智。[②]

最初的各族人民，作为人类的儿童，先创立了艺术的世界，然后哲学家们过了很久才出现，他们可以看作民族的老年人，才建立了科学的世界，使人类达到完成阶段。[③]

按照诗的本质，一个人不可能同时既是崇高的诗人，又是崇高的哲学家，因为哲学把心从感官那里拖开来，而诗的功能则把整个的心沉浸在感官里；哲学飞腾到普遍性相（一般），而诗却必须深深地沉没到个别事物里去。[④]

从此可见，维柯把形象思维和抽象思维，诗和哲学，看成两种互不相容的活动，两种不同时代的文化特征。因此，他不但否认荷马史诗以及一般原始神话具有任何抽象概念和哲学意蕴，而且还断定到了“人的时代”（哲学时代），诗就要让位给哲学。抽象思维也有时被运用在诗里，但是那已经不是真正的诗。“抽象的语句是哲学家的作品，因为它们包含普遍性相（一般），至于对情欲的思索则是枯燥无味的假诗人的作品。”[⑤]“荷马的英雄们在生活习惯方面，都像青年人那样轻浮，像妇女们那样富于想象力，像暴躁的少年那样易动怒火，所以一个哲学家不可能把这样的英雄很自然地顺利地构思出来。”[⑥]

维柯强调诗掌握个别具体形象而不涉及空泛的一般，令人联想到

①《要素》50。

②《新科学》，第二卷，序论。

③同上书，第二卷，第七章。

④同上书，第三卷，第一部分，第五章。

⑤《诗的智慧》，第七部分，第三章。

⑥《新科学》，第三卷，第一部分，第五章。

鲍姆嘉通所强调的“个性”和希尔特所强调的“特征”，他们都反映出当时资产阶级对个性伸张的要求与对新古典主义的类型观的反抗，有他们的进步的一方面。但是维柯的哲学终将代替诗的论调又令人联想到黑格尔的大致相同的见解，不免对未来世界描绘出一种无诗无艺术的黯淡的远景。这种悲观的论调就不符合历史事实。希腊悲剧最辉煌的时代和希腊哲学的鼎盛差不多同时，而且从毕达哥拉斯学派和赫拉克勒特建立哲学以后，西方的文艺生命还一直维持到近代，例如十八世纪末到十九世纪初，歌德和席勒也都在德国古典哲学鼎盛时期写成了他们的伟大诗篇。哲学与诗不相容的说法是不能成立的。其次，这种说法也与维柯所重视的心理功能发展的实况不相符。原始民族想象力较强虽是事实，难道他们就根本没有抽象的思考吗？就连维柯的最忠实的信徒克罗齐也认为“否认原始民族有任何理智性的逻辑”是一种错误。[①] 形象思维和抽象思维固然有它们的对立矛盾，也有它们的协调统一。理智力的上升并不一定造成想象力的消失。维柯的错误在于把原始民族的诗看作唯一类型的诗，忘记了人类心理功能既然可以发展，诗也就可以发展。事实上诗和一般艺术虽然主要靠形象思维，但也并非绝对排斥抽象思维，因为人是一种有机体，他的各种心理功能是不能严格地机械地割裂开来的。理想的诗（和一般艺术）总是达到理性与感性的统一，像黑格尔所阐明的。

3. 形象思维如何进行：以己度物的隐喻

在形象思维的研究方面，维柯的重要贡献在于对这种思维的进行程序发现了两条基本规律，一条是以己度物的隐喻，一条是“想象性的类概念”。

先说第一条。形象思维是原始民族认识事物的基本方式。维柯在《新科学》卷二里定下一些作为出发点的大原则，把它们叫作“要素”，其

①克罗齐：《美学史》，第五章。

中第一条就是：

> 由于人心的不明确性，每逢它落到无知里，人就把他自己变成衡量一切事物的尺度。

这就是形象思维进行程序的一条规律。“人心的不明确性”指认识还限于感性方面，还不能进行抽象思考，对事物得出明确的概念。“无知是惊奇之母”，惊奇是求知的动力，在不知而求知中，人凭什么去衡量事物呢？只能凭自己的切身的经验，这就是“以己度物”。维柯作了这样的说明：

> 当人们对产生事物的原因还是无知的，不能根据类似事物来解释它们时，他们就把自己的本性转到事物身上去，例如普通人说，“磁石爱铁”。[①]

人与人相吸引，相亲近，是由于爱。人看到磁石吸铁，找不到真正的原因，就凭自己的心理经验，把磁石想象为对铁有爱情。维柯认为诗的心理上的起源就在此：

> 心的最崇高的劳力是赋予感觉和情欲于本无感觉的事物，儿童的特征在于他们把无生命的事物拿到手里，和它们戏谈，好像它们和活人一样。[②]

诗人和儿童一样，“把整个自然看成一个巨大的生物，能感到情欲和效果”。“就是用这种方式，最早的神话诗人创造了第一个神话故事，一个

① 《要素》34。

② 《要素》38。

最伟大的神话故事，即天神或雷神的故事。”[1] 创造雷神的过程，上文谈“神的时代”时已经提到，是根据人自己的心理经验，“在像打雷扯闪那种情况之下，大半是一些体力极强大的人在发怒，用咆哮来发泄他们的暴躁情绪，人们就把天想象为一个巨大的有生命的物体，把打雷扯闪的天叫作天神或雷神”[2]。这就是神和宗教的起源，也就是神话和诗的起源。依维柯看，这是人类由野蛮状态或自然状态转到社会生活的关键。

在《诗的逻辑》部分，维柯还运用以己度物的原则来说明语言的起源。语言最初只用姿势和实物符号，后来才用文字，文字起初也是形象性的。所以最初的语言是一种“幻想的语言”，它“所用的材料是有实体的事物，这些事物是被想象为有生命的，而且大部分是被想象为神的”。他把这个原则叫作“诗的逻辑”。原始语言中“最有光彩的”隐喻格（metaphor）就是由“诗的逻辑”派生的，它的特点就在于“赋予感觉和情欲于无感觉的事物”，或是“把有生命的事物的生命移交给物体，使它们具有人的功能”。“每一个用这样方式形成的隐喻格都是一个具体而微的神话故事。”维柯举了一些实例来说明隐喻：

> 在一切语言里，大部分涉及无生命事物的表现方式都是从人体及其各部分以及人的感觉和情欲那方面借来的隐喻。例如用“首”指“顶”或“初”，用“眼”指放阳光进屋的“窗孔”……用“心”指“中央”之类。天或海“微笑”，风“吹”，波浪“轻声细语”，在重压下的物体“呻吟”。拉丁农民常说田地干“渴”，“生产”果实，让谷粮“胀大”；我们意大利乡下人也说植物“讲恋爱”，葡萄长得“发狂”，流脂的树“哭泣”。……在这些例子里，人把自己变成整个世界了。……人用自己来造事物，由于把自己转化到事物里去，就变成那些事物。[3]

①②《诗的形而上学》，第一章。

③《新科学》，《诗的逻辑》，第二章。

从这些事例和说明来看，语言也还是一种诗的创造。维柯所说的“把有生命的事物的生命移交给物体”，或是“把自己转化到事物里去，就变成那些事物”，正是后来德国立普斯一派美学家们所说的移情作用。移情作用本是人凭想象去认识事物的一个很原始很普遍的现象，过去休谟、博克、文克尔曼和康德等人也都注意到这种现象，不过把这种现象看作诗（包括一般艺术）的一个基本规律，还是从维柯开始。维柯的解释是：这种现象是一种隐喻，是人凭自己的心理经验来体会外在的事物。这种解释比起立普斯一派人所作的解释（在物我同一中我与物的情感和生命活动在不知不觉中往复交流）还较直截了当，也许还较符合事实。隐喻就是我国古代诗论家所说的“赋比兴”三体中的“兴”。三体之中只有“赋”是“直陈其事”，“比”和“兴”都是“附托外物”，不同在“比显而兴隐”；“兴者起也，取譬引类，起发己心，诗文诸举草木鸟兽以见意者皆兴辞也”[①]，这里的解释又微有不同，着重的是“托物见意”，不像维柯所着重的是以己度物；但是都把这种现象看作隐喻，也都认为隐喻与诗人的形象思维有密切的联系。

4. 形象思维怎样形成类概念或典型人物

维柯对于形象思维研究的另一重要贡献在于他所提出的关于典型人物的一种独到的看法，即所谓“想象性的类概念”。原始民族还不会抽象思考，就不能对同类事物形成抽象的类概念。但“人心受本性的驱遣，喜爱一致性”，这就是说，喜欢在事物中见出相同或类似。他们既不能形成类概念，用什么方式去领会和表达这种相同或类似呢？维柯认为原始民族都用形象鲜明的突出的个别具体事例来代表同类事物。这种从个别来认识一般的方法所根据的是关于人心特性的一条规律：“每逢人们

①孔颖达的毛诗大序的疏。古汉语文字起于象形，谐声和会意（参看许慎的《说文解字·序》），也可印证维柯的见解。

对远的未知的事物不能形成观念时，他们就根据近的习见的事物去对它们进行判断。”[1]例如：“儿童的本性使得他们根据从最初认识到的男人、女人和事物所得到的观念和名称，去了解和称呼一切和这些最初认识到的有些类似或关系的其他男人、女人和事物”[2]，例如见到年长的男人都叫“爸”或“叔”，见到年长的女人都叫“妈”或“姨”。“爸”“妈”等词对于儿童还不能是抽象的类概念，只是用来认识和爸妈相类似人物的一种具体形象，一种想象性的类概念。维柯还举原始民族的英雄人物为例：“埃及人把凡是对人生有用或必要的事物的发明都归功于赫尔弥斯·特里斯麦吉特一个人。”[3]这就是赫尔弥斯本来只是一个有才能的发明家，埃及人便用他代表“发明家”这一类人物，原因是他们根本没有形成“发明家”这个抽象的类概念，于是一切发明家都成了赫尔弥斯。维柯对这种形象思维的说明如下：

> 原始人仿佛是些人类的儿童，由于还不会形成关于事物的通过理解的类概念，就有一种自然的需要，要创造出诗的人物性格，这就是形成想象性的类概念或普遍性相（一般），把它作为一种范型或理想的肖像，以后遇到和它相类似的一切个别事物，就把它们统摄到它（想象性的类概念）里面去。……正是用这种办法，埃及人把凡是对人类有用或必要的事物的发明都归到“社会哲人”这个类里，因为他们还不会抽象出像“社会哲人”这种须通过理智来理解的类概念，更不会抽象出埃及人之所以成为哲人的那种社会智慧，于是他们就把它想象为赫尔弥斯·特里斯麦吉特。

不但埃及人通过以个例代表一般的方式去创造出他们民族理想中的英雄

---

① 《要素》2。

② 《要素》48。

③ 《要素》49。例如在我国古代，工艺中的鲁班，医道中的华佗，也可以看作“想象性的类概念”。

人物，荷马史诗中的人物也是“希腊各族人民用来统摄同属一类的一切不同个体的”想象性的类概念：

> 举例来说，他们用阿喀琉斯（《伊利亚特》中的主角）来统摄一切英雄的勇猛的特质，以及由这些本性特质产生出来的一切情绪和习俗，例如急躁，苛严，难和解，狂暴，用武力霸占一切权利，像贺拉斯描绘阿喀琉斯的性格时所总结出的。他们用幽里赛斯(《奥德赛》中的主角）来统摄一切有关英雄智慧的情绪和习俗，例如警惕性，耐心，欺诈，耍两手，伪装，经常把话说得很妥帖，对行为却不介意，引诱旁人自陷错误，自投罗网。希腊人把凡是足够突出，能引起他们的还是迟钝的头脑注意而且联想到类型的那些个别人物的行动，都归到这两种人物性格上去。这两种人物性格既是由全民族创造出来的，所以只能被看作自然具有一致性的（一个神话故事的妥帖，美和魔力就在于这种适合于全民族的共同感觉到的一致性）。①

接着维柯就指出上文所已提到的诗的崇高性与人民喜见乐闻分不开的原则。人民对于这种人物性格之所以喜见乐闻，是由于他们反映出全民族的共同理想，即所谓“适合于全民族的共同感觉的一致性”。趁便指出，维柯在《新科学》里很少直接谈到美，在这里他却偶然露出他对于美的本质和美的标准的见解，一言以蔽之，美就是反映全民族共同理想，因而为全族人民所喜见乐闻的东西。

此外，维柯还根据亚理士多德在《伦理学》里所说的“观念窄狭人把每一个别事例建立为一种原则”，说明了神话诗人对人物性格何以有放大和夸张的倾向。“由于这个缘故，在希腊拉丁诗人的作品里，神和

① 《新科学》，第三卷，第一部分，第四章。中国手艺能手鲁班，医学能手华佗也都是“类概念”的例证。

英雄的形象总是显得比凡人的形象较巨大，而在野蛮风气恢复的时代[①]，在绘画里上帝、基督和圣母都画得格外大。”[②]

根据以上所述，可见维柯所说的“想象性的类概念”正是典型性格。他所理解的“典型”还偏于“类型”，不过他的看法比过去贺拉斯和布瓦罗的类型说已迈进了一大步，因为他生动地说明了集中、夸张和理想化的过程，也比较圆满地说明了典型性格何以既是个别又是一般的问题。

四　对维柯的评价

维柯生在笛卡儿的理性主义哲学弥漫全欧的时代，揭起反对笛卡儿的旗帜；在英国经验主义哲学刚在上升的时代，虽然承受了它的一些影响，而在坚持历史发展观点上和它也不很合拍，所以他在当时的地位是孤立的。也许是因为这个缘故，他在十八世纪欧洲学术界长期默默无闻，只对德国狂飙突进的先驱赫尔德发生过一些间接的影响。一直到十九世纪中叶，研究历史哲学的风气逐渐盛起来了，他才由法国史学家密希勒的翻译和介绍，开始引起西方学术界的注意。作为历史哲学的一位先驱者，他的功绩已得到广泛的承认；但是作为美学的一位先驱者，他所得到的评价还不很一致。

克罗齐在他的《美学史》里对维柯给了很高的评价，说“新科学实在就是美学”，美学这门新科学的真正的奠基人并不是鲍姆嘉通而是维柯。美学界逐渐注意到维柯，大半是通过克罗齐的介绍。克罗齐自认他的直觉说和美学与语言学的统一说都是继承维柯的衣钵。其实克罗齐从维柯那里所吸收来的恰恰是维柯美学中最薄弱的一个环节，即形象思维与抽象思维的绝对对立。而且维柯承认想象以感官印象为依据，而感官

① “第二野蛮时代”，指文艺复兴早期。

② 《新科学》，第三卷，第一部分，第五章。

印象以客观存在为依据，克罗齐则否认直觉之前的感觉以及感觉所自来的客观存在，他的“直觉”也决不可能就是维柯的“想象”。克罗齐介绍维柯的功绩，一字不提他的历史发展观点。克罗齐对立普斯派的“移情作用”说持反对态度，因而对于维柯在这问题上的贡献也就轻轻地放过去。在克罗齐的手里，维柯在受到推崇之中也受到了歪曲。

鲍申葵在他的《美学史》里根本忽视了维柯的存在。近来韦勒克在他的一般说来很精审的《近代文学批评史》里[①]，认为维柯的“诗的看法和他的意大利同胞格勒维拿（见本文第一节——引者）的看法相差并不很远”，这就是说，他还是一个新古典主义的信徒，尽管维柯的全部思想都是反新古典主义的。韦勒克看不出维柯是“美学的奠基人”，只看出他是一位历史哲学家。理由之一是维柯在当时美学界没有发生影响，其实这一条应该也完全适用于否定朗吉弩斯；理由之二是维柯的许多美学论点在过去已有人分别地提出过，其实这一条应该也完全适用于否定康德。

“美学的奠基人”的争执是无聊的。美学是由许多工作者日积月累的贡献发展起来的，不可能指出某一个人来说他是“美学的奠基人”，鲍姆嘉通够不上这个资格，维柯也够不上这个资格。克罗齐对他的估价是偏高的。要衡量一个科学家的价值，只能看他对他那一门科学的发展有没有作出新的贡献。从这个角度来看，我们也不宜把维柯的地位摆得过低。

他的首要贡献是替美学带来了历史发展的观点和史与论相结合的方法。缺乏历史发展的观点是早期近代美学（从法国新古典主义，英国经验主义以及黑格尔以前德国古典哲学各派）的共同的严重缺点，连其中最为杰出的康德也非例外。法国启蒙运动者才略有历史发展的观点，特别是在孟德斯鸠（与维柯同时代，而且也是一位法学家）的著作中。不

---

① René Wellek：A History of Modern Criticism，第一卷，1955 年伦敦版，第 134—136 页。

过法国启蒙运动者只偶尔零星地从历史发展观点讨论到文艺的问题，维柯却穷毕生精力去研究文艺及其他文化领域的历史发展。他在这方面的工作比黑格尔的差不多要早一个世纪。黑格尔之所以重要，也就因为在美学里运用了历史发展观点。维柯是他的先驱者，也就应该得到足够的估价。这并不等于说，他（或黑格尔）的历史观点就是正确的。我们在介绍中已经指出他在这方面的缺陷。

在具体的美学问题上，维柯的突出的贡献在于对形象思维的研究。近代把形象思维提到美学中主要地位的要推英国经验派美学家们，但是他们只局限在机械的“观念联想律”的圈子里，并未能说明形象思维与艺术创造的真正关系。维柯从历史发展观点，生动地说明了这个关系，并且发见了形象思维的两条基本规律：以己度物的隐喻和想象性的类概念。前一个规律是后来的移情作用说所自出，后一个规律说明了典型人物是在个别中显出一般。此外，维柯还从原始诗歌（特别是荷马史诗）的研究说明了人按本性就都是诗人，原始诗歌的真正创作者是人民，而且把表达民族共同理想，为人民所喜见乐闻定为衡量美和崇高的标准。这种反映民主思想的美学观点也是值得珍视的。

专业的美学家们大半把视线集中到一个很窄狭的领域，维柯的《新科学》会有助于扩大这种美学家们的视野，使他们体会到文艺与一般文化的密切联系，不能把美学作为一门孤立的科学来研究。维柯还指出了艺术与语言的统一，这一点可能有深远的意义，特别是对于我们中国美学家们来说，因为汉语以象形谐声指事会意为主，它的起源和发展会比任何其他语言（一般是拼音的）对美学家们提供更丰富的研究形象思维的资料。研究和充分利用这些宝贵的资料还有待于今后我国美学和语言学的工作者。

第三部分　十八世纪末到二十世纪初

甲　德国古典美学

第十二章　康德

一　康德的哲学思想体系

康德（Kant, 1724—1804）处在德国启蒙运动的高潮，他的历史背景和文克尔曼与莱辛的基本上还是一样。但是由于当时德国政治分裂状况下各小国和小城市的闭塞孤陋，康德突出地脱离了现实。再加上当时德国大学在莱布尼茨、伍尔夫派理性主义哲学统治之下，哲学的研究一直充满着玄学思辨的经院气息。在这种学风影响之下，康德一直就只坐在书斋里玄想，几乎不能感觉到当时欧洲正在发生的重大变动。尽管他不满德国封建制度，他并不赞成用即将到来的法国革命那种暴力方式去改革现状，只倾向于改良妥协，而且对十八世纪法国启蒙思想的唯物方面和革命方面都是拒抗的。所以他虽生在启蒙运动的高潮中，他的思想基本上却是与启蒙运动背道而驰的。他承认神、灵魂不朽，自由意志之类传统概念都是无法证实的，却又主张为着使实践道德活动具有最高的指导原则，还必须假定它们的存在。他虽然承认物自体的存在，承认物质世界是经验和感性知识的来源，却又认为要使知识可能，就必须假定人心中先天就有一些先验范畴，而知识所能达到的只是现象而不是本体或物自体，本体却是不可知的。所以他在哲学上的基本立场是以主观唯心主义为主要方面的二元论、不可知论以及理性化的有神论。但是他也受到当时自然科学的影响，对天体形成的星云说是他的重要贡献。他的思想中也有一些积极因素，违背了他本人的意旨，终于促进了启蒙运动而使他成为浪漫运动在哲学方面的奠基人。这些因素主要的是他关于天才、自由、主观创造、人性尊严的见解。这些见解符合当时资产阶级个性发展的要求，所以起了推动历史前进的作用。

康德处在近代西方哲学发展中的关键性的转折点。此前西方哲学思想分为两大派，一派以先天的先验的理性为客观世界和人类知识的基础，这就是以德国莱布尼茨和伍尔夫为代表的理性主义派；另一派承认物质的独立存在，主张一切知识都从感性经验开始，这就是以英国洛克和休谟为代表的经验主义派。这两派的对立是鲜明的，斗争是尖锐的。近代西方哲学史可以说主要是这两派的斗争史。这种斗争在大体上是唯物主义与唯心主义的斗争，争执的基本问题在于经验派只承认感性世界，理性派却主张更为基本的是超感性的理性世界。这个基本分歧表现于认识论方面，则为经验派认为一切知识都以感性经验为基础，而理性派却认为没有先验的理性基础，知识就不可能；表现于方法论方面则为经验派只用因果律来解释世界，而因果（如休谟所主张的）只是在经验中所发见的先后承续的一致性，而理性派则把原因概念列在先天的理性范畴，而且在解释世界中还须加上另一个理性概念，即目的论，世界以及其中一切事物仿佛都是经过设计的（天意安排的），在研究它们时就不但要追问它们的原因，还要追问它们的目的。这两派不无互相影响之处，但就总的趋势来说，对立仍是鲜明的。到了康德，近代西方哲学思想就达到了关键性的转变，他企图从主观唯心主义的基础上来调和理性主义与经验主义。现在先对康德美学的哲学基础作一番简赅的说明。

关于康德的哲学体系，首先应该指出的一点就是：他的研究对象不是客观存在而是主观意识，是人对现实世界的认识功能和实践功能。依传统的分类，他把人的心理功能分为知、情、意三方面。他虽承认这三方面的互相联系，而在研究中却把它们严格割裂开来，分别进行分析。在他的三大批判之中，第一部《纯粹理性批判》实际上就是一般所谓哲学或形而上学，专研究知的功能，推求人类知识在什么条件之下才是可能的；第二部《实践理性批判》实际上就是一般所谓伦理学，专研究意志的功能，研究人凭什么最高原则去指导道德行为；第三部《判断力批判》前半实际上就是一般所谓美学，后半是目的论，专研究情感（快感或不快感）的功能，寻求人心在什么条件之下才感觉事物美（美学）和完善（目的论）。这三大批判合在一起就组成了一套完整的体系。

在方法上康德认为"批判"是和"教条主义"对立的。假定知识可能就是"教条主义的"，"批判"就要追问知识是否可能和如何可能。在解决这个问题时，康德并不曾考虑到知识在实际经验中情形如何，只考虑就理性分析来说，知识的情形应该如何，换句话说，他所追问的不是知识的内容而是它的形式。因此，知识在他的哲学系统中失去了一切现实联系和历史发展过程所带来的特殊性质。他用形式逻辑的方法，单纯从形式方面，去考察人的知、情、意三方面的功能。这种"批判"方法和他哲学上的主观唯心主义和不可知论是密切相关的。

康德的总目的是在知情意（在哲学、伦理学、美学）三方面都要达到理性主义与经验主义的调和；用逻辑术语来说，他要证明这三方面的共同基础在"先验综合"。"先验"是与"后验"对立的，分别在于前者根据先天理性而后者根据后天经验。他认为如果要使知识成为可能，一方面要有感性材料（内容）即后验因素，另一方面也要有先验因素，才能使后验的感性材料具有形式。这种先验因素是超越感性的（理性的），先天存在的。例如康德所说的"范畴"就是从逻辑判断的质（肯定、否定等）量（普遍、个别等）关系（因果、目的等）和方式（必然、偶然等）四方面分析出来的。不下判断则已，要下判断，就必先假定肯定、否定、普遍、个别之类概念。这些概念是推理和经验知识的基础，所以都是超验的。它们叫作"范畴"，因为它们都像铸造事物的模子，经验材料（像是面粉）经过它们一铸，就取得形式（像是糕饼）。从此可见，要使知识成为可能，判断的性质必然既是综合又是先验的。

“先验综合”就体现出理性主义与经验主义的调和。表面上康德对感性与理性并重，实际上三大批判都足以证明康德所侧重的还是理性，因为他的推论的方式总是：没有先验的理性因素，经验知识、实践道德和审美活动都不可能；康德从来没有考虑到：没有感性经验的基础，理性认识、实践道德和审美活动是否可能。由于偏重理性主义，康德的方法虽号称“批判”而实际上还是“教条主义”的，因为“批判”据康德的了解是反对假设，而三大批判最后都还建立在假设上，《纯粹理性批判》建立在“物自体”的假设上，《实践理性批判》建立在“神、灵魂不朽和意志自由”的假设上，《判断力批判》建立在“共同感觉力”和“目的”的假设上，而整个体系则建立在一条中世纪流传下来的神学教条上，即精神界与自然界的各自的秩序和彼此之间的由于神意安排所见出的目的性。

对于康德系统的大致理解是理解他的美学观点所必不可少的先决条件。在这方面作了一些介绍和说明之后，我们就来介绍他的有关美学的专著，《判断力批判》。

二 《判断力批判》

这是康德晚年的作品（1790年出版）。这部批判在他的哲学系统中占着特别重要的地位。他的意图是要使这部批判在较早写成两大批判之中起桥梁作用，或者用他的术语来说，要使判断力在知解力与理性之中起桥梁作用，情感（快感和不快感）在认识与实践活动（道德活动）之中起桥梁作用，审美的活动在自然界的必然与精神界的自由之间起桥梁作用。要了解《判断力批判》，就要了解康德的这个主要意图。

但是康德的著作对于初学者有一个首先要克服的大障碍，这就是他所用的一些术语,例如“想象力”“知解力”“理性”“判断力”“目的”“符合目的性”“必然”“自由”等,都不是用我们一般人通常所了解的意义。如果我们用常用的意义去理解它们，就会觉得不可解或是发生误解。康德的术语一定要从他著作的上下文联系中才能摸索到比较正确的理解。原来康德把认识局限在现象界（“物自体”不可知)，把认识功能局限在想象力和知解力[①]。想象力只能掌握事物的形式或形象,例如一眼看到一朵花的形状，用的就是想象力。知解力包括形式逻辑的推断，分析、综合和推理的能力，它也只能掌握自然界现象的某些部分，不能窥到无限和整体。像“无限”“整体”“神”“物自体”“灵魂不朽”“意志自由”之类概念，康德称之为“理性概念”，只有通过理性才能掌握。康德的理性是与知解力（我们所了解的理性）对立的。它并不属于认识功能，所谓理性掌握某些概念,不过是说要使现象世界成为可理解的或合理的,就必须假定那些理性概念。康德的第一部批判虽然叫作《纯粹理性批判》,实际上它所讨论的是人如何认识自然界的必然（规律,例如充足理由律、同一律、因果律等)，心理方面主要地只涉及认识功能，即知解力。至于和知解力对立的理性则主要地用在肯定精神界的自由（凭自由意志发出道德行为）方面，所以它主要地属于《实践理性批判》范围。康德的头两个批判，一个只涉及知解力和自然界的必然，一个只涉及理性和精神界的自由，各自成为一个独立封闭的系统，所以二者之间就留下一条仿佛不可跨越的鸿沟，自然界的秩序和精神界的道德秩序仿佛就彼此漠不相关。但是人的道德理想必须在自然界才能实现，精神界的道德秩序必须符合自然界的秩序,因此在理论上就必须找到一个沟通二者的桥梁。

经过长期的摸索，康德认为“判断力”就是所需要的桥梁，于是他

①一般把德文 Verstand 译为“悟性”,不妥,因为“悟性”在禅宗用语里指“一旦豁然贯通”的能力，不符合康德的原义，原义只是认识功能，原译“理解力”，现一律改为“知解力”，以便避免凭“理性”去认识。

写出《判断力批判》。康德对“判断力”一词所了解的意义是从来没有第二个人用过的。它不是知解力所用的逻辑判断，即康德所说的“定性判断”，而是“反思判断”。“反思判断力”（《判断力批判》中所讨论的判断力）就是审美和审目的的两种判断力。在这里就须把康德所常用的“目的”和“符合目的性”两词弄清楚。康德所说的“目的”如上所述，是指造物主在造物时设计安排中所存的目的。这“目的”分两种，一种是事物的形式符合我们的认识功能（想象力与知解力），它们具有某种形式，才便于我们认识到它们的形象并且感到愉快。这是对于人（主体）而言，所以是主观的目的；因为这“目的”不是作为概念而明确地认识到，只是从情感上隐约地感觉到，康德为着显示出它和第二种目的有别，把它叫作“主观的符合目的性”，第二种目的是自然界有机物（动植物）各有本质，如果它们的结构形式符合它们的本质，它们就是“完善”的而不是畸形的或有缺陷的，就显出“客观的目的”。对于一种有机物按本质应该具有何种结构形式，我们先须有一个概念，才能判定它是否完善，所以和前一种主观的符合目的性（不涉及概念）有明显的区别。从情感上感觉到事物形式符合我们认识功能，这就是审美判断；从概念上认识到事物形式符合它们自己的目的，因而显得是“完善”的，这就是审目的判断。这两种判断都不同于逻辑判断，都是对个别对象所起的感觉（“反思判断”），而在对象是美的或完善的时候，这感觉都是愉快的。

为什么说这种判断力在知解力与理性之间起桥梁作用呢？因为这种判断力既略带知解力的性质（因为涉及知解力的概念，这在审美判断中是暗含的，在审目的判断中是显露的），又略带理性的性质（因为“目的”本身就是一种理性概念）；这与情感（快感和不快感）既略带认识的性质，又略带意志（欲念）的性质，因而在认识与意志之间造成桥梁是一致的。这也和审美活动既见出自然界的必然，又见出精神界的自由，因而在这两种境界之中造成桥梁是一致的。就是在这个意义上，《判断力批判》填塞了《纯粹理性批判》和《实践理性批判》所留下来的鸿沟。

《判断力批判》关系到美学的只是第一部分，即“审美判断力的批判”。这又分两部分：第一部分是“审美判断力的分析”，下面又分“美的分析”和“崇高的分析”，在“崇高的分析”部分康德还着重地讨论了天才、艺术和审美意象等问题。第二部分是“审美判断力的辩证”，篇幅较短，只讨论审美趣味既不根据概念，又要根据概念的矛盾或“二律背反”，本文将不完全遵照原书次第，只提出康德美学中几个主要的观点来介绍。

在分点介绍之前，须说明一下康德在美学领域里的基本立场。他既不满意以鲍姆嘉通为代表的德国理性主义的美学观点，也不满意以博克为代表的英国经验主义的美学观点，他要求达到经验主义和理性主义的调和，英国经验主义派把“美的”和“愉快的”等同起来，审美活动只带来感官的快感；德国理性主义派则把“美的”和“完善的”等同起来，审美活动只是一种低级认识活动，要涉及概念，尽管它还是朦胧的。康德认为这两派都把美和相关的概念混淆起来，没有认识到美自身应有特质。他把审美活动归于判断力而不归于单纯的感官，这就是反对经验主义派的看法；同时，他认为审美判断的主要内容是情感（快感）而不是概念。“完善”概念应该归在审目的判断范围里，这就是反对理性主义派的看法。他拿经验主义派的快感结合上理性主义派的“符合目的性”，这就形成他在美学领域里的经验主义与理性主义的调和。记得他的这个基本立场，就便于理解他所作的美的分析。

1. 美的分析

康德一开始就花了很大篇幅来分析审美判断和美的特质。他根据形式逻辑判断的质、量、关系和方式四方面来分析审美判断。审美力或鉴赏力在传统术语里叫作“趣味”(Geschmack，本章一律译为“审美趣味”)，所以康德往往把“审美判断力”又叫作“趣味判断力”，为着简便，本文将一律用“审美判断力”。

(a) 从质的方面看审美判断

通常逻辑判断都离不开概念，例如“这朵花是美的”，如果作为一个逻辑判断来看，主词“花”和宾词“美”都有一种抽象的涵义，即都是概念。康德把审美判断和逻辑判断严格分开，认为在肯定“这朵花是美的”这个审美判断中，“花”只涉及形式而不涉及内容意义，所以不涉及概念，“美”也不是作为一种概念而联系到“花”的概念上去，如逻辑判断那样，而只是作为一种主观的快感而与这快感的来源，即花的形式，联系在一起的，这朵花的形式引起我的快感，我就是从这个快感来判定花的美。所以审美判断不是一种理智的判断，而是一种情感的判断。这里主词“花”只作为单纯的形象而存在，宾词“美”也只作为主观的快感而存在。从审美判断中我们所得到的不是一种知识而是一种感觉，所以“美”不是对象（花）的一种属性，属性是以概念的形式而认识到的。

但是如果认为美感只是一种快感，那就要落回到经验派的感觉主义。这是康德所力求避免的。美感自身如有特质，就不能与一般快感完全相同。康德认为分别在于一般快感都要涉及利害计较，都只是欲念的满足，主体对满足欲念的东西只关心到它的存在而不关心到它的形式，换句话说，它的形式不能满足欲念（望梅并不真正能解渴），只有它的存在才能满足欲念（吃梅就要消灭梅的存在）。单纯的快感，作为欲念的满足，还是实践方面的事（以梅止渴要牵涉到吃的行动）。审美活动却不能涉及利害计较，不是欲念的满足，对象只以它的形式而不是以它的存在来产生美感。审美只对对象的形式起观照活动而不起实践活动。美感即起于对形式的观照而不起于欲念的满足。所以美感不等于一般快感，美在性质上也不等于愉快。

美也不等于善，因为善是意志所向往的目的，要涉及利害计较的实践活动，和愉快的东西还是类似的。用康德自己的话来说：

要把一个对象看作善的，我们就必须知道这对象是应该用来做什么的，对它就必须有一个概念。在对象中见到美，就无须对它有什么概念。花卉、自由的图案画，以及没有目的地交织在一起的线条（所谓“叶状花纹”）都没有意义，不依存于明确的概念，但仍产生快感。

——第四节[①]

康德把愉快的、善的和美的三类不同事物所产生的情感也严格分开：

愉快的东西使人满足，美的东西单纯地使人喜爱，善的东西受人尊敬（赞许），即被人加上一种客观价值。无理性的动物也可以感到愉快；美却只是对人才有效，“人”指既具有动物性又具有理性的东西，不单纯作为理性的东西（例如精灵），也作为动物性的东西；善则一般只对具有理性的人才有效。……在这三种快感之中，审美的快感是唯一的独特的一种不计较利害的自由的快感，因为它不是由一种利益（感性的或理性的）迫使我们赞赏的。所以我们可以说，在三种快感之中，第一种涉及欲念，第二种涉及恩爱，第三种涉及尊敬。只有恩爱才是自由的喜爱。一个欲念的对象，以及一个由理性法则强加于我们，因而引起行动意志的对象都不能让我们有自由去把它变成快感的对象。一切利益都以需要为前提或后果，所以由利益来做赞赏的原动力，就会使对于对象的判断见不出自由。

——第五节

这里康德所提出的“自由”一个概念是重要的，所谓“自由”就是审美活动不受欲念或利害计较的强迫，完全自发。这个概念是和下文还要谈

①引文由编者据原文译出。下仿此。

到的“游戏”概念是密切相关的，也和“无私”的概念密切相关的。康德又说：

> 一个审美判断，只要是掺杂了丝毫的利害计较，就会是很偏私的[①]，而不是单纯的审美判断。人们必须对于对象的存在持冷淡的态度，才能在审美趣味中做裁判人。
>
> ——第二节

说明了审美不涉及概念和利害计较以及美与感官的愉快和善都有分别之后，康德就审美判断的质的方面，对美下了如下的定义：

> 审美趣味是一种不凭任何利害计较而单凭快感或不快感来对一个对象或一种形象显现[②]方式进行判断的能力。这样一种快感的对象就是美的。
>
> ——第五节

所以就质来说，美的特点在于不涉及利害计较，因而不涉及欲念和概念。

(b) 从量的方面看审美判断

审美的对象都是个别事物或个别形象显现，所以审美判断在量上都是单称判断。一般单称判断都不能显示出普遍性。例如我说“这种酒是令人愉快的”，我只是凭个人主观味感来判断，因为它使我得到感官上的满足，旁人对它也许有不同的感觉。足见单纯的感官满足没有普遍性。

---

①“很偏私的”原文作 Sehr parteitish，有人据俄译作“具有强烈的党派性”的，来论证康德反对审美的党派性，似不免牵强。

②德文 Vorstellung 过去译为“表象”，欠醒豁，它指把一个对象的形象摆在心眼前观照，亦即由想象力掌握一个对象的形象，这个词往往用作 Idee（意象，观念）和 Gedanke（思想）的同义词，含有“思维”活动的意义。

审美判断却不然，它虽是单称判断，却仍带有普遍性。我觉得美的东西旁人也会觉得美。康德的理由是这样：

> 如果一个人觉得一个对象使他愉快，并不涉及利害计较，他就必然断定这个对象有理由叫一切人都感到愉快。因为这种愉快既不是根据主体的欲念（或是其他意识到的利害计较），而是感觉到在喜爱这个对象中自己完全是自由的，他就会看不出有什么只有他才有的私人特殊情况，作为他感到愉快的理由。因此，他就必然认为可以设想：产生这种愉快的理由对一切人都该有效，相信他有理由去假定一切人都能感到同样的愉快。因此，他会把美说成仿佛是对象的一种属性，把审美判断也看成仿佛是逻辑判断（通过对象的概念来得到对于对象的认识），尽管它只是审美判断，只涉及对象的形象显现和主体之间的关系。他之所以这样看，是由于审美判断毕竟和逻辑判断有些类似，可以假定它对于一切人都有效。但是这种普遍性不能来自概念，因为不能由概念就转到快感或不快感……因此审美判断既然在主体意识中不涉及任何利害计较，就必然要求对一切人都有效。这种普遍性并不靠对象，这就是说，审美判断所要求的普遍性是主观的。
>
> ——第六节

这就是说，审美的快感须有原因，这原因既然不在私人的欲念或利害计较，就只能在一切人所共有的某一点上（这一点是什么，待下文说明），所以审美判断虽只关个人对个别对象的感觉，却仍可假定为带有普遍性。这种普遍性不是客观的（不是对象的一种普遍属性），而是**主观的**（一切人的共同感觉），就对象的性质来作普遍性的判断，这是逻辑判断的事，就对象在主体心中所引起的感觉来假定这感觉的普遍性，这才是审美判断的事。前者能供给关于对象的知识，后者却不能，所以康德不把审美活动当作认识活动，也不把美看作认识的对象，而只把它看作情感的对象。但是就具有普遍性一点来说，审美判断和逻辑判断仍有类似点。康德认为这个事实可以说明人们为什么把审美判断误认作逻辑判断，把美误认作对象的一种属性。

谈到这里，康德提出了一个问题：是对象先使我们感到快感而后我们对它下审美判断呢，还是我们先对它下审美判断而后才感到快感呢？他认为“这个问题的解决对于审美判断力的批判是一把钥匙，所以值得聚精会神地去探讨”（第九节），他的解答是：快感不能在判断之先，否则它就只能是纯粹的感官满足，只能限于私人的主观感觉，而不能有普遍有效性，因而也就不能使美感和一般快感见出分别。这问题确实是理解康德美学的关键。要把这问题弄清楚，就要先了解康德所谓普遍的可传达性之中可传达的是什么。他认为一般只有知识的对象才是客观的，才有可能使一切人对它都有同样的理解（这就是一种客观的普遍可传达性或“普遍有效性”）。审美判断既然只是主观的，不涉及概念，所以普遍可传达的便不能是认识的对象，而只能是审美判断中的心境。这心境有什么特征呢？它就在于对象的形象显现的形式恰好符合两种认识功能（想象力和知解力），可以引起它们和谐地自由活动，就是这种心境是审美判断的主要内容，也就是它才是普遍可传达的。其所以可普遍传达，是根据人类具有“共同感觉力”的假定，即所谓“人同此心，心同此理”，有这种“共同感觉力”，一切人对认识功能的和谐自由活动的感觉就会是共同的，所以我对某种形象显现起这种感觉时，这感觉虽然是个人的，主观的，我仍可假定旁人对这同一个形象显现也会引起这种感觉，康德把这种同一感觉的可共享性叫作**主观的**普遍可传达性。就是对这种普遍可传达性的估计或判定才是审美判断中快感的来源。美感之所以有别于一般快感的正在于它有，而一般快感没有，这种对心境的普遍可传达性的估计，作为快感的根源。康德的原文是这样说的：

这种形象显现所发动的各种认识功能在审美判断里是在自由活动中，因为没有确定的概念迫使它们受某一特定的认识规律的限制。因此，看到这种形象显现时的心境必然就是把某一既定形象联系到一般人认识它时各种形象显现功能（想象力和知解力，康德有时把它们叫作“认识功能”——引者注）在自由活动的感觉。反映一个对象的形象显现，如果要成为认识的来源，就要涉及想象力和知解力，想象力用来把多种感性观照因素综合起来，知解力则用来把多种形象显现统一起来[①]。反映一个对象的形象显现活动所伴随的这种认识功能在自由活动的心境必然就是可以普遍传达的，因为关于这对象的一切形象显现（无论主体是谁）都要和认识（作为对这对象性质的确定）一致，所以认识就是对每一个人都适用的唯一的一种形象显现方式。

——第九节

总之，人类在认识功能上有一致性，所以在认识上也就有一致性。某种形象显现在形式上既然适合我的认识功能，因而引起它们在我心里的自由活动的快感，它对和我在心理组织上相类似的人也就应产生同样的效果。审美快感的来源并不是单纯的感官满足，而是对审美心境（认识功能的自由活动）的普遍可传达性的估计。这种估计不是推理的结果，只是一种朦胧的舒适的感觉，具体表现为意识可以察觉到的快感。所以康德说，这种普遍的可传达性是由审美判断所“假定为先行条件的”，“它可以从它的心理效果上感觉得出”，除此以外，“不可能对它有其他的意识”（第九节）。这种看法的根据当然还是普遍人性论。

最后，从审美判断的量方面看，康德替美下了如下的定义：

①想象力形成形象显现或具体意象，知解力综合许多具体意象成为抽象概念（逻辑的）或典型（艺术的集中化和概括化）。

> 美是不涉及概念而普遍地使人愉快的。
>
> ——第九节

这样，康德认为就可以解决审美判断虽是单称的、主观的，而仍有普遍有效性的矛盾。

(c) 从关系方面看审美判断

“关系”指的是对象和它的“目的”之间的关系。上文已提到康德对于“目的”的看法以及对于“客观的目的性”（完善）和“主观的目的性”(美) 所作的分别,这些都是他从关系方面看审美判断所得的结论。他所要说明的关于这方面的矛盾是：美的事物虽没有明确的目的而却有“符合目的性”。没有明确的目的，因为审美判断不涉及概念；有符合目的性，因为对象的形式适合于主体的想象力与知解力的自由活动与和谐合作，这仿佛是由一种“意志”(康德没有明说“天意”) 来预先设计安排的。

就是从关系方面看审美判断，康德提出了他的著名的“纯粹美”与“依存美”的分别。只有这种不涉及概念和利害计较，有符合目的性而无目的的纯然形式的美,才算是“纯粹的美”或“自由的美”;如果涉及概念、利害计较和目的之类内容意义，这种美就只能叫作“依存的美”，即依存于概念、利害计较和目的之类内容意义。康德替这两种美下了如下的定义：

> 有两种美：自由的美和只是依存的美。前者不以对象究竟是什么的概念为前提，后者却要以这种概念以及相应的对象的完善为前提；前者是事物本身固有的美，后者却依存于一个概念（有条件的美），就属于受某一特殊目的概念约制的那些对象。
>
> ——第一六节

具体地说，究竟哪些事物属于纯粹美，哪些事物属于依存美呢？典型的纯粹美就只有“花卉、自由的图案画，以及没有目的地交织在一起的线条”（第四节）。此外，“单纯的颜色，例如一片草地的青色，以及单纯的音调，例如小提琴的某一单音”虽是“多数人所认为本身就美的”，实际上却“仅依存于感官，只能叫作愉快的”（第一四节），这就是说，它们只是单纯地满足感官。如果要真正见到颜色和声音的美，那就须是它们能在形式上使人愉快。音乐本来是侧重形式的艺术，似乎可以列入纯粹美，但是康德仍认为它依存于感官方面的吸引力和主体方面的情绪，而这些因素毕竟与欲念有关①，所以除掉无主题的幻想曲和不与歌词结合的乐曲之外，音乐还只能列入依存美。至于造型艺术都有所表现，即都有内容意义，就都只能属于依存美。要正确地欣赏这类艺术，也应只注意到它们的形式：

> 在绘画、雕刻和一切造型艺术里，在建筑和庭园艺术里，就它们是美的艺术来说，本质的东西是图案设计，只有它才不是单纯地满足感官，而是通过它的形式来使人愉快，所以只有它才是审美趣味的最基本的根源。
>
> ——第一四节

康德在“美的分析”里根本没有提到诗和一般文学（他把这些归到“崇高的分析”里），就纯粹美不能涉及内容意义来说，诗和文学当然不能列入纯粹美。

艺术美如此，自然美如何呢？康德从两方面排斥自然美于纯粹美之外。第一，他反对鲍姆嘉通把“美”和“完善”等同起来，“完善”须据目的概念来量衡，所以夹有“完善”概念的美都只能是依存的，康德

①康德认为颜色和音调可以象征心境（见第五三节），因此就有内容意义，不能属于纯粹美。

曾举人和马为例。例如说一个女人美，就是说"自然在她的形状上很美地体现了女性形体构造的目的"（第四八节），所以女人的美不能是纯粹的。康德虽承认花卉和贝壳之类东西属于纯粹美，但是也有所保留，主张植物学家在欣赏花卉美时，不应联想到花是植物的生殖器官。其次，康德认为纯粹美只在形式上，不能沾染感官的吸引力，也不能联系到人的情绪，而自然风景正和上文所说的音乐一样，都不免多少要沾染这类因素，所以它只能属于依存美。

从此可见，真正可以列入康德所谓"纯粹美"的事物在数量上是微乎其微的，绝大部分的自然美和艺术美都要归到依存美。这种看法最突出地表现出康德美学观点中形式主义的一方面。不过康德并不曾把纯粹美看作最高的理想的美。他是把两个问题分开来看的：第一，什么样的美才是纯粹的；其次，什么样的美才是最高的、理想的。为着要显出审美判断力作为一种特殊心理功能的特质，他主张要在审美的快感和一般的快感与理智的快感之间见出分别。依他分析的结果，审美只涉及形式而不涉及单纯的感官满足以及基于利害计较、目的概念和道德观念等方面的满足。因此，他指出了纯粹美与依存美的分别。但是另一方面，他也明确地说过，"审美的快感与理智的快感二者的结合对于审美趣味确实有益处"，而且"当我们借助于概念，来拿反映对象的形象显现和这对象的本质进行比较时，我们不免也要拿这形象显现和主体的感觉摆在一起来看（把它联系到人的感情——引者注），这对于形象显现的全部功能是有益处的，如果上述两种心境（单凭形式判定对象美和凭目的概念判定对象完善时的两种心境——引者注）是协调一致的"（第一六节）。孤立地看，这番话还不免欠明确；但就康德在全书所发挥的总的观点来看，他的总的口吻是：从分析的角度看，纯粹美是只关形式的，有独立性的；但从综合的角度看，美毕竟要涉及整个的对象和整个的人（主体）。所以紧接着纯粹美与依存美的严格区分之后，他就着重地讨论到理想美的问题（这一点留待下文介绍他的典型说时详论），明确地指出理想美

要以理性为基础，所以只有依存美才能是理想美。(第一七节)

最后，从关系方面，即从目的方面，康德对美下了如下的定义：

> 美是一个对象的符合目的性的形式，但感觉到这形式美时并不凭对于某一目的的表现（主体意识不到一个明确的目的——引者注）。
>
> ——第一七节

这就是美没有明确目的而却有符合目的性的矛盾或二律背反。

(d) 从方式方面看审美判断

判断的方式指的是判断带有可然性、实然性或必然性。形象显现都有产生快感的可然性，说一件东西产生了快感，那就是实然的。美的东西产生快感却是必然的。

在什么意义上说审美判断也具有必然性呢？康德回答说，“它只能算是范例的必然性”，也就是“一切人对一个用范例来显示出一种不能明确说出的普遍规律的判断，都要表示同意的那种必然性”(第一八节)。这种判断就是审美判断，它用范例（某一具体的形象显现）所显示的普遍规律就是上文所说的美的形式引起知解力和想象力的自由活动与和谐合作那种“主观的符合目的性”。这普遍规律之所以不能明确说出，因为它是不涉及概念，只凭主观情感（快感）来肯定的。一切人对这种用范例显示不能明确说出的普遍规律的判断何以必然都要同意呢？康德承认这种审美的必然性要建立在是人都有的“共同感觉力”的假设上，例如我觉得这朵花美，我就有理由要求一切人都感觉它美，因为在判断它美时，我们根据的就是尽人皆有的“共同感觉力”，而不是个人所特有的癖性或幻想；这种“共同感觉力”此时碰巧在我身上发挥作用，在旁人身上也就必然发挥作用。如果承认康德这种假设，他从这假设出发所提出的论点是可以理解的。有没有理由来假设“共同感觉力”的存在呢？

康德说，如果不作这种假设，认识便不可能传达，人与人就不可能互相了解。“我们都假定一种共同感觉力作为知识的普遍可传达性的一个必然条件，这是一切逻辑和一切认识论（只要它不是怀疑主义的）都要假定的前提。”（第二一节）

从审美判断的方式看，康德替美下了如下的定义：

凡是不凭概念而被认为必然产生快感的对象就是美的。

——第二二节

(e)“美的分析”的总结

综合康德从质、量、关系和方式四方面分析审美判断中所得到的四点关于美的结论，我们可以作如下的概括叙述：

审美判断不涉及欲念和利害计较，所以有别于一般快感和功利的以及道德的活动，这也就是说，它不是一种实践活动；审美判断不涉及概念，所以有别于逻辑判断，这也就是说，它不是一种认识活动；它不涉及明确的目的，所以与审目的判断有别，美不等于“完善”。

审美判断是对象的形式（不是存在）所引起的一种愉快的感觉。这种形式之所以能引起快感，是由于它适应人的认识功能，即想象力和知解力，使这些功能可以自由活动并且和谐合作。这种心理状态虽不是可以明确地认识到的，却是可以从情感的效果上感觉到的。审美的快感就是对于这种心理状态的肯定，它可以说是对于对象形式与主体的认识功能的内外契合，见出宇宙秩序的巧妙安排（“主观的符合目的性”）所感到的欣慰。这是审美判断中的基本内容。

审美的快感虽是个别对象形式在个别主体心里所引起的一种私人的情感，却带有普遍性和必然性，它是可以普遍传达的，是人就必然感到的，因为是人就具有“共同感觉力”，这“共同感觉力”既可以在某一人身上起作用，就必然也能在一切人身上都起作用。

审美判断因此现出一系列的矛盾或二律背反现象。它不涉及欲念和利害计较，不是实践活动，却产生类似实践活动所产生的快感；它不涉及概念，不是认识活动，却又需要想象力与知解力两种认识功能的自由活动，要涉及一种“不确定的概念”或“不能明确说出的普遍规律”；它没有明确的目的，却又有符合目的性；它虽是主观的，个别的，却又有普遍性和必然性。最重要的还是它不单纯是实践活动而却近于实践活动，它不单纯是认识活动而却近于认识活动，所以它是认识与实践之间的桥梁。就是因为这个道理,《判断力批判》是《纯粹理性批判》和《实践理性批判》之间的桥梁。

符合审美判断的上述条件的就是纯粹美，凡是在单纯形式之外还涉及欲念、利害计较、概念和目的（带有内容意义）的美都只是依存美，但理想美只能是依存的。

从上面的概述看，康德比前人更充分地认识到审美问题的复杂性以及审美现象中的许多矛盾对立，而他的企图不是忽视或否定矛盾对立的某一方面，而是使对立双方达到调和统一。

就康德的个别论点来说，它们大半是从前人久已提出过的。姑举几个基本论点为例：美不涉及欲念和概念的说法，中世纪圣托玛斯就已明确提出，近代英国哈奇生和德国的曼德尔生也都有同样的看法。美仅涉及形式的说法，从希腊的毕达哥拉斯学派，通过新柏拉图派一直到文艺复兴，已有悠久的历史，康德的直接先驱文克尔曼和莱辛也都基本上接受了美在形式的看法。审美活动中内外相应的观点也是新柏拉图派的遗产，德国莱布尼茨把它纳到“预定和谐”说里，就和目的论接合起来了。至于审美判断的普遍有效性则实质上就是承认美的普遍吸引力和普遍标准以及这二者所由来的普遍人性，这是古典主义者的基本信条。所以康德的个别论点大半是由过去继承来的。康德的独创性在于把过去一些零散的甚至互相矛盾的观点综合成为一个整体，纳在一套完整的哲学系统里面去。

尽管它表现出形式主义的倾向，康德的“美的分析”对美学思想发展却仍是很重要的贡献。第一，他把审美现象中的许多矛盾很清楚地揭示出来了，揭露矛盾是解决矛盾的前提，康德自己虽然没有很好地解决矛盾，却向后来人指示出问题的复杂性。其次，康德郑重提出美的本质或特性问题，一方面纠正了经验派美感等于快感的看法，另一方面也纠正了理性派美等于“完善”的看法。真善美是既互相区别而又互相联系的，康德见到了这一点，只是对于联系说得不够清楚，而对于区别却说得非常清楚，不免使人误解他只着重它们之间的区别。第三，美感虽是一种感性经验，却有理性基础，这个基本思想是首先由康德特别突出地提出来的。这是他的美学观点中的合理内核，后来对黑格尔的美学观点发生了有益的影响。第四，处在德国资产阶级发展的初期，康德还没走到后来资产阶级所走到的那种极端的个人主义（在文艺方面表现为自我中心的消极浪漫主义和纯凭个人主观感觉的印象主义）。他所强调的“共同感觉力”和美感的“普遍可传达性”虽是植根于未经科学分析的人性论，却也有它的正确的进步的一方面，即对于美感的社会性的重视。康德说得很明白：

> 从经验角度来说，美只有在社会中才能引起兴趣。如果我们承认向社会的冲动是人类的自然倾向，承认适合社会和向往社会的要求，即适应社会性，对于人（作为指定在社会中生存的动物）是一种必需，也就是人性的特质，我们也就不可避免地要把审美趣味看作用来审辨凡是便于我们借以互相传达情感的东西的判断力，因而也就是把它看作实现每个人自然倾向所要求的东西所必用的一种媒介[①]。
>
> 如果一个人被抛弃在一个孤岛上，他就不会专为自己而去装饰

①康德在这里把艺术、美的事物和语言一样看作社会交际工具。

他的小茅屋或是他自己，不会去寻花，更不会去栽花，用来装饰自己。只有在社会里，人才想到不仅要做一个人，而且要做一个按照人的标准来说是优秀的人（这就是文化的开始），要被看作优秀的人，他就须有把自己的快感传达给旁人的愿望和本领，他就不会满足于一个对象，除非他能把从那对象所得到的快乐拿出来和旁人共享。同时，每个人都要求每个旁人重视这种普遍传达——这仿佛是根据人性本身所制定的一种原始公约。在最初涉及的东西当然还只是些小装饰品，例如文身用的颜料（西印度群岛中加利比人所用的橙黄，北美印第安人所用的银朱），或是花卉、贝壳、色彩美丽的羽毛，后来又加上一些形状美好的东西（如小船、衣服之类），这些东西本身本不足以给人什么满足或享受，在社会中却变成重要的东西，引起很大的兴趣。等到文化发展到高峰的时代，上述倾向就几乎变成有教养的爱好中的主要项目。对各种感受的估价高低，也要以它们能否普遍传达为准。到了这个阶段，每个人从一个对象中所得到的快感是微不足道的，就它本身来说，不能引起多大兴趣，但是它的普遍可传达性的感觉就几乎无限度地把它的价值提高。

——第四一节

从此可见，康德是从社会的角度来看美感的普遍可传达性。一个人的美感有无价值或有多大价值，就要看这种美感能否普遍传达给旁人，供旁人共享。应该说，这种思想是健康的、正确的，只是由于资产阶级社会文化日趋堕落，康德的美学思想中这一方面被抛弃掉了。还应该说，康德一般是缺乏历史发展观点和鄙视从经验出发去分析哲理问题的，但是上段引文中却流露了一点（尽管是微乎其微的）历史发展观点和对经验事实的信任。如果他朝这个方向发展，他的贡献会大得多。只是由于他严重地脱离现实，受经院派理性主义侧重玄想的学风束缚，他的思想中一点有希望的萌芽可惜没有得到充分的发展。

2. 崇高的分析

(a) 康德的崇高分析的重要性

从中世纪到文艺复兴，朗吉弩斯的《论崇高风格》一书久经埋没，一直到十七世纪由布瓦罗译成法文，才在欧洲学术界得到流传。当时新古典主义理想是和崇高精神不很契合的，所以新古典主义的思想家们不可能对崇高有真正的体会或进行深入的分析。十八世纪英国文艺理论家对崇高问题有些零星的讨论，例如爱迪生在《想象的乐趣》诸文里指出伟大——崇高的特质——只有在自然中才可以见出。博克在《论崇高与美两种观念的根源》一书里着重地谈到崇高，指出崇高的对象不像美的对象只产生纯粹的快感，而是令人起威胁到“自我安全”的感觉或是恐惧，所以是一种痛感，但是这种痛感之中带有快感，因为它是“自我安全”的保障，凡是能保障自我安全的——即使是恐惧——也会产生快感。对崇高的日趋重视主要由于浪漫运动的兴起带来了审美趣味的转变，人们开始对精致完善和小巧玲珑的东西感到腻味，比较爱好奇特的甚至有些丑陋的“高惕”风格，以及粗犷荒野的自然。这种新风气是由英国传到德国的。文克尔曼在《古代艺术史》的序论里曾指出大海景致首先使心灵感到压抑，接着就使心灵伸张和提高，这就指出了崇高感中心理矛盾的现象。这些零星讨论可能对康德都有所启发，但是他对崇高问题所进行的探讨比起过去任何美学思想家都远较深入。在欣赏方面他提出崇高，正和在创造方面他强调天才一样，都反映出浪漫运动的兴起，而对浪漫运动的发展也起了深刻的影响。

康德把审美判断分为“美的分析”和“崇高的分析”两部分。“崇高的分析”具有特殊重要意义，主要在于两点：第一，康德在“美的分析”中所得到的关于纯粹美的结论基本上是形式主义的，美只涉及对象的形式而不涉及它的内容意义、目的和功用；而在“崇高的分析”中，他却不仅承认崇高对象一般是“无形式”的，而且特别强调崇高感的道德性质和理性基础，这就是放弃了“美的分析”中的形式主义，因而等到继分析崇高之后再回头进一步讨论美时，康德对美的看法就有了显著的转变，“美在形式”转变为“美是道德观念的象征”，美的基本要素毕竟是内容。在写作《判断力批判》的过程中，康德的思想在发展，所以其中有许多前后矛盾的地方。其次，康德对于美学思想的重要贡献在于对天才、审美意象和艺术创作的讨论，这部分的结论也突出地显得与“美的分析”背道而驰，而这部分却是摆在“崇高的分析”里的。康德没有说明这种安排的理由，可能是由于在涉及理性内容上，崇高与艺术天才有它们的共同点。

(b) 崇高和美的异同

崇高与美是审美判断之下的两个对立面，但是就它们同属于审美判断来说，它们却有些相同：它们都不仅是感官的满足，都不涉及明确的目的和逻辑的概念，都表现出主观的符合目的性，而这种主观的符合目的性所引起的快感都是必然的、可普遍传达的（第二四节）。

但是康德更着重的是崇高和美的差异：第一，就对象来说，美只涉及对象的形式，而崇高却涉及对象的“无形式”。形式都有限制，而崇高对象的特点在于“无限制”或“无限大”。康德说，“自然引起崇高的观念，主要由于它的混茫，它的最粗野最无规则的杂乱和荒凉，只要它标志出体积和力量”（第二三节）。因此，美更多地涉及质，而崇高却更多地涉及量。其次，就主观心理反应来说，美感是单纯的快感，崇高却是由痛感转化成的快感。用康德自己的话来说：

> 美的愉快和崇高的愉快在种类上很不相同，美直接引起有益于生命的感觉，所以和吸引力与游戏的想象很能契合。至于崇高感却是一种间接引起的快感，因为它先有一种生命力受到暂时阻碍的感觉，马上就接着有一种更强烈的生命力的洋溢迸发，所以崇高感作为一种情绪，在想象力的运用上不像是游戏，而是严肃认真的，因

此它和吸引力不相投，心灵不是单纯地受到对象的吸引，而是更番地受到对象的推拒。崇高所生的愉快与其说是一种积极的快感，无宁说是惊讶或崇敬，这可以叫作消极的快感。

——第二三节

这番话对于崇高现象可以说是很好的经验性的描述。

但是在指出崇高与美的“最重要的分别”时，康德显示出他的主观唯心主义。他认为“最重要的分别”还在于美可以说是在对象，而崇高则只能在主体的心灵。美可以说在对象的形式，因为这种形式仿佛经过设计安排，恰巧适合人的想象力与理解力的自由活动与和谐合作，因而产生快感；而崇高的对象“在形式上却仿佛和人的判断力背道而驰，不适应人的认识形象的功能，对人的想象力仿佛在施加暴力”（第二三节），所以崇高的对象不可能由它的形式来产生快感：

我们只能说，这种对象适宜于表现出心灵本身固有的崇高，因为真正的崇高不是感性形式所能容纳的，它所涉及的是无法找到恰合的形象来表现的那种理性观念；但是正由这种不恰合（这却是感性形象所能表现出的），才把心里的崇高激发起来。例如暴风浪中的大海原不能说是崇高的，只能说是形状可怕的。一个人必须先在心中装满大量观念，在观照海景时，才能激起一种情感——正是这情感本身才是崇高的，因为这时心灵受到激发，抛开了感觉力[①]而去体会更高的符合目的性的观念。

——第二三节

这里所谓“更高的符合目的性的观念”就是上文所提到的生命力先遭到

①感觉力即感性功能。

阻碍而后洋溢迸发，因而精神得到提高或振奋时所表现的人的道德精神力量的胜利。因此，崇高并不在于对象而在于心灵，比起美来，它更是主观的。此外，康德还指出，美感始终是单纯的快感，所以观赏者的心灵处在平静安息状态；崇高感却由压抑转到振奋，所以观赏者的心灵处在动荡状态。

（c）两种崇高：数量的和力量的

康德把崇高分为两种：一种是数量的崇高，特点在于对象体积的无限大；另一种是力量的崇高，特点在于对象既引起恐惧又引起崇敬的那种巨大的力量或气魄。

关于数量的崇高，所涉及的主要是体积。关于体积，感官所能掌握的只是有限大，大之上还有大，伸展是无穷的，感官或想象力对巨大体积的掌握终须达到一个极限，不能达到无限大。数学式的或逻辑式的掌握都须假定某一种单位尺度作为比较的标准，来估计某物比其他物大或小，这种单位尺度还是一种概念，所以这种掌握不是审美的。至于对崇高事物进行体积方面的审美的估计，所见到的却是"无限大"或"无比的大"，即不根据某种外在的单位尺度或概念来进行比较，我们就在对象本身上见出无限大，它本身的无限就是估计的标准。为着说明这句话的意义，康德指出在这种估计或判断过程中，有两种矛盾的心理活动，一方面人的理性在认识对象中要求见到对象的整体；另一方面崇高对象的巨大体积却超过想象力（对形象的感性认识功能）所能一霎掌握的极限，想象力不足以达到理性所要求的整体。这是矛盾。正是想象力的这种无能或不适应终于唤醒人心本有的一种"超感性功能的感觉"（理性观念）。这理性观念是什么呢？康德对这问题的回答始终是很模糊的。他说，"只是把对象作为一个整体来想的能力就表明人心中有一种超越一切感官标准的功能"（第二六节）。"理性观念"可能就是"把对象作为一个整体来想"的要求。这种观念是"不确定的"，所以崇高感只是一种没有具体内容的抽象的感觉。它可以说是理性功能弥补感性功能欠缺的胜利感。感性功能（想象力）不足以见到崇高对象的整体，理性功能就起来支援，就在这对象本身见出无限大，见出它所要求的整体。崇高与美都要见出"主观的符合目的性"，美的主观的符合目的性见于想象力和知解力的和谐合作，崇高的主观的符合目的性则见于想象力遭到"推拒"而理性起来解围。康德假定理性是人类认识功能的共同基础：所以崇高感虽是个人主观的感觉，却仍是必然的，可普遍传达的（以上简括第二五至二六节的要义）。康德没有说明这种崇高感可普遍传达的看法如何可以和他的认识到崇高须先有"大量观念"（第二三节）和"较高程度的文化修养"（第二九节）的看法相调和。

康德认为"对崇高的纯粹审美的判断不以关于对象的概念作为决定根据"，所以崇高不能在艺术作品（例如建筑雕刻等）中见出，因为"这里有人的目的在决定作品的形式和体积"，也不能在动物界见出，因为"这些自然物在概念上要涉及一种明确的目的"；崇高只能在"只涉及体积的粗野的自然"中见出（第二六节）。但是康德所举的数量的崇高实例之中不仅有暴风浪中的大海和荒野的崇山峻岭，也有埃及的金字塔和罗马的圣彼得大教堂，这里也显然是自相矛盾的。

关于第二种崇高，力量的崇高，康德也把它局限在自然界。他所下的定义是这样：

> 威力是一种越过巨大阻碍的能力。如果它也能越过本身具有威力的东西的抵抗，它就叫作支配力。在审美判断中如果把自然看作对于我们没有支配力的那种威力，自然就显出力量的崇高。
>
> ——第二八节

所以就对象说，力量崇高的事物一方面须有巨大的威力，另一方面这巨大的威力对于我们却不能成为支配力。就主观心理反应来说，力量的崇高也显出相应的矛盾，一方面巨大的威力使它可能成为一种“恐惧的对象”，另一方面它如果真正使我们恐惧，我们就会逃避它，不会对它感到欣喜，而事实上它却使我们欣喜，这是由于它同时在我们心中引起自己有足够的抵抗力而不受它支配的感觉。康德举例说明：

> 好像要压倒人的陡峭的悬崖，密布在天空中迸射出迅雷疾电的黑云，带着毁灭威力的火山，势如扫空一切的狂风暴，惊涛骇浪中的汪洋大海以及从巨大河流投下来的悬瀑之类景物使我们的抵抗力在它们的威力之下相形见绌，显得渺小不足道。但是只要我们自觉安全，它们的形状愈可怕，也就愈有吸引力；我们就欣然把这些对象看作崇高的，因为它们把我们心灵的力量提高到超出惯常的凡庸，使我们显示出另一种抵抗力，有勇气去和自然的这种表面的万能进行较量。
>
> ——第二八节

这“另一种抵抗力”是什么？它就是人的理性方面使自然的威力对人不能成为支配力的那种更大的威力，也就是人的勇气和自我尊严感。这可以从康德下面一段话中见出：

> 自然威力的不可抵抗性迫使我们（作为自然物）自认肉体方面的无能，但是同时也显示出我们对自然的独立，我们有一种超过自然的优越性，这就是另一种自我保存方式的基础，这种方式不同于可受外在自然袭击导致险境的那种自我保存方式。这就使得我们身上的人性免于屈辱，尽管作为凡人，我们不免承受外来的暴力。因此，在我们的审美判断中，自然之所以被判定为崇高的，并非由于它可怕，而是由于它唤醒我们的力量（这不是属于自然的），来把我们平常关心的东西（财产、健康和生命）看得渺小，因而把自然的威

力（在财产、健康和生命这些方面，我们不免受这种威力支配）看作不能对我们和我们的人格施加粗暴的支配力，以致迫使我们在最高原则攸关，须决定取舍的关头，向它屈服。在这种情况下自然之所以被看作崇高，只是因为它把想象力提高到能用形象表现出这样一些情况：在这些情况之下，心灵认识到自己的使命的崇高性，甚至高过自然。

——第二八节

这种主观心理反应在情感上所以是矛盾的：一方面想象力的不适应引起生命力遭到抗拒的感觉，这种感觉近似恐惧而又不同于恐惧，因为另一方面理性观念的胜利却使心灵在对自己的估计中提高到感到一种崇敬或惊羡。所以崇高感是一种以痛感为桥梁而且就由痛感转化过来的快感。在恐惧与崇敬的对立中，崇敬克服了恐惧，所以崇敬是主要的。在这一点上康德对博克的崇高感起于恐惧的片面说法作了重要的纠正。究竟什么才是崇敬的对象呢？它像是自然对象，而骨子里却是人自己的人能凭理性胜过自然的意识。所以崇高不在自然而在人的心境。康德对这一点不厌其烦地反复申述。他说：

> 对自然的崇高感就是对我们自己的使命的崇敬，通过一种“偷换”（Subreption）的办法，我们把这崇敬移到自然事物上去（对主体方面的人性观念的尊敬换成对对象的尊敬）。
>
> ——第二七节

趁便指出，这种看法已经具有移情作用说的雏形。

崇敬是一种道德的情操，很显然，康德所说的“理性观念”实际上就是道德观念，在“最高原则攸关，须决定取舍的关头”不向“外来的暴力”屈服，也就要靠康德在《实践理性批判》里所说的“至上命令”。

他说，“实际上自然崇高的感觉是不可思议的，除非它和近似道德态度的一种心理态度结合在一起”（第二九节）。所以他所举的力量崇高的实例都有关道德观念，例如他指出无论在野蛮社会还是在文明社会，最受人崇敬的都是不畏险阻、百折不挠的战士，这种崇敬就是一种崇高感。足见康德所理解的力量的崇高主要是指勇敢精神的崇高。这种勇敢精神是一定社会文化修养的结果。康德说得很对：“如果没有道德观念的发展，对于有修养准备的人是崇高的东西对于无教养的人却只是可怕的。”（第二九节）如果沿这条思路想下去，他应该能认识到崇高感起于经验基础和社会的根源。由于他的主观唯心主义的哲学系统建立在“先验的理性”基础上面；他对经验性的东西毕竟鄙视和猜疑，所以在美学上他始终企图以先验的理性解释一切，包括崇高感。他对“主观的符合目的性”的说明极模糊，以及许多论点的前后矛盾，都是由这个总的病根产生出来的。

(d) 康德的崇高说的缺点

康德的崇高说缺点很多，例如崇高与美在他心目中始终是对立的，他没有看到二者如何统一，使崇高成为一种审美的范畴。就崇高本身来说，数量的崇高和力量的崇高也始终处于对立而没有达到统一。但是他的崇高说尽管有许多缺点，却是后来一切关于崇高的讨论的基础。在康德的影响之下，黑格尔提出另一种看法，以为崇高起于感性形象不足以表现精神方面的无限（这一点受了康德的启发），并且以此为象征型艺术（东方原始艺术）的特征，特别是希伯来民族对于神的观念的特征。他放弃了康德的艺术作品不能崇高以及崇高与美对立的看法。崇高是象征型艺术的特征；作为理念的一种不充分的感性显现，它毕竟还是一种美。法国美学家巴希（Basch）在《康德美学评判》里反对把崇高分为数量的和力量的两种，认为崇高只有力量的伟大一种，数量伟大之所以能产生崇高感，实际上还是因为它表现出力量的伟大。英国勃拉德莱

（Bradley）在《牛津诗学讲义》里也提出同样的看法，他举屠格涅夫在散文诗里所写的麻雀抗拒猎狗为例，说明麻雀之所以令人感到崇高，正由于它的英勇和它的体积不相称，所以体积的大小在崇高感中不是主要的因素。主要因素是力量或气魄。

3. 天才和艺术

《判断力批判》好像只涉及欣赏而不涉及创造，但是事实上这部书只有前部分，即关于美与崇高的分析部分涉及欣赏，而后部分，即关于天才和艺术的部分，却着重地讨论了艺术创造。

（a）艺术的特征：艺术与游戏

在着手讨论艺术时，康德首先指出艺术与自然的分别。“艺术有别于自然，正如制作有别于一般动作；艺术产品或结果有别于自然的产品或结果，正如作品有别于作用或效果。”（第四三节）这就是说，艺术须有所创作，须产生作品，而自然只是在动作（在运动中发展变化）中发生作用。艺术创作须通过自由意志和理性。所以康德接着替艺术下定义说，“照理，我们只应把通过自由，即通过以理性为活动基础的意志活动的创造叫作艺术”。艺术创造不能像蜂子营巢那样完全出于本能。在创造艺术作品时，艺术家心中“须先悬想一个目的，然后按照这个目的去想作品的形式”。从此可见，艺术创造与单纯的审美活动不同，不能不涉及意志、目的乃至于概念。

其次，康德指出艺术与科学两种活动的分别。“艺术作为人的技术本领，也有别于科学，正如能有别于知，实践功能有别于认识功能，技术有别于理论”。因此，在艺术创作中，“知”不一定就保证“能”，首要的还是技术训练方面的本领。但是康德同时也指出“能”却要有“知”为基础。“对于美的艺术来说，要达到高度完美，就需要大量的科学知识，例如须熟悉古代语言、古典作家以及历史、考古学等等”（第四四节），从此可见,康德所理解的“知识”限于书本知识,他没有考虑到实际生活。

第三，康德指出艺术与手工艺的分别。这牵涉到艺术与游戏问题，值得特别注意，康德的原话是这样：

> 艺术还有别于手工艺，艺术是自由的，手工艺也可以叫作挣报酬的艺术。人们把艺术看作仿佛是一种游戏，这是本身就愉快的一种事情，达到了这一点，就算是符合目的；手工艺却是一种劳动（工作），这是本身就不愉快（痛苦）的一种事情，只有通过它的效果（例如报酬），它才有些吸引力，因而它是被强迫的。
>
> ——第四三节

从此可见，康德把自由看作艺术的精髓，正是在自由这一点上，艺术与游戏是相通的。康德还不仅把游戏概念运用到艺术创造上，而且在欣赏美方面，上文已提到过，他也认为“想象力与知解力的自由活动”是主要的心理内容。“自由活动”在原文是 freispiel，其中 spiel 含有“活动”和“游戏”两个双关的意义，所以“自由活动”也就是“自由游戏”。他曾用游戏概念来说明许多审美方面的现象，例如在艺术分类里，他把诗看成“想象力的自由游戏”，把音乐和“颜色艺术”列入所谓“感觉游戏的艺术”。自由活动或游戏（包括艺术在内）何以能产生快感呢？康德给了一种生理学的解释。他说，“满足感仿佛总是人的整个生命得到进展的一种感觉，因而也是身体舒畅或健康的感觉”。“各种感觉常在变化的自由游戏经常是满足感的来源，因为它促成健康的感觉”（第五四节）。从这个观点出发，康德对喜剧性或笑作了一个有趣的解释，他举一位印度人在一位英国人家里初次看到一瓶啤酒打开时迸出泡沫而感到惊奇为例。英国人问他为什么惊奇，印度人回答说，“啤酒泡沫流出来我倒不奇怪；我感到奇怪的是你们原先怎样把这些泡沫塞进瓶里去”，这话就惹起一场大笑。依康德看，这笑的原因在于看到印度人惊奇时，期望知道他为什么惊奇的心情达到高度的紧张，等到听到他的解释，和所期望的毫不相干，于是期望突然消失，这突然的松弛就引起身体上各器官的激烈动荡。这就有助于恢复各器官的平衡，因而有助于健康，所以产生快感。康德替笑所下的定义是："笑是一种情感激动，起于高度紧张的期望突然间被完全打消。"（第五四节）他还说，这种打消只是"一种形象显现方面的游戏，能造成身体方面各种活力的平衡"。

笑、诙谐、游戏和艺术，依康德的看法，都有相通之处，它们都标志着活动的自由和生命力的畅通。这个观点是值得特别注意的，因为康德一向被认为是静观观点的代言人，仿佛他只看到审美活动和艺术活动的静的一面，但是他的关于自由活动的言论足以证明他也看重欣赏与创造的动的一面。生命就是活动，活动才能体现生命，所以生命的乐趣也只有在自由活动中才能领略到，美感也还是自由活动的结果。

值得注意的是，康德把游戏看成与劳动对立的，因而也就是把艺术看成与劳动对立的。从马克思主义者所瞭望的共产主义社会来说，康德的这种看法是错误的，因为在共产主义社会里，劳动将成为人生第一需要，亦即成为康德所想望的自由活动，它本身就含有艺术性，能给人以真正的美感。但是从康德所处的剥削的资产阶级社会来说，他的看法却是社会现实的真实反映，因为劳动在当时确实是强迫的活动而不是自由的活动，用马克思的话来说，它是"异化了"的劳动。马克思对于劳动和艺术在资产阶级社会里互相脱节的看法正足以证明康德的艺术与劳动对立观点是符合资产阶级社会实际情况的。康德的错误在于把某一历史阶段中的劳动的性质加以普遍化。

康德虽然把自由看作艺术的精髓，却也不把自由看成毫无拘束。精神界的自由和自然界的必然（规律）在艺术领域里是应该统一起来的。康德指责了当时否定一切规律约束的"新派领袖"（狂飙突进中的代表人物——引者注）说：

在一切自由的艺术里，某些强迫性的东西，即一般所谓“机械”（套规），仍是必要的（例如须有正确的丰富的语言和音律），否则心灵（在艺术里必须自由的，只有心灵才赋予生命于作品）就会没有形体，以至消失于无形。

——第四三节

就是因为在艺术里自由须与必然统一，艺术虽有别于自然，却仍须妙肖自然，不要露出循规蹈矩、矫揉造作的痕迹："自然只有在貌似艺术时才显得美，艺术也只有使人知其为艺术而又貌似自然时才显得美"（第四五节——重点引者加），自然貌似艺术，就是见出艺术的自由；艺术貌似自然，就是见出自然的必然。不单是艺术模仿自然，自然也模仿艺术；艺术向自然模仿的是它的必然规律，自然向艺术模仿的是它的自由和目的性。康德对于艺术与自然的关系的看法也比过去美学家们较深入了一层。

(b) 天才

康德认为“美的艺术必然要看作出自天才的艺术”。他先替天才下定义说：

天才是替艺术定规律的一种才能（天然资禀），是作为艺术家的天生的创造功能。才能本身是属于自然的，所以我们也可以说，天才就是一种天生的心理的能力，通过这种能力，自然替艺术定规则。

——第四六节

自然通过天才替艺术定规则的说法乍看不免费解，其实懂得了艺术的自由与自然的必然（规律）相结合，也就会懂得这句话的意义，艺术须貌似自然，因而就不能没有规则。这规则从何而来呢？一般规则是由旁人"定成公式，作为方剂来应用的"，也就是说，可使人模仿的，并且作为概念而存在的。审美判断既不取决于概念，就不能运用预定的外来的规则，艺术的规则就不能从模仿来，而要具体地体现于作品本身，也就是说，要通过艺术家的天才在创造作品中来决定。在替艺术定规则时，天才一方面符合自然（由于天才本身就属于自然），一方面也显出创造的自由。天才替艺术制定的规则，也"不能定成公式，作为方剂来应用"，而是"必须从作品中抽绎出来，旁人可以借这作品来考验自己的才能，用它作为范本，目的不在模仿而在追随"。这就是说，从作品中窥见天才所制定的规则，不是通过对公式的掌握，而是通过对精神实质的心神领会与从中所得到的潜移默化。能否做到这一点，就是才能的考验。自己须有天才，才可向天才学习。

康德强调艺术的不可模仿性以及天才与"模仿精神"的对立（"模仿"是作为"套用公式"来理解的）。他就根据这个观点来看艺术和科学的分别。艺术不能通过模仿去学习，科学却可以通过模仿去学习；只有在艺术的领域里才有天才，在科学的领域却没有。例如牛顿可以把他的最重要的科学发明传授给旁人，而荷马却无法教会旁人写出他的那样伟大的诗篇，因为他自己"并不知道他的那些想象丰富而思致深刻的意象是怎样涌上他的心头而集合在一起的"。康德因此断定："在科学领域里，最伟大的发明者和最勤勉的模仿者或学徒之间，只有程度上的分别，而在他和对美的艺术具有天赋才能者之间，却有种类性质上的分别。"（第四七节）

经过分析，康德把天才的特征总结为四点：(1) 基本的特征是创造性，天才不是通过模仿或套用规则来创作的；(2) 其次是典范性，"独创的东西可以毫无意义"，"天才的作品却必同时成为范本"或"评判的标准"；(3) 第三是自然性，"天才不能科学地指出它如何产生作品，它是作为自然才为艺术定规律"，这就是一般所谓"自然流露"；(4) 天才限于美的艺术领域，“自然通过天才定规则，只是为艺术而不是为科学，而为艺术定规律，也只限于美的艺术”(第四五节)。

后来在说明“审美意象”之后，康德又进一步分析了天才。天才就是“表达审美意象的功能”，这功能需要“想象力与知解力的结合”。从这个观点出发，康德重新指出天才的四种特征，和他原先所指出的四种不尽相同：

> 1. 天才是艺术的才能，不是科学的才能。在科学领域里，明确认识到的规律必须是先决条件，对方法程序起约制作用；
>
> 2. 作为艺术的才能，天才须先假定对于作品的目的有一个明确的概念，这就要先假定有知解力，此外还要先假定对用来表达那个概念所需要的材料或直觉要有一种观念（尽管是不确定的），总而言之，要先假定想象力和知解力之间有一定的关系；
>
> 3. 天才不仅见于替某一确定**概念**找到形象显现，实现原先定下的目的，更重要的是见于能替**审美**意象（这包含便于达到上述目的的丰富材料）找到表达方式或语言。因此，天才一方面使想象力获得不受制于一切规律的自由，另一方面就表达既定概念来说，又显出符合目的性；
>
> 4. 如果要想象力与受规律约制的知解力之间的自由协调现出不假寻求的不经作意安排的主观符合目的性，就须先假定想象力与知解力之间的比例和协调不是由服从规律（无论是科学的还是机械模仿的规律）所能造成的，而是只由主体的自然本性才能造成的。
>
> 按照这些须假定的前提，天才是主体的天资方面的典范的独创性，表现在他对认识功能的**自由**运用上。
>
> ——第四九节

如果拿这里所提的四特征和原先第四五节所提的四特征作一比较，可以见出原先所提的独创性、典范性、自然性以及运用限于艺术四点都还保留在新的提法里；新的提法有两个特点，一点是强调想象力与知解力的自由协调，另一点是指出天才与其说是见于形成审美的意象，无宁说是见于把审美意象描绘或表达出来。这第二点是值得注意的。康德的重点不在审美意象的形成而在审美意象的表达，即不在胸有成竹而在把胸中成竹画成作品，他对原先所提出的问题（艺术作品的灵魂是什么？）作回答说："这种才能（表达审美意象的才能——引者注）才真正可以叫作灵魂。"这种看法和后来克罗齐的艺术活动在直觉不在传达的看法是相反的。毫无疑问，康德对具体作品的重视是正确的、符合常识的。但是从第四九节的文章脉络看，他一直在强调审美意象本身的高度概括性和丰富性以及在形成这种意象中想象力与知解力的自由协调，仿佛是把重点摆在审美意象的形成上，以致后来他用寥寥数语点明表达重要时，使人觉得有些突然，没有足够的说服力。这说明他对这个问题在思想上毕竟还有些矛盾。矛盾在于先把表现的内容和表现的形式割裂开来，其实也就是先把思想和语言割裂开来，而后追问其中哪一个更重要。在问题的这种提法之下，说语言还比思想更重要（审美意象的描绘或表达还比审美意象本身更重要），这就还是不妥的，露出形式主义倾向的。

(c) 天才与审美趣味的分别和关系

康德把欣赏和创造看成对立的，因此把欣赏所凭的审美趣味和创造所凭的天才也看成对立的，他说：

> 为着评判美的对象（单就它们是美的对象来说），所需要的是审美趣味；但是为着美的艺术本身，即为着创造这类对象，所需要的是天才。
>
> ——第四八节

这个分别实际上涉及自然美与艺术美的分别，这两种美的分别首先在于对象：

> 一项自然美就是一种美的事物，艺术美却是对于一个事物所作的美的形象显现或描绘。
>
> ——第四八节

这里值得注意的是：康德在美的艺术中并不要求所表现的事物本身美，只要求事物的形象显现美。他从这里见出艺术美高于自然美：

> 美的艺术显示出它的优越性的地方，在于它把在自然中本是丑的或不愉快的事物描写得美。例如复仇女神、疾病、战争的毁坏等（本是些坏事）可以描写得很美，甚至可以由绘画表现出来。
>
> ——第四八节

但是康德又认为艺术如果表现在自然中惹人嫌恶的事物就会破坏美感，因为在自然中惹人嫌恶的事物在艺术中仍会惹人嫌恶。他举雕刻为例说，“由于在雕刻作品中，艺术几乎与自然相混，所以雕刻创作向来排斥直接描绘丑的事物”。这里似乎流露出莱辛的《拉奥孔》的影响，也流露出他对于艺术美在事物本身还是在事物的形象显现问题的看法有些自相矛盾。

康德认为自然美与艺术美的分别还可以从评判上看出：

> 为着要评判一项自然美，我无须对那对象究竟是为什么的先有一个概念，即无须知道它的物质方面的符合目的性（目的），而是那单纯的形式本身，不夹杂对目的的知识，在评判过程中就足以引起快感。但是对象如果是当作一件艺术作品而被宣称为美的，

> 由于艺术总要假定一个目的作为它的本原（成因），它究竟是为什么的概念就势必首先定作它的基础。而且由于一件事物的杂多方面与它的内在本质（目的）的协调一致就见出那件事物的完善，在评判艺术美时也就必然要考虑到那件事物的完善——这对于评判自然美却是不相干的。（重点引者加）
>
> ——第四八节

这段引文是很重要的，因为从此可以看出康德在“美的分析”里所说的一切都只适用于自然美而不适用于艺术美，因为他在那里明确地否认审美判断涉及概念、目的以及关于完善的考虑，而在这里却承认判断艺术美必然要涉及这些。如果艺术美和自然美确实是两回事，我们就不能责备康德前后矛盾。但是艺术美与自然美的对立究竟如何可以统一？它们如果是不可统一的两对立面，为什么却都叫作美？这些问题康德却未充分考虑过。因此，自然美与艺术美、创造与欣赏、天才与审美趣味在康德的思想中始终都是对立的。

在接着上段引文所作的附带说明里，康德对于评判自然美所作的保留和他在“美的分析”里所作的结论却是前后矛盾的。他承认在评判有生命的自然事物（例如人或马）美时，也“往往要考虑到客观目的性”。他虽然认为这种判断已不纯粹是审美的，而同时也是审目的的（考虑到事物在符合本质目的上是完善的），却加以解释说，在这里“审目的判断成为审美判断的基础和条件”（重点引者加），他举例说，“在说‘那是一个美女’时，意思只是说，自然在她的形状上很美地表现出女性身体结构的目的”。康德把这种判断叫作“受逻辑约制的审美判断”。这番话就否定了他在“美的分析”中严格区分审美判断与逻辑判断以及肯定美仅涉及形式而不涉及内容意义的看法了。毫无疑问，康德在写书过程中，思想是在发展的，后来的看法是比较正确的。

康德的矛盾还见于他对审美趣味和天才在艺术创作中的作用的看

法。在“美的分析”里他把形式提到独尊的地位。在谈到审美趣味和天才在艺术创造中的作用时，他仍然认为“只有审美趣味才能使美的艺术作品具有形式”，而天才却没有这种能力（第四九节），“天才所能做的只是向美的艺术作品提供丰富的材料，而这材料的加工和它的形式却需要一种由学校训练出来的才能，才可以运用得恰好能经过判断力的考验”（第四七节），然则天才和审美趣味究竟是哪一个更重要呢？康德说，这就等于问：想象力和判断力究竟是哪一个重要？他的回答是判断力比想象力更重要，因为“判断力能使想象力与知解力协调”，“给天才引路”，“使丰富的思想具有明晰性和秩序，因而使思想具有稳定性，能博得长久普遍的赞赏，被旁人追随，有助于不断地促进文化”（第五〇节）。因此，在天才（想象力）与审美趣味（判断力）不可得兼时，应该割爱的倒不是审美趣味而是天才。这些话的总的论点是天才供给材料而审美趣味决定形式，艺术形式既比内容重要，所以审美趣味仍比天才重要。这种论点与康德在“美的分析”中所表现的形式主义的倾向仍是一致的。矛盾在于他在分析天才时一直强调天才的优越性，说“美的艺术只有作为天才的产品才是可能的”（第四六节），又说艺术作品有无生命或灵魂，要靠它是否表现出“审美的意象”（关于这一点，下文还要结合典型问题详谈），而表现审美意象的能力则特属于天才（第四九节）；但是他同时又把天才看作次于审美趣味，仿佛是可有可无的。矛盾的根源在于（1）康德把天才窄狭化到想象力，把它看作和判断力与知解力都是对立的[①]（因此他得出科学领域里没有天才的荒谬结论）；(2) 他对想象力的了解是不彻底的、不正确的。他一方面说“想象力是一种强大的能力，能根据现实自然所提供的材料，创造出仿佛是一种第二自然来”，另一方面却又说天才（想象力）“只能向美的艺术作品提供丰富的材料”，至于形式则有待于审美趣味。应该指出：根据自然提供的材料创造第二自然，

①在这问题上他也前后不一致，后来他又承认天才要有“想象力与知解力的结合”（第四九节）。

和向作品提供材料不应看作一回事，材料（内容）不应看作可以和形式分开，想象力所创造的第二自然不应只是一堆无形式的材料，想象力不应看作仅表现在提供材料上而不同时也表现在铸造形式上。康德的病根在美学上和在哲学上是一致的，都在于内容和形式的割裂。在哲学的知识论方面，由于把内容和形式割裂开来，于是内容就只由感性经验提供，形式就只由先验范畴铸造，因而知识就仅限于现象而不涉及本体，这就导致主观唯心主义与不可知论的结局。在美学方面，也由于把内容和形式割裂开来，于是内容就只由天才（想象力）提供，形式就只由审美趣味（判断力）铸造，因而美就仅在于形式而不涉及内容，但是内容（天才所提供的）却又为美的艺术所不可缺少。这个矛盾没有得到合理的解决。康德的意图是倾向于辩证的，但是他处处只见出对立而没有达到真正的统一，理性主义派所传下来的形而上学的思想方法始终在康德脑里作祟。

康德在天才与审美趣味问题上所表现的徘徊和矛盾也可以看作他对于浪漫主义与新古典主义的态度的徘徊和矛盾。康德处在新古典主义和浪漫运动交替的时代。这新旧两派的争执之一就在于内容重要还是形式重要，天才重要还是审美趣味重要。新古典主义侧重艺术形式与审美趣味（理性、判断力），浪漫运动侧重内容与天才（想象力）。康德在文艺方面的教养是贫乏的（从他很少谈到文艺作品，而偶尔谈到时又谈得很肤浅的事实可以见出）。他的保守性使他不能完全脱离久占势力的新古典主义的影响。因此，他要求理性和审美趣味，要求规则和学习，把形式抬到独尊的地位。但是另一方面，狂飙突进时代的新风气，或者说，上升资产阶级对个性自由的要求，由于冲击力较为猛烈，对康德的影响似较深刻。因此，他颂扬天才，推崇想象力与独创性，视自由为美的艺术的精髓。把这两方面的观点合在一起来看，人们会感到康德的观点是很辩证的；但是细加分析，也就会认识到其中隐藏着上文所指出的一些深刻的矛盾。这些矛盾反映出当时资产阶级的不彻底性和时代的过渡性。

4. 美的理想和审美的意象：典型问题

康德在《审美判断力的分析》第一部分《美的分析》里，结合到美的符合目的性以及纯粹美和依存美的分别，提出了“美的理想”问题，后来在第二部分《崇高的分析》里，又结合到天才和艺术创造，提出了“审美的意象”问题。他自己不曾指出这两个问题的联系，它们在全书安排中所占的互不相关的地位不免使人误认它们为两个互不相关的问题，其实它们所涉及的只是一个问题——典型问题——的两个方面。“美的理想”（第一七节）部分是从审美趣味方面看典型问题，“审美的意象”（第四九节）部分是从艺术创造方面看典型问题。为着显示出这两个问题密切关联，我们把它们放在一起来介绍。

(a) 美的理想

康德在《美的分析》里立专节（第一七节）讨论了“美的理想”。这一节纠正了“美的分析”中形式主义的基本倾向，原来美只在形式，现在“美的理想”却主要地涉及内容意义。这一节也可以纠正一般人认为康德美学思想全是形式主义的那个片面的看法。

“美的理想”也就是“美的标准”。标准都要涉及客观规则。康德首先指出，审美判断不涉及概念，而客观规则却必通过概念来规定，所以“审美趣味方面没有客观规则”。由于这个理由，他认为不能有研究美的科学，只能有对审美判断力的批判（第六〇节）。审美既不能凭客观规则，所以“如果想寻找一种审美原则，通过明确的概念来提供美的普遍标准，那就是白费气力”（第一七节，下同）。但是康德又承认：“在感觉（快感或反感）的普遍可传达性里——这种可传达性也还是不涉及概念的——即在一切时代和一切民族对于某些事物形象显现的感觉所常显出的一致性里，我们仍可找到一种审美趣味的经验性的标准。”（重点引者加）这种标准是“由范例证实的，以根深蒂固的一切人所共有的东西（“共同感觉力”——引者注）为依据的”，总之，公是公非就可以看作一种经验性的美的标准。

经验性的标准来自大多数人对某些对象或作品的共同鉴定，它是范例性的，但又不能取范例的方式而存在，因为审美趣味须有独创性，而“范例的模仿者只是作为这范例的批评家而表现出的审美趣味”。美的标准既不能以概念形式存在，又不能以范例形式存在，然则它究竟以什么方式存在呢？康德回答说：

> 审美趣味的最高范本或原型只是一种观念或意象[①]，要由每个人在他自己的意识里形成，他须根据它来估价一切审美对象，一切审美判断的范例，乃至每个人的审美趣味。观念在本质上是一种理性概念，而理想（Ideal）则是把个别事物作为适合于表现某一观念的形象显现。因此，这种审美趣味的原型一方面既涉及关于一种最高度（Maximum）[②]的不确定的理性概念；另一方面又不能用概念来表达，只能在个别形象里表达出来，它可以更恰当地叫作美的理想。我们虽然原来不曾有这种理想，却努力在自己心里把它形成。但是它只能是一种想象力方面的理想，因为它不基于概念而基于形象显现，而形象显现的功能就是想象力。（重点引者加）

从此可见，美的理想只以个别的具体的形象显现方式由每一个人凭想象力在自己的心里形成，它又暗含着对“最高度”的理性要求，因而涉及一种“不确定的理性概念”，是“以根深蒂固的一切人所共有的东西为依据的”。

①康德在《审美判断力的批判》里所用的Idee，在汉语中一般译为“观念”，而“观念”在汉语中近于概念，是抽象的，不符合康德的原义，康德在涉及审美时所用的原义是一种带有概括性和标准性的具体形象，所以依Idee在希腊文的本义译为“意象”较妥，下文在涉及美的理想或典型时一律用“意象”，这意象一般暗含某一种“不确定的概念”，但有别于概念。但在涉及理性概念时仍译观念。

②“最高度”作为名词用，就是最高范本、原型或理想。

这样看来，理想美不能只在感性形式或空洞的形象显现，同时也要涉及理性概念。康德明确地指出："要找出理想的那种美不是一种游离不定的美，而是要由一种'客观的符合目的性'的概念来固定下来的美。"这就是说，要根据对象的由本质所规定的目的来判断这对象是否达到了理想美，康德在这里放弃了美不涉及目的概念的说法，回到了鲍姆嘉通的立场，主张判断对象是否达到理想美，毕竟要看它（就由它的本质所规定的目的来说）是否是"完善"的。因此，理想美只能是"依存的"，而不是"纯粹的"。

由于"只有人才能按照理性来决定他的目的"，才能"拿这些目的来对照本质的普遍的目的，而且进一步用审美的方式来判断这二者之间的协调一致"，所以"在世间一切事物之中，只有人才可以有一个美的理想，正如只有在他身上的人性，作为有理智的东西，才可以有'完善的理想'"。这种只有人才有理想美的看法后来由黑格尔加以发挥，黑格尔说得比较清楚，只有人才能达到理想美，因为人不单是"自在"的，而且是"自为"的，即自己意识到自己的存在和目的。因此，只有人才能显出理想美所要求的"道德精神的表现"。

接着康德在美的理想之中分析出两个因素：一个是"审美的规范意象"，另一个是"理性观念"。所谓"审美的规范意象"是从经验中用想象力总结得来的平均印象，例如在经验中见过一千个身体发育完全的人，就凭想象力把这一千人的印象叠合在一起（类似高尔顿[①]所说的复合照像），就可以得到人的平均身材，这就是美的人身材。从此可见，康德所说的"规范意象"就是"类型"或同类事物的共性，亦即贺拉斯和布瓦洛等所理解的"典型"。康德对这种类型作了两点很重要的说明。第一，在总结经验时须通过比较，比较的范围不同，所得到的平均印象也就不同。例如关于身材的理想，各时代各民族可以有不同的看法。所以这理想，

①高尔顿（F. Galton，1822—1911），英国自然科学家，常用许多人的照像叠合在一起，想从此得到一般人的标准形状。

因为只是经验性的，还是相对的，不能作为绝对标准。其次，纵使就同一民族来说，“规范意象”是由每个人凭自己的经验总结出来的，只能是“对全类事物的一种游离不定的印象”，事实上没有哪一个身材能恰合这种平均印象。因此，它还不是真正的理想美，只是美的一种必不可缺少的条件，还不就是美本身。它“只能见出全类事物的形象显现的正确性”，“不能包含足以区别种类的特性”，例如“一个完全端方四正的面孔也许是画家想用来作模特儿的，通常却无所表现。这是因为缺乏任何足以见出特性的东西”。从此可见，康德并不满足于把类型当作典型或理想。他对特性的要求反映出当时由新古典主义到浪漫主义风气的转变，后来黑格尔也融合希尔特的“特性”说和歌德的“意蕴”说于他所下的美的定义中[①]。

美的理想中第二个因素是“理性观念”。康德说这种理性观念“用人性的目的——就这些目的不能用感性形象来表现的方面来说——作为批判人的形状所依据的原则，人性的目的就通过这种形状现出，作为它们（人性的目的）在现象界（人体形状——引者注）所产生的效果”。应该注意的是这种理性观念只限于人类。康德说，“它只能在人的形体上见出，在人的形体上，理想是道德精神的表现（重点引者加），离开这种道德精神，对象就不能既是普遍地又是正确地（不只是消极地通过按经院常规看来是正确的形象）给人快感”，也就是说，不能达到理想美。康德把美的人的形体叫作“统治着人内心的那些道德观念的可以眼见的表现”。在举例说明这些道德观念时，他提到慈祥、纯洁、刚强、宁静等，这些也就是他所说的“人性的目的”。这种能表现道德精神的人体美才真正是康德所要求的“美的理想”。很显然，“按照美的理想所作的判断不能是一种单纯的审美趣味的判断”，真正美的东西，从道德观念看，也要是“完善”的。

① 见黑格尔《美学》，人民文学出版社 1958 年版，第一卷，第 20—23 页。

读《美的分析》读到“美的理想”部分，人们可能觉得康德在这里来了一个一百八十度的大转弯，从形式主义转到对人道主义内容的偏重，觉得这是一个未经解决的矛盾。但是事实是：康德在分析美的本质时是把审美判断力假想为一种独立的抽象的心理功能而寻求它之有别于其他心理功能的特质，认为它是不涉及欲念、利害计较、目的、概念等内容意义，而只涉及形式的一种超然的单纯的令人愉快的观照。同时，他也认识到这种独立性、超然性和纯粹性毕竟是假想的，或则说，为分析方便而设立的；事实上人是有机整体，审美功能不但不能脱离其他功能，取抽象的纯粹的形式而独立存在，而且必然要结合其他功能才好发挥它的作用；考虑到这个事实时，理想美就不能是“纯粹的”，就必然是“依存的”，必然是在于能表现道德精神的外在形体，这也必然就是人的形体。康德的思想线索大致如此，所以表面上虽似前后矛盾，实际上还是说得通的。

(b) 审美的意象[①]

在《崇高的分析》里讨论到艺术天才时，康德提出了一个问题：究竟是什么一种心理功能组成了天才？他的回答是：天才“不过是表达审美意象的功能”（第四九节）。在说明“审美的意象”之中，他对于典型提出了一个和他在讨论“美的理想”时所提的不完全相同，或许比较成熟的看法。

康德指出：有些艺术作品，尽管从审美观点看，无瑕可指，却是“没有灵魂的”。这“灵魂”究竟是什么呢？康德说，它就是“心灵中起灌注生气作用的本原”，或“表现审美的意象的功能”，也就是天才。接着他说明审美的意象如下：

①原文是 Asthetische Idee，指审美活动中所见到的具体意象，近似我国诗话家所说的“意境”，亦即典型形象或理想。

我所说的审美的意象是指想象力所形成的一种形象显现，它能引人想到很多的东西，却又不可能由任何明确的思想或概念把它充分表达出来，因此也没有语言能完全适合它，把它变成可以理解的。……

想象力（作为创造性的认识功能）有很强大的力量，去根据现实自然所提供的材料，创造出仿佛是一种第二自然。在经验显得太平凡的地方，我们就借助于想象力来自寻娱乐，将经验的面貌加以改造。这当然要根据类比规律，却也要根据植根于理性中的更高原则……通过这种办法，我们就觉得有不受制于联想律（属于想象力的经验性的运用）的自由；因此，我们可以根据联想律去从自然中吸收材料，在这上面加工，造出和自然另样的，即超越自然的东西。

想象力所造成的这种形象显现可以叫作意象，一方面是由于这些形象显现至少是力求摸索出越出经验范围之外的东西，也就是力求接近理性概念（理智性的观念）的形象显现，使这些理性概念获得客观现实的外貌[①]；但是主要的一方面还是由于这些形象显现（作为内心的直觉对象）是不能用概念去充分表达出来的。例如诗人就试图把关于不可以眼见的事物的理性概念（如天堂、地狱、永恒、创世等）翻译成为可以用感官去察觉的东西。他也用同样的方法去对待在经验界可以找到的事物，例如死亡、忧伤、罪恶、荣誉等，也是越出经验范围之外，借助于想象力，追踪理性，力求达到一种“最高度”，使这些事物[②]获得在自然中所找不到的那样完满的感性显现。特别是在诗里，这种形成审美意象的功能可以发挥到最大限度。单就它本身看，这种功能在实质上只是想象力方面的一种才能。

——第四九节

①理性概念既表现于感性形象，就仿佛变成客观现实。

②上述“死亡”“忧伤”等。

康德在这里所要说明的主要有下列三方面：

1．就成因说，审美意象是由想象力形成的，但是也要根据理性观念（超经验界的，例如永恒、创世、神、自由、灵魂不朽等；经验界的，例如死亡、罪恶、坚强、宁静等）。形成审美意象的想象力是“创造的”想象力，不同于“复现的”想象力，复现的想象力主要根据对经验的记忆，根据经验性的“联想律”（包括“类比规律”）来把从自然界所吸取的材料（印象）复现出来。创造的想象力则除此以外，还要根据更高的理性原则，即人的理性要求，来把从自然界所吸取的材料加以改造，使它具有新的生命，成为“第二自然”，这才是艺术。这样由创造的想象力所造成的形象显现才是审美的意象。

2．就性质说，审美意象是理性观念的感性形象。就其为感性形象来说，它是个别的，具体的；就其显现出理性观念来说，它却带有普遍性，因而带有高度的概括性。一个理性观念（例如永恒或荣誉）可以有无穷的感性形象来显现它，其中却没有哪一个足以充分地显现它，它们彼此之间在显现力的强弱上可以千差万别，而配称为“审美意象”那一种感性形象却具有在可能范围内的最高度的显现力，能把既定的理性观念在可能范围内最完满地最充分地显现出来，它在显现理性观念中所达到的高度是一般自然事物所不能达到的，所以它是理想，也是“第二自然”。康德在谈“美的理想”和“审美意象”时都常提到“最高度”，“最高度”也就是“理想”。康德认为要达到“最高度”的要求本身就是一种理性要求。现在我们综合康德的意思，可以把审美意象界定为“一种理性观念的最完满的感性形象显现”。唯其如此，它具有最高度的概括性和暗示性。康德的“审美意象”说显然已包含黑格尔的“美是理念的感性显现”说的萌芽。因此，尽管康德的哲学基础是主观唯心主义，他在美的理想问题上却接近客观唯心主义。

3．由于具有最高度的概括性，审美意象在作用上能以有尽之言（个别具体形象）表达出无穷之意（理性观念内容以及其可能引起的无数有关的思致)，能引人从有限到无限，从感性世界到超感性世界；能使人感觉到超越自然限制的自由。康德认为这审美意象的这个特征在诗里表现得最清楚。下面一段对诗的颂赞是著名的：

> 在一切艺术之中占首位的是诗。诗的根源几乎完全在于天才，它最不愿意受陈规和范例的指导。诗开拓人的心胸，因为它让想象力获得自由，在一个既定的概念范围之中，在可能表达这概念的无穷无尽的杂多的形式之中，只选出一个形式，因为这个形式才能把这个概念的形象显现联系到许多不能完全用语言来表达的深广思致，因而把自己提升到审美的意象。诗也振奋人的心胸，因为它让心灵感觉到自己的功能是自由的，独立自在的，不取决于自然的；在观照和评判自然（作为现象）中所凭的观点不是自然本身在经验中所能供给我们的感官或知解力的，而是把自然运用来仿佛作为一种暗示超感性境界的示意图。诗用它自己随意创造的形象显现（Schein）来游戏，却不是为着欺骗，因为它说明自己只是为着游戏，但是知解力却可以利用这种游戏来达到它的目的。
>
> ——第五三节

用简单的话来说，诗不仅用所选的特殊形象来表现出一般，而且可以暗示出无数的其他相关的特殊形象；自然在诗里只是一种跳脚板，帮助人从自然跳到超感性境界即理性世界。这就是诗的无限和自由。诗使人在“形象”中“游戏”，但毕竟可以为知解力服务。这是关于诗的本质的浪漫主义的看法。康德在这里首先提出“形象”或“显现”[①]的概念，这个概念是后来德国美学家们（例如席勒和黑格尔）所不断加以发挥的，其要点在于把事物的单凭感官接受的方面抽象出来，但是在消极的浪漫

① Schein 有人译为“幻相”，不妥，原文只有古汉语“相”或“象”的意思，没有“幻”的意思。本编一般译为“显现”或“形象显现”。

主义者（例如叔本华）的头脑里，“形象”便和“存在”（Sein）完全对立，艺术既只关形象，理性内容就完全消失了。这并不是康德的本意。

“审美意象”是与逻辑概念对立的，因为前者是形象思维的对象，后者是抽象思维的对象。但是在具有最高度的概括性这一点上，“审美意象”却“力求接近理性概念”，和逻辑概念有些类似。它们都是一般与特殊的统一，都要揭示事物的本质和规律，因而都带有普遍性，所以都起着一种桥梁作用，可以引起无数相关的或类似的观念或意象。

不难看出，康德所说的“审美意象”正是艺术典型，也正是他在“美的分析”中所说的“美的理想”。在讨论“美的理想”时，他把“规范意象”或类型当作一个因素，虽然并不重视它，却也没完全抛弃它。在讨论“审美意象”时，他抛弃了规范意象或类型的看法，只就原先所提的理性观念加以发挥，特别提出它是创造的想象力的作品，强调它的最高度的概括性。所以这是康德对典型的比较成熟的看法。

也不难看出，康德的这个典型说和亚理士多德的看法，以及以后的黑格尔的看法，在实际上都是一致的，都建立在一般与特殊的统一、理性与感性的统一的大原则上。康德的独创在于两点，第一，他突出地提出典型的理性基础，而且把这理性基础结合到精神的自由、道德观念以及随浪漫运动亦即随资产阶级上升所发展出来的人道主义概念，因而赋予典型以更深广的内容：使美和善统一起来。其次，在明确地肯定典型的个别性与具体性的同时，康德提出“最高度”的概念，典型在表现能力上，即在概括性和暗示性上，要达到可能的最高度，应该是既根据自然而又超越自然的“第二自然”。这个观点一方面强调艺术的丰富性，另一方面也强调艺术的创造性。这是与浪漫运动的艺术理想相符合的。

在说明“审美意象”之后，康德替美重新下了一个定义：

> 美（无论是自然美还是艺术美）一般可以说是审美意象的表现：

所不同者在美的艺术里，这个意象须由关于对象的概念引起（须先对作品的目的有一个概念——引者注），而在美的自然里，只需对既定的观照对象加以反思，不须对这对象究竟是为什么的先有一种概念，就足以引起以这对象作为表现的那个意象，并且把它传达出去。

——第五一节

这里有两点值得注意：

1．这个定义显然不同于他在《美的分析》里所下的“美在形式”的定义。形式和表现在美学思想史里一直是两个对立的概念。形式主义者只顾感性形式，表现主义者则认为感性形式如不表现理性内容，那就还是空洞的，不能看作美的。毫无疑问，从内容与形式的统一体上来看美，才是正确的看法，康德是由形式主义转到表现主义的，虽然转得还不很彻底。

2．在《美的分析》里，康德所理解的纯粹美只限于极小部分的自然和艺术，而且自然美和艺术美在他的心中还是两个对立的概念，没有统一。在这里，他却把自然美和艺术美统一在审美意象的表现里，并且指出分别在于创造者对艺术作品的目的须胸有成竹，而欣赏者则只对有所表现的自然对象的形象进行观照。所表现的内容都是理性观念的感性形象显现。康德对这一点只从艺术美方面详谈过，却很少从自然美方面谈过。如果依据他的前提来推论，结论就应该是：自然美也还是“道德精神的表现”[①]。从他对崇高（他认为只限于自然）的分析来看，这个结论也是与他对崇高的基本看法一致的。

①在第五九节里康德讨论到自然美可以作为“道德精神的象征”。

三 结束语

关于康德美学的几个基本观点，我们在介绍中为着说明的方便已略加评论，现在只需就他的成就和失败描绘出一个总的轮廓。

康德处在经验主义美学与理性主义美学斗争尖锐的时代，看出经验派混淆美感与快感，理性派混淆美感与对“完善”的朦胧认识，都没有抓住美的本质，于是把美的本质问题突出地提出来，促使后来的美学家们不得不对这个基本问题要求远较过去为精确的理解。同时，他看出理性派在强调美的理性基础，经验派在强调美的感性基础方面，各有其片面的正确性，企图通过批判，把它们统一起来，形成了理想美在于理性与感性的统一观点。他的思想是趋向辩证的，他所指出的统一的方向也基本是正确的。后来歌德、席勒和黑格尔等人所发展出来的美学观点，也正是朝着康德所指出的这个方向走。这是一个不小的功绩，所以他无愧于德国古典美学开山祖的称号。

在讨论“美的理想”中，康德指出理想美是“道德精神的表现”，断定只有人才能有理想美，因而赋予美的理性方面以人道主义的内容。在分析审美的意象中，他要求艺术形象成为理性概念的最完满的感性显现，能“从有限见无限”，并且指出在艺术创作中想象力根据自然所提供的材料，创造出一种“第二自然”，即“超越自然的东西”，因此见出艺术的无限与自由。在“天才”的分析中，他指出天才的独创性和自然性，反对单纯的模仿和呆板的正确性。在《崇高的分析》里，他把审美范围从过去一向所强调的优美和谐扩大到自然界粗犷雄伟的方面，并且指出崇高事物之所以能成为审美的对象，在于它能引起人的自我尊严感。在这些论点上，他都替当时的浪漫运动建立了理论基础。他的美学思想对当时发生了巨大的影响，正足以见出他充分反映出浪漫运动时期的文艺理想。

康德从理性派所接受过来的东西远比从经验派所接受过来的为多，所以在方法上侧重理性的超验性的解释，只有在这种理性的解释行不通时，他才被迫采取经验性的解释。也正是在这种时候，他的见解特别富于启发性。例如按照理性的解释，美不涉及概念，不可能有客观规则，因此也就不可能有客观标准。但是美的客观标准是无可否认的，于是康德终于被迫承认“在一切时代和一切民族对于某些事物形象显现的感觉所常显出的一致性里，我们可以找到审美趣味的经验性的标准”（第一七节）。所谓“一致性”如果看成绝对的，当然就会否定历史发展所造成的分歧，不过承认在经验中可以找到标准，这毕竟还比从“先验”理性里去找要胜一筹。此外，他还承认“从经验的角度来说，美只有在**社会**里才能引起兴趣”，并且从美感的普遍可传达性里窥测到美的社会性。这在当时还是带有进步意义的。他从资产阶级社会中劳动的强迫性，得出劳动与自由活动（游戏）对立，因而与艺术对立的结论。这样把资本主义社会情况作为对艺术与审美活动下普遍论断的根据，显然表现出历史发展观点的缺乏；但是把艺术、劳动、游戏和自由活动联系在一起来看，并且把自由活动看作艺术与审美活动的精髓，这里毕竟可以见出康德思想的深刻处，而且对后来席勒和黑格尔对艺术和劳动所作的对比，发生过显著的影响。

康德在《审美判断力的批判》里揭露出审美与艺术创造中的许多矛盾现象，这就指出了美学中的一些复杂问题。在西方美学经典著作中没有哪一部比《判断力批判》显示出更多的矛盾，也没有哪一部比它更富于启发性。不理解康德，就不可能理解近代西方美学的发展。他的毛病在于处处看到对立，企图达到统一，却没有达到真正的统一，只做到了调和与嵌合。从社会根源看，康德的失败原因在于当时德国知识分子的“庸俗市民”的妥协性和不彻底性。从思想方法的渊源看，他的许多矛盾都起于他的主观意图虽倾向辩证，而实际上他沿用了理性派的侧重分析理性概念的形而上学的思想方法。他经常把本来统一的东西拆开，抽象地去考虑它的对立面，把对立加以绝对化，然后又在弄得无法调和的基础上设法调和。单就美学来说，在纯粹美与依存美、美与崇高、自然美与艺术美、审美趣味与天才（欣赏与创造）、美与善这一系列的对立面问题上，康德的方法程序都是如此。

对这一点的理解对于康德美学观点的正确估价是必不可缺少的。为着理解这一点，检查一下康德哲学的架子仍然是必要的。康德继承了笛卡儿的心物对立的二元论，把必然（规律）归于自然界（物质），把自由归于精神界（心灵），这样把自然界的必然（“纯理性批判”的对象）和精神界的自由（“实践理性批判”的对象）绝对地对立起来以后，又设法在审美和艺术创造活动（“审美判断力批判”的对象）的基础上把这两对立面重新嵌合起来。

同样的伎俩也用在他的认识论里。他把知识的内容和形式绝对地对立起来，内容（材料）来自物质（自然），形式来自心灵（精神），心灵凭着理性的先验范畴赋予形式于物质，才有所谓“先验综合”，才有经验知识，也才有现象世界，这现象世界据说出自本体（物自体），而这本体又不可知，只能凭理性去假定或揣测。人们所常提到的康德的主观唯心主义（人在认识世界中也创造了世界）和不可知论（知识限于现象，达不到本体）就是这样起来的。

这里有必要检查一下康德所推崇的实践“理性”。我们知道，认识能力只有两种，感性的和理性的，理性认识只能在感性基础上进行逻辑的分析和综合。康德的“知解力”相当于我们了解的理性认识能力，而他所谓实践“理性”却是“知解力”以外的事，不以感性认识为基础，而且根本不是一种认识能力，它是“先验的”“超感性的”，由上帝在造物时设立来帮助人窥探本体和精神界的自由，揭示宇宙的和谐秩序，指导人发出道德意志的，这一切都还不能给人任何认识的内容。[①] 这种“理

①本章沿用我国一般西方哲学史的术语，称康德哲学为“先验的”，并不确切，应该用“超验的”。“超验主义”（Transcendentalism），固然也是一种先验主义（Apriorism），都不从经验出发而以假定为据；但是超验主义并不完全等于先验主义，因为它还包括“不可知论”，即主张现象可凭感官去认识而物自体却不可知，只能凭理性去假定。“先验主义”却不包括不可知论，而且先验公理（如数学所用的）还是可由经验来证实。

性”实质上是反理性的，只是神秘主义和不可知论的基础。据说按照这种理性，事物不仅有原因，而且有自身的“目的”，即上帝在造它时对它所进行的设计安排；特别是研究有机物和人时，因果律的解释据说还不够，还只是机械的，还要加上“目的论的解释”，说明为什么有某些事物，某些事物何以有它们本来的那样形状，才能见出宇宙间的理性秩序。这种看法说近一点，是理性派哲学的传家衣钵；说远一点，是中世纪基督教神学的残余。

就是这个理性目的概念在很大程度上造成了康德美学观点的中心支柱，也造成了我们读《判断力批判》时所必然遇到的困难和障碍。所谓客观事物形式符合主观认识功能的那种“主观的符合目的性”，美没有目的而又有符合目的性，不涉及概念而又涉及“不确定的概念”，不涉及欲念和利害计较而本身又是可令人愉快的；审美时先估计到“主观符合目的性”的普遍可传达性而后才有快感随着来；美的普遍性起于按照理性所必假设的人类的“共同感觉力”等，都是康德美学的中心观念，也都是读者所最感头疼的观念。它们之所以费解，正由于它们是玄秘的、片面的。

康德在认识论方面错误的根源在于把知识的内容和形式割裂开来，已如上述，康德在美学方面的矛盾也正起于这种割裂。最突出的矛盾是他在《美的分析》部分，表现出明显的形式主义倾向，而在《崇高的分析》部分，却从“美在形式”转到“美是道德精神的表现”，又走到“道德主义”。这也就是纯粹美与依存美的矛盾。这个矛盾的根源也还是在形式与内容的割裂。在《美的分析》部分，康德专就审美判断的形式去分析美，所以得出“美只在形式”的结论；在《崇高的分析》部分，他侧重从内容意义方面去分析崇高和艺术创造，发现美的最基本要素还是在人道主义的内容，所以得出“美是道德精神的表现”的结论。康德在全书中的重点显然是在后部分。在一般美学史中，康德常被指责为形式主义的宣扬者，而近代资产阶级无论在艺术实践还是在美学理论方面，都日益走向形式主义的极端，有些人把这个现象也追溯到康德的影响。这种估价在很大程度上起于误解或曲解：资产阶级的读者往往只注意到《美的分析》部分而没有充分注意到全书的后部分，就连对这《美的分析》部分也只注意到康德所否定的东西（如美不涉及欲念、利害计较、目的、概念等），而没有充分理解康德所肯定的东西（例如美的理性基础和普遍有效性）；只注意到纯粹美与依存美的严格区分，没有充分认识到康德从来没有把纯粹美看作理想美，恰恰相反，他说理想美只能是依存美。资产阶级的学者只吸收康德美学观点中投其所好的部分，抛弃了合理的部分，这正反映出资产阶级社会中的艺术被迫脱离现实以及审美趣味的堕落，主要的责任不能说是在康德。但是康德也不能完全辞其咎，因为他的思想确实显出深刻的矛盾，他确实郑重其事地单从形式方面来分析美，而且没有很清楚地指出从形式分析所得的结论和从内容分析所得出的结论如何能协调一致，其原因正在我们上文所说的康德思想倾向辩证，由于背上了先验理性那一套累赘包袱，终于只做到嵌合，没有达到真正的统一。

第十三章 歌 德

歌德（J. W. Goethe, 1749—1832）在近代美学思想家中几乎是唯一的具有深广的文艺修养和科学修养，丰富的创作经验，在诗艺上达到高峰的大诗人。和一般美学家从哲学系统和概念出发不同，歌德的美学言论全是创作实践与对各门艺术的深刻体会的总结，是理论结合实际的范例，所以是特别值得学习的。他的全集有一百四十三卷之多，是美学思想的一个极丰富和极珍贵的宝库。不过这个宝库还有待于进一步的发掘。到现在为止，西方的一些美学史著作和关于歌德的文艺理论的选本可以说明一般学者对歌德美学思想的了解大半还是零星的、片面的。这种情况的原因在于歌德的美学言论大半是些零星片段的感想、谈话和通信，散见于卷帙浩繁的著作中，不易加以条分缕析和系统化；而且歌德活的年龄很长，当时文艺风气在激烈转变中，他个人的创作风格和文艺见解也经过几度转变，我们很难在其中截取一个横断面，说这就足以完全代表他的美学思想。他的美学思想必须顺着历史发展线索才可以整理清楚，如他自己在阐明生物发生学观点时所要求的。这个工作不是我们目前在这里所能做到的，我们现在只能约略介绍他的美学思想中一些基本观点。

歌德的时代和他早年的文化教养

首先须回顾一下歌德的时代。在政治经济方面，德国还是由于许多封建小朝廷统治着的，经济落后，政治分裂和资产阶级软弱的局面还基本未变。但是法国资产阶级大革命和接着起来的拿破仑战争对这个死水似的局面曾发生过一些冲击。德国知识界，包括歌德在内，对于法国革命起初是热情欢迎的，希望德国封建统治和政治分裂从此可以得到一些改变；但是等到看见雅各宾党人暴力专政的情况，就都被吓倒了，对法国革命起了不同程度的仇视态度。在拿破仑战争中，德国遭到了法军的占领。拿破仑的军队在德国对破坏封建制度和加速资本主义发展起了一些作用，但是他们的强取豪夺也激起了德国人民对外国统治者的仇恨。等到拿破仑在莫斯科挫败之后，普鲁士就利用这种民族情绪，发展军事力量，朝军国主义的方向走。歌德长久服务的魏玛公国就是亲普鲁士的。歌德亲身经历了这些巨大的历史转变。他渴望通过文化去达到德国的统一，但是总的来说，他和席勒对现实政治都表示厌恶。

在精神文化方面，歌德处在启蒙运动高潮之后，经历了对法国新古典主义的批判、狂飙突进运动以及接着起来的古典主义运动与浪漫运动的发展。他自己在这些运动里都起过推动的和领导的作用。他早年在莱比锡当学生的时代曾有一度染上法国新古典主义的文艺趣味，醉心于法国戏剧，欣赏纤巧的螺钿式艺术风格而鄙视高惕式艺术风格。接着他转到斯塔市堡大学求学，在赫尔德的影响之下，培养起对德国民间文学、莎士比亚和荷马的爱好。著名的中世纪建筑杰作斯塔市堡大教寺使他认识到德国建筑粗犷而雄健，细节繁复奇特而整体和谐的美。这些不同于新古典主义的文艺杰作对于青年歌德是个新天地，扩大了他的眼界和胸襟，使他从法国新古典主义的束缚中解放出来，在他心中播下了狂飙突进和浪漫主义的种子。在《论德国建筑》《莎士比亚纪念日的演讲》以及《诗与真》一系列著作里，歌德自己曾生动地叙述过这个转变的过程。

歌德的文学活动吸引了一批青年人到他的周围，和赫尔德在一起，他发动了十八世纪七十到八十年代的狂飙突进运动，要求冲破一切约束，获得彻底的精神解放与无限自由，建立一种崭新的德国民族文学。歌德的历史剧《铁手骑士葛兹·封·柏里欣根》(1773)和爱情小说《少年维特之烦恼》(1774)都充分体现了这种精神和理想。他在这时期的创作推动了浪漫运动。接着他在魏玛宫廷服务了十二年(1775—1786),积极推动文化的发展。在此期间,歌德像恩格斯所说的,"心中经常进行着天才诗人和法兰克福市议员的谨慎的儿子、可敬的魏玛的枢密顾问之间的斗争,前者厌恶周围环境的鄙俗气,而后者却不得不对这种鄙俗气妥协,迁就"[①]。他对此感到苦闷,终于在一七八六年毅然决然地暂时摆脱了魏玛宫廷的局促的庸俗生活,到意大利去游历了将近三年,细心研究了希腊罗马的雕刻以至文艺复兴时代的绘画,用文克尔曼和莱辛的著作作为指南,同时还进行了自然科学的研究,观察意大利各名城的人情风俗。

歌德的意大利游历在他的文艺思想发展中是一个转变的关键。他从此把狂飙突进时代的狂放不羁远远地抛在后面,回到了在认识上远比过去较深化的古典主义。他接受了文克尔曼的古典艺术"庄严的单纯和静穆的伟大"理想。在回到魏玛以后,在一七九四年歌德开始和席勒订交,此后这两大诗人亲密合作了十年,一直到席勒死时(1805)为止。这是德国文学发展中的一件大事,由于两人合作,有意识地走古典主义的道路,不但把各自的文艺创作推进到高度的成熟,而且也替德国建立了一种辉煌的民族文学。席勒是康德的信徒,可能是通过他,歌德晚年也受到康德的影响。[②]

叙述了歌德早期的思想转变和师友渊源,我们现在就可以撮要叙述歌德美学思想中几个中心概念。

1. 浪漫的与古典的

歌德和席勒都是由浪漫主义转到古典主义的。一般文学史家大半只

---

①见《马克思恩格斯全集》,第四卷,第256页。

②参看爱克曼的《歌德谈话录》,1825年5月12日。据德文原文本,以下引歌德的言论,除特别注明外,均依德文全集本译出。

把他们看成德国古典主义的领袖，其实即使在他们中晚年的古典主义时代，他们也同时是浪漫主义的最有力的推动者和体现者，因为当时时代精神基本上是浪漫主义的。他们可以说是做到古典主义（在实质上近于现实主义）与浪漫主义的结合。歌德在《浮士德》下卷所写的浮士德和希腊海伦后的结婚就象征这两种创作方法和谐结合的理想。

但是歌德在许多言论里对浪漫主义是持对立态度的，其中主要的有下列两段。

> 我说古典的就是健康的，浪漫的就是病态的。就这个意义来说，《尼泊龙根之歌》之为古典的，并不亚于《伊利亚特》，因为这两部诗都是强旺的、健康的。近代许多作品之所以是浪漫的，并非因为它们是新的，而是因为它们是软弱的、感伤的、病态的。古代作品之所以是古典的，也并非因为它们是古的，而是因为它们是强壮的、新鲜的、欢乐的、健康的。
>
> ——《歌德谈话录》1829 年 4 月 2 日
>
> 古典诗和浪漫诗的概念现在已传遍了全世界，引起了许多争执和纠纷。这个概念原来是由席勒和我两人传出去的。**我主张诗要从客观世界出发的原则**，认为只有这种诗才是好的。但是席勒**却用完全主观的方式写作**，认为他走的才是正路。为了针对我而辩护他自己，席勒写了一篇论文，叫作《论素朴的诗和感伤的诗》，他要向我证明：我违反了自己的意愿，实在是一个浪漫主义者，说我的《伊斐琪尼亚》由于感伤气味太重，并不是古典的或符合古代精神的，如某些人所想的那样。许莱格尔兄弟拾取了这个概念把它加以发挥，以致它在全世界都传遍了，人人都在谈古典主义和浪漫主义，这是五十年前根本没有人想到的问题。（重点引者加）
>
> ——《歌德谈话录》1830 年 3 月 21 日

歌德为什么这样反对浪漫主义呢？应该注意到上引两段话都在歌德晚年才发表，正当浪漫运动由积极的转变为消极的乃至于反动的之后，“软弱的、感伤的、病态的”之类贬词正是针对这种消极的反动的浪漫主义而加以斥责。这种消极的反动的浪漫主义正是和歌德自己的“诗要从客观世界出发”的原则背道而驰，是对德国民族文学发展不利的。他要挽救文艺界的颓风，所以提出“强壮的、新鲜的、欢乐的、健康的”古典主义，作为对症下药。所以不能把歌德的这两段话理解为他反对一切浪漫主义的文艺。

古典的与浪漫的之分大体上就是席勒所说的纯朴诗与感伤诗之分。在《说不完的莎士比亚》(1813—1816）一文里，歌德结合席勒所指出的分别，对古典主义与浪漫主义之分作了一个表：

古典的：纯朴的，异教的，英雄的，现实的，必然，职责；

近代的：感伤的，基督教的，浪漫的，理想的，自由，意愿。

在说明中他指出：“在古代诗中突出的是职责与完成之间的不协调；在近代诗中突出的却是意愿与完成之间的不协调”，而“莎士比亚的独特处在于以充沛的方式把古代诗和近代诗结合起来，在他的剧本中始终力求意愿与职责达到平衡，在这二者的强烈斗争中，意愿总是处于劣势”，所以莎士比亚既是近代的，也是古典的。从此可知，歌德并不一律否定近代的浪漫的创作方法，而是要求它与古典主义达到结合，像莎士比亚所做到的。在这一点上他和席勒在《论素朴的诗与感伤的诗》里的主张是一致的。另一点值得注意的是，歌德把古典的与浪漫的之分看作表现现实与表现理想之分，这也还是和席勒一致的。

但是歌德和席勒的分歧毕竟是存在的，而且是重要的。上文已提到歌德所指出的从客观出发与从主观出发之分，这个分别与歌德所指出的另一个分别，“为一般而找特殊”与“在特殊中显出一般”的分别是密切相联系的。弄清楚这个分别，我们也就会掌握歌德的美学思想的中心。现在就这个分别进行一番较详细的阐述。

2. 由特征到美，“显出特征的整体”

歌德晚年在编辑他自己和席勒的通信集时，曾写下一段极重要的感想：

> 我和席勒的关系建立在两人的明确方向都在同一个目的上，我们的活动是共同的，但是我们设法达到这目的所用的手段却不相同。
>
> 我们过去曾谈到一种微细的分歧，席勒的通信中有一段又提醒我想起这个分歧，我现在提出以下的看法。
>
> 诗人究竟是为一般而找特殊，还是在特殊中显出一般，这中间有一个很大的分别。由第一种程序产生出寓意诗，其中特殊只作为一个例证或典范才有价值。但是第二种程序才特别适宜于诗的本质，它表现出一种特殊，并不想到或明指到一般。谁若是生动地把握住这特殊，谁就会同时获得一般而当时却意识不到，或只是到事后才意识到。（重点引者加）
>
> ——《关于艺术的格言和感想》（1824）

此外，他对爱克曼也说过：“诗人应该抓住特殊。如果其中有些健康的因素，他就会说这种特殊中表现出一般。”[①] 究竟为一般而找特殊和在特殊中显出一般这“一个很大的区别”应该怎样理解呢？所谓“为一般而找特殊”就是从一般概念出发，诗人心里先有一种待表现的普遍性的概念，然后找个别具体形象来作为它的例证和说明；至于“在特殊中显出一般”则是从特殊事例出发，诗人先抓住现实中生动的个别具体形象，由于表现真实而完整，其中必然要显出一般或普遍的真理。所以这个分别其实就是在和爱克曼谈话里所说的“用完全主观的方式写作”和“从客观世界出发”的分别。歌德还把这个分别看作“寓意”和“象征”的分别：

① 《歌德谈话录》，1825 年 6 月 11 日。

寓意把现象转化为一个概念，把概念转化为一个形象，但是结果是这样：概念总是局限在形象里，完全拘守在形象里，凭形象就可以表现出来。

象征把现象转化为一个观念，把观念转化为一个形象，结果是这样：观念在形象里总是永无止境地发挥作用而又不可捉摸，纵然用一切语言来表现它，它仍然是不可表现的。

——《关于艺术的格言和感想》(1824)

这里首先应弄清楚的是“概念”与“观念”之分，概念是逻辑推理的概括，是抽象的；“观念”是形象思维的概括，是具体的。[①] “寓意”“为一般而找特殊”，特殊就只能表现这一般，而无言外之意，一般就局限在这特殊里，不能冲破这局限而另发挥作用。“象征”“在特殊中显出一般”，从有限见无限，言有尽而意无穷，所以歌德说观念性的一般是“不可捉摸”和“不可表现”的，意思也只是指它不是一览无余的，而不是指它不能借形象显出，因为他在《关于艺术的格言和感想》另一段里又说过：

如果特殊表现了一般，不是把它表现为梦或影子，而是把它表现为奥秘不可测的东西在一瞬间的生动的显现，那里就有了真正的象征。

这里所谓“奥秘不可测的东西”就是一般、普遍真理或理性内容，“一瞬间的生动的显现”就是一般在个别具体形象中突然显现于感官，歌德自己悬这种“象征”的表现手法为理想，认为席勒所达到的只是“寓意”。从表面看，无论是“为一般找特殊”，还是“在特殊中显出一般”都仿佛是一般与特殊的统一，为什么歌德说这中间有“一个很大的分别”呢？

①观念（Idee），原义为感觉印象。

歌德说“第二种程序（在特殊中显出一般）特宜于诗的本质”，足见寓意的方式并不宜于诗的本质，究竟这“诗的本质”何在呢？这些问题牵涉到艺术的典型化问题，最后还要牵涉到艺术家对艺术与现实关系的看法的问题。

先说典型问题。典型在实质上就是一般与特殊的统一这个大原则之下的一个特殊事例。这个道理曾经由亚理士多德在《诗学》中论诗的真实时首次明确地提出，说诗虽是写个别事物（同于历史），却要同时见出一般或普遍性（不同于历史）。在西方古典理想日渐窄狭化和公式化的过程中，亚理士多德的这个正确的典型观就被人遗忘了。代之而起的是贺拉斯把典型窄狭化为“类型”的看法，把典型看成同类事物的共同性或“常态”。所谓共同性或常态只是同类事物属性在数量上的一种平均数，这就模糊了事物的本质和偶然属性的分别，结果不免造成文艺上的抽象化和公式化，这就是为一般而牺牲特殊，忽视个别具体情境对共同性所必然带来的个别差异。经过法国新古典主义者在理论上的宣扬和在创作实践上的运用，这种类型说或常态说长期在西方文艺思想中占着统治的地位。到了启蒙运动时期，随着近代资产阶级对个性伸张的要求日渐强烈，类型说才渐动摇，文艺表现个性和特征的要求才渐占势力。鲍姆嘉通在美学中是新风气的开创者之一，也就因为他是较早的一个人提出了文艺表现个性和特征的要求。但是新古典主义的类型说相当根深蒂固，也不是可以立即完全摧毁的。例如启蒙运动时期在德国文艺理论方面发生影响最大的要推文克尔曼，他所标榜的古典艺术的“理想的美”仍只是在抽象形式中所显出的“庄严的单纯和静穆的伟大”，他认为这种“理想的美”“用不着顾到情绪和情绪的表现”，要像“没有颜色的清水”。所以个性和特征乃至于内容都被视为对“理想的美”起妨碍作用的。文克尔曼的“理想”在实质上仍近于新古典主义的“类型”，为一般而牺牲特殊，是与新的时代精神背道而驰的，所以在德国引起激烈的争论。对立阵营的代表是另一位艺术史家希尔特。希尔特提出“特征”

来代替文克尔曼的"理想"，断定"古代艺术的原则不在客观的美（指形式方面的美——引者注）和表情的冲淡，而是只在个性方面有意义的或显出特征的东西"①，他的论文发表在席勒主编的《季节女神》杂志（Die Horen）里，曾引起争论。迈约提出一种理想与特征的调和说。德国文艺界当时特别关心理想与特征的对立，这是可以理解的，因为这是文艺应从主观概念还是应从客观现实事物出发的问题，是典型应理解为抽象化和普泛化，还是应理解为具体化和个性化的问题，古典主义和浪漫主义的文艺理想也就在这个问题上见出分水岭。所以歌德对文艺的思索也集中在这个中心问题上。

在他的最早的理论著作《论德国建筑》（1772）里，歌德就提出了特征概念。他指出野蛮人的作品在形式上尽管随意任性，却仍"见出协调，因为有一个单整的情感把它们造成一种**显出特征的整体**"。接着他下了这样的断语：

> **这种显出特征的艺术才是唯一真实的艺术**。只要它是从内在的、单整的、自然的、独立的情感出发，来对周围事物起作用，对不相干的东西毫不关怀甚至意识不到，那么，不管它是出于粗犷的野蛮人的手，还是出于有修养的敏感的人的手，它都是完整的，有生命的。（重点引者加）

在这段早年言论里，歌德已把特征和有生命的整体两个概念联系在一起，要排除"不相干的东西"，也多少见出特征与本质的关系，不过他还以主观情感作为衡量事物的标准，对于特征与美的关系也没有明确提出。在从意大利游历回来所发表的第一篇论文《对自然的单纯模仿，特别作风和风格》（1788）里，歌德把创作方式分为三种，最初阶段是忠实地

①据鲍申葵的《美学史》中歌德章的引文。

临摹自然的表面现象，是完全客观的，甚至是自然主义的；进一步则为“特别作风”，由艺术家“自出心裁地找到一种方式，创造一种语言，以便按照他自己的方式把他所心领神会的东西表现出来”，由于偏重主观方面的作用，所以这种作风因人而异；艺术最高的成就是“风格”，这要凭借“人类最辛苦的努力”，“要依赖最深湛的知识的基础，要依赖事物的本质”，要“创造出一种普遍的语言”，“知道怎样去参较和模仿不同的显出特征的形式”，因而使对象的“本质从可用感官把握的形象方面使我们能认识到”，这其实也就是理想的古典艺术的形式。在这里主观因素与客观因素在较高的水平上达到了应有的统一。在这里歌德已把特征和语言形式联系在一起来考虑，这也就是说，触及了内容与形式的联系。后来在《搜藏家和他的伙伴们》中一段对话里，歌德对特征与美的关系表示了他的较成熟的意见。他不满意于新古典主义者所标榜的类型，认为按照鹰的类型来雕一只鹰去象征天神并不合适，“还必须加上艺术家所赋予给天神的东西，才能使天神成其为天神”，这就是说，类型不能表现出本质。但是他也不满意于文克尔曼在古典艺术中所见到的“理想”，那种“无色的清水”似的抽象形式美，因为它缺乏个别事物的那种有血有肉的生动性和丰满性：

> 类型概念使我们漠然无动于衷，理想把我们提高到超越我们自己；但是我们还不满足于此，我们要求回到个别的东西进行完满的欣赏，同时不抛弃有意蕴的或是崇高的东西。这个谜语只有美才能解答。美使科学的东西具有生命和热力，使有意蕴的和崇高的东西受到缓和。因此，一件美的艺术作品走完了一个圈子，又成为一种个别的东西，这才能成为我们自己的东西。
>
> ——《搜藏家和他的伙伴们》，第五封信

个别的东西不抛弃有意蕴的崇高的东西，就是既要显出特征，又要

保持古典的理想。这是一个矛盾（“谜语”），而这矛盾只有美才能解决，因为美使抽象的本质（“科学的东西”）获得具体感性形象，使理想不只是冷静而严峻的抽象形式，而变成有血有肉的东西。这其实也就是理性与感性以及一般与特殊的统一。所谓美的艺术“走完了一个圈子”也就指它达到了这种统一，成为既显出特征而又见出理想的个别形象。应该注意的是歌德在这段话里所侧重的还是活生生的“个别的东西”，因为只有它才给人“完满的欣赏”，“才能成为我们自己的东西”。

歌德在这部论著里所得到的结论是：“我们应该从显出特征的开始，以便达到美的。”黑格尔还引过歌德的一句名言：“古人的最高原则是意蕴，而成功的艺术处理的最高成就就是美。”这两句话总结了歌德的美学思想，应该合在一起来看。这里的“特征”和“意蕴”都是内容，内容经过“成功的艺术处理”才达到美，所以美是艺术处理的结果，表现在既已完成的那个显出意蕴或特征的整体，亦即内容与形式的统一体上。歌德的这两句话前半吸收了希尔特的侧重内容的特征说，后半吸收了文克尔曼的侧重形式的理想美说，可以说是两极端之中的一种调和。黑格尔在《美学》序论里叙述了希尔特与文克尔曼的争执，对歌德的调和作了这样总结：

> 按照这种理解，美的要素可分为两种：一种是内在的，即内容；另一种是外在的，即内容所借以现出意蕴或特性（特征——引者注）的东西。内在的显现于外在的；就借这外在的，人才可以认识到内在的，因为外在的从它本身指引到内在的。[①]

黑格尔自己的美的定义（“美是理念的感性显现”）就是从批判文克尔曼和希尔特以及发挥歌德的思想得来的。我们知道了特征说的这段渊

①黑格尔：《美学》，第一卷，第22—23页。

源，就可以明白歌德的美学观点在近代美学思想发展中所处的地位和重要性。

为着说明上文所已提到的歌德和席勒的分歧，还有必要对歌德的“在特殊中显出一般”以及“从显出特征的开始，以便达到美的”这些基本观点作进一步的分析。先须研究一下歌德所理解的“特征”，他说在艺术里，“一切都要依靠把对象认识清楚，而且按照它的本质加以处理”。[①] 他推荐古代希腊艺术作品，也就因为“这些崇高的艺术作品同时也是人按照真实的自然规律创造出来的最崇高的自然作品，一切随意任性的幻想的东西（偶然的东西——引者注）全抛开了，这里就是必然，就是上帝”[②]，上帝在歌德心目中是理性的体现，一切符合规律的必然的东西也就是理性的，所以歌德又说，“艺术并非直接模仿人凭眼睛看到的东西，而是要追溯到自然所由组成的以及作为它的活动依据的那种理性的东西”。[③] 从此可见，说艺术要显出事物的特征，也就是说它应抓住事物的本质和必然规律，显出它们的理性。

是否同类事物中每一件都能同样充分地显出特征呢？歌德并不这样想，他对爱克曼说得很明确：“我并不认为自然在所有的表现上（在一切个别代表上——引者注）都是美的。”“因为要使自然达到完满表现（充分显出特征或本质——引者注）的条件并非永远存在。”他举橡树为例，生在密林里一直朝上长的橡树以及生在低洼地，土壤过于肥沃，长得茂盛，经不住风吹雨打的橡树都显不出橡树所特有的那种坚实刚劲的美。爱克曼从此得出结论：“事物达到了自然发展的顶峰就显得美。”歌德却补充了一句：“要达到这种性格的完全发展，还需要一种事物的各部分肢体构造都符合它的自然定性，也就是说，符合它的目的。”[④] 这番

①《关于艺术的格言和感想》(1824)。根据格尔维努斯(Gervinus)编的《歌德论文艺》译出，以下仿此。

②《意大利游记》，1787 年 9 月 6 日。

③《关于艺术的格言和感想》(1824)。

④《歌德谈话录》，1827 年 4 月 18 日。

话显然受到理性派的美学家关于“完善”的看法以及康德关于美符合目的性的看法的影响。不过歌德在这里所要说明的主要是，一般（类或种）在无数不同的情况下显现为无数不同的特殊（个别），它们不是都能同样充分地显出同类事物的特征或本质，这中间只有最充分最有效地显出同类事物特征的那一种才适合于艺术表现。歌德在另一场合对爱克曼所说的“诗人须抓住特殊。如果这特殊是一种健全的东西（重点引者加），他就会在它里面表现出一般”，这里所谓“健全的”也就是条件具备能按照本质而完满显现的东西。这也就是歌德所说的“显出特征的东西”，他有时也把它叫作“意蕴”或“内容”（Gehalt）。黑格尔在上引一段话里则把它叫作“内在的”，问题在于这种“显出特征的东西”怎样才能抓住。传统的类型说都以为统计全类事物而求得其平均数，就可以得到“类型”或“常态”。在歌德看，这样把必然的和偶然的性质混在一起来平均，不但抓不住特征，而且适足以模糊或歪曲特征。特征是最本质的东西，只能在表现得最完满的个别代表上才可见出。也就因为这个道理，歌德认为艺术应从显出特征的个别的东西出发，而不应从主观理想或概念出发。主观理想或概念总不免是抽象的，或多或少是平均式的概括化的结果；从这种主观理想或概念出发，去找足以表现它的个别事例或具体形象，结果那个别事例或具体形象不但是矫揉造作、削足适履，而且至多也只能表现预存的理想或概念，不能达到艺术所要求的“从有限见无限”。席勒恰恰采取了第二种方法，这就是他和歌德的根本分歧所在。这个分歧是深刻的，因为它涉及艺术的最基本问题之一，即典型问题。马克思和恩格斯在分别写给拉萨尔的信中都提到“莎士比亚化”和“席勒化”两种不同的创作方法，并且劝拉萨尔要多在“莎士比亚化”方面下功夫。歌德始终强调“从客观现实出发”，“在特殊中显现一般”，“有生命的显出特征的整体”，所以他的理想正是“莎士比亚化”，而席勒则用马克思的话来说，“把个人作为时代精神的单纯号筒”，也就是歌德所说的“为一般而找特殊”，特殊只是一般的例证。在这两种典型观之中，歌德的当然更符合诗的本质。

3. 艺术与自然

典型就是一般与特殊的统一。歌德与席勒都主张要达到统一，分歧在于出发点：歌德主张从特殊出发，席勒主张从一般出发。用歌德的方法，艺术形象才容易成为丰满的有血有肉的整体；用席勒的方法，艺术形象就容易流为公式概念的说明。这种分歧最后要溯源到对艺术与现实关系的看法，亦即世界观的问题。在这上面歌德和席勒是有很大分歧的。席勒性爱沉思，始终徘徊于文艺与哲学之间，在哲学上接受了康德的影响，虽然对康德的哲学和美学于发挥之中也作了重要的纠正，却没有完全摆脱唯心主义。歌德则于文艺之外，还关心自然科学，在这方面不但进行过深入的钻研，而且作出重要的贡献。自然科学的研究使他基本上站在唯物主义的立场，并且认识到实践对于认识的重要性，所以他在文艺方面强调从感性经验出发，从个别具体事物出发。

唯物主义和现实主义是歌德美学思想的基调。[①] 他一则说，“对天才所提出的头一个和末一个要求都是：爱真实”[②]；再说，“对艺术家所提出的最高的要求就是：他应该遵守自然，研究自然，模仿自然，并且应该创造出一种毕肖自然的作品”[③]；“一部重要的作品是生活的结果”[④]。他对爱克曼谈自己创作经验的话值得特别注意：

> 世界是那样广阔丰富，生活是那样丰富多彩，你不会缺乏做诗的动因。但是写出来的必须全是即兴的诗，这就是说，现实生活必须既提供诗的机缘，又提供诗的材料。一个特殊具体的情境通过诗

---

①关于这一点，格尔维弩斯（W. Gervinus）在《歌德论文艺》选集的序文里有较详细的讨论。

②《关于艺术的格言和感想》（1824）。

③《〈希腊神庙的门楼〉的发刊词》。

④《文学上的无短裤主义》。“无短裤者”是法国革命中贵族给雅各宾党人所取的诨号，“无短裤主义”就是过激主义。

人的处理，就变成带有普遍性和诗意的东西。我的全部诗都是应景即兴的诗，来自现实生活，从现实生活中获得坚实的基础（重点引者加）。我一向瞧不起空中楼阁的诗。

——《歌德谈话录》1823年9月18日

“即兴”在原文是“趁时机”，意思是“从现实出发”，歌德自己解释得很明白。他的诗作品虽大半取材于古代和中世纪，实际上却“来自现实生活”，借古喻今，重点还是在今，例如浮士德就是象征浪漫运动时代的奋发进取，寻求无限的精神和歌德自己的改造自然的理想。

由于坚持从客观现实出发的原则，歌德特别强调显出特征的理性内容必须获得个别具体的感性形象。他说，“凡是没有从艺术中获得感性经验的人最好不要去和艺术打交道”[①]；“谁若是不会向感官把话说清楚，谁也就不能向心智把话说清楚”[②]。他要求“作品对于感官是明白易晓的，愉快的，可喜爱的，而且具有一种温静的魔力，使人感到非有它不可”。他认为作为艺术最高成就的“风格”须使事物的“本质从可用感官把握的形象方面使我们能认识到”[③]，正是这感性方面在一般与特殊的统一体中组成显出一般的特殊。

但是歌德虽强调艺术须根据自然，却也提醒人们不要忘记“自然与艺术之间有一条巨大的鸿沟把它们分开”，“对自然的全盘模仿在任何意义上都是不可能的”[④]。所以歌德一方面崇奉自然，一方面也反对自然主义。他的态度在《论狄德罗对绘画的探讨》一文里表现得很清楚：“艺术家努力创造的并不是一件自然作品，而是一种完整的艺术作品。”“艺术并不求在广度和深度上和自然竞赛。”自然只是艺术的“材料宝库”，

---

① 《关于艺术的格言和感想》（1824）。

② 《〈希腊神庙的门楼〉的发刊词》。

③ 《论对自然的单纯模仿，特别作风和风格》。

④ 《论狄德罗对绘画的探讨》。

艺术家只从中“选择对人是值得愿望的和有味道的那一部分”，加以艺术处理，然后“拿一种第二自然奉还给自然，一种感觉过的，思考过的，按人的方式使其达到完美的自然”。[①] 反对自然主义可以说是《〈希腊神庙的门楼〉的发刊词》中的主题之一，在这篇里歌德这样描绘了理想的艺术家：

> 他既能洞察到事物的深处，又能洞察到自己心情的深处，因而在作品中能创造出不仅是轻易的只产生肤浅效果的东西，而是能和自然竞赛，具有在精神上是完整有机体的东西，并且赋予他的艺术作品以一种内容和一种形式，使它显得既是自然的，又是超自然的。（重点引者加）

艺术为什么是超自然的，歌德在另一段里这样解释过：

> 艺术家一旦把握住一个自然对象，那个对象就不再属于自然了；而且还可以说，艺术家在把握住对象那一顷刻中就是在创造出那个对象，因为他从那对象中取得了具有意蕴，显出特征，引人入胜的东西，使那对象具有更高的价值。因此，他仿佛把更精妙的比例分寸，更高尚的形式，更基本的特征，加到人的形体上去，画成了停匀完整而具有意蕴的圆。（重点引者加。“圆”指圆满形体。）

从此可见，歌德理想的艺术作品，不只是对自然的模仿，而且也是从自然出发的创造，不但要揭示事物的本质，而且也要显出艺术家“自己的心情深处”。他所谓“感觉过的，思考过的，按人的方式使其达到完美的自然”就是体验之后概括化、集中化和理想化的结果。他所谓“把握

①两段引文均见《〈希腊神庙的门楼〉的发刊词》。

住对象”也就是对对象进行过这些创造活动，所以说“艺术家在把握住对象那一顷刻中就是在创造出那个对象”，“对象就不再属于自然了”。经过这些创造活动，艺术家才把比自然“更精妙的比例分寸，更高尚的形式，更基本的特征”加到自然上去，这样才造成一个美的有生命的显出特征的整体，一种既根据自然而又超越自然的第二自然。

所以歌德所见到的艺术与自然的关系是一种主客观由对立而统一的辩证关系，他随时都提到这种关系，说得最简明的是在和爱克曼谈美的那一次：

> 艺术家对于自然有着双重的关系：他既是自然的主宰，又是自然的奴隶。他是自然的奴隶，因为他必须用人世的材料来工作，才能使人理解；同时他又是自然的主宰，因为他使这种人世间的材料服从他的较高的意旨，并且为这较高的意旨服务。
>
> 艺术要通过一种完整体向世界说话。但这种完整体不是他在自然中所能找到的，而是他自己的心智的果实，或者说，是一种丰产的神圣的精神灌注生气的结果。（重点引者加）
>
> ——《歌德谈话录》1827 年 4 月 18 日

这段话除掉说明了艺术与自然的辩证关系之外，还有两个概念是歌德美学思想中的重要组成部分，一个是“较高的意旨”，一个是“完整体”。

什么叫作使自然的材料为艺术家的较高的意旨服务呢？所谓“较高”是较自然为高。这里自然是看作和人对立的，较自然为高的意旨就是人作为社会的人所特有的意旨，也就是道德的意旨。让自然材料服从人的较高的意旨也就是上文已引过的“按人的方式使自然达到完美”。在《论德国建筑》里歌德提到野蛮人的艺术在形式上尽管是随意任性的，却仍见出协调，就“因为有一种单整的情感把它们（作品）创造成为一种显出特征的整体”。这里“单整的情感”也还是指人的理想和愿望的结晶，具有道德的性质。应该指出，歌德所理解的“道德的”（Sittlich）不是狭义的，而是指显出人的精神实质或社会性的，所以它和单纯的自然（包括原始的动物性的人性）是对立的。歌德在伦理思想和美学思想中始终把单纯的自然和与人类社会发生关系的自然分得清楚，而且特别重视后一种自然。他说，“我们不认识任何世界，除非它对人有关系；我们也不想要任何艺术，除非它是这种关系的模仿”。“现实的东西如果没有道德的关系，我们就把它叫作平凡的东西”，“造型艺术所涉及的是可以眼见的东西，是自然的东西的外在现象。纯然自然的东西只要同时是在道德上使人喜爱的，就叫作纯朴的，所以纯朴的对象才是艺术领域的”。“艺术应该是自然的东西的道德表现（重点引者加）。同时涉及自然和道德两方面的对象才是最适宜于艺术的。”[①] 用我们现在的习用语来说，自然的东西单就它的自然性来说，还不是艺术的对象；要成为艺术的对象，它就必须同时具有社会性，即必须显出它和人的关系。

整体概念是歌德美学思想中另一个重要的概念。从上引一些段落中已可看出歌德经常强调艺术的完整性。作为一个自然科学家，他经常爱拿艺术作品和生物相比拟，他所用的“有生命的”“显出特征的”“健全的”和“完整的”等词都多少带有生物学的涵义。从生物学的观点看，完整就等于健全。一件事物如果能按照它的本质最完满的来表现出来，那就是完整的，也就是健全的，也只有完整或健全的东西才能充分地显出它的特征。[②] 歌德把“健康的”看作古典主义的特色，这里“健康的”涵义之一也就是“完整”或“健全”。不过歌德的整体概念还不仅限于生物学的有机体概念，其中还含有在当时德国特别显得活跃的辩证思想。整体就是统一体。它包括理性与感性的统一，主观与客观的统一，自然性与社会性的统一以及艺术与自然的统一。

从亚理士多德以后，整体概念就成为美学思想中一个重要的传统概

①以上引文均见《关于艺术的格言和感想》（1824）。

②参看上引《歌德谈话录》，1827 年 4 月 18 日。

念。但是在过去，所谓“杂多中的整一”或“寓变化于整齐”基本上只是从形式方面着眼。歌德的整体概念也有这形式的一方面，上文已提到他要求艺术作品比自然事物要有“更精妙的比例分寸，更高尚的形式”，他并不看轻形式，认为“材料是每个人面前可以见到的，意蕴只有在实践中须和它打交道的人才能找到，而形式对于多数人却是一个秘密”[①]。在他看，“音乐最充分地显出艺术的价值，因为它没有材料须考虑，它完全是形式和意蕴，凡是它所表现的东西它都加以提高和改进”[②]。但是歌德所了解的形式从来不是抽象的、独立的，而是要“生气贯注的”“显出特征的”，也就是与内容融成一片的。他说得很明白：

> 如果形式特别是天才的事，它就须是经过认识和思考的；这就要求灵心妙运，使形式、材料和意蕴互相适合，互相结合，互相渗透。
>
> ——《东西合集》的注释

在《搜藏家和他的伙伴们》里，歌德进一步阐明艺术的最高成就是“风格”，认为纯然严肃的艺术和纯然游戏的艺术都是片面的，而理想的艺术则是严肃与游戏的结合。他把他的看法总结成一个表：

纯然严肃	严肃与游戏结合	纯然游戏
个别倾向	一般的形成	个别倾向
（仅表现个别）	（概括化）	
特别作风	风格	特别作风
临摹者	艺术真实	幻想者

① 《关于艺术的格言和感想》。歌德把艺术作品分成三个因素：“材料”（Stoff）就是取于自然的素材；“意蕴”（Gehalt）亦可译“内容”，指人在素材中所见到的意义；“形式”（Form）指作品完成后的完整模样，一般把头两个因素合称“内容”。

② 《关于艺术的格言和感想》（1824）。

特征主义者	美	波纹曲线画家
杂艺家	完整化	速写者

这个表里中间一栏代表“风格”或理想的艺术，“纯然严肃”的艺术大体上侧重内容，“纯然游戏”的艺术大体上侧重形式。值得特别注意的是歌德把美看作“特征主义者”(实即表现主义者)和“波纹曲线画家”(实即形式主义者）相结合而克服各自的片面性的产物,而且与“艺术真实”和“完整化”是联系在一起的。由此可见，他把美摆在内容与形式相结合的整体上。

歌德还把整体概念运用到艺术的创造和欣赏方面，他一方面强调创造想象力的重要性，另一方面也指出想象力须依靠感觉力、知解力和理性,“才会被引到真实和现实的领域。感觉力把眷写清楚的形象交付给它，知解力对它的创造力加以约束，而理性则使它具有完全的确实性，不是戏弄梦中幻象，而是根据观念”[①]。不像当时消极的浪漫主义者片面强调想象，他认为“想象力只有通过艺术，特别通过诗，才受到节制。没有东西比没有审美趣味的想象力更为可怕”[②]。他指出近代侧重理智的文化对艺术不相宜，“我们的这个世纪在理智方面固然是很开明了，但是极不善于把明晰的感觉和理智结合在一起，而真正的艺术作品却只有凭这种结合才创造得出来”[③]。从此可见，歌德并不认为艺术单靠形象思维或是单靠抽象思维就行，艺术家须以整个的人格进行创作。在欣赏方面也是如此。他说，“人是一个整体，一个多方面的内在联系着的能力的统一体。艺术作品必须向人的这个整体说话，必须适应人的这种丰富的统一体，这种单一的杂多”[④]。

---

① 《给玛丽亚·泡洛娜公爵夫人的信》(1817)。

② 《关于艺术的格言和感想》(1824)。

③ 《艺术与手工艺》。

④ 《搜藏家和他的伙伴们》，第五封信。

综观以上所述，歌德的“显出特征的整体”说着重从客观现实和具体事物出发，要求理性与感性的统一，主观与客观的统一，自然性与社会性的统一，艺术与自然的统一，内容与形式的统一，以及古典主义与浪漫主义的统一，所以他的文艺思想含有辩证的因素。在美与典型的问题上，他比文克尔曼、莱辛、康德以及他的朋友席勒都前进了很远。后来黑格尔从他那里得到启发，发展出“美为理念的感性显现”说，但是黑格尔从抽象理念出发，而歌德却从客观现实出发，这里有客观唯心主义与唯物主义的基本分歧。

4. 民族文学与世界文学：历史发展观点

在自然科学中歌德着重发生学和生物进化的观点，在文艺研究中他也着重历史发展观点，这就是不把研究的对象看成孤立的现象，而要把它联系到自然环境和社会环境的影响以及由开始到完成的发展过程。歌德曾自道经验说，“有一个情况对我很有利，在观察事物之中，我总是注意它们的发生学的过程，从而对它们得到最好的理解”[①]。“我们不能就自然作品和艺术作品既已完成时去认识它们，应该趁它们正在发生的过程中去把握它们，才能对它们多少有些了解。”[②] 他对英、法、塞尔维亚以及古代希腊文学的评论大半都联系到自然环境、社会背景和民族特点。他晚年所写的自传（《诗与真》）就是从发生学观点出发，揭示他自己的思想发展和文学发展的过程以及在各个时代所受到的外来的影响。

像他的启蒙运动的前辈一样，歌德的希望是通过民族文学的建立去达到德意志民族的统一。他对于建立民族文学的路径的看法也是建立在他的发生学观点和历史发展观点之上的。在著名的《文学上的无短裤主义》一文里他着重地讨论了这个问题：

①给雅各比（Jacobi）的信，1800 年 1 月 2 日。

②给泽尔托（Zerter）的信，1803 年 8 月 4 日。

一个古典性的民族作家是在什么时候和什么地方生长起来的呢？是在这种情况下：他在他的民族历史中碰上了伟大事件及其后果的幸运的有意义的统一；他在他的同胞的思想中抓住了伟大处，在他们的情感中抓住了深刻处，在他们的行动中抓住了坚强和融贯一致处；他自己被民族精神完全渗透了，由于内在的天才、自觉对过去和现在都能同情共鸣；他正逢他的民族处在高度文化中，自己在教养中不会有什么困难；他搜集了丰富的材料，前人完成的和未完成的尝试都摆在他眼前，这许多外在的和内在的机缘都汇合在一起，使他无须付很高昂的学费，就可以趁他生平最好的时光来思考和安排一部伟大的作品，而且一心一意地（重点原文有）把它完成。只有具备这些条件，一个古典性的作家，特别是散文作家，才可能形成。

这里歌德总结了西方从希腊以后各民族文学的历史经验。可注意的有这几点：第一，民族文学的建立不能只靠一些孤立的各走各路的个别作家，而要靠全民族，它须反映全民族思想的伟大、情感的深刻以及行动的坚强和融贯一致；其次，民族文学的建立是要和一个民族的伟大历史时代联系起来的，这民族要处在高度文化中而且在进行着伟大的历史运动，所谓“伟大的事件及其后果的幸运的有意义的统一”就是指历史运动顺着规律进展，产生推动历史前进的效果；第三，民族文学要植根于本民族的过去文学传统和历史遗产，有前人的成功的和失败的经验可以作为教训，而且能更深刻地体现民族特点。有了这些条件，具有天才的作家才容易培养起来，不会在教养方面感到贫乏或困难，而且安定的物质生活也可以保证他们专心致志地进行创作。

在这篇论文里，歌德还根据这些建立民族文学所必需的条件来检查当时德国的情况，指出德国政治的分裂造成地理上的局促，没有一种固定的文学传统作为“社会生活教养的中心点”，“广大的群众没有审美趣味”，作家们得不到适当的教养和鼓励，“受各种不同情境的影响摆布”，而且迫于生计，须做自己所不爱做的工作，不能专心创作。这是一幅酸辛的写照。歌德寄予他的作家同僚以深刻的同情，并且斥责过激派（“无短裤主义者”）对他们的吹毛求疵。我们现在如果把歌德时代德国民族文学的辉煌成就，和歌德所描写的当时不利于德国民族文学发展的情况作一个对比，就会体会到这个成就实在来之不易，歌德的功劳也就会更令人崇敬。

歌德并不是从一个狭隘的民族主义者的观点去提倡民族文学，他是第一个人瞭望到“世界文学”的产生，并且号召“每个人都应该努力促使它快一点来临”[①]。他所理解的“世界文学”不是把某一“优选”民族的文学强加于世界，把各被统治的民族的文学全压下去，如帝国主义者为着侵略，在“世界主义”的口号之下所宣传的。世界文学是由各民族文学互相交流，互相借鉴而形成的；各民族对它都有所贡献，也都从它有所吸收，所以它和民族文学不是对立的，也不是在各民族文学之外别树一帜。歌德对于世界文学的主张是辩证的：他一方面欢迎世界文学的到来，另一方面又强调各民族文学须保存它的特点。懂得这种辩证观点，我们就可以理解歌德在这问题上一些貌似自相矛盾的言论，例如他一方面说，“我爱用旁的民族的镜子来照自己，我劝旁人也都这样办”，“每一国文学如果让自己孤立，就会终于枯萎，除非它从参预外国文学来吸取新生力量”；另一方面他又说当时德国“上层阶级从异方习俗和外国文学所受到的教养固然也替我们带来了很多好处，却也妨碍了德国文学作为德国文学，得到较早的发展”[②]；一方面说，“一种普遍的世界文学正在形成，其中替我们德国人保留着一个光荣的角色”[③]；另一方面又说，“现在一种世界文学正在形成，德国人会蒙受最大的损失，德国人考虑一下

①《歌德谈话录》，1827 年 1 月 31 日。

②《文学上的无短裤主义》。

③评他的《塔索》法文改编本（1827）。

这个警告会是有益的”。实际上这些话里并没有矛盾，世界文学愈能吸收各民族文学的特点，它也就会愈丰富，不应为一般而牺牲特殊。歌德在另一个场合说得很明白，“我们重复一句：问题并不在于各民族都应按照一个方式去思想，而在他们应该互相认识，互相了解；假如他们不肯互相喜爱，至少也要学会互相宽容”[①]（重点引者加）。世界文学的产生，像马克思在《共产党宣言》里所指出的，是资本主义时代交通贸易发展的必然结果。歌德值得钦佩处在嗅觉灵敏，在世界文学刚露头角时，就已嗅得出它将要到来，并且提出正确的方针，有意识地指导它走上正常发展的路径。

结束语

歌德的文艺理论和美学见解远不限于本文所介绍的这几点。他结合自己的创作经验以及自己对于各民族文艺作品的体会，讨论到许多关于艺术创作的实际问题，对于美学理论的建设具有无比的重要性，但是限于笔者的知识范围和所能支配的篇幅，在这里只能介绍涉及歌德美学思想中一些关键性的观点。总的说来，由于他的理论来自丰富的实践经验，一般是深刻的、正确的，特别是他的文艺应从现实生活出发这条基本原则。他对于近代西方文化思想的形成起了很大的影响，这种影响，我们相信，在社会主义文化中还将继续发挥比过去更大的作用。

歌德作为一个历史人物，当然也免不掉他的历史局限性。他有庸俗市民的一面，这一点恩格斯已说得很透辟[②]。我们在这里只提两点：一点是他毕竟是一个历史唯心论者，认为仅仅通过文艺就可造成人类的理想境界，他不够重视政治，害怕巨大的变革。在《文学的无短裤主义》里，

---

①评英国刊物《爱丁堡评论》。

②见《马克思恩格斯全集》，第四卷，第223—257页。

他在指出德国政治分裂不利于民族文学形成之后，接着就坦白地说，“我们不希望有一次翻天覆地的变革，尽管这种变革可能为德国古典性的作品作准备”。这就充分暴露了他的保守的心情。另一点是他和康德、席勒等思想家一样，几乎把全部文艺理论都建立在普遍人性的信念上。他说：“只有一种真正的诗，它既不专属于普通人民，也不专属于贵族，既不专属于国王，也不专属于农民；谁若是觉得自己是个真正的人，谁就会在这种诗上下功夫。”[①] 在当时，他当然还不可能有阶级观点。[②]

---

①《歌德全集》，第三八卷，第 55 页。据韦勒克《近代文学批评史》的引文。

②爱克曼的《歌德谈话录》，人民文学出版社 1979 年版，其中译后记可弥补本章缺陷，可参看。

第十四章 席 勒

席勒（Schiller，1759—1805）在德国文坛出现，约比歌德迟十年。像歌德一样，他也经历了由狂飙突进时代浪漫主义的倾向（这时期的代表作：剧本《强盗》，1781；剧本《阴谋与爱情》，1783）到古典主义（这时期的代表作：剧本《华伦斯坦》三部曲，1798—1799；剧本《威廉·退尔》，1804）的转变。他的作品始终表现出反封建的强烈情绪和对民族独立自由的热烈愿望，但也同时暴露出他在政治上的妥协性与改良主义。

自从一七九四年起一直到他死，他和歌德进行了亲密的合作。这两位诗人在文艺创作中主观与客观关系问题以及一般与特殊关系问题上虽有分歧，但是在合作之中他们互相影响，不仅在走古典主义道路去建立德国民族文学的总目标上相同，而且在许多文艺问题上的见解也还是一致的。这一点歌德在谈话中曾经明白指出过。[①]

席勒和歌德有一点显著的不同：歌德颇厌恶抽象的系统的哲学思考，他的思想始终是从感性的具体的东西出发；席勒却性好沉思，他的思想大半是从抽象的概念出发，始终徘徊于诗与哲学之间，哲学有时妨碍他的诗，诗也有时妨碍他的哲学。他的朋友韩波尔特（Humboldt）有一次向他说，“没有人能说你究竟是一个进行哲学思考的诗人，还是一个做诗的哲学家”。在给歌德的一封信里，席勒自己就意识到这种矛盾。

① 《歌德谈话录》，1828 年 12 月 16 日。

我的知解力是按照一种象征方式进行工作的，所以我像一个混血儿，徘徊于观念与感觉之间，法则与情感之间，匠心与天才之间。就是这种情形使我在哲学思考和诗的领域里都显得有些勉强，特别在早年是如此。因为每逢我应该进行哲学思考时，诗的心情却占了上风；每逢我想做一个诗人时，我的哲学的精神又占了上风。就连在现在，我也还时常碰到想象干涉抽象思维，冷静的理智干涉我的诗。

——给歌德的信，1794 年 8 月 31 日

这段自白对于理解席勒的文艺创作和美学理论都是有益的。不过自从认识歌德以后，歌德的影响使席勒逐渐离开抽象的思考而更多地注意现实中和文艺中感性的具体的东西。

席勒从早年就从事哲学研究。在这方面他最早受到影响的是法国启蒙运动者狄德罗和卢骚。从他们那里席勒获得了关于自由平等以及自然与社会对立的概念。莱辛和文克尔曼引导他到希腊文艺的领域。和歌德一样，席勒对于希腊文艺精神的认识是从文克尔曼那里来的，他全盘接受了“高贵的单纯，静穆的伟大”那个著名的公式，把它看作德国民族文学所应追求的理想。在美学方面，他接触到鲍姆嘉通，从而吸收了一些莱布尼茨派的理性主义。不过他所受到的最大的影响却来自康德。一般美学史都把席勒看作康德的门徒。席勒接触到康德，是从一七九一年他移居耶那时起，那时《判断力批判》才发表了一年。此前席勒所发表的一些理论文，例如《论剧院作为一种道德的机关》（1784），《喜剧女神刊物的发刊词》（1784），《论歌德的悲剧（厄格蒙特）》（1788）等，虽然已显示出他对美学的兴趣，但是他的主要美学著作，例如《论悲剧题材产生快感的原因》（1791），《给克尔纳论美的信》（1793），《论激情》（1793），《论秀美与尊严》（1793），《审美教育书简》（1793—1794），《论崇高》（1793—1794），《论运用美的形式所必有的界限》（1793—1795），

以及《论素朴的诗与感伤的诗》(1795)，都在接触到康德之后五年之内发表的。这就足以说明康德的著作引起了他对美学问题进行辛勤的认真的思考。康德在哲学上所揭示的自由批判的精神，他的本体与现象，理性与感性等对立范畴的区分，以及他把美联系到人的心理功能的自由活动和人的道德精神这些基本概念，都成为席勒美学思想的出发点。但是康德把一些对立概念虽然突出地揭示出来而未能达到真正的统一，以及他从主观唯心主义观点去解决美学问题，都是席勒所深为不满而力求纠正的。席勒并不是康德的恭顺的追随者，他不但发挥了康德的一些观点，而且在一定程度上纠正了康德的主观唯心主义。在德国古典美学发展中，他做了康德与黑格尔之间的一个重要的桥梁，他推进了由主观唯心主义到客观唯心主义的转变。

席勒的主要的美学著作大致可分三类：第一类关于美的本质和功用，包括《给克尔纳论美的信》七篇，给一位丹麦亲王的《审美教育书简》二十七篇；第二类关于古代诗和近代诗，亦即古典主义诗和浪漫主义诗，在精神实质上的分别，主要的是《论素朴的诗与感伤的诗》；第三类关于悲剧，包括《论悲剧题材产生快感的原因》《论激情》《论崇高》以及《论合唱队在悲剧中的用途》。这三类之中最主要的是《审美教育书简》和《论素朴的诗和感伤的诗》。本文将着重地介绍与美学关系较密切的《论美书简》《审美教育书简》和《论素朴的诗与感伤的诗》。这些著作在大体上组成了席勒的全部美学思想系统。

一 《论美书简》和《审美教育书简》

《论美书简》就是《给克尔纳论美的信》(1793)的别名。当时他正在研究康德的《判断力批判》，而且受过歌德的熏陶已六七年。歌德在论风格等文中所强调的艺术的客观性对他已留下深刻的影响，因此他对康德的主观唯心主义的美学观点有些格格不入，就想写一篇论美的对话来阐明他自己的看法。在一七九二年十二月二十一日他写信给他的朋友克尔纳（C．C．Körner）说："我看我已找到了美的客观概念，这是康德所找不到因而感到绝望的，按照它的本质，它就是审美趣味的客观标准。我想把我的思想写成一篇'论美'（Kallias）的对话，把它加以系统的阐述。"这篇对话并没有写出，写出的是给克尔纳的七封信，其中最重要的是一七九三年二月二十八日写的，题为"论艺术美"的一封。他赞成康德所说的"自然美是一个美的事物，艺术美是一个事物的美的形象显现或表现"，不过认为应加上一句："理想美是一个美的事物的美的形象显现或表现。"他认为艺术美不在表现什么（材料）上见出而在怎样表现（形式）上见出。不过席勒所了解的"形式"不是康德所了解的事物的外在形式，而是想象力所掌握的完整的具体形象。这形象应该"自由地表现出"或"由自己决定"，意思就是说"在一件艺术作品中找到的只是被表现的那个对象的性质"，既不受材料或媒介的限制，也不受艺术家的主观性质的干预。不受材料或媒介的限制，指的就是被表现的对象的形式（形象）能完全征服材料，雕的人像应完全征服用为媒介的石头。席勒把他对艺术中材料与形式关系的看法总结为一句话：

> 在一件艺术作品里，材料（模仿媒介的性质）必须消融在形式（被模仿对象的形式）里，躯体必须消融在观念（或意象）里，现实必须消融在形象显现里。

他举例说明他的意思说："形式在一件艺术作品里只是一种形象显现，例如大理石在形象上显现为一个人，而在现实界却仍然是一块大理石。""本来硬而脆的大理石的性质必须沉没到软而韧的肤肉的性质里去，无论是情感还是眼睛都不应回到石头上去。"

关于艺术家和被表现的对象的关系，席勒接受了歌德的"对自然的单纯模仿，特别作风和风格”的分别，而给予“特别作风”以“矫揉造作”的意思，认为“特别作风”是艺术家用自己的特性和癖好来影响对象性质的结果。他反对这种主观的创作手法说，“如果待表现的对象的特性由于艺术家的精神特性而遭受损失，我们就说，那种表现就会是矫揉造作的”(或具有特别作风的)。接着他指出理想的风格是表现纯粹客观性的：

> 特别作风的对立面是风格，风格不是别的，就是表现具有最高度的独立性，不受一切主观的和客观的偶然性所影响。
>
> 表现上的纯粹客观性是好的风格的特质，是艺术的最高原则。

他举当时演莎士比亚的《哈姆雷特》的演员为例来说明他的意思。演哈姆雷特的艾克霍夫“正像一块大理石，从这块大理石里他的天才刻画出一个哈姆雷特，他自己（演员的人身）完全沉没到哈姆雷特的艺术的人身里去,因为要引人注意的只是形式(哈姆雷特的性格)而决不是材料(演员的人身)”。反之，演国王的布鲁克“在每一个动作里都笨拙而讨嫌地显示出他自己”，他“缺乏真知灼见，不会按照一种观念（意象）去就材料（演员的躯体）造型”。趁便指出，席勒对表演的看法和狄德罗的很相近。

席勒的艺术作品不应受媒介材料和艺术家性格影响的看法当然还带有片面性，是与莱辛的《拉奥孔》里的诗画界限的观点背道而驰的。不过他要强调艺术和美的客观性，来对抗康德的材料来自客观世界，形式来自艺术家的主观创造的看法，在当时对纠正主观唯心主义却起了很好的作用。

在这封信里席勒着重地讨论了诗，指出诗人在用形式征服材料中所遇到的特殊困难。诗人所用的媒介是文字，文字作为抽象符号“具有通向一般的倾向”，即引起诉诸知解力的概念，而诗人的任务却在表现具体的个别的事物形象，使它通过感官而呈现于想象力。“语言把一切摆在知解力的面前，而诗人却应把一切带到想象力的面前（这就是表现）；诗所要求的是观照（对形象的感觉——引者注），而语言却只提供概念。”为着克服这种矛盾，席勒提出下列的办法：

> 如果要使一种诗的表现成为自由的，诗人就必须凭他的艺术的伟大去克服语言的通向一般的倾向，凭形式（材料的运用）去征服材料（文字以及构词法和造句法）。语言的性质（通向一般的倾向）必须完全沉没到给予它的那种形式里，躯体必须消融在观念（意象）里，符号必须消融在它所标志的对象里，现实必须消融在形象显现里。被表现的对象必须从表现的媒介中自由地胜利地显现出来，不管语言的一切桎梏，仍能以它的全部的真实性、生动性、亲切性站到想象力面前。总而言之，诗的表现的美就在于自然（本性）在语言桎梏中自由的自动。

这里“自然”指被表现对象的本性，“语言的桎梏”指“通向一般的倾向”，“自由的自动”指对象的本性不受艺术家主观特性与媒介的特性影响，而以独立自决的方式表现出来，这也就是诗应表现出对象的“纯粹客观性”。席勒在这里触及了形象思维与抽象思维的关系问题。他说，“待表现的对象先须经过抽象概念的领域走一大段迂回的路，然后才被输送到想象力面前，转化为一种观照的对象”。足见诗必须假道于抽象思维，同时也必须克服抽象思维而终于达到形象思维。这在诗论中是一个值得注意的创见。

席勒的最主要的美学著作《审美教育书简》是他的美学思想最集中最有系统的表现。上文提到过席勒的主要美学著作的写作年代都集中在一七九一到一七九五的五年里，显而易见的原因是康德的《判断力批判》对他的启发，但是更深刻的原因还在于当时欧洲政局的转变以及它在知识界所引起的反响。那是正紧接着法国资产阶级大革命之后，当时一般要求改革封建制度来保障个人自由和民族独立统一的德国知识界起初对法国革命都表示欢迎，等到他们看到雅各宾党人的暴力专政以后都被吓到了，转过来对革命失望甚至仇视。歌德如此，席勒也是如此。有人说席勒脱离现实，这是不很恰当的。他的著作，包括美学论著，都是针对当时现实而提出他自己的看法的。问题在于他的看法是改良主义的。他渴望自由，但是不满意于法国革命者所理解的自由，而要给自由一种新的唯心主义的解释：自由不是政治经济权利的自由行使和享受，而是精神上的解放和完美人格的形成；因此达到自由的路径不是政治经济的革命而是审美的教育，至少是须先有审美教育，才有政治经济改革的条件。这就是《审美教育书简》的主题思想。

这个主题思想在头十封信中就明确地提出。席勒意识到在法国大革命后避开政治来谈美学，可能引起反对，他首先就问：“正当时代情况迫切地要求哲学探讨精神用于探讨如何建立一种真正的政治自由（这在一切艺术作品中是最完善的一种艺术作品）时，我们却替审美世界去找出一部法典，这是否至少是不合时宜呢？”接着他为“让美走在自由之前”辩护说：“这个题目不仅关系到这个时代的审美趣味，而且也关系到这个时代的实际需要；人们为了在经验界解决那政治问题，就必须假道于美学问题，**正是因为通过美，人们才可以走到自由**。”（第二封信，重点引者加）理由是国家代表“纯粹理想的人”或“公民胸中的纯粹的客观的人性”，它“对公民的主观的人性尊重到什么程度，要以那主观的人性提高到客观的人性的程度为准”。这就是说，国家给个人自由，要看个人的主观性格是否符合社会集体按理性所要求的理想性格。这种理想的人格必须是完整的人格，让自然的感情和“社会道德结构”所必有的理性都得到和谐的发展，让必然和自由统一起来。“只有在有能力，有资格把必然的国家变成自由的国家的那种民族里，才可以找到性格的完整。”

接着席勒拿完整性格的标准来衡量当时的实际社会情况，一方面暴露出他对革命的畏惧，另一方面对当时资本主义社会的病态却也下了很中肯的诊断。他指责“用暴力夺取他们认为被无理剥夺去的东西”或“他们的不可侵犯的权利”的人们，想“把人终于当作本身自有目的来尊重，把真正的自由变成政治结合的基础”，说这是“一场梦想”，因为“物质的可能性仿佛出现了”，而“道德的可能性还不存在”。他指责刚“摆脱绳索”的下层阶级“正以无法控制的狂怒，忙着要达到他们的兽性的满足”。至于上层的“文明的阶级则现出一幅更令人作呕的懒散和性格腐化的景象，这些毛病正起于文化本身，所以更令人厌恨”。“自私自利已在我们的高度文明的社会中建立起它的系统，我们经受到社会生活的一切传染病和一切灾祸，却没有带来一颗向社会的心。”（以上第五封信）

他拿古希腊社会和近代社会进行对比，认为希腊社会组织单纯，“结合一切的自然”还在发挥作用，还没有造成社会与个体的分裂以及个体自身的人格内部的分裂，所以希腊人能“把想象的青春性和理性的成年性结合在一种完美的人性里”。至于近代则“划分一切的理智”在社会与个体以及个体内部都造成了分裂。“给近代人性以这种创伤的正是文化本身”。这文化本身的毛病有两个，一个是科学技术的严密的分工制，另一个是“更复杂化的国家机器使得各等级和各职业之间更严格的割裂成为必然的”，结果是“人性的内在联系也就被割裂开来了，一种致命的冲突就使得本来处在和谐状态的人的各种力量互相矛盾了”，知解力和想象力就不能合作了。席勒也认识到要使近代社会回到像希腊那样的单纯的自然的社会已不可能，但是他指出近代社会组织毕竟是不合理的，下面一段话可以说是对近代资本主义社会的一针见血的控诉：

〔近代社会〕是一种精巧的钟表机械，其中由无数众多的但是都无生命的部分组成一种机械生活的整体。政治与宗教，法律与道德习俗都分裂开来了；欣赏和劳动脱节，手段与目的脱节，努力与

> 报酬脱节。永远束缚在整体中一个孤零零的断片上，人也就把自己变成一个断片了；耳朵里所听到的永远是由他推动的机器轮盘的那种单调无味的嘈杂声音，人就无法发展他的生存的和谐；他不是把人性印刻到他的自然上去，而是变成他的职业和专门知识的一种标志。就连把个体联系到整体上去的那个微末的断片所依靠的形式也不是自发自决的……而是由一个公式无情地严格地规定出来的。这种公式就把人的自由智力捆得死死的。死的字母代替了活的知解力，熟练的记忆还比天才和感受能起更好的指导作用。
>
> ——第六封信

席勒认识到资本主义社会中的阶级对立是一种“致命的冲突”，他的错误在于不能把它的病根推原到经济基础，而把它推原到人性的分裂和堕落。由于他悬“完整人格”或“优美心灵”为最高理想，他对资本主义社会分工制对人格发展所造成的危害的认识更为透彻。他所说的人只是钟表机械中“一个孤零零的断片”，“变成他的职业和专门知识的一种标志”，“欣赏与劳动脱节，手段与目的脱节，努力与报酬脱节”。那些现象正是马克思在《经济学——哲学手稿》中讨论分工制和“劳动异化”时所详加阐明的。马克思把病源诊断为私有制，把私有制的消灭定为唯一的根本治疗方剂。席勒把病源诊断为人心腐化，于是就把审美教育定为治疗社会的方剂。这个对比就可以见出席勒思想的积极方面（认识到资本主义社会的病象）和消极方面（诊断和治疗都错了）。席勒有时也仿佛意识到他自己的矛盾，因为他提出过这样的问题：“政治领域的一切改善都要来自人的性格的高尚化，但是在一种野蛮的国家制度的影响之下，人的性格怎样能够得到高尚化呢？”这正是问题的症结所在。席勒的庸俗市民方面的意识使他不能正视这个问题。他认为可以避开国家工具而乞灵于美的艺术。（第九封信）

过分夸大艺术和美的作用是浪漫运动时期的一种通病，“始作俑者”

正是席勒。席勒之所以走入迷途，主要由于上文已提到过的德国历史情况，同时也由于他的艺术观点与美学观点中有一个深刻的矛盾：在主观意图上他想证实康德所无法证实的美的客观性质和客观标准，而他用来证实的出发点却仍是康德的感性与理性对立的唯心主义的观点以及卢骚的自然与社会文化对立的也是唯心主义的观点。这个基本矛盾在《审美教育书简》中讨论艺术本质和审美教育途径的部分（第一一封信至第二七封信）暴露得最明显。

依他看，“若是让抽象作用尽可能地上升”，就可以在人里面辨别出两个对立的因素，一个是持久不变的“人身”（人的身份），另一个是经常改变的“情境”。这两个因素在“绝对存在”（又叫作“神性”即理想的完整人格）中是统一的，而在有限存在（经验世界）中则“永远是两个”。抽象的“人身”就是主体、理性和形式；抽象的“情境”就是对象、“世界”、感性、物质、材料或内容。这两个抽象的对立面都不能独立存在，须互相依存，才能成为完整的统一体。因此，人就有两种自然要求或冲动，一个是“感性冲动”，另一个是“形式冲动”，又叫作“理性冲动”：

> 这就在人身上产生出两个相反的要求，也就是人的感性兼理性本质的两个基本法则。第一个要求是要有绝对的实在性：他要把凡只是形式的东西转化为世界，使他的一切潜在能力表现为现象。第二个要求是要有形式性：他须把他本身以内的凡只是世界的东西消除掉，把和谐导入它（凡是世界的东西）的一切改变里；换句话说，他须把一切内在的东西变成外在的，把形式授给一切外在的东西。
>
> ——第一一封信

第一个要求就是“感性冲动”，第二个要求就是“形式冲动”。席勒把话说得非常抽象，用简单的话来说，人一方面要求使理性形式获得感性内容，使潜能变为实在，也就是使人成为一种“物质存在”，这就是“感性冲动”；另一方面人也要求感性内容或物质世界获得理性形式，使千变万化的客观世界现象见出和谐和法则，这就是“形式冲动”。前一个冲动要“把我们自身以内的必然的东西转化为现实”,后一个冲动要“使我们自身以外的实在的东西服从必然的规律”(第一二封信)。不难看出，席勒在这里已隐约窥测到马克思在《经济学——哲学手稿》中所阐明的“人的对象化”和“对象的人化”的辩证关系，但是他错误地随着康德把本须在统一体里才能真实的两对立面（内容和形式,感性和理性等）看成本来可各自独立而后才结合为统一体，并且认为这两对立面还不能因互相依存和互相转化而达到统一，还须有第三种冲动来恢复它们的统一。他问道:“人的本性的统一好像完全被这种原始的根本的对立破坏掉了，我们怎样才能把它恢复过来呢？”他回答说：

> 监视这两种冲动，确定它们的界限，这就是文化教养的任务；文化教养……不仅要对着感性冲动维护理性冲动，而且也要对着理性冲动维护感性冲动。所以文化教养的任务是双重的：第一，防备感性功能受到自由（理性功能——引者注）的干涉；其次，防备人格受支配于感觉的威力。要实现第一个任务，就要培养情感的功能；要实现第二个任务，就要培养理性的功能。
>
> ——第一三封信

总之，感性和理性都要借文化教养而得到充分的发展，从而达到统一，于是“人就会兼有最丰满的存在和最高度的独立自由”（第一三封信）。“假若这种情况能在经验里出现，它们就会在人身上唤起一种新的冲动”，即“游戏冲动”。“游戏”在席勒的术语里和在康德的术语里一样，是与“自由活动”同义而与“强迫”[①]对立的。感性冲动使人感到自然要求的强迫，而理性冲动又使人感到理性要求的强迫；游戏冲动却要“消除一切强迫，

①“强迫”亦可译“压力”。

使人在物质方面（感性方面）和精神方面（理性方面——引者注）都恢复自由”。席勒曾用一个具体的例子来说明他的这种抽象概念：

> 当我们怀着情欲去拥抱一个理应鄙视的人时，我们就痛苦地感到自然的压力。当我们仇视一个值得尊敬的人时，我们也就痛苦地感到理性的压力。但是如果一个人既能吸引我们的欲念，又能博得我们的尊敬，情感的压力和理性的压力就同时消失了，我们就开始爱他，这就是同时让欲念和尊敬在一起游戏。
>
> ——第一四封信

所谓“同时让欲念和尊敬在一起游戏”，就是让欲念和尊敬这两种心情都能自由活动，我们既感觉不到感性的自然要求是强迫，也感觉不到理性法则是压力，鱼水相得，所以是一种游戏状态。席勒把这种游戏冲动与艺术和美联系起来：

> 用一个普通的概念来说明，感性冲动的对象就是最广义的生活①；这个概念指全部物质存在以及凡是呈现于感官的东西。形式冲动的对象，也用一个普通的概念来说明，就是同时用本义与引申义的**形象**；这个概念包括事物的一切形式方面的性质以及它对人类各种思考功能的关系。游戏冲动的对象，还是用一个普通的概念来说明，可以叫作**活的形象**；这个概念指现象的一切审美的性质，总之，指最广义的美。
>
> ——第一五封信

所以游戏冲动的对象就是美，而美就是活的形象。这活的形象就是感性与理性的统一体，物质世界的存在（生活）与它的形象显现的统一体，

①注意席勒所说的“生活”是广义的，包括感性世界。

内容与形式的统一体。依这个看法，“美既不扩张到包括整个生物界，也不只限于生物界，一块大理石尽管是而且永久是无生命的，却能由建筑家和雕刻家把它变成活的形象；一个人尽管有生命和形象，却不因此就是一个活的形象。要成为活的形象，那就需要他的形象就是生命而他的生命也就是形象。……只有在他的形式（形象——引者注）在我们的感觉里活着，而他的生命在我们的认识里取得形式的时候，他才是活的形象”（第一五封信），用我国古代艺术理论术语来说，活的形象可以说是“形”与“神”的统一（不过相当于生活或物质材料的是“形”，相当于形象或理性形式的是“神”）。

在当时美学家中，英国经验派（例如博克）把美和生活等同起来，而形式派（席勒举德国艺术家拉斐尔·孟斯为例）则把美和形式等同起来。席勒的“活的形象”是这两种都是片面的看法的辩证的统一。他指出必须统一的理由说：“人不只是物质，也不只是精神。所以美，作为他的人性的完满实现来看，既不能只是生活，也不能只是形象。”生活受制于需要，形象受制于法则。“在美的观照中，心情是处在法则与需要之间的一种恰到好处的中途。”用孔子的话来说，艺术和美的欣赏所由起的“游戏冲动”是“从心所欲，不逾矩”。只有在达到这种境界时，人才能达到生活与形象的统一，感性与理性的统一，物质与精神的统一，也才能达到“人格的完整”与“心灵的优美”。所以席勒说：“只有当人充分是人的时候，他才游戏；只有当人游戏的时候，他才完全是人。”（第一五封信）

就性质说，“美的最高理想要在实在与形式的尽量完善的结合与平衡里才可以找到”；就效果说，理想的美也应产生松弛与紧张的结合与平衡，所以“一件真正的艺术品所应引起的心情正是精神的这种高尚，宁静和自由与刚健和灵活相结合的心情，这是检查真正美的品质的最精确的试金石”（第二二封信）。但是在经验界里理想的美是找不到的。最卓越的艺术品也“只能接近纯美的理想”。在性质上经验界的美不是偏于内容，就是偏于形式；在效果上经验界的美不是偏于松弛，就是偏于紧张。所以席勒说："理想的美尽管是不可分割的，而在不同的情况下却显出不同的特性：熔炼性与振奋性；在经验界里熔炼性的美和振奋性的美却分别存在。"（第一六封信）用中国文论的术语来说，理想的美是"阳刚"与"阴柔"的统一，而经验界的美却往往偏于"阳刚"或"阴柔"。席勒的理想可以说还是文克尔曼的古典理想，即"高贵的单纯，静穆的伟大"。他认为各种艺术到了接近理想时，彼此之间的界限虽未消失，而产生的效果却大致相同：

> 到了各种艺术达到完美时，必然的和自然的结果就会是：它们对我们心境所产生的效果逐渐互相类似，尽管它们的客观界限并没有改动。音乐到了具有最高度的说服力时，就必须变成形象，以古典艺术[①]的静穆的力量来影响我们；造型艺术到了最高度完美时，就必须成为音乐，以直接的感性的生动性来感动我们；诗发展到最完美的境界时，必须一方面像音乐那样对我们有强烈的感动力，另一方面又像雕刻那样把我们摆在平静而爽朗的气氛中。正是这种情形显出每门艺术的完美的风格；这种风格既能摆脱那门艺术所特有的限制，而又不至于失去它所特有的便利；通过聪明地运用它的特点，来使它具有一种较普遍的性格。
>
> ——第二二封信

从克服艺术种类的限制，席勒进一步提出艺术家应以形式克服艺术材料（内容）的限制。他说，"在一件真正美的艺术品里，内容应该不起作用，而起一切作用的只是形式，因为只有形式才能对人的整体起作用，而内容只能对个别功能起作用"。艺术大师的真正的艺术秘密，就在于用形

①古典艺术特别指希腊雕刻。

式来消除材料（第二二封信）。这个观点席勒在《给克尔纳论美的信》里早已提出过，在这里他进一步说明了理由：内容只能对个别功能（感性或理性）起作用，只有形式（活的形象，感性内容与理性形式的统一）才能对人的整体（感性和理性）起作用；这也就是说，艺术感动人，须凭完成的艺术作品，不能凭艺术所处理的原始材料。我们不能把席勒的话理解为否定内容而肯定艺术单靠形式，因为他所谓“形式”是广义的（“活的形象”），而且在他的理论著作里有无数例证都可以说明他坚持内容与形式的统一。《审美教育书简》实际上就是发挥这个主题思想：美的艺术作品就是活的形象，而活的形象就是生活（材料的来源，感性世界）与形象（康德所说的“形式”或理性法则的产品）的统一。

活的形象或审美对象的形成是一个辩证发展的过程，经历了这个过程，人就从“感性的人”变成“审美的人”，即由自然力量支配的人变成不受自然力量支配的自由的人。只有自由的人才能下一个判断或定一个意向，即发挥思考或意志的主动性于科学探讨或实际行动，转变为“理性的人”。这样，席勒就把人的发展分为三个阶段……

> 人的发展可以分为三个不同的状况或阶段，不管是个人还是全人类，如果要完成自我实现的全部过程，都必按照一定程序经历这三个阶段……人在他的物质（身体）状态里，只服从自然的力量；在他的审美状态里，他摆脱掉自然的力量；在他的道德状态（理性状态——引者注）里。他控制着自然的力量。
>
> ——第二四封信

所以审美状态是一个中间状态，是人“从感觉的被动状态到思想和意志的主动状态”的转变之中一个必不可少的桥梁。“如果要把感性的人变成理性的人，唯一的路径是先使他成为审美的人”（第二三封信——重点引者加）。按照当时历史情境把这句话翻译为普通话来说，这就是：

要把自私自利的腐化了的人变成依理性和正义行事的人，要把不合理的社会制度变成合理的社会制度，唯一的路径是通过审美教育；审美自由是政治自由的先决条件。

在分析“审美的自由”这个中间状态时，席勒进一步阐明了他所理解的美的本质。他还是从康德的感性与理性的对立出发。感性因素（接受外界印象的感觉以及外界印象在人心上所产生的情感）被认为由自然或物质所决定的，因而是被动的；理性因素（思想和意志的活动）被认为社会人所特有的本性，是要使自然或物质世界见出理性法则的或显出“形式”的，因而是主动的。席勒拿审美活动和科学的抽象活动来对比，认为抽象活动是要把感性世界抛到后面的，是要依靠思想的主动性而同时却仍维持完全客观态度，“丝毫不夹杂被动成分（‘物质的偶然的东西’）的自我活动”。我们对科学的认识固然也感到乐趣，即夹杂有主观情感，但是这种主观情感是“偶然的，丢开它也不致就使认识消失，或是使真理失其为真理”。在审美活动中却不然，对美的形象的认识和美的形象所引起的情感之间的关系是不能割断的。我们“必须把这两项看作串连一气，互为因果”；“反思和情感完全融成一片”，我们“分辨不出主动（指‘反思’）和被动（指‘情感’——引者注）的交替”。接着席勒对美的本质作如下的定义：

> 因此，美对于我们固然是一个对象，因为要以反思为条件，我们才能从美得到一种感觉[①]；但是美也同时是我们主体的一种情况，因为要以情感为条件，我们才能从美得到一种观念（或形象显现）[②]。所以美固然是一种形式，因为我们对它起观照；但是美也同时是生活（指物质内容——译者注），因为我们对它起情

①主体凭反思活动（主动因素）认识到对象的美，或是美是从对象来的。

②审美要根据主体的情感（被动因素），所以美也标志“主体的一种情况”和“作为”。

> 感。[①]总之，美既是我们的情况，也是我们的作为。
>
> 正因为美同时是这两方面，它就确凿地证明了被动并不排斥主动，材料并不排斥形式，局限并不排斥无限；因此，人也并不因为他在物质（身体）方面的必然依存而就消除了他在道德（精神）方面的自由。……在对美或审美的统一体的欣赏中，材料和形式以及被动和主动之间却发生实在的统一和互相转换，这就足以证明这两种本性是可相容的，无限是可以实现在有限中的，因此，最崇高的人道[②]是可能的。
>
> ——第二五封信

从此可见，席勒所见到的美是感性与理性的统一，内容与形式的统一，也是客观（对象）与主观（审美的主体）的统一。完成了这种统一，人才"能对纯粹的形象显现进行无所为而为的自由的欣赏"，才摆脱物质需要的束缚，"才显出人道的开始"。美的欣赏是一种"自由的欣赏"。也就是对一种"物质以上的盈余"（过剩）的欣赏。结合到这个"盈余"概念，席勒又回到审美活动与游戏的密切联系，举例说：

> 狮子到了不为饥饿所迫，无须和其他野兽搏斗时，它的闲着不用的精力就替自己开辟了一个对象，它使雄壮的吼声响彻沙漠，它的旺盛的精力就在这无目的的显示中得到了享受。……动物如果以缺乏（需要）为它的活动的主要推动力，它就是在工作（劳动）；如果以精力的充沛为它的活动的主要推动力，如果是绰有余裕的生命力在刺激它活动，它就是在游戏。
>
> ——第二七封信

---

①唯其是形象，美是观照的对象；唯其是生活，美是情感的对象；合而言之，美是活的形象。作为生活，美须服从物质界的必然规律（被动）；作为形象，美须显出精神界的自由（主动），所以美是二者的统一。

②最崇高的人道即必然与自由以及感性与理性的统一。

这种把艺术结合到游戏以及把游戏看成与劳动对立的理论还是来自康德，不过席勒加进去过剩精力的概念，对康德说有所发挥。这一理论后来经过英国哲学家斯宾塞的进一步发挥[①]，获得了"席勒·斯宾塞说"的称号。朗格和谷鲁斯又进一步发展为审美幻相说和内模仿说。[②]

过剩精力首先表现于动物性的身体器官运动的游戏，由此上升为人所特有的想象力的游戏，"想象力在探索一种自由形式中就飞跃到审美的游戏"。从此以后，"凡是人所占有的东西和所制造的东西，就不能再只带着实用的痕迹以及它因迁就实用目的而采取的那种不自在的形式，在实用之外，它还要能同时反映出把它构思成的那种才智，把它制造成的那双显出喜爱的手以及把它选定和展出的那种爽朗而自由的精神"。总之，想象力对自由形式的要求产生了艺术。正如"审美的人"处在"感性的人"和"理性的人"之间，艺术的王国也处在自然暴力的王国与道德法律的王国之间，作为前者过渡到后者所必经的桥梁：

> 在令人恐惧的力量的王国（原始人的自然状态——引者注）与神圣的法律的王国之间，审美的创造形象的冲动不知不觉地建立起一个第三种王国，即欢乐的游戏和形象显现的王国，在这个王国里，它使人类摆脱关系网的一切束缚，把人从一切物质的和精神的压力中解放出来。
>
> 如果在权利的力量的王国里，人和人以力相遇，他的活动受到了限制，如果在职责的伦理的王国里，人和人凭法律的威严相对，他的意志受到了束缚；在美的社交圈子里，在审美的王国里，人就只需以形象的身份显现给人看，只作为自由游戏的对象而与人对立。

① 见斯宾塞的《心理学原理》第八部分，第一一章《论审美的情操》。参看本书第十八章。
②参看本书第十八章和第二十章（二）。

> 通过自由去给予自由，这是审美的王国中的基本法律。
>
> ……如果需要迫使人进入社会生活，理性在人身上栽种社会原则的根苗，拿一种社会的性格交给人的却只有美。只有审美趣味才能给社会带来和谐，因为它在个别成员身上建立起和谐。
>
> ——第二七封信

席勒在这里拿事物的物质存在及其效用和事物的形象显现对立起来，认为人只有从形象显现的观照中才能获得完全的自由，这种思想仍然是发挥康德的“不涉及利害的观照”说，席勒的独到见解在于把审美的自由看作政治的自由的基础。这个思想是《审美教育书简》中的基本思想。它反映出当时德国知识界的一种相当普遍的心理倾向：对德国现实的庸俗鄙陋深为厌恶，想逃到一种幻想的乌托邦里去求安身立命之所。席勒的这种心情在他给歌德的一封信里表明得很清楚：

> 依我看来，我们的思想和冲动，我们的社会、政治、宗教和科学的现实情况都显然是散文气的，与诗对立的。在我们的全部生活中，这种散文压倒诗的形势我看是巨大的，带有决定性的，以致诗的精神不但不能统制散文而且不可避免要传染得散文的病。因此我看不出天才有什么脱险的办法，除非抛弃现实的领域，努力避免和现实建立危险的联系，和它完全断绝关系。因此我想诗的精神要建立它自己的世界，通过希腊神话来和辽远的不同性质的理想的时代维持一种因缘，至于现实则只会用它的污泥来溅人。
>
> ——给歌德的信，1795 年 11 月 4 日

这是鸵鸟把头埋到沙里去避猎人的办法，它是古今中外“遁世者”所共同采用的，他们一般都把这种避难所美化为天堂。恩格斯在《诗歌和散文中的德国社会主义》一文里曾提到席勒，说他“到康德的理想里去逃

避鄙陋”，“归根到底不过是用夸张的鄙陋来代替平凡的鄙陋”。[①] 这对席勒是一针见血的批评。

《审美教育书简》出现在《季节女神》刊物上之后，立即引起哲学家费希特的批驳。费希特站在康德的主观唯心主义的立场，指责席勒的“感性冲动”还承认外在事物的存在，这恰好可以说明席勒对于康德的主观唯心主义毕竟还有所纠正。此外，费希特从他的较严肃的政治立场，指责席勒误认为通过审美教育可以达到社会的政治的自由，这却是打中了席勒的要害。

《审美教育书简》对德国古典美学的发展起过重要的作用，它形成了由康德的主观唯心主义转到黑格尔的客观唯心主义之间的桥梁。黑格尔在《美学》序论第三部分里对德国古典美学的发展作了一个简要的述评。在叙述康德之后，他紧接着就讨论席勒，对他作了很高的评价。他说：“席勒的大功劳就在于克服了康德所了解的思想的主观性与抽象性，敢于设法超越这些局限，在思想上把统一与和解作为真实来了解[②]，并且在艺术里实现这种统一与和解。”提到《审美教育书简》时，黑格尔特别赞扬席勒把美看作“理性与感性的统一”。[③] 康德本来也曾企图进到这两对立面的统一，却没有真正地达到，据黑格尔看，其原因在于康德所理解的统一是主观的和抽象的，而席勒则克服了这些毛病，所以比康德前进了一大步。黑格尔的“美是理念的感性显现”一条基本思想实际上就是席勒观点的进一步的发展。

二 《论素朴的诗与感伤的诗》

在发表《审美教育书简》的第二年（1795），席勒又发表另一篇重

①参看《马克思恩格斯全集》，第四卷，第256页。

②康德还只能把统一作为抽象概念来了解，而且作为主观思想活动的结果来了解。

③黑格尔：《美学》，第一卷，第73—75页。

要论文:《论素朴的诗与感伤的诗》。在《审美教育书简》里(第5—6信),席勒已就近代文化与古代希腊文化进行了对比,指出在古希腊社会的单纯情况里,个人与社会以及个人内部的感性功能与理性功能都还处在谐和的统一体里,利于审美活动和艺术活动的发展;而在近代社会里则阶级对立和分工制造成人与人的矛盾以及人格内部的分裂和腐化,极不利于审美活动和艺术活动的发展。他还指出要使近代文化危机得到解救,须通过审美教育去恢复人的完整性,即感性与理性的统一,从而恢复社会的和谐和团结一致。这种古代人与近代人在心理情况上的对比一直是席勒在长期中深思熟虑的一个问题。这个问题从文克尔曼和莱辛提倡研究希腊文艺以后,特别是在浪漫运动逐渐露苗头以后,就日渐显得尖锐。人们逐渐意识到近代人的心理习惯、道德习俗、文学艺术乃至于一般文化和古希腊的都大不相同,因而谁优谁劣的问题以及如何继承古典遗产的问题也都跟着起来了。这是一种新唤醒的历史意识。这种历史意识在席勒心里比在当时任何思想家心里都显得更活跃,因为他素性爱沉思反省,对自己的理想与当时德国现实的矛盾以及对自己心中哲学思维与创造想象的矛盾,都特别感到尖锐,有时甚至感到苦痛。他在上文已经引过的给歌德的那封信里就已经道出了这种苦痛。歌德的比较单纯的一切从感性出发的艺术性格和席勒的徘徊于诗与哲学之间的性格的对比,也使席勒自觉相形见绌。他从他自己的缺陷去诊断近代诗人的病根,他羡慕歌德,他羡慕希腊,认为回到他们所表现的那种人格与自然的统一,感性与理性的统一,是近代诗的唯一出路。《论素朴的诗和感伤的诗》就是在这种认识和信念之下写成的。

这篇论文之所以重要,在于它在近代是第一篇论文,认真地企图确定古典主义文艺与浪漫主义文艺的特征和理想,给予它们以适当的评价,并且指出这两种创作方法统一的可能性。我们从下文将可以看出,席勒的"素朴诗"就是古典主义的诗,也就是现实主义的诗;他的"感伤诗"就是近代诗,也就是带有浪漫主义色彩的诗。歌德在《近代哲学的影响》

一文里[①]，谈到席勒的这篇论文起于席勒和他自己由于对自然和对希腊文艺的看法不同而引起的争论，并且对这篇论文作了这样的评价："席勒在这篇论文里奠立了美学的全部新发展的基础；因为'希腊的'和'浪漫的'，以及所有其他可能发见的同义词，都是由这个讨论中派生出来的，原来讨论的主题是现实更重要还是理想的处理更重要。"从此可见，歌德也把这篇论文看作古典主义（现实主义）与浪漫主义之争的出发点。

在这篇论文里，席勒从分析人对自然的爱出发。他所理解的自然是广义的，包括外在自然（现实）和内在自然（人的本性）。人对着自然风景以及还在自然状态的人性（例如儿童和原始民族）都感到一种喜爱。这种喜爱不是由于对象本身，而是由于"它们所表现的一种观念"。"我们在它们身上爱那种寂静的在发展过程中的生命……那种按照自己特有规律的生活，那种内在的必然性和永远和自己一致[②]的统一。"这些特性为什么使我们爱自然的对象呢？席勒回答说：

> 这些对象就是我们自己曾经是的东西，而且还要再是的东西。我们曾经是自然，像它们一样；我们的文化修养将来还必须循着理性与自由的道路，把我们带回到自然。所以这些对象就是一种意象，代表着我们的失去的童年，这种童年对于我们永远是最可爱的；因此它们在我们心中就引起一种伤感。同时它们也是一种意象，代表着我们的理想的最高度的完成，所以它们激发起一种崇高的情绪。

这就是说，人类在童年时代是与自然一体的。近代社会情况使人类与自然分裂对立，失去了童年。自然之所以引起我们的喜爱，一方面是由于它表现我们失去的童年，失去的那种纯洁天真的自然状态，那种"完整性"和"无限的潜能"，因此喜爱之中不免夹杂"伤感"；另一方面也是

① 《歌德全集》，第三〇卷。

② "和自己一致"即没有内部分裂。

由于它表现我们的理想，即通过“文化教养”（审美教育），又回到自然，恢复已经遭到近代文化割裂和摧残的人性的完整和自由，因此喜爱之中带有“一种崇高的情绪”。在这段话里席勒指出了感伤诗人的产生原因和心理特征[1]。

席勒指出近代感伤诗人的这种对自然的向往在古代素朴诗中是找不到的。“古代希腊人在描写自然方面固然极精确，极忠实，极详细，但是这也不过像描写衣服、盾、盔甲、家具或任何机械的作品一样，并不对自然事物感到更深厚的同情。”“他们还就个别现象对自然加以人格化和神化，把自然的作用效果表现为自由存在（神或人——引者注）的行动[2]，因此他们把自然中的平静的必然性取消掉了，而这正是对于我们近代人特别有吸引力的地方。他们奔放的想象只穿过自然就跳到人生戏剧上去。只有活的和自由的东西，只有人物和行动以及命运和道德习俗才能满足他们。”接着席勒解释这种现象的原因说：

> 希腊人在人道中还没有丧失掉自然，所以在人道以外遇见自然，并不使他们惊奇，他们也没有迫切的需要，要去寻找足以见出自然的对象。他们还没有自己与自己分裂（内部分裂——引者注），因而自觉为人是快乐的，所以他们必然坚守人道为他们的大原则，努力使一切其他都接近这个原则。

这就是说，在希腊时代，人与外在自然还处在统一体，所以能如鱼与水之“相忘于江湖”（用庄子语）；人的内在自然（感性与理性功能）也还没有分裂，人体验到为人的快乐，在自己身上就可以认识到自然，所以人所关心的不是自然而是人道本身，是人物和行动。这是他们的人道主

①参较马克思关于古希腊文艺的吸引力与童年回忆所说的话，见《马克思恩格斯选集》，第二卷，第114页。

②例如把太阳看作日神放射的光辉。

义。他们看自然，也“努力使它接近这个原则”，所以把自然加以人格化和神化，把平静的必然转化为活动的自由。这正是产生素朴诗的心理情况。

近代人恰和希腊人相反。人与自然已由分裂而对立，成为主体与对象的关系，自然对于人已不是与人结成一体的直接现实，而是已成为一种“观念”。由于近代社会职业分工以及其他因素，人自己与自己也分裂了，想象力与思考力互相冲突（像席勒自己所深切感到的）。所以“自然已从人道中消失了，我们只有在人道以外，在无生命的世界里，才能认识到自然的真相”。我们依恋自然，是“由于在社会关系、生活情况和道德习俗各方面，我们违抗自然”。这种“依恋自然的情感是和我们追悼消逝的童年和儿童的天真的那种情感密切相关的”，也就像“一个病人想望健康的情感”。就是这种情感产生了感伤诗。趁便指出，歌德认为古典主义是健康的，浪漫主义是病态的，这个分别在席勒的这篇论文里可以看得更清楚。

在就古代人和近代人对自然的态度进行比较之后，席勒作出一个简赅的结论：

> 诗人或则就是自然，或则追寻自然，二者必居其一。前者使他成为素朴的诗人，后者使他成为感伤的诗人。

这两种诗人由于社会情境所造成的心理类型不一致，在艺术创作方法上也就不同。在讨论这种不同时，席勒在西方美学史中首次明确地指出古典主义（实即现实主义）的模仿现实与浪漫主义的表现理想的分别。他说当人“还是纯粹的自然”，“还作为一个和谐整体而发挥作用”时，“他的感觉是从必然规律出发的，他的思想是从现实出发的”。这就是说，从印象到感觉，从现实到思想，都依据客观世界的必然规律，都是直接的，不假道于反思，所以不掺入主观态度。“但是一等到人进入文化状态落到人巧的掌握中，他原有的那种感性的和谐就被消除了，从此他就只能作为道德的[①]统一体（这就是说，作为向统一体的努力）而表现自己了。在前一种情况中还作为现实而存在的那种感觉与思想的协调一致现在只能作为观念而存在了……只是一种有待实现的意念，而不是他的生活中的一件事实了。”用较易懂的话来说，人既已与现实对立，又要追求与现实统一，所达到的就不复是素朴人的那种人与自然的天真的协调（“感性的和谐”），而是在既已失去协调之后努力恢复协调的有意识的道德的行为（“道德的统一体”）；换句话说，在人就是自然时，这种协调是现实；在人追寻自然时，这种协调就只是一种理想或观念（这两个词在西文里往往只是一事）。因此素朴诗人所反映的是直接现实，感伤诗人所反映的是由现实提升的理想，前者是纯粹客观的，后者是通过主观态度来反映客观世界的。席勒的原话是这样说的：

> 诗不过是对人道作尽可能完满的表现。如果把诗的这个概念运用到上述两种情况，那就可以见出：在自然的单纯情况中，人还能运用他的一切功能，作为和谐的统一体而发挥作用，因此他的全部自然（本性）就会在现实中完满地表现出来，这就是尽可能完满的对现实的模仿；至于在开化的情况中，上述人的全部自然（本性）的和谐协作已只是一种观念，于是使诗人成其为诗人的任务就在把现实提升到理想，或则说，表现理想。

因此，席勒有时把素朴诗与感伤诗的对立看作“现实主义”与“理想主义”的对立，例如他说：

> 如果现实主义者在他的政治倾向上把目的定在幸福上面，这就

①德文 moralische 包含“道德的”和“精神的”两个意义。

须使人民的道德（精神）方面的独立性有所牺牲，理想主义者则处在幸福的危机，把自由看作他的目的。

在文学方面席勒是较早的一个人运用“现实主义”这个名词的。他还指出现实主义有蜕化到“自然主义”(用这个名词的席勒也是较早的一个人）的危险，前者以“真实的自然”为对象，后者则以“实在的自然”或“庸俗的自然”为对象。“实在的自然到处都存在着，而真实的自然则是远较稀罕的，因为它需要一种内在的必然来决定它的存在。”可见席勒对于“现实主义”的本质是看得很清楚的。他没有用“古典主义”和“浪漫主义”这一对名词，但是歌德在援用席勒的素朴诗与感伤诗的分别时，曾举过“古典的”与“浪漫的”作为“素朴的”与“感伤的”同义词。席勒在指出素朴诗直接反映现实，感伤诗表现理想之后，接着就指出这两种创作方法是可以统一的：

但是还有一种更高的概念可以统摄这两种方式。如果说这个更高的概念与人道观念叠合为一，那是不足为奇的。

席勒说这个道理当另作专文讨论，却没有实践这个诺言；揣测他的意思，大概是说无论是反映现实还是表现理想，都是从人道主义的原则出发，亦即从感性与理性的统一出发，这个较高的概念就可以作为两种创作方法统一的基础。

席勒在说明素朴诗与感伤诗的分别时，曾举出过一些生动的事例。例如荷马在《伊利亚特》卷六中写特洛依方面的将官格罗库斯和希腊方面的将官第阿麦德两人在战场上相遇，在挑战交谈中发现彼此有主宾的世交，就交换了礼物，相约此后在战场上不交锋。后来文艺复兴时代意大利诗人阿里奥斯陀在《罗兰的疯狂》里所写的一段情节颇与此类似。回教骑士斐拉古斯和基督教骑士芮那尔多原是情敌，在一场恶战中都受了伤，听到他们所同爱的安杰里卡在避险中，两人就言归于好，在深夜里同骑一匹马去追寻她。席勒指出这两段诗“都很美地描绘出道德感对激情的胜利，都凭心情的素朴使我们感动”。但是两位诗人的描写手法却大不相同。阿里奥斯陀是一位近代的感伤诗人，他“在叙述这件事之中，毫不隐藏他自己的惊羡和感动”，“突然抛开对对象的描绘，自己插进场面里去”，以诗人的身份表示他对“古代骑士风”的赞赏。至于荷马却丝毫不露主观情绪，“好像他那副胸膛里根本没有一颗心似的，用他那种冷淡的忠实态度继续说，‘格罗库斯迷了心窍，把值一百头牛的金盔甲赠给第阿麦德，换回一副青铜盔甲，只值九头牛’。”这样就处理了他的故事。席勒指出像荷马这样素朴的诗人的特点是：

> 他所用来处理题材的那种冰冷的真实简直近于无情。他专心致志地对着他的对象。……他隐藏在他的作品后面，他自己就是他的作品，他的作品就是他自己。一个读者对于他的作品或是没有本领去了解，或者已感到厌倦，才会追问到他本人如何。

从这个事例以及其说明来看，素朴诗与感伤诗的最明显的分别在于前者是纯粹客观的，后者是要表现诗人主观态度和情感的。这个分别的根源还在于素朴诗人还没有把主体（人）和对象（现实）看成对立，而感伤诗人则相反，要通过已分裂独立的主体来看已分裂独立的对象，这就是所谓“把现实提高到理想”来看。这中间还可看出自发与自觉（“反思”）的分别。

就一般说，素朴诗属于尚在自然状态的古代，感伤诗属于已开化的近代。但是席勒承认古代也可能有感伤诗，例如罗马“贺拉斯那位开化而又腐化的时代的诗人歌颂他的台伯河畔的宁静的快乐生活，他就可以称为这种感伤诗的真正的开山祖”。近代也可能有素朴诗，莎士比亚是一个显著的例子。席勒谈到他早年初次接触到莎士比亚的情形说：“我简直气愤，看到他那样冷酷无情，居然在最高度的激情中开起玩笑，用小丑的戏谑来破坏《哈姆雷特》《李尔王》《麦克白》等剧中的那些惊心动魄的场面。”在多年的仔细研究之后，他才学会喜爱莎士比亚。他追究“这种幼稚判断”的根源说：“对一些近代诗人的认识把我引入迷途，使我先从作品中去找诗人，去探望他的心，去和他在一起来就他的题材进行思索，总之，从主体去看对象。使我难以忍受的是这位诗人决不让人去捉摸到他，决不肯回答我的问题。”此外，在席勒的心目中，歌德完全从感官和客观世界出发，颇接近素朴诗人。他认为《少年维特之烦恼》就是以素朴的方式来处理感伤的题材。这些事例似可说明素朴诗和感伤诗的分别（实即现实主义与浪漫主义的分别）并不是绝对的，它们是可以统一的。上文已经提到，席勒看到了统一的可能性，可惜他没有详加阐明。

素朴诗只有一种处理方式，因为它“追随单纯的自然和感觉，局限于对现实的模仿”。至于感伤诗人则“要应付两种互相冲突的东西”，现实和理想，这双重原则究竟是哪一个占优势，就决定在处理方式上可以有分歧：

> 诗人所侧重的是现实还是理想？他是把现实写成引起反感的对象，还是把理想写成令人向往的对象？所以他的表现不是讽刺的，就是哀挽的，在这两种感受方式之中，每个感伤的诗人必居其一。

感伤诗不外讽刺诗或哀挽诗两种。讽刺诗是“把现实写成引起反感的对象”。现实之所以引起反感，是因为它与作者的理想发生矛盾，讽刺诗是作者凭理想对现实的批判。讽刺诗在性质上可分两种：惩罚的和嘲笑的。惩罚的讽刺诗须具有崇高的性质，最好的例子是斯沃夫特和卢骚。嘲笑的讽刺诗须具有美的性质，最好的例子是塞万提斯和费尔丁。前一种不应流于“报复”或诽谤，否则就会失去审美的自由。后一种不应流于“玩笑”，否则就会失去对无限的向往。哀挽诗是“把理想写成令人向往的对象”。“如当诗人拿自然和艺术对立，拿理想和现实对立，使得对自然和理想的描绘占优势，而这种描绘所生的快感也是占统治地位的情感，我就把他叫作哀挽的诗人”。哀挽诗也有两种：“自然和理想或则是哀伤的对象，即自然是描绘为已经丧失去的，理想是描绘为尚未达到的；或则是欣喜的对象，即自然和理想都表现成为现实。前一种是狭义的哀挽的诗，后一种是最广义的牧歌性的诗。”换句话说，哀挽的诗是对现实缺陷的惋惜，牧歌性的诗是把理想表现为已成现实而加以欣赏，它所写的是处在童年状态的“天真而快乐的人类”。英国麦克浮生所伪造的《奥森诗》就是一种哀挽的诗。卢骚也是一位哀挽诗的作者，但是席勒嫌他还没有达到哀挽诗所必有的感觉与思想的和谐。牧歌性的诗在席勒的心目中是感伤诗的最高类型，因为在这种诗里“一切现实与理想的对立都已完全消除”。但是席勒所指的并不是西方传统的牧歌和田园诗，因为那些“美丽的虚构”还不足以表现理想，其中生活的平静来自静止不动，而理想所要求的平静却须来自完善。在这一点上后来黑格尔的看法也有些类似，他也不满意牧歌性的艺术，因为它缺乏重大意义的内容[①]。席勒和黑格尔都指责瑞士牧歌作家格斯纳，但是席勒认为密尔顿所写的乐园却是“最美的牧歌性的诗”。论感伤诗部分是全文的重点所在，对近代诗特别是德国诗作了一些深刻的具体的批评，这里不能详细介绍。

三　结束语

《论素朴的诗和感伤的诗》是席勒的最成熟的美学著作。它是作者根据自己的创作实践和对古今优秀文艺作品的深刻体会，对文艺与一般

①参看黑格尔《美学》，第一卷，第237页。

社会文化背景的关系进行深思熟虑的结果。在当时所能达到的思想水平上，他企图对欧洲文化与文艺的发展作一种高度概括化的总结，从而替当前德国民族文学的发展指出一个以古典主义的客观性来纠正浪漫主义的主观性的方向。

席勒虽然推崇古典文学，对近代文学有些不满，但也承认：(1) 古今社会结构不同，文化不同，文学的性质也就不能强求一致；(2) 素朴诗虽以完美见长，近代诗能表现无限，产生崇高感，却也非素朴诗所能赶上。这里可以见出他的历史意识。他的出发点仍是康德的感性与理性的对立以及自然与理想的对立，他对抽象的理想加以过分的宣扬，仍然流露出一些唯心主义。但是他毕竟不同于康德：(1) 康德也看出感性和理性须达到统一，所见到的统一却只是主观的（停留在人的思想里）抽象的（统一只作为一种观念），席勒则企图证明感性与理性可以在现实世界里，特别是在艺术与审美活动里，统一起来，所以辩证的思想在席勒手里得到进一步的发展。这就启发了黑格尔转到客观唯心主义。(2) 康德把现象世界看作主体认识功能赋予形式于物质的结果，席勒在主观意图上却力求纠正这种主观唯心主义的观点，强调艺术和美的客观性，素朴诗固然是从现实出发，感伤诗所表现的理想也还是“由现实提高”来的。从此可见，比起康德，席勒的思想具有较多的唯物主义的因素。

席勒在美学和文艺理论上的最大功绩在于首次指出现实主义的素朴诗与浪漫主义的感伤诗的分别在于前者反映现实而后者表现理想（“更高的现实”），前者重客观而后者重主观，并且指出这两种创作方法应该统一而且可能统一，尽管他对如何统一还没有看得很清楚。他首次在文学领域里确定了“现实主义”的涵义，而且指出它与自然主义不同：自然主义所处理的是“庸俗的自然”，现实主义所处理的是显出“内在必然性”的“真实的自然”。他对自然主义斥责不遗余力。他的文艺观点基本上是现实主义的。

和歌德在一起，席勒在《审美教育书简》以及其他论文里建立了浪漫运动时期的人道主义的理想:理想的人是全面得到和谐自由发展的“完整的人”。这个理想是在文艺复兴时期早就提出的，席勒的功劳在于给予这个理想以一种更具体更深刻的内容：人的完整性在于感性与理性的统一，必然与自由的统一以及现实与理想的统一。他认识到这种理想在近代资本主义社会中由于阶级的划分和严密的分工制而遭到破坏，并且指出近代文化危机的解救在于力求恢复已经割裂的统一。应该说，这种认识是深刻的。但是在寻求恢复统一的道路之中，他迷失了方向。从唯心史观出发，他没有看出近代文化危机的根源在于社会政治经济基础，妄想避开改革社会政治经济基础的任务，单从人的精神世界来寻求挽救文化危机的办法。他错误地自信在文艺和审美教育里找到了这种办法，依他看来，在这个精神领域里，已经失去的统一可以恢复，具体地见于“感性冲动”和“理性冲动”统一于“形式冲动”,统一于所谓“活的形象”。就强调文艺须兼备感性形式与理性内容来说，他的美学观有它的正确的积极的一方面。但就强调“存在”(Sein)与“显现”或“形象”(Schein)的对立，因而避开社会实践而把人的精神世界看作孤立和独立的世界来说，他的美学观点仍然是形而上学的，反映当时德国知识界“庸俗市民”习气，而且隐含着消极浪漫主义和颓废主义萌芽的。许莱格尔、叔本华和尼采等消极浪漫主义者思想中有些因素都可以溯源到席勒。

席勒的美学思想是充满着矛盾的。要认识这种矛盾，最好的办法之一是就席勒的《审美教育书简》和马克思的《经济学——哲学手稿》来进行一番仔细的比较。马克思在这部名著里所讨论的问题，如“劳动的异化”，人的全面发展，人与自然的统一，最高的人道主义以及艺术在人的全面发展中所占的地位之类重大问题，正是席勒所接触到而且努力要求解决的。马克思在一些论点上可能受到席勒的启发，但是马克思和席勒有唯物史观和唯心史观的基本分歧。读者会发见这种比较对于美学史的研究者是一种深刻的教育。

第十五章　黑格尔

一　黑格尔的客观唯心主义哲学体系和辩证法，它与过去哲学传统的关系以及它的内在矛盾

黑格尔（Hegel, 1770—1831）处在法国资产阶级大革命的时代，像当时许多德国知识分子一样，在法国革命由右翼吉伦特党领导的阶段，他热烈地表示欢迎，但是到了左翼雅各宾党领导的阶段，民众掀起了暴力革命，他就表示厌恨。在他看，革命只是主观精神发展的低级形式，而主观精神发展的高级形式则是主观理想与现实的调和。他的“凡是现实的都是理性的，凡是理性的都是现实的”一个公式就有跟现实妥协的一面。所以到了晚年，他颂扬普鲁士君主专制为最完善最合理性的政体形式，显出了当时在德国流行的庸俗市民的气息。但是比起康德，他较关心现实问题。在哲学中他运用了前此哲学家们很少用过的历史发展的辩证观点，这是当时西方历史中巨大变革在他头脑里的反映。他处在德国古典哲学发展的高峰，曾自命是过去一切哲学流派的集大成者。在马克思主义哲学出现以前，黑格尔在哲学中确实达到超过前此一切哲学家的成就。在美学方面也是如此。

黑格尔的美学是建筑在他的客观唯心主义哲学体系和辩证法的基础上的。《美学》第一卷讲原理，其中有很大一部分讲他的哲学体系和辩证法。为着对他的美学思想获得比较正确的理解和进行比较正确的评价，我们还须进一步说明他的哲学体系和辩证法以及这二者之间所

存在的矛盾。

黑格尔有一句名言："凡是现实的都是理性的，凡是理性的都是现实的"，就是肯定理性世界与感性世界的统一。他之所以走到这个结论，多少受了康德的范畴说的启发，康德的十二范畴全是逻辑性的，即人心要认识事物，在逻辑上（照理而论）就必须假定先有这些先验的范畴。这里所谓"先"是就于理必先来说，并不指时间上在先，黑格尔从范畴说见出了这几点道理：(1) 哲学可以从一些普遍的范畴（相当于他的"理念"，为数要比康德所举的多得多）逻辑地把整个宇宙中的万事万物推演出来，这样就可以说明万事万物的理性或必然性；(2) 正如范畴结合感性材料产生了人的认识，也就同时产生了现象世界，这种逻辑推演的过程是思想发展的过程，同时也就是客观世界发展的过程（逻辑与历史的统一）。这样，真实世界的演变也就是哲学的演变，世界愈向前进展，知识也就日渐深化。因此，康德的不可知的"物自体"就不复存在了。这样，黑格尔就批判了康德的二元论和不可知论。

在说明如何从理念或范畴逻辑地推演出宇宙之中，黑格尔吸收了而且发展了从古希腊就早已有之，而康德在"先验综合"说里也应用过的辩证发展的观点，亦即对立面由矛盾而统一的观点。我们就举"理念"本身这个范畴来说明黑格尔的辩证法，因为这样最便于下一步介绍黑格尔对于艺术美的基本思想。"理念不是别的，就是概念，概念所代表的实在，以及这二者的统一。"（第一三〇页）[①] 这里统一的过程是一个辩证发展的过程。定义中含着三项：首先是概念，是"正"；其次是概念所代表的实在，是"反"；最后是这二者的统一，是"合"。概念就是理念处在抽象状态（例如"人"或"人之所以为人"），只涉及普遍性，所以还是片面的，不真实的；它是于理应有而于事尚未实有的一种抽象品，一种"浑然太一"，没有有限事物的任何定性。但是既是概念，它就是一

①本章引文凡是只标页数的都引自编者所译的黑格尔《美学》第一卷，人民文学出版社1958年版。

种整体，它本身就已潜含它所代表的实在（黑格尔所谓“自然”或“另一体”），作为它的对立面（例如与“人之所以为人”相对立的个别具体的人），这种实在既是概念的个别事例，它就否定了概念的抽象的普遍性。用黑格尔的术语来说，概念在它自身“设立”了它的对立面来“自否定”。但是这种对立并非永远处于对立，否定也不等于消灭。对立是为着统一，否定还要经过再否定而提升到高一级的肯定。实在（个别事例本身）如果抽象地看，看成只有个别性，那也就还是片面的、不真实的；它与概念结合，得到了概念的普遍性，因而否定了它原有的片面的、抽象的个别性，这就是“否定的否定”。经过这否定的否定，概念的普遍性与实在的个别性统一起来了，在统一体中二者又重新肯定了自己（例如人的某些普遍性体现于浮士德或哈姆雷特）。“否定的否定”说明辩证过程中两个程序：第一是否定，即概念在它自身里设立对立面（实在），来否定它自身的抽象性和片面性；其次是否定的否定，即由概念与实在的统一来否定这对立。这两个程序只是为说明的方便，才加以区分，实际上并不存在时间上可分先后的两个程序。概念在设立对立面时，同时就已否定了自己，同时也就已由统一而否定了否定，重新肯定了自己。所谓两个程序只是同一运动中的两个方面。从此可知，黑格尔所说的由否定的否定所达到的统一就是一般与特殊的统一。在这个辩证过程中，用黑格尔的术语来说，概念借实在的“中介作用”（Vermittled）①，在“自否定”之中就是在“自确定”（得到定性），也就是在“自生展”。

这里要特别注意的是，黑格尔把理念的辩证发展过程看成是自否定即自确定、自生展的过程，就是因为这个缘故，黑格尔把理念看成是“无限的”“绝对的”“自由的”“独立自在的”。这几个词所指的其实只是一回事。

我们不妨单提“无限”来说明。“无限”是对“有限”而言。“限”

① Vermittled：列宁在《哲学笔记》里把这字解释为“联系”。编者在《美学》译文中译为“调和”，英俄译本都译为“间接”。

就是"限定"或"约制"。我们所看到的现象世界叫作"有限世界"，其中每一事物叫作"有限事物"。何以叫作"有限"呢？因为自然界每一事物都与它周围的许多其他事物对立，和那些事物处在一种由必然规律统治着的关系网里，这一事物就要受它和那些事物的关系所限定或约制。就是这种限定或约制使它成为它那样的事物，即使它得到定性。比方说一棵麦子，它要受种子、土壤、水分、阳光、种麦人、技术、生产和分配的关系以及许多其他自然关系和社会关系的限定，它才成其为麦子。麦子因此是"有限的"，与其他事物"相对的"，受外来影响约制的而不是"自由的""独立自在的"或"自生展的"。依黑格尔看，理念却不如此，因为理念的发展过程，不像有限事物那样受与它对立而相关联的事物自外来的限定，而是在自身设立对立面，自否定亦即自确定、自生展的过程。就是在这个意义上理念是"无限的"（不受外来事物的限定），"绝对的"（不与外来事物对立），"自由的"或"独立自在的"（不受对立事物的必然关系的限定）。

在黑格尔的体系中，整个真实界是一个绝对理念，它是抽象的理念或逻辑概念和自然由对立而统一的结果。绝对理念就是"绝对精神"或"心灵"（Geist），是最高的真实。"绝对精神"是概念与存在的辩证的统一（近来哲学界所争论的思维和存在的同一），也就是主观精神与客观精神的辩证的统一。首先是主观精神，即主观方面的思想情感和理想。它的特点是内在的即潜伏于内心的，所以还是片面的、有限的。它外现于伦理、政治、法律、家庭、国家等，这就成为它的对立面，即客观精神。客观精神是外在的、不自觉的，所以也还是片面的、有限的。只有主观精神与客观精神由对立而统一，才产生绝对精神。在绝对精神阶段，精神（主体）才认识到它自己（客体或对象），认识主体同时是认识对象，所以它是主观与客观的统一。绝对精神显现于艺术、宗教和哲学三阶段。到了哲学，精神就发展到了它的顶峰，也就是真实世界发展到了它的终点。

与此相关的还有“存在”的三种不同形式，须顺带地说明一下。理念在逻辑的抽象阶段的那种存在只是“潜在”“虚有”或“抽象的有”(sein)，在自然的阶段的那种存在是“自在”或“实有”(Ansichsein)，而体现于人类精神的那种存在就是“自在又自为的”(Ansich und fursich sein)。所谓“自为”就是“自觉”“自己认识到自己”。只有在自在自为的状态，精神才是真正“绝对的”“无限的”“自由的”“独立自足的”。

以上是黑格尔哲学的粗略的轮廓。他的客观唯心主义的哲学体系和辩证法之间的基本矛盾主要地可以从两点上见出：

第一，马克思主义者从唯物观点出发，首先肯定自然与社会存在的第一性。自然和社会（总而言之，客观世界）依矛盾统一的辩证过程发展着，这辩证过程反映于人的意识，于是人对自然和社会的发展就有了主观方面的认识，就有了科学和哲学。黑格尔却不然。他从唯心观点出发，首先肯定理念的第一性。他所谓矛盾统一的过程不是自然和社会的发展过程，而是理念的“自生发”过程，就是理念“生发”了自然，还生发了社会制度以及艺术、宗教和哲学，等等。社会制度、科学、哲学、宗教、艺术等不是自然与社会发展的反映，而是绝对精神的显现。哲学的发展本身就是真实世界的发展。他虽然承认理念须经过与自然对立而达到统一，才变成具体的、真实的。但是问题的关键正在于理念如何转变为自然，这也就是说，逻辑概念如何产生物质世界。马克思在《神圣家族》里对黑格尔想从理念产生自然的企图作过极精辟的批判，其中有一句话是一针见血的：“要从现实的果实得出‘果实’这个抽象的观念是很容易的，而要从‘果实’这个抽象的观念得出各种现实的果实就很困难了。”[①]从现实的果实得到“果实”的抽象概念，这是人认识世界的正常程序，而黑格尔却把这种本来由人用理智从事物抽象得来的概念定为不依存于

①见《马克思恩格斯全集》，第二卷，第71—75页。

人的客观存在的理念，以为从这种抽象的理念就可以推演出可吃的果实以及整个客观世界。这正是“首足倒置”。他的门徒费尔巴哈曾指出这种倒置是由于把人的思维发展过程对象化为客观世界发展过程，仿佛它就是一种不依存于人的客观存在，这正如宗教把人的理想对象化为神一样，都是幻想的结果。严格地说，黑格尔不但没有达到理性世界和感性世界的统一，而且感性世界在他的体系里根本不能存在，他始终没有跳出他在《逻辑学》里所描绘的那个理性世界的圈子。

其次，辩证发展的道理本来是他的哲学的支柱，合理的内核，但是由于要推演出一套完满自足的理念体系，作为推演出感性世界的根据，他就不得不要求有一种涵盖一切的绝对的理念，成为发展的终点，因此他的辩证发展是有止境的、只能应用于过去而不能应用于未来的。这就根本破坏了辩证发展的观点。所以黑格尔的思想中不但存在着客观唯心主义哲学体系与辩证法之间的严重的矛盾，而且就在他的辩证法本身也还存在着严重的矛盾。

但是这并不是说，黑格尔的哲学因此就应全盘推翻。辩证法的合理内核毕竟是不容抹煞的。恩格斯对于黑格尔作过最公允的评价。他说：“黑格尔的体系作为体系来说，是一次巨大的流产……它还包含着不可救药的内在矛盾”，但是“他的巨大功绩在把整个自然的、历史的和精神的世界描写为一个过程，即把它描写为处在不断的运动、变化、转变和发展中，并企图揭示这种运动和发展的内在联系”[①]。

黑格尔所作的是对于理念的抽象的逻辑的演绎，但是他所得的结论往往可以应用到自然和社会现象上去。所以马克思和恩格斯说：“黑格尔常常在思辨的叙述中作出把握住事物本身的、真实的叙述。”[②] 甚至黑格尔的有些错误的言论，如果从另一个角度去看，可以包含很深的真理。

①见《马克思恩格斯选集》，第三卷，第 64 页和 63 页。

②见《马克思恩格斯全集》，第一卷，第 76 页。“思辨的叙述”指对于逻辑推演的论断；“真实的叙述”指对于真实界的论断。

例如黑格尔对于由理念产生自然的说法，我们在上文已经批判过，是极端错误的，列宁在《哲学笔记》里对这个说法却记下了这几句话："观念的东西转化为实在的东西，这个思想是深刻的，对于历史是很重要的，并且就是从个人生活中可看到。这里有许多真理……"[①] 列宁是从"意识反过来影响存在"或"精神转化为物质"那个马克思主义观点在黑格尔的错误的言论中发现真理的。这些评语对我们启示了读黑格尔（乃至于过去一切古典著作）的方法，即在错误体系中发现合理内核的方法。这就是毛主席所说的"去伪存真，去粗取精"的方法。只有用这种方法，我们读黑格尔的哲学（包括美学在内），才能"披沙拣金"。沙在那里，金也在那里；不应让金把沙蒙蔽住，也不应让沙把金蒙蔽住。

二　黑格尔美学的几个基本观点

我们既已就黑格尔的哲学体系和辩证法作了简略的说明，现在进一步来说明他的美学就比较容易了。黑格尔美学的内容是极丰富的，这里只能介绍他的下列七个比较关键性的观点。

1. 美是理念的感性显现

黑格尔的全部美学思想都是从一个中心思想生发出来的，这就是他的美的定义：

> 真，就它是真来说，也存在着。当真在它的这种外在存在中是直接呈现于意识，而且它的概念是直接和它的外在现象处于统一体时，理念就不仅是真的，而且是美的了。美因此可以下这样的定义：

①列宁：《哲学笔记》，人民出版社1957年版，第91页。

"美就是理念的感性显现。"

——第一三八页[1]

理念就是绝对精神，也就是最高的真实，黑格尔又把它叫作"神""普遍的力量""意蕴"，等等。这就是艺术的内容。就内容说，艺术、宗教和哲学都是表现绝对精神或"真实"的，三者的不同只在于表现的形式。艺术表现绝对精神的形式是直接的，它用的是感性事物的具体形象；哲学表现绝对精神的形式是间接的，即从感性事物上升到普遍概念，它用的是抽象思维；至于宗教则介乎二者之间，它所借以表现绝对精神的是一种象征性的图象思维（Vorstellung）[2]，例如用父子的图象来表现神与基督一体，是用既含有个别形象又含有普遍概念的东西来表现普遍真理。美的定义中所说的"显现"（schein）有"现外形"和"放光辉"的意思，它与"存在"（sein）是对立的。比方说画马只取马的外在形象，不把马当作实际存在的可骑行的东西来看待。如果舍形象而穷究"存在"的实质，那就成为哲学的抽象思考，就失去艺术所必有的"直接性"了。这种"显现"就是一种自否定即自生发的辩证过程。"显现"的结果就是一件艺术作品。在艺术作品中，人从一种有限事物的感性形象直接认识到无限的普遍真理。人们常说，艺术寓无限于有限。这种说法其实就是黑格尔的美是理念的感性显现的说法。黑格尔的定义肯定了艺术要有感性因素，又肯定了艺术要有理性因素，最重要的是二者还必须结成契合无间的统一体。拿我们中国目前文艺为例来说，大多数文艺作品都体现社会主义建设总路线的精神，这种精神就是黑格尔所理解的"理念"或理性内容，这普遍的理性内容体现于不同作品的不同的感性形象。每一部成功的作品都是这个理念（总路线精神）的具体的感性显现，都是理性与感性的辩证的统一。

黑格尔的这种理性与感性统一说在美学史上是带有进步性的。西方

---

①本章引文页码均据黑格尔《美学》，第一卷。

②一般译作"表象"或"观念"。

美学自从一七五〇年鲍姆嘉通创立 Aesthetik（美学）这门科学的称号起，经过康德、许莱格尔、叔本华、尼采以至柏格森和克罗齐，都由一个一线相承的中心思想统治着，这就是美只关感性的看法。美学的名称 Aesthetik 这一词的原义就是研究感觉的学问，是与逻辑对立的；这就是说，美只在感性形象上，美的享受只是感官的享受。这种思想发展到最后，就成为克罗齐的直觉说。在这个潮流之中，黑格尔可以说是一个中流砥柱，他把理性提到艺术中的首要地位。他说得很明确：

> 艺术作品却不仅是作为感性的对象，只诉之于感性领会的，它一方面是感性的，另一方面却基本上是诉之于心灵的，心灵也受它感动，从它得到某种满足。
>
> ——第四二页

这里的“心灵”，依黑格尔惯用的意义，是自觉的心灵活动，主要指“心智”（德文 Geist 本有此义）。黑格尔这样强调理性，意义是重大的。他肯定了思想性在艺术中的重要性，但是他同时也反对另一极端，即艺术的抽象公式化。他说：

> 艺术作品所提供观照的内容，不应只以它的普遍性出现，这普遍性须经过明晰的个性化，化成个别的感性的东西。如果艺术作品不是遵照这个原则，而只是按照抽象教训的目的突出地揭出内容的普遍性，那么，艺术的想象的和感性的方面就变成一种外在的多余的装饰，而艺术作品也就被割裂开来，形式与内容就不相融合了。
>
> ——第六〇页

所以抽象的思想在艺术作品中虽是重要的，却不应只是以抽象的思想出现，而应化成有血有肉的感性形象，这样才能达到艺术所要求的理性与感性的统一。这一点在下文讨论人物性格时还要谈到。

其次，理性与感性的统一也就是内容与形式的统一，内容或意蕴就是理性因素，形式就是感性形象。[①] 黑格尔说：

> 遇到一件艺术作品，我们首先见到的是它直接呈现给我们的东西，然后再追究它的意蕴或内容。前一个因素——外在的因素——对于我们之所以有价值，并非由于它所直接呈现的；我们假定它里面还有一种内在的东西——一种意蕴，一种灌注生气于外在形状的意蕴。那外在形状的用处就在指引到这意蕴。
>
> ——第二二页

这段话可以看作对康德的形式主义的批判。依康德，“纯粹的美”只是“直接呈现”的外在因素，即艺术的外在形式。美的东西最好不带意蕴，如带意蕴，美就不是“纯粹的”而是“依赖的”。这种学说其实就是“为艺术而艺术”的文艺观的哲学基础。欧洲美学一直是由康德思想中形式主义一方面统治着的。黑格尔是孤立的，尽管他费尽气力阐明理性内容在艺术中的首要地位，而在资产阶级的美学和艺术实践中，他的学说没有发生多大影响，感性主义和形式主义一直在泛滥着。

另一点值得注意的是：黑格尔一方面强调内容与形式的一致，另一方面也强调内容的决定作用：

> 形式的缺陷总是起于内容的缺陷。……艺术作品的表现愈优美，它的内容和思想也就具有愈深刻的内在真实。
>
> ——第八九页

---

①把感性形象看作“形式”，与一般人把比例对称变化整齐等看作“形式”不同。这是沿用席勒的用法。后来别林斯基也沿用这个用法。

第三，理性与感性的统一其实也就是主观与客观的统一。这里有两点需要说明。第一点是黑格尔把理性因素看作是主观方面的。这与他强调理念的客观性（客观唯心主义的基础）在表面上好像是互相矛盾的。但是这里含着一个辩证的道理。就其作为客观世界的根源来说，理念是普遍的逻辑范畴，是万事万物后面的理，所以是客观的。就其作为人的生活理想和生活的推动力来说，绝对精神即理念同时也是主观的。第二点是存在于人心中的理念（真理认识，理想，愿望）必须在现实世界中实现，否定它原来的片面性，才能变成统一的整体，这就是黑格尔的下面一段话的意思：

> 内容本来是主观的，只是内在的；客观的因素和它对立，因而产生一种要求，要把主观的变为客观的。……而且只有在这完满的客观存在里才能得到满足。……按照它的概念，主体就是整体，不只是内在的，而且要在外在的之中，并且通过外在的，来实现这内在的。……只有借取消这种自身以内的否定，生命才能变成对它本身是肯定的。经历这种对立、矛盾和矛盾解决的过程是生物的一种大特权；凡是始终都是肯定的东西，就会始终都没有生命。生命是向否定以及否定的痛苦前进的，只有通过消除对立和矛盾，生命才变成对它本身是肯定的。如果它停留在单纯的矛盾上面，不解决那矛盾，它就会在那矛盾上遭到毁灭。
>
> ——第一一九至一二〇页

一切有生命的东西都须经过主观与客观（内在与外在）的矛盾和统一，包含艺术在内。

综观以上三点，“美是理念的感性显现”这句定义包括理性与感性的统一，内容与形式的统一以及主观与客观的统一三个基本原则，足见它有丰富的内容和高度的概括性。但是由于它的基础是客观唯心主义，它就必然具有客观唯心主义在精神与物质的关系上所犯的首尾倒置的基本错误。如果我们回想起歌德所指出的“为一般而找特殊”和“在特殊中显出一般”的分别，黑格尔的美的定义所包含的缺点就更显而易见，因为他的出发点是一般而不是特殊，是抽象的理念而不是具体的现实生活，即歌德所说的“为一般而找特殊”而不是“在特殊中显出一般”，尽管他在讨论人物性格时，也强调过人物性格应具有生动鲜明的个性，反对过抽象化。他的客观唯心主义的出发点是抽象的理念，在这种哲学基础上他就无法克服这个基本缺点。后来车尔尼雪夫斯基在《艺术与现实的审美关系》里批判了黑格尔的美的定义，提出“美是生活”的定义来代替它，就把美学移置到唯物主义的基础上，这是一个极大的功绩。但是车尔尼雪夫斯基把理性内容与感性形式的统一这个合理内核也一并抛弃掉，却是不正确的。他坚持艺术从生活出发，在这一点上他和歌德是一致的，但是他没有理解歌德的“在特殊中显出一般”的道理，所以他不能理解典型化在艺术中的重要性，而这一点黑格尔却是理解得很清楚的。

2. 美学中实践观点的萌芽

黑格尔的主客观统一的观点包含着美学中实践观点的萌芽，这是应该特别提出的。为着理解这个观点，我们首先就要克服一般人在主客观关系上所持的形而上学的看法。在一般人看来，我和外在现实世界是绝对对立的：是我就只是我，里面不能有外在现实世界；是外在现实世界就只是外在现实世界，因其外在于我，里面就不能有我。我们是依两物体不能同时占同一空间那个机械律来看这问题的。所以这种看法是机械唯物论或二元论的看法。黑格尔却不这么看，他认为外在现实世界是人的认识和实践的对象；人在认识和实践之中，就在外在现实世界打下了人的烙印，人把他的“内在的”理念转化为“外在的”现实；同时，人作为心灵，就是他的认识活动和实践活动的总和，也就是和外在世界由矛盾对立而转化成的统一体。用他自己的话来说：

> 理想的完整中心是人，而人是生活着的。……属于生活的主要的是周围外在自然那个对立面，因而也就是和自然的关系以及在自然中的活动。……但是正如人本身是一个主观性的整体，因而和他的外在世界隔开，外在世界本身也是一个首尾贯串一致的完备的整体。但是在这种互相隔开的情况，这两种世界却仍保持着本质性的关系，只有在它们的关系中，这两种世界才成为具体的现实，表现这种现实就是这种艺术理想的内容。（重点引者加）
>
> ——第三〇五至三〇六页

可见脱离外在世界的人，和脱离人（主体）的外在世界，都是抽象的，不真实的，只有二者的统一体才是真实的。统一的联系是"生活"，而"生活"就是认识活动和实践活动。下面两段话说得更清楚：

> 有生命的个体一方面固然离开身外实在界而独立，另一方面却把外在世界变成为他自己而存在的；他达到这个目的，一部分是通过认识，即通过视觉等，一部分是通过实践，使外在事物服从自己，利用它们，吸收它们来营养自己，因此在他的"另一体"里再现自己。
>
> ——第一五五页
>
> 只有在人把他的心灵的定性纳入自然事物里，把他的意志贯彻到外在世界里的时候，自然事物才达到一种较大的单整性。因此，人把他的环境人化了，使那环境可以使他得到满足，对他不能保持任何独立自在的力量。（重点引者加）
>
> ——第三一八页

这里特别值得注意的是"人把他的环境人化了"这个深刻的概念。

在成了人的认识和实践的对象时，自然就已不复是单纯的生糙的自然，而是与人结成统一体的自然了。另一方面，人在“人化”他的环境的过程中,就是把他的能力、理想和意志（理念）体现在那“人化”的环境中，使他自己得到“实现”“生展”或“肯定”。因此，人也不复是单纯的抽象的人,而是与自然结成统一体的人了。黑格尔是这样说明这个道理的：

> 人还通过实践的活动，来达到为自己，因为人有一种冲动，要在直接呈现于他面前的外在事物之中实现他自己，而且就在这实践过程中认识他自己。人通过改变外在事物来达到这个目的，在这些外在事物上面刻下他自己内心生活的烙印，而且发现他自己的性格在这些外在事物中复现了。
>
> ——第三六至三七页

在这里黑格尔所说的显然就是人在改造世界的同时也改造自己的道理，也就是在这种过程中黑格尔见出艺术的根源：

> 例如一个男孩把石头抛在河水里，以惊奇的神色去看水中所现的圆圈，觉得这是一个作品，在这作品中他看出他自己活动的结果。这种需要（把内在的理念转化为外在的现实，从而实现自己——引者注）贯串在各种各样的现象里，一直到艺术作品里的那种样式的在外在事物中进行自我创造。
>
> ——第三七页

很显然，黑格尔在这里是把艺术和人的改造世界从而改造自己的劳动实践过程联系在一起的。在这里我们看到美学的实践观点的萌芽。这是黑格尔美学思想的最基本的合理内核。马克思在《为神圣家族写的准备论文》里就特别指出了这一点：

> 黑格尔把人的自我产生("自我实现""自我创造"或"自肯定"——引者注)看作一种过程……这就是说,他看出了劳动的本质,他把对象性的人,真正现实的人,看作他自己劳动的产品。(重点引者加)

这就是说,黑格尔见出劳动的本质在于人在自然中实现自己。但是马克思也指出黑格尔在这个问题上的局限性:"黑格尔只知道而且只承认劳动的一种方式,即抽象的心灵的劳动。"黑格尔在谈到英雄时代时,也屡次提到物质生产的体力劳动,但是他基本上是把人的自我实现看成是"理念"的自生展或"外化",所以马克思说他只承认"抽象的心灵的劳动",是符合黑格尔思想的基本精神的。因为站在客观唯心主义基础上,不能把实践理解为物质生产的体力劳动,黑格尔就无法充分发展他所隐约见到的美学上的实践观点。只有到马克思在《经济学——哲学手稿》和《资本论》里把艺术和物质生产的体力劳动联系在一起,美学上的实践观点才真正建立起来。[①] 这样,美学便由客观唯心主义的基础上,移置到坚实的辩证唯物主义的基础上。在这个新的基础上,黑格尔美学中一些重要的思想,例如对于人与自然,理性与感性,以及认识与实践的辩证的看法,就通过批判而获得了新的生命。

3. 艺术美与自然美

黑格尔在《美学》里一开始就宣布他"所讨论的并非一般的美,而只是艺术的美",并且认为美学的正当名称应该是"艺术哲学"。把美学的范围这样界定,他"就把自然美除开了"。资产阶级美学家们批评到黑格尔时,大半都责备他忽视自然美。其实黑格尔并没有忽视自然美,在第一卷讨论美的基本原理的三章之中就有一章(第二章)专讲自然美。

①参看本书第二十章(二)。

而且从“美是理念的感性显现”这个定义看，黑格尔所了解的艺术必然要有自然为理念的对立面，才能造成统一体（“自然”在他的美学里有各种别名，例如“感性因素”“外在实在”“外在方面”等)。不过黑格尔轻视自然美，这确是事实。他说得很明确：

> 我们可以肯定地说，艺术美高于自然。因为艺术美是由心灵产生和再生的，心灵和它的产品比自然和它的现象高多少，艺术美也就比自然美高多少。(重点引者加)
>
> ——第二页

他并且声明这里说的高低还不仅是一种量的分别，而是一种质的分别，因为：

> 只有心灵才是真实的，只有心灵才涵盖一切，所以一切美只有涉及这较高境界而且由这较高境界产生出来时，才真正是美的。就这个意义来说，自然美只是属于心灵的那种美的反映，它所反映的是一种不完全、不完善的形态。(重点引者加)
>
> ——第三页

从此可知，黑格尔对于自然美的轻视是从“理念的感性显现”这个美的定义所产生出来的。据定义，美是显现理念即绝对精神的，所以它是无限的、自由的、独立自在的；而自然却是有限世界，它是相对的、没有自由和独立自在性的。所以单纯的自然根本就纳不进美的定义里去。这个分别的根源在于：自然只是“自在”的，它认识不到它自己的存在，而理念作为绝对精神，特点就在“自在自为”，就在自己认识到自己；自然的自在的存在只是“直接的，一次的”，“人作为心灵，却复现他自己，因为他首先作为自然物而存在，其次他还为自己而存在，观照自己、认识自己、思考自己，只有通过这种自为的存在，人才是心灵”（第三六页），艺术美正是心灵的这种“观照自己”的“自为”活动所产生的。他所说的“艺术美是由心灵产生和再生的”，指的就是既自在（产生）而又自为（再生）。只是“自在”而不能“自为”的自然，也就当然不能有符合上述定义的美了。因此，黑格尔说：“任何一个无聊的幻想，它既然是经过了人的头脑，也就比任何一个自然的产品要高些，因为这种幻想见出心灵活动和自由。”（第二页）

但是黑格尔也并非完全否认自然美。自然既然是逻辑概念的“另一体”，是精神这个统一体里的一个否定面，它就有不同程度的抽象的精神或理念的显现，也就有不同程度的美，尽管这种美还是不完善的。自然界有限事物是由低到高，逐渐上升的。最低的是无机物，即矿物界，其次是有机物，而有机物之中又由植物界上升到动物界，动物界之中又由低级动物上升到人。在这逐级上升的过程中，精神的作用显现得愈多，单纯物质的作用就愈少，美的程度也就愈高。这里所谓精神的作用是指灌注生气于各个别部分使它们显出是一个统一体的那种作用。黑格尔把这种作用叫作“内在的”“主观的”“观念性的统一”，实即有机体之所以成为有机体的内因。

姑从无机物说起。比如一堆石头只是杂多的石头堆集在一起，每块石头是独立的，与全堆无必然的内在联系，添上几块或是拿去几块，并不能影响石堆之为石堆。这石堆就缺乏生命或是灵魂（内在的、主观的、观念性的统一），来使这堆乱石形成一种生气灌注的不可分解的整体，而只是单纯的物质在起作用，所以不能有美。

有机物就不如此。比如一匹马也现出杂多的部分如四肢五官等，但是这些杂多的部分却不像一堆乱石，而是令人一眼就看到它们是一个有机体之中的彼此分立而又互相紧密联系的部分。它们是一个统一体，一匹完整的马。马之有别于石堆的就在它有生命，生命就是它的“观念性的统一”，它灌注生气于全体和每一部分，因此每一部分是统一体的不可少的一部分。用黑格尔的话来说：

> 只有在这种有机组织里，概念（上文“生命”）的观念性的统一才出现在各个部分里（如马的四肢五官），作为它们的支柱和内在的灵魂。到了这步，概念才不沉没在实在里（例如上文的石堆），而是作为内在的同一和普遍性（抽象概念的生命）而转化为存在（实在的马在全体各个部分所现出的生命）。（括弧中注是引者加的）
>
> ——第一四八页

生命是有机体的概念，是内在的统一。这种内在的统一既然不能“沉没在物质里”，就须显现为外在的统一。黑格尔说：

> 这种主观的统一在有机的生物身上表现为情感。在情感和情感表现里，灵魂显出自己是灵魂……在发生情感的灵魂及其情感的表现流露于这些部分（身体各部分——引者注）时，无处不在的内在的统一就显现为对各部分只是实在的独立自在性的否定，这些独立自在的部分现在就不只是表现它们自己，而是表现灌注生气给它们的发生情感的灵魂。
>
> ——第一六〇页

只有在有机物的阶段，自然才现出灌注生气于全体各部分的“观念性的统一”，因此才可以有美。因此，黑格尔替自然美所下的定义是：

> 我们只有在自然形象的符合概念的客观性相之中（概念与实在的统一体之中）见出受到生气灌注的互相依存的关系时，才可以见出自然的美。这种互相依存的关系是直接与材料（感性素材，如形状、颜色、声音等）统一的，形式就直接生活在材料里，作为材料

的本质和赋予形状的力量。（括弧中注是引者加的）

——第一六四页

从此可知，黑格尔采取了美是“寓杂多于整一”的看法，石堆只是杂多，有生命的东西才见出整一（如马），使杂多成为整一的正是“生命”“精神”或“理念”的通体贯注，即黑格尔所说的内在的观念性的统一。

“自然美的顶峰是动物的生命。”（第一六六页）但是纵然达到了顶峰，自然美还是有缺陷的，原因在于动物只是“自在”的而不是“自为”的，还没有自己对自己的认识。“动物的生命不能看到自己的灵魂……动物的灵魂不是自为地成为这种观念性的统一，假如它是自为的，它就会把这种自为存在的自己显现给旁人看。”（第一六七页）换句话说，动物只能使旁人见出它的不完全的美，还不能自觉美，还不能由自己创造美的形象给旁人看。所以黑格尔说：

由于理念还只是在直接的（自在的非自为的——引者注）感性形式里存在，有生命的自然事物之所以美，既不是为它本身，也不是由它本身，为着要显现美而创造出来的。自然美只是为其他对象而美，这就是说，为我们，为审美的意识而美。

——第一五六页

由于自然美有这种缺陷，艺术美才有必要。“艺术的必要性是由于直接现实有缺陷。”（第一九一页）艺术才是由心灵自为地把理念显现于感性形象，才真正见出自由与无限。黑格尔很形象化地说：“艺术也可以说是把每一个形象的看得见的外表上的每一点都化成眼睛或灵魂的住所，使它把心灵显现出来。……人们从这眼睛里就可以认识到内在的无限的自由的心灵。”（第一九三页）

黑格尔还提到像寂静的月夜、雄伟的海洋那一类“感发心情和契合心情”的自然美，只淡淡地解释了一句说：“这里的意蕴并不属于对象本身，而是在于所唤醒的心情。”（第一六六页）这就是后来几乎统治德国美学思想的“移情作用”。黑格尔并没有在这上面再做文章，足见他对此并不重视。他的门徒费肖尔父子才发挥这个观点，成为移情说。

如上所述，黑格尔对自然美的轻视是“理念的感性显现”那个定义的必然的结论。此外还有一个很深刻的原因：他所处的时代是浪漫主义兴起的时代，而浪漫主义的特征之一是崇拜自然。对自然的崇拜特别是在反动的浪漫主义者的心目里，含有浓厚的泛神主义的神秘色彩。黑格尔轻视自然美，是与他一贯反对反动的浪漫主义的斗争分不开的。他的艺术理想是希腊古典艺术的理想，而希腊古典艺术的基本精神是人本主义的。黑格尔美学的基本精神也是人本主义的。我们应该从这上面认识他的进步性。

黑格尔的人本主义表现在他把人看成几乎是艺术的唯一对象。艺术在表现自然美时，也不是因为自然本身而是因为自然表现了人的活动和人的性格。这个观点他在谈荷兰画时说得最明确。荷兰画所表现的是平凡的自然，但是这种平凡的自然并不是因为它本身而有价值，它之所以成为艺术创造和欣赏的对象，是因为它反映出荷兰人民对自己经过英勇斗争而获得的自由与繁荣所感到的快慰与骄傲（第二一〇至二一一页）。所以荷兰画所表现的自然美毕竟还是“属于心灵的那种美的反映”。

这个看法是与上文所说的实践观点一致的。与此密切相关的是黑格尔反对用自然主义的方式去“模仿自然”，他责备这种创作方法说：

> 总是那些老故事，夫妻、子女、工资、开销、牧师的依赖性、仆从秘书的阴谋诡计，以至主妇和厨房女用人的纠葛，女儿在客厅里多情善感的勾当——这一切麻烦和苦恼，每个人在他自己家里都可以看到，而且比在戏剧里所看到的还更好更真实些。
>
> ——第二〇二页

艺术并不是这样毫无选择、原封不动地把日常生活搬上舞台，“它要把现象中凡是不符合事物真正概念的一齐抛开，只有通过这种清洗，它才能把理想表现出来”（第一九五页），“理想就是从一大堆个别的偶然的东西之中所拣回来的现实”（第一九六页）。艺术要“抓住事物的普遍性”（第二〇六页），要对事物加以“观念化”（第二〇九页）或理想化。“诗所提炼出来的永远是有力量的，本质的，显出特征的东西，而这种富于表现性的本质的东西正是理想性的东西。”这样把带有普遍性的本质的东西“提炼”出来，把偶然的无关要旨的东西“清洗”出去，结果才会使作品中一切个别方面都能完全体现出“基本意蕴”，“不剩下丝毫空洞无意象的东西”（第二一五页）。这样塑造出的人物就是“活的个性”。从这一切看，黑格尔所提出来的基本上符合现实主义的文艺观点，对当时初露萌芽的自然主义的倾向进行了批判。

4. 艺术的发展史：类型与种类的区分

黑格尔对于艺术发展史的看法也是由“理念的感性显现”那个美的定义推演出来的。艺术是普遍理念与个别感性形象，即内容与形式，由矛盾对立而统一的精神活动。但是这两对立面的完全吻合只是一个理想，而事实上它们之间却有不同程度的吻合，因此艺术就分成三种类型（Kunstform），即象征型、古典型和浪漫型；每个类型之下又分若干种类（如建筑、雕刻、音乐、诗歌等）。在历史发展中每个阶段都有它的独特的艺术类型和艺术种类。

最初的类型是象征型艺术。在这个阶段，人类心灵力求把它所朦胧认识到的理念表现出来，但是还不能找到适合的感性形象，于是就采用符号来象征，例如基督教以三角形这个符号来象征神的三身一体的概念。符号和它所象征的概念之间有些相同，否则就不能起象征作用；也有些不相同，否则内容与形式恰相吻合，就失其为象征。由于有些不相同，从形式就不能明确地见出内容，所以象征艺术都有些暧昧，有些神秘的性质。典型的象征艺术是印度、埃及、波斯等东方民族的建筑，如神庙、金字塔之类。这种艺术的一般特征是用形式离奇而体积庞大的东西来象征一个民族的某些抽象的理想，所产生的印象往往不是内容与形式谐和的美，而是巨量物质压倒心灵的那种崇高风格（Sublime）。

形式总是由内容决定的，象征艺术的物质形式和精神内容之所以不调和，正由于它的精神内容本身还不是具体的而是抽象的，例如印度婆罗门教的“梵”是一种没有任何定性的浑然太一，由它本身推演不出任何具体形象来，于是就凭偶然的联系，把牛猴之类动物当作“梵”的体现来崇拜。原始东方民族对于精神内容之所以没有具体的认识，是由于他们还没有完全达到绝对精神既是认识主体又是认识对象那种自觉阶段。只有在精神（或心灵）由主体转到客体或对象，再由主客体的对立而回到主客体统一时，对精神内容的具体认识才有可能，因此艺术理想也才有可能实现。象征艺术在这方面还有缺陷，所以到了一定发展阶段，它就要解体，让位给较高类型的艺术。

这较高类型就是古典艺术。到了古典艺术，精神才达到主客体的统一，精神内容和物质形式才达到完满的契合一致（这就是说，精神内容中没有什么没有表现出来的，而物质形式中也没有什么是无所表现的）。因此，认识到感性形象也就同时很明确地认识到它所显现的理念。典型的古典型艺术是希腊雕刻。这种艺术恰恰符合黑格尔的美的定义，所以他把古典艺术看作最完美的艺术。希腊雕刻所表现的神不像埃及、印度的神那样抽象，而是非常具体的。神总是作为人表现出来的，因为人首先是从他本身上认识到绝对精神，而同时人体既是精神的住所，也就是精神的最适合的表现形式。在人体形象里，神由普遍性而转入个别形体，但是虽在个别形体里，神还要保持他们的普遍性，所以古典艺术的特点在于静穆和悦。雕刻最适宜于表现这种静穆和悦，因为它只表现静态而不表现动作。

但是精神是无限的、自由的，而古典艺术所借以表现神的人体形状毕竟是有限的、不自由的。这个矛盾就导致古典艺术的解体。接着来的是浪漫型的艺术。在浪漫艺术里，无限的心灵发现有限的物质不能完满地表现它自己，于是就从物质世界退回到它本身，即退回到心灵世界。这样，浪漫艺术就达到与象征艺术相反的一个极端：象征艺术是物质溢出精神，而浪漫艺术则是精神溢出物质。这也就是说，浪漫艺术在较高的水平上又回到象征艺术的内容与形式的失调。所以就无限精神的伸展来说，浪漫艺术处于艺术的最高的发展阶段，但是就艺术的内容与形式一致来说，古典艺术终于是最完美的艺术。

典型的浪漫艺术是近代欧洲的基督教的艺术（注意：黑格尔所谓浪漫艺术比一般文学史家所说的浪漫主义意义较广，起来也较早。狭义的浪漫主义起于十八世纪末，黑格尔的浪漫艺术起于中世纪）。在浪漫艺术里，精神回到它本身，这就是说，有自我意识的人回到他的“自我”，所以浪漫艺术的特点之一是把“自我”抬到很高的地位，它的主观性特别突出。近代艺术中的人物性格不像古代人物那样体现普遍的伦理、宗教或政治的理想，而主要的是体现私人的意志和愿望。近代艺术中的冲突主要的是性格本身分裂的冲突，即内心方面的冲突。它所表现的不是古典艺术的那种静穆和悦，而是动作和情感的激动。浪漫的灵魂是一种分裂的灵魂，所以古典艺术经常避免的罪恶、痛苦、丑陋之类反面东西在浪漫艺术里却找到了地位。

综观黑格尔关于艺术史发展的看法，其中有一个总的概念，是和他的客观唯心主义哲学系统分不开的，这就是艺术愈向前发展，物质的因素就逐渐下降，精神的因素就逐渐上升。象征艺术是物质超于精神，古典艺术是物质与精神平衡吻合，浪漫艺术则转到精神超于物质。就浪漫艺术本身的发展来说，也是精神逐渐超于物质。浪漫艺术的主要种类是绘画、音乐和诗歌。绘画比起雕刻受物质的束缚已较少，因为它只表现平面而不表现立体，但究竟还不能脱离空间的限制。音乐就前进了一步，它不表现空间而只表现时间，就更多地脱离物质的束缚了，但在时间上先后承续的音调究竟还是物质的现象。至于诗歌——最高的浪漫型艺术——则更前进了一步，它不用事物形体而用语言，语言并不直接图绘事物形象，像图画那样，而是起一种符号作用，间接唤起“心眼”中的意象和观念，所以诗歌所表现的主要是观念性或精神性的东西，物质的因素已消减到最低限度。但是诗歌毕竟还未脱艺术范围，因为它毕竟还是对世界的感性掌握，感性对象毕竟只是事物形象，还不是抽象概念。

精神超于物质毕竟是内容与形式的分裂。依黑格尔看，这种分裂不但导致浪漫艺术的解体，而且也要导致艺术本身的解体。到了浪漫时期，艺术的发展就算达到了高峰，人就不能满足于从感性形象去认识理念，精神就要再进一步脱离物质，要以哲学的概念形式去认识理念。这样，艺术最后就要让位给哲学。

艺术是否从此就要达到发展的止境，宣告灭亡呢？黑格尔的回答是这样：

> 我们尽管可以希望艺术还会蒸蒸日上，日趋于完善，但是艺术的形式已不复是心灵的最高需要了，我们尽管觉得希腊神像还很优美，天父、基督和玛利亚在艺术里也表现得很庄严完美，但是这都是徒然的，我们不再屈膝膜拜了。
>
> ——第一二七页

这个答案并不像一般哲学史家和美学史家说得那么绝对（他们认为黑格尔断定艺术终要灭亡），而是有些含糊。这种含糊显出他的矛盾。从一方面看，他的不彻底的辩证逻辑把发展看成是有止境的，同时，如下文还要谈到的，他对资产阶级社会情况不利于艺术发展有锐敏的认识，这也使他推论到艺术会从此一蹶不振。但是从另一方面看，他也认为歌德和席勒的早年的诗歌是“在近代现实情况中恢复已经丧失的艺术的形象的独立自足性”而加以赞赏（第二四二页），而且在讨论史诗发展时，他看到小说这个新起的形式代表“近代社会的史诗”，前途有“无限的机会”，“在旨趣、情境、人物性格和生活关系各方面显得丰富多彩，具有整个世界的广大背景”（《美学》第三卷）。从此可知，他也仿佛见到已丧失的东西有恢复的可能，而且每个新的时代都有相应的新的艺术形式，来代替旧形式。他的三种艺术类型的代谢本来就可以使他把这个道理看得更清楚些。但是由于他受了他的不彻底的辩证逻辑的束缚，而且对于资本主义社会以后的社会毫无预见，所以在艺术将来命运问题上露出他的深刻的矛盾。

黑格尔对于艺术史的最大功绩在于他不但肯定艺术是发展的，而且把这种发展和经济、政治、伦理、宗教等“一般世界情况”联系在一起来看，认为是有规律可寻的。他以前的艺术史家还不曾有人有过这样广阔的视野和深刻的分析。但是由于客观唯心主义哲学系统的限制，由于他的辩证逻辑不彻底，由于当时德国文化中庸俗市民倾向，他的见解有时不但是死板的、错误的而且是反动的。他把艺术的黄金时代摆在过去，对艺术未来的远景存在着悲观，把自然和艺术的演变都看成精神逐渐克服物质的演变，这些都是他的基本错误。他的死板处见于他对三种类型艺术的划分，仿佛艺术发展都是按照他的正反合的公式进行的。其实他自己也承认，古典时代可以有象征时代的建筑，浪漫时代可以有象征时代的建筑和古典时代的雕刻，较后阶段的艺术类型也可以出现于较早的时代，例如图画、音乐和诗歌在象征时代和古典时代也都久已具备。从此可知艺术的丰富的史实不能尽纳入简单的刻板的公式。黑格尔的反动处特别表现于他的狭隘的民族主义。他对东方艺术是轻视的，在他看来，历史的发展仿佛是东方为西方作准备，而西方又为普鲁士作准备，不但普鲁士的君主专制是理想的政体形式，普鲁士的哲学在他自己身上达到世界哲学的高峰，而普鲁士的诗歌也是世界文艺发展的顶点和止境。这种思想对德国军国主义和法西斯主义的发展是有直接影响的。

5. 人物性格与环境的辩证关系：情致说

黑格尔把人看作艺术的中心对象，所以人物性格的描写成为艺术创作的主要部分，他在《美学》第一卷第三章里着重地讨论了人物性格的问题。

与当时资产阶级的个人主义和唯我主义的文艺思想潮流相反，黑格尔从来不把文艺中的人物当作孤立的个人看待，总是把他们看作社会历史环境的产品，人物行动的推动力不是什么个人的幻想和癖性，而是每个时代的社会力量。

这里有三个重要的术语先须交代明白，这就是“一般世界情况”“情境”和“情致”。“一般世界情况”（Der Welt zustand）是“艺术中有生命的个别人物所借以出现的一般背景”（第二四四页），是“把心灵现实的一切现象都联系在一起的”，即“教育、科学、宗教乃至于财政、司法、家庭生活以及其他类似现象的情况”；总之，它就是某特定时代的一般物质生活和文化生活的背景。从客观唯心主义出发，黑格尔特别着重某特定时代所流行的伦理宗教法律等方面的信条或理想，把它们叫作“普遍力量”，其实也就是他所了解的抽象的“理念”。这种“一般世界情况”是普泛的，对于同一历史时代的大多数人是共同的，如果要它在某个别人物身上起作用，它就要经过“具体化”，“在这种具体化过程中，就揭开冲突和纠纷，成为一种机缘，使个别人物现出他们是怎样的人物”（第二四五页）。黑格尔把这种“特殊的”，揭开冲突，引起动作，显现性格的“机缘”叫作“情境”（Die Situation）。“情境”是“一般世界情况”具体化成的推动人物行动的客观环境，可以说是人物行动的“外因”，“一般世界情况”中的“普遍力量”还要在个别人物身上具体化为推动行动的“内因”，即“普遍力量”或人生理想所形成的主观情绪，或人生态度，黑格尔把它叫作“情致”（Pathos）。“情致”就是“存在于人的自我中而充塞渗透到全部心情的那种基本的理性的内容”(第二八八页)。这种内容为数不多，就是“恋爱、名誉、光荣、英雄气质、友谊、亲子爱之类的成败所引起的哀乐”(第二九〇页)。以莎士比亚的《哈姆雷特》为例来说，这部悲剧所表现的“一般世界情况”是文艺复兴时代的文化背景(尽管这位丹麦王子是中世纪的人物),“情境”是王子的母亲和叔父通奸，把父亲谋杀了那一个具体事件，“情致”是王子在计划报仇中由于他的人生观和伦理观念所形成的那种复杂的心情。就是外在的“情境”引起内在“情致”的矛盾和冲突,构成了这部悲剧情节发展的推动力。这种“情致”说后来在别林斯基的美学思想里得到了进一步的发展，详见下章。

黑格尔的功绩在于指出个人性格与一般社会力量的具体的统一，人物性格的发展起于矛盾冲突,以及在这种发展中内因与外因的辩证关系。但是他的辩证观点和他的客观唯心主义的哲学系统之间的矛盾在这里显得很突出。他一方面承认个人的“情致”决定于“一般世界情况”中的“普遍力量”，而“一般世界情况”是随历史发展的，另一方面却认为这种“情致”或“理性内容”是些普遍永恒的理念。这就是自相矛盾。如果从马克思主义的阶级观点和发展观点去看，黑格尔的错误当然就更明显。黑格尔的永恒理念说就是文艺理论中的“人性论”的来源之一。

“一般世界情况”具体化为客观方面的“情境”,“普遍力量”具体化为主观方面的“情致”，这样就引起矛盾冲突，激起行动，推动人物性格的发展。黑格尔把“独立自足性”看作理想的人物性格所必有的主要特征，所谓“独立自足”并非脱离社会而孤立，而是能掌握环境，能凭自己的力量去发出行动，能对自己的行动负责，能决定自己的命运。这样的人物性格才能既鲜明而又坚强有力。这种具有“独立自足性”的理想的人物性格只有在理想的环境里才能形成。依黑格尔看，理想的环境是“英雄时代”即史诗时代的一般世界情况。在“英雄时代”，人物是比较独立自由的。首先就个人对社会的关系来说，“英雄时代”的文化还处在生长期，社会上的道德观念还没有僵化为刻板式的法律秩序，

“个人自己就是法律”（第二三一页），这就是说，他可以凭自己的判断，抉择自己所要做的事。同时，他也“意识到自己与他所隶属的那个伦理的社会整体处于实体性的统一”（第二三五页），这就是说，他认识到自己是一定社会的成员，能把这社会中所流行的道德理想作为自己的道德理想。因此他一方面依存于社会，接受社会的理想，另一方面又不受社会限制，能凭自己的认识对行动是否符合这种理想下判断，能凭自己的意志去实现这种理想。例如希腊大力士赫库里斯就是一个具有这种“独立自足性”的性格的。他是一个“维护正义与公道的战士，具有完备的独立自足的能力和筋力，为着实现正义与公道，他出于自己意愿的自由选择，承担了无数辛苦的工作”（第二三二页）。

其次，在“英雄时代”，就人对周围物质世界的关系来说，生产方式还是原始的，主要是单干的，每个人都要进行体力劳动，来生产自己的生活必需品。黑格尔从荷马史诗里举过一系列的例子证明当时一些著名的英雄都进行生产劳动：

> 例如，阿伽门农的王杖就是他的祖先亲手雕成的传家宝；俄底修斯亲自造成他结婚用的大床；阿喀琉斯的著名的武器虽不是他自己的作品，但也还是经过许多错综复杂的活动，因为那是火神赫斐斯托斯受特提斯的委托造成的。总之，到处都可见出新发明所产生的最初欢乐，占领事物的新鲜感觉和欣赏事物的胜利感觉，一切都是家常的，在一切上面人都可以看出他的筋力，他的双手的灵巧，他的心灵的智慧或是他的英勇的结果。只有这样，满足人生需要的种种手段才不降为仅是一种外在的事物；我们还看到它们的活的创造过程以及人摆在它们上面的活的价值意识。
>
> ——第三二四页

换句话说，通过劳动实践来生产自己所需要的东西，人“就感觉到它们

（外在事物）都是由他自己创造的，因而感觉到所要应付的这些外在事物就是他自己的事物，而不是在他主宰范围以外的疏远化了的事物”（第三二三页）。“人把他的环境人化了”（第三一八页）。这样，人才能是自然的主宰，而不受制于自然，人与自然的关系是调和统一的。在这种关系中，人才有独立自足性。

黑格尔的这番关于“英雄时代”的理论是极端重要的。第一，他是把“英雄时代”经济落后状态和文艺的繁荣联系在一起来看的。就从这一点，马克思后来发展出文艺与经济发展不平衡的规律[①]。其次，他是把艺术活动和劳动实践联系在一起来看的。可惜这个观点受到他的唯心主义哲学的限制，没有得到发挥。一般地说，像马克思所指出的，黑格尔是把劳动限于脑力劳动的。其三，他在讨论人与自然的关系时，提出了人所创造的事物对于人不是“疏远化的”，以及“人把他的环境人化了”两个重要观念。马克思在《经济学——哲学手稿》里所阐明的“劳动异化”（“异化”即“疏远化”，马克思指出在资本主义社会，人的劳动体现于产品，随着产品而“异化”到资本家那里去，成为自己的敌对力量，这是私有制的起源，也是近代文化衰朽的根源）和“人化的自然”（在生产劳动起来以后，自然经过人的改造，就体现了人的本质力量和人的愿望）两个重要的原则就是批判地接受了，而且发挥了黑格尔在这里约略提到的“疏远化”与“人化”的观念。

与“英雄时代”对立的有两种世界情况，黑格尔认为都不适宜于形成具有“独立自足性”的人物性格，因而不利于文艺。一种是“牧歌式的情况”，即西方从希腊罗马以来牧歌体诗人和作家们所描写的那种空想乐园的情况。在这种情况里，自然能“满足人所感到的一切需要，无须人去费什么劳力”。黑格尔说：

①参看《马克思恩格斯选集》，第二卷，第 112—114 页。

对于一个完全的人来说，他必须有较高尚的要求，不能满足于与自然相处相安，满足于自然的直接产品。他不应降低到这种牧歌式的生活，他应该工作（劳动）。

——第三二一页

“这种乡村牧歌式的生活和人生一切意义丰富深刻的复杂的事业和关系都失去了广泛的联系”，所以“不能引起多大兴趣”。尽管人在这种生活情况里可以有若干“独立自足性”，却不适宜于艺术，因为它所形成的人物性格显不出较高尚的理想，没有理想的人物性格所应有的那种顽强坚定。

另一种是“散文气味的现代情况”，即资产阶级的社会情况。在这种情况里，一切个人与社会的关系都已凝定而且僵化为刻板式的“法律秩序”，孤立的个人在这种社会中是渺小的，不自由的。他“须服从这种不依存于主观意图的国家所表现的客观理性”，他的行动大半取决于外因，不能见出他自己的自由选择，因此自己对它也不能负多大责任，成不是他的功，败也不是他的过。因此，在这种社会里，个人与社会处于对立地位，不能体现个人行动与社会理想的统一，所以不适宜于充当文艺作品中的理想的人物性格。黑格尔在这里见出资本主义社会中个人与社会的脱节，但尤其重要的是他还见出近代生产方式与文艺之间的矛盾。他对资本主义社会作了如下的描绘：

需要与工作以及兴趣与满足之间的宽广关系已完全发展了，每个人都失去了他的独立自足性而对其他人物发生无数的依存关系。他自己所需要的东西或完全不是他自己工作的产品，或是只有极小一部分是他自己工作的产品。还不仅此，他的每种活动并不是活的，不是各人有各人的方式，而是日渐采取按照一般常规的机械方式。在这种工业文化里，人与人互相利用，互相排挤，这就一方面产生最酷毒状态的贫穷，一方面产生一批富人。

——第三二二页

但是无论是穷人还是富人，都感觉到“自己周围的东西都不是自己创造的”，都失去了对外在世界的主宰，因而都失去了艺术中理想性格所必须具有的“独立自足性”，他在这里指出了剥削制以及资本主义生产方式中的分工制对于艺术的恶劣影响。

在上一节研究黑格尔关于艺术发展史的看法时，我们见过，他认为艺术到了浪漫型出现以后，由于精神溢出了物质，理念溢出了感性形象，就要导致艺术本身的解体，艺术就要让位于哲学。在考察“一般世界情况”时，黑格尔又从近代资本主义社会的具体事实来论证他的艺术衰亡论。在这里我们一方面可以见出黑格尔的思想深刻处，他见出近代资本主义社会与艺术发展之间的矛盾。正是根据这种矛盾，马克思阐明了他的著名的论断：“资本主义生产对于某些精神生产部门是敌对的，例如对于艺术和诗歌就是如此。”[①] 但是另一方面我们也可以见出黑格尔的局限性，他所认识到的历史发展到了资本主义社会就算到了尽头，他没有看出还有更高阶段的社会要代替资本主义社会而兴起，因此他把资本主义社会的矛盾加以绝对化，认为这种矛盾是永远得不到解决的，所以把艺术在资本主义社会的衰亡就看成艺术的永远衰亡。

6．冲突论和悲剧论

与“一般世界情况”这个概念密切相关的是黑格尔的人物性格的冲突说。冲突是人物性格在某具体情境中所遭受到的两种普遍力量（人生理想）的分裂和对立。普遍力量本是抽象的，浑整的，结合到具体的情境与具体的人物，它才“得到定性”。就在这“得到定性”或“具体化”

① 《马克思恩格斯论艺术》，第一册，第 273 页。

过程中，它才“现出本质上的差异面，而且与另一方面相对立，因而导致冲突”，推动情节（人物动作）的发展，经过否定的否定，终于消除冲突而达到调和统一。黑格尔讨论冲突是联系导致冲突的情境来谈的。情境有三种，最简单的一种是普遍力量还处于浑整未分裂的状态，因而还是没有定性的，例如古代雕刻所表现的就是这种没有定性的情境，所以现出一种“静穆中泰然自足的神情”。其次是所谓“平板状态”或“无害状态”的情境，虽有定性而还没有见出矛盾对立，黑格尔举早期希腊雕刻中的神像和抒情诗为例。但是理想的情境是第三种，即见出矛盾对立的一种，在这里才开始有冲突。只有在导致冲突的时候，“情境才开始见出严肃性和重要性”（第二五三页）。不仅如此，人物性格的高度和深度也要借冲突来衡量。“人格的伟大和刚强只有借矛盾对立的伟大和刚强才能衡量出来”（第二二二页），冲突是“动作的前提”，“充满冲突的情境特别适宜于剧艺”（第二五三页），因为戏剧主要的是表现动作的。

冲突是对本来和谐的情况的一种破坏，但“这种破坏不能始终是破坏，而是要被否定掉”，使冲突消除，又回到和谐。冲突可能有多种。一种起于“自然所带来的疾病、罪孽和灾害”，例如索福克勒斯的悲剧《斐罗克特提斯》的冲突起于主角被一条毒蛇咬伤。另一种起于家庭出身和阶级关系，例如莎士比亚的《麦克白》的冲突起于主角是国王的最近亲属，有继承王位的优先权。但是这两种冲突或是不合理或是不公平，不能成为理想的情境。理想的冲突的情境却起于“人的行动本身”，起于两种同是普遍永恒的力量的斗争。“冲突所揭露的矛盾中每一对立面还是必须带有理想的烙印，因此不能没有理性，不能没有辩护的道理。”（第二九一页）

结合到这种理想的冲突，黑格尔提出了他的著名的悲剧论。悲剧所表现的正是两种对立的理想或“普遍力量”的冲突和调解。就各自的立场来看，互相冲突的理想既是理想，就都带有理性或伦理上的普遍性，都是正确的，代表这些理想的人物都有理由把它们实现于行动。但是就当时世界情况整体来看，某一理想的实现就要和它的对立理想发生冲突，破坏它或损害它，那个对立理想的实现也会产生同样的效果，所以它们又都是片面的，抽象的，不完全符合理性的。这是一种成全某一方面就必牺牲其对立面的两难之境。悲剧的解决就是使代表片面理想的人物遭受痛苦或毁灭。就他个人来看，他的牺牲好像是无辜的；但是就整个世界秩序来看，他的牺牲却是罪有应得的，足以伸张“永恒正义”的。他个人虽遭到毁灭，他所代表的理想却不因此而毁灭。所以悲剧的结局虽是一种灾难和苦痛，却仍是一种“调和”或“永恒正义”的胜利。因为这个，悲剧所产生的心理效果不只是亚理士多德所说的“恐惧和怜悯”，而是愉快和振奋。我们最好援引黑格尔自己所举的实例来说明他的意思。

头一个例子来自实际生活。苏格拉底是一位令人崇敬的献身于真理的哲学家，却被雅典法庭以破坏宗教信仰和毒害青年的罪状判处死刑。依黑格尔看，苏格拉底是一位革新者，代表雅典社会精神生活的新理想，在这一点上他在历史上是有功绩的。但是他所代表的新理想和当时雅典社会的法律秩序发生冲突，他破坏了那种同样有理由要维持自己的法律秩序，所以他所代表的理想还是片面的，他的死亡毕竟是罪有应得的，合理的。黑格尔的结论是这样：

> 在世界史中凡是开创新世界的英雄们的情况一般都是如此，他们的原则和旧原则发生矛盾，把旧原则破坏了。他们代表着暴力破坏法律者。所以作为个人，他们遭受到死亡，但是在惩罚中遭到毁灭的只是他们个人而不是他们的原则。……苏格拉底的命运之所以是真正悲剧性的，并非取把一切不幸都看成悲剧性的那种肤浅的意义……例如说，苏格拉底的命运之所以是悲剧性的，就因为他被判处死刑。无辜的灾难只是悲惨的而不是悲剧性的，因为这种不幸是

无理性的。只有在产生于主体的无限的（自由的——引者注），合法的道德的意志时，那种不幸才是有理性的。

——《哲学史讲义》，第二卷

总之，苏格拉底的命运之所以是悲剧性的，因为他的死亡还是罪有应得的，合理的。

另一个例子来自悲剧作品，就是索福克勒斯的《安提戈涅》。在这部悲剧里，女主角安提戈涅的哥哥因争王位，借外兵进攻自己的祖国忒拜，兵败身死，忒拜国王克瑞翁下令禁人收尸，违令者死。安提戈涅不顾禁令，收葬了哥哥，国王于是下令把她烧死。但是她死之后，和她订过婚的王子，即克瑞翁的儿子，也自杀了。[①] 依黑格尔看，这里所揭露的是照顾国家安全的王法与亲属爱两种理想之间的冲突，这两种理想都是神圣的，正义的，但是处在当时那种冲突的情境里，却都是片面的，不正义的。国王因维持他的威权而剥夺死者应得到的葬礼，安提戈涅因顾全亲属爱而破坏王法，每一方面都把一种片面的理想推到极端，因而使它转变成为一种错误，所以互相否定，两败俱伤，冲突才得解除，又恢复到冲突以前的平衡。在这种冲突中遭到毁灭或损害的并不是那两种理想本身（王法和亲属爱此后仍然有效），而是企图片面地实现这些理想的人物。[②]

从这些例子看，黑格尔的悲剧论还是从“凡是现实的都是理性的”那个基本原则出发的。这个看法的合理内核是把悲剧看成一种矛盾由对立而统一的辩证过程，这就排斥了西方学者用命运来解释希腊悲剧的传统看法。命运还是一种神力。黑格尔明确地反对神力说，“如果把发号施令的权力归之于神，人的独立自足性就要受到损害，而人的独立自足

①参看《索福克勒斯的悲剧二种》，罗念生译。

②《安提贡》是黑格尔的理想的悲剧，他在《美学》第一卷第272页以及第三卷论悲剧章都举它为例。

性却已定为对于艺术理想是绝对必要的”（第二七八页）。由于他强调悲剧中冲突的双方都必代表有普遍性和理性的理想，他反对艺术表现“反面的，坏的，邪恶的力量”。他说，“如果内在的概念和目的本身已经是虚妄的，原来内在的丑在它的客观存在中也就不能成为真正的美”（第二七三页），他认为恶魔本身是“一种极端枯燥的人物”，不宜用作史诗或悲剧中的主角。密尔顿在《失乐园》里所描写的恶魔撒旦之所以动人，并非由于他的邪恶而是由于他显出高贵雄伟的品质，不是完全无理性的。

黑格尔的悲剧论也暴露了他的全部哲学思想的妥协性。这在他对苏格拉底悲剧的看法中显得很突出。他对苏格拉底和判他死刑的雅典法庭各打五十大板，这就混淆了真是真非。苏格拉底既然是一个革新者，而“凡是开创新世界的英雄们”都应该遭受到毁灭，而这种毁灭都是罪有应得的。这就排斥了一切革命，要让一切反动的法律秩序维持下去。正是受到黑格尔的这种悲剧论的影响，拉萨尔写出了他的《弗兰茨·冯·济金根》，他也认为“革命的悲剧”都起于革命者的主观意图与现实客观条件之间的矛盾，因而必以失败告终。马克思和恩格斯在给拉萨尔的信里都指出弗兰茨之所以失败，是由于他还是没落的骑士阶级的代言人，而不是由于他“自以为是革命者”，这样就批判了“革命的悲剧”就是由于革命那种反动的谬论。[①]

7. 理想的人物性格

理想的人物性格就是典型的人物性格。自在自为的人才能真正体现理念，所以黑格尔把人物性格看作“理想艺术表现的真正中心”（第二九二页）。引起动作的是“一般世界情况”中流行的普遍力量或人生理想，黑格尔有时把这种普遍力量称之为“神”，也就是理念。这种普

①参看本书第二十章（三）。

遍力量体现于具体人物的个性中就是“情致”。“神们变成了人的情致，而在具体活动状态中的情致就是人的性格”（第二九二页）。

黑格尔认为艺术中理想的性格应有三大特征。首先是丰富性，黑格尔说：

> 人不只具有一个神来形成他的情致；人的心胸是广大的，一个真正的人就同时具有许多神，许多神各代表一种力量，而人却把这些力量全包罗在他的心里，全体俄林波斯（希腊众神所居山，代表所有的神——引者注）都聚集在他的胸中。
>
> ——第二九三页

黑格尔常举荷马所塑造的人物性格作为丰富性的范例。例如阿喀琉斯“一方面有年轻人的力量，另一方面也有人的其他品质。荷马借种种不同的情境，把他的这种多方面的性格都揭示出来了”（第二九四页）。黑格尔还举出荷马所写的许多其他人物性格，替他们作了这样的总结：

> 每个人都是一个整体，本身就是一个世界，每个人都是一个完满的有生气的人，而不是某种孤立的性格特征的寓言式的抽象品。
>
> ——第二九五页

因为他要求性格的丰富性而反对抽象化，所以他推崇莎士比亚的丰富多彩，不像莫里哀在他的喜剧里只突出地写出人物的某一种性格，如“悭吝”“伪善”之类。黑格尔这里所要区分的正是马克思在给拉萨尔的信里所强调的“莎士比亚化”与“席勒方式”两种创作方法的分别。其次，人物性格还须具有明确性，否则虽丰富而无重点，显不出主要的矛盾。多方面的性格中“应该有一个主要方面作为统治的方面”。例如莎士比亚所写的朱丽叶是“从许多关系的整体中显出她的性格，例如她对父母、保姆、巴里斯伯爵以及神父劳伦斯的关系。尽管有这些复杂的关系，她在每一种情境也只是一心一意沉浸在自己的情感里，只有一种情感，即她的热烈的爱，渗透到而且支持起她整个的性格”（第二九六至二九七页）。第三，人物性格要有坚定性，即始终一贯地“忠实于它自己的情致”。这种坚定性是与上文已提到的“独立自足性”密切联系着的。从这个标准出发，黑格尔痛斥“长久在德国统治着的那种感伤主义”。他认为歌德的“维特”就是一个“软弱的”性格，他特别反对反动的浪漫主义颓废倾向，替这派作家作了如下的描绘：

> 他的软弱表现于对现实世界的真正有意义的事不但不肯去做，而且不能忍受。其所以如此，是由于他抱着自我优越感来看现实世界，以为其中一切都不值得他关心，因而对它加以否定。这种“优美的心灵”对于人生的真正有价值的道德方面的旨趣是漠不关心的，他只孤坐默想，像蜘蛛吐丝一样，从自己的肚子里织出他的主观的宗教和道德的幻想……一点微不足道的事情就可以使这种人的心情陷于极端绝望的境界。这就产生了永无止境的忧伤抑郁，愤愤不平，悲观失望。……没有人能同情这种乖戾心情，因为一个真正的人物性格必具有勇气和力量，去对现实起意志，去掌握现实。
>
> ——第三〇〇至三〇一页

这段话对于资产阶级没落时期颓废主义文艺的病根是一针见血的。日丹诺夫所斥为“颓废主义祖宗”的霍夫曼在当时正风靡一时，黑格尔在《美学》里就看出他的毒害性而痛加斥责。从这里我们可以看出他对文艺中人物性格所提的理想是针对当时文艺病态倾向的，是健康的而且深刻的。

结束语

初读《美学》的人容易发生一种不大正确的印象，以为黑格尔仿佛只是在概念里兜圈子，丝毫不接触现实。其实读者如果联系到当时欧洲的哲学思想、美学思想和一般文化情况来读黑格尔，就会感觉到他是密切结合当时现实的。首先他认识到资本主义时代的一般社会情况与文艺活动之间的矛盾在于个人与社会的脱节，在于主观主义和唯我主义的猖獗，使个人性格中不能体现有理性内容的带有普遍性的社会理想，因此不能具有文艺理想所要求的人物性格的独立自足性与坚强性。

他的《美学》就是针对这种情况而企图纠正时弊，指出正确方向的。在文艺方面，当时正是浪漫主义刚兴起就逐渐转入反动的颓废主义的转折点。这个反动倾向在理论方面表现于许莱格尔兄弟所提倡的滑稽说（第七五至八三页），明目张胆地把“自我”提高到绝对地位，鼓吹人应以凭高俯视一切的态度去鄙视现实；在创作方面表现于甲柯比的《浮尔德玛》和霍夫曼的《谢拉皮翁兄弟》，都尽情发泄个人的幻想与伤感，鼓吹什么“幽暗玄秘的力量”（第三〇三至三〇五页）。黑格尔在《美学》里屡次对这种颓废倾向加以斥责，他说：“在艺术的领域里没有什么是幽暗的，一切都是清晰透明的，而这种不可知的力量只能是精神病的表现，而描写它的诗也只能是晦涩的，琐屑的，空洞的。”接触过欧洲文艺中所谓“印象派”“象征派”“近代派”“超现实派”等的作品的人，就会体会到黑格尔对于资产阶级末期文艺病态的诊断是切中要害的。同时我们还要记得黑格尔是和叔本华与尼采两个宣扬悲观主义的哲学家同时代的，而且都是德国人，试看黑格尔的理性主义与他们两人的反理性主义处于多么尖锐的对立！黑格尔不但反对当时正在猖獗的反动的浪漫主义以及其连带的颓废主义，而且也反对当时初露萌芽的自然主义的倾向，反对“把逼肖自然作为艺术的标准”和“把对外在现象的单纯模仿作为艺术的目的”（第五四页），要求艺术把本质的东西“提炼”出来，把偶然的东西“清洗”

出去，所以在基本上黑格尔的文艺主张是符合现实主义的。

在美学本身，黑格尔继承康德而对康德进行了切中要害的批判。康德在《美的分析》里把审美活动看成只是感性活动，认为纯美只关形式，涉及内容意义便破坏了纯美。这种形式主义和感性主义在当时美学界以至在现在的资产阶级美学界都是占优势的。黑格尔的全部美学思想就是要驳斥这种风靡一时的形式主义和感性主义，强调艺术与人生重大问题的密切联系和理性的内容对于艺术的重要性。美学从康德到黑格尔的转变是一个很大的转变。康德只把审美判断作为一个孤立的现象，依据形式逻辑的范畴，加以仔细剖析，不曾离题寸步，也不曾结合文艺实践；黑格尔却费大部分工夫讨论艺术的理性内容和艺术的发展史，涉及狭义美学所不曾摸而且也不敢摸的许多与艺术貌似无关而实密切相关的问题。到了黑格尔，美学的天地开阔了。

黑格尔对美学的最重要的贡献在于把辩证发展的道理应用到美学里，替美学建立了一个历史观点。他把艺术的发展联系到“一般世界情况”来研究，即联系到人与自然以及人与社会的关系，联系到经济、政治、伦理、宗教以及一般文化来研究。他认为艺术的发展是有规律可寻的。作为这种规律的基础，他提出了一系列的辩证的对立与统一的原则，例如人与自然，精神与物质，主观与客观，感性与理性，特殊与一般，认识与实践，个人性格与当时社会流行的人生理想等对立范畴的辩证的统一。他还隐约见出艺术与劳动（尽管局限于脑力劳动）的关系，替美学上的实践观点种下了种子。此外，他从辩证观点所提出的冲突说对于人物的分析与情节的发展也提供了一个重要的原则。

由于黑格尔的客观唯心主义哲学系统与辩证法之间的深刻的矛盾，也由于他的历史局限性和阶级局限性，他的一些重要思想的萌芽不可能得到正确的充分的发展，而且被一些错误的乃至反动的思想所掩盖起来。他的主要的错误根源在于马克思和恩格斯所指出的“首足倒置”，即不把精神安在物质的基础上，不把理性安在感性的基础上，不把一般安在特殊的基础上，而是把这些对立范畴的关系倒转过来。把这些关系摆正，把头重新安放在脚上，正是马克思和恩格斯对于批判黑格尔所做的工作。他的另一个错误根源在他的历史观，把黄金时代摆在过去，把资本主义社会看成历史发展的止境，看不出历史的未来，因而也看不出艺术的未来。在这一点上也是马克思和恩格斯指出了正确的道路，到了私有制取消，体力劳动与脑力劳动的差别消灭以后，艺术在共产主义社会里将获得无限深广的发展而不是衰亡。

由黑格尔到马克思主义创始人，美学经历了一个翻天覆地的转变，但是在这种转变中马克思主义创始人也从黑格尔那里吸收了一些“合理内核”，把它们发展为崭新的东西。试把黑格尔的《美学》和马克思的《经济学——哲学手稿》（马克思主义文艺思想主要是在这部早期著作里建立起来的）摆在一起来研究，我们就不但可以更好地理解黑格尔的美学思想，而且可以更生动具体地理解批判继承的意义和方法，可以从历史发展上更清楚地理解马克思与恩格斯的文艺理论。[①]

①本章主要根据黑格尔的《美学》第一卷，第二、三卷由商务印书馆出版。本章述评显然有许多欠缺，读者如果要深入研究，就必须读《美学》全书，其中“译后记”亦可参看。

乙 其他流派

第十六章 俄国革命民主主义和现实主义时期美学（上）[①]

文化历史背景

别林斯基和车尔尼雪夫斯基的文学活动时期总共有四十年左右，即十九世纪三十年代到六十年代。这正是俄国革命民主主义运动的上升时期，也正是俄国文学中现实主义的胜利时期。在这两方面，别林斯基和车尔尼雪夫斯基等人都是主要的领导人。他们不但替俄国现实主义文学奠定了美学基础，而且也替一九〇五年以前的俄国民主革命运动的高涨作了第一阶段的思想准备。

俄国革命民主主义运动的任务是废除封建的农奴制。俄国从十八世纪后期开始发展资本主义经济以后，农奴制的生产关系和新兴的资本主义生产方式之间的不适应造成了日益严重的危机。在西欧启蒙运动和法国革命的影响之下，在不断的农民暴动的直接推动之下，进步的贵族青年发动了十二月党人革命运动，但是时机未成熟，一八二五年的彼得堡起义遭到了残酷镇压。别林斯基的活动正在十二月党人失败之后，

①法国现实主义留到第二十章三、四两部分评介。

沙皇尼古拉一世加强反动统治的时期开始的，所以他的处境是极其艰苦的。他的活动主要是通过《祖国纪事》《现代人》等文学刊物，以文学批评的方式宣传反沙皇专制和反农奴制的革命民主主义思想。列宁曾把别林斯基称作“解放运动中代替贵族的平民知识分子的先驱”。在这解放运动由贵族转到平民知识分子手里的时期，别林斯基和车尔尼雪夫斯基在政治思想上斗争的对象不仅有宣扬“正教，君主专制和民族性的基本原则”的地主农奴主以及反对一切革新的斯拉夫主义者，还有主张妥协改良的“西欧主义”的自由派。别林斯基的政治立场在一八四七年七月写给果戈理的一封著名的信里表现得最清楚。他指责果戈理晚期变节，宣扬“神秘主义、禁欲主义和虔信主义”，歌颂俄国统治者和人民的亲密关系并且想当皇太孙的太傅。他指出当时“俄国最重要最迫切的问题是废除农奴制”，而作家所应做的事则是“在人民中间唤醒几世纪以来都埋没在污泥和尘芥中的人类尊严”。这样他就向俄国文学界提出了文学为解放斗争服务的明确方向。

别林斯基死于一八四八年，正当西欧法、德、意、奥各国都相继爆发了革命的一年。这个消息鼓舞了垂危的别林斯基，也鼓舞了俄国社会各个进步阶层。但是这些革命都失败了。俄国本身在这时遭到严重的灾荒，又加上一八五六年克里米亚战争的大挫败，社会内部矛盾的加剧引起了解放运动的进一步的高涨，转入列宁所说的运动的平民知识分子的阶段。车尔尼雪夫斯基是这个时期的主要领导人物，和比他年纪稍长的赫尔岑并肩作战。[①] 他的活动开始于五十年代，经过二十一年的拘禁和流放（1862—1883），始终不懈地坚持着斗争。他不仅在文学和美学方面有卓越成就，而且研究了当时迫切需要解决的政治经济问题。

革命民主主义者都是把政治斗争和文学与美学的斗争紧密结合在一

①赫尔岑是《谁之罪？》的作者，在别林斯基的论文中以“伊斯康德”笔名出现。关于他的美学思想，可参看刘宁同志的《赫尔岑的美学观和艺术观》，《北京师范大学学报》，1962年第二期。

起的。关于当时俄国文学情况，读者很容易从俄国文学史里去查考，这里只能指出一点重要的事实：这个时代正是俄国文学开始繁荣的时代，是普希金、莱蒙托夫和果戈理时代，是由浪漫主义转到现实主义的时代。在十九世纪头二三十年，俄国文学中占主导地位的是以茹科夫斯基、马林斯基、波列伏依和早期的普希金为代表的浪漫主义。这个流派是在俄国社会病态既已暴露而革命形势尚未形成的情况之下和在西欧文学影响之下形成的，所以消极的因素居多。特别是茹科夫斯基一派人的作品所提供的不是对腐朽现实的揭露和对革命要求的鼓舞，而是一种感伤忧郁的情调和神秘主义的幻想。与这个流派密切相联系的还有从西欧传来的“为艺术而艺术”的“纯艺术”论，认为文艺的唯一目的是在创造美，是要美化现实。这种论调为统治阶级利用来麻痹人民的斗争意志，对解放运动是极其不利的。但是到了三十年代，随着社会矛盾日益尖锐化，进步的文学家开始尽情揭露农奴制下的腐朽情况，于是以果戈理为首的“自然派”就作为“浪漫派”的对立阵营而出现了。所谓“自然派”其实就是现实主义派，用别林斯基的话来说，自然派的目的是要“使艺术完全面对现实，不要任何理想”，或“美化现实”，要让“艺术成为现实以其全部真实性的再现”。果戈理的名著《钦差大臣》和《死魂灵》等就是按照这种严格的现实主义精神写成的。这些作品一出世，就遭到敌对派的攻击，特别是波列伏依的攻击。维护封建统治和农奴制的人们骂果戈理丑化政府官吏，留恋浪漫派温情和幻想的人们骂他没有美化现实，破坏了“纯文艺”的规律。从别林斯基的《1847 年俄国文学评论》以及车尔尼雪夫斯基的《果戈理时期俄国文学概观》来看，当时这场文学界的斗争是激烈的。这是在现实主义与“纯艺术”的浪漫主义之间谁战胜谁的问题。这是与解放运动和农奴制之间谁战胜谁的问题密切相联系的。这两方面的斗争都进行得很长久。四十年代前后坚决攻击“纯艺术”而维护果戈理和自然派的是别林斯基。他死之后，这项任务就落到车尔尼雪夫斯基身上。这两位杰出的思想家的文学评论和美学著作都主要是为这场斗争服务的。记住这一点，我们就不难了解他们何以有时持论不免偏激，片面地强调现实主义，把浪漫主义一笔抹煞。在当时斗争的情况下，他们这样做是对的。由于他们的努力，现实主义在十九世纪俄国才取得了主导地位。

这时期的文学创作是与文学评论分不开的，而这时期的文学评论又和哲学思想分不开的。在哲学思想方面，当时俄国所受到的西欧影响主要来自德国，莱辛、席勒、谢林和黑格尔的影响特别显著。在别林斯基时期，占上风的是黑格尔；在车尔尼雪夫斯基时期，反对黑格尔的潮流主要是由费尔巴哈的影响所推动的。车尔尼雪夫斯基在他的美学论文第三版序言里以及在《果戈理时期俄国文学概观》第六篇里都曾扼要地叙述了俄国文艺思想与德国哲学的渊源。他说，“在四十年代末和五十年代初，他（黑格尔）的哲学却支配着我国的文学界”[①]。这正是别林斯基积极活动的时期。在黑格尔的“凡是现实的都是理性的，凡是理性的都是现实的”一个公式的消极影响之下，别林斯基经历过一段“跟现实妥协”时期，到了四十年代，他经过了转变，对黑格尔哲学表示过反感。车尔尼雪夫斯基对这种转变从两方面作了解释。第一，就黑格尔体系本身来看，它的“内容”或结论不符合它的“原则”，它的“原则”是用思维的辩证方法去探求真理，破除迷妄，是“深刻的，有效的，伟大的”；它的内容则是跟现实妥协的唯心主义，是“渺小的，庸俗的”。但是黑格尔的门徒（作者没有明提费尔巴哈）已“清除教师的错误，抛弃一切虚伪的结论，勇敢地向前迈进了”。其次，就别林斯基来说，他从莫斯科移居到彼得堡，才接触到现实生活，使他能“检验黑格尔体系中那些阿谀现实的理论”，认识到“德国的庸俗的理想是和俄罗斯生活没有什么共通点的”。对他的这种转变，车尔尼雪夫斯基曾经在《果戈理时期俄国文学概观》第六篇结尾时作了简赅的评价，说在一八四〇年以后，

① 《车尔尼雪夫斯基选集》，上卷，第 133 页。

在他的文章中“带着抽象观点的议论是越来越少了；生活所表现的因素，越来越坚定地占着优势了”[1]。他的转变是否就是从唯心主义到唯物主义的彻底转变呢？知道他最清楚的车尔尼雪夫斯基并不曾这样提，我们在下文还要看到，资料的证据也不容许人这样提。别林斯基到了晚期虽基本上转到唯物主义，却也并没有完全摆脱掉黑格尔的影响。

至于车尔尼雪夫斯基本人，情况却不相同。他自认费尔巴哈是他的“先师”，他的美学论文是“一个应用费尔巴哈的思想来解决美学的基本问题的尝试”，其中“只有那些取自他的先师论文中的思想才有重要意义”，而且他的最重要的哲学著作《哲学中的人类学的原则》（1860）就是根据费尔巴哈的“人类学主义”[2] 的概念来发挥和命名的。费尔巴哈本属黑格尔门徒中的左派，像施特劳斯一样，也是从批判宗教出发，去批判黑格尔体系的。黑格尔体系的奠基石是绝对理念或神，为一切客观世界事物所自出。费尔巴哈在《基督教的本质》里证明宗教所崇奉的神或上帝并不是一种真实的客观存在，而只是人的本质（意识和理想）的对象化或人格化，即把人的理想体现于一种想象的神上面。人有一种自然倾向，把“自己的本质”加以对象化或人格化（“外化”），使本来在我的东西成为一种独立的客体。黑格尔的绝对理念也是这样产生的。理念本是人的认识逐渐由低到高，逐渐抽象化的结果，而黑格尔却把它看成不依存于人的意识的客观存在，这其实是把人的思维发展过程对象化为客观世界发展过程，这只是一种认主作宾的幻想。黑格尔是要从客观存在的绝对理念引导出整个感性世界；费尔巴哈却企图把这种首尾倒置摆正过来，认为理念或精神世界是要从感性的物质世界引导出来。他说，“人

---

② 《车尔尼雪夫斯基选集》，上卷，第 410—444 页。

② Anthropologismus 一般译为“人本主义”，不妥，因为这就与 Humanismus（有时也译为“人本主义”）相混，Anthropologie 是把人作为一种动物种类来研究的科学，即人类学。“人类学的原则”或“人类学主义”把“人看作只有一种本性的生物”（车尔尼雪夫斯基自己的解释），所谓“一种本性”即生理器官所显示的本性，指肉体决定心灵或物质决定精神而言。

是一种实在的感性的存在，身体全部就是人的自我，人的本质”，“感性的东西是第一性的”，“没有感性的东西，就无所谓精神的东西”。“感性的”在他的术语里就是“物质的”或“肉体的”。从此可见，费尔巴哈所争辩的正是唯物主义和唯心主义的基本区别，即物质第一性还是精神第一性的区别。黑格尔是主张物质是由精神（理念）“外化”来的，而费尔巴哈则坚持精神是由物质（人的器官）“外化”来的。他讥诮黑格尔说，“从神[①] 那里引导出自然界，就无异于从画像中或复制品中提炼出原物或蓝本，从关于某物的思想中提炼出某物本身”。这番话就挖去了黑格尔的客观唯心主义体系的基础，从人类学观点建立起唯物主义。所谓“从人类学观点”，是指从生理决定心理，器官决定功能，肉体决定精神这个原则出发。

车尔尼雪夫斯基在《哲学中的人类学的原则》一书里接受了费尔巴哈的这个基本思想，在美学论文第三版序言里曾把这个基本思想作了如下的简赅的说明：

> 他的结论是从费尔巴哈的下面的思想中得出来的，即想象世界仅仅是我们对现实世界的认识的改造物，而这种改造物是我们的幻想按照我们的愿望而产生的；改造物同现实世界事物在我们心中所引起的印象比较起来，在强度上是微弱的，在内容上是贫乏的。
>
> ——《选集》，上卷，第一四一页

如果用费尔巴哈的术语来翻译这段话，“想象世界”包括基督教的上帝，黑格尔的绝对理念，乃至于艺术作品，都是人凭想象按照他的愿望所作出的“改造物”，也就是人的“本质的对象化”（主观愿望的客观体现），它只能是第二性的，所以比起现实是较微弱和贫乏的。不难看出，车尔

①黑格尔有时把“理念”或“普遍力量”也叫作“神”。

尼雪夫斯基的这番话概括了他的基本哲学观点和基本美学观点，即哲学上的唯物主义的观点，美学上的现实主义的观点。

已经约略介绍了俄国革命民主主义时期的文化历史背景，现在就可以分别讨论这时期两位主要领导人物的美学思想了。

别林斯基

1. 他的思想转变问题

别林斯基（1811—1848）只活了三十七岁，他的文学活动只有十四年（1834—1848）的历史，中间有一段所谓“跟现实妥协”时期(1837—1839)，由此过渡到四十年代的“向现实反抗”时期。所以他的思想发展一般被划分为两个时期：第一个时期在四十年代以前，是黑格尔的影响占上风的时期，这期间的著作以《文学的幻想》(1834)，《论俄国中篇小说和果戈理的中篇小说》(1835)，《智慧的痛苦》(1840)和《艺术的概念》（1841）为代表；第二个时期是他的思想成熟期，现实主义思想占上风的时期，这期间的著作以《论普希金》十一篇(1843—1845)，《给果戈理的信》(1847)和《1847年俄国文学评论》(1848)为代表。从前期到后期，别林斯基经历过了很大的转变，这是公认的；关于这个转变的性质和程度，苏联学术界却还有些争论。

普列汉诺夫在《论别林斯基的文学观点》[①]一文里批判了当时流行的看法。这个看法认为别林斯基在“跟现实妥协”时期所受的黑格尔的影响是有害的，使他宣扬为艺术而艺术，只重艺术的形式，但是在“向现实反抗”时期，他的美学观点就有“完全的转变”。普列汉诺夫承认别林斯基早期确实相信过纯艺术论，但并不主张诗只需顾形式而不顾内

① 《普列汉诺夫哲学选集》，1958年俄文版，第五卷，第191—237页。

容；他在早期从黑格尔哲学所吸取的是它的“绝对理念”一方面，忽视了它的辩证发展的历史观方面，因此他过分轻视艺术的主观性而片面强调艺术的客观性，努力寻求艺术的客观规律作为文学批评的基础。普列汉诺夫把别林斯基所找到的客观规律归纳为五条：(1) 诗用形象来思维，应显示而不应论证；(2) 诗以真理为对象，它的最高美在真实与单纯，不美化生活；(3) 艺术所显示的理念应该是具体的理念，应具有整一性；(4) 理念与形式应互相融合；(5) 艺术作品的各部分应组成一个和谐的整体。在转变以后，别林斯基逐渐放弃了黑格尔的“绝对理念”而转到黑格尔的辩证观点；但是他在早期所定下来的五条客观规律却基本未变，只是对理念的具体性的理解有了重要的改变。从前“具体的理念”指“诗应描写诗人周围现实的合理性”，而现在它却指“社会生活的一切方面”，因此他在晚期看艺术问题已不再从“绝对理念”出发，而是从俄国社会关系的历史发展观点出发。别林斯基的最明显的转变当然是从坚信纯艺术观转到坚决反对纯艺术观，不过普列汉诺夫却认为他反对纯艺术观的论证没有说服力。但是纯艺术观毕竟被打倒了。

近来苏联学者多半反对普列汉诺夫的看法。我们可选最近一部讨论别林斯基美学最详尽的专著[①]的作者拉弗列茨基为代表。他的基本论点是：“别林斯基始终是一个现实主义者，不过在前期他是在唯心主义的基础上建立现实主义，在后期他是在唯物主义的基础上建立现实主义。”[②] 他甚至以为别林斯基早期美学观点“只是在形式上而不是在内容上是唯心主义的”[③]；“唯心主义的外壳有时还扼杀现实主义的思想”[④]；“别林斯基克服唯心主义，自从他开始建立美学时就已开始，自从始终存在于他的美学中的现实主义倾向得到发展时就已开始，从此扩张，后来他

①拉弗列茨基：《别林斯基的美学》，苏联科学院 1959 年版。

②同上书，第 13 页。

③同上书，第 16 页。

④同上书，第 19 页。

就在全部世界观里克服了唯心主义”，在“从社会实践去找主观世界和客观世界之间的桥梁”这一点上，他是朝着马克思主义的方向走，不过由于当时俄国现实的历史局限，他还不能“完全达到马克思主义”[①]。总之，拉弗列茨基企图尽量洗刷别林斯基早期的唯心主义，论证他晚期的唯物主义思想和辩证观点，从而证明他的思想发展是前后融贯的。

从这些分歧的意见可以见出对别林斯基美学观点的理解在很大程度上有赖于对他的思想转变过程的理解。在阅读别林斯基前后两期的代表论著和衡量上述不同的意见之后，我们觉得别林斯基在他的思想发展中始终是一个现实主义者，也始终没有完全摆脱黑格尔的影响。这二者之间就有从现实生活出发和从理念或理念的变相出发之间的矛盾，也就是黑格尔的客观唯心主义理论和俄国现实以及俄国现实主义文学创作实践之间的矛盾。这个矛盾在早期表现得较尖锐，在后期得到了一些克服，但也不是完全的克服。拉弗列茨基指出别林斯基一开始就有现实主义的倾向，这是完全正确的。这个现实主义倾向起于当时俄国农奴解放运动的客观现实需要，而以果戈理为首的“自然派”（现实主义派）反映当时腐朽社会的作品对这个倾向也起了很大的促进作用。唯其如此，别林斯基的美学思想一开始就带着很强烈的社会现实色彩，就有意识地要运用文学武器为农奴解放运动服务。例如他在最早的《文学的幻想》就已强调文学不能离开民族土壤，一切最好的作品都“要在精神和形式上带有它那时代的烙印，并且满足它那时代的要求”。他的现实主义的美学思想一开始就多少是和社会实践观点结合在一起的。这种社会实践观点在黑格尔的影响之下在早期处于劣势，随着俄国社会矛盾日益尖锐化而日渐发展，后来就处于优势。这是事实。这是问题的一方面，不认识到这一方面，就不可能正确地理解别林斯基美学思想的发展和转变。

问题的另一方面在于别林斯基也始终没有完全摆脱黑格尔的影响，

①拉弗列茨基：《别林斯基的美学》，第30—31页。

他的早期客观唯心主义思想并不“只在形式上”，不只是一种“外壳”，而是他的艺术本质观、典型观以及美的本质观的哲学基础，他的这些美学观点都是黑格尔的“理念的感性显现”一个公式的发挥。这些观点在四十年代以后，由于俄国解放运动形势的发展以及作者本来的现实主义倾向的加强，确实得到了一些改变，但是并没有完全达到唯物主义，更不消说“没有完全达到马克思主义”。《论普希金》十一篇是他的成熟作品，在第五篇（1844）里他提出了所谓“情致”说，情致说确实指出“主观世界和客观世界之间的桥梁”，但是主要地恐怕还不是“从社会实践观点”去找到的，因为他是在发挥黑格尔早已提出的一个概念。这一点在下文还要说明。此外，别林斯基从理念出发的基本观点到晚期还没有得到彻底的改变。如果不认识到问题的这一方面，也就不可能正确地理解他的美学思想的发展和转变。

提出了这个基本看法以后，我们就来顺次介绍别林斯基对于（1）艺术的本质和目的，（2）主观与客观的关系，（3）典型，以及（4）内容与形式的关系和美的本质四个关键性问题的看法。这四个问题实际上只是艺术反映现实这一个基本问题的四个方面，彼此是不能分割的。现在把它们分开来，只是为着叙述的便利。

2. 艺术的本质和目的

别林斯基的美学观点都围绕着艺术的本质和目的这个中心问题。依他看来，要解决这个问题，就不能凭主观理想而要针对艺术实践的实际情况。在评《杰尔查文的作品》第一篇（1841）里，他这样确定了美学的任务：

> 真正的美学的任务不在于解决艺术应该是什么而在解决艺术实际是怎样。换句话说，美学不应把艺术作为一种假定的东西或是一种按照美学理论才可实现的理想来研究。不，美学应该把艺术看作

> 对象，这对象原已先美学而存在，而且美学本身的存在也就要靠这对象的存在。①

他在实践中并不能始终坚持美学任务的这个正确原则。特别是在早期，他对艺术本质问题就经常表现出既想从现实出发又想从概念或理想出发的矛盾。例如在他的最早的论著《文学的幻想》第三篇里有这样一段话：

> 什么才是艺术的使命和目的呢？用语文、声音、线条和颜色把一般自然生活的理念描写出来，再现出来，这就是艺术的唯一的永恒的主题。诗的灵感是自然创造力的反映。所以诗人比任何人都应该研究自然（包括物质的和精神的两方面），爱自然，对自然同情共鸣。……如果诗人用他的作品来强使我们用他的观点去观察生活，他就不再是诗人而是思想家……因为诗本身就是目的，此外别无目的。（以上重点引者加）
>
> 对，艺术是宇宙的伟大理念在它的无数多样的现象中的表现！（重点原文有）

这段话是别林斯基的全部美学思想的幼芽，后来的发展都从此出发。他在这里显然把艺术不是作为对象而是作为理想来研究。有三点须注意：第一，他的出发点是黑格尔的“理念的感性显现”说；其次是与黑格尔无关而也是从西欧传来的纯艺术论（艺术无外在目的）；第三，研究自然和再现生活的现实主义信条也已出现了。这中间就已隐藏着他的基本矛盾。“理念”是一般，“现象中的表现”是特殊。艺术究竟应该从一般理念出发还是应该从特殊现象（现实生活）出发呢？这就是歌德所曾提出的“为一般而找特殊”和“在特殊中显出一般”的分别。别林斯基是

① 《别林斯基全集》（苏联科学院，1953—1957），第六卷，第585页。以下除经常易见的论著单注篇名以外，引文只注《全集》卷数、页数。这些引文大半是编者试译的。

比较倾向于“为一般而找特殊”即从“理念”出发的。下面的引文可以为证：

> 一切艺术作品都是由一个一般性的理念产生出来的，也正是归功于这理念，它才获得它的形式的艺术性。
>
> ——《全集》，第三卷，第四七三页
>
> 故事情节从理念生发出来，就像植物从种子发生出来一样。
>
> ——《全集》，第四卷，第二一九页
>
> 诗的本质在于使无形体的理念具有生动的感性的美的形象。
>
> ——《全集》，第一一卷，第五九一页

这些言论是从不同时期论著中引来的，足见他从理念出发的观点是前后一致的。

别林斯基的最著名的诗用形象思维，不论证真理而只显示真理的论点也是根据“理念的感性显现”说提出来的。在评《智慧的痛苦》里他说得很清楚：

> 诗是真理取了观照的形式；诗作品体现着理念，体现着可以眼见的观照到的理念。因此，诗也是哲学，也是思维，因为它也以绝对真理为内容；不过诗不是取理念按辩证方式由它自身发展出来的形式，而是取理念直接显现于形象的形式。诗人用形象来思维，他不是论证真理，而是显示真理。（重点引者加）

这个论点他在评《杰尔查文的作品》（1843）里又重复过一遍，可以看作他的后期中比较成熟的看法，也足见他的转变并不如一般人所说的那么突然或彻底。按照上下文来看，当时形象思维直接性的提法有三个用意：第一是说明理念体现于具体形象，其次是辩护纯艺术论，第三是强调艺术的客观性。别林斯基认为诗和哲学在内容（绝对真理，理念）上相同，所不同者哲学用抽象思维，达到概念；诗用形象思维，达到形象。这样把形象思维和抽象思维绝对对立起来，就必然否定诗和艺术与任何理智作用有关。所谓诗人只显示而不论证，涵义之一就是诗人没有外在的目的。紧接着上段引文，我们就读到：

> 但是诗没有外在于自身的目的，它本身就是目的；因此，诗的形象不是一种外在于诗人的或次要的东西，不是手段而是目的：否则它就不会是形象而只是象征（符号）。呈现于诗人的是形象而不是理念，离开形象，诗人就见不到理念。……诗人从来不存心要发挥这个或那个理念，从来不给自己定课题；用不着他的自觉和意志，他的形象就从想象里涌现出来。（重点引者加）

足见作者在这里还是在为纯艺术论辩护：说形象不是手段（不是论证真理）而是目的（本身显示真理），就是说诗作品的目的不是外在而是内在的。因此，作者反对存心劝善惩恶的教诲性的诗，因为它所给的是抽象理念的象征而不是艺术形象，而且存有外在的目的。作者所要求的是“具体的理念”，即理念体现于形象中，离开形象就见不出理念。这种内容与形式融合的观点当然是正确的。但是这里仍有一个矛盾，既然说“一切艺术作品都是由一个一般性的理念产生出来的”，何以又说“诗人从来不存心要发挥这个或那个理念”呢？从上面引文看，别林斯基是想用艺术创作的无意识性（不自觉性）来解决这个矛盾的。他的意思是说，形象暗含着理念而诗人或艺术家自己却见不到这理念，所以他说，“呈现于诗人的是形象而不是理念”，“用不着他的自觉和意志，他的形象就从想象里涌现出来”。

但是矛盾不是这样就能解决的。把“理念”和“无意识性”这两个概念联在一起，就是自相矛盾的；因为依别林斯基自己的看法，理念是诗和哲学所共有的内容，艺术用形象来显示真理，还是一种思维的结果。这个看法也不符合黑格尔对于理念的理解，因为“理念”作为一种精神存在，是“自在又自为的”（自觉的）。

这是一个难问题。别林斯基的想法也并不很明确，有时甚至自相矛盾。例如他在讨论戏剧表演时，说演戏的艺术“也和其他种类艺术一样，在于一种习惯本领，能在体会了理念之后，找到真实的形象去表现它”[①]。在谈到俄国现实主义小说时，他指出近代现实诗是“对问题的答复”，须有“完满的意识”。[②] 这样看来，“理念”就不能说是“无意识的”了。

本来艺术创作过程中是否包括某些“无意识的”或“自发的”因素还是一个值得讨论的问题。不过别林斯基既然强调艺术是为理念而找形象，他就不能把艺术摆在“无意识”的基础上。他之所以陷入这个矛盾，似有两个原因。第一个原因是他在早期往往把艺术观照的直接性（“艺术是对真理的直接的观照”[③]）和艺术创作的无意识性混为一事。其实直接的观照毕竟还是一种认识，尽管只是感性认识，却不能说是无意识的。在四十年代初，别林斯基开始见出“直接性”与“无意识性”的分别，因此就否定了“无意识性”：

> 现象的直接性是艺术的基本规律和必不可少的条件……无意识性却不但不是艺术所必有的特性，而且对艺术是有害的，会降低艺术的。（重点引者加）
>
> ——《论艺术的概念》（1841）

下文还要看到，别林斯基在《论普希金》第五篇中提出情致说和强调艺术家个人性格时，实际上还承认艺术创造毕竟有长期的无意识中的酝酿。

---

① 《全集》，第二卷，第305页。

② 《论俄国中篇小说和果戈理的中篇小说》，以下简称《论俄国中篇小说》。

③ 《论艺术的概念》。

这里暂只指出，上段引文仍显示出一种暂时还不能克服的矛盾。就否定无意识性来说，“无意识的理念”的矛盾已解决，艺术显示理念的原则就可以保持；但是就肯定“直接性为艺术的基本规律”来说，直接性指对形象的感性观念，只能属于感性认识活动，这就要排除把理性认识的对象，“理念”，作为艺术出发点的原则了。

事实上这个矛盾的第二方面，即“现象的直接性”，在别林斯基的思想里后来日渐取得主导的地位。在一八四三年以后，他愈来愈少地（这并非说完全放弃）谈艺术显示理念，愈来愈多地强调艺术须面对生活和现实，从这中间揭示事物的本质。他在给巴枯宁的信里说：“我不是按照它的一般抽象意义，而是按照人与人之间的关系来理解现实”[1]。（重点引者加）“一般抽象意义”还是“理念”，“人与人之间的关系”就是现实社会生活了。所以他愈来愈多地强调文艺须表现“现世纪的兴趣和时代的精神”[2]，认为“文学是社会生活的表现，是社会给文学以生命，而不是文学给社会以生命”[3]。下面一段话更足以表达他的较成熟的思想：

> 每个时代的诗的不朽都要靠那个时代的理想的重要性以及表现那个时代历史生活的思想的深度和广度。活得最长久的艺术作品都是能把那个时代中最真实，最实在，最足以显出特征的东西，用最完满最有力的方式表达出来的。
>
> ——《全集》，第七卷，第二一四页

这种从理念到现实的观点转变是和当时俄国农奴解放运动的进展以及别林斯基本人对这运动的日益关心分不开的。

上文我们提到，别林斯基在评《智慧的痛苦》里对形象思维直接性

---

①《全集》，第一一卷，第314页。

②同上书，第五卷，第552页。

③同上书，第六卷，第451页。

的提法还有第三个用意，即强调艺术的客观性。艺术既然是“理念直接显现于形象”，艺术创作过程在当时既然还被视为“无意识的”，艺术家的主观能动性就没有多大施展的余地了。为着较详细地说明别林斯基这方面的思想，我们就要转到主观与客观的关系这一个美学上关键性的问题。

3．主观与客观的关系：现实诗与理想诗，“情致”说

别林斯基很早就在考虑艺术创作中主客观关系问题，而他对这个问题的看法是长期处在矛盾中的。我们先研究一下他早期说的一段话：

> 为什么说创作既有不依存于创作者的自由，又有对创作者的依存呢？（重点原文有）——诗人是他的对象的奴隶，因为他对选择对象和发展对象都没有控制权……因此，创作是自由的，不依存于创作者。……但是为什么在艺术家的创作里反映出时代、民族乃至于他自己的个性呢？为什么反映出艺术家的生活意见和教养程度呢？从此看来，艺术不是要依存于他，他对创作不是既是奴隶又是主子吗？不错，创作依存于创作者，正如灵魂依存于肉体。（以上重点引者加）
>
> ——《论俄国中篇小说》

这段话好像揭示出主观与客观的辩证的统一。但是事实上别林斯基在早期所侧重的是诗人是“他的对象的奴隶”一方面，即艺术的客观性一方面。

首先，《论俄国中篇小说》中理论部分是讨论“现实的诗”和“理想的诗”[①]的对立。在“理想的诗”里，诗人“按照自己的理想来改造生活，

①别林斯基在用“诗”（Поэзия）这个词时通常沿西方传统的用法，指一般文学，所以果戈理的小说也属于“现实的诗”，“现实的诗”就是现实主义的文学。一般汉译都用“诗歌”，这是不妥的。

这种理想要依存于他看待事物的方式以及他对他所处在的世界、民族和时代的态度”；而在“现实的诗”里，诗人却“按照生活的全部真实性和赤裸的面貌来再现现实，忠实于生活的一切细节”。从这些定义看，“理想的诗”是着重主观的，“现实的诗”是着重客观的，二者仿佛是截然对立，不可调和的。在权衡这两种诗的优劣时，作者说，“可能它们分不出优劣，如果它们都满足了创作的条件，这就是说，理想的诗须与情感协调，而现实的诗则与所表现的生活协调。但是现实的诗因为是由我们这个讲究实证的时代所产生的，似乎更能满足这个时代的最基本的要求”。（重点引者加）他经常提到“我们时代的口号是现实”。由此可见，别林斯基更看重的是“现实的诗”或客观的诗，事实上他的大部分论著都是为“现实的诗”进行热情的宣传。这是和他的政治态度密切联系着的，他所说的“这个时代的最基本的要求”指的当然是农奴解放运动。因此，我们很难赞同拉弗列茨基所说的别林斯基“在他的唯心主义时期始终表现出‘主观性’的观念[①]”。

其次。别林斯基很早就侧重艺术的客观性。在他的早年著作里，我们读到这样的话：

> 客观性是诗的条件，没有客观性就没有诗；没有客观性，一切作品无论怎样美，都会有死亡的萌芽。
>
> ——《全集》，第二卷，第四一九页
>
> 诗人所创造的一切人物形象对于他应该是一种完全外在于他的对象，作者的任务就在于把这个对象表现得尽可能的忠实，和它一致，这就叫作客观的描写。
>
> ——《全集》，第三卷，第四一九页

①拉弗列茨基：《别林斯基的美学》，第 30 页。

就在《论俄国中篇小说》里他把客观性说得更具体：

> 说了这番话以后，难道在我们的时代特别得到发展的是诗的这种现实方向，是艺术与生活的这种紧密结合，还足为奇吗？难道最近作品的特征一般在于无情的坦率，仿佛要让生活丢脸，把生活中可怕的丑和庄严的美都一齐赤裸裸地显示出来，仿佛用解剖刀把生活解剖开来，还足为奇吗？我们所要求的不是生活的理想而是生活本身，按照它本来的样子。它坏也罢，好也罢，我们不愿把它美化，因为我们认为在诗的表现里，生活无论好坏，都同样的美，因为它是真实的，哪里有真实，哪里也就有诗。（重点引者加）

在较晚较成熟的评《智慧的痛苦》里他又重申过这个信条：

> 最高的现实就是真理；诗既然以真理为内容，诗作品所以就是最高的真实。诗人并不美化现实，他写人物并不按照他们应该有的样子，而是按照他们实在有的样子。
>
> ……客观性是创作的必要条件，它否定了一切目的，一切来自诗人的诉讼。

这些话还不足以证明别林斯基早期侧重艺术的客观性吗？在这些话里他提出旗帜极鲜明的现实主义的信条。如果我们朝后看看车尔尼雪夫斯基，就可以看出他的"美就是生活"的原则早就已由别林斯基提出过，而且别林斯基否定了他所肯定的"应该有的样子"，在这一点上还比他更激进。激进有时不免片面，别林斯基早期所强调的客观性实际上是一种客观主义，所以他早期所理解的现实主义还不免带有片面性。

过正往往由于矫枉，别林斯基早期片面强调客观性并不是偶然的，而是和他对俄国十九世纪二十年代占统治地位的浪漫主义所进行的顽强斗争分不开的，因为浪漫主义是片面强调主观性的。就在上引的评《智慧的痛苦》里他断定浪漫主义先驱卡拉姆静的感伤主义是一个“错误的有害的倾向”，浪漫派大师茹柯夫斯基的神秘主义是“幻梦与妄诞的幻想的结合”，是一种“翻新的感伤主义”，并且拿浪漫主义和现实主义作对照说：

> 浪漫艺术把尘世搬到天上，它的追求永远是在天上，在现实生活之外。……浪漫诗是幻想的诗，是理想的漫无节制的倾泻，而现代诗却是生活的诗。

他对浪漫主义的鄙视在下面两段里表现得更露骨：

> 柯斯洛夫是一位情感诗人，所以不用到他那里去找艺术作品。
>
> ——《全集》，第五卷，第七五页
>
> 凡是不精确的，不明确的，混乱不清的，外表的意思像很丰富而实在的意思却很贫乏的作品都应该叫作浪漫主义的。
>
> ——《全集》，第六卷，第二七六页

他为什么这样敌视浪漫主义呢？别林斯基自己在《1845年俄国文学评论》里回答了这个问题，他说“浪漫主义者总是一切实践的敌人。……他们的通病是脱离现实”，是消极的，它把人们“从尘世搬到天上”，在“幻想”和“感伤”里过日子，放弃迫切的解放斗争。所谓“实践的敌人”就是解放斗争的敌人。这种文学决不能“满足这时代的最基本的要求”，所以别林斯基对症下药，提出文艺再现生活，对现实作无情的忠实的客观描写的口号，指出以果戈理为首的“自然派”做学习的榜样。这样就把当时浪漫主义的颓风打下去，把俄国文学引上了现实主义的康庄大道，因而唤醒民众，促进了解放运动，并且为未来的革命作了思想准备。这是别林斯基的最大功绩，远远超过了他有时矫枉过正的毛病。

他的矫枉过正表现于在片面强调艺术客观性之中，他否定了艺术创作的一些完全合法合理的因素。第一，他因为反对幻想而走到反对艺术虚构的极端，认为“现实以外的一切，即作家所凭空虚构的都是虚伪，都是对真理的毁谤”[①]。其次他因为反对感伤主义而走到否定艺术表现情感的极端，称赞莎士比亚“没有同情，没有习惯倾向和偏嗜，没有心爱的思想，也没有心爱的典型，他是无情的”[②]。第三，他因为反对“美化”而走到否定艺术表现生活理想的极端，这在上面引文里已不止见过一次。第四，他因为反对作者表示主观态度而走到否定讽刺文学的极端，说讽刺“不属于艺术范围”，是一种“伪体裁”。[③] 如果在这几点上艺术家都要听从别林斯基的话，客观性就会流为客观主义，艺术就不可能有思想倾向性。

但是这些只是别林斯基的美学观点的一面，此外也还有重视主观性、情感和理想倾向的另一面。这另一面在早期也就已存在，只是没有和侧重客观性的一面达到辩证的统一，所以表面看来，他的言论往往显得互相矛盾。矛盾是思想发展所必有的条件，也是思想家在发展过程中不轻于下定论的严肃态度的表现，而别林斯基在思想态度上正是极其严肃的。早在《文学的幻想》里他就已认识到诗的思想“不是推理，不是描写，不是三段论法，而是热情、欣喜、绝望和呼号”；“思想消融在情感里，而情感也消融在思想里：从思想和情感互相消融里才产生高度的艺术性”。他也很早就认识到“客观性并不是艺术的唯一的优点”[④]，“客观性绝非不动情感，不动情感就会把诗毁灭掉”[⑤]。在一八四一年他写信

①评《玛林斯基的全集》（1840）。

②《论俄国中篇小说》。

③评《智慧的痛苦》。

④《全集》，第二卷，第292页。

⑤同上书，第一卷，第90页。

给波特金谈心事说，“近来我对客观的艺术作品产生了一种敌视”[①]。足见这时期是他的思想转变中一个关键。现在他认识到“对生活作纯然客观的诗的描写……过去没有过，将来也不会有”，“客观诗人与主观诗人的称号把同一创作活动割裂成为实际上并不存在的尖锐对立的两半截，这种做法应该从理论中清除出去”[②]。（重点引者加）

这些都足以说明别林斯基已逐渐认识到他自己过去侧重客观性的片面性，仿佛是在纠正早期的片面性，他在晚期就愈来愈多地强调主观性的一面，下面几段话可以为证：

> 果戈理的最大的成功和跃进在于在《死魂灵》里到处渗透着他的主观性。我们所理解的主观性不是由于有局限性和片面性而对所写对象的客观现实性进行歪曲的那种主观性，而是一种深刻的渗透一切的人道的主观性。这种主观性显示出艺术家是一个具有热烈心肠，同情心和精神性格的独特性的人——它不容许艺术家以冷漠无情的态度去对待他所描写的外在世界，逼使他把外在世界现象引导到他自己的活的心灵里走一过，从而把这活的心灵灌注到那些现象里去。
>
> ——《全集》，第六卷，第二一七至二一八页
>
> 如果一件艺术作品只是为描写生活而描写生活，没有任何植根于占优势的时代精神中的强烈的主观动机，如果它不是痛苦的哀号或高度热情的颂赞，如果它不是问题或问题的答案，它对于我们时代就是死的。
>
> ——《全集》，第六卷，第二七一页
>
> 分析的精神，压制不住的研究努力，热烈的充满着爱和恨的思想在今天已变成一切真正诗的生命。（三段重点均系引者加）

---

①《全集》，第一二卷，第73页。

②据拉弗列茨基的《别林斯基的美学》第17页的引文。

——《全集》，第七卷，第三四四页

这里“占优势的时代精神”就是当时俄国农奴解放运动中的革命精神，这种精神是“热烈的充满着恨和爱的思想”。强调这一点并不是回到消极浪漫主义的主观性，而是肯定“不容许艺术家以冷漠无情的态度去对待外在世界”的那种主观性。根据以上许多引文，我们似可得出这样的结论：随着俄国解放运动形势的发展，别林斯基就逐渐放弃早期偏重客观性的态度，转到渐重视主观性，他已认识到客观性与主观性统一的必要和可能，而且多少已认识到现实主义并不必然要排斥积极的浪漫主义，上引三段话无宁说是对革命的浪漫主义文学所下的定义。

问题在于客观性和主观性究竟如何统一。别林斯基对这个问题是用他的“情致”说来解答的。情致说是他在一八四三年评《谢内依达·P—的作品》里首次提出来的，他说，“诗作品中的思想就是情致(Пафос)[①]。情致就是对某一思想的热烈的体会和钟情”。在一八四四年《论普希金》第五篇里，他就情致说作了更详尽的阐明。在这篇论文里他首先讨论了艺术家个人性格对艺术作品的重要性：

> 一个诗人的全部作品，尽管在内容和形式上每篇各不相同，却仍有一种共同的面貌，印刻下只有他才有的那种特殊性格，因为这些作品都是从一个人格，一个完整不可分割的“我”生发出来的。因此，要着手研究一个诗人，首先就要在他的许多种不同形式的作品中抓住他的个人性格的秘密，这就是只有他才有的那种精神特点。(重点引者加)

每个诗人既然要在他的全部作品印刻下他所特有的个人性格，所以就“不

①这个词有译为“热情”或“激情”的，这里译“情致”，理由已在黑格尔《美学》中译本第一卷第287页的注里说明过。

能用拜伦的尺度去衡量歌德，也不能用歌德的尺度去衡量拜伦”。要研究一个诗人，单靠浮面的理智的了解还不够，还必须“亲领身受他的作品中的情感和生活”，为其中“伟大的思想所完全掌握和渗透，以至它的骨变成自己的骨，它的肉变成自己的肉”，“为书中的哀伤而哀伤，为书中的欢乐、胜利和希望而感到幸福”。这才算“找到了打开诗人的人格和诗作品的秘密的钥匙”。这把钥匙不是抽象的思想而是“诗的理念”或“情致”：

> 艺术并不容纳抽象的哲学的理念，尤其不容纳用理智论证的理念：它只容纳诗的理念，而这种理念却不是三段论法，不是教条，不是规则，而是活的热情或情致。

从此可见，诗和哲学共用同一内容的看法已不声不响地抛开了。诗自有“诗的理念”，别林斯基有时又沿用黑格尔的术语，把它叫作“具体的理念”，把它和“情致”等同起来。用通俗的话来说，情致就是情感饱和的理念，渗透诗人个人性格的理念，就是这种情致推动诗人去创作：

> 诗人如果不辞劳苦，要从事于创作的艰辛劳动，那就意味着有一股强烈的力量，一种压制不住的热情在推动他，鼓舞他。这种力量和热情就是情致。诗人处在情致中就显得钟情于某一种理念，像钟情于一种优美的东西一样，热情地沉浸到这种理念里去。他观照这种理念，并不是凭理智，凭推理的能力，凭感官的感受或是凭心灵中某一方面的力量，而是凭他的全部丰满而完整的道德存在（精神生活——引者注）。所以这种理念在他的作品中显得是……思想和形式融成一种整一的有机的作品。凡是理念都来自理智，但是创造和产生有生命的作品的却不是理智而是爱。从此抽象的理念和诗的理念之间的区别就显而易见了，前者是理智的产品，后者却是一种热情或爱的果实。

这种“诗的理念”或“情致”既然还是一种热情，为什么不干脆就把它叫作热情呢？因为一般热情夹杂有私人的自私的本能的或动物性的成分，而情致却要表现上面引文里所说的诗人的“全部丰满而完整的道德存在”或精神生活，它是高度发展的社会人才有的一种道德情操[①]，别林斯基的说明如下：

> 情致这种热情却永远是由理念在人心灵中激发起来的，而且永远奔向理念，因此它是一种纯然精神道德方面的神明境界的热情。这种情致把单纯通过理智得来的理念转化为对那理念的爱，充满着力量和热情的奋斗。在哲学里理念是无形体的；通过情致，理念才转化为行动，为现实的事实，为有生命的作品。……每一部诗作品都应该是情致的产品，都应该由情致渗透。（重点引者加）

从此可见，情致就是“思想和情感的互相融合”所形成的艺术家个人性格或精神特点。别林斯基认为情致的表现是艺术性的重要标志，诗人要达到艺术性，“就应该使情感产生于理念，而且就表现出那个理念”[②]。他始终强调“思想是一切诗的真正内容”，这“思想”依他在早期所理解的大半还是由理智产生的抽象的理念；自从提出情致说以后，他所理解的“思想”就有远较丰富的涵义，即诗人的整个人格中所蕴藏的世界观或精神倾向，是情与理的统一。这种“思想”就是“情致”，就是“理想”，也就是别林斯基所理解的倾向性。他说得很明白：

> 倾向本身应该不只存在于作者的头脑里，而是要存在于他的心腔和血液里，它首先应该是一种情感，一种本能，然后也许才是一

①这也是 Пафос 不宜译为“热情”或“激情”的一个理由。

②《全集》，第六卷，第 466 页。

种自觉的思想。(重点引者加)

——《1847年俄国文学评论》

作为“情感”或“本能”而“存在于诗人心腔和血液里”的“倾向”正是“情致”或“贴心的思想”。这是存在于创作时“自觉的思想”之前的。

这种“情致”或“倾向”是如何形成的呢?它是“时代精神”或现实社会生活对艺术家的教育的结果。别林斯基有一段名言这样描写诗人的崇高任务:

> 诗人要在今天达到成功,单凭才能是不够的,还需要在时代精神中的发展。诗人已不再能在幻想世界里生活着:他是这时代现实王国中的一个公民;一切发生过的事物都应该在他身上活着。社会希望在他身上见到的不是一个提供娱乐的人,而是它自己的精神理想生活的代表者,是对最难问题提出答案的预言者,是首先在自己身上诊断出一般人的疾病痛苦,然后用诗作品去医疗那些疾病的医生。
>
> ——《全集》,第六卷,第九页

所以情致来自“时代精神中的发展”,它是“一切发生过的事物在诗人身上活着”,一般人的疾病痛苦在诗人自己身上诊断出来”的结果。别林斯基曾举《谁之罪?》的作者赫尔岑为例,指出赫尔岑的特长“在思想,在情感上深受感动的,完全自觉到和发展出来的思想”,换句话说,还是在情致。什么才是赫尔岑的“贴心的思想”呢?别林斯基回答说,“作为他的灵感来源的,以及使他在忠实描写社会生活现象之中几乎提高到艺术性的那种思想乃是人类尊严遭到屈辱,而屈辱人类尊严的就是偏见和愚昧,人对人的不公平以及人对自己的糟蹋”[①],换句话说,就是他对

① 《1847年俄国文学评论》,第二篇。

当时俄国社会中人压迫人的现象的愤恨。这愤恨就是他的情致，是俄国社会现实在他身上的反映。

在这种对情致或倾向的看法之中，有两点值得特别指出。

第一，这个看法表现出主观与客观的辩证的统一。情致不是艺术家个人的飘忽的情感，而是时代精神在他个人性格中的结晶，所以既是主观的，又是客观的；既是特殊的，又是普遍的。这个道理在下面两段引文里说得很明白：

> 伟大的诗人在谈着他自己，他的“我”时，也就是在谈着一般人，谈着全人类。……所以人们从他的悲哀里认识到他们自己的悲哀，从他的心灵里认识到他们自己的心灵，认识到他不仅是一个诗人，而且是一个人。（重点原文有）
>
> ——评《莱蒙托夫的诗》（1841）
>
> 现在长篇和中篇小说所描写的……是作为社会成员的人，它们描写了人，也就描写了社会。
>
> ——《全集》，第九卷，第三五一页

从此可见，像诗人所写的人物性格一样，诗人自己也就是当时社会的一个典型性格。从一般与特殊的统一中，别林斯基看到了客观与主观的统一。

其次，我们在上文见过，别林斯基早期在艺术创作的无意识性（或不自觉性）的问题上纠缠得很久，先是强调无意识性，后来又否定无意识性。自从后期提出情致说以后，他实际上已达到无意识性与自觉性的统一。就情致是个人性格的核心，是“存在于心腔和血液里”的一种情感和本能来说，它还是不自觉的；就“在自己身上诊断出一般人的疾病痛苦，然后用诗作品去医疗那些疾病”，“成为对最难问题提出答案的预言者”来说，诗人所表现的就须是一种“自觉的思想”，例如赫尔岑在《谁之罪？》里的思想就是一种“在情感上深受感动的，完全自觉的和发展出来的思想”。“情致”“倾向”和“个人性格”好比一座大水库，是由当时现实社会各种影响汇流而成的。它是一种长期的储备。体现情致于个别作品，这就好比开渠引水灌溉特定区域的农田，就不能不是有目的，有计划的。

从此可见，别林斯基早期所提出的艺术是理念加形象的那个黑格尔式的老公式现在已获得完全崭新的意义了。从前只是诗与哲学共有的理念，现在是“对理念的爱”或“充满着爱和恨的思想”了。从前是片面地强调客观性，现在客观性和主观性却达到统一了。从前是鄙视浪漫主义的情感，现在却把情感提到首位了。从前否定幻想虚构，现在艺术创作中“主要的活动是想象”[①]了。从这种对比看，别林斯基在晚期确实经历过巨大的转变。我们不禁要问：在别林斯基的成熟的思想中，文艺在近代是否只有现实主义的一条路，如他早期所坚持的呢？现实主义和浪漫主义是否处于不可调和的对立呢？革命的浪漫主义和革命的现实主义是否有结合的可能呢？我们认为别林斯基在情致说里已足够明确地回答了这些问题。认真考虑一下这些问题是重要的，因为别林斯基的美学思想的影响一直是深刻的，而检查一下这种影响，就不难看出他早年片面强调现实主义而轻视浪漫主义的思想为什么一直得到更大的重视和更广泛的宣扬。

别林斯基早期片面强调现实主义，主要由于当时俄国解放运动的现实需要，他在晚年发展出带有革命浪漫主义色彩的美学思想，也主要是由于俄国解放运动进一步的发展和他本人对社会现实更密切的接触。但是黑格尔的影响也是始终存在的。他的晚期思想体系都围绕着“情致”说，而“情致”说恰恰是从黑格尔那里继承来的。黑格尔把“情致”看作“艺术的真正中心”，“不是本身独立出现的而是活跃在人心中，使人

① 《全集》，第九卷，第 158 页。

的心情在最深刻处受到感动的普遍力量”，“存在于人的自我中而充塞渗透到全部心情的那种基本的理性的内容”。这种“情致”并不是完全个人的，它是“一般世界情况”所形成的“普遍的精神力量（理想）在艺术家个人性格中的体现”。[①] 别林斯基所用的名词（ποθαs）和对这个名词所了解的意义基本上和黑格尔是一致的，但是他发挥了黑格尔的学说，因为他把它结合到俄国解放运动的具体现实，使“情致”具有一个崭新的涵义，即革命的热情和理想。

“情致”的这个崭新的涵义是否能证明别林斯基晚期思想已完全摆脱了黑格尔客观唯心主义的影响呢？这问题关系到对他晚期思想的正确估价。人们的意见还是不一致的。我们认为：别林斯基早期所理解的“理念”仍然是黑格尔所理解的客观存在的先于感性现象的普遍的永恒的理念，他以这种理念为艺术的出发点，所以无疑是客观唯心主义的；他晚期所理解的“情致”虽然仍是黑格尔所理解的由“一般世界情况”所决定的情致，但是他更明确地指出情致的根源在于现实社会生活，更清楚地认识到艺术要从现实出发，在这个意义上，他已基本上由客观唯心主义转到唯物主义，而且在唯物主义的基础上认识到一般与特殊的统一，感性与理性的统一，内容与形式的统一以及客观与主观的统一。这是一种世界观上的大变革。

但是这个变革不管有多么大，仍然是不彻底的。这特别表现在他在晚期还没有完全抛弃抽象的人性和抽象的“人类精神”。他说，“诗人不仅是一个诗人，而且是一个人”，他把这“人”字理解为“一般人乃至全人类”，所以诗人的主观性是“渗透一切的人道的主观性”，诗人的职责在“体现认识到的人类尊严的生活理想”，赫尔岑所要表达的也是关于“人类尊严遭到屈辱”的思想。就在发挥情致说的《论普希金》第五篇里，他在强调现实社会根源的同时，也还是把个人性格看作人类精神

①参看黑格尔的《美学》，第一卷，第三章，特别是第 287—292 页，以及本书第十五章（五）。

的个别体现：

> 每个人都或多或少地生下来就凭他的个人性格去实现那和永恒（宇宙）同样无限大的人类精神的无限杂多方面的一方面。个人性格的全部价值和重要性就在于这种体现永恒的使命上，因为它（个人性格）就是精神获得存在和实现，就是精神的现实。……
>
> 总之，诗人创作的源泉就在于表现在他个人性格里的那种精神，所以他的作品的精神和性格首先应该从他个人性格里去找解释。（重点引者加）

谁也无法否认在这番话里，黑格尔的客观唯心主义的幽灵仍在徘徊着。所以我们不能同意某些苏联美学家的说法，说别林斯基在“反抗现实”时期就已经转到彻底的唯物主义。别林斯基的思想不是单线发展的，是深广的，朝各个方向探险的，因而是充满着矛盾，带有很大发展前途的。可惜他死得过早，没有能得到尽量发展。

4．典型说

在近代美学家中，别林斯基是把典型化提到艺术创作中首要地位的第一个人。在他的一些重要评论里，他都着重地讨论了这个问题。他在评《现代人》（1839）里说，“典型化是创作的一条基本法则，没有典型化，就没有创作”。他这样重视典型，还是从他对艺术本质的基本看法出发的。这就是艺术是形象思维，是黑格尔所说的“理念的感性显现”。随着他对艺术本质的基本看法的发展和转变，别林斯基的典型观也有发展和转变。由于发展都有个萌芽，以后变来变去，都很难把这萌芽所指定的趋向完全抛弃掉。我们已经看到别林斯基在艺术本质问题上的思想发展是如此，他在典型问题上的思想发展也还是如此。

这个萌芽在《文学的幻想》中“艺术是宇宙的伟大理念在它的无数多样的现象中的表现”一语中已可见出。这个艺术的定义已包含着典型的定义。在《论俄国中篇小说》里，这句话得到进一步的明确化：“每一个人都应该分为两方面：一般的与人类的，和特殊的与个人的”；果戈理所塑造的庇罗果夫“就是整个等级，整个民族，整个国家”；“整个世界只纳到一个字里面”。在评《现代人》里，别林斯基早期的典型观已成了定型：

> 创作中的典型是什么？它同时是一个人和许多人，一副面貌和许多副面貌，这就是说，它是这样一种对一个人的描绘，其中包括多数人，即表现同一理念的一整系列的人，姑举实例来说明这个意思。奥赛罗是怎样一个人呢？他这个人有伟大的灵魂，但是情欲还没有受到教养的节制，还没有由思想启发，提升到情感，因此他就成为一个妒忌的人，只因为疑心妻子不忠贞，就把她扼杀了。奥赛罗就是典型。过去有，现在也还会有，许多这样的奥赛罗，尽管在形式上有所不同。（重点引者加）

在评《智慧的痛苦》里他进一步把典型看成理想，把典型化看成理想化。“理想”是按黑格尔的辩证式来说明的：

> 理想是一般性的（绝对的）理念，否定了自己的一般性，以便变成个别现象，既变成了个别的现象，又重新回到它的一般性。

他仍举奥赛罗为例。奥赛罗所体现的理念是妒忌。“这个理念……像是不知不觉地落到诗人心灵里的种子，发展成为奥赛罗和苔丝狄蒙娜两人的形象”，从而具体的妒忌人物就否定了“妒忌”这个理念的一般性，由于这两人的形象虽是个别的，却是典型的，所以经过否定的否定，又重新回到“妒忌”这个理念的一般性。至于理想化则是这样解释的：

> 对现实加以理想化就是把一般的和无限的东西体现在个别的有限的现象里，不是从现实中抄袭任何偶然的现象，而是塑造出典型的形象。……例如有一个人，任何人都可以从他身上认识出悭吝人，他就是一个理想，就是“悭吝”这个一般性的属于同一类的理念的典型的表现，这个理念本来包含它所有的一切偶然现象；所以一旦成为形象，一切人都可以从这个形象里认识出不是某一个悭吝人而是任何一个悭吝人的画像，尽管这任何一个悭吝人各有完全不同的面貌特征。（后一句的重点原文有）

不难看出，这种典型说是把黑格尔的典型即理想说与贺拉斯和多数古典主义者的典型即类型说混合在一起的。

第一，像黑格尔一样，别林斯基也是从理念出发，把典型看作体现一般理念的个别形象，例如奥赛罗体现“妒忌”的理念，阿巴贡体现“悭吝”的理念。这种典型化是歌德说席勒所采用的“为一般找特殊”，不是歌德自己所采用的“从特殊见一般”。这里的分别在于前者是从概念出发而后者是从现实出发。从概念出发的典型化总不免有些抽象化。例如别林斯基把莎士比亚所写的奥赛罗，本来是一位充满想象、热情、原始的生活力与高度民族感的英雄，看成只是一个妒忌人，总未免是削作品之足来就理论之履。他是把莎士比亚式的典型化和莫里哀式的典型化看成等同的。其实这两种典型化方式的不同，黑格尔早就指出过。[①] 黑格尔主张每一个典型人物“都是一个完满的有生气的人，而不是某种孤立的性格特征的寓言式的抽象品”。莫里哀所写的阿巴贡正是孤立的“悭吝”性格特征的寓言式的抽象品，而莎士比亚所写的奥赛罗却不是这样，而

①黑格尔：《美学》，第二卷，第 292—298 页。

是“一个完满的有生气的人”。这个分别也正是马克思在给拉萨尔的信里所说的“席勒方式”和“莎士比亚化”的分别。马克思和恩格斯都是赞许“莎士比亚化”的。别林斯基的“理想”只能说是“席勒方式”的典型。不能否认这毕竟还是一种典型，但不是最高意义的典型。

其次，像贺拉斯一样，别林斯基同时又从类型出发，把典型看成代表性或同类事物的共同属性，他说：

> 典型（原型）在艺术里，犹如类和种在自然界里。……典型是一般与特殊这两极端的混合的成果。典型人物是全类人物的代表，是用专名词表现出来的公共名词。……只是赫列斯塔柯夫这一个鼎鼎大名就可以很妥帖地安到多少人身上啊！[①]

这种类型概念和黑格尔的理想概念是不同的。类型是总结现实经验所得到的“统计平均数”。别林斯基在谈果戈理写群众时曾称赞他在平常的“统计平均数”里显出“不平常的”社会性格来。在论《俄国摹写自然的作品》（1842）里谈到典型的本质说，“即使在描写挑水人的时候，也不要只描写某一个挑水人，而是要通过他这一个挑水人写出一切挑水人”。“挑水人”这个类概念就不能是黑格尔的理念了，而是从直接现实经验中概括得来的了。如果把概括的结果看成“统计的平均数”，把它再现于个别人物形象，所得到的必然是一种抽象的没血没肉的人物。从类型出发的典型观的毛病正在于此。

应该承认，别林斯基认识到一般类型说的毛病。他不只是强调一般或理念，而且也重视特殊或个性。他要求“人物既表现一整个特殊范畴的人，又还是一个完整的有个性的人”[②]。要达到“这种对立面的调和”，

---

①《全集》，第五卷，第318—319页。赫列斯塔柯夫是果戈理的《钦差大臣》里一个腐朽的小官吏，在俄国已成为贪污枉法、招摇撞骗者的诨名。

②评《现代人》。

就要通过集中与提高的理想化：

> 诗人从所写的人物身上采取最鲜明最足以显出特征的面貌，把不能渲染人物个性的一切偶然的东西都一齐抛开。
>
> ——评《智慧的痛苦》，《全集》，第三卷，第四六三页

在自然界事物中，必然的和见出本质特征的东西往往为许多偶然的东西所掩盖，因而很难见出典型，典型化的过程就是抛开偶然，揭示本质特征的过程。因此，艺术的典型应该比自然的原型更真实：

> 在一位大画家所作的画像里，一个人比起在照像里还更像他自己，因为大画家通过鲜明的特征，把隐藏在这个人的内在世界里，连对他本人也许是秘密的东西，揭露出来了。
>
> ——《全集》，第四卷，第五二六至五二七页

这番话不免令人想起亚理士多德的诗与历史的比较，别林斯基有些见解是符合《诗学》的，特别是"可能性"这个概念在他的论著里经常出现。他说：

> 理想隐藏在现实里。……它不是对现象的抄袭，而是由理智探索和想象再造出来的某一现象的可能性。
>
> ——《全集》，第八卷，第八九页
>
> 诗的思想……只是可能的现实中一些事例。所以在诗里"这是否曾经有过？"的问题从来没有地位；诗要正面回答的问题却永远是"这是否可能？这在现实中是否可能有"。
>
> ——《全集》，第四卷，第五三一页
>
> 诗是对可能的现实所作的一种创造性的再现。所以在现实中不可能有的东西也就不可能是诗的。（以上重点均系引者加）

——《全集》，第七卷，第九四页

这“可能性”究竟是什么呢？他在评《智慧的痛苦》里给了解答。“可能性之得到实现，是根据严格的不可改变的规律”，它“有合理性和必然性”。这就是说，可能的现实不一定就是已然的现实，而是按必然规律来推测是于理应有的现实。这就不但把再现现实和抄写现实区别得很清楚，而且也把艺术的真实和生活的真实区别得很清楚了。

可能性就是“合理性和必然性”，也就是客观规律性。按照客观规律来创造典型，所以典型是近情近理的，可理解的。同时它又是经过创造想象的理想化的结果，抛开了偶然的东西，揭示出必然的东西，所以典型又是“不平常的”“新鲜的”。就是在这个意义上，别林斯基把典型叫作“熟识的陌生人”[①]。熟识的是现实基础，陌生的或新鲜的是艺术创造。他特别强调典型形象的独创性：

> 在真正的艺术作品里，一切形象都是新鲜的，具有独创性的，其中没有哪一个形象重复着另一个形象，每一个形象都凭它所特有的生命而生活着。
>
> ——评《玛林斯基的全集》

这样，他虽有时从类型出发，却克服了过去类型说的一般化的毛病。

别林斯基对典型理论的重要贡献还在于他多少已看出典型性格与典型环境的关系。他一开始就强调一切作品须“在精神上和形式上都带有它那时代的烙印，并且满足它那时代的要求”[②]。他认为“要评判一个人物，就应考虑到他在其中发展的那个情境以及命运把他所摆在的那个生活领

① 《论俄国中篇小说》。

② 《全集》，第一卷，第 90 页。

域”[①]。下面两段话尤其足以说明他的看法：

> 像一切有生命的东西一样，艺术应该属于历史发展的过程。……我们时代的艺术是用精美的形象去表现和实现当代的意识，对当代生活的意义和价值的看法，对人类道路和永恒的真实存在的看法。
>
> ——《全集》，第六卷，第二八〇页
>
> 现在俄国长篇和中篇小说所描绘的不是罪恶和德行，而是作为社会成员的人，它们描绘了人，也就描绘了社会。正是因为这个，现在对长篇和中篇小说以及戏剧的要求是每个人物都要用他所属阶层的语言来说话，以便他的情感、概念、仪表、行动方式，总之，他的一切都能证实他的教养和生活环境。（重点引者加）
>
> ——《全集》，第九卷，第三五一页

上文我们已指出别林斯基始终抱有抽象的普遍人性的看法，但是与此同时，他也不但有历史发展的观点，而且已隐约有阶级观点了，这里两段引文可以为证。典型应该体现时代精神的特征，而且还要反映出人物所属阶层与生活环境，所以别林斯基还结合莱蒙托夫的小说名著，提出了“当代主角”[②] 这一个重要的概念。主角应能体现时代的精神特征，例如普希金的欧根·奥涅金、莱蒙托夫的毕乔林以及果戈理的死魂灵收购人乞乞科夫。

这种看法是深刻的，有独创性的。但是它也还不能说明别林斯基已完全摆脱了永恒理念，抽象的人性以及典型从一般出发那些概念。在上面的引文里，“艺术属于历史发展过程”之后还是拖着“永恒的真实存在”

---

① 《全集》，第四卷，第 257 页。

②参看评莱蒙托夫的《当代主角》（1840）和评索罗古柏的《旅行马车》（1845）两文。《当代主角》一般译为《当代英雄》，不妥，因为别林斯基指的是作品中能反映时代特征的角色，可以是卑鄙恶劣的人物，例如乞乞科夫。

的狐狸尾巴，就说明矛盾并未完全消除。

5．内容和形式：美

像黑格尔一样，别林斯基也把理念看成内容，表现理念的具体形象看成形式。理念也有时叫作“真理”。“真理是哲学的内容，也是诗的内容；单就内容来说，诗作品和哲学论文是一样的。”[①] “因此，诗也是哲学，也是思维，因为它也以绝对真理为内容”，所不同者哲学用概念和逻辑规律来思维，而“诗人用形象来思维，他不是论证真理而是显示真理”。[②] 所以“诗和思维（哲学思考——引者注）毕竟不是一回事：它们在形式上是严格区分开来的”。诗和哲学既然只在形式上有区别，这两种思维——形象思维和抽象思维——所用的心理功能也不一样，“哲学或广义的思维是通过理智起作用而且对理智起作用的”，一般“无须借助于情感和想象”；诗却以“想象为主要的动力”，因为“任何情感和任何思想都必须用形象表达出来，才能成为诗的情感和思想”。[③]

别林斯基在内容与形式的关系上前后有时矛盾。按照上引一些话看，诗和哲学的分别不在内容而只在形式，完全相同的内容可以表现为完全不同的形式，内容和形式就可以割裂开来了。但是别林斯基在无数场合都强调过内容与形式的统一以及形式对内容的依存，例如：

> “具体”是指这种情况：其中理念渗透到形式里而形式表现出理念，消灭了理念也就消灭了形式，消灭了形式也就消灭了理念。换句话说，具体性就是形成一切事物生命的，没有它任何事物都活不了的那种**理念与形式之间的秘奥的，不可分割的必然的融合**。
>
> ——《全集》，第二卷，第四三八页

①评《杰尔查文的作品》第一篇（1842）。

②评《智慧的痛苦》。

③同上书。

理念是一种具体的概念，它的形式对它并不是外在的，而是它自己所特有的那种内容的发展。（重点引者加）

——《全集》，第四卷，第五九九页

无内容的形式和无形式的内容都不可能存在。

——《全集》，第五卷，第三〇六页

人们不禁要问：诗和哲学所共有的那种“真理”或“理念”或那种“内容”有没有形式呢？既然形式是内容本身的发展，同一理念何以时而发展为哲学的概念，时而发展为艺术的形象呢？既然经过了不同的发展，那原来共同的内容或理念改变了没有？依别林斯基自己的内容形式一致的前提，能说诗和哲学在内容上一致而只在形式上才有区别吗？

这些问题是别林斯基的美学思想的基本矛盾所在。诗和哲学就在内容上也不能看成同一的。他之所以把它们看成同一，是因为他随着黑格尔相信艺术是从理念到形象的。这理念在表现为形象之前究竟是怎样一种“内容”呢？能说它已经是“具体的理念”吗？不能，因为没有表现为形象，它就还不是“具体”的，而只能是抽象的，例如他所说的莎士比亚的奥赛罗表现“妒忌”[①]，普希金的“吝啬骑士”、果戈理的泼留希金，以及莫里哀的阿巴贡都表现“吝啬”。[②] 这些实例都说明别林斯基心目中的艺术作品大半是从抽象概念出发的，而且他把“主题”和“内容”混为一事。过去许多作家所描写的各种不同的吝啬鬼怎能说在内容上都相同呢？不，在具体的内容上，不但诗和哲学不同，就在诗与诗之间也不能相同。

对内容与形式的看法的矛盾也就必然带来对美的本质的看法的矛盾。美究竟在内容，在形式，还是在内容与形式的统一体呢？依别林斯基的看法，美有时在内容，有时在形式，有时又在内容与形式的统一体。

①他谈典型时最爱举的例。

②《论普希金》，第一一篇（1846）。

姑先分析下面一段引文：

> 现实本身就是美的，但是它的美在本质上，在它的要素上，在它的内容上而不在它的形式上。就这一点来说，现实是未经洗炼的埋在矿砂堆和泥土里的原金：科学和艺术就现实的金子加以洗炼，把它铸成精美的形式。所以科学和艺术并不虚构原来没有的新的现实，而是从曾经有过的，现有的或将有的东西中采取现成的材料，现成的因素，总之，现成的内容，然后给它一个妥帖的形式，连同比例匀称的各部分以及使我们从各方面都能看到的体积轮廓。（重点引者加）
>
> ——《全集》，第四卷，第四九〇至四九一页

在这里别林斯基明确地指出两点：(1) 现实本身就美，现实美是在内容而不在形式；(2) 现实提供现成的内容给艺术，这内容在艺术里在本质上还和在自然里一样，犹如洗炼过的金子还是埋藏在矿砂里的金子，艺术只是把自然“铸成精美的形式”，所以艺术美只是在形式上。美既然可以单独地在内容，也可以单独地在形式，这两种美究竟如何区别呢？它们之间有什么关系呢？

别林斯基和车尔尼雪夫斯基一样坚信现实本身就美。下面的话是经常在他的论著中重复出现的：

> 诗就是生活的表现，或则说得更好一点，诗就是生活本身。
>
> ——《全集》，第四卷，第四八九页
>
> 诗就是现实本身。
>
> ——《全集》，第五卷，第五〇三页
>
> 哪里有生活，哪里也就有诗，但是只有在有理念的地方才有生活。
>
> ——《全集》，第四卷，第五三三页

> 在诗的表现里，生活无论好坏，都是同样美，因为它是真实的；哪里有真实，哪里也就有诗。（重点均系引者加）
>
> ——《论俄国中篇小说》

对这几句话稍加分析，可以看出这几点：(1)“诗”字有时指文学作品（“诗是生活的表现”），有时指诗的特质，涵义近于“美”字（“哪里有生活，哪里也就有诗”）。艺术的诗反映生活的诗。(2) 生活或现实之所以美，由于它真实，美与真是统一的。也就是在这个意义上，现实美在于内容。(3) 在现实生活里，丑恶尽管是真实的，并不能因此而美；“生活无论好坏都同样的美”，这句话只是就“诗的表现”或文艺作品而说的。由此可见，诗虽就是生活本身，毕竟有所不同。(4) 问题在于别林斯基所了解的“生活”还不是一般人所了解的“生活”，因为他说得很明确，“只有在有理念的地方才有生活”。所以他又说，“现实诗的任务在于从生活的散文中抽绎出生活的诗”[①]。这就是从一般人所了解的生活(“生活的散文”）中揭示出“理念”（“生活的诗”），也就是排除偶然而揭示“隐藏”的本质那种典型化或理想化的过程，也就是艺术赋予形式（形象）于自然内容（理念）的过程。

由 (1) 和 (2) 两点看，艺术美反映自然美，美在于真，都应只在内容上见出，所以他说，“只有内容才是衡量一切诗人的真正标准”[②]。由 (2) 和 (3) 两点看，艺术美只能在创造成的形式（形象）上见出。艺术美在形式，上引炼金的例子也已说得很明确，此外别林斯基还说过，“形式属于诗人，内容属于他的民族的历史和现实”[③]。“形式属于诗人”就等于说形式属于艺术创造。这两种看法显然有矛盾，而矛盾的根源在于内容与形式的割裂。

① 《全集》，第一卷，第 291 页。

② 《评波列查耶夫的诗》(1842)。

③ 《全集》，第二卷，第 52 页。

此外还须指出，俄文 Жизнь 一词和一般西语中相应的词一样，包括“生活”和“生命”两个意义；而“美”这个词在俄文里却有 Красивые 和 Прекрасные 两个词，前者较低，相当于汉语中“漂亮”“整洁”之类的美，后者较高，相当于汉语中真正审美意义的美。别林斯基常强调这两种美的分别，把前者摆在形体方面，后者摆在精神或生命方面。他有时强调自然美在内容（生命）而不在形式（形体），是就这个意义来说的。例如，他在讨论普希金的诗时说过：

> 普希金的诗好比受到情感和思想灌注生命的那种人眼的美。如果去掉灌注生命的那种情感和思想，那副眼睛就会只是漂亮的（Красивые），不再是神光焕发的美（Прекрасные）了。
>
> ——《1841 年俄国文学评论》

后来他讨论到女性美时，把这个意思说得更明确：

> 有些女人生来就有一种罕见的美，但是她的面貌拘板地端方四正，却给人一种枯燥的感觉；她的动作也不秀气。这种女人也可以凭她的耀眼的光彩而引起惊赞，但是这种光彩却不能使任何人感到一种难以名状的情绪而心跳动起来；她的美不能引起爱，而**没有爱伴随着的美就没有生命**，**没有诗**。[①]（重点引者加）

这种观察是精细的，但是根据这种观察所作的美只在内容的理论就还是把形式和内容割裂开来。“神光焕发的眼睛”毕竟有赖于“漂亮的眼睛”，而“伴随着爱的美”也不是和“罕见的美”毫不相干。

如果说别林斯基经常都把内容美和形式美割裂开来，这话也不是正

① 《全集》，第七卷，第 94 页。这种看法可能受到英国经验派博克的影响。

确的。他也很早就有上文所已提到的内容与形式一致的看法，因此他有时又以为艺术美在内容与形式的统一体上，而形式美是由内容美决定的。这个看法在《论普希金》第五篇里提得很明确：

> 这种理念在诗人的作品里显得不是抽象的思想，也不是死板的形式，而是一部有生命的作品，其中形式的精美正足以证明理念的神圣，而且其中没有拼凑缝补的痕迹，没有形式和思想的割裂，而是思想和形式融成一种整一的有机的作品。

在另一篇评论里他谈自己对一座女爱神雕像的欣赏体会，更具体地说明了美在统一体的道理：

> 这座雕像里的这种理念与形式的生动的交融，这种生命与大理石的有机结合（重点原文有）的秘密究竟在哪里？……除掉美丽、和谐与少女的羞态以外，我还在这座女爱神的面貌上、姿势上以及她的整体上看出某种不可名状的东西。……这座美的女爱神是既作为理念而美，又作为个体而美的。……这一切都很好地通过一种鲜明和精巧，一种聪慧而表现出来的，而同时它又那样简单和平常，使人不能指出哪一点来说："瞧，嘴唇边这个线条，腮帮上这种表情。"……别向我说这套话吧，如果你想把她的内在的生命分解为某些线条和突出点，你就不懂艺术。……这个人物面貌，这个形象使我惊赞，是凭它的整体和一般表情，而不是凭某些部分的线条和突出点。生命不在眼睛上，也不在唇上，也不在腮上，也不在手上或脚上，而是在面貌和整个形体上，在那身体上一切线条，突出点，轮廓的圆满以及四肢各部分的和谐。
>
> ——《全集》，第二卷，第四二〇至四二一页

总之，美是不可分解为内容和形式（神和形）两部分的。这座女爱神既作为理念（神）而美，又作为个体（形）而美，二者是不可分割的。这段话是别林斯基早年写的，是在他在评《智慧的痛苦》和《杰尔查文的作品》两文里提出诗与哲学的分别只在形式说之前写的。从此可见，别林斯基对于内容和形式以及对于美都持着一些互相矛盾的看法。内容与形式统一的看法愈到后来愈占上风，例如他讨论普希金的诗作品时，总是强调他的特长在于艺术性，而他的艺术性在于“内容与形式的生动的有机的结合”。在他的最后一篇名著《1847 年俄国文学评论》里，他既反对只重形式的“纯艺术”，也反对宣传抽象思想的教诲诗，要求思想性（倾向性）与艺术性的统一：

> 毫无疑问，艺术首先应该是艺术，然后才能成为某一时代社会精神和倾向的表现，诗作品不管塞进去多么美的思想，不管多么有力地反映出当代问题，如果它里面没有诗，也就不可能有美的思想和任何问题；人们在它里面所能看到的不过是意图虽美而实现得很坏。

思想性与艺术性的一致归根到底还是内容与形式的一致。

特别值得注意的是别林斯基在晚期从社会发展的观点对于美提出了一种新的看法，他指出审美的世界是“一种不断劳动，不断行动和变化的世界，是一种未来和过去进行永恒斗争的世界”[①]。这就是说，审美的世界和现实世界一样，永远是在新旧斗争、推陈出新的发展过程中。在这过程中旧的根干尽管庞大触目，却终将消失；而新的幼芽尽管脆弱，也终将繁荣，这就是下面一段话的意思：

> 在发展过程的顶点上，特别触目的往往正是在发展过程终结时

① 《全集》，第七卷，第 195 页。

就应该消失的那些现象，而看不见的则往往正是后来应该作为发展过程结果的那些现象。

——《全集》，第一〇卷，第四三页

这可以说是别林斯基是从当时俄国农奴解放运动的现实中得来的一种预感。在发展过程中终将消失的是沙皇专制社会，而终归胜利的则是俄国劳动人民的革命理想。把这个历史发展规律应用到美学上来，别林斯基得出下面一个深刻的结论：

精神的发展过程往往是不美的，不过这种过程的结果却总是美的。（重点引者加）

——《全集》，第一一卷，第四三〇页

在另一个地方他斥责斯拉夫主义者的一段话可以做这段话的注脚：

像斯拉夫主义者一样，我们也有我们的道德理想……但是我们的理想不在过去，而在建筑在现在基础上的未来。……我们也承认年青一代的商贩比他们的坚持旧事物的父亲们更为离奇荒谬。……但是这年青的一代却表现出他们那个阶层的转变情况，从较坏的转变到较好的，但是这个“较好的”之所以较好，只是作为转变过程的结果来看；如果单就转变过程本身来看，它比起旧事物，与其说是较好的，无宁说是较坏的。

——《全集》，第一一卷，第四三至四四页

这是辩证发展的看法，也是革命的看法。可惜别林斯基来不及进一步更具体地发展这里所表现的哲学思想和美学思想。

最后，我们还须约略谈一谈对于现实美与艺术美的地位的看法。首先，他肯定了“生活永远高于艺术，因为艺术只是生活的一种显现”[①]。“现实永远高于理想的虚构”[②] 这也是后来车尔尼雪夫斯基的论点，但是车尔尼雪夫斯基只停留在这个论点上，而别林斯基却看到了问题的另一面，他说：

> 诗是生活的表现，或则说得更好一点，诗就是生活本身。还不仅此，在诗里生活比在现实本身里还显得更是生活。
>
> ——《全集》，第四卷，第四八九页
>
> 现在俄国的长篇和中篇小说已经不是虚构和拼合，而是在揭示现实界的事实，这些事实既然提升到理想，即洗净了一切偶然的和个别的东西，就比现实本身还更真实。
>
> ——《全集》，第九卷，第三五一页
>
> 艺术中的自然完全不是现实中的自然。（重点均系引者加）
>
> ——《全集》，第八卷，第五二七页

从此可见，现实高于艺术，是就现实作为艺术的源泉来说的；艺术高于现实，是就艺术抛开偶然，揭示事物本质，把形象提高到典型来说的。别林斯基的看法正符合毛主席关于生活美和艺术美地位高低的辩证的论断。[③] 也就因为艺术对自然加以典型化，“艺术中的自然完全不是现实中的自然”，艺术的真实也不等于生活的真实。

总起来说，别林斯基的美学思想尽管还带有思想发展中所难免的一些矛盾，却建立了一套远比过去为完整的现实主义文艺的理论。这套理论否定了纯艺术论和自然主义，而且在晚期的情致说中也显示出现实主义与浪漫主义结合的可能。别林斯基用这套理论大大地促进了十九世纪俄国现实主义文学的辉煌的发展。

---

① 《论普希金》，第五篇。

② 《全集》，第四卷，第 170 页。

③ 《毛泽东论文艺》，人民文学出版社 1958 年版，第 64—65 页。

第十七章　俄国革命民主主义和现实主义时期美学（下）

车尔尼雪夫斯基

1. 车尔尼雪夫斯基与别林斯基的关系，他的哲学基础

车尔尼雪夫斯基（1828—1889）的《艺术与现实的审美关系》（1855）在我国解放前是最早的也几乎是唯一的翻译过来的一部完整的西方美学专著，在美学界已成为一部家喻户晓的书。它的影响是广泛而深刻的，很多人都是通过这部书才对美学发生兴趣，并且形成他们的美学观点，所以它对我国美学思想的发展有难以测量的影响。但是如果把它当作一个孤立现象来看待也难免有对它作窄狭的或片面的理解的危险。像任何一部有价值的著作一样，它是一个历史的产物。只有把它摆在美学思想发展史的大轮廓里，才可以正确地理解车尔尼雪夫斯基所驳斥的和所建立的那些理论的意义，也才可以正确地估计他在美学上的贡献和缺点。

车尔尼雪夫斯基是别林斯基的接班人。比起别林斯基，他的活动大约较晚二十年。处在俄国农民解放运动的较高的发展阶段，他更积极地投身到实际斗争，他的处境也更艰苦，而他的思想活动也更多地面对现实。在文学批评和美学方面，他一方面继承了别林斯基的工作，受了他的先驱者的很大影响；另一方面也和这位先驱者有些重要的分歧，把美学向前推进了一大步。总的来说，这两位革命民主主义者在目标上是一致的，他们都要运用文学来为解放斗争服务；他们对文学创作方法的看

法也是一致的，他们都反对浪漫主义，努力建立现实主义的文学理论和美学观点。他们的分歧起于当时哲学的进展：别林斯基处在“黑格尔哲学支配着俄国文学界”的“四十年代末和五十年代初”，像在前一章所已提到的，他始终没有完全摆脱掉黑格尔的影响；车尔尼雪夫斯基则处在费尔巴哈批判黑格尔的著作开始在俄国流行的时代，他虽然也是一位“伟大的黑格尔派”，却更相信费尔巴哈，他自认他的美学论文“就是一个应用费尔巴哈的思想来解决美学的基本问题的尝试”[①]。所以别林斯基由客观唯心主义到唯物主义的转变不是彻底的，而车尔尼雪夫斯基却一开始就坚决地站在唯物主义方面，尽管费尔巴哈式的唯物主义还是机械的。

先谈车尔尼雪夫斯基和别林斯基在文学方向上的一致性。在前一章里我们已略述别林斯基站在现实主义立场上，对当时流行的充满幻想与感伤情调的消极浪漫主义文学以及纯艺术论所进行的斗争。经过他的揭露和批判，浪漫主义颓风的声势虽然已经衰落，但是仍在作垂死的挣扎。车尔尼雪夫斯基在《果戈理时期俄国文学概观》第五章里把果戈理时期文学批评（主要指纳杰日丁和别林斯基的）的主要功绩归之于“为反对浪漫主义而进行的无情而不间断的论争”，并且就这场论争作了简赅的叙述。他指出在这场论争之后，“浪漫主义只做了一些表面上的让步……可是根本没有销声匿迹”，“它在文学中还有许多继承者”，它在攻击果戈理和“自然派”的人们身上还活着。这样估计形势之后，车尔尼雪夫斯基下结论说，“反对生活中病态的浪漫主义倾向，是一直到现在都还是必要的，甚至一直到文学上的浪漫主义这个名字被人忘却的时候，也还是必要的”。[②] 这个看法对于理解车尔尼雪夫斯基的许多斥责幻想、想象、理想和热情的话是一把很好的钥匙，因为在他的心目中，幻想、想象、理想和热情这些因素都是浪漫主义的病态。这一点他在对美

---

①参看《美学论文选》第三版序言。

②《选集》，上卷，第395—398页。

学论文所作的《自评》里说得很明确。“热病通常是感冒的结果，热情就是道德上的热病，也还是一种病”；“只有在现实中感到太无聊的时候，妄诞无稽的幻想才支配着我们”，最后，他把这些毛病统归于浪漫主义：

> 就在这个概念上，可以见出产生超验主义科学体系的陈腐的世界观与现时的对自然和生活的科学观点之间，有一个本质的区别。现时科学承认现实远胜于幻想，认识到沉没到幻想和空想中去的那种生活的贫乏无聊；而从前人们由于缺乏谨严的讨探，却认为想象所产生的幻想还比现实生活更高，更能引人入胜。在文学领域里，这种对幻想生活的偏嗜就表现为浪漫主义。[①]

从此可见，车尔尼雪夫斯基在美学中抬高现实，贬低艺术想象的基本论点是与他在文学上继别林斯基之后，从民主革命立场出发，为现实主义而反对浪漫主义所进行的斗争分不开的。

其次，我们须进一步研究一下车尔尼雪夫斯基的美学思想的哲学基础。上文已经提到他自认这个基础是费尔巴哈的哲学体系。从普列汉诺夫在一八九七年发表他的《车尔尼雪夫斯基的美学观点》论文以来，苏联美学史家们对于车尔尼雪夫斯基在多大程度上是费尔巴哈的门徒，或是他的思想中有多少“人类学主义”这个问题一直还在争论。[②] 有一派强调他对费尔巴哈的继承，有一派强调他的独创性。其实这两个观点是不难统一的，因为继承理应包括独创。首先应该肯定他从费尔巴哈那里有所继承。他自己就屡次强调了这一点。他的唯一的一部哲学著作《哲学中的人类学的原理》就接受了费尔巴哈的自然是人的基础，物质是精神的基础这些基本观点，而特别着重人的有机的统一性，理性只是感性的

---

① 《选集》，第 108—109 页，译文据原文略有校改。

② 别立克（Белик）在《车尔尼雪夫斯基的美学》（1961 年莫斯科版）第一二章中对围绕着车尔尼雪夫斯基的美学观点所进行的争论作了很详细的叙述。

提高；“牛顿在发现引力定律时神经系统内所发生的过程和鸡在垃圾尘土里找谷粒时神经系统内所发生的过程是同一的”。人与自然也是服从同样自然科学的规律。“自然科学所制定的关于人类机体统一性的思想，是哲学对人类生命及其全部现象的观点的原则；生理学、动物学和医学的观察消除了一切关于人的二元论的思想。哲学所看到的人和医学，生理学、化学所看到的人是一样的。”所以人只是物质在运动中的一个个别事例。从自然科学观点研究人的学问叫作“人类学”；人类学的原理是哲学的基础：

> 根据人类学的原理①，人这种存在应该看作只有一种本性，人的生命不应分割为彼此不同的两半，各有不同的本性；**人的活动无论在哪一方面都应该看作只是他的从头到脚的全部身体组织的活动**；如果所涉及的只是人体中某一器官的功能，也应把这个器官和全体组织的关系摆在一起来看。（重点引者加）

总之，人体器官决定一切，例如“要产生愉快的感觉就一定需要身体的一种活动”。人的一切活动都由一个原则出发：“怎样做更愉快，人就怎样做，他总是放弃较小的利益或满足，去追求较大的利益或满足”，所以“人的一切企图的目的都在于获得享受”。行善骨子里还是为着利己。②

不难看出，这种用“人类学的原理”所建立起来的一元论哲学是一种唯物主义，但也只是一种机械唯物主义。其所以是机械的，因为它只从自然科学（特别是生理学）观点，而不从社会科学观点，来看人以及人和自然的关系，社会性的人也还是作为动物性的人来看，因而或多或少地（费尔巴哈较多，车尔尼雪夫斯基较少）忽视了社会历史发展的作

---

①原译为“人本主义原理”，应作“人类学原理”，参看本书第十六章第476页注②。

②参看《选集》，下卷，《哲学中的人本主义原理》，译文据原文略加校改。

用，有时不免堕入普遍人性论乃至于功利主义（在这一点上车尔尼雪夫斯基可能受到英国功利主义的影响[①]）。它对于“人”“自然”“思维”和“存在”这些概念的理解往往是抽象的，即不含具体历史内容的。所以列宁曾指出，费尔巴哈和车尔尼雪夫斯基的“人类学的原理”“只是关于唯物主义的一种不确切的肤浅的表述”[②]。

车尔尼雪夫斯基的“美是生活”一个基本思想在一定程度上还是依据他的“人类学的原理”，因为他所给的理由是“美的事物在人心中所唤起的感觉，是类似我们当着亲爱的人面前时而洋溢于我们心中的那种愉悦”[③]，而人“觉得世界上最可爱的就是生活”，“凡是活的东西在本性上恐惧死亡，恐惧不存在，而爱生活”。这里应该指出，俄文 Жизнь 一词兼有“生活”和“生命”两个意义，车尔尼雪夫斯基对这两个不同的意义不加区别，有时指带有社会意义的“生活”，有时指只有生理学意义的“生命”，在用作“生命”时，他就只从“人类学的原理”出发，例如说美由于健康，丑由于疾病，植物茂盛就美，枯萎就丑，鱼游泳很美，蛙和死尸一样冰冷，所以丑，如此等等。在《自评》里他自问自答说：“人到底是本能地还是自觉地看出美与生活的关系呢？不言而喻，这多半是出于本能的。”车尔尼雪夫斯基曾批评过英国美学家博克，说他“陷入纯粹生理学的说明”，生理学的说明在美学上本来有地位，但是博克说得太拙劣。[④] 他似乎没有认识到他自己的观点有时和博克的很相近，也往往陷入“纯粹生理学的说明”，尽管没有博克所说的那么拙劣。

应该指出，车尔尼雪夫斯基虽然基本上还是普遍人性论的信徒，却比费尔巴哈前进了一步，有时也流露一些历史发展观点。例如在历史发展的动力是精神还是物质的问题上，费尔巴哈还寄希望于“爱”的宗教，

①他在经济学著作里受到英国边沁、穆勒等人的影响是很明显的。

②列宁：《哲学笔记》，人民出版社 1962 年版，第 73 页。

③这个看法在博克的美学著作中也见过。

④《美学论文选》，第 46—47 页。

想通过它来推进人类文化，车尔尼雪夫斯基却明确地认识到物质生活条件在人类社会中起着首要的作用。再如费尔巴哈虽然也偶尔能从阶级观点看问题[1]，由于他没有参加过实际阶级斗争，他的阶级的意识毕竟模糊，他的“爱”的哲学和阶级斗争是不相容的；车尔尼雪夫斯基却比较清楚地认识到人的阶级性，知道“人是一定阶级的代表”，每个哲学家都是“某一政党的代表”，“一篇学术论文也是历史斗争的反响”。[2] 在美学论文里他就举农民阶级和上流社会为例来说美的理想随阶级地位而不同。列宁曾称赞车尔尼雪夫斯基的著作“散播着阶级斗争的气息”。有些人（例如普列汉诺夫）认为车尔尼雪夫斯基还没有跳出费尔巴哈的窠臼，说他的美学论文“几乎完全没有发展观点”[3]，这种估价不能说是很公平的。在《果戈理时期俄国文学概观》第五章里，他批判了德国哲学没有足够地重视“人类物质生活方面所产生的实践问题”，指出研究“人类生活的物质的和道德的条件，支配着社会生活方式的经济规律”的重要性，“个人只是时代与历史必然性的服役者”，所以“思想总是完全属于它的时代的”。[4] 没有历史发展观点的人说不出这些话来。当然，这方面的思想在车尔尼雪夫斯基的头脑里还只露萌芽，没有得到充分的发展。

车尔尼雪夫斯基对于哲学遗产的批判继承的态度是很辩证的。他认为在每一种公认的见解里都可以“找到某些哪怕是被歪曲的真理，或对某些也许是被误解了的真理的暗示”，“在错误中揭示出真理，或是指出错误是从哪种真理引伸出来的，这就是消灭错误”。[5] 这就是他对黑格尔所做的工作。他对黑格尔是一个无情的批判者，同时也表示高度的崇敬。他认为黑格尔反对“主观的思维”，要求哲学思维从各方面观察现实，探求依存于具体情境的“具体的真理”这些辩证原则是正确的，深刻的，

①参看列宁《哲学笔记》，第 53—54 页引文。

②《选集》，下卷，第 212—214 页。

③普列汉诺夫：《车尔尼雪夫斯基的美学理论》，载《文艺理论译丛》，1958 年第一期。

④《选集》，上卷，第 385—391 页。

⑤《美学论文选》，第 67 页，原译最后四字是“破除谬论”，据原文改。

只是他根据这些原则所抽绎出的结论却往往是褊狭的，错误的；他的病根在于不从自然科学出发，所以他的体系还是“形而上学的，先验的，烦琐的”。不过“作为从抽象的科学到生活的科学的过渡来说，黑格尔哲学永远有它的历史意义”。[①] 车尔尼雪夫斯基还自认费尔巴哈和他自己的新观点和黑格尔的旧观点虽根本不同，毕竟还是那旧观点的“必然的进一步的发展”。在下文我们还会看到，他的“美是生活”的基本观点一方面是对黑格尔美学的彻底批判，另一方面也还是受到黑格尔和他的门徒费肖尔的影响。列宁把车尔尼雪夫斯基称为“俄国的伟大的黑格尔派”[②]，也许会使《生活与美学》的某些读者感到惊异，其实是指出一个确凿不移的事实。

2. 车尔尼雪夫斯基对黑格尔派美学观点的批判

车尔尼雪夫斯基的美学论文的标题是《艺术与现实的审美关系》，这个标题就界定了他所研究的范围不包括美的全部问题，也不包括艺术的全部问题，而只抓住美学中的一个最中心的问题，即艺术对现实在审美方面的关系，因为这个问题如果解决了，其他问题都可迎刃而解。他的基本论点是艺术反映现实，现实中原已有美，艺术才能把它反映出来，艺术美是现实美的摹本，而摹本总要比蓝本稍逊一筹。在论文终结时，作者把他的意图概括成为一句话：“这篇论文的实质，是在将现实和想象互相比较而为现实辩护，是在企图证明艺术作品决不能和活生生的现实相提并论。”这是一个新观点，和当时流行的黑格尔派的观点是对立的。实际上这个新观点正是在批判黑格尔派的观点而建立起来的。所以研究车尔尼雪夫斯基的美学观点，应该从他的破与立两方面来看。他的程序是先研究一般现实美，求出美的本质，然后再研究反映现实的艺术，就艺术美和现实美进行比较，来确定艺术的功用和价值。在破与立两方面，

①参看《选集》，上卷，第384—431页。

②列宁：《唯物主义与经验批判主义》，人民出版社1956年版，第370页。

他都大致按照这个程序。

先说破。由于黑格尔的名字当时在俄国还是忌用的，车尔尼雪夫斯基很少直接提到黑格尔本人，他拿来作为批判对象的主要是黑格尔左派门徒费肖尔。依这派的看法，美的本质可以用两个公式表达出：(1) 美是理念[①] 在个别事物上的充分显现；(2) 美是理念与形象的完全一致。应该趁便指出，拿这两个公式来表达黑格尔的原意，是不很确切的。首先，任何人都可以看出这两个公式实际上只是一回事，不必分开，黑格尔自己并不曾把它分开，他只说，“美是理念的感性显现”，他的定义所强调的是理性内容与感性形象的统一。其次，“充分显现”和“完全一致”对于黑格尔只是美的理想，只有希腊雕刻才达到过。他并不曾要求一切美的东西都达到理念与形象的完全一致，他所举的古代东方象征型艺术和西方近代浪漫型艺术都恰恰是理念与形象不完全一致。所以在瞄准靶子时，车尔尼雪夫斯基就已稍微射偏了一点。他对上述两个割裂开来而且略微改变原样的公式进行批判，来证明它们都没有抓住美的本质。按照他的看法，第一个定义其实是说，“凡是出类拔萃的东西，在同类中无与伦比的东西，就是美的”。但是“一只田鼠也许是田鼠类中的出色的标本，却绝对不会显得美”，所以他认为上述定义太空泛，不能说明事物何以有美丑之分；同时，它也太窄狭，因为个别事物都显出具体情境所带来的许多偶然的性质，决不能充分显现它同类事物的理念。应该指出，车尔尼雪夫斯基是用理性主义者的“完善”和古典主义者的“类型”（同类事物的共同性）来理解黑格尔的“理念”（显现于个别事物的理性内容）的。他指出上述定义“也含有正确的方面——那就是美是在个别的活生生的事物，而不在抽象的思想”。至于第二个美的定义，“美是理念与形象的一致”，他也认为一方面太窄，因为它只适用于艺术而不适用于现实，显出轻视现实的毛病；另一方面又太泛，因为理念与形象的

①这个词一般译作“观念”。别林斯基和车尔尼雪夫斯基都沿用黑格尔的用法，因改译为“理念”，下仿此。

一致是“一般人类活动的特征”，并不仅限于艺术。应该指出，自然美如果须使人“想起人以及人类生活”，像车尔尼雪夫斯基自己所肯定的，“理念与形象的一致”还是可以适用于现实生活。[①]

在批判了关于一般美的本质的两个定义之后，车尔尼雪夫斯基接着就批判关于艺术美以及艺术美与现实美对比的“流行的看法”，特别是费肖尔所发挥的黑格尔的看法。这个看法可以用三个互相关联的命题来表达：(1) 艺术美弥补自然美的缺陷，(2) 艺术起于人对美的渴望或本性要求，(3) 艺术内容是美。应该指出，(1) 黑格尔并不是把艺术美和自然美摆在同一个静止的平面上来看，说艺术美是用来弥补自然美的；而是从发展观点来看，说自然只是自在的而不是自为的（自觉的），就精神的发展来说，它所现出的美还是不完满的；等到精神发展到自在又自为的阶段，即到了有自意识的人的阶段，才能有艺术，所以艺术代表美的最高发展阶段，也正因为这个道理，艺术美高于现实美。(2) 黑格尔从来没有说“艺术起于人对美的渴望”，他只说，艺术体现人类精神的一个发展阶段，而它具有美的特质。(3) 黑格尔也不曾说“艺术内容是美”，而只说艺术内容是“理念”（普遍力量或人生理想），感性形象就是形式，而美则显现于内容与形式的统一体上。他倒有把艺术和美等同起来的毛病，因为“理念的感性显现”适用于美，也适用于艺术。

在批判第一个命题中，车尔尼雪夫斯基花了全书的大半篇幅。[②] 他的批判主要针对着费肖尔。费肖尔曾指出自然美或现实美的一系列的缺点，例如说自然美不稳固，易遭偶然性干涉或破坏；具有流动性，转瞬即逝；不出于意志，没有意图性或目的性；须从某一定观点来看才见出美；生命过程常破坏自然美；自然美不是绝对的，只能接近美，达不到完全的美，如此等等。除掉意图性（目的性，自觉性，这与黑格尔所了解的“自在自为”或“绝对”有关）一点以外，这些指责本来是肤浅的，烦琐的，

①对美的定义的批判见《选集》，上卷，第 2—6、124—125 等页；《美学论文选》，第 37—62 页。

②《选集》，上卷，第 32—82、118—120 等页。

只看浮面现象而没有抓住本质的，不完全符合黑格尔本意的，值不得用那么大的力量去批判；因而车尔尼雪夫斯基的批判往往是跟着被批判的对象转，也流于肤浅烦琐。他的总的结论是：自然美不见得有费肖尔所指责的那些缺点，那些缺点表现在艺术美上还更严重。但是在批判的过程中，他对于想象和虚构以及典型和个性几个关键性的问题，提出了他自己的片面看法，这些待下文再讨论。

关于“艺术起于人对美的渴望”的命题，车尔尼雪夫斯基是结合艺术起源的问题提出来进行批判的。[①] 他并不完全反对这个命题而只是反对这命题中的“美”这个词的流行的解释。依流行的解释，美是“理念与形式的完全吻合”，这就“混淆了‘艺术’这个词的两种不同的意义：(1) 纯艺术（诗，音乐等）和 (2) 将任何一件事做好的技能或努力，只有后者是追求理念和形式的一致的结果”（这里有些混淆，在《选集》第五页里作者说过“理念与形象的一致”只是“艺术作品的美的观念的特征”，而在这里，《选集》第八四页，他却认为这只是“一般人类活动”的特征而不是艺术的特征；在《选集》第九〇页，他又说，“内容与形式的一致并不是把艺术从人类活动的其他部门区别出来的一种特性”，因为人类一切活动，包括艺术在内，都有这个共同性）。但是如果“把美（如我们所认为的）理解成一种使人在那里面看得见生活的东西，那就很明白，美的渴望的结果是对一切有生之物的喜悦的爱，而这一渴望被活生生的现实所完全满足了”。换句话说，如果把美理解为生活，“艺术起于美的渴望”还是“可以被认为正确的”，“艺术起于美的渴望”就是艺术起于生活的渴望。这种用“生活的渴望”来解释艺术起源的观点又回到“人类学的原理”了。这一点从作者在《果戈理时期俄国文学概观》里所说的一段话里可以看得更清楚：

① 《选集》，上卷，第 83—84 页。

……以一种特殊的美的观念作为艺术论的根据，这就会陷入片面性，而造成不符合现实的理论。在人的每一种行动中都贯串着人的本性的一切追求，虽然其中之一，在这方面也许特别使人感到兴味。因此连艺术也不是因为对美的(美的观念)抽象的追求而产生的，而是活跃的人的一切力量和才能的共同行动。正因为在人的生活中，例如对于像真理、爱情和改善生活的要求，总是比对于美的追求更强烈，因此艺术不但一直是在某种程度上表现了这些要求……而且艺术作品……也几乎总是在真理、爱情和改善生活的要求的大力影响下产生的，因此对美的追求，照人的行动的自然规律说来，总是人的本性中某种要求的表达者。

——《选集》，上卷，第四五七至四五八页

这段话最足以见出作者思想的矛盾。他一方面看到艺术的要求涉及“真理、爱情和改善生活的要求”，有着广泛的认识和实践的意义，并不限于“对美的渴望”，这是他的思想中进步的一面，也是主要的一面。但是另一方面他却把艺术和“人的每一种行动”都看成是为着满足“人的本性的要求”，而不是从社会历史发展来看这问题，不是从社会基础来看这问题，这不能不说是他的思想中落后的一面，尽管是次要的一面。他在精神和物质关系问题上是一个坚决的唯物主义者，而在涉及社会历史科学问题时，他多少不免像费尔巴哈一样，还保留着一些唯心主义的残余。

关于“艺术内容是美”的命题，车尔尼雪夫斯基是结合艺术内容问题提出来进行批判的。[①]其实这第三个命题已包含在上述第二个命题之中，批判了第二个命题，也就已批判了第三个命题。但是作者还是从另一角度把这个问题讨论得更清楚些。他指出艺术作品在内容上大半不能

① 《选集》，上卷，第89—93页。

归入美（包含崇高与滑稽），“最反对把自己的内容归入美及其各种因素的狭窄项目里去的是诗[①]。诗的范围是全部的生活和自然”。他接着追求这个错误见解的根源，说“真正的原因就在于：没有把作为艺术对象的美和那确实构成一切艺术作品的必要属性的美的形式明确区别开来”。这句话牵涉到内容与形式关系的问题，下文还要谈到。现在只说车尔尼雪夫斯基的批判主要针对当时流行的“纯艺术论”，来论证艺术不是专为美而有更深广的现实意义。这个观点却是极端重要的，带有革命意义的，因为像托尔斯泰在《艺术论》（1889）所指出的，西方美学家中大多数人都认为艺术的目的就在创造美，在替艺术下定义时都一定要把美的概念拖进来。托尔斯泰在否定艺术目的在美说这一点上，和车尔尼雪夫斯基的意见是一致的，尽管他在《艺术论》里提了许多西方美学家的名字而没有提到他本国的美学界先驱。他批判了一些用美来界定艺术本质的定义，然后提出他自己的著名的定义：

> 在自己心里唤醒亲身感受过的一种情感，然后运用动作、线条、颜色或用语言表达的形式，把那种情感传达出去，以便旁人也可以感受到那种情感——这就是艺术的活动。
>
> 艺术是人的一种活动，它的要义在于：一个人自觉地通过某些外在的符号，把亲身感受过的一些情感移交给旁人，使旁人受到这些情感的感染，也感受到那些情感。
>
> ——托尔斯泰：《艺术论》，第五章

他认为艺术应该传达的只是人类的最高尚的情感，这样通过感染，才能起教育人类和团结人类的作用。这个定义里根本没有提到美。托尔斯泰的基本论点是艺术不仅为美，而要对社会起良好的道德影响，所以和车

①作者用“诗”字指一般文学，像别林斯基一样。

尔尼雪夫斯基的观点毕竟有类似之处。

黑格尔的美学思想是建筑在他的客观唯心主义的哲学基础上的，所以要有力地彻底地批判他的美学思想，就必须从批判他的哲学基础入手，而不只是批判他或他的门徒的某些个别美学论点。在批判黑格尔哲学基础方面，车尔尼雪夫斯基在《果戈理时期俄国文学概观》第五、六两章里也做了一些，但做得很不够，说来说去，还不外说黑格尔的基本“原则”是正确的，只是他的“结论”是窄狭的甚至于错误的，在基本原则方面，他提到黑格尔提出了“思维的辩证方法”，把解释现实看作哲学思维的根本责任，看出“真理总是具体的”，总要依存于具体情境。这的确抓住了黑格尔的“合理内核”，但是他既没有批判黑格尔的基本原则的错误方面，即从理念引生出自然那个客观唯心主义的奠基石，也没有指出他所认为是错误的“结论”究竟是哪些，它们何以是错误的。在美学论文里，作者在约略介绍了黑格尔派的美的概念之后，说过下面几句话：

> 作为黑格尔的基本观念的结果和形而上学体系的一部分，上述美的概念随那体系一同崩溃。……还要指出，黑格尔的美的定义，**即使离开他的形而上学的现已崩溃的体系单独来看**，也仍然经不起批评。（重点引者加）
>
> ——《选集》，上卷，第三至四页

他在论文里所做的正是“离开黑格尔的形而上学的现已崩溃的体系，**单独来看**”他的美的定义。如果黑格尔体系的崩溃以及何以要崩溃的道理都已为一般人所理解，**单独来看**他的美学定义固无不可；但是车尔尼雪夫斯基之所以断定黑格尔体系的崩溃，只是由于过分天真地相信费尔巴哈的批判就已完成了打垮黑格尔体系的任务，而实际上既打垮黑格尔体系而又发扬其中合理内核的伟大任务，是由马克思和恩格斯出色地完成的，他们关于这方面的著作在车尔尼雪夫斯基写美学论文之前就早已完成了[①]，可惜他并没有注意到。他对自己的缺点是认识到而且勇于承认的，在《自评》里说：

> 车尔尼雪夫斯基先生未免匆匆滑过了美学同自然观和人生观总体系相接触的交点。在论述流行的美学理论时，他差不多没有谈及它是凭借什么样的总论据，而只凭一片叶子去分析“思想树”的枝桠。
>
> ——《选集》，上卷，第一〇五页

由于这个缘故，他对黑格尔的破有时是零碎的，软弱的，片面的，尽管他为现实辩护的总出发点是正确的，进步的。他没有击中黑格尔的要害，因为没有从哲学基础上批判“美是理念的感性显现”这个定义。这个定义本来有两方面，一方面是它从抽象概念出发，另一方面是它肯定在艺术里理性内容与感性形式的统一，前者是错误的，而后者却是德国古典美学在长期谋求统一大陆理性主义与英国经验主义的努力中辛苦得来的一点可珍贵的成果。车尔尼雪夫斯基在批判之中把这一点合理内核也和从理念出发的错误观点一齐抛弃掉了。他笼统地说这个美的概念和黑格尔的体系“一同崩溃”。

3．车尔尼雪夫斯基所建立的美学观点

其次说立。车尔尼雪夫斯基在论文的总结部分所提出的十七条已经说得很简要而明确。这里只需介绍几个要点。

首先是方法论。车尔尼雪夫斯基放弃了黑格尔派从概念出发去逻辑地推演出结论的“先验的”和“超验的”方法，而改用从现实事实出发去归纳出结论的科学方法。他说，“这些思想是在现实的基础上发生的”，

①马克思和恩格斯批判黑格尔的工作在一八四八年就已基本完成，车尔尼雪夫斯基写美学论文是在一八五三年。

"尊重现实生活，不信先验的（假设），尽管为想象所喜欢的假设——这就是现在科学中的主导倾向的性质"；他"努力从分析事实以求得新概念。在他看来，这些新概念更符合于现代科学思想的一般特征"。[①] 这种方法上的转变反映出哲学观点的转变，作者一开始就站在很稳实的唯物主义的基础上。这就决定了他对许多美学问题采取了唯物主义的看法。

其次是美学的对象。问题在于美学是关于美的科学还是关于艺术的科学。车尔尼雪夫斯基说："假如美学在内容上是关于美的科学，那么它是没有权利来谈崇高的……假使认为美学是关于艺术的科学，那么它自然必须论及崇高，因为崇高是艺术的领域的一部分。"[②] 从他着重地讨论了崇高以及选择"艺术对现实的审美关系"为美学论文的题目来看，他是把美学看作"关于艺术的科学"的。他断定艺术的目的不只在美，如果把美学看作"关于美的科学"，这也就会违反他的基本美学观点。

最中心的当然是他的美的定义。这个定义包括三个命题：(1)"美是生活"；(2)"任何事物，凡是我们在那里面看得见依照我们的理解应当如此的生活，那就是美的"；(3)"任何东西（原文亦可译为"对象"或"客体"），凡是显示出生活或使我们想起生活的，那就是美的"。这第三个命题的另一表达方式是"美是生活，首先是使我们想起人以及人类生活的那种生活"[③]。依上下文看，第一个命题是总纲，"生活"包括人的生活和自然界的生活，第二个命题指符合人的理想的生活，第三个命题指自然界事物中能暗示人的生活的那种生活。这三个命题都还只涉及现实美。这里有几点值得注意。

第一，定义肯定了现实本身美。所以作者在结论里说，"客观现实中的美是彻底地美的"，"客观现实中的美是完全令人满意的"。

第二，前已提到，"生活"还包括"生命"的意义。"生活"之所以

---

①引文依次见《选集》，上卷，第1—2、104页。

②《选集》，上卷，第20—21页。

③同上书，第6、10页。

是美的，因为它是“世上最可爱的”，“凡活的东西在本性上就恐惧死亡”。所以定义有根据“人类学的原理”或生理学观点的一面。

第三，定义并不排除美的理想性。作者并不认为一切现实生活中的事物都是美的，他指责“美是理念在个别事物上的完全显现”那个定义，就因为它“没有说明为什么事物和现象类别本身分成两种，一种是美的，另一种在我们看来一点也不美”[①]。依他看，美的生活的区别点就在于应当如此。亚理士多德早就作出“本来的样子”和“应该有的样子”的分别，认为后者较宜于艺术模仿。别林斯基也屡次提到这个分别，但是他主张艺术只再现“本来有的样子”，不应该表现“应该有的样子”。在这一点上车尔尼雪夫斯基似与亚理士多德一致，而比别林斯基前进了一步。但是在他的论文里这个极端重要的观点没有得到应有的发挥。

第四，定义表现出人本主义的精神，特别是第三个命题，自然只有在暗示到人的生活时才美。作者在《当代美学批判》里把人本主义的精神表达得更清楚：

> 在整个感性世界里，人是最高级的存在物；所以人的性格是我们所能感觉到的世界上最高的美，至于世界上其他各级存在物只有按照它们暗示到人或令人想到人的程度，才或多或少地获得美的价值。许多个别的人结合成一个整体，就成为社会；所以美的最高领域就在人类社会。[②]

他不满意于没有人在里面的风景画：“我们需要人，最低限度需要提及人的一点什么，因为没有人的自然生活对于我们未免太软弱，太暗淡了。”[③] 从此可见，车尔尼雪夫斯基并不把一般人所说的“自然美”摆在

---

①《选集》，上卷，第 4 页。

②《美学论文选》，第 41—42 页，译文据原文略有校改。

③同上书，第 63 页。

很高的地位，在这一点上，他还是和黑格尔一致的。

车尔尼雪夫斯基自认他的“新的概念（“美是生活”——引者）似乎是以前的概念（黑格尔派的——引者）的必然的进一步的发展”[①]，特别在提到第三个命题时，他说：

> 美是生活，首先是使我们想起人以及人类生活的那种生活——这个思想我以为无须从自然界各个领域来详细探究，因为黑格尔和斐希尔（费肖尔——引者）都经常提到，构成自然界的美是使我们想起人来（或者用黑格尔的术语来说，预示人格）的东西，自然界的美的事物，只有作为对人的一种暗示才有美的意义。伟大的思想，精辟的思想！啊，假使这个在黑格尔美学中发挥得淋漓尽致的思想被提出作为一种基本思想，以代替观（理）念的完全显现的虚妄探索，那么黑格尔的美学会是何等高明呀！
>
> ——《选集》，上卷，第一〇页

这段话对于车尔尼雪夫斯基继承黑格尔的那方面的理解是极为重要的。他所做的正是把黑格尔的美离不开生活的思想“提出作为一种基本思想”。不过他没有足够地注意到黑格尔所作的自在阶段的生命（自然）和自为阶段的生命（人）的区别。黑格尔固然看重生命，但更看重处在更高发展阶段的人的意识和思维。对意识和思维的片面强调固然导致他的唯心主义，但是如果用“生命”的概念来吞并或淹没意识和思维的作用，毕竟也还不全面。恐怕这种“人类学的原理”正是车尔尼雪夫斯基的机械唯物主义的根源之一。这一点在他反驳费肖尔对自然美的无意图性的指责中突出地表现出来了。有意图性或目的性正是自在自为的人的活动的特征，也正是车尔尼雪夫斯基在《自评》中提到黑格尔时所说的“无

① 《选集》，上卷，第 12 页。

思想性和不自由性”的一个方面。他抱歉自己只反驳了费肖尔对无意图性的非难，却没有反驳黑格尔对“无思想性和不自由性”的非难。[①]这就足以见出他对黑格尔的理解有时是肤浅的。他反驳对无意图性的指责也是很牵强的。话是这样说的：

> 这种倾向的无意图性，无意识性，毫不妨碍它的现实性，正如蜜蜂之毫无几何倾向的意识性……毫不妨碍蜂房的正六角形的建筑。
>
> ——《选集》，上卷，第四一至四二页

事情真正很凑巧，马克思也用过蜜蜂营巢的例子来说明蜜蜂和人在建筑方面的劳动有实质的不同：

> 本领最坏的建筑师和本领最好的蜜蜂从一开始就有所不同，这就在于人在用蜡制造蜂巢之前，先已在头脑里把蜂巢制造好。劳动所要达到的结果先以观念的形式存在于劳动者的想象里。劳动者之所以不同于蜜蜂，不仅在于他改变了自然物的形式，而且在于他同时实现了他自己的自觉的目的。[②]（重点引者加）

这段话仿佛是针对车尔尼雪夫斯基的话来驳斥似的。马克思所指出的分别也正是单纯的“自在”和“自在又自为”的分别。这个分别是极重要的，对这个分别的理解会影响到对美的本质和艺术本质的看法。车尔尼雪夫斯基没有认识到这个分别的重要性。

自然事物由暗示出人类生活而才显得美，这个观点由费肖尔父子加以发挥，后来成为弥漫德国美学界的“移情作用”说。[③]车尔尼雪夫斯基

---

①《选集》，上卷，第118—119页。

②《资本论》，第一卷，第五章，引文据原文改译。

③见本书第十八章。

的美的定义中第三个命题所指的现象，事实上就是“移情作用”，他可能受到费肖尔的影响。对于究竟如何解释这种现象的问题，他的看法不是很明确的。他一方面用“令人想起”或“暗示”的字样来解释这类现象，这就只能归入“类似联想”，但另一方面又讥笑这是由于人的无知。[①] 在列举一系列移情现象事例之后，他下结论说：

> 一句话，知识不足的人认为大自然也像人一样，或者用术语来说，他把自然人格化，认为自然界的生活也像人的生活一样；对于他，河流是生灵，树林有若人群。当人有所为，他定想把某一思想见诸实行……或许大自然也是如此，当产生了点什么，那是大自然在实行，实现自己的某一思想。[②]

我们不禁要问：知识丰富的人是否就失去了欣赏自然美的能力呢？车尔尼雪夫斯基自己不是批判过黑格尔的“思想发展得愈高，美也消失得愈多”的看法，而且肯定过“人的思想发展毫不破坏他的美的感觉”吗？[③] 事实上移情现象在近代浪漫派的作品里经常出现，远远超过在古代的文艺作品里。其次，承认自然美起于对人类生活的“暗示”，离开这种“暗示”就不能有自然美，我们又如何理解“美与崇高都离开想象而独立”[④] 之类论断呢？总之，美的定义中第三个命题充分暴露了车尔尼雪夫斯基把美只归在客观一方面的看法的矛盾。第二个命题也起了同样的作用，因为“依照我们的理解应当如此的生活”也毕竟有“我们的理解”在内，有“应当如此”的理想在内。

在论证了现实生活本身就是美的之后，车尔尼雪夫斯基接着就讨论

---

①在美学论文里他把认为“树完全像人一样会说话，有感觉，有快乐，也有痛苦”的人叫作“野蛮人或半野蛮人”，见《选集》，上卷，第 25 页。

②《当代美学概念批判》，见《美学论文选》，第 67—68 页。

③《选集》，上卷，第 3 页。

④同上书，第 15 页。

艺术。这部分包括三个大问题：(1) 艺术和现实的优劣，(2) 艺术的起源和内容以及 (3) 艺术的作用和功效。

关于艺术和现实的优劣的问题，车尔尼雪夫斯基在美学史里可以说是唯一的重要的美学家，毫无保留地肯定现实高于艺术。他说，“我们的艺术直到现在还没有造出甚至像一个橙子或苹果那样的东西来”；“彼得堡没有一个雕像在面孔轮廓的美上不是远逊于许多活人的面孔的”；“诗的形象和现实中相应的形象比较起来，显然是无力的，不完全，不明确的”。其原因在于艺术要凭想象，而“想象的形象比起感觉的印象来是暗淡无力的”，“想象不能想出一朵比真正的玫瑰更好的玫瑰，而描绘又总是不及想象中的理想”[①]。然则何以有许多人认为艺术美高于现实美呢？车尔尼雪夫斯基认为艺术的价值一般是过分夸大的，其原因有三个：(1) 人都以难能为可贵，自然的东西不费人力，而创造艺术却要克服困难；(2) 艺术是人的作品，人都尊重人的力量；(3) 艺术迎合人爱矫揉造作的趣味，不过这种要“美化自然”的愿望是不应该满足的。三者之外，艺术比起现实还有一个有利的条件：人走向艺术，目的就在欣赏，所以特别注意到它的美；人走向现实，目的只在实用，所以没有心思去想它的美。说到这里，作者作了一个很有名的比喻：

> 生活现象如同没有戳记的金条，许多人就因为它没有戳记而不肯要它，许多人不能辨出它和一块黄铜的区别；艺术作品像是钞票，很少内在的价值，但是整个社会都保证着它的假定的价值，结果大家都宝贵它，很少人能够清楚地认识，它的全部价值是由它代表着若干金子这个事实而来的。
>
> ——《选集》，上卷，第八二页

这就要过渡到第二个问题，即艺术的起源问题。艺术既然远逊于现

①引文依次见《选集》，上卷，第41、60、64，69、70等页。

实，有了现实就够了，何以又要产生艺术？唯心主义者说，艺术起于人对美的渴望，现实美有缺陷，艺术的使命就在弥补现实美的缺陷。如前所说，车尔尼雪夫斯基批判了这个观点。他认为艺术的内容不是美而是"现实（自然和生活）中一切能使人——不是作为科学家，而只是作为一个人——发生兴趣的事物"[①]。从此可知，并不是全部现实都可以成为艺术内容，可成为艺术内容的那部分现实的区别点在于"能使人发生兴趣"，这个重视艺术的社会意义的看法是重要的，但是能使人发生兴趣的现实原已存在，何必又要艺术来再现它呢？艺术再现现实，是要在现实不在面前时能成为现实的"代替品"，使人看到它就可以回想起或想象到现实，例如描绘海的画，"自然，看海本身比看画好得多，但是当一个人得不到最好的东西的时候，就以较差的为满足，得不到原物的时候，就以代替物为满足"，所以无论看过海而现在不在海边的或是根本没有看过海的人就满足于看海的图画。"这就是大多数艺术作品的唯一的目的和作用。"[②] 这样，"艺术对现实的审美关系"就成了代替品和原物的关系。事实上无须用艺术作为代替品时，即原物易得时，人还是要求有再现这原物的艺术；如果艺术的功用仅限于代替现实，有了照相术，绘画和雕刻就变成多余的了。这种代替说显然是不圆满的。问题的关键还不在此，而在于车尔尼雪夫斯基跟着他所批判的唯心主义者转，只考虑到艺术的心理起源而不曾考虑到艺术的社会历史起源。这是他和马克思主义者的基本分野所在。如果他多从社会历史发展而不是单从人的本性要求来看这问题，他就会看到艺术与劳动生产实践的密切关系，因而是现实生活本身的一个重要组成部分，而不只是什么与现实生活对立的"代替品"。在这一点上他还落后于黑格尔，因为黑格尔还多少看到艺术与劳动的关系，"他看出了劳动的本质，把对象性的人，真正现实的人，看作他自己劳动的产品"，尽管"他只知道而且只承认劳动的一种方式，即抽象的心

---

① 《选集》，上卷，第 90 页。

② 《选集》，第 84—85 页。

灵的劳动”。[1] 车尔尼雪夫斯基在他的小说《怎么办？》（1862—1863）里屡次谈到劳动在生活中的重要性，但是这个思想在他的美学里还不曾得到发挥。在比较现实美与艺术美时，他提到人们把艺术创作须费劳力作为抬高艺术的理由，却没有对它加以重视。

代替说本身在车尔尼雪夫斯基的美学系统中其实也是多余的，因为“代替”不仅涉及艺术根源问题，也涉及艺术的作用与功效问题，而他接着提出的艺术的三大作用，即（1）再现生活，（2）说明生活和（3）对生活下判断，以及艺术作为“生活教科书”的功效，就已经把这方面的问题概括无余了，“代替”说不仅是多余的，而且是和这三个命题不相称的。关于艺术的作用和功效的几个命题本身已很清楚，无须多加说明，作者自己所作的重要说明也不过是这几点：第一，再现现实并不是“修正现实”或“粉饰（美化）现实”，其目的在于“帮助想象”而不在引起无聊的毕肖原物的幻觉，因而他的再现说不同于伪古典派的“模仿自然说”（在这一点上他接受了黑格尔对“模仿自然说”的批判）。第二，艺术说明生活本身所不说明的现象，“提出或解决生活中所产生的问题”，成为“研究生活的教科书”，“其作用在准备我们去读原始材料”，即从艺术回到现实。艺术判断生活，凭这一点，它就“成了人的一种道德活动”。特别是在诗里“有充分的可能去表现一定的思想。于是艺术家就成了思想家，艺术作品……获得了科学的意义。不言而喻，现实中没有和艺术作品相当的东西”[2]。

后来在《自评》里作者自认“没有更详细地发挥艺术的实用意义”是一个“大错”，但是他所补充的也只是艺术有利于传播科学知识这一点。科学知识是“改造客观现实”所必需的，“艺术最能够把科学所获得的知识普及于广大民众之中，因为了解艺术作品总比了解科学的公式

①马克思：《为〈神圣家族〉写的准备论文》。

②《选集》，上卷，第95页。

和枯燥的分析容易得多而且更引人入胜”[①]。这个提法还是不圆满的。第一，说艺术的用处在普及科学知识，这似乎是要艺术从概念出发，回到别林斯基早期的观点，这是违背作者的艺术从现实生活出发的基本观点的。其次，这还是片面强调艺术的知识作用（所谓“艺术的力量就是注释的力量”），没有认识到艺术不必假道于科学，它本身就能起“改造客观现实”的作用。

4．车尔尼雪夫斯基在美学上的功绩和缺点

车尔尼雪夫斯基对旧美学观点的批判和他自己所建立的新美学观点略如上述。在叙述的过程中，我们已约略提出一些批评的意见。现在再就他的美学的总体系进行一些分析，来检查他的功绩和缺点。先去伪，后存真，所以先从缺点说起。

他的基本观点是现实本身原已有美，美仿佛单纯的是客观事物的一种属性；艺术对现实的关系只是摹本对蓝本的关系，因此艺术所再现的不但不能多于现实，而且远低于现实。为着证明这个观点，他尽量地缩小创造想象的作用以及艺术典型化的作用，尽量地夸大现实一方面的决定意义，因而混淆了生活的真实与艺术的真实以及割裂了内容与形式的关系。这就是他的缺点方面的总的情况。现在把这种情况说得较具体一点。

他虽然强调他的再现说不同于过去的模仿说，却经常把现实和艺术比作蓝本和摹本或是原画和复制品[②]，这种比譬却只能说明在他的眼中，艺术毕竟是一种依样画葫芦的模仿。他认为“现实中每分钟都有戏剧、小说、喜剧、悲剧、闹剧”，“现实生活对于一部戏剧来说，常常是戏剧性太多，对于一篇诗歌来说，又常常是诗意太浓”。现实生活中的素材就往往“具有艺术的完美和完全”，所以“不需任何改变”，就可以“重述”

①《选集》，上卷，第130—131页。

②同上书，第72、85等页。

成为戏剧和小说。[1] 因此，“创造的幻想的力量是十分有限的”，“人绝对不可能想象出比现实中所碰见的更高更好的东西”，尽管“想象力拼命要去创造……现实中绝无伦比的东西，它就会力竭而垮台，仅能给我们以模糊、苍白、不明确的浮光掠影”。[2] 但是作者也“毫不怀疑诗歌作品中有许多人物不能称为肖像，而是诗人所‘创造’的”，其实与其用“创造”这个“过于夸耀的名词”，还不如用“虚构”，虚构的需要不是由于现实中缺乏蓝本，而是由于诗人对蓝本的记忆不清楚。即使是这样，艺术中来自现实的总比来自“创造”的要多得多，而“虚构的人物差不多从来不会像活生生的人一样在我们面前显现出来”。这种虚构或“想象的干预”究竟能起什么作用呢？依车尔尼雪夫斯基看，这只能限于两点，也只有在这两点上“诗歌作品可以胜过现实：一是能够用一些精彩的细节来修饰事件，其次只是能使人物性格和他们所参与的事件协调”。[3] 所谓用细节来修饰事件，指的是诗人从生活经验中所选取的事件只是一个模糊的轮廓，细节还不够明确，“为着故事首尾连贯”，他从记忆中其他场景中去借取，来加以补充。但是他又认为这种细节的填补毕竟是“修辞的铺张”，有伤叙述的简洁明快。所谓人物性格与事件的协调，作者前后作了两种不同的解释，在《选集》第七五页里他说，在现实中坏事往往不是坏人做的，“一个决不能叫作坏蛋的人可以毁坏许多人的幸福”，至于在诗中坏事总是由坏人去做，好事总是由好人去做，荣辱分得很清楚。这种“理想化”“有时是长处，但多半是缺点”。在第九七至九八页里作者却给了另一个较圆满的解释：现实中许多事件纠缠在一起，为着揭示事物的内在联系和保存事件的本质，诗人就须把不必要的事件“分解”出去，这就使原来事件的活的完整性之中显出漏洞或空白，需要想象来填补，这就是说，原来的事件既已“孤立化”，环境也就要加以剪裁，

① 《选集》，上卷，第 73—74 页。

②同上书，第 109—111 页。

③同上书，第 72—75 页。

才能使二者协调。

车尔尼雪夫斯基对艺术形象思维的这种看法是混乱的，自相矛盾的。其中有合理的因素，那就在于他多少看出艺术创造要揭示事物的内在联系和本质。但是他把这种揭示看作“分解”和“填补”，毕竟是把一种活生生的完整的发展过程看作一种拼凑的机械过程。更重要的是他根本上很看轻这个过程。能说雕刻绘画中许多杰作都是“模糊、苍白、不明确的浮光掠影”吗？能说《战争与和平》《红楼梦》或是任何一部文学杰作中的人物“不会像活生生的人一样在我们面前显现出来”吗？能说“莎士比亚之被赞美”就在于他的“修辞的铺张”或“缛说繁词”吗？车尔尼雪夫斯基的“将现实和想象互相比较而为现实辩护”的意图在当时历史情况下本来有很大进步意义，但是矫枉过正，他的看法往往不免是片面的，因而是形而上学的。例如“人绝对不可能想象出比现实中所碰见的更高更好的东西”这种提法就要排除一切理想，不但无益于文艺创作，而且有害于一切凭理想去改造现实的活动，包括革命在内。这种轻视理想的看法是与他反对浪漫主义的态度分不开的。由于他把浪漫主义的幻想、热情和理想都看作“病态”，他就尽量缩小这些因素的作用。他要针对想象来“为现实辩护”，认为理想还是一种想象，于是就轻率地否定了理想。其实这种观点不但和他的美的定义中“应当如此的生活”一句话的基本精神相违背，而且也被他自己的艺术实践所否定了。在他的小说《怎么办？》里，特别在其中“第四梦”里，他就描绘了未来的理想社会和理想人物，充分表现出浪漫主义的热情和幻想，这样他就通过他自己的创做证明了浪漫主义和现实主义并不是如他原来所想的那样绝对对立的，因为理想和现实也不是绝对对立的。

别林斯基说过，“没有典型化，就没有创作”，这是一句一针见血的话。所以要衡量一位美学家的艺术观，首先就要衡量他的典型观。典型化在实质上就是理想化，“典型”和“理想”在许多西方美学著作中就是同义词。理想毕竟还是一种对未来的或可能的情况的想象，一种比现实更高的要求。车尔尼雪夫斯基对于想象和理想既然有上文所述的鄙视，他的典型观就必然要受到影响，而事实上它也还是充满着矛盾的。他的典型观之中有很多合理的因素，首先是他特别强调人物个性的鲜明生动。他指出黑格尔派的“美是理念在个别事物的完全的显现的”定义“也含有正确的方面——那就是美是在个别，活生生的事物而不在抽象的思想”。他还根据他的“人类学的原理”举出重视个性的理由：“人的一般活动不是趋向于‘绝对’……他心目中只有各种纯人类的目的。……我们作为不能越出个体性范围的个体的人是很喜欢个体性的。”此外，“美是生活”的定义也要求艺术“尽可能在生动的图画和个别的形象中具体地表现一切”，“因为在自然和生活中没有任何抽象地存在的东西”。他指出典型的创造不是从抽象概念出发而是从生活出发：“诗人在‘创造’性格时，在他的想象面前通常总是浮现出一个真实人物的形象，他有时是有意识地，有时是无意识地在他的典型人物身上‘再现’这个人。”其次，作者还认识到艺术不能用自然主义的方式创造出典型，必须抓住人物性格的特征。“任何摹拟，要求其真实，就必须传达原物的主要特征；一幅画像要是没有传达出面部的主要的，最富于表现力的特征，就是不真实；但是如果面部的一切细微末节都被描绘得清清楚楚，画像上的面容就显得丑陋，无意思，呆板。”所以艺术家“需要辨别主要的和非主要的特征的能力”，“须能够理解真人性格的本质……此外，还必须理解这个人物在被诗人安放的环境将会如何行动和说话”。这一切都说得非常好，实际上已经概括了现实主义的典型观。在始终强调从现实生活出发这一点上，他比别林斯基徘徊于“理念”和“生活”之间，是迈进了一大步。

但是车尔尼雪夫斯基的典型观也还有在实质上无异于否定典型化的一方面。他认为“人能够在现实中找到真正的典型人物”，这种典型人物大半无须改变就可以从现实界搬到艺术作品里去，结果所产生的艺术形象也不过是现实形象的一种“苍白的，一般的，不明确的暗示”。这种典型形象往往是“作者自己的真实画像”或他的“熟人的肖像”。他反对“把一切个别的东西抛开，把分散在各式各样的人身上的特征结合成为一个艺术整体”，例如“凑合一个美人的前额，另一个的鼻子，第三个的嘴和下颚成为一个理想的美人”。作者没有意识到这是很大一部分古典派艺术家的创作方式，虽然不是唯一的乃至于最好的创作方式，但有足够的记录可以证明，这在大艺术家手中也往往是一种行之有效的方式。如果把这种方式理解为机械的拼凑，那当然是应该反对的；如果把它理解为有机的融合，从现实界选择原来不在一起的因素联系在一起，这正是形象思维的作用之一，车尔尼雪夫斯基自己在谈“想象的干预”时不也承认过诗人可以就记忆中从“别的场景中去借取”细节吗？在典型的问题上他和多数美学家（包括别林斯基在内）有两点显著的差异：第一，多数美学家认为典型化就是艺术创造，车尔尼雪夫斯基却竭力缩小创造的作用；其次，多数美学家认为艺术中的典型是经过集中和理想化的，所以高于现实中的典型；车尔尼雪夫斯基却反对集中和理想化，认为艺术中典型必然要远远低于现实中的典型。在这个问题上，真理是在大多数人方面。

典型是“一般与特殊的统一”这个大原则下的一个个别事例。车尔尼雪夫斯基的病源在于他在这个问题上的思想方法是形而上学的：他要为特殊而牺牲一般，因反对抽象化而抛弃概括化。他反对“诗人把真人提高到一般意义”的提法（这本来是别林斯基的提法），理由是“这提高通常是多余的，因为原来之物在个性上已具有一般的意义”。这句话有对的一面，因为特殊与一般必然是统一的；也有不对的一面，因为个体性之中有偶然的非本质的为艺术形象所不必要的因素，就同类人物形象进行概括化是典型化所常用乃至必用的一项工作。车尔尼雪夫斯基反对集中与提高的提法是“事物的精华通常并不像事物的本身：茶素不是茶，酒精不是酒”。这话完全不错，但是从此所得的结论可以不同乃至相反。多数美学家的结论是：艺术虽反映现实，却不等于现实，艺术因为经过提炼，所以高于现实，正如酒精之浓于酒；而车尔尼雪夫斯基的结论则是：艺术只是现实的"代替品"，用不着提炼，提炼就是歪曲现实，现实是酒，艺术要的还是酒，酒精不能作为酒的"代替品"；而且酒从现实的壶里转注到艺术的壶里，还必然要减少和冲淡。从此可知，车尔尼雪夫斯基之强调艺术美必然低于现实美，在很大程度上决定于他的典型观。[①]

美学里还有一个关键性的问题，那就是内容与形式的关系。车尔尼雪夫斯基的看法是把内容和形式割裂开来的。他反对"美在内容与形式的一致"的提法，这个"内容与形式统一"的大原则固然不足以见出美的特征，却仍然是美所必隶属的一个原则。他把现实生活的美叫作"客观的美或本质的美"，认为这种美"应该和形式的完美区别开来，形式的完美在于理念与形式的一致，或者在于形象完全适合于它的使命"（结论三）。这就是说，他所讨论的现实生活的美只是内容的美，须与一般技巧和纯艺术所共有的那种理念与形象一致的"形式的完美"区别开来（参看结论十四和十五）。他没有深究现实生活的美是否也还有形式的一面，但认为艺术再现现实，艺术与现实的区别不在内容而只在形式。在论证艺术的内容不只是美时，他声明他说的"是内容的性质，不是形式，形式任何时候都应当是美的"[②]；在谈到艺术说明生活和对生活下判断时，他又说，"在这一点上，现实中没有和艺术作品相当的东西——但只是在形式上，至于内容，至于艺术所提出或解决的问题本身，这些全都可以在现实生活中找到"[③]。他还沿用别林斯基的艺术和科学在内容上相同而只在形式有别的看法，并且进一步论证艺术和历史在内容上也是同一的，都是现实。他仿佛以为内容和形式并不互相影响，所以他说，在诗

①车尔尼雪夫斯基论典型的引文主要参看《选集》，上卷，第45、50、70—75、88、91—93等页。

②《选集》，上卷，第9页。

③同上书，第95页。

人用想象的细节来补充真实的事件时，“事件被这些细节补充后并没有改变，艺术故事和它所表现的真事之间仍只有形式上的差别”[①]，这就是说，内容并不随形式而变。从此可见，他对于“内容”和“形式”两词的理解都很不精确。艺术的内容不应指未经艺术处理之前已存于现实中的素材，而是指已经艺术处理之后的具体形象。只有在前一种意义上才可以说艺术和科学与历史在“内容”上相同，而在后一种意义上，即在具体的内容上不但艺术和科学与历史不同，而且这一具体艺术作品和另一具体艺术作品也不能完全相同。每一个具体作品都有它在形式方面的独特性，因为每一具体作品都有它在内容方面的独特性，所谓艺术的“内容与形式的统一”只能理解为这两方面的独特性的一致。但是按照车尔尼雪夫斯基的看法，内容和形式都是通套的，都是在艺术创作之前就已存在的，内容是通套的现实，形式是通套的“史诗”“戏剧”“小说”之类体裁，而“内容与形式的一致”不表示内容与形式两方面的关系，只表示“形式的完美”一方面的性质（如他在结论三里所明白规定的），而这个性质还不是艺术所特有的。这样把内容和形式割裂开来，他在事实上也就把美割裂为两种：内容的美（“本质的美”，这种美与形式无关）和形式的美（这种美又与内容无关）。在讨论艺术内容不只是美时，他所指的就只是前一种美而不是后一种美，如他自己一再郑重声明的。在论证美感不苛求时，他说，“只有缺乏美感的人才会不懂得贺拉斯、维吉尔、奥维德”等罗马人的诗歌，在这类作品里不是完全没有内容，就是内容毫不足道。但是“这些诗人已经把形式提到了高度的完美，单是这一点好处，就已足够满足我们的美感”[②]。这不就已落到了形式主义的陷阱吗？这当然不符合车尔尼雪夫斯基偏重内容的基本态度，但这毕竟是他对内容与形式的割裂在理论上所必然导致的结果。

对想象与现实，内容与形式以及典型化之类问题的看法都要涉及主

① 《选集》，上卷，第97页。

②同上书，第40页。

观与客观的关系，车尔尼雪夫斯基在这方面的看法也有矛盾。他并不是完全没有看到主观因素的作用，他的美的定义中三个命题以及关于艺术作用的三个命题都充分地说明他实际上很重视人的主观作用。他说得很明白，“人的生活充满美和伟大事物到什么程度，全以他自己为转移。生活只有在平淡无味的人看来，才是空洞而平淡无味的”[①]。在谈到艺术再现不是复写时，他说，“在艺术里，人纵使想忠实地照实物抄写，他也不能放弃他自己的作用（不用说，这种作用固然很小），不能放弃运用他的全部道德力量和心智力量（包括想象在内）的责任”[②]。但是与此同时，他却说过一些完全忽视主观因素的话，例如说，“我们觉得崇高的是事物本身，而不是这事物所唤起的任何思想”，“美与崇高都离开想象而独立”，现实中就已有戏剧和小说，记录下来就可成为艺术作品；纵使有所虚构，也改变不了在素材状态的事物[③]，如此等等。他的矛盾突出地表现于他对崇高的看法，他替崇高所下的定义是：“一件东西在量上大大超过我们拿来和它相比的东西，那便是崇高的东西。”这个定义就假定了人的比较活动，事物不能离开人的这种比较活动而就产生崇高的印象，某些东西的大对于熟悉的人可能是很平常的，只有对于突然遇见而惊讶其大的人才引起崇高的印象。在这里就不能说是没有思想或心情的作用在内。作者虽不承认崇高的东西就是“可怕的”，但也承认“可怕的感觉也许会加强崇高的感觉”。尽管如此，他还是断定崇高在事物本身，而“不是这事物所唤起的任何思想”。[④] 这里的漏洞是很明显的。作者后来仿佛也意识到这个漏洞，在《自评》里他的提法就有所改变：“美与崇高其实就存在于自然与人生之中。同时也应该说，欣赏美与崇高的事物之能力，直接取决于欣赏者的能力。……美与崇高在现实中的客观

①《选集》，上卷，第 42 页。

②同上书，第 122 页，译文据原文略有修改。

③同上书，第 15、20、73—74 等页。

④同上书，第 12—20 页。参看普列汉诺夫的批评《车尔尼雪夫斯基的美学观点》最后一节。

存在也要配合人的主观看法。”[①]（重点引者加）这个改变是重要的，它多少显出主客观的统一。如果严格地按照这个新的提法，车尔尼雪夫斯基的美学系统就有重新调整的必要。

按照这个系统原来的样子，人与自然，主观与客观，艺术与现实，典型与个性，内容与形式这一系列对立面的关系都是按照形而上学的方式来理解的，即过分地强调它们的对立而没有充分认识到它们的辩证的统一。在辩证的统一体之中两对立面是交互起作用的，而车尔尼雪夫斯基往往过分强调自然、现实、客观、内容这一方面的作用，所以把艺术创造想象的活动和典型化的过程这一方面的作用估计得很不足。因此，艺术对现实的关系就被看成“代替”的关系。这样一来，他就混淆了生活（包括历史）的真实和艺术的真实。应该承认，他在这方面的思想也不是一致的。他也认识到“‘美丽地描绘一副面孔’和‘描绘一副美丽的面孔’是两件全然不同的事”[②]，“现实生活的描画和现实生活并不属于同一个范围”[③]（重点引者加）。但是他的整个美学体系却把“现实生活的描画”和“现实生活”看作“属于同一范围”，把“美丽的面孔”（现实素材）和“美丽地描绘”出来的面孔（艺术作品）看作没有本质的差别。所以艺术中的小说和戏剧仿佛就是现实中的戏剧和小说，“诗人差不多始终只是一个历史家或回忆录作家”[④]，“艺术对生活的关系完全像历史对生活的关系一样”。车尔尼雪夫斯基再三拿艺术和历史作比较，就强调从生活出发这一点来说，有他的正确的一面，但他忽视了亚理士多德在《诗学》第九章里所指出的诗与历史的分别，即历史叙述已经发生的事而诗叙述可能发生的事，历史叙述特殊的事，而诗则把特殊提到一般，所以比历史更带有普遍性。车尔尼雪夫斯基援引过这一段话，说它

①《选集》，上卷，第 5 页。

②同上书，第 5 页。

③同上书，第 98 页。

④同上书，第 73、96、123—124 等页。

“深刻而精彩”[①]，却没有认识到亚理士多德所要说明的正是艺术的真实和生活的真实之间的分别，而只认识到二者之间的联系。

别林斯基曾经把艺术对现实的关系比作纯金对原金（或矿砂）的关系，指出分别在于提炼或典型化，并且就典型化这一点来断定艺术高于现实生活。这个正确的观点被车尔尼雪夫斯基轻率地抛弃了。他轻视典型化，因而忽视了艺术虽是现实的反映，却不能因此就只是现实的代替，它是一种根据现实的虚构，和现实毕竟属于不同领域。因此他把艺术和现实这两种本来属于不同领域的东西，摆在现实生活这个领域里来比高低，断定艺术美永远低于现实美。他的理由之一是“诗人没有现实生活所有的那些手段任他使用”，“我们的艺术直到现在还没有造出甚至像一个橙子或苹果那样的东西来”；但是他同时又否认再现就是能制造幻觉的“奴性模仿”，而且还承认人类活动“产生了自然所不能产生的东西”，自然中没有什么可以比得上呢绒、钟表和房屋之类产品。[②] 从此可见，单用自然的标准来衡量艺术的高低，或是单用艺术的标准来衡量自然的高低，同样是不公允的。作为艺术的源泉，现实生活是艺术无法完全再现的，艺术造不出可吃的苹果来，在这一点上现实生活无疑地要比艺术高得多；但是作为对现实生活加以提炼而形成一种新的和谐的完整的有机体，艺术也无疑地要高于现实生活中的素材，现实中并没有歌德所写的浮士德或贝多芬的第九交响曲。

我们指出了车尔尼雪夫斯基美学体系中的一些缺点，是否就要说明它竟像“七宝楼台，拆碎不成片段”呢？我们并没有这种企图，而是鉴于对于车尔尼雪夫斯基的这样重要的美学遗产，有必要来进行一番“去伪存真”的工作，尽管这里的尝试还只是初步的。车尔尼雪夫斯基对黑格尔进行批判时，说他的基本原则大半正确而他的结论却往往错误，这句话恐怕也正好适用于车尔尼雪夫斯基自己。正如黑格尔的错误结论埋

① 《美学论文选》，第 141—143 页。

② 《选集》，上卷，第 98、41、86—88、58—59 等页。（顺引文次第）

没不住他的基本原则中的“合理内核”,车尔尼雪夫斯基的艺术代替现实,艺术美永远低于现实美，典型化是多余的之类的结论也决不能有损于他的基本原则的正确性和重要性。

车尔尼雪夫斯基的基本原则是他的美的定义中三个命题以及关于艺术作用的三个命题。在美的定义中，他不但肯定了美与现实生活的血肉联系，而且还肯定了美离不开人的理想（“应当如此的生活”），自然美也不能离开人类生活而有独立的意义（“暗示人类生活的那种生活”)。在关于艺术作用的三个命题中，他不但肯定了现实生活是艺术的源泉，而且也肯定了艺术家在说明生活和对生活下判断中所必须发挥的主观能动性。从这些基本原则中并非逻辑地必然地要达到艺术“代替”现实和艺术美永远低于现实美，把个别事物提高到一般意义的典型化是“多余的”那些错误的结论，相反地这些基本原则正足以揭示这些结论的错误。

车尔尼雪夫斯基在美学上最大的功绩就在于提出了关于美的三大命题和关于艺术作用的三大命题。这些命题把长期由黑格尔派客观唯心主义统治的美学移置到唯物主义的基础上，从而替现实主义文艺奠定了理论基础。车尔尼雪夫斯基抛弃了别林斯基所未能完全抛弃的艺术从理念出发的原则而代之以艺术从生活出发的原则，这是德国古典美学以后的一个重大的发展。固然，“生活”的概念在歌德、席勒和黑格尔等人的著作中都已有了一些萌芽。但是坚决地明确地把生活提到首位的是车尔尼雪夫斯基。而且“生活”这一词在车尔尼雪夫斯基心里,比起在歌德、席勒或黑格尔的心里，具有远较丰富的涵义，当时俄国的农民解放斗争赋予“生活”这一词以一种更深刻的社会内容。这就使现实主义文艺负有远比过去更明显的促进阶级斗争的任务。在美学论文里，车尔尼雪夫斯基作了运用阶级观点的初步尝试，例如对农民女子美和上流社会女子美的分析。他经常提到实践的重要性,说“实践是个伟大的揭发者”,“实践是判断一切争端的主要标准”，并且抱歉自己“没有说明现代实际的或者说实践的，世界观对人的所谓‘理想的’憧憬之关系”。[①]他的思想中孕育着许多这类极为重要的，尽管还未得到发展的观点的萌芽。美学论文是他在二十七岁时写的。在《自评》里他曾自认在“写此论文时还没有完成他所引申的思想的发展过程”[②]。由于他的注意力后来转向更为迫切的经济学的研究，而且后半生都在流放中过着极端艰苦的生活，他终于没有能完成这个发展过程，我们不能不为此惋惜，而且痛恨反动统治对天才的摧残！

①《选集》，上卷，第 114、131 等页，参看同书第 387—388 页。

②同上书，第 132 页。

第十八章 “审美的移情说”的主要代表：费肖尔、立普斯、谷鲁斯、浮龙·李和巴希

一 移情说的先驱：费肖尔父子

近百年来德国主要的哲学家和心理学家之中，几乎没有一个人不涉及美学，而在美学家之中也几乎没有一个人不讨论到移情作用。这个风气由德国传播到西方其他各国。提到移情说，人们总是把它联系到它的主要代表立普斯。有人把美学中的移情说比作生物学中的进化论，把立普斯比作达尔文[①],仿佛这个学说是近代德国美学界的一个重大的新发现。这种估计当然是夸大的，但是移情说在近代美学思想中所产生的重要影响却是无可否认的。

什么是移情作用？用简单的话来说，它就是人在观察外界事物时，设身处在事物的境地，把原来没有生命的东西看成有生命的东西，仿佛它也有感觉、思想、情感、意志和活动，同时，人自己也受到对事物的这种错觉的影响，多少和事物发生同情和共鸣。这种现象是很原始的、普遍的。我国古代语文的生长和发展在很大程度上是按移情的原则进行的，特别是文字的引申义[②]。我国古代诗歌的生长和发展也是如此，特别是“托物见志”的“兴”。最典型的运用移情作用的例是司空图的二十四“诗品”以及在南宋盛行的咏物词。

①参看浮龙·李《美与丑论文集》，第 68 页。

②读者试翻阅段玉裁的《说文解字法》，注意一下文字的引申义，就可以明白这个道理。

在西方，亚理士多德也早就注意到移情现象。他在《修辞学》里说到用隐喻格描写事物应“如在目前”，并且解释“如在目前”说，“凡是带有现实感的东西就能把事物摆在我们眼前”，然后举荷马为例说，“荷马也常用隐喻来把无生命的东西变成活的，他随时都以能产生现实感著名，例如他说，‘那块无耻的石头又滚回平原’，‘箭头飞出去’和‘燃烧着要飞到那里’，‘矛头站在地上，渴想吃肉’，‘矛尖兴高采烈地闯进他的胸膛’，在这些事例里，事物都是由于变成活的而显得是现实的”（重点引者加）。[①] 从此可见，亚理士多德不但注意到移情现象，而且已替它作了解释：它是一种隐喻。我国汉郑康成把诗六义中的“兴”解释为“兴者托事于物”，唐孔颖达加以引申说，“兴者起也，取譬引类，启发己心；诗文诸举草木鸟兽以见意者皆兴辞也”[②]，这也都是以“兴”为一种“隐喻”，可与亚理士多德的看法参较。

我们不必列举西方关于移情现象的一些较早的看法，单提一些近代美学家对这问题的注意。自从英国经验派把美学的研究转到心理学的基础上，人们就不断地讨论到移情现象。哈奇生用类似联想来解释自然界事物何以能象征人的心情；休谟用同情来解释平衡感说，“一个摆得不是恰好平衡的形体是不美的，因为它引起它要跌倒、受伤和痛苦之类的观念”；博克也用同情来解释崇高和美，他说，“同情应该看作一种代替，这就是设身处在旁人的地位，在许多事情上旁人怎样感受，我们也就怎样感受”，他并且把同情和模仿联系起来，“正如同情使我们关心旁人所感受到的，模仿则使我们仿效旁人所做的”[③]。对于移情问题作出较大贡献的是意大利的维柯，他把移情现象看作形象思维的一个基本要素，认为“人心的最崇高的劳力是赋予感觉和情欲于本无感觉的事物”，并且举出大量的实例来论证语言、宗教、神话和诗的起源都要用这个原则来

①亚理士多德：《修辞学》第三卷，第一一章。

②《十三经注疏》，《诗大序疏》。

③参看《英国经验主义派美学思想》章。

解释。[①]

在德国，对移情现象的重视首先是与浪漫运动萌芽期和鼎盛期中所流行的泛神主义思想以及人与自然统一的思想密切联系在一起的。文克尔曼在《古代艺术史》里描绘他对一些古代雕刻（例如《拉奥孔》）的亲身感受时，就经常涉及移情现象和内模仿现象。康德在分析崇高时把移情现象称为“偷换”（Subreption）：

> 对自然的崇高感就是对我们自己的使命的崇敬，通过一种“偷换”的办法，我们把这崇敬移到自然事物上去（对主体方面的人性观念的崇敬换成对对象的崇敬）。
>
> ——康德：《判断力批判》，第二七节

他的一个基本的美学概念是“美是道德精神的象征”，而这个概念也和移情现象有密切的联系：

> 我们经常把像是建立在道德评价基础上的名词应用到自然或艺术中美的事物上去。我们说建筑物或树木是雄伟或壮丽的，平原是喜笑的，乃至于颜色也是纯洁的、谦逊的或柔和的，因为它们所引起的感觉包含某种类似由道德判断所引起的那种心情的意识。
>
> ——康德：《判断力批判》，第五九节

狂飙运动的领袖赫尔德进一步强调精神与自然的统一，他在《论美》里把美看作生命和人格在艺术品和自然事物中的表现。例如“一条线的美在于运动，而运动的美则在于表情”，花的美在于它表现了生命力和欣欣向荣的气象，声音的美在于它传出在运动中的物体的活力、抵抗力和

①参看本书第十二章。

哀伤。他并且指出“古代一些最美的形式都由一种精神，一种伟大思想，灌注生命给它们，这种精神或思想采取这种形式，就像把它当作自己的身体，通过它把自己显现出来”。黑格尔也说，“艺术对于人的目的在使他在对象里寻回自我”；“自然美只是心灵美的反映”。例如寂静的月夜、雄伟的海洋那一类自然美是“感发心情和契合心情”的，它们的“意蕴并不在于对象本身而在于所唤醒的心情”[①]。此外，用“设身处地”和“外射”来解释移情现象的还有哲学家和《德国美学史》的作者洛慈（Lotze，1817—1881）。他对移情现象曾作过这样的描绘和解释：

> 我们的想象每逢到一个可以眼见的形状，不管那形状多么难驾御，它都会把我们移置到它里面去分享它的生命。这种深入外在事物的生命活动方式里去的可能性还不仅限于和我们人类相近的生物，我们还不仅和鸟儿一起快活地飞翔，和羚羊一起欢跃，并且还能进到蚌壳里面分享它在一开一合时那种单调生活的滋味。我们不仅把自己外射到树的形状里去，享受幼芽发青伸展和柔条临风荡漾的那种欢乐，而且还能把这类情感外射到无生命的事物里去，使它们具有意义。我们还用这类情感把本是一堆死物的建筑物变成一种活的物体，其中各部分俨然成为身体的四肢和躯干，使它现出一种内在的骨力，而且我们还把这种骨力移置到自己身上来。
>
> ——洛慈：《小宇宙论》，第五卷，第二章

洛慈在这里已指出移情现象的主要特征，把人的生命移置到物和把物的生命移置到人，所差的只是他还没有用“移情作用”这个名词。首先用这个名词的也不是立普斯而是劳伯特·费肖尔（Robert Vischer）。这位美学家的父亲弗列德里希·费肖尔（Friedrich Theodor Vischer，1807—

①参看本书第十五章。

1887）是黑格尔派中一个重要的美学家，著有一部六卷本的《美学》巨著[①]。这是后来车尔尼雪夫斯基在美学上的主要批判对象，但是在移情观念这一点上，对车尔尼雪夫斯基也产生过不容忽视的影响。[②] 他从黑格尔的泛神论的观点出发，强调“美是理想与现实的统一”，而理想则是一种客观存在的典型，须克服自然或现实界的“偶然机会的王国”，才能显出事物的内在本质。他指出形象思维与抽象思维的分别说：“有两种思想方式：用文字和概念或是用形状，有两种翻译宇宙的方式，用字母或是用意象。”意象对于他像对于黑格尔一样，是概念或理想的显现。他晚年逐渐致力于心理学的研究，对过去的客观唯心主义的观点有所纠正，特别是在《论象征》和《批评论丛》里注意到移情现象，而且作出一些心理学的解释，他把移情作用称为“审美的象征作用”，说这种作用就是“对象的人化”。

> 这种对每一个对象的人化可以采取很多的不同的方式，要看对象是属于自然界无意识的东西，属于人类，还是属于无生命或有生命的自然。通过常提到的紧密的象征作用，人把他自己外射到或感入到（fühlt sich hinein）自然界事物里去，艺术家或诗人则把我们外射到或感入到（fühlt uns hinein）自然界事物里去。
>
> ——费肖尔：《批评论丛》，第五卷，第九五至九六页

值得注意的是他虽还未把“移情作用”用作名词，却已把它用作动词（“感入到”）了。

费肖尔把这种象征作用分为三级。第一级是神话和宗教迷信所用的象征作用，例如埃及宗教用牛象征体力和生殖力，这种原始的象征作用

①据《马克思恩格斯论文艺》法文本《序文》第65页，马克思在此书刚出版后，曾于一八五七至一八五八年仔细读过这部巨著，并做过大量笔记。

②参看本书第十七章。

是在无意识中发生的，用来象征的形象和被象征的观念之间的关系还是暧昧的，从形象不一定就能看出观念。第二级是寓言所用的象征作用，例如用天平象征公道，这是由人有意识地把有类似点的两件东西，形象（天平）与观念（公道），联系在一起，这种联系是比较清楚的，从形象就可以认出观念。另外一级就是审美活动中的象征作用，这是第一级与第二级之间的中间级。在审美观照中，形象与它所象征的观念融成一体，我们“半由意志半不由意志地，半有意识半无意识地，灌注生命于无生命的东西”，形象与观念的关系也是若隐若现。费肖尔把这种审美的象征活动叫作“黄昏”的心理状态。费肖尔关于象征的看法显然是黑格尔的象征艺术说的发挥。

正是从费肖尔的“审美的象征作用”这个基本概念出发，他的儿子劳伯特·费肖尔在《视觉的形式感》（1873）一文里发展出“移情作用”的概念。视觉到的外物的形式组织，据他的分析，并不是空洞无意义的，它们就是“我自己身体组织的象征，我像穿衣一样，把那形式的轮廓穿到我自己身上来”，例如“那些形式像是自己在运动，而实际上只是我们自己在它们的形象里运动”，在看一朵花时，“我就缩小自己，把自己的轮廓缩小到能装进花里去”，反之，看庞大的事物时，“我也就随它们一起伸张自己”。劳伯特·费肖尔从此下结论说：“这一切都会不可能，假如我们没有一种奇妙的本领，能把自己身体的形式去代替客观事物的形式，因而就把自己体现在那种客观事物形式里。”这就说明了移情作用中对象形式与主体活动之间象征的关系。

劳伯特·费肖尔把这种“审美的象征作用”改称为“移情作用”（Einfuhlung，意思为“把情感渗进里面去”，美国实验心理学家惕庆纳铸造了 Empathy 这个英文字来译它）。据他的分析，一切认识活动都多少涉及外射作用，外射的或为感觉，即事物在头脑中所生的印象，或为情感，即主体方面的心理反应，如快感、不快感以及运动感觉之类。知觉起于知觉神经的刺激兴奋，情感起于运动神经的刺激兴奋。感觉分三级，第一级叫作“前向感觉”，在这一级感觉里，眼睛还只注意到对象的光线和颜色，还没有认出对象的形式，主要的是知觉神经在活动。这可以说是视觉的准备阶段。等到进一步注意到对象的形式时，运动神经的活动就占优势，因为眼睛筋肉在追随着对象的轮廓，所以这一级的知觉叫作“后随感觉”。再进一步，知觉才达到完备阶段，这时眼睛不“满足于追随对象的线条轮廓”，还要“试图模仿对象的全部形状，把它的全部造型的生动性和鲜明性都模仿到”，“感觉神经活动和运动神经活动也就结合在一起”。这叫作“移入感觉”，因为观照者已感觉到对象的内部而进行模仿。到了这个阶段才算进入“低级的感性的”审美的欣赏。

情感比起感觉，是“更深刻更亲切的心理活动”。离开单纯的感觉而进入情感时，我们才算进入了“想象的领域”。情感也分“前向情感”“后随情感”和“移入情感”三级，与感觉的三级相对应。情感的三级中的每一级都不过是感觉的三级中的对应级的浓化和深化；它们不同于感觉三级的在于都不只是追随或模仿对象的线条轮廓或全部形状，而是都要涉及想象的活动和情感的外射。情感三级本身的差别就在外射的广狭深浅上见出。“前向情感”的对象也是光和色方面的现象，例如月光、晨曦和黄昏可以象征人的情调，红色可以显得热，蓝色可以显得冷之类。“后随情感”的对象也是事物的形式轮廓，它们被看成有生命，能活动的，显得在奔腾，翻滚，蜿蜒，或跳跃。最后，到了“移入情感”（移情作用），审美的活动才达到最完满的阶段，“我们把自己完全沉没到事物里去，并且也把事物沉没到自我里去：我们同高榆一起昂然挺立，同大风一起狂吼，和波浪一起拍打岸石”[①]。费肖尔反对用记忆或联想来解释这种移情现象，因为移情现象是直接随着知觉来的物我同一，中间没有时间的间隔可容许记忆或联想起作用。

从以上的介绍看，费肖尔父子已基本奠定了移情说的基础，从此证

①劳伯特·费肖尔的移情说是在《论视觉的形式感》一文里提出来的，原书未见到，这里主要根据巴希在《康德美学的批判》一书中的援引和介绍。

明一切形式如果能引起美感，就必然是情感思想的表现，就必然有内容。当时德国美学分两派：“形式美学”派与“内容美学”派，“形式美学”派以侯巴特（J. F. Herbart，1776—1841）为代表，专从抽象形式来研究美，“内容美学”派就是黑格尔派，以费肖尔父子为代表，强调内容的重要性，反对形式主义，所以他们的移情说在当时有进步的意义。

二　立普斯

从上文可见，移情说并不是立普斯的新发现，但一般人却总把移情说和他的名字联系在一起，这也足见他对这方面研究的贡献较大。立普斯（Theodor Lipps，1851—1914）原是一位心理学家，在慕尼黑大学当过二十年的心理学系主任。他研究美学，主要是从心理学出发的。他翻译过英国休谟的《人性论》，他的移情说可能受到休谟的同情说的影响。他的研究对象主要是几何形体所生的错觉，他的移情说大半以这方面的观察实验为论证，这也足以说明他继承了劳伯特·费肖尔的衣钵，因为费肖尔也是着重研究空间形象感觉的。在美学方面他的主要著作有《空间美学和几何学·视觉的错觉》（1897）和一部两卷本的《美学》（1909）。此外，他在德国《心理学大全的文献》中所发表的《论移情作用，内模仿和器官感觉》（卷一，1903）和《再论移情作用》（卷四，1905）两文里对他的观点作了简赅的总结。

像一般德国美学家一样，立普斯的文字是抽象的、艰晦的。要介绍他的移情说，我们最好用他在《空间美学》里所着重讨论的具体的例子，希腊建筑中道芮式石柱来说明。道芮式石柱支撑希腊平顶建筑的重量，下粗上细，柱面有凸凹形的纵直的槽纹。这本是一堆无生命的物质，一块大理石。但是我们在观照这种石柱时，它却显得是有生气，有力量，能活动的。首先，朝纵直的方向看，石柱仿佛从地面上耸立上腾。这种耸立上腾或纵直伸延的活动就成为石柱所“特有的活动”。有这种活动，石柱才获得它那一特殊模样的存在。但是石柱显出活动，不是没有条件的；活动要在克服反活动中才能显出。反活动就是石柱本身的和它所支撑的重量。顺着这重量所施加的压力，石柱就会倒塌。现在它不但不倒塌，而且显得昂然挺立，这就是因为它抵抗住而且克服了重量压力的反活动，才使人感觉到有直立上腾的力量和活动。其次，朝横平的方向看，重量压力本来会使石柱膨胀，以至于破碎成为一盘散沙，这种反活动却不像在纵直方向那样起伸延运动的感觉，而是引起石柱自己“凝成整体”，“界定范围”的印象，即保持住形体，不致破碎的印象。所以朝横平方向看，石柱所特有的活动不是耸立上腾而是凝成整体。在凝成整体之中，它仿佛就“压住了”挣扎着要冲破局限（所界定的范围）的那种重量压力。无论是“耸立上腾”还是“凝成整体”，都是一种错觉，都是活动与反活动的矛盾对立的统一的结果。这里可以看出立普斯思想中的辩证因素。

立普斯把这种从力量、运动、活动、倾向等方面来看待对象的方式叫作“机械的解释”，即运用动力概念（运动、活动、力量之类概念）的解释。名为“解释”，实际上并不涉及意识活动，这一点待下文再谈。“机械的解释”只是移情作用的一方面，另一方面还有一种“人格化的解释”，也就是以人度物，把物看成人的解释。这种“人格化的解释”之所以发生，是因为“我们都有一种自然倾向，要把类似的事物都放在同一观点下去理解”；“我们总是按照在我们自己身上发生的事件的类比，即按照我们切身经验的类比，去看待在我们身外发生的事件”。就是按照这种以己度物式的类比，我们才感觉到外物仿佛像我们自己一样，在显出一种变化（发生一种事件）时，总是由“力量”和“活动”造成的，总有努力、成功、失败、主动、被动之类活动感觉：

> 这种向我们周围的现实灌注生命的一切活动之所以发生，而且能以独特的方式发生，都因为我们把亲身经历的东西，我们的力量

感觉，我们的努力，起意志，主动或被动的感觉，移置到外在于我们的事物里去，移置到在这种事物身上发生的或和它一起发生的事件里去。这种向内移置的活动使事物更接近我们，更亲切，因而显得更易理解。

——《空间美学》，第一章

这里所说的就是“人格化的解释”，就是把物化成人，也还是不涉及意识的。

这两种解释或看待事物的方式虽可分辨，却不可分割。它们不是先后承续而是一次进行的。再拿石柱为例来说：

石柱的存在本身，就我所知觉到的来说，像是直接的（马上就看到，不假思索——引者注），就在我知觉到它那一顷刻中，它已显得是由一些机械的（动力的）原因决定的，而这些机械的原因又显得是直接从和人的动作的类比来体会的。在我的眼前，石柱仿佛自己在凝成整体和耸立上腾，就像我自己在镇定自持，昂然挺立，或是抗拒自己身体重量压力而继续维持这种挺立姿态时所做的一样。

——《空间美学》，第一章

这种以己度物的原因何在？立普斯在前段引文里提到这种类比“使事物更接近我们，更亲切，因而显得更易理解”，这是一种理智方面的解释（“易理解”），但是也已包括情感方面的解释（“接近”“亲切”）。他在下结论时所侧重的是情感方面的解释：

这个道芮式石柱的凝成整体和耸立上腾的充满力量的姿态，对于我是可喜的，正如我所回想起的自己或旁人在类似情况下的类似姿态对于我是可喜的一样。我对这个道芮式石柱的这种镇定自持或发挥一种内在生气的模样起同情，因为我在这种模样里再认识到自己的一种符合自然的使我愉快的仪表。所以一切来自空间形式的喜悦——我们还可以补充说，一切审美的喜悦——都是一种令人愉快的同情感。（重点引者加）

——《空间美学》，第一章

值得注意的是立普斯在《空间美学》里以及在较迟一年发表的《论喜剧与幽默感》（1898）里都还只用“同情感”和“审美的同情”而没有用“移情作用”，后者只是在后来的著作里才采用的。不过前后用的名词虽不同，实质仍是一事。

“一切审美的喜悦”既然“都是一种令人愉快的同情感”，同情感就成为一切审美活动的必有条件了。但这并不等于说，一切移情作用都是审美的。我们看见一个人笑，自己也喜悦，也有笑的倾向。这种同情的了解就已涉及移情作用，立普斯把它叫作“实用的移情作用”，认为它不是审美的移情作用，因为审美的移情作用只有在忘去实际生活中的兴趣和情调时才会发生。然则审美的移情作用的特征究竟何在呢？这是理解移情作用所必须理解的基本问题之一。立普斯对这问题的前后解答不完全相同。在《空间美学》里他从主观反应和对象形式两方面来界定审美的同情的特征。从主观反应方面来说，“向我们周围的现实灌注生命的活动”以及这活动所伴随的“一种令人愉快的同情感”是一个特征。从对象形式方面说，审美的对象不是物质而是形式。再举道芮式石柱为例来说，使我们感觉到耸立上腾的，即使我们起审美的移情作用的，并不是“石柱所由造成的那大块石头”，而是“石柱所呈现给我们的空间意象”，即线、面和形体所构成的意象。不是一切几何空间都是审美空间，“空间对于我们要成为充满力量和有生命的，就要通过形式。审美的空间是有生命的受到形式的空间。它并非先是充满力量的，有生命的而后才是受到形式的。形式的构成同时也就是力量和生命的形成”[①]。这就是说，对象所显出的生命和力量是和它的形式分不开的，二者的统一体才是意象，也才是审美的对象。

在《空间美学》里，具体事例的分析多于理论的探讨，在《论移情作用，内模仿和器官感觉》(1903) 一文里，立普斯才就他的理论系统作了一个简赅的总结。他仍从审美的对象说起，仍认为审美的对象是直接呈现于观照者的感性意象。但是他指出审美欣赏的对象和审美欣赏的原因不是一回事,说“审美欣赏的原因是我自己,或是‘看到’‘对立的’对象而感到欢乐或愉快的那个自我”，因为在对着审美对象而感到愉快时，我还感觉到努力、使劲、抵抗、成功之类“内心活动”，“而且在这一切内心活动中我感到活力旺盛，轻松自由，胸有成竹，舒卷自如，也许还感到自豪之类。这种情感才是审美欣赏的原因”。这样说来，美感的起因就不在对象而在对象所引起的主观情感了。立普斯在这里显然堕入了主观唯心主义,但是他又始终强调审美价值的判断绝对依存于对象，不是一种个人的主观的武断，而是对象的一种正当的“权利要求”[②]。

立普斯在论文中费大力要说明的其实不过是一句很简单的话：在审美的移情作用里，主观与客观须由对立关系变成统一的关系。懂得这一点，我们就会懂得下面两段话：

> ……在对美的对象进行审美的观照之中，我感到精力旺盛，活泼，轻松自由或自豪。但是我感到这些，并不是面对着对象或和对象对立。而是自己就在对象里面。……这种活动的感觉也不是我的欣赏的对象……它不是对象的（客观的），即不是和我对立的一种东西。正如我感到活动并不是对着对象而是就在对象里面，我感到

① 《空间美学》，第二章。

② 参看《美学》，第二卷，第 368 页。据李斯特威尔在《近代美学批评史》中的介绍。

> 欣赏，也不是对着我的活动，而是就在我的活动里面。……[①]（重点原文有）

和我对立的对象，乃至于我自己的活动（在和我对立时已变成对象），对于我都只能是一种观念或印象，而审美的移情作用的内容却不能只是一种观念而是一种实际感受、经验或生活，我须与对象打成一片，就活在对象里，亲身体验到我活在对象里的活动，我才能感受审美欣赏所特有的那种喜悦。所以立普斯说：

> 从一方面说，审美的快感可以说简直没有对象，审美的欣赏并非对于一个对象的欣赏，而是对于一个自我的欣赏（这就是说，不是欣赏一个和我对立物的观念而是欣赏我在对象里亲身体验到的生活本身——引者注）。它是一种位于人自己身上的直接的价值感觉；而不是一种涉及对象的感觉。无宁说，审美欣赏的特征在于：在它里面，我的感到愉快的自我和使我感到愉快的对象并不是分割开来成为两回事，这两方面都是同一个自我，即直接经验到的自我（在对象里面生活着的自我——引者注，重点引者加）。

自我和对象既已成为一体，我们就不能说审美活动中所欣赏的只是对象或只是自我，而是既是对象又是自我的统一体。立普斯把审美的移情作用的主客之间这种辩证的关系界定如下：

> 审美快感的特征就在于此：它是对于一个对象的欣赏，这个对象就其为欣赏的对象来说，却不是一个对象而是我自己（既是被欣赏着的，又是我自己在其中生活着的——引者注）。或则换个方式说，它是对于自我的欣赏，这个自我就其受到审美的欣赏来说，却不是

①这部分几段引文均见立普斯《论移情作用，内模仿和器官感觉》。

我自己，而是客观的自我（不是日常实用生活中的自我，而是“对象化”了的，生活在所观对象里的自我——引者注）。

综观以上所述，立普斯从三方面界定了审美的移情作用的特征，不过这三方面又不能割裂开来而要综合在一起来看。第一，审美的对象不是对象的存在或实体而是体现一种受到主体灌注生命的有力量能活动的形象，因此它不是和主体对立的对象。其次，审美的主体不是日常的“实用的自我”而是“观照的自我”，只在对象里生活着的自我，因此它也不是和对象对立的主体。第三，就主体与对象的关系来说，它不是一般知觉中对象在主体心中产生一个印象或观念那种对立的关系，而是主体就生活在对象里，对象就从主体受到“生命灌注”那种统一的关系。因此，对象的形式就表现了人的生命、思想和情感，一个美的事物形式就是一种精神内容的象征。所以在基本观点上，立普斯和费肖尔父子还是一致的。

最后，我们还要约略谈一下德国移情派美学家们内部所经常争辩的一个问题：移情作用是否可以用观念联想的原则来解释呢？是否因为看到对象的某种形式而联想到自己的某些生活经验，就产生移情作用呢？以西伯克（H. Siebeck）为代表的美学家们力持观念联想的解释，以浮尔克特（J. Volkelt，立普斯以外，德国最重要的移情说的代表，《美学系统》的作者）为代表的美学家们则竭力反对观念联想的解释。立普斯在这个问题上的态度是有矛盾的。在《空间美学》里，他肯定了对过去生活经验的联想在移情作用中确实发挥作用，不过认为这种联想作用是在下意识中进行的。他指出对象的活动有难有易，即所要克服的障碍有大有小，“这种情况就使我们回想起自己所经历过的与它虽不同而却相类似的过程，使我们回想起自己发出同样动作时的意象以及自然伴随这种动作的亲身感到过的情感”[①]。这里所谈的正是“类似联想”，不过立普斯又认为

①《空间美学》，第一章。

移情作用与寻常的类似联想有所不同：

> 过去经验无疑地在我们心里不涉及意识地发挥作用，它们在我们心里发挥作用，并不是作为个别孤立的东西，我们并不能把在过去经验中所学习到的东西完全移到一个类似的新事例上来运用。凡是属于同一范围的过去经验，只要积累得够多，就会在我们心里凝成一种规律。一旦凝成规律，这些过去经验就不再个别孤立地在我们心里发挥作用，而是像一般规律一样，作为共同性或整体来发挥作用。我们无须意识到这种规律，也无须意识到其中个别事例。（重点引者加）
>
> ——《空间美学》，第八章

过去类似经验所凝成的规律，共同性或整体就是在观照美的事物形象时心中所引起的“力量”“活动”“抵抗”“挣扎”“成功”之类的抽象的情感。它们就是“人格”或“自我”的基本组成部分。在审美活动中起作用的就是“自我”中这类抽象的情感，而不是过去经验中某些具体细节的联想。在《再论移情作用》（1905）一文里立普斯又进一步指出审美的移情作用与联想作用的区别在于有无表现：

> 说一种姿势在我看来仿佛是自豪的或悲伤的表现，这和说我看到那姿势时，自豪或悲伤的观念和它发生联想，是很不相同的。如果我看到一块石头，硬软之类观念就和这一知觉发生了联想；但是我绝不因此就说我所看到的石头或是在想象中的石头表现出硬和软。反之……说一种姿势是自豪的或悲伤的，这就不过是说，它表现出自豪或悲伤。……姿势和它所表现的东西之间的关系是象征性的。……这就是移情作用。凡是只以普通意义的联想的关系而与所见对象联系在一起的东西都不属于纯粹的审美的对象。浮斯特的苦恼和绝望使我们感到不愉快（这是由于联想——引者注），这件事

实却不妨碍我们对浮斯特的苦恼和绝望的总的体验是愉快的，由于这体验中包括心灵的丰富化、开扩和提高。体验到浮斯特痛苦的不是实在的自我而是观照的或观念性的自我。

立普斯在这里更强调的是同情而不是联想。所以他说，“使我愉快的并不是浮斯特的绝望，而是我对这绝望的同情”。他仿佛认为反面的人物很难引起审美的移情作用，因为它们不能引起同情：

> 表现给我看的一种心境如果要对我产生快感，那就只有一个条件：我须能赞许它……“赞许”就是我的现在性格和活动与我所见的事物之间的实际谐和。正是这样，我必须能赞许我在旁人身上发见的心理活动（这就是说，我对它们必须能起同情），然后它们对于我才会产生快感。
>
> ——《再论移情作用》

能引起同情共鸣的东西才能引起审美的移情作用，所以立普斯说美感就是“在一个感官对象里所感觉到的自我价值感”。在《论喜剧与幽默感》里，他说得更清楚：“一切艺术的和一般审美的欣赏就是对于一种具有伦理价值的东西的欣赏。”在这个意义上，美与善是密切联系着的。

立普斯的移情说主要是从心理学观点提出的。在心理学观点上他一向反对“身心平行说”，即反对从生理学观点来说明心理现象，所以他反对用内模仿的器官感觉来解释移情作用。在这方面他的主要的论敌是谷鲁斯。

三　谷鲁斯

谷鲁斯（Karl Groos，1861—1946），像立普斯一样，也是一位从心理学观点出发去研究美学的德国学者。席勒在《审美教育书简》里所提出的艺术起于“游戏冲动”说对他起了很大影响。如果艺术与游戏在本质上是一回事，要研究艺术的原理，就不能不深入地研究游戏。所以谷鲁斯在这方面做了很多的观察与分析工作。他的研究结果都总结在两部著作里：《动物的游戏》（1898）和《人类的游戏》（1901）。此外他还发表了一些美学专著，主要的有《美学导言》（1892）和《审美的欣赏》（1902）。在他看来，艺术创造和欣赏都是“自由的活动”，游戏也是“自由的活动”，艺术和游戏是相通的。在审美中，这种自由的活动表现于内模仿。他的内模仿说实际上就是移情说的一个变种。为了便于理解他的内模仿说，先须约略介绍他的游戏说。

游戏说自从席勒提出以后，首先采用来加以发挥的是英国哲学家斯宾塞（H．Spencer，1820—1903）。他认为游戏和艺术都是“过剩精力”的发泄。高等动物无须费全副精力来保存生命，而且在进行某种活动时，其他活动都暂时停止，使所需要的精力因休息而得到补充，所以它们有过剩的精力。这种过剩的精力既无须发泄于有用的工作，就发泄于无用的自由的模仿活动，即游戏或艺术活动。[①]接着德国艺术史家朗格（Konrad Lange，1855—？）在《艺术的本质》里进一步发挥了席勒的游戏说。他也认为艺术和游戏一样，都比实际生活提供人更多的而且更丰富的运用本能冲动而进行自由活动的机会。他特别从席勒以及其他德国古典美学家所指出的“存在”（Sein）与“显现”（Schein）的分别中得到启示，认为艺术和游戏都满足于“显现”或形象，把虚构的形象看成“仿佛是”真实的，所以都是一种“有意识的自欺”或“有意识的自蹈幻觉”（Eine bewusste Selbsttaūschung），即明知其为虚构而仍“佯信”以为真，虽是游戏而仍以认真的态度去进行。

谷鲁斯反对斯宾塞的“精力过剩”说，因为它不能解释游戏的方式

①斯宾塞：《心理学原理》，第二卷，第九部分。

何以随种属、性别和年龄而有差异。他提出所谓“练习说”，主张游戏并不是与实用生活无关的活动，而是将来实用活动的准备和练习，例如小猫戏抓纸团是练习捕鼠，女孩戏喂木偶是练习做母亲，男孩戏打仗是练习战斗本领。所以游戏就是学习。除掉在低级阶段，游戏只是遗传的本能冲动的满足以外，较高级的游戏“归根到底是我们惯常感到的对力量的快感，觉得有能力扩张施展才能范围的那种欣喜”以及连带的“自我炫耀”的快感。由于游戏产生快感，所以过了儿童的学习期，人还是继续游戏。在高级阶段，游戏总是带着外在的目的，过渡到艺术活动。谷鲁斯是不赞成“为艺术而艺术”的，他说：

> 就连艺术家也不是只为创造的乐趣而去创造；他也感到这个动机（上文所说的“对力量的快感”），不过他有一种较高的外在目的，希望通过他的创作来影响旁人，就是这种较高的外在目的，通过暗示力，使他显出超过他的同类人的精神优越。
>
> ——《动物的游戏》，《游戏与艺术》章

关于游戏过程中的心理状态，谷鲁斯也不完全赞同朗格的“有意识的自蹈幻觉说”：“朗格似乎做得太过分，把这个（摇摆于自蹈幻觉和对这幻觉的意识之间的心理状态）看成一切审美乐趣和游戏乐趣的基本。根据自我检查就可以看出：在长久继续的游戏里我们所感到的高度快感之中，实在的自我总是安静地隐在台后，并不出面干预。……例如在看《浮斯特》剧中监狱一场时，自始至终我们都在紧张地欣赏，完全忘去我们自己，只有在幕落后我们吸一口长气，才回到现实世界中来。”[①]

游戏不都是模仿性的，例如猫戏捕鼠、犬戏殴斗，都不一定要有范本，它们全凭本能冲动。但是艺术总是属于模仿性的游戏。在这一点上

①谷鲁斯：《动物的游戏》，《游戏与艺术》章。参看普列汉诺夫《没有地址的信》中第二封信对游戏说的介绍和批判。

谷鲁斯与席勒，斯宾塞和朗格诸人都是一致的。我们无须对这种观点多加批判，只消说他们的共同错误在于由艺术与游戏的部分类似，推论到它们的全部的等同，忽视了一个基本事实：艺术在反映现实，影响现实以及作出持久的作品等重要方面，都与游戏有本质的不同。

谷鲁斯把游戏和模仿都看作本能，而且认为在一般审美活动中游戏和模仿总是密切联系在一起的。他指出凡是知觉都要以模仿为基础，例如看见圆形物体时，眼睛就模仿它做一个圆形的运动，看见旁人发笑，自己也随之发笑。不过审美的模仿虽建立在知觉的模仿的基础上，却有它的特点。一般知觉的模仿大半外现于筋肉动作，审美的模仿大半内在而不外现，只是一种"内模仿"(Innere Nachahmung)。"例如一个人看跑马，这时真正的模仿当然不能实现，他不愿放弃座位，而且还有许多其他理由不能去跟着马跑，所以他只心领神会地模仿马的跑动，享受这种内模仿的快感。这就是一种最简单、最基本也最纯粹的审美欣赏了。"①谷鲁斯把这种"内模仿"看作审美活动的主要内容，正犹如立普斯把"移情作用"看作审美活动的主要内容。不过立普斯的"移情作用"并不完全排斥"内模仿"，谷鲁斯的"内模仿"也不完全排斥"移情作用"。两人只在侧重点上有所不同：立普斯的"移情说"侧重的是由我及物的一方面，谷鲁斯的"内模仿说"侧重的是由物及我的一方面。由于侧重点不同，"移情说"和"内模仿说"就显出一些重要的差异。

谷鲁斯在界定"审美的同情"的特征的同时，就已说明他和立普斯的分歧。他指出在当时流行的"审美的同情说"("移情说")所讨论的复杂过程里，可以分辨出这些主要的特征：

> 1a，人心把旁人（或物）的经验看作仿佛就是它自己的。1b，假如一种本无生命的对象具有和我们人类一样的心理生活，它也就

①谷鲁斯：《动物的游戏》，《游戏与艺术》章。

会经历到某些心理情况，对这些假设它有的心理情况我们也亲身经历一遍。2a，我们内在地参加一个外在对象的动作。2b，我们也想到一个静止的物体会发出什么样的运动，假如它们实在有我们所认为它们有的那些力量（“形式的流动性”）。3，我们把自己的内心同情所产生的那种心情移置到对象上去，例如说到崇高事物严肃，美的事物喜悦之类。

——《人类的游戏》，第二部分，第三章

这可以说是立普斯派的移情说的一个简赅的叙述。谷鲁斯认为这些特征并不足以概括全部审美的事实，还必须加上他所强调的游戏，内模仿和内模仿所涉及的器官感觉。

他举立普斯在《空间美学》所详细讨论的道芮式石柱为例。立普斯用对象形式“提醒”我们自己的类似动作的“观念”来解释石柱的耸立上腾和凝成整体，实际上是把这种过程看作承续的联想。但是“承续联想在审美欣赏中并不是一个因素”，因为连立普斯自己也承认审美过程不经过反思，“我们对自己的动作并没有一个真正的意象悬在眼前，我们实际上并没有被‘提醒’，因为所说的过程是一种同时发生的‘融合过程’”，即所谓“机械的解释”和“人格化的解释”的融合过程，由于这种融合，过去经验和当前感官印象才融成一个和谐整体，我们才有石柱耸立上腾之类感觉。谷鲁斯承认审美活动不能没有这种融合，但是认为它也不能止于这种融合，因为如果它止于融合，它就还仅是一般的知识而不是具有特殊喜悦的审美的知觉。例如小孩和野蛮人听到雷的吼声，就产生一种宏壮声音在盛怒中咆哮的印象而感到恐惧。这种恐惧情感还不是审美的，只有在人能以游戏的态度，从雷的吼声本身感到一种独立的快感时，他才能对它有审美的欣赏。石柱的例子也是如此：

我们不可能想到石柱的上腾运动而不想到自己的过去经验，这

> 当然是不证自明的，但是我认为在审美的知觉里，当事人有意识地抱着这个印象（石柱上腾的印象——引者注）流连不舍，只是为着它的一些产生快感的性质，这也就是说，他是带着游戏的态度而抱着这种印象流连不舍。

谷鲁斯认为这就足以证明游戏是审美活动中的一个重要因素。在审美活动中，这种游戏是一种“内模仿的游戏”。内模仿颇近似戏剧表现中的模仿，在戏剧模仿中，演员“把自我转移到另一个人的情境中和他同一起来”；内模仿则“前进一步，走向把模仿冲动加以精神化”，不一定实现为外在的动作：

> 内模仿是否应看作一种单纯的脑里的过程，其中只有过去动作，姿态等的记忆才和感官知觉融合在一起呢？决不是这样。其中还有活动，而活动按照普通的意义是要涉及运动过程的。它要表现于各种动作，这些动作的模仿性对于旁人也许是不能察觉到的。依我看来，就是对实际发生的各种动作的瞬间知觉才形成了一个中心事实，它一方面和对过去经验的模仿融合在一起，另一方面又和感官知觉融合在一起。

从此可见，谷鲁斯把内模仿的运动知觉（器官知觉）看作审美活动的核心，围绕着这个核心，过去经验的记忆和当前对形象的知觉才融合成为整体。如依立普斯，则当前形象的知觉和过去经验（如努力、挣扎、成功等）的记忆的联想就形成了审美的移情作用。谷鲁斯则认为，“单是过去经验的回声决不造成我所了解的内模仿的游戏”，因为它不能解释“审美性的同情所具有的那种温热亲切的感受和逐渐加强的力量”，这种运动感觉究竟包含什么内容呢？谷鲁斯说它包含“动作和姿势的感觉（特别是平衡的感觉），轻微的筋肉兴奋以及视觉器官和呼吸器官的运动”。

这些运动“只是一种象征而不是一种复本”，这就是说，部分可以代替全体，例如看螺旋形并无须发出真正的螺旋形的运动，只消眼睛和呼吸器官的一些轻微运动以及颈部喉部筋肉的轻微的兴奋就行了。

谷鲁斯和立普斯的基本分歧就是内模仿的运动感觉是否组成审美快感的要素这一问题上。立普斯并不否认移情现象中带有内模仿，只是否认这种活动能影响到审美的意识。他在《论移情作用，内模仿和器官感觉》一文里详细地讨论过这个问题。他认为审美活动是一种聚精会神的状态，我们既然凝神观照对象的动作，就“意识不到我实际已在发生的动作，也意识不到我身体里所发生的一切”，但是“仍然有一种活动、努力、成就或成功的感觉，仍然有一种内模仿的感觉”。这内模仿的感觉并不是器官感觉，因为“对于我的意识来说，这种内模仿只是在能见到的对象里发生。努力、挣扎、成功的感觉就不再和我的动作联系在一起，而是只和所见到的那个客观的物体动作联系在一起”：

> 总之，这时我连同我的活动的感觉都和那发出动作的形体完全融成一体。……我被转运到那形体里面去了。就我的意识来说，我和它完全同一起来了。既然这样感觉到自己在所见到的形体里活动，我也就感觉到自己在它里面的自由、轻松和自豪。这就是审美的模仿，而这种模仿同时也就是审美的移情作用。
>
> ——立普斯：《论移情作用，内模仿和器官感觉》

这就是说，物我同一中的聚精会神的状态不容许我意识到自己眼睛颈项等部的筋肉运动或是呼吸的变化。所以立普斯下了这样的结论：

> 任何种类的器官感觉都不以任何方式闯入审美的观照和欣赏。按审美观照的本性，这些器官感觉是绝对应排斥出去的。

很显然，这种结论和谷鲁斯的结论是完全对立的。

这种争执在西方美学界至今还未得到解决。据一般心理学家的看法，人在知觉反应方面本来有“知觉型”与“运动型”之别。属于“知觉型”的人在知觉事物时只起视觉或听觉的意象。属于“运动型”的人在知觉事物时，运动感觉或器官筋肉感觉才特别强烈。因此，“知觉型”的人在审美活动中也只起视觉和听觉方面的意象，“运动型”的人才起器官感觉，这种器官感觉就大大加强视觉和听觉方面的意象。谷鲁斯自认属于“运动型”，并且认为如果只有“运动型”的人才有内模仿的器官感觉，“审美欣赏中一个很重要的组成部分就会只限于这一部分人才有”，也就是说，运动型的人就有较高的欣赏力。不过谷鲁斯后来部分地接受了立普斯的批评，承认他的理论只能适用于“运动型”的人，单凭静观的“知觉型”的人也还是可以有很高的欣赏力。[①] 这就是承认运动感觉并不是审美欣赏中必然的普遍的要素了。

四　浮龙·李

在英国方面，移情说的主要代表是浮龙·李（Vernon Lee，1856—1935）。这是文艺批评家巴格特（Violet Paget）的笔名。她著有《美与丑》（1897）和《论美》（1913）等书。《美与丑》是她和汤姆生（C. Anstruther Thomson）合著的，其中例证大半是汤姆生对自己在审美活动中生理和心理反应的内省和描写，理论大半是浮龙·李的分析和总结。汤姆生是属于运动型的，在观照雕刻、建筑和绘画时，有强烈的器官感觉，例如她观照花瓶时如果“双眼盯着瓶底，双足就压在地上。接着随着瓶体向上提起，她自己的身体也向上提起，随着瓶体上端展宽的瓶口

①见谷鲁斯发表在《二十世纪初期哲学》（文德尔邦编，1907）里的《美学》部分；参看李斯托威尔的《近代美学批评史》，第 64—65 页。

的向下压力，自己也微微感觉到头部的向下压力……有一套完整的平均分布的身体适应活动伴随着对瓶的观照。正是我们自己身上的这类动作的完整与和谐才是和感觉到瓶是一个和谐的整体这个理智的事实相适应的”。她甚至认为“我们不可能聚精会神地圆满地欣赏一座像《麦底契爱神》那样身体微向前弯的雕像，如果我们昂首挺胸，全身筋肉紧张地站在雕像面前”[①]。

浮龙·李对审美现象富于敏感而不擅长于逻辑分析。她根据汤姆生的自省和自己的观察所建立的理论是含糊的而且前后自相矛盾的。她在写《美与丑》时还没有接触到立普斯和谷鲁斯的著作。她的看法显然很接近谷鲁斯的内模仿说，所不同者谷鲁斯更侧重内模仿中筋肉运动的感觉，而她则更侧重内模仿中情绪反应所涉及的内脏器官感觉，如呼吸循环系统的变化之类。在这方面她吸收了当时流行的关于情绪的“哲姆士、朗格说”。情绪发动时身体器官上都要起变化，例如恐惧时面色变白，羞惭时面孔变红，欢喜时喜笑颜开，悲哀时愁眉流泪之类。一般心理学家都以为先有情绪而后有器官变化；情绪是因，器官变化是果。美国实用主义派心理学家威廉·哲姆士和德国心理学家朗格却反对此说，认为事物的知觉直接引起身体器官的变化，这些变化所生的感觉的总和就是情绪，所以器官变化是因而情绪是果，例如笑并不是由于喜而喜倒是由于笑，逃避并不是由于恐惧而恐惧倒是由于逃避。浮龙·李把这个理论应用到审美欣赏上，例如上文所说的看花瓶时各种身体器官变化的总和就产生审美活动中所特有的那种喜悦情绪。她还认为采用哲姆士、朗格的情绪说，就有一个辨别美丑的标准：凡是对象能引起有益于生命的器官变化就美，能引起有害于生命的器官变化就丑。应该指出，哲姆士、朗格的情绪说由于把情绪化成感觉，已遭到心理学家们的抛弃；这个学说既不能成立，浮龙·李把审美的情感简单化为器官感觉总和的理论也

①浮龙·李和汤姆生：《美与丑》。

就要随之倒塌了。

在接触到立普斯和谷鲁斯的著作之后，浮龙·李对于她早年在《美与丑》中所提出的看法做了一些修改。特别是在受到立普斯的批评之后，她放弃了“哲姆士、朗格情绪说”，承认审美的情感不能归结为各种器官运动感觉的总和。在大体上她接受了立普斯的移情说。例如她所举的“山立起来”的例子。山是一堆静止的物质，我们何以觉得它立起来呢？她说，山的形状“迫使我们要提起或立起我们自己，以便看得到它”，“山的立起是由我们意识到自己抬起眼睛、头或颈时所引起的一个观念”。“这个现时的特殊的‘抬起’动作只是一种核心，围绕着这核心凝聚着我对一切类似的‘抬起’或‘立起’动作的记忆”，成为一种“复合照像”似的一般“立起”观念，在聚精会神之中，“被移置到那座山上去”。她把这种移情作用过程作了如下的总结：

> 由于我们有把知觉主体的活动融合于对象性质的倾向，我们从自己移置到所见到的山的形状上去的不仅是现时实际进行的“立起”活动的观念，而且还有一般“立起”观念所涉及的思想和情绪。正是通过这种复杂的过程，我们才把我们活动的一些长久积累的、平均化过的基本形态（抽象化的“起立”感觉——引者注），移置到（这完全是不知不觉的）那座静止的山，那个没有身体的形状上去。正是通过这种过程，我们使山抬起自己来。这种过程就是我所说的移情作用。
>
> ——《论美》，第九章

这种看法和立普斯在《空间美学》里所提出的看法似并无二致，可是浮龙·李却又反对立普斯的“移置自我于非自我”即“物我同一”的提法，说他“落到了隐喻的陷阱”，因为在移情作用中愈凝神观照对象（“非自我”），也就愈意识不到“自我”。其实立普斯明确说过这种移置是在下意识中进行的，而且浮龙·李所说的平均化的或抽象化的活动观念以及它所涉及的思想和情绪，也正是立普斯所说的“自我”或“人格”的组成部分。所以总的来说，浮龙·李对于移情说并没有作出什么新的贡献，只是由于文笔流利，对宣扬移情说有些功劳。

五　巴希

移情说的法国代表是巴黎大学美学教授巴希（V Basch），他的主要著作是《康德美学批判》(1897)。这部巨著的内容并不完全符合它的名称，除掉批判康德美学以外，还介绍了近代美学主要流派（特别是德国主要流派）的思想，并且阐明了作者自己的美学观点。巴希接受了当时在德国盛行的移情说，他的来源主要是费肖尔父子而不是立普斯，同时他也接受了谷鲁斯的内模仿说。在这部书的中心部分题为“审美的情感”的第五章里，他着重地讨论了美感的特点。他认为审美的情感和一般的情感的区别在于：a. 来自视听两种高级感官；b. 起因是事物的形状；c. 直接的，即不假思索的；d. 不受一般感官满足的条件约制；e. 比一般情感较温和，对起实际行动的意志影响较弱；f. 较易丢开；g. 它是一种同情的社会情感。在这些特点之中起主导作用的是最后一个，即同情感。

巴希追随费肖尔父子，把审美的同情叫作“审美的象征作用”，因为在审美的同情里，客观的形象总是象征主观的思想和情感。他还声称这种审美的同情也就是费肖尔所说的移情作用和谷鲁斯所说的内模仿。他替同情所下的定义是：“灌注生命给无生命的事物，把它们人格化，使它变成活的，这就是和它们同情，因为同情正是跳开自己，把自己交给旁人或旁物。”这个原则适用于对自然的欣赏，例如我们随岩石一起昂然挺立，随溪流一起溅浪花，都是由于同情而达到物我同一中的生命交流。这个原则也适用于对艺术的欣赏。在欣赏艺术作品时，“我们在过着艺术家所描绘的那些人物的生活”，既能分享荷兰画中的卑微的日常生活，也能分享近代文艺作品中的圣徒和英雄的生活；既能分享莫扎特的微笑的静穆，也能分享贝多芬的沉雄悲壮。不过欣赏艺术的同情要比欣赏自然的同情较为复杂：

> 当我们对一件艺术作品起美感时，在我们身上发生的有一种双重同情活动。一方面我们同情于所描绘的人物，他们的外貌以及他们的温柔的或强烈的内心活动；另一方面我们的同情还由作品转到艺术家，是他才把我们从日常猥琐事务生活中解放出来，我们对他的敬慕使我们有一种倾向，要从他的天才所放射出的人物中去寻找他自己的灵魂中的一丘一壑。
>
> ——《康德美学批判》，第五章

从此可见，审美的同情有解放自我和扩大心灵的作用。

巴希的结论是：“审美的情感（美感）主要在于对事物，或者说得更精确一点，对事物的形状的同情活动。”他在美感里分辨出三种不同的因素：第一种是由简单的光和色直接引起的感官快感，叫作“感性因素”；其次是由形状的形式引起的理性快感，叫作“形式因素”；第三种是由联想到内容意义或与其他事物的关系而引起的快感，叫作“联想因素”。巴希就美感的这三种因素逐一检查，认为每一种因素都可以归纳到审美的同情。就直接的感性因素来说，红色使人感到热烈兴奋，并不是因为眼睛构造是否习惯于看红色，而是“因为我们在某种程度上把自己和红色同一起来，把血和火曾经使我们感受过的那些情感移交给红色，使它具有人格”。就形式因素来说，巴希反对形式主义者的单凭形式就足以引起美感的主张，引用德国移情派美学家们所举的一些事例来说明抽象的形式都须带有某种象征的意义才能引起美感：

> 我们先是把线条和轮廓转化为力量和运动，然后感觉到自己的身体也参预这种运动，把线条和轮廓看成活的，只有在这种时候，形式才变成真正是审美的。

最后是联想的因素。我们已经见到，移情作用是否可以用联想来解释，在德国移情派美学家之中有过热烈的争论。巴希肯定了“审美的象征作用必然要有联想作用为前提”，但是也否认审美的象征作用就可以归结为联想作用，因为使死物变成活物，变成有生命有灵魂的东西，须凭借一种不同于联想的活动，那就是同情活动。

在法国，巴希以外，柏格荪的直觉说也是与同情说或移情说密切相连的。在《创化论》里，柏格荪在日常知觉功能之外，又提出另一种功能，叫作“审美的直觉”，并且解释说，这就是“一种同情”，凭这种直觉或同情，艺术家才能“设身处在事物的内部”。在《论意识的直接资料》一书里，他还提出催眠暗示说，认为艺术有催眠日常意识的作用，使人更驯服地接受艺术所创造的幻境，更好地同情于艺术所描写的情感。移情说被吸收到柏格荪的哲学系统里，就成了反理性主义中的一个组成部分。

六 结束语

从十九世纪后半期以来，移情说在西方资产阶级美学界一直在起着广泛而深刻的影响，流派甚多，说法也不一致，我们在这里只约略介绍了一些主要代表的主要观点。

移情现象是原始民族的形象思维中一个突出的现象，在语言、神话、宗教和艺术的起源里到处可以见出。所以美学家和文艺理论家很早就已注意到移情现象，亚理士多德在《修辞学》里所说的"隐喻"以及我国《诗大序》中所说的"兴"都可以为证。不过对移情现象进行比较深入的研究却从十七世纪英国经验主义派才开始。十八世纪意大利的维柯，在英国经验主义影响之下，把这种研究又推进了一步，直到十九世纪后半期移情说才在美学领域里取得了主导的地位。

移情说盛行于十九世纪，这是有社会历史根源的。它是浪漫运动时期文艺思想的余波。浪漫运动是上升资产阶级要求自我解放与自我无限伸张的结果。它要冲破封建古典文艺所宣扬的那种理性的窄狭局限，把想象和情感提到首位。凭想象与情感的指使，人把自我伸张到外在自然里，从而冲破人与自然的隔阂。这种情况首先表现于一般浪漫诗人所信奉的泛神主义。所谓泛神主义，就是把神看作在自然中无处不在的一种周流不息的生命主宰。自然就是躯壳，神就是这架躯壳中的灵魂。很显然，这种"拟人"的世界观就是移情作用的虚构。神与自然的统一实际上就是人与自然的统一，或则用德国哲学家费希特的术语来说，也就是"自我"与"非自我"的统一。在浪漫派诗人的作品里，特别是在咏自然景物的诗歌里，移情作用的例子触目皆是，从此就可以见出移情说与浪漫主义文艺实践之间的密切关系。风气既开，后来现实主义派作家也受了影响。巴尔扎克谈自己观察事物的经验说："就我的情况来说，观察变成了直觉的……它给我一种本领，能过它所涉及的那个人物的生活，使我变成了他。"[①] 福楼拜在自述写《包法利夫人》的经历时，也说他"写这部书时把自己忘去，创造什么人物就过什么人物的生活"，例如写到她和情人在树林里骑马游行时，"我就同时是她和她的情人……我觉得自己就是马，就是风，就是他们的甜言蜜语，就是使他们的填满情波的双眼眯着的太阳。"[②] 象征派诗人也把物与物以及物与我之间的"感通"当作他们的基本信条。波德莱尔就说："纯艺术是什么？它就是创造出一种暗

①巴尔扎克:《法西诺·侃》(*Facino Cane*)，见德拉库洛瓦《艺术心理学》，第 119 页引文。
②福楼拜:《通信集》，第二卷，第 358 页。

示魔术，同时把对象和主体，外在于艺术家的世界和艺术家自己都包括在内。”[①] “往往有这样的境界：你的人格消失了客观性相（这是泛神主义的诗歌的特质）在你身上获得反常的发展，以至于对外在事物的观照使你忘去你自己的存在，把你自己和那些事物混同起来。你注视一棵轮廓和谐，在风前弯曲的树……你先把你的情绪、欲念和愁思都移交给树，然后树的呻吟和摇曳也就变成你的，不久你就成了那棵树。”[②] 巴希的“审美的象征作用”说也多少是为当时流行的法国象征主义文艺作辩护的。他说，“一切审美的感觉，尽管是很简单的，也像是普遍和谐的象征”，例如“在欣赏光和色的时候，我们隐约地意识到外在世界与我们的神经系统之间有一种预定的和谐”。从这些话我们也可以看出，移情说往往带有很浓厚的神秘主义与唯心主义色彩。不过作为浪漫主义文艺思想的结晶，它的总的精神是强调审美者的主观能动性以及形式表现内容的必然性，反对当时美学上的形式主义，在这一点上它还是有积极意义的。

移情说引起了一个问题：是否一切审美欣赏和艺术创造都必然带有移情作用呢？从立普斯、谷鲁斯、浮龙·李和巴希等人的主要著作看，“审美的移情作用”和“审美的情感”几乎成为同义词，而费肖尔父子则把移情作用看作审美活动的最高阶段。这种看法是不尽符合事实的。我们已经见到，谷鲁斯的内模仿说在当时就引起了争论，在审美中起移情作用和内模仿作用的大半是属于“运动型”的人，至于“知觉型”的人大半可以从冷静的观照中得到美感，谷鲁斯到晚年也被迫承认了这个事实。后来德国美学家佛拉因斐尔斯（Müller Freinfels）在他的《艺术心理学》里把审美者分为“参与者”（Mitspieler）和“旁观者”（Zuschauer）两种类型，实际上是相当于“运动型”和“知觉型”的。“参预型”通常都起移情作用，“旁观型”通常都不起移情作用。但是这两个类型的人

①波德莱尔：《论浪漫的艺术》，第 127 页，参看他的十四行诗《感通》（*Correspondance*），这首诗是象征派的信条。

②波德莱尔：《人为的乐园》，第 51 页。

都可以享受美感。佛拉因斐尔斯举看戏为例，“参预者”说，“我忘却了自己，我只感受到剧中人物的情感。我时而跟奥赛罗一起发狂，时而跟苔丝狄蒙娜一起战栗[①],时而又想干预他们,挽救他们”。“旁观者”却说，“我面对着戏剧场面就像面对着一幅画，我随时都知道这并不是实人实事，我固然感到剧中人物的情绪，不过这只是对我自己的美感提供材料。……我的判断力始终是清醒的。我也始终意识到自己的情感。”[②]从此可见，这个问题涉及狄德罗所谈的两种演剧方式。我们记得，狄德罗是力主冷静观察的，所以和“移情说”的宣扬者处于对立地位。这两派人都抓住了真理的片面，错误都在把片面的真理当作全面的真理。根据我们所能掌握的资料来看，移情作用本身也有深浅程度之别，它在审美活动中是一个相当普遍而也不是绝对普遍的现象，所以把“审美的移情作用”和审美活动等同起来是不妥的。

①莎士比亚的《奥赛罗》中的主角因听谗言扼杀了他的爱妻苔丝狄蒙娜。

②佛拉因斐尔斯:《艺术心理学》，第一卷，第66—71页。

第十九章　克罗齐

克罗齐（Benedetto Croce，1866—1952）是近代资产阶级中一个发生广泛影响的哲学家，文学批评家，历史学家和美学家。他家住意大利南部那卜勒斯，即维柯的故乡。由于家境富裕，他没有借职业谋生的必要，能用毕生大部分精力于学术研究工作。在政治上他打着思想自由的旗帜，反对宗教。在墨索里尼建立法西斯政权以前，他任过教育部部长，墨索里尼上台以后，他拒绝发誓效忠法西斯政权，不但被撤去部长职，而且被意大利学院除名。他早年研究过马克思的著作，后来成为马克思主义的顽敌，著过诬蔑马克思主义的书籍。他的研究范围原来侧重历史，后来转到文学和哲学（包括美学）。在哲学上他被一般哲学史家列入“新黑格尔派”，但是他的基本观点更接近康德，主观唯心主义的成分更多。在美学上他受到维柯的影响较大，把维柯的关于形象思维的学说发展为他的“直觉即表现”说。这个学说可以说是对西方颓废时代的“为艺术而艺术”的思想所作的有系统的辩护。在这个意义上他是帝国主义时期的西方美学思想的代言人。麦尔文·拉多（Melvin M. Rader）在《近代美学论文选集》里介绍他说，“克罗齐在美学领域里，比任何其他活着的作家影响都较广泛”。他的影响之大，也正说明他反映出帝国主义时期美学的中心思想。

一　克罗齐的哲学体系

克罗齐的美学思想是建立在他的哲学系统上面的。

继承黑格尔的客观唯心主义，克罗齐把精神世界（心灵活动）和客观现实世界等同起来，哲学如果揭示出精神世界的发展，同时也就揭示出现实世界的发展，所以哲学和历史也被等同起来。因此，他的哲学只研究精神活动。他把精神活动分为认识和实践两类。认识活动和实践活动属于低高“两度”，但彼此循环相生，认识生实践，实践又生认识。这两度又各分两阶段：认识活动从直觉始，到概念止；实践活动基于认识活动，从经济活动始，到道德活动止。这四阶段的活动各有其价值与反价值，视其所产生的结果而定：直觉产生个别意象，正反价值为美与丑；概念活动产生普遍概念，正反价值为真与伪；经济活动产生个别利益，正反价值为利与害；道德活动产生普遍利益，正反价值为善与恶。这四种活动各有专门科学负责研究：直觉归美学，概念归逻辑学，经济活动归经济学，道德活动归伦理学。四门之外别无其他哲学性的科学，四门合起来就是哲学，也就是历史。克罗齐自己写了《美学》和《逻辑学》，还写了一部《实践活动的哲学》，把经济学和伦理学都包括在内。克罗齐的哲学系统可如下表：

	两度	四阶段	产品	价值	哲学部门	全体
心灵活动 真实世界	1 认识	1 直觉	个别意象	美（丑）	美　学	哲学＝ 历史
		⊃—				
		2 概念	普遍概念	真（伪）	逻辑学	
	↓　⊃—	⊃—				
	2 实践（情感）	1 经济	个别利益	利（害）	经济学	
		⊃—				
		2 道德	普遍利益	善（恶）	伦理学	

注：→表示产生，例如认识→实践，表示认识产生实践；⊃—也表示内含，例如直觉⊃—概念，表示概念内含直觉（注意关系倒转）。

这个系统里有两个大关键：一个是直觉的来源，一个是发展的辩证过程。克罗齐的思想的反动性正须在这个关键上见出。

先说直觉的来源。直觉是认识的起点，就是感性认识的最低阶段，还只限于认识个别事物的形象，对这形象还不下肯否的判断，这形象还是孤立的，还不与任何其他事物发生关系，所以还是没有意义的。我们说“事物的形象”，就已肯定物质世界的存在。康德假定了“物自体”，也就是假定了物质世界的存在，不过康德以为物质只是现象方面可知，本体却不可知；而对现象的认识则是心灵据“先验范畴”赋予形式于物质的活动，因此人所认识到的现象世界毕竟是人用物质材料而铸造出来的。康德的主观唯心主义就在此。克罗齐部分地采取康德的心灵因赋予形式而铸造现象世界的主观唯心主义的论点，不过他迈进了一步：为着抛弃康德的二元论，他索性把康德的“物自体”也抛弃了，这就是说，他否定了“物质”的存在。“物质”这一词在他的词汇里只有“材料”一个意义，而这“材料”并不来自物质世界而还是来自精神世界或心灵活动：它就是实践活动所伴随的快感、痛感、欲念、情绪等。他把这些“感动”的因素笼统地叫作“情感”，并且认为“情感”与“感受”“被动”“印象”“自然”和“物质”（即“材料”）都是同义词。他说：

> 在直觉界线以下的是感受，即无形式的物质。这物质就其为单纯的物质而言，是心灵永不能察觉的。心灵要察觉它，只有赋予它以形式，把它纳入形式才行。单纯的物质对心灵为不存在，不过心灵活动须假定有这么一种东西，作为直觉以下的一个界线。物质，在脱去形式而只是抽象概念时，就只是机械的被动的东西，只是心灵所领受的而不是心灵所创造的东西。

——《美学原理》，第一章[①]

单就字面看，这段话好像是从康德口中说出的，假定了“物自体”，并且说明了心灵的“先验综合”作用。但是懂得了克罗齐所说的“物质”只是与形式对立的“材料”，而且这材料就是心灵的实践活动所产生的“情感”，我们就会懂得这段话就已根本否定了物质（我们一般人所了解的物质）的存在，因为说来说去，直觉的来源还在心灵活动本身。直觉的来源是“情感”，而情感在未经直觉（还“在直觉界线以下”）时还是无形式的，一旦经过直觉，它才为心灵活动所掌握，才得到形式，亦即转化为意象，“对象化”了。这意象是些什么呢？就是大地山河草木鸟兽之类，也就是一般人所了解的客观世界的事物。所以直觉这种“心灵综合作用”不但表现了（“对象化”了）情感，而且同时还创造了表现情感的意象，即客观世界的事物。这些既然都只是意象，须由心灵创造，当然也就不能离开心灵而客观存在。“主观”与“客观”在克罗齐的哲学中是无意义的一对词，因为对象（意象）只是主体（情感）的对象化。从此可见，克罗齐的认识论把主观唯心主义推演到极端，比康德走得更远。他的直觉说就是他的主观唯心主义哲学系统的奠基石。

另一个关键是心灵活动的发展过程。在《黑格尔的哲学》一书里，克罗齐着重地批评了黑格尔的辩证法，提出了“相异面”不同于“对立面”的看法，认为黑格尔没有看出“对立面”之外还有“相异面”。举他自己的哲学系统中“美”“真”“利”“善”四个概念来说，其中每一个（例如“美”）既然是一个具体的共相，本身就要包含它的对立面，美必包含丑，美与丑须连在一起来想才各有意义，二者相反适以相成。纯美（不含丑概念的美）与纯丑（不含美概念的丑）都是抽象的，所以都是不真实的。

①作家出版社 1958 年版。

具体的美总是抽象的美与其对立面抽象的丑的统一。此外，真与伪，利与害，善与恶的关系也是如此。

但是克罗齐认为“美”“真”“利”“善”这四个概念彼此相望，只是相异的而不是相反的，例如“美”与“真”和“善”都相异而不相反。因此，与这四个概念相应的四种心灵活动的发展不是对立面的矛盾和统一的发展，而是两相异面中高一度内含低一度的统一。例如在两种认识活动（两相异面）中，直觉（美）是低一度，概念（真）是高一度，由直觉发展到概念并不经过对立面的矛盾和统一，而是概念必须包含直觉：直觉可不依存于概念，概念却必依存于直觉。直觉上升到概念是由低而高，仍是发展，但这种发展不来自对立面矛盾统一的辩证过程，而是由于心灵本身就不是静止的而是发展的。

从此可见，克罗齐从两方面阉割了黑格尔的辩证法。一方面是用“相异面”来代替“对立面”。心灵活动既和真实世界等同起来，而心灵活动的四阶段之间的关系既只是两相异面中高度包含低度的关系，而不是对立面矛盾统一的辩证关系，那么，真实世界的发展也就不是依辩证的程序而进行了。这就无异于根本抛弃了辩证法。另一方面是用概念上的依存来代替实际发展中的两对立面由矛盾斗争而达到的统一。克罗齐也承认每一个相异面（例如美）本身是与它的对立面（例如丑）的统一。但是他把这个关系理解为在概念上这一面不能离开那一面而思议，而获得意义，并没有认识到这一面和那一面在实际上须经过斗争才达到统一，例如美虽包含丑为其对立面，但美也须克服丑而后才能达到与丑的统一。所以克罗齐所理解的相异面本身的两对立面的关系仍只是高级包含低级的关系而不是真正的辩证发展的关系。根据克罗齐的思想体系，无论是心灵世界还是真实世界都不可能有发展，因为根本没有发展的推动力。“没有推动力的发展”是一个自相矛盾的名词。只说“心灵本身就是发展的”并没有解决“何以有发展”的问题。问题的关键在于“相异面”与“对立面”的对立根本就是荒谬的。像毛主席在《矛盾论》里所指出的，

"差异就是矛盾"[①]，差异可以"激化为对抗"。克罗齐的错误正是毛主席所批判的德波林学派的错误。这种错误的社会历史根源，就克罗齐的情况来说，在于帝国主义时期阶级斗争日益激烈，统治阶级为着巩固现存秩序，必然要反对须经过矛盾斗争而后可以得到发展的学说。所以克罗齐提出"相异面"与"对立面"的分别来阉割黑格尔哲学的"合理内核"，即他的辩证法，在客观效果上只能是为资本主义世界的现存秩序辩护。这是和他反对马克思主义的历史唯物主义的立场是一致的。如果我们研究一下他的唯心主义的历史观，就会对这一点看得更清楚，因为四种心灵活动的承续是循环的，如滚雪球，虽是在滚，虽是愈滚愈大，而滚来滚去，却还停留在原地不动。[②]

二　克罗齐的基本美学观点

既已这样约略评介了克罗齐的哲学体系，现在就可以进一步来评介他的美学观点。他的全部美学观点都从一个基本概念出发：直觉即表现。为着使眉目醒豁，我们最好就这个基本概念所肯定的东西和所否定的东西两方面分开来谈。先谈他所肯定的一些原则。

1．直觉就是抒情的表现：上文已经提到，直觉是最基层的感性认识活动，它所产生的是个别事物的意象，所以它其实就是想象（或形象思维），或意象的形成。例如直觉到太阳红，心中就有了一个红太阳的意象。我们对此并无异议。不过我们说，心中的红太阳的意象是现实界红太阳的反映，而克罗齐却说，这红太阳的意象就是红太阳的存在，是由直觉创造出来表现人的主观情感的。这"情感"就是物质（材料），"感受"，"被动"或"自然"，还未成为认识的对象，即还未经心灵综合或直

① 《毛泽东选集》，第二卷，第773页。

②参看克罗齐的《历史学》。

觉，还没有形式。一旦心灵对它起了直觉，这直觉就初次显出心灵的主动，这主动就施展在赋予形式于本无形式的情感上。在获得形式的同时，情感就转化为意象或认识的对象。所以在克罗齐的词汇中，说一种情感“被直觉到”“被认识到”“得到形式”“成为意象”“被对象化”和“被表现”，其实所指的都是同一回事。

上文也已说过，问题的关键在于直觉的来源。我们说直觉反映客观现实，克罗齐否定了客观现实，于是就说直觉表现主观情感。我们可以理解，因而可以接受，在特定的情况下，某些直觉到的意象可以表现情感，这就是一般所说的“情景交融”；但是我们无法理解和接受：在一切情况下，一有了直觉，有了意象，就有了情感的表现。我们对许多事物形象的察觉，心里都要起意象，可是有些意象并不表现任何情感。我们尤其不能理解主观情感如何能凭直觉创造出客观事物的意象乃至于客观事物的本身。这种凭心灵活动来产生现实世界的主观唯心主义企图是克罗齐的全部美学观点的病根所在，这是我们不能接受的。

现在回到克罗齐的推演。既然直觉就是表现，既然直觉所表现的就是情感，一切直觉就当然是“抒情的表现”，从此就过渡到克罗齐的第二个肯定。

2. 直觉即艺术：逻辑的线索是很明显的，直觉和艺术都等于“抒情的表现”，直觉当然就是艺术了。这个等式的涵义很多，其中一个涵义是艺术作品要完全在心中成就，这一点留到下文讨论传达问题时再谈。另一个涵义是人在以直觉的方式认识一件事物或是对事物有了一个意象时，就已完成了一件艺术作品，一切基层感性认识活动都是一种艺术创造。我们既已否定了一切意象都是情感的表现，所以也就不能承认一切直觉或想象都是艺术活动。不过克罗齐从这个等式所推演出的另一结论却有些片面的道理，那就是把艺术活动看作尽人皆有的一种最基本而且最普通的活动。人人既不能离开直觉，即不能离开艺术活动。人既是人，就必有几分是艺术家。依克罗齐看，大艺术家和我们平常人在这一点上只有量的分别（他们是大艺术家，我们是小艺术家），而没有质的分别（同用直觉）。“人是天生的诗人”。如果人类之中只有一小部分人是艺术家而大部分人不是艺术家，那小部分人的作品就无法使大部分人去了解欣赏。我们说，这个看法有片面的道理，因为过去有许多文艺理论家（例如休谟在《论审美趣味的标准》里，席勒在《审美教育书简》里）都认为只有少数“优选者”才有真正的判别美丑的本领，克罗齐抛弃了这种“精神贵族”的观点。在这一点上他继承了维柯的优良传统。但是这道理也只是片面的，因为量变到了一个限度必然要引起质变，不应忽视大艺术家与无艺术修养的人在创作才能上的距离。

3．直觉与艺术的统一还包含创造与欣赏的统一。创造与欣赏的分别也还只是量的分别而不是质的分别，因为二者都要用直觉。欣赏就是用直觉来再造艺术家所创造的抒情的意象，从而得到和作者本人大致相同的体会和感动。过去康德曾经把审美趣味或鉴赏力和天才对立起来，以为创造须凭天才，而欣赏只凭鉴赏力。克罗齐把创造和欣赏统一起来，其实也就是把天才和鉴赏力统一起来。他描写艺术创造过程说：

> 某甲感到或预感到一个印象（感受，情感，“物质”——引者注）要设法表现它。……他试图用文字组合M，但是觉得它不恰当，没有表现力，不完善，丑，就把它丢掉了。他再试用文字组合N，结果还是一样。他简直没有看见，或是没有看清楚，所寻求的表现品还在闪避他。经过许多其他不成功的尝试，离所瞄准的目标有时很近，有时很远，可是突然间（几乎像是不求自来的）他碰上了他所寻求的表现品，“水到渠成”。霎时间他感到审美的快感。

从此可见，创造里也有欣赏，也需要鉴赏力。接着他描写欣赏的过程说：

> 如果某乙要判断某甲的表现品，决定它是美还是丑，他就必须

> 把自己摆在甲的观点上，借助于甲所提供给他的物理的符号（见诸文字的作品——引者注），循甲的原来的程序再走一过。如果甲原来看清楚了，乙（既已把自己摆在甲的观点）也就会看清楚，看得出这表现品是美的。如果甲原来没有看清楚，乙也就不会看清楚，就会发见这表现品有些丑，正如甲原来也发现它丑。
>
> ——《美学原理》，第一六章

欣赏也用直觉，就是在不同程度上也要用创造或再造，所以也需要几分天才。克罗齐说，“要了解但丁，我们就必须把自己提升到但丁的水平”，这就是要把我们自己摆在但丁的历史情境，让对但丁起作用的历史情境对我们也起作用，但是那个历史情境久已变更了，文学史家的任务就在把已经变更的历史情境恢复到眼前来。尽管如此，那过去的历史情境必须结合我们当前的历史情境而起作用，所以艺术的“再造”也决不是原“创造”的“复演”，每次“再造”的都是一件新的艺术作品。所以艺术是常新的，无限的。

应该承认，克罗齐的创造与欣赏的统一，亦即天才与鉴赏力的统一的观点，在美学思想发展史上是一个新的贡献。没有鉴赏力的天才是一个自相矛盾的名词，历史经验证明，天才的艺术家都有很高的鉴赏力。欣赏如果不“再造”出作者所“创造”的东西，它就会成为被动的接受，就体会不到艺术作品的真正的妙处。特别值得注意的是克罗齐对于欣赏者既要置身于作者的历史情境，又要结合到自己的当前历史情境的看法。不置身于作者的历史情境，就无从了解作者以及他和他的作品与时代的关系，不结合到自己的当前历史情境，也就不能凭实际生活经验去体会作品，不能使作品对自己发生正当的作用。历史的透视确实是文艺欣赏的一个重要条件。不过每次再造都是一个新的艺术作品的提法也有它的片面性，它会导致在文艺标准问题上的相对主义。不同的人欣赏同一作品，在体会上不能没有个别差异，但欣赏的对象毕竟是同一作品，正确的欣赏总会达到大致相同的体会。

4．直觉即表现的定义还包含着美即成功的表现一个等式。直觉的功用在赋予形式于本无形式的情感，使它因成为意象而对象化。这种“心灵综合活动”，就上文所引的关于创造过程的一段话看，是一种尝试与摸索的过程，可能成功也可能失败。所谓成功与失败，指的就是情感是否能恰如其分地被意象表现出来。表现的成功，就效果方面来说，便生快感，就价值方面来说，便是美；表现的失败，就效果方面来说，便生痛感，就价值方面来说，便是丑。美是成功的表现，是正价值；丑是失败的或受阻挠的表现，是反价值。克罗齐还认为不成功的表现就不能算是表现，所以美其实就是表现。成功的表现没有多寡与优劣的分别，所以美是一种绝对价值。我们只能说此美彼丑，如果彼此都美，就不能说此比彼较美。例如莎士比亚的《哈姆雷特》是成功的表现，是美的，他的某一首十四行诗也是成功的表现，也是美的，我们就不能因为内容广狭或篇幅长短不同，说《哈姆雷特》比某一首十四行诗更美，因为这两部作品在各自的限度以内都已尽了表现的能事。丑却不然，成功虽没有程度之分，不成功却有程度之分（例如某部分成功，某部分失败，失败可多可少，可大可小），所以美虽无比较而丑却可比较。美是绝对的，丑却是相对的；美就是整一，丑却现为杂多。

这种美为绝对而丑为相对的说法是新柏拉图主义与莱布尼茨派理性主义的残余。它不能令人满意，首先是因为它对欣赏批评的实践不能起任何指导作用。一切评价都须假定比较的可能以及规范或标准的存在。历史事实和日常经验都证明：人们常说这部作品比那部作品较好，那部作品又不如另一件作品好，并且还要举出理由，克罗齐认为“较美的美是不可思议的”[①]，就根本蔑视这种简单的事实。其次，绝对美说就是美的绝对标准说。绝对标准是唯心主义者的虚构。文艺作品都是一定历史

---

① 《美学原理》，第一〇章。

情况下一定阶级中一定的人的产物，美的标准就要随时代、阶级和不同的文化修养而有差异。同时，美的标准也必须根据事物本身的性质来衡量，有它的客观基础。这里包含着主观与客观统一以及相对与绝对的统一的辩证道理。克罗齐不懂得这个辩证道理，所以时而走到上文已提到的相对主义，时而又走到绝对主义。第三，美与丑问题必然涉及内容与形式的关系问题。克罗齐在口头上也强调内容与形式的统一，他却把内容与形式这两词的意义弄得非常混淆：他时而说情感是内容而意象是形式，时而又把形式和直觉活动本身等同起来！

> 这物质，这内容，就是使这直觉品有别于那直觉品的；这形式是常住不变的，它就是心灵的活动；至于物质则为可变的。
>
> ——《美学原理》，第一一章

这就是说，内容尽管可以千变万化，形式却只有一个，那就是直觉活动。这样把形式和赋予形式的活动等同起来，显然是离奇的混淆。这种混淆就把形式提高到唯一重要的地位。克罗齐说得很明白："审美的事实就是形式，而且只是形式。"[①]"诗人或画家缺乏了形式，就缺乏了一切，因为他缺乏了自己。诗的素材可以存在于一切人的心灵，只有表现，只有形式，才能使诗人成其为诗人。"[②] 由此所得出的结论就只能是这样：艺术就是直觉，直觉就是形式，形式只有一个，所以价值也就只有一个，是美就绝对美，没有什么高低之分。这种绝对美的看法是克罗齐所特有的一种形式主义，一般形式主义把外表形式中某些因素（如平衡、对称等）单提出来作为美的因素，克罗齐的形式主义则把赋予形式于内容的直觉活动和美等同起来，并且把它看成绝对独尊的。事实上我们说一件艺术作品完美，不仅是指它把内容表现得恰到好处，成为完美的形式，更重

①《美学原理》，第二章。

②同上书，第三章。

要的还要顾到内容的好坏、大小和深浅。较健康较深广的内容可以使我们对现实世界有较正确较深广的认识，起更有益更深刻的教育作用，所以在美的价值上也就应该更高些。内容与形式固不可分，而决定形式的毕竟是内容。克罗齐否定了这个基本原则，所以实际上是替“为艺术而艺术”的艺术观作辩护。

5. 最后，直觉即表现的定义还肯定了语言就是艺术，而语言学也就是美学。语言与艺术既同为表现，即同为心灵活动的创造，语言与艺术在本质上就只能是同一的。十九世纪流行的看法是“语言在起源时是一种心灵的创造（语言学中所谓“哎哟说”，语言是思想情感的自然表现——引者注），但是后来借联想而扩充光大”（联想说即约定俗成说，语言被看成公认的符号）。克罗齐反对此说，认为“语言如果是心灵的创造，它就始终是创造；如果是联想，它也就应从开始就是联想”。“我们开口说新词时，往往改变旧词，变化或增加旧词的意义，但是这过程并非联想的而是创造的。”[①] 这就是说，我们尽管用的是旧的词和语，却不只是“复述”，而是不断地随着客观情境与主观思想情感的变化而赋予它们以新意义，新生命，也就是说，不断地在凭直觉创造。所以语言与艺术都是常新的，无限的。“人说话随时都像诗人一样”，一般谈话和诗文并无分别。这个看法与“人是天生的诗人”的看法都带有一定程度的民主思想，从下面一段话可见：

> 诗人不应该不欢喜归到一般平民的队伍里和他们团结一起，因为这种团结才能说明诗（就诗的最崇高和最精确的意义来了解）在一切人类心灵的力量。如果诗是另一种语言，“神的语言”，人们就不能懂；如果说诗能提高人，这也不是提高到人以上，而是正就人本身去提高：真正的民主性和真正的贵族性在这里也还是

① 《美学原理》，第一八章。

统一的。

——《美学纲要》，第二章

语言与艺术既然同一，语言学与美学当然也就不是两回事了。事实上克罗齐的《美学原理》有一个副题就是“表现的科学和一般语言学”。

在语言与艺术统一的观点上，克罗齐是继承维柯的语言起于形象思维说而加以发挥的。十九世纪德国韩波尔特（Humboldt）和斯坦因塔尔（Steinthal）一派学者对于语言学与美学的综合研究对他也有影响。这个观点有它的革命性一面。过去一般学者都认为语法与逻辑学是统一的，其要点在着重语言的逻辑性。克罗齐的语言与艺术统一说则着重语言的直觉性或形象思维性。但是语言既可表现形象思维，也可表现抽象思维。过去的说法使语言中抽象思维因素吞并了形象思维因素，这固然是片面的；克罗齐在指出这种片面性上是有功劳的，但是他又走到另一极端，让形象思维因素吞并了抽象思维因素。他认为概念必含直觉，必以直觉为基础，所以哲学也就必含艺术，必以艺术为基础，一个哲学家必同时有几分是艺术家，“每一部学术著作都必同时是一件艺术作品”。“概念从来不能离开表现品而存在。”[①] 克罗齐也强调思想与语言的统一，但是他所理解的“思想”只是形象思维或直觉的活动，至于概念或抽象的思考则因其须以直觉为基础，于是也就被纳到直觉里去，这显然是一种离奇的混淆。

直觉即表现亦即艺术的定义所包含的主要的否定也有五个。

1. 艺术不是物理的事实。所谓“物理的事实”是指还未受到直觉或心灵综合作用的客观存在的事物，包括生糙的自然和人工制作品的物理的或机械的方面。所以这个否定又包含两个否定，一个是否定“自然美”，一个是否认艺术美可以单从作品的物理方面见出。

① 《美学原理》，第三章。

既已介绍了克罗齐的哲学体系，就无须多费工夫来说明他对自然美的否定。美既然就是直觉或表现，还未经直觉掌握住的自然当然就无所谓美。“只有对于用艺术家的眼光去观照自然的人，自然才显得美。……如果没有想象的帮助，就没有哪一部分自然是美；有了想象的帮助，同样自然的事物或事实就可以随心情不同，显得有时有表现性，有时毫无意味，有时表现这个，有时表现那个，愁惨的或欢欣的，雄伟的或可笑的，柔和的或滑稽的。”[①] 人们所说的“自然美”实际上“只是审美的再造所用的一种刺激品”，再造须假定先有创造，即先有直觉。

其次，否定艺术的“物理的美”，就是否定艺术传达媒介（如线条、颜色、声音或文字符号之类）可以单凭它们本身而美，这是可以理解的，甚至是可以接受的。不过克罗齐还更进一步，从否定传达媒介的“物理美”，进而否定艺术传达是艺术活动。我们一般都把艺术创造分为两个阶段：前一阶段是构思，例如把一部小说的计划先在心中想好；后一阶段是表现或传达，例如把大致已构思好的小说写在纸上。克罗齐把直觉（构思）本身就已看成表现，构思完成了，艺术作品便已在心里完成，至于把已在心里完成的作品“外观”出来，给旁人看或给自己后来看，就只像把乐调灌音到留声机片上，这种活动只是实践活动而不是艺术活动，它所产生的也不是艺术作品，而是艺术作品的“备忘录”，仍只是一种“物理的事实”。依克罗齐看，一个诗人只是“一个自言自语者”，作为艺术家，他没有传达他的作品的必要，作为实践的人，他才考虑到发表作品的利害问题。传达本身既有实益，即应受重视，但是这种实践活动与艺术活动在本质上不同，不应相混。

克罗齐对于自然美或“物理美”的否定是从心灵活动创造现实世界那个主观唯心主义的基本立场出发，这个基本立场是站不住的，因而从这个立场出发所得到的结论就不可能是正确的。他没有认识到审美活动

---

① 《美学原理》，第一三章。

中人与自然或主观与客观的辩证的关系，以为美单在人的主观直觉活动一方面，这当然是极端错误的。但是他突出地强调了这一方面的重要性，对于把美单摆在自然那一方面的形式主义的看法也可以起些补偏救弊的作用。他对于这种看法的批判还是有些参考价值的。至于否定传达为艺术活动，也是他的主观唯心主义立场所必然达到的结论，但是在这一点上他否定了公认的事实。我们对这一说的反驳可以归纳为以下三点：

第一，构思与完成作品之间还有很大的距离，还要经过一段艰苦工作。我心里可以想到许多美妙的意象，但是因为没有绘画的训练，我提笔来画我的意象时，总是心手不相应，不能把它画出，成为一件艺术作品。从此可知艺术作品的完成不单是构思的事。

第二，在实际艺术创造中，想象和传达并不是可以截然分开的。画家想象人物模样时，就要连颜色线条光影等在一起想；诗人想象一种意境时，也要连文字的声音和意义在一起想。从此可知想象之中就已多少含有传达在内，传达不能说是纯粹的“物理的事实”。从艺术史看，媒介和传达技巧的变迁可以影响艺术本身的风格，壁画、油画和水彩画在效果上不同，文言诗与白话诗也是如此。这也足以证明传达的媒介和技巧对于艺术的重要性。

第三，蔑视传达实际上就是蔑视艺术的社会性和社会功用。艺术是一种社会意识形态，同时也是一种社会交际工具，一方面要反映现实，对人有认识的功用，另一方面要促进改造现实，对人有实践的功用。正是认识和实践这两方面的社会教育功用决定了艺术的存在，也决定了艺术的本质。否定了传达，就否定了艺术。克罗齐所说的“诗人是自言自语者”那句露骨的话正是“艺术独立自主”一个口号的另一个提法，反映了资本主义社会颓废时期艺术脱离社会的实际情况，并且为它辩护。

2．**艺术不是功利的活动**。“艺术既是直觉，而直觉既是按照它的原义理解为‘观照’的认识，艺术就不能是一种功利的活动；因为功利的活动总是倾向于求得快感而避免痛感的……快感本身不就是艺术的，例如饮水止渴的快感。”[①]艺术的快感须有别于一般快感，“既然承认艺术是一种特种快感，它的特质就不在快感上，而在它这种快感之所以区别于其他种快感的地方”。这个区别点正在于直觉到一个“抒情的意象”，直觉固然也有快感作为“陪伴”，但是不应把陪伴混为主体。克罗齐的这个否定是针对英国经验派把美感和快感等同起来的“享乐主义的美学”而发的。单就这一点来说，他的批判是正确的。问题在于他所谓“功利的活动”就是“经济的活动”，而“经济的活动”是不能简单化为寻求快感与避免痛感的。如果按照正确的意义来理解“经济活动”，它就是为社会谋利益的活动。不过克罗齐把为社会谋利益的活动归到“道德的活动”，他把艺术与道德活动的关系也否定了。

3．艺术不是道德的活动。这和艺术不是经济活动的理由其实是一致的，因为二者都属于实践活动，而艺术在克罗齐看来，只是最单纯的认识活动。他说得很清楚：

> 直觉，就其为认识活动来说，是和一切种类的实践活动相对立的。……艺术并不起于意志。善良的意志可以形成一个好人，却不能形成一个艺术家。……一个审美的意象显现出一个在道德上可褒或可贬的行动，但是这个意象本身却不是在道德上可褒或可贬的。世间没有一条刑律可以定一个意象的死刑或是判它下狱；世间也没有一个由理性的人作出的裁判可以用一个意象做它的对象。判定但丁的佛兰切斯卡是不道德的，或是判定莎士比亚的考地利亚是道德的……就无异于判定一个方形是道德的，或一个三角形是不道德的。[②]

①《美学纲要》，第一章。

②同上书。佛兰切斯卡是《神曲》中一段恋爱情节中的女主角，考地利亚是《李尔王》悲剧中被牺牲的孝女。

克罗齐从此就断定过去美学家们“说艺术的目的在于引导人趋善避恶，改良风俗，还要求艺术家们为教育群众，提高一个民族的民族精神或战斗精神，宣扬勤俭生活等理想作出贡献”是白费力，因为“这些事是艺术所做不到的，正如它们是几何学所做不到的一样”。这就是完全否定了艺术的教育作用。但是克罗齐又说这只是从艺术观点说话，如果从道德实践观点说话，艺术家既已在心中完成一件艺术品之后，“是否要把它传达给旁人，传达给谁，何时传达，如何传达等都还是要待解决的问题，这些考虑就全要受效用与伦理的原则节制了”[①]。我们看不出艺术既不能做到对道德有益或有害的事，在传达时何以又要顾到道德的效果。

克罗齐否定艺术的道德功用是和他否定传达为艺术创造的组成部分一致的，都是否定艺术的社会性和社会功用。对于他，艺术为谁服务和如何服务都不应成为问题，因为艺术根本谈不到服务。他所了解的“道德”或“伦理”是包括政治在内的，所以否定艺术的道德功用同时也就必然否定艺术的政治标准。艺术既只关直觉，直觉既先于实践活动，可离实践活动而独立，所以衡量艺术就只有一个标准，即艺术标准，而这个艺术标准也就只涉及形式，只涉及表现的成功或失败。归根到底，这还是“为艺术而艺术”，“艺术独立自主”。“为艺术而艺术”可以有不同的理解，依克罗齐的理解，它就是“为个人的霎时的飘忽的情感或心境找到表现而艺术”。这种美学观点一方面是颓废时期资产阶级艺术极端反理性的个人主义倾向的反映，一方面也是这种倾向的辩护。

4．艺术不是概念的或逻辑的活动。克罗齐把这个看作“在所有的否定中最重要的一个否定”，因为否定了艺术带有任何概念，就否定了艺术与哲学和科学的联系。艺术既是直觉，直觉在定义上既然先于概念而不依存于概念，所以它不能同时是哲学的或科学的活动。根据这个观

① 《美学原理》，第一五章。

点，克罗齐批判了近代一些主要美学流派的看法：

> 想把艺术解释为哲学，为宗教，为历史，为科学，在较小程度上为数学的理论侵占了美学史的大部分地位，而且拥有十九世纪一些最大的哲学家的名字来装饰门面。谢林和黑格尔把艺术与宗教和哲学等同或混淆起来，丹纳把艺术和自然科学等同起来，法国真实主义者[①]把艺术和历史证据的研究混淆起来，侯巴特派[②]的形式主义则把艺术和数学混淆起来。
>
> ——《美学纲要》，第一章

他特别攻击康德、席勒和黑格尔等德国古典美学家所强调的“理念”。

> 据说在艺术的意象里可以见出感性与理性的统一，这种意象表现出一个理念。但是“理性”“理念”这些词只能指概念。……所以这个艺术定义实在是把想象归到逻辑而把艺术归到哲学。
>
> ——《美学纲要》，第一章

从同一观点，他否定了寓言是艺术，因为寓言是“一个概念和一个意象的从外面强加上来的结合，也就是循陈规的勉强的拼凑”，概念与意象并没有融合成为一体。克罗齐也并不否认艺术作品里可以含有概念、思想或哲理，但是认为概念在艺术作品里既已转化为意象，即已失其概念的功用。他借用了德国美学家费肖尔的一个譬喻，概念在艺术作品里好比“一块糖融解在一杯水里，在每滴水里都还存在着而且起着作用，可是人们再找不出那块糖来”。克罗齐没有认识到黑格尔所理解的“理念”，

①真实主义者（Veristes）指福楼拜一派要求搜集证据的作家。

②侯巴特派指十九世纪后期与黑格尔派对立的形式主义派。这派专讲形式的量的关系（如比例），所以说他们把艺术和数学混淆起来。

作为理性与感性的统一体，正是如此。由于否定了艺术的逻辑性，克罗齐把欣赏和批评也对立起来了，认为批评是概念的活动，而欣赏则纯粹是直觉的活动，“诗人死在批评家里”，批评是继直觉之后的名理思考。

克罗齐在这里所争辩的确实是美学中的一个基本问题，即形象思维与抽象思维的区别和联系的问题。克罗齐把直觉或想象和概念或逻辑思维的对立加以绝对化，多少是受了维柯的影响。这正是他的美学观点的基本特点所在，也是它的基本弱点所在。在德国古典美学里，理性与感性的统一是一个基本观点。克罗齐继承康德和黑格尔的唯心主义的传统，却放弃了这个基本观点，把直觉或形象思维提到独尊的地位，把理性或概念因素就一笔勾销掉了，因而就否定了艺术的思想性，抛弃了德国古典美学的合理内核。这还是和他的“艺术独立自主”的总的观点一致的。

5．艺术不能分类。艺术分类通常有两种，一种以媒介为标准，把艺术分为诗歌、音乐、图画、雕刻、建筑、舞蹈、戏剧等部门；一种以体裁为标准，把每门艺术又分为若干类，例如文学分为抒情、叙事和戏剧，而戏剧又分为悲剧、喜剧、悲喜混杂剧、正剧、滑稽剧，等等。过去文艺理论家一直重视这种分类工作，并且仿亚理士多德和贺拉斯的先例，替每门和每种体裁艺术找出一些经验性和规范性的规律。克罗齐企图把这种分类的工作一概推翻。他的理论根据是：艺术在本质上只是直觉，而直觉是整一不可分的，这是艺术的普遍性；直觉都是每个人在一定情境的心境或情感的表现，这是艺术的特殊性：

> 在普遍与特殊之间，从哲学观点来说，不能插进什么中间因素，没有什么门类或种属的系列。无论是创造艺术的艺术家，还是欣赏艺术的观众都只需要普遍与特殊，或则说得更精确些，都只需要特殊化的普遍，即全归结到和集中到一种独特心境的表现上那种普遍的艺术活动。
>
> ——《美学纲要》，第二章

此外，他还指出一种经验根据，那就是旧的门类和规律不断地遭到破坏，新的门类和规律不断地建立起来，如此辗转翻旧更新，没有止境。因此他就断定："如果把讨论艺术分类与系统的书籍完全付之一炬，那也绝对不是什么损失。"[①] 根据同一理由，他也否定了审美范畴（例如秀美、崇高、悲剧性、喜剧性等）的分类。[②]

在否定艺术门类和规范的一成不变性上，克罗齐的观点是正确的，但不能据此就否定艺术的分类与经验总结，否定了这类工作就无异于否定科学方法在美学领域的运用。一切都在发展变化，但是科学并不因此就不能对所研究的对象进行分类和寻求规律。

三　结束语

克罗齐的直觉即表现，亦即艺术，亦即美的基本美学观点所包含的意义俱见于上述五个肯定和五个否定中。在介绍中我们已一再指出这种美学观点剥夺去艺术的一切理性内容和一切实践活动和社会生活的联系，把艺术降低到最单纯的最基层的感性认识活动，亦即表现个人霎时特殊心境或情感的意象；这种意象的单纯据说就保证了艺术的独立自主。从此可见，这种美学观点是资本主义垂死时期艺术脱离社会生活和自禁于作者个人感受的小天地那种颓废情况的反映和辩护，是"为艺术而艺术"的理论最极端的发展，也是唯心主义美学在德国达到顶峰以后的总结。这种美学观点在本世纪[③] 一直在资产阶级美学界得到普遍的重视，发生过广泛的影响，这就足以说明它道出了这个时期资产阶级中一般人

①《美学原理》，第一五章。

②同上书，第一二章。

③本世纪，在这里指的是 20 世纪。——编者注

的心事。

如果从十九世纪以来文艺发展的趋势来看克罗齐的美学，我们可以说它是消极浪漫主义在理论上的回光返照。克罗齐在《美学纲要》第一章里说，他对艺术问题的答案乃是“浪漫主义与古典主义的巨大冲突所产生的结果”。“古典主义坚决地趋向再现，而浪漫主义则坚决地趋向情感。”（从此可见，古典主义与浪漫主义的对立基本上就是现实主义与浪漫主义的对立）他认为第一流作品“绝大部分是既不能称为浪漫的，也不能称为古典的，既不能说单是情感的，也不能说单是再现的，因为它们同时是古典的与浪漫的，再现的与情感的，都是一种活泼的情感变成完全是一种鲜明的意象。古希腊的艺术作品特别如此”。从这段话看，他仿佛认识到古典主义与浪漫主义统一的必要性，而且从他特别重视古希腊的艺术作品以及他的许多讥讽浪漫主义的话看，他仿佛在古典主义与浪漫主义之间，更偏向古典主义的“整一性”。但是这些都是假象，因为他所理解的古典主义与浪漫主义的结合乃在于“一种活泼的情感变成一种鲜明的意象”，这就是说在于他所要求的“抒情的直觉”。在这个定义中，古典主义所要求的客观现实的再现变成了主观情感的表现，这仍然是片面的浪漫主义的艺术观，至多也只能是浪漫主义的灵魂，披上古典主义的躯壳（形式的整一）。这样理解的浪漫主义之所以是消极的，正如许莱格尔、叔本华，和尼采诸人所理解的浪漫主义是消极的一样，它把艺术最后归结到孤立的个人的情感和幻想，放弃了积极的浪漫主义的改造人类社会的热情和理想，甚至堕落到维护反动的社会秩序。

如果从十八世纪以来唯心主义美学发展趋势看克罗齐的直觉说，我们可以说克罗齐从康德和黑格尔所达到的地方倒退了一大步。近代德国古典美学的基本课题始终是要求克服感性与理性的对立而达到统一，在解决这个课题中，康德、歌德、席勒和黑格尔逐渐发展了美学上的辩证观点，看到了艺术必然是感性形式与理性内容的结合，尽管在如何结合这一问题上，他们囿于唯心主义的成见，还不能看得很清楚。克罗齐既然抛弃了黑格尔的辩证法，结果对于他所讨论的各种“心灵活动”的关系，就只见到对立而见不到统一。他对于艺术进行了逐层剥夺的工作。首先他把认识活动和实践活动的对立加以绝对化，把艺术放在认识活动这个鸽子笼里，于是艺术就被剥夺了它与实践生活（经济的和道德的活动）的联系而“独立”起来。其次他又把感性认识活动和理性认识活动（直觉和概念，形象思维和抽象思维）的对立加以绝对化，把艺术和直觉等同起来，于是艺术就被剥夺了一切理性的内容以及它和哲学、科学与历史的联系而“独立”起来。这样逐层剥夺之后，美学就只剩下一个空洞的等式：

> 最基层的感性认识活动＝直觉＝想象＝表现＝抒情的表现＝艺术＝创造＝欣赏（＝再造）＝美（＝成功的表现）

在这个等式里，艺术内容等于个人的霎时的情感，艺术形式等于表现这情感的意象。无论是情感还是意象，都还停留在理性活动（概念）以下，所以艺术不能有什么思想或意义。这一切都无异于宣告艺术的灭亡与美学的灭亡！

克罗齐可以使我们认识到唯心主义美学经过什么道路走到了这种死胡同，以及它和近代资产阶级颓废主义艺术实践的联系。但是他的贡献也还不只这一点。在突出地提出形象思维与抽象思维的对立以及认识活动与实践活动的对立之中，他强调认识活动中形象思维的一方面，对这方面的估价尽管是夸张的，片面的，却还可以帮助我们认识到形象思维的重要性；同时，这一点是更重要的，他对过去许多美学流派对于形象思维与抽象思维的混淆以及艺术活动与其他活动的混淆（总而言之，美与真和善的混淆）所进行的批判往往有独到见解，含有片面真理的。例如他对美学上享乐主义、联想主义、同情说、天才与鉴赏力的对立说、游戏说以及美在平衡对称之类形式因素的学说所进行的批判还是富于启发性的。

丙　结束语

第二十章　关于四个关键性问题的历史小结

在以上的叙述中，我们只就每个时代挑选几个重要的代表人物，对每个代表人物也只约略介绍他的主要观点，挂一漏万是势所难免的。挑选的标准是他们要确实能代表当代的主要思潮而且可以说明历史发展线索。我们希望通过他们可以窥见西方美学思想发展的大轮廓，为进一步的较全面较有系统的研究打下基础。我们的目的不仅在灌输知识而在启发思考，不仅在罗列古董而在古为今用，所以对美学上的一些带有普遍性和现实意义的问题，企图作比较深入的探讨。由于知识和思想水平的局限，实际上所达到的比原来企图要达到的当然还有很大的距离。

美学史可能有两种写法：一种是通史的写法，顺时代的次序，就各时代具有代表性的人物对各种美学问题的看法，作广泛的叙述；另一种是专史的写法，以专题为纲，来追溯这个专题在不同时代和不同思想家的著作中的不同的提出方式和不同的解决方式。本编所写的只是美学通史，所以比较着重的是每个时代的总面貌和派别源流的关系，对于某些专题（例如审美范畴、艺术种类、创作技巧之类问题）的历史发展线索就照顾得不够。这方面的研究就有待于美学专题史。但是即使在通史阶段，对美学上一些关键性的问题在历史上的发展，仍应有一些提纲挈领的认识，否则对通史的认识就难免是一盘散沙或是一架干枯的骨骼。在结束之前，我们想挑选几个这样关键性的问题作为样本，对它们进行一种初步的专题史的研究，帮助读者把分散在各章的叙述贯串起来，使所得到的知识多少能成为一种有机整体。我们所挑选的问题只有四个：(1)美的本质，(2) 形象思维，(3) 典型人物性格，(4) 浪漫主义和现实主义。我们将来会看到，这四个问题都是美学上的中心问题，不理解它们就不可能理解美学。这四个问题也是互相紧密联系在一起的，为着叙述的方便，我们才把它们拆散开来。

一　美的本质问题

美的本质问题不是孤立的。它不但牵涉到美学领域以内的一切问题，而且也要牵涉到每个时期的艺术创作实践情况以及一般文化思想情况，特别是哲学思想情况，这一切到最后都要牵涉到社会基础。像一般社会意识形态方面的问题一样，美的本质问题的提出和解决方式也是受历史制约的，因而同一问题在不同时代具有不同的历史内容。这就叫作历史发展。

专就美的本质问题的历史发展来说，它主要是内容与形式的关系以及理性与感性的关系的问题。在西方很长时期之内，内容与形式，理性因素与感性因素都是割裂开来的，各个美学流派各有所偏重。到了十八九世纪，德国古典美学才企图达到这些对立面的统一。美学流派甚多，对美的本质的看法也言人人殊。但是在一团乱丝中还是可以理出一些线索来。把次要的看法抛开，单挑出主要的看法就有五种：(1) 古典主义：美在物体形式；(2) 新柏拉图主义和理性主义：美在完善；(3) 英国经验主义：美感即快感，美即愉快；(4) 德国古典美学：美在理性内容表现于感性形式；(5) 俄国现实主义：美是生活。这五种看法的出现大致顺着时代的次序，在发展中当然有些交叉或互相影响。现在分述如下：

1. 古典主义：美在物体形式

美在物体形式的看法在西方是一个出现最早的看法，也是在很长时期内占统治地位的看法。一般所举的理由是：美只关形象，而形象是由感官（特别是耳目）直接感受的，所以只有可凭感官感受的物体及其运动才说得上美。就艺术来说，古希腊人一般把美只局限于造型艺术，很少有人就诗和一般文学来谈美，因为用语文来描绘形象是间接的，不是能凭感官直接感受的，而是须通过理智的。由于这个缘故，古代人就想到美只在物体形式上，具体地说，只在整体与各部分的比例配合上，如平衡、对称、变化、整齐之类。古希腊人说“和谐”多于说“美”。和谐的概念是由毕达哥拉斯学派发展出来的。他们从自然科学观点去研究音乐，发现音乐在质的方面的差异是由声音在量（长短高低轻重）方面的比例的差异来决定的。如果只有一个单纯的声音在量上前后无变化，就不能有和谐；要有和谐，就须在量的差异上见出适当的比例。他们从此得到结论：“音乐是对立因素的和谐的统一，把杂多导致统一，把不协调导致协调。”这句话是希腊辩证思想的最早的文献，也是希腊美学思想的最早的文献。它也就是后来文艺理论家所常提到的“寓变化于整齐”或“在杂多中见整一”的原则。毕达哥拉斯学派还应用这个原则去研究建筑和雕刻等艺术，想借此寻出物体的最美的形式，“黄金分割”就是由他们发见的。

亚理士多德基本上接受了毕达哥拉斯学派的看法。他的《诗学》主要是分析希腊史诗和悲剧，很少用“美”字来形容这些类型的文学作品，他要求于文学的首先是真；不过他谈到和谐感和节奏感是人爱好文艺的原因之一，并且把文艺作品须是有机整体的原则提到最高的地位。他在《诗学》第七章里明确地提到美：

> 一个有生命的东西或是任何由各部分组成的整体，如果要显得美，就不仅要在各部分的安排上见出秩序，而且还要有一定的体积大小，因为美就在于体积大小和秩序。

体积大小合适，才可以作为由部分组成的整体来看，“秩序”就是部分与整体以及各部分彼此之间比例关系的和谐。从此可见，亚理士多德也还是就物体形式来谈美的。到了罗马时代，西赛罗对他的美的定义作了一点补充：

> 物体各部分的一种妥当的安排，配合到一种悦目的颜色上去，就叫作美。

这个定义广泛流行于古代和中世纪，圣奥古斯丁和圣托玛斯都接受了它。到了文艺复兴时代，米琪尔·安杰罗、达·芬奇以及杜勒等艺术大师都穷毕生精力去探求所谓最美的形式。当时论比例的专著特别流行。十八世纪英国画家霍加兹所著的《美的分析》也完全是对物体形式的分析，他认为最美的线形是蜿蜒形的曲线，因为它最符合“寓变化于整齐”的原则。同时代的英国经验派美学家博克在《论崇高与美两种观念的根源》的论美部分也还没有把“美”这个概念应用到文学上，另辟一专章来论文学。他指出美的主要特征在于细小和柔弱，还是从形式上着眼。

在启蒙运动时代，德国出现了两部影响很大的书：文克尔曼的《古代造型艺术史》和莱辛的《拉奥孔》。文克尔曼认为希腊造型艺术所表现的最高的美的理想是“高贵的单纯，静穆的伟大”，单纯到像“没有味道的清水”，静穆到没有表情。这种最高的美的理想主要体现在形体的轮廓和线条上，所以他也辛苦钻研希腊艺术作品的线条，所得到的结论是：

一个物体的形式是由线条决定的，这些线条经常改变它们的中心，因此决不形成一个圆形的部分，在性质上总是椭圆形的。在这个椭圆的性质上，它们颇类似希腊花瓶的轮廓。

这就是说，美由曲线形成，但各部分曲线不宜围绕同一圆心，也不形成完整的弧线而是“椭圆的”曲线。这还是“寓变化于整齐”的原则。文克尔曼已认识到艺术美有理想或内容的一方面（如静穆、单纯、高贵、伟大），比较单讲求形式的似稍前进一步，但是他所要求的毕竟是抽象的理想表现于抽象的线条或形式，而且他反对表情，所以形式仍然是首要的。莱辛在确定诗画界限时。本来要驳斥文克尔曼的希腊艺术不表情的看法，而实际上仍和文克尔曼站在同一个形式主义的立场上。《拉奥孔》的结论是：只有绘画描绘各部分在空间里同时并存的物体的静态，才宜于表现美，诗则叙述在时间上先后承续的动作，不宜于描绘物体形状，所以也就不宜于表现美；如果诗要勉强写物体美，只有化静为动，化美为媚（动态美）或是只写美的效果而不写美本身。足见莱辛还是以为美在物体形式。

德国古典美学的最大代表之一是康德。他的美学观点中也有一方面是继承这种形式主义的。他在《判断力批判》里所分析的美也只是由感官直接感觉到的美，也就是物体及其运动的形式美。他在美的分析部分根本没有接触到文学，甚至很少接触到艺术。从对物体的感官接受的直接性出发，他作出美不涉及利害计较、欲望和目的，也不涉及概念或抽象思考的结论。美只在形式，不涉及内容意义，一涉及内容意义，美就不是“纯粹的”而是“依存的”。他的《美的分析》可以说是形式主义美学的一套最完整的理论。他是后来德国“形式美学”派的开山祖，也是近代资产阶级中各色各样的形式主义（例如印象主义、超现实主义、结构主义等）的最后理论根据。近代“实验美学”也是从这种形式主义观点出发的。

美学上的形式主义是怎样产生和发展的呢？在古代，这是一种朴素的唯物主义的观点。人们最初在物体上看到美，只凭感官而不假思索，便以为美是物体的一种属性。这本是很自然的。希腊人在艺术上的最高成就主要在雕刻，而雕刻一般很少表现动态，在各种艺术中表情的或叙述的因素降到最低限度。希腊人从艺术欣赏和创作中于是形成一种看法，以为美只在“造型”上，而“造型”又主要靠线条的比例和形体轮廓的安排。所以希腊人所爱好的美主要是所谓“造型美”，也就是形式美。而这种形式最好是庄严静穆的，这里就有阶级根源，因为希腊奴隶主认为精神上最高的享受是像日神阿波罗那样，凭高俯视世界，无动于衷地静观世间一切事物的形象。这种理想正是文克尔曼所说的“高贵的单纯，静穆的伟大”。

美在物体形式的看法发源于希腊，与古典主义艺术理想有血肉的因缘，原因大致就在于此。这种看法之所以得到长远的流传，其原因大概有三种，一则希腊传统的习惯势力在西方文化各部门都很顽强，希腊人的文艺成就一直为后来人所景仰；二则美本来有形式这一方面的因素，而且形式因素是最易为人所直接感受到的；三则西方思想方法从希腊以后长久处于形而上学的桎梏中，辩证思想发展得很慢。应该指出，同是形式主义在不同的时代却有不同的具体内容。例如古代希腊人所理解的形式是与造型艺术和静穆理想密切联系的；中世纪新柏拉图派所理解的形式是与基督教神学中上帝赋形式于物质的概念密切联系的；至于近代形式主义的猖獗，则反映出资本主义社会生活各方面的分崩离析以及思想内容的贫乏和空虚。

2. 新柏拉图主义和理性主义：美即完善

“美即完善”说与“美在物体形式”说是既有关联而又有区别的：关联在于持“美即完善”说者大半同时持“美在物体形式”说，区别在于持“美即完善”说者还要替形式美找出一种名为“理性”的而其实是神学的基础。这一说的创始人是新柏拉图派。他们把柏拉图的理式说和基督教神学结合起来，认为每类事物各有一个“原型”，而这个原型是上帝在创造世间事物时所悬的一种“目的”。上帝创造每一类事物，都分配给它在全体宇宙中它所特有的一种功能，为着尽这种功能，它就需要一种相应的形体结构。例如动物在功能上不同于植物，而在动物之中牛又不同于马，因而在形体结构上各有不同的模样。一件事物如果符合它那类事物所特有的形体结构或模样而完整无缺，那就算达到它的“内在目的”，就叫作“完善”（新柏拉图派有时把它叫作“适宜”），也就叫作美。所以“美即完善”说的哲学基础是有神论和目的论。十七八世纪西方理性主义哲学家们大半在新柏拉图派的目的论的基础上发展这种美即完善说。他们的领袖是莱布尼茨。他把世界比作一座钟，其中每一部机器或零件各有各的功能，各有各的形式，安排得妥帖，具有一种“预定的和谐”，所以是美的。做这种安排的当然是上帝。他的门徒伍尔夫和鲍姆嘉通相继发挥了他的这种美学观点。鲍姆嘉通在《美学》第一章里就说，“美学的对象就是感性认识的完善，这本身就是美”。所谓“感性认识的完善”即凭感官认识到的完善，与“理性认识的完善”是对立的。一条科学定理也是完善的，但是这种完善要通过理智思考才能认识到，至于美的事物所显出的那种完善却只需通过感官就可直接认识到。

理性派所说的“完善”实际上是指同类事物的常态。例如人既是人，就有人这类事物所共有的常态，五官端正，四肢周全，这就是完善，也就是美；完善的反面是残缺不全或畸形，也就是丑。这一说主要仍从物体形式着眼，强调美的感性与直接性，所以理性派大半采取“寓变化于整齐”那条形式原则。但是它和“美在物体形式”说毕竟有所不同，认为美的形象虽是感性的，还是有它的理性基础。美的事物符合它按本质所规定的内在目的，在这一点上就有内容意义了，所以比单纯的形式主义似乎进了一步。

但是理性派所理解的理性不是我们一般人所理解的理性，而是“天意安排”的合理性，所以它是先天的，先验的。人生来仿佛就有一些与经验无关的“理性观念”，如康德的“先验范畴”以及“德行”“完善”、美丑善恶之类观念。根据这些先验的理性观念，人才可能有理性认识。判别美丑善恶的能力也是先天的。例如英国新柏拉图派美学家夏夫兹博里就把这种能力叫作“内在感官”或“内在眼睛”，认为“从行动、精神和性情中见出美和丑”（善恶——引者）和“从形状、声音和颜色中见出美和丑”在本质上是一致的，都是由内在感官掌管的。这样，他就把美与善以及丑与恶密切联系起来，认为它们都有“社会情感的基础”。他认识到美的形式后面有内容意义，美不只是一种自然属性，而且具有社会性，这是他的思想中的进步方面。不过他对美的社会性的认识还是很模糊的，他的主要论点还在于美符合天意安排的目的，目的论是与社会观点不相容的。

这种根据目的论的美在完善说在西方也有长久的历史。就连在科学上有很大成就的歌德也还相信这一说。在爱克曼的《歌德谈话录》(1827年4月18日）里他说，“我并不认为自然的一切表现都是美的。……但是使自然能完全显现出来的条件却不尽是好的”。他举橡树为例，如果土壤过于肥沃，长得太茂盛，经不起风吹雨打，橡树就显不出它所特有的那种坚实刚劲的美。爱克曼接着说：“事物达到了自然发展的顶峰，就显得美。”歌德补充了一句说：“要达到这种性格的完全发展，还需要一种事物的各部分肢体构造都符合它的自然定性，也就是说，符合它的目的。”这段话是“美在完善”说的最简明的说明。自然发展到顶峰，就是完善；这种完善见于各部分的安排，达到一件东西按照本质应该达到的目的。不过歌德是从自然科学观点而不是从理性派的目的论来看这问题的，他所理解的目的是自然发展所走的方向。他总是把美和“健全”或“完满”看作同义词。所以他赋予传统的唯心主义的“美即完善”说以一种新的倾向唯物主义的内容。

在美学上目的论还表现为“内外相应”说。毕达哥拉斯派和新柏拉图派都认为“小宇宙”（人）与“大宇宙”相对应，人心里本来有内在的和谐或美，碰到外在世界的和谐或美，“同声相应”，所以才爱好它，才产生美感。这种内外相应当然还是上帝的巧妙安排。康德在很大的程度上还保留许多理性主义派的糟粕。他排除了“美即完善”那种目的论，所以他说美不涉及目的；但是他接受了“内外相应”那种目的论，所以他又说美虽不涉及目的而却见出目的性，美的事物形式恰好让人的认识功能（想象力和理解力）能自由地和谐地活动，所以才能产生美感。这里还是隐约见出“天意安排”，所以说美无目的而有目的性。

从以上两节可以看出：“美在物体形式”说在古希腊时代本是建立在朴素唯物主义的基础上，而且反映希腊造型艺术的理想；到了后来，在新柏拉图派和理性派的手里，这一说就和根据目的论的“美即完善”说和“内外相应”说结合在一起，因而就带有神秘主义和唯心主义的性质了。

3．英国经验主义：美感即快感，美即愉快

英国经验主义无论在哲学方面还是在美学方面，在西方思想发展史中都是一个重要的转折点。它标志着近代自然科学的上升和经院派思辨哲学的下降。这种转变不但表现在批判理性派的先验的理性与理性观念，从而确定一切知识来自感官经验这个基本出发点上，而且也表现在把哲学和美学的对象从客观世界的性质与形式的分析，转到认识主体的认识活动这个基本方向上。它一方面导致主观唯心主义（例如巴克来和休谟），另一方面也导致机械唯物主义（例如博克）。

英国经验派批判了美在比例平衡对称，美在完善和适宜那些根据目的论的形式主义的看法，因为这些看法都以先天理性为根据，而不是从感性经验出发。他们既然肯定感性经验是一切认识的最后根据，所以把美的研究重点从对象形式的分析转到对美感活动的生理学和心理学的分析。他们一方面建立了“观念联想”律作为创造想象的根据，另一方面

又着重地研究人的各种情欲和本能以及快感和痛感，想从此找到美感的生理和心理的基础。这是经验派美学的总的方向。就美的本质这个专题来说，经验派美学家的意见也不完全一致，这里姑以休谟和博克为代表。休谟首先驳斥了美是对象的一种属性的看法，指出几何学家幽克立特曾说明了圆的每一属性，始终没有提到圆的美，“美只是圆形在人心上所产生的效果。这人心的特殊构造使它可以感受这种情感(美感——引者)。如果你要在这圆上去找美……你就是白费气力”。他明确地把美感和快感等同起来，把美和美感等同起来：

> 美是〔对象〕各部分之间的这样一种秩序和结构，由于人性的本来构造，由于习俗，或是由于偶然的心情，这种秩序和结构适宜于使心灵感到快乐和满足。这就是美的特征。美与丑（丑天然地产生不安的心情）的区别就在于此。所以快感与痛感不只是美与丑所必有的随从，而且也是美与丑的真正的本质。

美既然等于美感，而美感是一种主观方面的心理作用，美就当然只是主观的了。所以休谟说：“美不是事物本身的属性，它只存在于观赏者的心里。每一个人心里见出一种不同的美。”不过休谟并不否认美与“对象各部分之间的秩序和结构”有关，只是肯定对象的形式因素要适应人心的特殊构造，才能产生美感。这实际上还是“内外相应”说的一种变相，不过休谟反对理性派的有神论和目的论。

休谟进一步分析美感，认为美感基本上是一种同情感。例如人对物体平衡对称的喜爱就是同情感的表现。石柱要上细下粗，雕像要使人物保持平衡，才能引起美感，因为这样才能引起安全感。这里的美感只是对对象的安全表示同情。这就说明了过去人所常谈的形式美实际上毕竟有内容意义。休谟的同情说对近代美学思想发生过很大的影响（例如对立普斯的移情说），它有力地打击了形式主义。

博克是从经验主义走到机械唯物主义的。他主要从生理学观点出发来探讨美与崇高的根源。他认为人类有两种基本“情欲”或本能，一是自我保存的本能，一是种族保存的本能。自我保存受到威胁就引起恐惧，恐惧就是崇高感的主要内容。种族保存的本能表现于对异性的爱，爱就是美感的主要内容。现在只说美，博克对美下了这样的定义：

> 我所谓美，是指物体中能引起爱或类似爱的情欲的某一性质。我把这个定义只局限于事物的纯然感性的性质。

不过他同时指出，对美的爱和对异性的爱毕竟有所不同，对异性的爱是一种欲念，是“迫使我们占有某些对象的那种心理力量”，对美的爱却不涉及欲念，只是“在观照任何一个事物时心里所感觉到的那种喜悦”。像休谟一样，博克也把美感和快感等同起来，而且也强调同情在审美中所起的作用。同情是一种“社会生活的情欲”，其中包括爱。不过他只把“社会生活”理解为社交生活，这只是一种本能的群居要求。艺术的作用在模仿，而模仿也只是一种变相的同情。模仿的结果总抵不上被模仿的蓝本，例如悲剧不管对悲惨事件模仿得多么好，它所引起的同情远不如杀人的场面。因此，博克的结论很类似后来车尔尼雪夫斯基的：

> 悲剧愈接近真实，离虚构的观念愈远，它的力量也就愈大。但是不管它的力量如何大，它也决比不上它所表现的事物本身。

这个看法的优点在把美与真联系起来，缺点在于混淆艺术的真实与生活的真实。

博克不同于休谟，他一方面肯定美就是爱，另一方面又认为美是客观事物的属性。他找到美的主要客观属性是“小”以及与小相关的一些性质，例如柔滑、娇弱之类。这些客观属性之所以美，因为它们最能引起同情或爱。这种纯粹生物学的观点忽视美与社会生活以及与历史发展的联系，显然仍是片面的，机械的，简单化的。

4. 德国古典美学：美在理性内容表现于感性形式

在十七八世纪的西方哲学中，英国经验主义与大陆理性主义形成两个鲜明的对立阵营，因而美学上内容与形式，理性与感性以及主观与客观这一系列的对立面的矛盾也就日益尖锐化。坚持某一片面而反对另一片面的立场也就日渐显得站不住。因此，寻求达到这些对立面的辩证的统一就成为近代美学的主要课题，而在这方面工作做得最多的要推十八九世纪的德国古典美学。

德国古典美学的真正的开山祖是康德。他首先认识到鲍姆嘉通的理性主义的美学观点和博克的经验主义的美学观点的尖锐对立以及每一派的片面性，并且努力寻求达到统一的路径。他是由沃尔夫和鲍姆嘉通这一派教养出来的，在很大程度上还受到理性主义影响的束缚，但是同时又觉得休谟和博克的美学观点也不无可取之处。他从这两派都抛弃了一些，也都吸收了一些。他所抛弃的是鲍姆嘉通的“美即完善”说和博克的美感即快感说；他所吸收的是理性派的理性，先验范畴和“内外相应”的目的论和一部分形式主义的观点，以及经验派的美的生理和心理的基础，感觉的直接性以及美与崇高的对立。结果他所做到的只是拼合而不是统一。这就说明了他在《判断力批判》上卷中所表现的一个突出的矛盾。这书分两部分：《美的分析》与《崇高的分析》。在《美的分析》部分，他得到了一个形式主义的结论：美只在形式上，不涉及概念、目的和利害计较；这种形式美才是“纯粹美”，丝毫不涉及内容意义。因此，他很少谈到艺术，根本没有谈到文学。在《崇高的分析》部分，他才谈到有内容意义的“依存美”，才谈到文学和艺术。这时他却得到一个完全相反的结论：崇高根本是无形式的，只凭数量或力量的无限大，在人心中先引起恐惧接着就引起崇敬，即人能不屈服于自然威力的人类尊严感。所以崇高感主要起于崇高对象所隐含的道德观念和理性内容。康德的这种对崇高的看法就改变了他对美的看法，从前是美在形式，现在却是“美是道德精神的象征”了。不但如此，从前他所抛弃的“概念”“目的”“完善”等观念，现在又跑回来了。他说从前那个形式主义的看法只适用于自然美，至于艺术美却是有内容意义的“依存美”：

> 对象如果是作为一件艺术作品而被宣称为美的，由于艺术总要假定一个目的作为它的成因，它究竟为什么的概念就势必首先定作它的基础；而且由于一件事物的杂多方面与它的内在本质的协调一致，就是那件事物的完善，所以在评判艺术美时，也就必然要考虑到那件事物的完善。

这番话是言之成理的，但是问题在于康德把“纯粹美”和“依存美”，“自然美”和“艺术美”都绝对对立起来，没有找出达到这两种美统一的通道，所以感性与理性，形式与内容，都仍然是彼此割裂开来的。他的企图是失败的，但是这种失败却成为促进进一步研究的推动力。在这一点上他对美学的贡献仍是重要的。

这进一步的努力首先来自德国文艺批评。我们须回溯到时代略早的文克尔曼。上文已经提到他提出古希腊造型美的理想是“高贵的单纯，静穆的伟大”，这主要表现于“椭圆形的”即抽象的线条，所以他反对艺术里有激烈的表情。他的看法在当时引起了一场大争论。另一位研究古代艺术史的德国学者希尔特对文克尔曼提出异议说：

> 古代艺术的原则不在客观的美和表情的冲淡，而是只在个性方面有意义和显出特征的东西。

希尔特提出个性“特征”来代替文克尔曼的“理想”，这牵涉到艺术典型的问题，下文还要谈到，现在只说他把艺术的重点从抽象理想和抽象形式上转到个性特征即具体内容上，这就标志着近代美学对于美的本质问题的看法大转变的关键。

这场争论引起当时德国两大诗人歌德和席勒的关心。歌德主张文艺从生活出发，也强调个性特征，在这一点上他和希尔特是一致的；不过他也并没有完全排除文克尔曼的理想美。他对特征与形式美的关系是这样提的：

> 我们应从显出特征的东西开始，以便达到美。
>
> 古人（希腊人——引者）的最高原则是意蕴，而成功的艺术处理的最高成就是美。

这里“特征”和“意蕴”指的都是艺术内容，美则是内容经过艺术处理成为作品时的最高成就。这个看法一方面批判了文克尔曼的古代艺术的“静穆”排斥表情的形式主义的观点，另一方面也纠正了希尔特为强调特征而排斥“客观的美”（对象形式的美）的片面性。这就已达到了内容与形式的统一，理性与感性的统一，对德国古典美学的发展起了很大的作用。

席勒本是康德的信徒，但对康德的主观唯心主义的观点甚不满，认为自己“已找到了美的客观概念”。在《给克尔纳论美的信》（1793年2月28日）里，他提到“在一件艺术作品里，材料必须消融在形式里，……现实必须消融在形象显现里”，就已隐约见到内容与形式的统一。在《审美教育书简》里他进一步发挥了这个思想。他认为人有两个相反的要求：一种要求是要使理性形式获得感性内容，使潜能变为现实，这叫作“感性冲动”，另一种要求是要使感性内容获得理性形式，使千变万化的现实现象见出秩序和规律，这就叫作“形式冲动”或“理性冲动”；把这两种对立的冲动统一于“游戏冲动”（其实就是艺术冲动，即使感性事物显出理性的自由活动)，人才获得真正的自由，才具有人格的完整，也才达到美。他说：

> 感性冲动的对象就是最广义的生活，指全部物质存在以及凡是呈现于感官的东西。形式冲动的对象就是形象，包括事物的一切形式方面的性质以及它对人类各种思考功能的关系。游戏冲动的对象可以叫作活的形象，这个概念指现象的一切美的性质，总之，指最广义的美。

席勒在这里把生活看成艺术的内容，形象看成艺术的形式（这与过去人对形式的理解不同)，美则在这两对立面的统一体，即活的形象上面。不管他的语言多么晦涩，他把艺术美看作内容与形式的统一，感性与理性的统一，则是显而易见的。

黑格尔在《美学》里曾指出康德所理解的艺术美的内容与形式的统一“只存在于人的主观概念里”，席勒却能“把这种统一体看作理念本身，认为它是认识的原则，也是存在的原则”。这就是说，席勒认识到这种统一体不只存在于主观的思维中也存在于客观的存在中；“通过审美教育，就可以把这种统一体实现于生活”。

从此可见，席勒是德国古典美学由康德的主观唯心主义转到黑格尔的客观唯心主义之间的一个重要桥梁。上文黑格尔所说的“把这种统一体看作理念本身”之中“理念”既是感性与理性的统一体，就已经不是抽象而是具体的了。“具体的理念”是黑格尔的客观唯心主义的奠基石，黑格尔说席勒已认识到这种具体的理念，并且认为这是他的“大功劳”，这就是承认席勒是他自己的理念说的先驱。黑格尔自己的“美是理念的感性显现”这一条美学基本原则也正是发挥席勒的关于“理性与感性的统一体”的理论而得来的。他把理念看作艺术的内容，把“感性显现”看作艺术的形式，这种对“形式”的新的理解也是从席勒那里得来的。

所不同者席勒用词有时不统一，他有时把概念（一般）看作内容，有时又把生活（特殊现象）看作内容；有时把对形式的要求看作理性的，有时又把“活的形象”看作形式，足见他在思想上仍不免有些混淆。黑格尔的定义却比较明确：理性内容（理念）显现于感性形象（形式）。

这里有必要说明一下黑格尔的“理念”。理念其实就是道理或宇宙间万事万物的原则大法。它是客观存在的。这一点我们都承认。我们所难承认的是这种抽象的理念先于具体感性世界而存在，这就是他的客观唯心主义所在。“理念”也近似柏拉图的“理式”，但有一个重要分别。柏拉图的“理式”是一切事物的原型或模子，是不依存于感性世界的，只有它才真实，感性世界不过是它的幻影。黑格尔的“理念”处在抽象状态时还只是片面的，不真实的，它要结合到感性事物，否定了自己的抽象的一般性，同时又在这感性事物里显现出自己，否定感性事物的抽象的特殊性而又回到有具体内容的一般，经过这种否定的否定，才达成一般与特殊的统一体，亦即所谓“具体的一般”或“具体的理念”，只有“具体的理念”才是真实的。在这种一般与特殊的统一体里，理性与感性是互相否定而又互相肯定，即互相依存的。

我们不妨举例来替黑格尔的理念作一种通俗的解释。例如“勇敢”这个理念。抽象的勇敢还只是一个概念而不是真实的勇敢，因为还没有体现于具体的行动。但是既有个别的具体的勇敢行动，就必有勇敢之所以为勇敢的道理。黑格尔认为这种道理（理念）**于理**是应该先就存在，尽管它在抽象状态还是不真实的。勇敢这个抽象理念如何转化成为具体的勇敢行动呢？黑格尔认为这首先要取决于当时“一般世界情况”（历史背景），结合到具体“情境”和具体的“人物性格”，才能实现为勇敢的行动。抽象的勇敢还是所谓“普遍的力量”，还是一种“客观精神”，通过历史环境的影响，成为个人的生活理想，这种生活理想还须凝成“情致”（Pathos，也有译为“激情”的），成为个人性格的组成部分和他的行为的推动力，遇到具体情境，它才实现为勇敢的行动。这是就现实生活来说，如果应用到艺术，一件艺术作品如果要表现一个英雄人物的勇敢，就必须通过事件和动作，塑造出一个具体的形象来。勇敢就是这件作品的理性内容，人物形象就是这个理性内容的感性显现。这样达到理性内容与感性形式的统一，就算是艺术作品，也就算是美。

从此可见，黑格尔的定义是只适用于艺术美的。自然还只处在自在阶段，还不自觉，所以自然美只是低级美。使自然显得美的是生命，生命才能使杂多的部分成为有机整体。自然的顶峰是人，人才是自在自为（自觉）的，既是认识的主体，又是认识的对象。这样自觉的人才能有理想或理念，也才能有意识地把理念显现于感性形象。这就是说，只有人才能有艺术，也只有人才能创造美和欣赏美。艺术美之所以高于自然美，也就因为它是绝对精神（其实就是自觉的精神）的显现。这是黑格尔美学观点中的人道主义的一方面。

黑格尔的客观唯心主义哲学系统注定了他的美的定义要从抽象的理念出发，这是他的基本缺点所在；但是理性内容和感性形式的统一这个思想却仍是他的美学的合理内核。此外，还须注意他把这个统一看成是由辩证发展来的，一种理念不是悬空的，而是受“一般世界情况”和当时具体情境决定的。这种历史发展的观点是他对于美学的最重要的贡献。他认识到艺术和美尽管都是“理念的感性显现”，不同时代却有不同的理念，也有不同的感性显现，这都要随历史发展而发展，所以有象征型、古典型以及浪漫型几种各显时代精神的艺术创作方法和风格。美的理想当然也就不会是一成不变的。

5. 俄国现实主义：美是生活

黑格尔以后，美学的重要发展是在俄国。结合到革命民主主义者所进行的农民解放运动的阶级斗争以及在俄国新兴的现实主义文学，别林斯基和车尔尼雪夫斯基都既批判而又继承了黑格尔美学的某些方面，发挥了“美是生活”的大原则，从而为现实主义文艺奠定了美学理论基础。

别林斯基既是一个黑格尔的信徒，又是一个坚定的现实主义者，这就造成了他的思想中的许多矛盾。而且他在十九世纪四十年代以后，思想上经过了一些转变，所以前后的论调也不一致。例如他在前期为拥护现实主义而反对浪漫主义，特别强调艺术的客观性；在后期发挥了黑格尔的“情致”说，又特别强调艺术的主观性。他对于艺术和美的本质都有两个不同的提法。一个提法接受了黑格尔的美的定义：艺术是“理念取了观照的形式”（感性形象），艺术美当然只有在满足了艺术的这个条件才能存在；另一个提法是从现实主义出发：“诗是生活的表现，或是说得更好一点，就是生活本身”，“在诗的表现里，生活无论好坏，都同样美，因为它是真实的，哪里有真实，哪里就有诗”。别林斯基所理解的“诗”泛指一般文学，有时甚至包括艺术。他肯定了生活本身就美，而且把美与真紧密联系在一起，这是符合他的现实主义立场的。他的矛盾主要见于他对内容与形式的看法。他认为在内容方面，艺术和哲学并无分别，它们所处理的都是现实的真实；它们的不同在于处理的方式，哲学通过抽象思维而艺术则通过形象思维。“现实本身就是美的，但是它的美是在本质上。在内容上而不在形式上。”现实好比金矿砂，艺术“把它加以洗炼，铸成精美的形式”；艺术只是“用现成的内容，给它一个妥帖的形式”。“形式”仍照黑格尔的用法，指具体形象。从此可见，他把美分为自然美和艺术美两种，自然美只在内容（本质）而不在形式，艺术美只在形式而不在内容。这显然是把内容与形式割裂开来了。但是在谈自己欣赏一座女爱神的雕像时，他却说，“这座美的女爱神既作为理念而美，又作为个体而美”，这里“理念”是内容，“个体”是感性形象，是形式。他称赞这座雕像是“理念与形式的生动的交融”，“生命与大理石的有机的结合”。这样看来，艺术美又在内容与形式的统一体上了。他有时还认为内容重于形式，曾举面貌端方四正而呆板枯燥的女性美为例，说这种“美不能叫人爱，而没有爱伴随着的美就没有生命，没有诗”，在《1841 年俄国文学评论》里他讨论普希金的诗时，也说过类似的话：

> 普希金的诗好比受到情感和思想灌注生命的那种人眼睛的美；如果去掉灌注生命的那种情感和思想，那副眼睛就会只有点美（Красивые），就不再有神光焕发的美（Прекрасные）了。

这里应该注意的有两点：第一，别林斯基在内容与形式的问题上徘徊于内容加形式以及内容与形式的统一这两个看法之间，统一的看法当然是他的正确的看法。其次，他在内容的问题上又徘徊于“生活”与“理念”之间，而且“生活”往往是作为“生命”来理解的。记住这两点，就可以更好地理解由别林斯基到车尔尼雪夫斯基的发展。在内容问题上，车尔尼雪夫斯基克服了别林斯基的矛盾，肯定了艺术的内容就是生活。在内容与形式的关系问题上，车尔尼雪夫斯基却始终把内容和形式割裂开来，而且根本抛弃了“内容与形式一致”的提法。此外，还有一点是别林斯基所看到而车尔尼雪夫斯基所没有看到的，就是“艺术中的自然完全不是现实中的自然”，“在诗里，生活比在现实本身里还显得更是生活”。车尔尼雪夫斯基始终坚持艺术美低于现实美。

车尔尼雪夫斯基明确地指出“美是生活”，但是像别林斯基有时主张的一样，他认为现实生活的美只在内容本质上而艺术的美则只在形式上，艺术与现实的区别只在形式而不在内容。这种把内容和形式割裂开来的看法在一定程度上影响到他对艺术，艺术美以及艺术美与现实美的关系等问题的全盘看法。依他的看法，形式变，内容可以不变，作为艺术作品的内容还是作为艺术素材（现实）的内容，因此，艺术就可以成为现实的“代替品”。他没有认识到在艺术创作中，通过艺术家的创造想象和艺术锤炼，内容与形式要经过既互相否定又互相肯定，既互相依存又互相转化的辩证过程，因此，他过低地估计典型化的作用，单就现实一方面来看，将处在素材状态的现实内容和已经艺术处理的艺术作品内容作比较，于是断定艺术美远低于现实美，犹如画的苹果之远低于可吃的苹果。这些结论显然是不能言之成理的。

但是结论的错误并不妨碍所据原则的正确。车尔尼雪夫斯基的基本原则是“美是生活”以及附带的两个命题：“美是按照我们的理解应该如此的生活”和“美是使我们想起人以及人类生活的那种生活”。他的艺术定义也是从这个美的定义发展出来的：艺术再现生活，说明生活和对生活下判断，因此成为研究生活的教科书。这些基本原则都是颠扑不可破的。提出这些基本原则，就是车尔尼雪夫斯基对美学的极大贡献。作为科学的定义，“美是生活”这句话固然过于笼统，但是它毫不含糊地指出艺术不应该从概念出发而应该从现实生活出发。这是德国古典美学以后的重大的转变。别林斯基还徘徊于从理念出发和从生活出发之间而踌躇不决，车尔尼雪夫斯基却斩钉截铁地要从生活出发。这样他就把长期以来由德国唯心主义统治着的美学移转到唯物主义的基础上，从而为现实主义文艺奠定了坚实的美学基础。歌德、席勒和黑格尔等人固然也已早就看到美与生活的密切联系，但是“生活”在车尔尼雪夫斯基的词汇里具有比过去远较丰富的涵义。他是结合当时俄国革命斗争来考虑美与艺术问题的，因而赋予“生活”一词以一种更深刻的社会内容。这就使现实主义文艺担负起远比过去更鲜明的促进阶级斗争的任务。

二　形象思维：从认识角度和实践角度来看

从毛主席《给陈毅同志谈诗的一封信》在一九七八年一月发表以来，文艺界一直在进行深入的学习和热烈的讨论，大家都体会到这封信指示出新诗和一般文艺今后发展的大方向，其中最重要的一点是肯定了形象思维在文艺创作中的重要作用。毛主席说，“诗要用形象思维，不能如散文那样直说，所以比兴两法是不能不用的”。毛主席还指出不用形象思维的弊病：“宋人多数不懂诗是要用形象思维的，一反唐人规律，所以味同嚼蜡。”联系到新诗，毛主席指示说：“要作今诗，则要用形象思维方法，反映阶级斗争与生产斗争，古典绝不能要。”这个关于文艺方针的一项极重要的文件解决了美学理论中一个在国内久经争论的问题，彻底粉碎了“四人帮”所鼓吹的“从路线出发”“主题先行”和“三突出”之类谬论及其在文艺界造成的歪风邪气，为马克思主义文艺理论的发展和我国文艺创作的繁荣奠定了牢固的基础。

编者多年来在介绍西方文艺理论之中不断地述评情感与想象对文艺创作的重要性。凡是看过这部《西方美学史》近代部分的人都会看出述评的主题之一就是形象思维。在这部教材一九六三年出版之后不久，在一九六五年夏季曾有人大张旗鼓地声讨形象思维论，说“所谓形象思维论……正是一个反马克思主义的认识论体系，正是现代修正主义文艺思潮论的一个认识论基础”，“不过是一种违反常识，背离实际，胡编乱造而已”。当时北京文化界曾为此举行过一次座谈会，由反形象思维论者说明他的论点，让与会者讨论。作为形象思维的一个辩护者，编者也应邀参加讨论，提出过一些直率的意见。几个月之后，这篇声讨形象思维论的大文就在陈伯达控制的《红旗》（1966 年第 4 期）上最显著的地位发表了，对座谈会上的反对意见毫未采纳。接着“四人帮”对知识分子实行法西斯专政，编者对此也就不再有谈论的余地了，但是心里并没有被说服。去年初读到毛主席《给陈毅同志谈诗的一封信》，憋了十几年的一肚子闷气一下子就通畅了。接着在报刊上陆续读到一些讨论形象思维的文章，受到不少的启发。看来意见也还有些分歧，似值得深入地讨论下去，把这个问题弄个水落石出。问题的牵涉面很广，这里只能从美学史出发，从认识和实践的角度来提出一些看法，请同志们批评指正。

首先来谈一下反形象思维者控诉形象思维论的一个罪状：“违反常识，背离实际，胡编乱造。”“形象思维”这个词要涉及语言学的常识。它在英文和法文是 Imagination，在德文是 Einbildung，在俄文是 Воображение；相应的字根是 Image，Bild 和 Образ，意思都是“形象”，派生的动名词就是“想象”,“形象思维”和“想象”所指的都是一回事:过去常用的是“想象”,到了十八世纪中期德国黑格尔派美学家移情说的创始人弗列德里希·费肖尔(见本编第十八章)在《论象征》一文[①]里说过:“思维方法有两种:一种是用形象,另一种是用概念和文词;解释宇宙的方式也有两种,一种用文词,另一种用形象。”在俄国较早用“形象思维”这个词的是别林斯基。这两人都是用“形象思维”来诠释“想象”。“名者实之宾”,先有事实而后才有把它标出的词。无论在外国还是在中国,“想象”都是有事实可指的,字源很古的而且现在还是日常生活中经常运用的词,决不是什么“违反常识,背离实际,胡编乱造”。汉语“想象”这个词,屈原在《远游》里就已用了(“思故旧以想象兮”),杜甫在《咏怀古迹五首》里也用过(“翠华想象空山里”)。汉语文字本身就大半是形象思维的产品,许慎《说文解字序》里所说的六序之中“象形”“谐声”“指事”和“会意”四种都出自形象思维。中国诗文一向特重形象思维,不但《诗经》《楚辞》和汉魏《乐府》如此,就连陆机的《文赋》和司空图的《诗品》也还是用形象思维而不是抽象说理。难道这一切都是“胡编乱造”吗?

1. 从认识角度来看形象思维

认识论首先涉及心理学常识,人凭感官接触到外界事物,感觉神经就兴奋起来,把该事物的印象传到头脑里,就产生一种最基本的感性认识,叫作“观念”“意象”或“表象”。这种观念或印象储存在脑里就成为记忆,在适当时机可以复现,单纯的过去意象的复现是被动式的。文艺创作所用的却是一种“创造性的形象思维”,就各种具体意象进行组织、安排和艺术加工,创造出一个新的整体,即艺术作品。哲学家和科学家对这种来自感性认识的具体事物的意象却用不同于艺术的方式加以

---

① 《论象征》,载在作者的《批评论丛》,德文本,第四卷,第 432 页以下。

处理。那就是用分析、综合、判断和推理，得出普遍概念或规律的逻辑思维。逻辑思维是根据感性认识而比感性认识高一级的认识活动。这个道理毛主席在《实践论》里说得再精辟不过了。“认识的感性阶段就是感觉和印象的阶段”，“社会实践的继续，使人们在实践中引起感觉和印象的东西反复了多次，于是在人们的脑子里生起了一个认识过程中的突变（飞跃），产生了概念”。“概念同感觉不但是数量上的差别，而且有了性质上的差别。”形象思维属于感性认识范畴。在文艺方面强调形象思维，因为文艺要从现实生活出发而不是从概念公式出发，所达到的成果也不是概念性的理论而是生动活泼的艺术形象。所以毛主席谆谆教导文艺工作者必须深入工农兵群众中去，深入工农兵的实际斗争中去，“到唯一的最广大最丰富的源泉中去，观察、体验、研究、分析一切人，一切阶级，一切群众，一切生动的生活形式和斗争形式，一切文学和艺术的原始材料，然后才有可能进入创作过程”[①]。从此可见，文艺创作之前必须有深入现实生活，加深对现实生活的感性认识，积蓄文艺创作的原始材料。这正是根据马克思主义的认识论和文艺观点，反形象思维论者所提出的公式却是“表象（事物的直接印象）→概念（思想）→表象（新创造的形象）”。这个公式并不符合马克思主义的认识论和文艺观点，其理由有二：第一，概念是逻辑思维的结果，是由感性认识到理性认识的一种飞跃，要经过分析综合和判断推理的复杂过程，表象能简单地就“飞跃”到概念吗？其次，第二个表象即文艺作品，据上述公式，它是由概念产生的，也就是说，文艺是逻辑思维的产品。逻辑思维既然担负了文艺创作的任务，当然就不用形象思维了。这种论点和“主题先行论”倒是一丘之貉。提出这种论点的人反而叫嚷“现代形象思维论是现代修正主义文艺思潮的一个认识论的基础”，大家试想一想，这顶大帽子究竟应该给谁戴上才最合适呢？

① 《毛泽东选集》，第三卷，第 862 页。

2. 从西方美学史来看形象思维

我们的主要课题是要从西方美学史角度来看形象思维问题。在西方，从古希腊一直到近代，奉为文艺基本信条的是“模仿自然”。模仿自然实际上就是反映现实，但这个提法也可能产生误解，以为模仿即抄袭，因而忽视文艺的虚构和创造作用。柏拉图就有过这种误解。从客观唯心主义出发，他认为只有“理”或“理式”（Idea）才真实，具体客观事物是理式的模仿，离真理隔了一层，只是真理的“摹本”或“影子”，至于模仿具体客观事物的文艺作品和真理又隔了一层，只是“摹本的摹本”“影子的影子”，也就是虚构的幻想。根据这种理由，柏拉图要把诗人驱逐出他的“理想国”境外。他可以说是西方反对形象思维的第一个人，反对形象思维所导致的结果就是限制文艺的发展，甚至排斥文艺，《理想国》一书的结论正说明了这一点。他的门徒亚理士多德是“模仿自然论”的坚决维护者，他的《诗学》肯定了诗人要描写的是“按照可然律或必然律可能发生的事”，描写的方式是“按照事物应该有的样子”，在《伦理学》里他还肯定了艺术是一种“生产”、一种“创造”，作品的“来源在于创造者而不在对象本身”。因此，他认为文艺作品虽要虚构，却不因此就虚假；不但如此，它比起记载已然事物的历史“还是更哲学的，更严肃的”，更“带有普遍性”。亚里斯多德这些观点已包含了形象思维和艺术创造的精义，尽管他还没有用“形象思维”这个词①。在《修辞学》里他还讨论了“隐喻”和“显喻”，这就涉及“比”“兴”了。

西方古代文艺理论中想象或形象思维这个词最早出现在住在罗马的一位雅典学者斐罗斯屈拉特（Philostratus，170—245）所写的《阿波罗琉斯的传记》（*Life of Apollonius of Tyana*）②，这里涉及形象思维的一段话

①参看本书上卷第三章。他用过 Phantasie 这个词，不过指的是被动的复现的幻想活动。参看英国 Butcher 的亚理士多德的《诗学》英译本评注，第 125—127 页。不过在近代西文中 Phantasie 也往往用作 Imagination 的同义词。

②阿波罗琉斯是一位新毕达哥拉斯派学者，这部传记的原文和英译文载英国 Loeb 古典丛书中，参看第二卷，第 77—81 页。

是文艺由着重模仿发展到着重想象的转折点。阿波罗琉斯向一位埃及哲人指责埃及人把神塑造为一些下贱的动物，并且告诉他希腊人却用最好的最虔敬的方式去塑造神像。埃及哲人就问：“你们的艺术家们是否升到天上把神像临摹下来，然后用他们的技艺把这些神像塑造出来，还是有什么其他力量来监督和指导他们塑造呢？”他回答说：“确实有一种充满智慧和才能的力量。”埃及哲人问：“那究竟是什么力量？除掉模仿以外，我想你们不会有什么其他力量。”接着就是以下一段有名的回答：

> 创造出上述那些作品[①]的是想象。想象比起模仿是一种更聪明灵巧的艺术家。模仿只能塑造出见过的事物，想象却能塑造出未见过的事物，它会联系到现实去构思成它的理想。模仿往往畏首畏尾，想象却无所畏惧地朝已定下的目标勇往直前。如果你想对天神宙斯有所认识，你就得把他联系到他所在的天空和众星中间一年四季的情况，菲底阿斯就是这样办的。再如，你如果想塑造雅典娜女神像，你也就必须在想象中想到与她有关的武艺、智谋和各种技艺以及她如何从她父亲宙斯的头脑中产生出来的。[②]

这里值得注意的是“想象却能塑造出未见过的事物”，会“联系到现实去构思成它的理想”，而且在塑造人物形象时须联系到人物的全部身世和活动去构思，足见想象仍必须从现实生活出发，但不排除虚构和理想化。这里也可看出典型人物的要义。涉及的题材是神话，据黑格尔对象征型艺术的论述，希腊众神都是荷马和赫西俄德两位史诗人按照人的形象把他们创造出来的，每个神都代表一种人物，所以各是一种典型，也各是一种形象思维的产品。

---

①指上文谈到的一些著名的希腊神像雕刻。

②据希腊神话，雅典娜是智慧女神、工艺女神和女战神，又是雅典城邦的女护神。她母亲怀她时，她父亲宙斯把她母亲吞吃下去，雅典娜是从宙斯头脑里生出来的。

菲罗斯屈拉特生在公元三世纪左右，基督教已在西方开始流行。基督教在欧洲统治达一千几百年之久，到文艺复兴才渐受冲击。它对文艺在创作和理论两方面都起过很大影响。单就形象思维来说，读者不妨参考黑格尔的《美学》第二卷，特别是论象征型艺术中涉及希腊、中世纪欧洲以及古代埃及、印度和波斯的宗教和神话的部分。从此可见，形象思维是各民族在原始时代就已用惯了。

对于一般关心西方美学史和文艺批评史的人来说，注意力宜集中到由封建社会过渡到资本主义社会近代五百年这段时间里。在这段时间里社会制度和人类精神状态都在随经济基础和自然科学的发展起着激烈的变化。哲学界进行着英国经验主义对大陆理性主义的斗争，文艺界进行着以英德为代表的浪漫主义对法国新古典主义的斗争。这两场意识形态领域里的斗争是互相关联的，都反映出上升资产阶级对封建制度的冲击以及个性自由思想对封建权威的反抗。十七世纪欧洲大陆上流行的是笛卡儿、莱布尼茨和沃尔夫等人的理性主义。当时所谓“理性”还是先天的，先验的，甚至是超验的，不是我们现在所理解的以感性认识为基础的理性认识。和大陆理性主义相对立的是当时工商业较先进的英国的培根、霍布斯、洛克、休谟等人所发展起来的经验主义。他们认为人初生下来时头脑只是一张白纸，生活经验逐渐在这张白纸上积累下一些感官印象，这就是一切认识的基础。他们根本否认有所谓无感性基础的“理性”。肯定感性认识是一切认识的基础，这是经验主义的合理内核。形象思维在文艺创作中的作用日益受到重视是和经验主义重视感性认识分不开的，也是和浪漫主义运动对片面强调理性的法国新古典主义的反抗分不开的。新古典主义的法典是布瓦罗的《论诗艺》。这部法典是从笛卡儿的良知（Bon sens）论出发的，强调先天理性在文艺中的主导作用：

……要爱理性，让你的一切文章
永远只从理性获得价值和光芒。

——《论诗艺》，I，37—38 行

全篇始终没有用过“想象”这个词。但在英国，比布瓦罗还略早的培根就已在强调诗与想象的密切关系。在他的名著《学术的促进》里，培根把学术分成历史、诗和哲学三种，与它们相适应的人类认识能力也有三种，记忆、想象和理智。他的结论是“历史涉及记忆，诗涉及想象，哲学涉及理智”。从此可见，培根不但已见出形象思维和抽象思维的分别，把文艺归入形象思维，而且还指出复现性想象（记忆）和创造性想象的分别，指出诗不同于历史记载。在《论美》一篇短文里他还指出：同出形象思维，诗与画却有所不同，诗能描绘人物动作，画却只能描绘人物形状，这也就是后来莱辛在《拉奥孔》里所得到的结论。此后英国文艺理论著作没有不强调想象的。就连本来崇拜法国新古典主义的爱迪生也写过几篇短文鼓吹“想象的乐趣”。到了浪漫主义运动起来以后，想象和情感这一对孪生兄弟就成了文艺创作的主要动力，具体表现在抒情诗歌和一般文艺作品里，也反映在文艺理论里。这是上升的资产阶级的自我中心、力求自由扩张的精神状态的反映，后来虽有流弊，却也带来了一个时期的文艺繁荣。

十八世纪中美学研究也开始繁荣了，大半都受到英国经验主义的影响。涉及形象思维要旨的有两部著作值得一提。一部是意大利哲学家维柯的《新科学》[①]。维柯初次从历史发展观点，根据希腊神话和语言学的资料，论证民族在原始期，像人在婴儿期一样，都只用形象思维，后来才逐渐学会抽象思维。在神话研究方面，后来黑格尔在《美学》第二卷论象征型艺术部分以及马克思关于神话的看法多少有些近似维柯的看法。在美学和语言学方面受他影响最深的是他在意大利的哲学继承人克罗齐。现代瑞士儿童心理学家庇阿杰（Piaget）也从研究儿童

①见本书第十一章。

运用语言方面论证了儿童最初只会用形象思维。[①]

十八世纪另一部值得注意的著作就是初次给美学命名为“埃斯特惕克”的鲍姆嘉通[②] 的《美学》。作者明确地把美学和逻辑学对立起来，美学专研究感性认识和艺术的形象思维；逻辑学则专研究抽象思维或理性认识。

总之，“形象思维”古已有之，而且有过长时期的发展和演变，这是事实，也是常识，并不是反形象思维论者所指责的“违反常识、背离实际、胡编乱造”。这种指责用到他自己身上倒很适合。

3．马克思肯定了形象思维

反对形象思维论者不但打着“常识”的旗号，而且打着“马克思主义的认识论”的旗号，说什么形象思维论是“一个反马克思主义的认识论体系”。上面我们已根据毛主席的《实践论》说明了形象思维所隶属的感性认识的合法地位，现在不妨追问：究竟马克思本人是不是一位反形象思维论者呢？梅林在《马克思与寓言》一文里论证了马克思继歌德和黑格尔之后，是“一位天生的寓言作者”(faisseur d'allégories né)。[③] 寓言或寓意体诗文就是中国诗的“比”，黑格尔的《美学》第二卷结合象征型艺术详细讨论过，它还是形象思维方式之一。马克思在他的经典性著作里也多次肯定了形象思维。最明显的例子是《政治经济学批判》的“导言”里关于神话的一段话：

……任何神话都是用想象和借助想象以征服自然力，支配自然力，把自然力加以形象化……希腊艺术的前提是希腊神话，也就是

①庇阿杰（J. Piaget，1876年生），关于儿童心理学的著作有许多种，其中一种专从儿童语中研究形象思维，他在英国讲过学，有些著作已译成英文。

②见本书第十章。

③参看法文本《马克思恩格斯论文艺》第369—370页的法译文。

已经通过人民的幻想用一种不自觉的艺术方式加工过的自然和社会形式本身。这是希腊艺术的素材。[①]

接着谈到社会发展到不再以神话方式对待自然时，马克思说，这时就“要求艺术家具备一种与神话无关的幻想”。“想象”在原文中用的是Einfildung，“幻想”在原文中用的是Phantasie，这两个词在近代西文中一般常用作同义词，足见马克思肯定了艺术家要有形象思维的能力，尽管神话时代已过去。在对摩根的《古代社会》的评注里，马克思也是就神话谈到“想象”，把想象叫作人类的“伟大资禀”。毛主席在《矛盾论》里谈到神话时也引了上引马克思的一段话，并且结合到神话中的矛盾变化，指出神话“乃是无数复杂的现实矛盾的互相变化对于人们所引起的一种幼稚的、想象的、主观幻想的变化”，“所以它们并不是现实之科学的反映”。从此可见，毛主席肯定形象思维，并不是从《给陈毅同志谈诗的一封信》才开始，而是早就在这个问题上发挥了马克思主义。毛主席自己的诗词就是形象思维的典范。

4. 从实践角度来看形象思维

马克思主义创始人分析文艺创造活动从来都不是单从认识角度出发，更重要是从实践角度出发，而且分析认识也必然是要结合到实践根源和实践效果。早在一八四五年马克思在《关于费尔巴哈的提纲》里就反复阐明实践的首要作用，他指出：“人的思维是否具有客观的真理性，这并不是一个理论的问题，而是一个**实践的**问题”，费尔巴哈的“主要缺点是：对事物、现实、感性，只是从**客体**的或者**直观**的形式去**理解**，而不是把它们当作**人的感性活动**，当作**实践**去理解，不是从主观（应作“主体”——引者）方面去理解”；“费尔巴哈不满意**抽象的思维**而诉诸**感**

①见《马克思恩格斯选集》，第二卷，第113页。

性的直观，但是他把感性不是看作**实践的**，人类感性的活动”[①]。这些论纲是马克思主义哲学的核心。伟大导师毛主席在《实践论》里更加透辟地发挥了《费尔巴哈论纲》的要旨。在这篇光辉的著作里，实践论取代了过去的认识论，对哲学做出正本清源的贡献。可惜我们过去在美学讨论和最近在形象思维的讨论中没有足够地深入学习这些重要文献，所以往往是隔靴搔痒。片面强调美的客观性和片面从认识角度看形象思维，都是例证。最近哲学界还有人否认实践是检验真理的标准。这就说明马克思主义在我们头脑里扎根还不深，值得警惕。

从实践观点出发，马克思主义创始人一向把文艺创作看作一种生产劳动。生产劳动，无论就现实世界这个客体还是就人这个主体来看，都有千千万万年的长期发展过程。这道理恩格斯在《劳动在从猿到人转变过程中的作用》一文里已作了科学叙述。[②] 马克思著作中讨论文艺作为生产劳动最多的是在一八四四年写成的《经济学——哲学手稿》[③] 这部著作里研究了各种感官和运动器官的发展与审美意识的形成，研究了劳动与分工对人的影响，证明了在劳动过程中人类不断地按自己的需要在改变自然，在自然上面打下了人的烙印（这就是对象或客观世界的“人化”），同时也日渐深入地认识自己和改变自己（这就是作为“主体”的人的“对象化”）。

马克思后来在《资本论》第一卷第三编第五章里扼要概括了《经济学——哲学手稿》里关于劳动过程对改造客观世界从而改造作为劳动主体的人这个道理：

> 劳动首先是在人与自然之间所进行的一种过程，在这种过程中，人凭他自己的活动来作为媒介，调节和控制他跟自然的物质交换。

①见《马克思恩格斯选集》，第一卷，第16—19页。

②见《马克思恩格斯选集》，第三卷，第508—520页。

③一九五六年出版过中译本，译文艰晦。后未见再版，听说马恩列斯编译局在重译中。

人自己也作为一种自然力来对着自然物质。他为着要用一种对自己生活有利的形式去占有自然物质，所以发动各种属于人体的自然力，发动肩膀和腿以及头和手。人在通过这种运动去对外在自然进行工作、引起它改变时，也就在改变他本身的自然（本性），促使他的原来睡眠着的各种潜力得到发展，并且归他自己去统制。我们在这里姑不讨论最原始的动物式的本能的劳动……我们要研究的是人所特有的那种劳动。蜘蛛结网，颇类似织工纺织；蜜蜂用蜡来造蜂房，使许多人类建筑师都感到惭愧，但是即使最庸劣的建筑师也比最灵巧的蜜蜂要高明，因为建筑师在着手用蜡来造蜂房以前，就已经在他的头脑中把那蜂房构成了。劳动过程结束时所取得的成果已经在劳动过程开始时存在于劳动者的观念中，已经以观念（或理想）的形式存在着了。他不仅造成自然物的一种形态改变，同时还在自然中实现了他所意识到的目的。这个目的就成了规定他的动作的方式和方法的法则，他还必须使自己的意志服从这个目的。这种服从并不是一种零散的动作，在整个劳动过程中，除各种劳动器官都紧张起来以外，还须行使符合目的的意志，这表现为注意，劳动的内容和进行方式对劳动者愈少吸引力，劳动者就愈不能从劳动中感到自己运用身体和精神两方面的各种力量的乐趣，他对这种注意的需要也就愈大。[①]（重点引者加）

马克思的这番教导对于美学的重要性无论怎样强调也不为过分。它会造成美学界的革命。这段话不仅阐明了一般生产劳动的性质和作用，同时也阐明了文艺创作作为一种生产劳动的性质和作用。建筑是一种出现较早的艺术，已具有一切艺术活动的特征。建筑师用蜡仿制蜂房，不是出于本能，而是出于意识，要按照符合目的的意识和意志行事。在着手创

①参看中文版《资本论》，第一卷（上），第201—202页，校对过德文本对译文稍作修改。

作之前，他在头脑中已构成作品的蓝图，作品已以观念（或理想）的形式（原文是副词 Ideel）存在于作者的观念或想象（原文是 Vorstellung，一般译为“观念”或“表象”，法译本即译为“想象”）中，足见作品正是形象思维的产品，更值得注意的是形象思维不只是一种认识活动而是一种既改造客观世界从而也改造主体自己的实践活动，意识之外还涉及意志，涉及作者对自己自由运用身体的和精神的力量这种活动的欣赏。也就是在这个意义上，劳动（包括文艺创作）会成为人生第一必需。

从这个观点来看形象思维，它的意义与作用就比过去人们所设想的更丰富更具体了。过去美学家们在感官之中只重视视觉和听觉这两种所谓“高级感官”和“审美感官”，就连对这两种感官也只注意到它们的认识功能而见不出它们与实践活动的密切联系。马克思在《经济学——哲学手稿》里五种感官都提到，特别阐明在人与自然的交往和交互作用的过程中，双方都日益发展，自然日益丰富化，人的感官也日益锐敏化。五官之外马克思还提到头、肩、手、腿之类运动器官，恩格斯特别强调人手随劳动而日益发展是由猿转变到人的关键。“手变得自由了，能不断地获得新的技巧”，完善到“仿佛凭着魔力似的产生出拉斐尔的绘画，陶瓦尔德生的雕刻和巴加尼尼的音乐”。

5. 近代心理学的一些旁证

近代心理学的发展也给感性认识与实践活动的密切联系提供了一些旁证。

第一个旁证就是法国心理学家夏柯（Charcot）、耶勒（Janet）和库维（Coué）等人根据变态心理所发展出来的“念动的活动”（Ideo-motor acfivity）说。依这一学说，头脑里任何一个固定化观念（或意象）如果不受其他同时并存的观念的遏制作用，就往往自动机械似的转化为动作，例如人格分裂症和睡行症之类情况。即在日常生活中，“念动的活动”的事例也不少，例如专心看舞蹈或赛跑，自己的腿也就动起来，看到旁人笑或打呵欠，自己也不知不觉地照办。法国另一个著名的心理学家芮波（Th. Rihot）把“念动的活动”应用到文艺心理学里，写出了《创造性的想象》(*L'Imagination creatrice*)[①] 一书。他从各方面研究了形象思维。另外一个法国著名的美学家色阿伊（G. Séailles）在他的《艺术中的天才》(*Le Génie dans l'art*)[②] 里也详细讨论了“念动的活动”与形象思维的问题，特别是其中第三章。这一类的著作对于研究形象思维问题的人们都是不可忽视的资料。

第二个旁证是关于筋肉感觉（Kiuetic sensation）或运动感觉（sense of motion）的一些研究。[③] 过去只提五官，现在又添了一种感觉到运动的筋肉感官。感觉到运动也就要在脑里产生一种意象，而这种运动意象也就要成为形象思维中的一个因素。近代美学中费肖尔父子和立普司派的“移情作用”以及谷鲁斯派的“内模仿作用”都是从研究运动感觉而提出的。[④] 编者过去读过一部评论意大利佛罗稜斯派绘画的名著。作者是本世纪初还活着的英国人，可惜因自己年老，想不起他的名字了。这部评论特别着重绘画作品对观众心中所产生的筋肉紧张或松弛的感觉。其实这种看法在我国早已有之。画论中所提的“气韵生动”，文论中所提的“气势”“骨力”“雄健”“阳刚”和“阴柔”之类观念至少有一部分与筋肉感觉有关。传说王羲之看鹅掌拨水，张旭看公孙大娘舞剑，从而在书法上都大有进展。还有一位名画家画马之先，脱衣伏地去体验马的神态姿势，这些都必然要借助于筋肉感觉。不过造型艺术（雕刻和绘画）之类“空间艺术”，一般较难表现运动，所以文克尔曼主要从希腊雕刻入手，才得出伟大艺术必以“静穆”为理想的片面性结论。筋肉感觉起作用最大的是音乐、舞蹈和诗歌之类“时间艺术”。这一类艺术都离不

①一九二六年巴黎 F. Alcan 书店出版。

②一九二三年，同上书店出版。

③参看德国心理学家闵斯特堡（H. Münsterburg）的《心理学》，有英文本，在美国出版。

④参看本书第十八章。

开节奏，而节奏感主要是一种筋肉感或运动感。我们不妨挑选一些描绘运动的作品来体验一下，例如：

噫吁戏，危乎高哉！蜀道之难，难于上青天！（李白《蜀道难》）

荡胸生层云，决眦入归鸟。会当临绝顶，一览众山小。（杜甫《望岳》）

昵昵儿女语，恩怨相尔汝。划然变轩昂，勇士赴敌场。……跻攀分寸不可上，失势一落千丈强。（韩愈《听颖师弹琴》）

读这类作品，如果不从筋肉感觉上体会到其中形象的意味，就很难说对作品懂透了。历来在诗文上下功夫的人都要讲究高声朗读，其原因也正是要加强抑扬顿挫所产生的筋肉感觉，从而加深对诗文意味的体会。

第三个旁证是关于哲学界和心理学界对“有没有无意象的思想”（imageless thought）问题的争论。编者在欧洲学习时正赶上这场争论，报刊上经常有报导[①]，一位英国学者（名字也记不起了）写过一部书评价了这场争论。所谓“无意象的思想”就是一般所谓“抽象的思想”。抽象思想的存在是不容否认的，坚持没有“无意象的思想”的一派人的出发点还是理性认识不能没有感性认识的基础这一基本原则。值得注意的是这派人也正是强调筋肉感觉的。记得他们所举的事例之一是“但是”这个联结词。从表面看，这个词及其所代表的思想是一般性的、无意象的。说它是“有意象的”，他们却也拿出了心理学实验仪器所记录下来的筋肉感觉转向的证据。筋肉在注意力强化、弱化或转向时都产生不同的感觉，留下不同的意象。所以像“但是”“如果”这类词所代表的思想毕竟还不是完全无意象的。这一点旁证可以帮助我们更好地理解马克思在上引一段话里所提到的“劳动器官紧张”和表现为“注意”的“符合目的的意志”活动。

①如果查二十世纪二十到三十年代的英国哲学刊物“Mind”，可能还查得出。

6.“艺术作品必须向人这个整体说话”

从以上所述各点可以看出形象思维这个问题是很复杂的，决不能孤立地作为一种感性认识活动去看，既不涉及理性认识，更不涉及情感和意志方面的实践活动。这种形而上学的机械观在美学界至今还很流行。病根在于康德的《判断力批判》上部这一美学专著。康德在这里用的是分析法。为科学分析起见，他把人的活动分析为认识和实践两个方面，认识活动又分为感性和理性两个方面，实践活动又分为互相联系的意志和情感两个方面。接着他就在这个体系中替审美活动或艺术活动找一个适合的位置，把它分配到感性认识那方面去。“界定就是否定”，康德的界定就带来了两个否定，一个是否定了审美活动与逻辑思维所产生的概念有任何牵连，另一个是否定了它与实践方面的利害计较和欲念满足有任何牵连。这样，真善美就成了三种截然分开的价值，互不相干。康德的出发点是主观唯心主义和形而上学的机械观。不可否认他在美学方面作出了一些功绩，但是也应该认识到他的观点所造成的恶劣后果，在文艺界发展为“为艺术而艺术”的风气，在美学界发展成为克罗齐的“直觉说”。从此，文艺就变成了独立王国，摆脱了一切人生实践需要的形象“游戏”。一般对文艺活动没有亲身经验和亲切体会的美学学究们（包括编者本人）中这种形而上学机械观的毒都很深，在十九世纪科学界的有机观特别是马克思主义的唯物辩证法日益占优势已很久了，现在是彻底清算余毒的时候了。

什么是辩证的有机观呢？歌德在《搜藏家和他的伙伴们》中第五封信里说得顶好：

> 人是一个整体，一个多方面的内在联系着的能力（认识和实践两方面的——引者注）的统一体。艺术作品必须向人的这个整体说话，必须适应人的这种丰富的统一整体，这种单一的杂多。

要“适应人的这种丰富的统一整体”，艺术活动（包括形象思维在内）就必须发动和发展艺术家自己的和听众的全副意识、意志和情感的力量和全身力量，做到马克思论生产劳动时所说的“从劳动中感到运用身体和精神两方面各种力量的乐趣”。这样才不会对美、美感和形象思维之类范畴发生像过去那样片面孤立因而仍是抽象的观念。

这样一来，美学的任务就比过去远较宽广，也远较复杂了。艺术虽然主要用形象思维，既不以概念为出发点，也不以概念为归宿，但是作为人类古往今来都在经常进行的一种活动，艺术必然也有它自己的逻辑或规律，寻求这种规律是美学中一项比过去更艰巨的工作。过去从英国经验主义派研究观念联想的工作，到近代心理学家们研究“移情作用”，“念动的活动”和运动中的“筋肉感觉”“创造性想象”以及儿童运用语言等问题的工作，都各以某种片面方式在寻求艺术形象思维的规律。对这些工作我们决不应持虚无主义态度，至少要弄清在现代世界美学方面人们在干些什么。如果我们坚持从马克思主义出发来对待美学方面批判继承和推陈出新的任务，我们就应承认自己的落后。我们不应该浪费时间去发些空议论，而应该按规划、分步骤地多做些踏实而持恒的研究工作，这样才有希望在美学方面完成新时期的历史任务。

三　典型人物性格

1. 从古代到黑格尔的演变

美的本质问题在历史上一直是与典型问题密切联系在一起的，特别是在德国古典美学家和俄国现实主义美学家们的著作里。别林斯基说过，“没有典型化，就没有艺术”，足见典型问题在实质上就是艺术本质问题，是美学中头等重要的问题。

“典型”（Tupos）这个名词在希腊文里原义是铸造用的模子，用同一个模子脱出来的东西就是一模一样。这个名词在希腊文中与Idea为同义词。Idea本来也是模子或原型，有“形式”和“种类”的涵义，引申为“印象”“观念”或“思想”。由这个词派生出来的Ideal就是“理想”。所以从字源看，“典型”与“理想”是密切相关的。在西方文艺理论著作里，“典型”这个词在近代才比较流行，过去比较流行的是“理想”；即使在近代，这两个词也常被互换使用，例如在别林斯基的著作里。所以过去许多关于艺术理想的言论实际上也就是关于典型的。

从同一个模子脱出来的无数事物都具有一种普遍性，都具有模子所铸的那种模样。所以典型性与普遍性或一般性是密切相关的，许多关于文艺普遍性的言论也往往涉及典型。最早的而且也很精辟的典型说是亚理士多德在《诗学》第九章里提出来的。他指出诗与历史不同，“历史家描述已发生的事，而诗人则描述可能发生的事。因此，诗比历史是更哲学的，更严肃的，因为诗所说的多半带有普遍性，而历史所说的则是个别的事”。接着他解释“普遍性”说：

> 普遍性是指某一类型的人，按照可然律或必然律，在某种场合会说什么话，做什么事。

但是这种普遍性还须透过“安上姓名”的个别人物表现出来。这里所说的实质上就是典型，尽管他没有用这个词。这个典型说里有三点要义：(1) 亚理士多德是从文艺的真实性来看典型问题的，诗比历史更真实（“更哲学的，更严肃的”），因为诗揭示出普遍性或典型性；(2) 诗所写的仍是个别人物（“安上姓名”），但是须见出普遍性，这是亚理士多德所理解的一般与特殊的统一，是他在哲学上的一个大贡献，也是他的典型说所依据的基本的辩证原则；(3) 这种普遍性不是数量上的总结或统计的平均数，而是规律的体现，须符合“可然律或必然律”，所以典型所显示的普遍性就是规律性。像一条红线贯串在《诗学》里的基本思想是：文艺作品必须是有机整体，而有机整体首先要见于动作或情节的前后承续现出必然的内在联系。所以在亚理士多德心目中，典型是与文艺的高度真实性（普遍性或规律性）和整一性（“三一律”中的动作的整一）分不开的。

亚理士多德还见出典型与理想的密切关系。他认为最好的创作方法是“照事物应当有的样子去模仿”。这样的模仿如果照浮面现象看，或许是“不可能的”；但是照本质和规律来看，却仍是“近情近理的”或“可信的”。在《诗学》第二十五章里有一段很深刻的话：

> 一种合情合理的（亦可译为“可信的”）不可能总比不合情理的可能还较好。如果指责宙克什斯所画的人物是不可能的，我们就应回答说，对，人物理应画得比实在的更好，因为艺术对原物范本理应有所改进。

从此可见，亚理士多德的看法是辩证的。他首先肯定文艺应以现实人物为范本，其次他又强调文艺在现实基础上应有所改进。“改进”就是“理想化”，也就是提炼、集中和概括。由于着重典型的理想化性质，他主张文艺所描述的不是按事实是已然发生的事，而是按规律是可能发生的事。“合情合理的不可能”指宙克什斯集中许多美人的优点所画成的海伦后在事实上不可能存在，但仍然是现实基础上的提高。“不合情理的可能”指偶然事故，虽然事实上可能发生，却不符合规律。艺术应该排除偶然而显示必然。亚理士多德很清楚地指出了：艺术的真实不同于生活的真实，尽管它们有联系。

亚理士多德在《修辞学》卷二里还提出过与艺术典型有别的“类型”，典型的普遍性是符合事物本质的规律性，类型的普遍性只是数量上的总结或统计的平均数，其中不免带有许多偶然的非本质的东西。亚理士多德以年龄和境遇为标准把人分为幼年人、成年人、老年人以及出身高贵的人、有钱的人和有权的人几种类型，并且对每一类型作了很有概括性的描绘。不过他的用意不在要文学家们如法炮制，去创造典型人物性格，而在要他们透懂听众的性格和心理，以便对不同的人说不同的话，才较易产生更好的说服效果。

但是在很长时期以内，在西方发生影响的不是亚理士多德的《诗学》传统，而是他的《修辞学》传统，《诗学》里的典型说没有立刻发生影响，而《修辞学》里的类型说却成为古典主义时期关于人物典型的理论根据。首先发挥《修辞学》里类型说的是罗马诗人贺拉斯。他在《论诗艺》里劝诗人说：

> 如果你想欣赏的听众屏息静听到终场，鼓掌叫好，你就必根据每个年龄的特征，把随着年龄变化的性格写得妥帖得体。

接着他仿亚理士多德的先例，把幼年人、成年人和老年人的类型特征描绘了一番，最后下结论说：

> 我们最好遵照生命的每个阶段的特点，不要把老年人写成青年人，或是把小孩写成成年人。

很显然，不把老年人写成青年人，或是不把青年人写得像个老年人，这不能就算创造了艺术典型形象而只是概念化和公式化。概念化和公式化却恰恰是与真正的典型化相对立的。

类型之外，贺拉斯还提出“定型”说。原来古典主义者号召学习古典，不但要模仿古人的创作方法，还要借用古人已经用过的题材和人物性格。古人把一个人物性格写成什么样，后人借用这个人物性格，也还是应该写成那样，这就叫作“定型”。例如贺拉斯劝戏剧家写“远近驰名的”阿喀琉斯时，就要按照荷马在史诗里所写的那样，把他写成一个

“暴躁、残忍和凶猛的人物”，这就像我国过去旧戏写曹操，就要一定把他写成老奸巨猾，不准翻案。这还是概念化和公式化的另一种表现方式。

新古典主义者所崇奉的鼻祖就是贺拉斯。替新古典主义定法典的是布瓦罗。他在《论诗艺》里把贺拉斯的类型说和定型说又复述了一遍，例如：

> 写阿迦麦农应把他写成骄横自私，
> 写伊尼阿斯要显出他敬畏神祇，
> 写每个人都要抱着他的本性不移。

这就是把典型看成定型。十七世纪西班牙戏剧家洛普·德·维迦也是一个新古典主义者，他为典型即类型说提供了例证，在《喜剧写作的新艺术》里，他劝告剧作家说：

> 如果是一位国王在说话，就须尽量模仿王侯的严肃；如果是一位老年人在说话，就要显出他谦虚，肯思考；如果写男女相爱，就要写出动人的情感。

这就是写类型。与这种类型说密切相关的是美即类型而类型是事物的“常态”的说法。法国启蒙运动领袖之一孟德斯鸠说过一段话可为代表：

> 毕非尔神父给美下定义，说美是最普通的东西的汇合。一经解释，这个定义就显得很精确。……他举例说，美的眼睛就是大多数眼睛都像它那副模样的眼睛，口鼻等也是如此。

所谓“最普通的”就是“最常见的”，“最有代表性的”，所以也就是同类事物的常态或类型。自然主义的文艺理论家丹纳也认为凡是能很清楚地显示“种类特征”的就是美的事物。

类型说和定型说的哲学基础都是普遍人性论。依古典主义者的看法，文艺要写出人性中最普遍的东西才能在读者或观众之中发生最普遍的影响，才能永垂不朽。写最普遍的东西就是写类型和定型。普遍人性论是脱离社会历史发展和具体情境而抽象地看人的结果。所以类型说和定型说所着眼的也都是抽象的人，其结果当然写不出具体生动，有血有肉的人。在类型说和定型说的拥护者的眼里，一般和特殊是绝对对立的，为着显出共性，就不得不牺牲个性。

类型说和定型说不但反对个性，而且反对变化，都要求规范化和稳定化。这里可能毕竟有它的阶级根源，反映出过去统治阶级维持统治阶级体统的愿望。类型说和定型说在西方最流行的时代主要是封建时代，当时文艺所表现的主要是封建社会上层人物，类型和定型的人物描绘有利于维持他们身份的尊严。这从新古典主义时代所定的一些清规戒律中可以看出。十六世纪意大利诗论家穆粹阿反对把国王写成是平民出身的[①]，十八世纪英国批评家责怪莎士比亚在《柯里拉弩斯》剧本里把一位罗马元老写成一个小丑，就连启蒙运动领袖伏尔太也责备莎士比亚在《哈姆雷特》里不该把国王写成一个小丑。约翰生针对这两人的指责，从人性论的角度，替莎士比亚进行过辩护，可是他自己还是责备莎士比亚不该让麦克白用“屠夫和厨子在最卑微的任务中所使用的一种工具”（刀）去“干一种重要的罪行”（杀国王）。他们责备的理由都是破坏类型，违犯“合式”（Decorum）那条规则。从此可见，新古典主义者的“守住典型”的口号如果译成具体的语言，就会是“不要让统治阶级的大人物丧失身份”。

法国启蒙运动本来是反对封建以及点缀封建场面的新古典主义文艺的，但是伏尔太和狄德罗在典型观点上都还没有完全摆脱新古典主义的

①见斯宾干《文艺复兴时代文学批评》，第 87 页。

影响。狄德罗在《谈演员》里很强调理想，而他的理想毕竟还是类型。他曾举莫里哀所写的《伪君子》喜剧为例，来说明“某一伪君子”（现实中个别的伪君子）与“准伪君子”（经过艺术典型化的伪君子）的分别，认为理想的人物（典型人物）形象应显出同一类型人物的“最普遍最显著的特点，而不是某一个人的精确画像”。从此可见，狄德罗仍是把典型和个性对立起来，为着典型，就宁愿牺牲个性。他的看法如果作为反映法国古典喜剧创作经验来看，倒可以说是正确的，因为法国喜剧写典型人物，一般都像莫里哀写《伪君子》那样，把同类人物的“最普遍最显著的特点”突出地表现出来。不过狄德罗对于典型说毕竟作出了新的贡献。他认识到人物性格取决于导致冲突的情境（见《论戏剧体诗》第十三节）。这是主要的一点。其次，他认识到“理想”（典型）是艺术家先构思好的“内在范本”，然后体现于外在的作品，它是既根据现实而又超越现实的，所以理想总要比现实高一层。这就回到亚里斯多德的关于诗的普遍性和理想化的学说，对于打破新古典主义的类型和定型的窄狭圈套，毕竟起了一些推动作用。第三，他虽强调喜剧写类型，却主张悲剧须写个性。

总的说来，十八世纪以前西方学者都把典型的重点摆在普遍性（一般）上面，十八世纪以后则典型的重点逐渐移到个性特征（特殊）上面。所以十八世纪以前，“典型”几乎与“普遍性”成为同义词，十八世纪以后，“典型”几乎与“特征”成为同义词。这个转变主要由于资产阶级个人主义思想的发展。在美学领域里，鲍姆嘉通就首先指出：“个别事物是完全确定的，所以个别事物的观念（意象）最能见出诗的性质。”这句话就标志着风气的转变。康德在典型问题上也已超越出过去古典主义派的类型观。他在《美的分析》里把典型叫作“美的理想”，“理想是把个别事物作为适合于表现某一观念的形象显现”，其中包括“审美的规范意象”和“理性观念”两个因素。“理性观念”的例是慈祥、纯洁、刚强、宁静之类道德品质，这些品质在艺术作品中要通过“审美的规范意象”表现出来。就他用“规范”这个字来看，他仍未摆脱“常态”或“类型”的看法，但是他已认识到只有类型还不够，还要“足以见出特性的东西”。后来在《崇高的分析》里，他又把典型叫作“审美的意象”，说这是“想象力所形成的形象显现，它能引人想到很多的东西，却又不可能由任何明确的思想或概念把它充分表达出来”。这就是说典型形象“寓无限于有限”，具有高度的概括性和暗示性，它是“最完满的形象显现”。承认典型形象所包含的意蕴远远超过某一明确概念所能表达出的东西，这就已不再是类型说或常态说了。康德对典型对于艺术作品的重要性有充分的估计，从他两度认真讨论这个问题以及从他把表达审美意象（典型形象）的能力看作天才所特有的本领，都可以看出。

近代典型观转变的关键在于上文已提到的希尔特对文克尔曼的批判。文克尔曼所宣扬的“高贵的单纯，静穆的伟大”那个古典理想所指的不是个别人物性格而是整个民族在整个时代中的一种精神面貌，是一种最广泛最抽象的典型。他反对表情和描绘个别人物的特点，所以他的典型观还是属于过去的。希尔特反对他的这种看法，提出“个性特征”来代替他的抽象的“理想”，这样就把典型的重点从一般转到特殊上，这可以说是浪漫主义的典型观的开始。

典型作为“一般与特殊的统一”这条大原则之下的一种事例，从历史发展的角度来看，包括着两个问题：第一个是，重点是摆在一般上还是摆在特殊上？对这个问题历史已提供了答案：到了近代，典型的重点已从一般转到特殊。另一个问题是，典型化应该从一般出发还是从特殊出发？在这个问题上近代美学家们的意见是不一致的。歌德和车尔尼雪夫斯基都主张从特殊出发，而黑格尔和别林斯基都主张从一般出发。

首先把这问题突出地提出来的是歌德。他的语录里有这段话[①]：

①参看本书第 381 页引文。

诗人究竟是为一般而找特殊，还是在特殊中显出一般，这中间有一个很大的分别。由第一种程序产生出寓意诗，其中特殊只作为一个例证或典范才有价值，但是第二种程序才特别适宜于诗的本质，它表现出一种特殊，并不想到或明指到一般，谁若是生动地把握住这特殊，谁就会同时获得一般而当时却意识不到，或只是到事后才意识到。（重点引者加）

这里所指出的就是从概念出发与从现实出发的分别。在这个问题上歌德与席勒有明显的分歧。席勒的办法是为一般而找特殊即从概念出发；歌德的办法是在特殊中显出一般，即从现实生活出发。是否一切特殊都可以显出一般呢？歌德说，“我们应从显出特征的东西开始”，“诗人须抓住特殊，如果这特殊是一种健全的东西，他就会在它里面表现出一般”。所谓“显出特征”就是排除偶然，见出本质；所谓“健全”就是“达到自然发展的顶峰”，是一件事物本质的“完满显现”。从此可见，歌德排除了自然主义，坚决站在现实主义方面。歌德在这里所指出的分别是检查典型理论的一个最稳实的标准。在歌德以后，凡是就典型问题发表过意见的美学家们大概都不外从概念出发和从现实出发两种。

上文已提到黑格尔所说的“美是理念的感性显现”是美的定义也是艺术的定义，其实也就是典型的定义。典型在他的《美学》里一般叫作“理想”，它是理性内容与感性形象的统一。黑格尔对此曾作如下的说明：

遇到一件艺术作品，我们首先见到的是它直接呈现给我们的东西，然后再追究它的意蕴或内容。前一个因素，即外在的因素，对于我们之所以有价值，并非由于它所直接呈现的，我们假定它里面还有一种内在的东西，即一种意蕴，一种灌注生气于外在形状的意蕴。那外在形状的用处就在指引到这意蕴。

这里直接呈现的“外在形状”就是感性形象，“意蕴”是沿用歌德的语地就是理念或理性内容。这二者的统一才是“理想”、典型或艺术美。这个看法也符合歌德所说的“成功的艺术处理的最高成就是美”一条原则。黑格尔始终认为艺术的中心是自在又自为的人而不是只自在而不自为的自然，人物“性格就是理想艺术表现的真正中心”，从此可知，典型人物性格在他的美学里所占的地位是首要的。在这种人道主义的观点上，黑格尔也还是和歌德一致的。

但是黑格尔和歌德在出发点上显出基本的分歧。从歌德所指出的“为一般而找特殊”和“在特殊中见出一般”的分别看，黑格尔所理解的创作方法显然是“为一般而找特殊”，即从抽象的概念出发。这是他的客观唯心主义哲学体系所必然导致的结论，因为在他体系中抽象的理念先存在，它否定了自己，结合到特殊，才成为具体的理念。黑格尔的典型说，正如他的整个美学体系一样，都错在这个从概念出发而不从现实生活出发上面。

尽管如此，黑格尔对艺术典型的研究毕竟作出极其重要的贡献，值得注意的有以下三点：

第一，黑格尔并不把人物性格看作抽象的东西，而是把它看成和历史环境是不可分割的。他所要求的“理念”“意蕴”或内容是某特定时代的一般文化生活的背景（他称之为“一般世界情况”）所形成的伦理、宗教、法律等方面的信条或人生理想（他称之为“神”或“普遍的力量”）。“普遍力量”或特定时代的人生理想在人物心中所凝成的主观情绪，叫作“情致”，情致是“充塞渗透到人物全部心情的那种基本的理性内容”，例如“恋爱、名誉、光荣、英雄气质、友谊、亲子爱之类的成败所引起的哀乐”。除了这个由客观环境决定的主观心理倾向之外，还要“一般世界情况”具体化为揭开冲突，推动人物行动的具体“情境”（例如莎士比亚的《哈姆雷特》所反映的一般世界情况是文艺复兴时代的文化背景，它的具体“情境”就是王子的父亲暴死，母亲和叔父结了婚），人物的“情致”才能体现于行动。

其次，黑格尔不但把人物性格和历史环境联系起来，而且看出人物性格是矛盾对立的辩证发展的结果。这就是他的“冲突”说。人物处在具体情境中，发见了冲突，即成全某一理想就要破坏另一理想的两难境遇。这种冲突就成为他决定在行动上何去何从的“机缘”，这样他才显出他的性格。黑格尔说，“在这个情境和动作的演变中，他就揭露出他究竟是什么样的人，而在这以前，人们只能根据他的名字和外表去认识他”，这就是说，还见不出他的性格。性格要见于动作，而“动作的前提”就是冲突。“人格的伟大和刚强只有借矛盾对立的伟大和刚强才能衡量出来。”以上这两点是黑格尔的辩证发展的观点在典型说上的运用。尽管他运用这种冲突说去解释悲剧时还有不正确的地方，他把人物性格摆在历史发展的辩证过程中去看，在当时还是一种独创的新见解。从着重一般世界情况和具体情境对人物性格的决定作用来看，黑格尔已见出典型环境与典型人物的内在联系。

第三，“意蕴”或理念毕竟要通过感性形象来显现。有了这种感性形象的显现，才算有了艺术作品，也才算有了典型人物性格。所以黑格尔要求典型人物性格须是有血有肉的活生生的人物而不只是理念的象征或符号。依他看，典型人物性格要具有三大特征。第一是丰富性，说明如下：

> 每个人都是一个整体，本身就是一个世界，每个人都是**一个完满的有生气的人**，**而不是某种孤立的性格特征的寓言式的抽象品**。（重点引者加）

在举例时黑格尔特别推尊荷马和莎士比亚，而斥责法国戏剧的作法，只突出地描写人物的某一孤立性格特征，如《悭吝人》和《伪君子》之类。第二个特征是明确性。一个有血有肉的人在性格上是丰富的，多方面的。

但是在这些多方面之中，“应该有一个主要的方面作为统治的方面”，性格才明确。例如莎士比亚所写的朱丽叶“只有一种情感，即她的热烈的爱，渗透到而且支持起她的整个性格”。第三个特征是坚定性，即人物须始终一贯地“忠实于自己的情致”。黑格尔不满意于歌德所写的维特，因为维特是一个“软弱的性格”。他特别斥责霍夫曼一派的消极浪漫主义的颓废倾向。他说:“没有人能同情这种乖戾心情，因为一个真正的人物性格必具有勇气和力量，去对现实起意志，去掌握现实。”这里可以见出黑格尔的人道主义精神，典型人物性格应该是健全的人、刚强的人而不是病态的人、颓废的人。综观这几点要求，黑格尔虽然是从一般概念出发，却仍把重点摆在个性特征上，在这一点上他代表了近代艺术观和典型观的新趋向。

在黑格尔以后，对艺术典型问题最重视的是别林斯基。他说典型是“一种对一个人的描绘，其中包括多数人，即表现同一理念的一整系列的人”，例如莎士比亚的奥赛罗是一切妒忌的人的典型。所以他的基本观点是从黑格尔来的，但同时也受到古典主义的类型说的影响，其毛病在于歌德所说的“为一般而找特殊”，即从概念出发。但是他也和黑格尔一样，在重视一般的同时，却强调个性特征。在“熟识的陌生人”一个词里他生动地说明了典型是共性与个性的统一。他的特殊贡献在指出典型性格应该体现时代精神的特征，他已约略见出典型性格与典型环境的密切联系。他认识到典型就是理想，可以高于现实。例如“在一位大画家所作的画像里，一个人比起在照像里还更像他自己”。车尔尼雪夫斯基抛弃了黑格尔的典型说，认为典型化必以现实的个人为基础，在这一点上他接近歌德的观点，比别林斯基前进了一步。但是由于他力图否认想象虚构以及理想化在艺术中的作用，他把艺术典型看成只是对现实中原已存在的典型的再现，从而得出艺术美永远低于现实美的结论。他的事例生动地说明了一点真理：对典型化如果没有正确的理解，就不可能对艺术的本质有正确的理解，也就不可能对艺术美与现实美的关系有正确的理解。

如众所周知，黑格尔的典型观是马克思主义创始人所批判继承而加以彻底革新的。研究马克思主义美学不是本编范围以内的事，但是为着更好地理解黑格尔的典型观，研究一下马克思主义创始人对它的继承和革新，这仍然是必要的。

2. 马克思主义的典型环境中的典型人物性格：学习马克思和恩格斯关于典型的五封信的笔记

马克思和恩格斯的典型观是从历史唯物主义的基本原理出发的，具体的资料有五封信：(1) 一八五九年四月十九日马克思给拉萨尔的信；(2) 一八五九年五月十八日恩格斯给拉萨尔的信；(3) 一八八五年十一月二十六日恩格斯给敏·考茨基的信；(4) 一八八八年四月初恩格斯给哈克奈斯的信以及 (5) 一八九〇年六月五日恩格斯给保·恩斯特的信[①]。如果把这五封信摆在一起来比较和分析，就可以见出马克思和恩格斯的典型观包括两个基本原则，一是典型与个性的统一，二是典型人物与典型环境的内在联系。

关于典型与个性的统一，恩格斯给敏·考茨基的信提得最为简明：

> 对于这两种环境的人物[②]，你都用你平素的鲜明的个性描写给刻画出来了；每个人都是典型，而又有明确的个性，正如黑格尔老人所说的“这一个”[③]，而且应当是这个样子。

从此可见，恩格斯所提出的典型与个性的统一的原则是就黑格尔学说（这

①均见《马克思恩格斯选集》第四卷。

②指敏·考茨基送请恩格斯提意见的小说《旧人和新人》中所写的奥地利盐矿工人和维也纳上层社会人物。

③引黑格尔的《精神现象学》中的用语。原指个别具体的感性认识。参看本卷第十五章第七节，黑格尔原义不专指艺术中的典型，黑格尔用来论证艺术典型中个性与典型的统一。

在《美学》第一卷论人物部分讲得更清楚）加以发挥的。恩格斯指出《旧人和新人》这部小说里也还有缺点，例如主角阿尔诺德的性格就过多地“消融到原则里去了”。这是因为作者公开地表明了“自己的立场”或“倾向”。恩格斯声明，“我决不是反对倾向诗本身”，他并且赞美了古今一些有政治倾向的大作家，不过问题在于如何表现倾向。恩格斯接着说：

> 我认为倾向应由情境和情节本身产生出来，而不应特别把它指点出来；作者没有必要把他所写的那种社会冲突在将来历史上会如何解决预告给读者。……依我看，一部有社会主义倾向的小说如果能把现实关系忠实地描绘出来，从而打破对这种关系的流行的世俗幻想，使资产阶级世界的乐观主义受到动摇，使人必然怀疑到现存秩序能否长存下去，如果能这样，纵使作者没有直接提出什么解决办法，甚至不明确表示自己的立场，他也就完全完成了他的任务。[①]（重点是引者加的）

这段话可能有两种涵义：（一）重申典型性格不应“消融到原则里去”。“倾向”最好是由情境和情节暗示出来。脱离具体的典型环境（“情境”“现实关系”），见不出具体的人物性格及其政治倾向。（二）文艺作品要描绘出丰满而生动的具体形象，才可避免概念化和公式化。这两个涵义在其他几封信里也反复出现，足见它们是现实主义的基本要求。从打破幻想，引起人“怀疑现存秩序能否长存”来看，恩格斯所提出的正是揭露性的批判现实主义的理论基础。

明确地提出“典型环境中的典型人物”而且把这个要求和现实主义密切联系在一起的是恩格斯给哈克奈斯的信。这位英国女作家[②]在费边

---

①这部分摘自《马克思恩格斯选集》第四卷的引文，大半据原文稍作校改。

②她的几部小说是用约翰·洛（John Low）这个笔名发表的，《城市姑娘》之外，还有《曼彻斯特的鞋匠》（1890年），《在最黑暗的伦敦》（1891年）等。

社高唱资产阶级民主的喧嚣声中参加过马克思和恩格斯赞助的社会民主联盟。她对东伦敦工人[①]苦况进行过一些调查，对他们持慈善家的态度予以同情。她的小说《城市姑娘》用了英国小说中常见的穷苦少女被富豪诱奸和遗弃的老故事，写了一些工人阶级贫穷落后、靠救世军之类慈善机关赈救的情况。她把这部小说寄给恩格斯请提意见。恩格斯在复信中说：

> 这篇小说还不是够现实主义的。照我看来，现实主义不仅要细节真实，而且还要**真实地再现典型环境中的典型人物**。你所写的那些人物性格，在他们的限度之内[②]，是够典型的，但是环绕他们而且促使他们行动的那种环境却不够典型……（重点引者加）

因为像哈克奈斯所写的那样麻木被动、靠上面赈救的工人只有十九世纪头十年才有，而现在《城市姑娘》刚问世的一八八七年，工人阶级在马克思和恩格斯直接参加和指导之下已进行过五十年之久的不断的斗争了，工人的觉悟已提高了。作者把促使工人行动的环境倒退五六十年之久，所以对今天便不够典型了。环境既不够典型，人物性格（如作者所写的那样被动）也就不可能够典型了。这个具体事例生动地说明了典型性格和典型环境之间紧密的内在联系，因为促使剧中人物行动、推动情节发展的正是围绕他们的具体环境。

接着恩格斯再次把典型问题和现实主义的倾向性联系起来，反对当时德国人把“倾向性小说”看作是作者本人政治观点的写照。他说：

> 作者愈让自己的观点隐蔽起来，对艺术作品也就愈好。我所指的现实主义甚至可以违背作者自己的见解而表现出来。

①华侨码头工人居住区“唐人街”正在这一区。

②就如你所写的那种麻木被动的工人而言。——编者注

“违背”比“隐蔽”更进了一层，其实都是强调现实主义的客观性。他举现实主义大师巴尔扎克为例，赞扬他的《人间喜剧》把一八一六至一八四八年时期法国上升的资产阶级对贵族社会日盛一日的冲击都描写出来了。“在这幅中心图画的周围，他汇集了法国社会的全部历史。”尽管他自己属于正统王权派，他却“**违反了**自己的阶级同情和政治偏见”，“**看到了**自己心爱的贵族必然灭亡”，而“毫不掩饰地赞赏自己的政治敌人”，即“真正人民群众的代表”。最后他下结论说：“这一切我认为是现实主义的一种最伟大的胜利。”

这段极其深刻的话被不少的文艺理论家误解了。他们想以此为例来证明所谓“世界观与创作方法的矛盾”。事关历史唯物主义的基本原则，在此不可不置辩。

首先，什么是“世界观”？这主要是指唯心史观与唯物史观的分别，其次是指政治上反动（或倒退）与革命（或进步）的分别。再者，什么是“创作方法”？这是现实主义与浪漫主义的分别。事物总是有矛盾的，不能要求一个作家无论在世界观上还是在创作方法上都是“完人”或“赤金”。坚持辩证唯物主义就要看一个作家的主导方面。巴尔扎克的主导方面是什么呢？不错，他是个正统王权派，是同情贵族社会的。但他一生没有参加过实际政治活动。他是个穷作家，住在巴黎一间小阁楼里，每天进行十五到十八小时的写作来勉强糊口，还负了一身债。他在二十多年中写出了八九十部划时代的小说。所以他的主要活动是小说创作。他做过投机买卖，他是一个上升资产阶级的俘虏。我们能拿贵族或正统王权派的大帽子把一个同情新兴阶级的大作家压垮吗？恩格斯没有这样做而是赞扬他对贵族男女的尖刻讽刺，对他的政治上死敌六月革命中的共和党人的称赞，而且“在当时唯一能找到的地方看到了真正的未来人物”。这难道不是他的主导方面吗？这和他的现实主义的创作方法有什么矛盾呢？

恩格斯称赞巴尔扎克的成就是“这一切是现实主义的一种最伟大的胜利”。这句话究竟应怎样理解呢？修正主义阵营中最著名的匈牙利文艺理论家卢卡契在承认世界观与创作方法矛盾的基础上着重地讨论过这个问题，其结论是巴尔扎克的胜利在于“伟大的艺术、忠实的现实主义和人道主义三者不可分割地融成一体”，而“这个统一原则就是关心保卫人格的完整”。他并且说，“这种人道主义就是马克思主义美学中最重大的基本原则”①。说句老实话，读过这番议论之后，我仍觉如堕五里雾中。我的看法很简单。世界观和创作方法本来不应有矛盾。巴尔扎克的世界观本身确实有矛盾，有发展。他原来确实是正统王权派，但是他“违反了（其实就是克服了——编者）自己的阶级同情和政治偏见”。是什么帮助他克服的呢？正是现实主义。作为现实主义的艺术家，他要忠实于现实，就得正视现实，把现实看真看透，这样就看清楚了贵族必然灭亡而工人阶级必然是未来的主人这条历史必由之路，所以恩格斯说：“这一切是现实主义的一种最伟大的胜利。”

在本编《序论》里已介绍过恩格斯给恩斯特的信，为着说明历史唯物主义要求对具体问题作具体分析，切忌贴标签和公式化。其实典型问题也正是这封信中一个最具体的问题。恩格斯一方面指责恩斯特把对德国小市民阶层的看法强加在挪威小市民阶层身上，没有顾到工商业已很发达的挪威与贫穷落后还保存农奴制的德国在文化和思想觉悟上迥然不同，以德国的小市民来看待挪威的小市民，这就歪曲了双方的典型环境，从而也歪曲了双方的典型人物。另一方面恩格斯也批判了恩斯特的论敌巴尔的自然主义观点，把妇女看成“雌性类人猿”，“失去了一切历史发展的特点”，她的肤色既不是白的或黑的，也不是黄的或红的，而只是一般人的，也就是说，只有类型而根本没有个性。这是普遍人性论的变种，既谈不上个性与典型的统一，更谈不上典型环境中的典型人物了。

①卢卡契：《美学史论文集》，原书是用德文写的，柏林版 1954 年，第 212—215 页。

这是极端的抽象化和公式化，绝对掌握不住艺术所要求的生动鲜明的具体形象。

五封信之中最重要的还是马克思和恩格斯分别给拉萨尔的信。[①]拉萨尔是黑格尔的门徒，马丁·路德的崇拜者，工人运动中的老牌修正主义者，《哥达纲领》的幕后指挥者。他在一八五七年到一八五八年初写了一部历史剧《弗兰茨·冯·济金根》。一八五九年他把这部剧本寄给马克思和恩格斯，还附了一篇《论悲剧观念》的长文手稿。马克思和恩格斯分别回了信，不约而同地提了一些基本一致的批评，特别是都责备他没有抓住农民战争这个主要矛盾。接着拉萨尔又回了马克思一封长信拒绝接受批评，甚至强词夺理，试图证明当时农民战争比骑士内讧“还更反动”。马克思看到他不可救药，就置之不理。这样就结束了德国文学史上曾轰动一时的“济金根论战”。[②]

《济金根》这部历史剧的主题是十六世纪宗教改革时代以济金根为首的在没落中的封建骑士反对东欧各地区封建领主（罗马教廷主管下的诸侯和天主教高级僧侣）的斗争。十六世纪是欧洲封建社会过渡到近代资本主义社会的重要转折点。关于这个时代的历史背景和各阶级力量对比的关系，恩格斯在他的名著《德国农民战争》里已作了深入的分析和叙述，是研究“济金根论战”的首先应掌握的资料。当时社会分成三大阵营：由罗马教廷操纵的天主教反动派，受路德新教影响的市民改良派，以及由闵采尔领导的农民和市民革命派。当时进行过两场性质不同的斗争：一是一五二二年由低级贵族封建骑士济金根和路德派贵族僧侣胡登领导的为维护骑士封建特权而发动的对封建诸侯和高级僧侣的战争，一是一五二四至一五二五年由闵采尔领导的反封建的农民战争。这两场斗

①两信都早于前三信，因为较前三信不但更重要而且也更难，所以放在最后介绍详细一点。

②“济金根论战”的全部资料载在一九五六年柏林出版的汉斯·迈耶（Hans Meyer）编的《德国文学批评名著》第二卷第579—636页。东德里夫希茨（Lifschitz）编的《马克思恩格斯论文艺》也选载了一部分。

争都失败了。失败的原因在当时天主教反动派封建势力虽已渐就衰朽，比起在没落中的封建骑士和初登上历史舞台的穷苦农民和城市平民都还远较雄厚。无论是骑士内讧还是农民联合平民的起义都必须利用对方矛盾，争取同盟军来壮大自己的力量。所以济金根曾试图过利用农民，而济金根失败后，农民也想请济金根的儿子汉斯来领导他们起义。但是这种联盟是根本不可能的，因为封建骑士要维护封建特权，就必须靠压迫和剥削农民才能活下去，而农民却要消灭封建剥削才能活下去，兴旺起来。所以恩格斯指出，“这就构成了历史的必然要求和这个要求的实际上不可能实现之间的悲剧性冲突”。这也就是当时应该“意识到的历史内容”和典型环境。可是《济金根》的作者对此却毫无认识。他扬言他是在写“革命悲剧”。写革命悲剧，他第一步就走错了，不以农民战争而以骑士内讧为主题。至于骑士内讧之所以失败，拉萨尔也看不出这是由于两敌对阶级之间的不可调和性，而认为是下文还要谈到的他在《论悲剧观念》中所说的那个原因，即“目的无限而手段有限”迫使悲剧主角作为“实际政治家”必然要搞欺诈妥协之类的“外交手腕”所犯的过错。这是他的唯心史观和机会主义的大暴露。

马克思在信中承认导致一八四八至一八四九年欧洲革命必然失败的那种悲剧性冲突可以作为一部现代悲剧的中心，但是怀疑拉萨尔“所选择的主题是否适合于表现这种冲突”。他选的主题不是农民战争而是骑士内讧，而且把他的作品叫作“革命悲剧”，这是问题的要害所在。

拉萨尔写《济金根》，显然受到他所推崇的歌德的名剧《葛兹·冯·伯利兴根》的影响。在《葛兹》这部剧本里，济金根就已经是伯利兴根的亲信助手。前后两剧的历史背景的情节也颇类似，都以十六世纪骑士内讧为主题。马克思在信里所以就两剧进行了比较，承认歌德选伯利兴根是正确的而认为拉萨尔选济金根却是错误的。这两剧主角都不是什么英雄人物，伯利兴根是个“可怜的人物”，而济金根也“不过是一个堂吉诃德”。为什么歌德选伯利兴根就对而拉萨尔选济金根就不对呢？马克思回答得很清楚（可惜在中译文里不易看出），因为济金根自以为是革命的，而伯利兴根就不能说是自以为是革命的。这就是说，歌德的目的很单纯，只想写一部以骑士内讧为主题的悲剧，来表达狂飙突进时代的激情，而拉萨尔却声称自己写的是“革命悲剧”，所选的主角济金根还是和伯利兴根一样，都是骑士和垂死阶级的代表，所不同者伯利兴根不自以为在反封建，而济金根却打起了这面旗帜，实际上还是替封建制度作垂死挣扎和宣扬路德新教的妥协主义。在“济金根论战”开始时，拉萨尔还是社会民主阵营内部的人，马克思和恩格斯在给他回信中都还以与人为善的态度对他进行规劝，所以话都很委婉，偶尔还加以赞许，但仍坚持革命原则，根本否定了《济金根》是部“革命悲剧”。革命悲剧就应写革命运动中的典型环境（农民战争）和其中的典型人物（闵采尔）。这是研究“济金根论战”中要首先抓住的一点。

拉萨尔是在一八四八至一八四九年欧洲几次民主革命失败之后写出这部历史悲剧的，他要用济金根的失败来影射当时民主革命的失败，其结论是一切革命都必以失败而告终。这就充分暴露了他的机会主义的世界观。在这方面我们须研究一下他附寄给马克思的《论悲剧观念》那篇冗长而晦涩的手稿。原来他是把亚理士多德的悲剧主角须有过错的论点和黑格尔的悲剧起于冲突双方各有正确的一面和错误的一面，因而导致否定双方的论点杂糅在一起的。在他看，悲剧的冲突起于过度的革命激情与现实条件之间不适应，他把这种情况叫作“目的无限”而“手段有限”的矛盾。就是这种矛盾迫使悲剧主角以“现实政治家”的态度，想方设法施展“外交手腕”，不惜“欺骗”和“妥协”。这就说明他对革命力量的信心还不足，对“外交手腕”的信心却过分，所以结果发现自己后面没有军队，他已被军队遗弃了，而敌人却仍旧站在面前，他只得以失败而告终。这就是拉萨尔的“革命悲剧”的“理想”，他认为济金根就恰好体现了这个“理想”。马克思在回信里着重地指出“济金根的失败并不是由于他的欺诈而是由于他作为骑士和垂死阶级的代表来反对现存制度”(封建制度)。这一句话就戳穿了拉萨尔的《论悲剧观念》中的基本观点。拉萨尔还把他的基本观点定为一个永远适用的公式，说“这种悲剧冲突并不仅属于某一次革命，而是在过去和未来的一切革命中都要复演的，例如一八四八至一八四九年乃至一七九二年那些革命都是如此”。他闭目不看这些革命，特别是法国大革命，都起了推动历史前进的作用，都不能说是完全失败。拉萨尔想借散布关于革命的悲观论调来劝人不要革命。他不把革命看成阶级斗争而看成个人野心家争权夺利的工具，为着达到这个目的，就有必要施展“现实政治家”的欺骗妥协之类“外交手腕”。他本人不过是工人运动中一个滥竽充数的领导人物，到后来竟卖身投靠当时欧洲反革命头目俾斯麦，替他当间谍。这种不是悲剧而是滑稽剧的命运在他的那篇《论悲剧观念》里就已露出苗头了。

联系到他的机会主义的政治观点，应特别提出他的反现实主义的文艺观点。《论悲剧观念》充分说明了他先有一套关于“革命悲剧”的公式概念，于是就选济金根和胡登作为体现这套公式概念的角色。他在《济金根》剧本原序里也说他原想把他的思想“写成一篇学术论著”，后来改变了意图，“决定写这样一个剧本”。这种写作程序证明了在他眼里文艺不是具体现实的反映，而是主观抽象概念的图解，这正是近来“四人帮”所吹嘘的“主题先行论”。恩格斯所以在回信里直率地告诉他说：“你的观点在我看来是非常抽象而又不够现实主义的。”

在剧本原序里拉萨尔还抛出了他“长久以来十分醉心的一种美学的信念”，他“认为德国戏剧通过席勒和歌德取得了超越莎士比亚的进步……特别是席勒戏剧中的更伟大的思想深度”。针对这种“美学信念”，马克思和恩格斯提出了在文艺理论上具有头等重要意义的批评。马克思首先指出如果写农民战争：

……你就能在高得多的程度上把最近代的思想按其朴素形式表

> 现出来，而现在你在剧本里除**宗教**自由之外，主要思想就是公民的（法译作“政治的”）统一（这就不像农民战争那样能代表“最近代的思想”——引者注）。既然如此，你就当然更要**莎士比亚化**，可是我认为你的最大过错在于采取了**席勒方式**，把一些个别人物转化为时代精神的单纯的传声筒。

恩格斯也指出拉萨尔的创作方法是席勒的而不是莎士比亚的：

> ……你不无理由地拿来记在德国戏剧功劳簿上的那种较大的思想深度和意识到的历史内容，须同莎士比亚戏剧情节的那种生动性和丰满性达到圆满的融合。这种融合只有到将来才会实现，大概不会由德国人来实现（这就是说，你的《济金根》还谈不上实现了这个理想——引者注）。

接着恩格斯就指出了拉萨尔的病根在不从现实生活出发，以抽象的说教代替了生动的形象思维：

> ……但是还要前进一步，应该让动机通过情节发展本身生动活泼地仿佛自然而然地表现出来，使那些辩论式的论证反而逐渐显得是多余的，尽管我很高兴在这种论证中又看到了你过去在法庭和群众大会上惯施展的那种雄辩才能。

这就是过分信赖“席勒方式”而忽略了莎士比亚在戏剧发展史上的重大意义。所以恩格斯又进了一次中肯的忠告：

> 按照我对戏剧的看法，不应该为了观念而忘记了现实主义，为了席勒而忘记了莎士比亚。

马克思和恩格斯在信里都强调指出的“莎士比亚化”和采取“席勒式”的分别在实质上是什么问题呢？它就是文艺应从具体现实生活出发，还是从抽象公式概念出发的问题，也就是文艺是否要反映现实，走现实主义道路的基本问题。马克思和恩格斯都坚持文艺要走现实主义道路，他们对《济金根》的批判也主要针对他的反现实主义的创作方法，夸夸其谈地宣扬“伟大的思想深度”，却“采取席勒方式”，把一些个别人物转化为“时代精神的单纯的传声筒”，因此，“在性格描写方面看不到什么特征的东西”（据原文，这句应改译为“在剧中人物身上看不到什么显出特征的东西”）。“显出特征的”（Charakteristische）这个词是由德国艺术史家希尔特提出而由歌德加以阐明，接着在文艺理论中得到广泛采用，实际上就是“典型的”，“特征”总是与“个性”联在一起，称为“个性特征”。[①] 所以马克思指责拉萨尔写的人物“没有显出特征的东西”，“济金根也被描写得太抽象”，都是说他没有写出典型的人物性格。恩格斯总是把“典型环境中的典型人物”联在一起来说的，没有典型环境，就不可能有典型人物，因为促使剧中人物采取具体行动的是典型环境。拉萨尔对此根本没有认识，在农民战争是主要矛盾的时代，他却尽力把“当时运动中所谓官方分子（当时的贵族代表）写得淋漓尽致”，“对非官方的平民和农民都没有给予应有的注意”。其实如果“介绍当时五光十色的平民社会，就会提供完全不同的材料使剧本生动起来”，而且“会把当时贵族的民族运动”“摆在正确的角度来看”，看出它的本来的反动面目。拉萨尔没有这样做，是不足为奇的，因为他从唯心史观出发，把古往今来的一切革命都看成是按照一个公式概念进行的，怎么能有“典型环境中的典型人物”呢？

典型人物必具有生动鲜明的个性，而拉萨尔是反对个性化的。在剧

①参看黑格尔《美学》第一卷，第22—23页，和本书第十三章第二节。

本原序中他声明他要“把转折时代的伟大文化思潮及其激烈斗争作为戏剧的真正对象，因此，在这样一出悲剧中，问题不再是关于个人。他只不过是这种普遍精神的最深刻的对抗性矛盾的化身罢了”。接着他攻击“近来在我们艺术中很流行的拙劣的细节描写法”，并且夸口说，“在我这样一个主要靠古代文艺及其光辉作品的哺育而获得艺术观的人看来，这种描写法对于本剧是完全不适用的”。恩格斯在回信里仿佛肯定了他反对现在流行的**恶劣的**个性化，不过把“恶劣的”三字加了着重号，足见个性化有恶劣的与不恶劣的之分。恩格斯并不是在否定他自己在给哈克奈斯信里所强调的典型与个性的统一，而只是反对自然主义派所爱好的细节泛滥和**恶劣的**个性化。至于拉萨尔攻击个性化，是和他的公式概念化分不开的，同时他也在为他自己写不出生动鲜明的个性开脱责任。恩格斯还说：“一个人物的性格不仅表现在他做**什么**，而且表现在他**怎样**做。”接着他就劝拉萨尔在人物描绘方面“稍微多注意莎士比亚在戏剧发展史上的意义”。这几句话特别值得深思。它可能有几层意思。一层意思是接着就提出来的“如果把各个人物用更加对立的方式彼此区别得更加鲜明些”。这就是“反衬法”。例如把济金根一伙人和闵采尔一伙人对比，就可以烘托出双方的真正的动机和性格。另一层意思也是下文接着就提出的“莎士比亚在戏剧发展史上的意义”，这就要回到“莎士比亚化”和“席勒方式”的区别。那就是要使人物采取行动的“动机”“更多地通过剧情本身的进程生动活泼地，仿佛自然而然地表现出来”，而不是通过辩论式的论证使“一些个别人物转化为时代精神的单纯的传声筒”。

以上这五封信是马克思主义创始人运用历史唯物主义对文艺作品进行具体分析的范例。根据这些具体分析，他们对革命的现实主义奠定了一些基本原则。其中所涉及的一些问题，例如文艺应从现实生动出发，还是应从公式概念出发，形象思维与抽象思维在文艺中起什么样的作用，文艺要不要思想性或倾向性和对它如何处理，历史剧和历史小说在现代的地位如何以及如何处理等，在我国文艺界也经常引起探索和争论。为了澄清这类问题，进一步深入钻研马克思主义创始人关于这类问题的明确教导是绝对必要的。编者希望这个初步尝试能引起较深入的讨论。

四　浪漫主义和现实主义

浪漫主义和现实主义这两种创作方法的区别和联系，牵涉到美的本质和艺术的典型化问题，所以在美学上是一个基本问题。不但创作实践，就连美学本身也有浪漫主义与现实主义的两种不同的倾向。例如法国启蒙运动派和德国古典美学以及由它派生的“移情”说是侧重浪漫主义的，俄国革命民主主义派美学则是侧重现实主义的。如果就古代来说，柏拉图和朗吉弩斯都有浪漫主义的倾向，亚理士多德和贺拉斯则基本上是现实主义的。美学理论和创作实践本来是密切配合的。

浪漫主义和现实主义作为一定历史时期的文艺流派运动，应该与浪漫主义和现实主义作为在精神实质上有区别的两种文艺创作方法分别开来。前者是文艺史的问题，后者才是美学的问题。这二者有联系，但仍必须区别开来，因为前者局限于一定历史时期，而后者则是带有普遍性的问题。忽视这个区别，就容易造成认识上的混淆。例如在十九世纪三十年代以后现实主义与浪漫主义的论争中，站在民主革命立场的别林斯基和车尔尼雪夫斯基，以及站在无产阶级革命立场的马克思和恩格斯，都坚决反对当时消极的浪漫主义而支持新起的现实主义，因为当时消极的浪漫主义派所代表的是反动的势力，而现实主义派所代表的则是进步的势力。他们把文艺战线上的斗争和政治战线上的斗争结合起来，这是完全正确的。但是不能因此就得出结论：在任何时代，浪漫主义都是必须反对的，只有现实主义才是唯一正确的创作方法。如果这样做，那就是抽去作为流派运动的浪漫主义与现实主义论争中的具体历史内容，根据别林斯基和车尔尼雪夫斯基以及马克思和恩格斯针对那种具体历史内容所发的言论，来判定作为一般创作方法的现实主义和浪漫主义的优劣，因而片面地强调现实主义。事实上这种偏向至今还是存在的。有些人不但在理论和创作实践上都片面地强调现实主义，而且在文学史和文艺批评著作中，在许多历来公认为浪漫主义的作家和作品上都贴上“现实主义”的标签。这个问题关系到我们的文艺创作方法的基本路线，所以值得作进一步的探讨。

1. 浪漫主义与现实主义作为文艺流派运动

作为文艺的流派运动，浪漫主义和现实主义都是十八九世纪西方资本主义社会的产物，各有不同的历史背景和阶级内容，起着不同的作用，显出各自的历史局限性。

浪漫运动的鼎盛时期是在法国资产阶级大革命前后三四十年光景，即从十八世纪九十年代到十九世纪三十年代。这个时期西欧各国政治经济发展不平衡，英国资产阶级已基本掌握了政权，主要的矛盾是大资产阶级与中小资产阶级的矛盾；法国资产阶级力量虽已上升，但还不够雄厚到足以压倒根深蒂固的封建势力，法国革命的爆发和失败就说明了这种阶级力量对比的关系；德国还没有统一，政治上分裂，经济上落后，资产阶级力量很软弱，占统治地位的还是封建势力，德国人民所想望的还不是政治革命而是民族统一。法国革命震撼了全欧洲，各国浪漫运动都或多或少地受到它的影响，它是考验当时各国文艺界人士政治态度的试金石，例如积极的浪漫派与消极的浪漫派的重要区分标志之一就是对法国革命的态度：欢迎，憎恨，或是摇摆不定。雨果、拜伦、雪莱以及侯德林和约翰·保尔都欢迎，夏多布里昂、维尼、拉马丁以及诺伐里斯、克莱斯特等人都憎恨，歌德、席勒和华兹华斯表现出不同程度的摇摆不定。在这一点上浪漫运动有一个值得注意的现象，就是消极的浪漫主义多半来在积极的浪漫主义之前，在英国先有湖畔诗人而后有拜伦和雪莱，在法国先有夏多布里昂而后有雨果，在德国先有许莱格尔兄弟、诺伐里斯等人而后有侯德林、约翰·保尔和海涅。这都反映出法国革命后马上接着来的是反动势力的抬头以及稍晚一些时候民主力量的逐渐上升。

浪漫运动并不是突然起来的。十八世纪各国启蒙运动在政治上为法国革命作了思想准备，在文艺上也为各国浪漫运动作了思想准备。[①]就流派的演变来说，浪漫主义是对法国十七世纪新古典主义的"反抗"，这次"反抗"的旗帜首先是由启蒙运动的领袖们竖起的。法国新古典主义是封建统治势力联合上层资产阶级的妥协局面的产物，虽然也反映出一些资产阶级的生活理想，主要的还是宫廷文艺，所以基本上仍是封建性的。文艺上的新古典主义反映政治上的中央集权，所以它尊重权威，要求规范化，强调服从理性，遵守法则，模仿古典，用"高贵的语言"写伟大人物和伟大事迹的大排场。高乃依、拉辛和莫里哀在新古典主义的范围里也做出辉煌的成就，但是他们所投合的主要是社会上层少数有教养的人物的矫揉造作的趣味，忽视了人民大众；而且清规戒律的束缚也使他们流于拘板和干枯。到了十八世纪，资产阶级的力量日渐壮大起来了，要求有为资产阶级服务的新型文艺。启蒙运动者所掀起的反新古典主义的浪潮，就是为这种新型文艺铺平道路。这种"反抗"虽然不是很彻底的，但是终于推进了接着起来的浪漫运动。

浪漫运动不是一个孤立的现象。上文已提到它与法国革命前后欧洲政局的联系，现在还要提到它与处在鼎盛时期的德国古典哲学（包括美学）的联系。德国古典哲学本身就是哲学领域里的浪漫运动，它成为文艺领域里的浪漫运动的理论基础。德国古典哲学的基调是唯心主义，其中主观唯心主义（康德和席勒都有这一方面，斐希特是典型的代表），把人的心灵提到客观世界的创造主的地位，强调天才、灵感和主观能动

---

①这并不妨碍浪漫主义者对启蒙运动所宣扬的"理性的胜利"感到失望和起反感。

性；客观唯心主义（谢林，黑格尔）则把客观精神提到派生物质世界的地位，并且把人提到精神发展的顶峰，阐明人不仅是自在的，而且是自为的（自觉的），在自在自为这个意义上，人才是绝对的，自由的，无限的。这些哲学观点反映出近代资本主义社会中日益发展的个人主义。它的积极的一方面在于它提高了人的尊严感，唤起了民族的觉醒，促进了对自由独立的要求。在美学方面，康德和席勒等人对美、崇高、悲剧性、自由、天才等范畴的研究，歌德对个性特征的强调，以及赫尔德和黑格尔等人把文艺放在历史发展大轮廓里去看的初步尝试，都起了解放思想的作用，深化了人们对于文艺的敏感和理解，使人们对文艺要求深刻的情感思想和伟大的精神气魄。这些都是对于浪漫运动的积极的影响。德国古典哲学的消极的一方面在于它是唯心的，对精神与物质关系的看法是首足倒置的，把主观能动性摆在不恰当的高度，驰骋幻想，放纵情感，到了漫无约束的程度。特别是斐希特把“自我”提到创造一切和高于一切的地位。这种主观唯心主义的哲学第一步产生了许莱格尔的“浪漫式的滑稽态度”说，把世间一切看作诗人手中的玩具，任他的幻想摆弄；第二步就产生了尼采的“超人”哲学，把人类一切善良的品质都鄙视为“奴隶的道德”，只有凭暴力去扩张个人权力才是“主子的道德”或“超人的道德”；而文艺则是酒神式的原始生命力的发泄，或是日神式的对人生世相的赏玩。这样就产生了一种双胞胎：政治上的法西斯主义，文艺上的颓废主义。这是消极的浪漫主义的最后下场。

浪漫主义有积极的和消极的之分。这就引起了一个问题：有没有一种统一的浪漫主义风格呢？“消极的”和“积极的”浪漫主义之分始于高尔基，他的话是这样说的：

> 在文学上主要的“潮流”，或者是倾向，共有两个：这就是浪漫主义和现实主义。对于人类和人类生活的各种情况作真实的赤裸裸的描写的，谓之现实主义。浪漫主义的定义，过去曾经有过好几个，

但是所有的文学史家都同意的正确而又完全周到的定义在目前还没有，这样的定义也没有制定出来。在浪漫主义里面，我们也必须分别清楚两个极端不同的倾向：一个是消极的浪漫主义——它或则是粉饰现实，想使人和现实相妥协；或者就使人逃避现实，堕入自己内心世界的无益的深渊中去，堕入“人生的命运之谜”，爱与死等思想里去。……积极的浪漫主义则企图加强人的生活的意志，唤起人心中对于现实，对于现实的一切压迫的反抗心。

——高尔基《我怎样学习写作》

这是一个很简赅明确的总结，完全符合浪漫运动的历史实况。这种倾向上的差别主要起于政治立场上的差别：进步的或是反动的，朝前看的或是朝后看的。如果只把浪漫主义看作一个没有阶级内容的统一的流派，没有“积极的”和“消极的”之分，像资产阶级文学史家们所做的那样，那是极端错误的。

但是作为十八世纪末到十九世纪三十年代的流派，浪漫主义中积极的与消极的之分虽是重要的，却也不是绝对的。积极的浪漫主义派作家们多半也还有消极的一面，其原因在于上文所已指出的浪漫运动时期西方各国阶级力量的对比，社会主要矛盾还存在于大资产阶级与中小资产阶级之间（英），资产阶级与封建贵族之间（法），或封建贵族与被剥削阶级特别是农民之间（德），无产阶级虽已逐渐兴起，但是无产阶级与资产阶级的矛盾尚未上升为社会的主要矛盾。所以浪漫主义文艺所反映的是前几类的矛盾，而不是后一类的矛盾。消极的浪漫派多半还是封建残余势力的代言人（法，德）或小资产阶级的代言人（英）；积极的浪漫派也还只是资产阶级中民主力量的代言人。因此，我们不能同意某些文学史家的一种看法，以为十九世纪进步的浪漫主义“就其性质而论是反资产阶级的”；“革命的浪漫主义的优秀作品不能看作资本主义基础的上层建筑”。[1]难道十九世纪初期的积极的浪漫主义文艺就已经是社会主义基础的上层建筑，而拜伦、雪莱、雨果这些浪漫派诗人就已经是无产阶级的代言人？这种违反马克思主义的对于当时阶级力量对比的错误的估计以及对于社会基础与上层建筑关系的错误的认识，是把浪漫主义的“积极的”与“消极的”之分加以绝对化的最后根源。这种错误的看法忽视了积极的浪漫派都有消极的一面这个历史事实。姑举一点来说，他们毫无例外地都从资产阶级的人道主义出发，宣扬博爱和阶级合作。怎么能说他们“不是资产阶级的上层建筑”呢？

把积极的浪漫派和消极的浪漫派区别开来是必要的，但是如果把这种区别加以绝对化，就会违反历史事实。姑举一个明显的例子。华兹华斯属于消极的浪漫派，雪莱属于积极的浪漫派，一个厌恶革命，一个同情革命，在政治主张上，两人的界限是划得很清楚的。但是雪莱不但在诗歌创作上有一个学习华兹华斯的阶段，早期作品风格见出华兹华斯的显著的影响，而且在思想上也还有些共同之点，例如两人都宣传博爱，都有泛神论的色彩，都深信大自然对人的神秘力量，都认为解决社会矛盾须通过改革人心。在较小的程度上，雨果与夏多布里昂的关系也是如此。

因此，我们不能同意上述文学史家们的“没有也不可能有一个统一的浪漫主义”的看法。这显然不是高尔基的看法。高尔基明确地指出浪漫主义和现实主义是文学上两个不同的潮流，浪漫主义本身又分积极的与消极的两种不同的倾向。积极的是浪漫主义，消极的也还是浪漫主义，两者都是一般之下的特殊。过去资产阶级文学史家们只看见一般而看不见特殊，上述文学史家们只看见特殊而看不见一般，出发点虽不同，失之于片面性则一。既然同叫作“浪漫主义”，就应该具有浪漫主义的共同特征，即既有别于前此的古典主义和后此的现实主义的特征。这种共

①参看伊瓦肖娃《十九世纪外国文学史》，第一卷，第28页。这是混淆上层建筑与意识形态的一个实例。

同特征正是我们所应该确定的。如何确定呢？只有根据当时文学流派发展与转变的历史事实。定义从来是抽象的，特征却是比较具体的。从历史事实看，作为流派运动的浪漫主义具有下列三种显著的特征。

第一，浪漫主义最突出的而且也是最本质的特征是它的主观性。这种主观性反映上升资产阶级的个人主义的进一步发展，受到德国唯心主义哲学的直接影响，同时也是对新古典主义的一种“反抗”。浪漫主义派感到新古典主义派所宣扬的理性对文艺是一种束缚，于是把情感和想象提到首要的地位。他们的成就主要在抒情诗方面，就是小说和戏剧也带有浓厚的抒情色彩。所以法国文学批评家们有时把浪漫主义叫作“抒情主义”。由于主观性特强，在题材方面，内心生活的描述往往超过客观世界的反映。以爱情为主题的作品特别多，自传式的写法也比较流行。由于当时作家个人大半和社会处于矛盾对立，比起过去古典作品来，浪漫派的作品一般富于感伤忧郁的情调，所以席勒把“浪漫的”和“感伤的”看作同义词。这些特点在歌德的《少年维特之烦恼》，夏多布里昂的《阿达那》和《越勒》，拜伦的《哈罗德游记》以及雪莱的抒情短诗里都可以找到典型的例证。这种自我中心的感伤气息在消极的浪漫主义作品里更为突出，有时堕落到悲观主义和颓废主义。个人与社会的对立往往使浪漫派作家们在幻想里讨生活，所以这时期的作品比起过去其他时代，都较富于主观幻想性。积极的浪漫主义派多半幻想到未来的理想世界，例如雪莱的《普洛米修斯的解放》；消极的浪漫主义派则幻想过去的“黄金时代”，例如梯克的仿歌德的《威廉·迈斯特》而作的《弗兰茨·希特巴尔德的漫游记》。

其次，浪漫运动中有一个“回到中世纪”的口号，这说明浪漫主义在接受传统方面，特别重视中世纪民间文学。浪漫主义（Romanticism）这个名词就起于中世纪一种叫作“传奇”（Roman）的民间文学体裁。在德国和在英国，浪漫运动的活动都从搜集中世纪民间文学开始。德国的赫尔德、阿尔尼姆、布伦特诺和格林兄弟，英国的麦克浮森、波赛和斯考特等人在这方面都做过辛勤而卓越的工作，对浪漫派诗歌起了深刻的影响。中世纪民间文学不受古典主义的清规戒律的束缚，其特点在想象的丰富，情感的深挚，表达方式的自由以及语言的通俗。这正是浪漫主义派所悬的理想。此外，对中世纪的崇拜也还有民族因素和民主因素在内：民间文学是各国自己的民族传统，有助于唤起民族的觉醒；它的对象是广大人民，符合当时的民主要求。海涅把“回到中世纪”看作浪漫主义的定义，足见这是浪漫主义作为流派运动的一个重要的特征。在消极的浪漫主义派的口里，“回到中世纪”却有一个反动的涵义，就是回到中世纪封建制度和天主教会的统治。

第三，浪漫运动中还有一个“回到自然”的口号。这个口号是卢骚早已提出的。卢骚的“回到自然”有回到原始社会“自然状态”的涵义，也有回到大自然的涵义。浪漫主义派继承了这个口号，主要由于他们对资本主义社会的城市文化和工业文化的厌恶。崇拜自然的风气是产业革命的一种反响，产业革命在英国先发生，所以英国浪漫主义有一个感伤主义的前奏曲（后来在其他国家里也有类似情况），感伤主义的诗歌和小说大半是对农村破产的哀挽，对城市腐化的诅咒和对于大自然的歌颂。从此自然景物的描绘成为浪漫主义文艺的一个特点。崇拜自然在当时还是一种新风气，据说在拜伦的《哈罗德游记》问世以前，欧洲人从来不曾歌颂过大海的美，也很少有人去游览威尼斯。自然景物的描绘替浪漫主义作品带来了绚烂的色彩和“异方的”情调。自然崇拜也和当时流行的泛神论（神在大自然中无处不在）有密切的联系，人与自然在情感上的共鸣（移情作用）在浪漫派诗歌中也是一个突出的现象。在消极的浪漫主义里，泛神主义往往流为神秘主义，“回到自然”也成为逃避现实的另一种说法。

浪漫主义的特征当然还不仅此，不过上述三点是主要的，其中首要的是第一点，即反映资产阶级个人主义的对主观情感和幻想的侧重。这些特征是积极的和消极的浪漫主义派所共有的。所以还是有一种统一的浪漫主义的风格，这并不妨碍这两派在显出这些共同特征之中仍各有不同，不能因特殊各不相同而就否定一般。

作为流派，浪漫主义在西欧各国都有过很长的尾声，或是作为传统而成为其他流派的组成部分。不过到了一八三〇年以后，它的鼎盛时期便已过去。资产阶级已取得了统治权，浪漫主义就已完成了它的历史使命，让位给现实主义了。

作为流派，现实主义在西欧是静悄悄地走上历史舞台的，不像浪漫主义那样经历过一场轰轰烈烈的运动，和它的敌对派别（新古典主义）进行过长期的激烈的斗争。它的最大成就是在小说方面，而它的发展达到最高峰是在法英俄三国。法国第一部重要的现实主义作品是司汤达的《红与黑》，出现在一八三一年；英国第一部重要的现实主义作品是狄更斯的《匹克威克外传》，出现在一八三六到一八三七年；俄国第一部重要的现实主义作品是果戈理的剧本《钦差大臣》，出现在一八三六年。所以十九世纪三十年代可以确定为批判现实主义的奠基时期。不过在批判的现实主义出现之前，还有一个素朴的现实主义的前奏曲。例如在英国，菲尔丁和简·奥斯丁在小说方面，乔治·克拉布在诗歌方面，就已显出现实主义倾向，对后来的批判现实主义起过直接的影响。被尊为批判现实主义大师的司汤达和巴尔扎克、狄更斯和萨克雷以及果戈理都不曾用“现实主义”这个名词来标明他们的新型文学。原来“现实主义”这个名词在哲学领域里虽然从中世纪起就经常出现，而在文学领域里，它首次出现是在席勒的《论素朴的诗与感伤的诗》（1795）论文里，在这部论文里“现实主义”是作为“理想主义”的对立面而提出的，现实主义与理想主义的对立就是“素朴的诗”与“感伤的诗”的对立，也就是古典主义与浪漫主义的对立。所以席勒所理解的现实主义就是古典主义，而不是十九世纪的批判现实主义。“批判现实主义”这个名词是到高尔基才提出的。就连用“现实主义”这个名词来标明流派也是很晚的事。在一八五〇年，当批判现实主义高潮已开始过去的时候，有一位法国小说家向佛洛里（Chamfleury）才初次用“现实主义”（Realisme）来标明当时的新型文艺。法国画家库尔柏（Courbet）和多弥耶（Daumier）等人附和他的主张，办了一个叫作《现实主义》的刊物，才出了六期就停刊了。[①] 当时主要口号是“不美化现实”多少受到冉伯伦等北欧大画师的影响，福楼拜也常用“现实主义”这个名词，他的《包法利夫人》的出版（1857）被过去文学史家们称为现实主义在法国的胜利，其实法国现实主义到福楼拜已接近尾声而过渡到左拉的自然主义了。从这番对名词起源的说明，可以见出现实主义作为一个流派运动，是由自发的逐渐变成自觉的。

这种由自发到自觉的情况在几个主要国家里也不尽相同。英国现实主义运动几乎自始至终都是自发的，它不曾和敌对派浪漫主义进行过公开的斗争，没有提出过明确的纲领，也见不出有什么哲学思想的基础。法国现实主义从早期就受过孔德的实证哲学和当时的自然科学的影响，纲领比较明确，自觉的程度较高。俄国现实主义由于结合到当时农民解放运动，一开始就以对浪漫主义和“纯文艺”进行斗争的姿态出现，别林斯基、赫尔岑和车尔尼雪夫斯基等人制定出一套旗帜鲜明的现实主义的文艺理论和美学体系，所以一开始就是一种自觉的运动。关于俄国现实主义文艺思想的发展，我们已有专章介绍，现在只以法国为例来说明批判现实主义的性质和它的发展。

在法国，现实主义虽然是作为对浪漫主义的反抗而出现，但远不如前一时期浪漫主义对新古典主义的反抗那样尖锐而明确。一般地说，法国现实主义派作家并没有完全和浪漫主义划清界限。他们有许多人是由浪漫主义转到现实主义的。例如第一个现实主义的代表司汤达的《拉辛和莎士比亚》曾被某些文学史家称为“现实主义作家的宣言”[②]，其实这部论文是攻击新古典主义而维护浪漫主义的。他的小说无疑地有现实主

①参看麦克杜威尔（A. Mc Dowall）的《现实主义》，伦敦版，第22页。

②参看伊瓦肖娃《十九世纪外国文学史》，第一卷，第102页。

义的一面，但是也还有浪漫主义的一面。巴尔扎克也是如此。所以在法国人自己写的文学史里（例如朗生的《法国文学史》），司汤达和巴尔扎克都归到《浪漫主义的小说》章；丹麦文学史家勃兰德斯在《十九世纪欧洲文学主潮》里也把他们归到《法国浪漫派》一卷里。

其次，法国现实主义不但朝过去看没有和浪漫主义划清界限，朝未来看也没有和自然主义划清界限。福楼拜有一段话足以说明这个问题：

> 大家都同意称为“现实主义”的一切东西都和我毫不相干，尽管他们要把我看成一个现实主义的主教。……自然主义者所追求的一切都是我所鄙视的，我所苦心经营的一切也是他们漠不关心的。在我看来，技巧的细节，地方的资料以及事物的历史精确方面都是次要的，我所到处寻求的只是美。[①]

从此可以看出两点：第一，法国现实主义到了福楼拜时代才正式当作一面旗帜打出，才多少成为一种自觉的运动，他的门徒要推他为“主教”。其次，这个现实主义是与自然主义混为一事的。福楼拜所说的“他们”是指在他的《包法利夫人》的影响之下所形成的以左拉为首的自然主义派。这个自然主义派还自认是现实主义派。这也并不奇怪，因为法国现实主义一开始就有自然主义的倾向。过去法国人一般都把现实主义看作自然主义。朗生在《法国文学史》里就把福楼拜归到《自然主义》卷里，他根本不曾用过“现实主义”这个名词。夏莱伊在《艺术与美》里介绍现实主义时劈头一句话就是：“现实主义，有时也叫作自然主义，主张艺术以模仿自然为目的。”（重点引者加）

为什么法国人竟把现实主义和自然主义混淆起来呢？因为在法国，这两个应该区别开来的流派具有共同的哲学和美学的思想基础，这就

①夏莱伊（Challaye）：《艺术与美》，法文版，第115—116页的引文。

是孔德的实证哲学以及丹纳根据实证哲学发展出来的自然主义的美学观点。孔德强调实证科学的任务在通过观察和实验,研究现象界的“事实”,从其中找出规律。所谓规律只是休谟所说的“事实”或现象之间并存和承续的关系。事物的本质以及内在的因果关系都是不可知的，毋庸深究的。他在科学系统之中添了一门“社会学”，但是社会学也还是要用自然科学方法去研究。他还宣扬一种以“人道”代替上帝的，“以爱为原则，秩序为基础，进步为目的”的宗教。他是一个阶级调和论者，曾写信呼吁巴黎工人阶级不要参加一八四八年的革命。他要通过博爱，来维持资本主义社会的秩序和促进它的进步的企图是明显的。丹纳把实证主义应用到文艺理论上去，提出一种决定论：文艺取决于“种族、社会氛围和时机”三因素。[①]在《艺术哲学》里他把普遍人性论作为他的美学的支柱,认为文艺要表现人性的“特征”(注意:这和歌德所强调个性“特征”恰恰是相反的)，人的最本质的特征是他的长久固定不变的特征，这当然只能指原始人的动物性本能。他也是孔德的“人道”教的信徒，声称人性中对社会最有益的特征是爱。[②]很显然,这种运用庸俗化的生物学观点于文艺领域的企图最后还是为调和阶级矛盾服务的。这种美学观点之所以称为“自然主义”的，是因为他不但打着自然科学的招牌，而且把社会人还原到“自然人”来追求人的本性。

这种要把文艺纳到自然科学范围的思想在十九世纪法国现实主义派之中是相当普遍的。当时最大的文学批评家圣博甫就用自然科学的方法处理他所研究的作家和作品，声称自己得力于早年的医学训练。巴尔扎克在《人间喜剧序文》里认为“社会类似自然”,自然中有许多“动物种类”,社会中也有许多“社会种类”，于是提出一个问题：

> 如果毕丰（法国生物学家）在试图把全体动物都在一部书中描

---

①丹纳：《英国文学史序文》。

②丹纳：《艺术哲学》，第五编，第350—357，375—377页。

绘出来之中，写出了一部辉煌的作品[①]，是否也可以就社会来写一部这种作品呢？

他承认他自己的“《人间喜剧》在他脑里初次动念……就由于对人道与兽性所作的比较”。所以左拉要运用贝尔纳的《实验医学研究》来建立实验小说，并不是创举而是继承法国现实主义的老传统：

> 在每一点上我都要把贝尔纳做靠山。我一般只消把“小说家”这个名词来代替“医生”这个名词，以便把我的思想表达清楚，使它具有科学真理的精确性。
>
> ——《实验小说》，法文版，第二页

从此可见，法国现实主义所具有的一套哲学思想基础和一套明确纲领是与自然主义一致的。

要使文学具有“科学真理的精确性”，这是左拉的理想，也是他的现实主义派前辈的理想。这个理想就注定了现实主义派对文艺客观性的侧重。客观性是现实主义的一个基本特征。这有不同的提法，最突出的是巴拿斯派诗人所提的“不动情感”（Impassibilité）和福楼拜所提的“取消私人性格主义”（Impersonalisme），这就是说，作家应像一面镜子那样很客观地如实地反映现实，不流露自己的情感，甚至不让自己私人性格影响到对事物的描绘。

问题在于如何理解“科学真理的精确性”。现象的精确性和本质的精确性是两回事，自然主义者所看重的是前者，而真正的现实主义者所看重的却是后者。这是现实主义与自然主义的基本分野所在。但是法国现实主义派是按照孔德的“现象界的事实”来理解现实的，所以往往片面地强调细节的精确性。例如司汤达认为听众所要求于作家的是“关于

①指毕丰（Buffon）的《自然史》。

某一种情欲或某一种生活情境的最大量的细小的真实的事实”[①]；巴尔扎克说得更明确:“只有细节才形成小说的优点。”[②] 过分看重细节往往使作品流于法国美学家顾约（Guyau）所说的“烦琐主义”，特别是在丹纳的自然主义美学思想的影响之下，法国现实主义派作家们往往就家族世系、自然环境以及人物生理特点这些方面的细节，进行冗长的描绘。这个毛病连最杰出的代表巴尔扎克也在所不免，到了左拉就发展到极端。典型的例子是左拉的《卢贡家族的家运》，其中有一处作者离开主题，写了一个一百四十三页的插曲，对普拉桑镇市和卢贡家族的起源作了极其烦琐的描述。细节的堆砌总不免要掩盖事物的本质。

但是法国现实主义派大师司汤达和巴尔扎克毕竟在小说方面作出辉煌的成就，创造出一些令人难忘的典型人物性格。他们的思想也还有另一方面，就是艺术的真实不等于自然或现实的真实，艺术的真实要通过典型化或理想化来表现。关于这一点，巴尔扎克是说得很明确的：

> 在现实里一切都是细小的，琐屑的；在理想的崇高境界里一切都变大了。[③]

他并且提到自己创造典型的方法是通过“许多同类人物性格特征的组合”[④]，这也就是通过集中，提炼，概括化和理想化。

现实主义的最大贡献之一在于它扩大了文艺题材的范围。由于它在十九世纪主要是批判性或揭露性的，它抛弃了过去古典主义和浪漫主义都遵守的避免丑恶的戒律。现实主义派所描绘的无宁说绝大部分都是社会丑恶现象。法国美学家塞阿依甚至把现实主义叫作“丑恶的理想主

①司汤达:《给巴尔扎克的信》，1840 年 10 月 30 日。

②维亚尔和丹尼斯:《十九世纪文论选》，第 251 页的引文。

③巴尔扎克:《给伊波立特·卡斯提尔的信》，据上引《十九世纪文论选》，第 261 页的引文。

④巴尔扎克:《人间喜剧序文》。

义”[①]，这就是说，把丑恶提升到理想。其次，由于反映当时广大人民的民主力量的兴起，现实主义派也抛弃过去专写伟大人物和伟大事迹的习尚，有意识地描写社会下层人物。在俄国现实主义作家之中，写“小人物”是作为一个正式的口号提出来的。

但是现实主义在扩大题材方面的最重要的成就还在于使小说成为整个时代各阶层的生活各方面的活动画片，而不只是像过去那样只限于某一主角的描绘或某一主要情节的叙述。巴尔扎克把这种范围扩大到整个时代的小说叫作“人情风俗史”。在自序《人间喜剧》的意图时，他说：

> 偶然机缘是世界上最伟大的小说家：要求丰产，只消去研究偶然机缘。法国社会将会是一个历史家，我只应做它的秘书。通过编制善恶行为的清单，搜集各种情欲的主要事实，描绘各种人物性格，选择社会中的主要事件，用许多同类人物性格特征的组合来塑造典型人物，我也许终于能写成许多历史家们所遗忘了的历史，即人情风俗的历史。[②]

《人间喜剧》就写出十九世纪前期的整个法国社会，所以恩格斯在给哈克奈斯的信里曾给予很高的评价，说“从这部历史里，就连在经济细节上我学到的东西也比从当时专门历史家、经济学家和统计学家的所有著作里学到的还要多”。在不同程度上，狄更斯和果戈理这些现实主义派大师也都写出了整个时代的人情风俗史。最光辉的例子也许是托尔斯泰的《战争与和平》。

十九世纪批判现实主义派作家虽然比起过去各流派的作家有远较广阔的视野，对社会现实表现出远较严肃的关注，但是对社会矛盾的本质

①塞阿依（Séailles）：《艺术中的天才》，第 161 页。

②巴尔扎克：《人间喜剧序文》，引文头一句的“偶然机缘”（hasard）指一切事件所难免受影响的偶然事故，它在这里人格化了。

却没有明确的认识，因而见不到解决社会矛盾的出路。这也决定于他们的阶级根源。批判现实主义之代替浪漫主义，是在一八三〇年七月革命以后，当时资产阶级势力虽已巩固，而资本主义社会的病态却也日益恶化，无产阶级与资产阶级的矛盾已日渐上升为社会中主要矛盾了。现实主义派作家们已丧失了浪漫主义派作家们的那种热情，也抛开了浪漫主义派作家们的那种主观幻想，把当时社会黑暗现象赤裸裸地揭露出来，可以激起广大人民要求民主改革的义愤和斗志，所以他们起了一些进步的作用。但是他们大半还是站在资产阶级或小资产阶级的立场上，对工人阶级的新生力量毫无认识或认识不够，所以除掉感觉到自己所属的那个垂死阶级软弱无能以及自己所经历的那种社会生活毫无意义之外，束手无策，看不见有什么出路，至多也只是随着孔德宣扬博爱，企图通过阶级合作来缓和阶级矛盾。高尔基曾把批判现实主义派作家们称为“资产阶级的浪子”，肯定了他们“对现实的批判态度具有很高价值”，但是也一针见血地指出他们的局限性：

> 资产阶级的“浪子”的现实主义是批判的现实主义。这个主义除揭发社会的恶习，描写家族传统，宗教教条和法规压制下的个人的“生活和冒险”外，它不能够给人指出一条出路。它很容易就安于现状了，但除了肯定社会生活以及一般“生存”显然是无意义的以外，它没有肯定任何事物。[①]

因为这个，批判现实主义派作家们一般是悲观的或是终于走到悲观主义的；他们对社会丑恶现象的憎恨与厌恶与其说是控诉性的，无宁说是讽刺性的。讽刺态度可以说是批判现实主义的灵魂。

以上所述主要限于法国批判现实主义，但是它所显出的一些特征大

①高尔基：《和青年作家谈话》。《论写作》，人民文学出版社1955年版。

体上也适用于其他各国现实主义文艺。它的一个带有普遍性的基本特征就在于它的客观性，在这一点上它是对浪漫主义的反抗。在忠实地赤裸裸地反映现实这条原则的指导之下，批判现实主义派作家们创造出一些反映整个时代面貌的伟大作品，使小说这种体裁达到近代的发展高峰，这些成绩是不可磨灭的。但是批判现实主义毕竟是资本主义社会走向没落时期的意识形态，这一派作家们一般都还站在资产阶级立场，虽然揭露了社会矛盾现象，却既没有看出矛盾的根源，也没有看出解决矛盾的路径。个人脱离社会的情况还使得他们之中有些人（例如福楼拜）走上了“为艺术而艺术”的道路。

2. 作为创作方法，浪漫主义与现实主义的结合

从上文可以见出，浪漫主义和现实主义作为文艺流派运动来看，它们都只限于十八世纪末期到十九世纪末期的西方，它们所反映的都是资本主义社会的生活，就意识形态的性质来说，它们都是资产阶级性的。因此，它们不应与其他历史时期的其他类型社会中的某些在创作方法上具有浪漫主义倾向或现实主义倾向的文艺混为一事，我们不应把浪漫主义派或现实主义派的标签贴到它们上面去。例如就中国文学来说，屈原、阮籍、李白这类诗人具有较多的浪漫主义倾向，陶潜、杜甫、白居易这类诗人具有较多的现实主义倾向，但不能因此就把前一类诗人列入浪漫主义派，后一类诗人列入现实主义派。有些文学史家爱在中国古典文学代表人物身上贴这类标签，这是反历史主义的。

但是在一定历史时期的浪漫主义和现实主义，作为文学创作方法来说，是否在精神实质上各有基本特征，而这种基本特征却带有普遍性，可适用于其他历史时期呢？上文已说明了浪漫主义侧重表现作者的主观情感和想象，主观性较强；现实主义侧重如实地反映客观现实，客观性较强。这是基本特征上的差别。这种差别在过去各时代中都是普遍存在的。浪漫主义与现实主义的争论是比较晚起的。在过去，西方文学史家

和文学批评家们讨论得较多的是浪漫主义与古典主义的区别，直到现在在资产阶级学术界中还是如此。浪漫主义与古典主义的争执在实质上就是浪漫主义与现实主义的争执，因为古典主义作为创作方法来说，在实质上就是现实主义。所以为着更好地理解浪漫主义与现实主义的区别，回顾一下过去浪漫主义与古典主义的争论是有用的。

浪漫主义与古典主义的争论在整个启蒙运动时期一直在进行着，例如在法国表现为狄德罗和卢骚等人针对法国新古典主义片面强调理智与法则而宣扬情感与想象的重要性，在德国表现为莱比锡派与屈黎西派关于新古典主义的大辩论以及古典美学对情感、想象、个性、自由和天才的重视。不过结合到创作实践，把这种争论真正提到理论高度的是德国诗人歌德和席勒。据爱克曼的《歌德谈话录》(1830 年 3 月 21 日)，“浪漫主义”一词以及浪漫主义与古典主义对立的概念就是歌德和席勒首创的：

> 古典诗和浪漫诗的概念现已传遍全世界，引起许多争执和分歧。这个概念起源于席勒和我两人。我主张诗应采取从客观世界出发的原则，认为只有这种方法才可取。但是席勒却用完全主观的方法去写作，认为只有他那种方法才是正确的。为了针对我来为他自己辩护，席勒写了一篇论文，题为《论素朴的诗和感伤的诗》，他想向我证明：我违反了自己的意志，实在是浪漫的。

歌德在这里指出古典主义与浪漫主义的基本分别是客观与主观的分别。他自己在狂飙突进时代本是一个浪漫主义者，后来在意大利接触到古典艺术作品，看到近代浪漫主义已变成消极的，想提倡古典主义来挽救颓风，在自己的创作中力求走希腊人的道路。于是他又指出“古典的就是健康的，浪漫的就是病态的”一个分别。这里“浪漫的”当然只指当时流行的消极的浪漫主义。在他的论文和语录里他到处强调艺术的“客观性”。所谓客观性就是“从客观世界出发的原则”，他认为这是古典主义的原则，健康的原则，所以他悬此为理想。谈到自己的诗创作时，他说：“我的全部诗都是应景即兴的诗，来自现实生活，从现实生活中获得坚实的基础。”① 从此可见，歌德所理解的和所追求的古典主义正是现实主义。至于席勒说歌德实在还是一个浪漫主义者，这也并不是没有根据，歌德是浪漫时代的产物而且是第一流大诗人，就不可能不达到浪漫主义与古典主义（现实主义）的结合。他的诗剧中浮士德与海伦后的结婚也正象征这种结合。

席勒在创作实践上虽有像歌德所说的从主观概念出发的倾向，在理论上却因受到歌德的影响，也时常强调艺术的客观性。在《论素朴的诗和感伤的诗》里，他从历史发展观点，全面深入地探讨了古典主义（素朴的诗）与浪漫主义（感伤的诗）的起源和区别。他把注意集中到人与自然亦即主体与客体的关系上。在古代较单纯的社会里，人与自然还处在和谐的统一体中，如庄子所说的“如鱼与水之相忘于江湖”，所以古代诗人能以素朴的方式直接反映自然。但是到了近代，工商业文明造成了人与自然的分裂和对立，人成为孤立的主体，自然成为对立的客体，在人已丧失去自然这种情况之下，诗人只能在理想中追寻已丧失的自然，因而产生出感伤的诗。这就是席勒所看到的古典主义与浪漫主义的历史根源。至于这两种创作方法的区别则在于古典主义是“尽可能完满的对现实的模仿”，而浪漫主义则是“把现实提升到理想，或则说，理想的表现”。席勒有时把前者叫作“现实主义”（这是“现实主义”一词在文艺领域里最早的出现），后者叫作“理想主义”②，足见他把古典主义看作现实主义，这当然不指后起的批判现实主义。席勒的观点有三点值得特

①《歌德谈话录》，1823 年 9 月 18 日。

②别林斯基的“现实的诗”与“理想的诗”的分别可能受到席勒的这种区分的影响，他的提法更明确：在理想的诗里，诗人“按照自己的理想来改造生活”；在现实的诗里，诗人“按照生活的全部真实性和赤裸裸的面貌来再现现实”。

别注意。第一，他虽然比较同情于古典主义，但是承认浪漫主义在近代的产生有它的历史必然性，不应因为它是“感伤的”就对它加以否定。其次，就流派来说，席勒虽然把古典主义和浪漫主义划归古今两个不同的时代，但是就创作方法的精神实质来说，他承认古代可以有感伤的或浪漫主义的诗，例如罗马的贺拉斯；近代也可以有素朴的或古典主义的诗，例如莎士比亚和歌德。第三，古典主义与浪漫主义虽有本质的区别，席勒却仍认为二者有结合的可能。

席勒的历史观仍然是粗枝大叶的，唯心主义的，但是他看出古典主义（现实主义）直接反映现实，而浪漫主义则把现实提升到理想来表现，却抓住了问题的本质，这其实也就是歌德所指出的客观性与主观性的分别。这个区别是普遍存在的，并不限于西方十八九世纪，但是这个区别也并不是绝对的。

先说这个区别是普遍存在的。例如就西方来说，在荷马史诗之中，《伊利亚特》较多地倾向于现实主义，《奥德赛》则较多地倾向于浪漫主义。就中国古典来说，屈原、阮籍和李白较多地倾向于浪漫主义，陶潜、杜甫和白居易则较多地倾向于现实主义。就连在同一作家身上，某一部分作品的浪漫主义色彩较浓，另一部分作品的现实主义色彩较浓，这也是常有的事，例如陶潜的《咏荆轲》《读山海经》《桃花源记》之类作品就不能说没有浪漫主义因素。

但是更重要的是第二点：浪漫主义与现实主义的区别并不是绝对的。同一作家可能兼有浪漫主义与现实主义的因素，就足以说明这一点。我们在上文只说杜甫较多地倾向于现实主义，李白较多地倾向于浪漫主义，这并不等于说杜甫就没有浪漫主义因素，而李白就没有现实主义因素。关于这一点，高尔基说得顶好：

> 在讲到像巴尔扎克、屠格涅夫、托尔斯泰、果戈理……这些古典作家时，我们就很难完全正确地说出，他们到底是浪漫主义者，

还是现实主义者。在伟大的艺术家们身上，现实主义和浪漫主义时常好像是结合在一起的。(重点引者加)

——《我怎样学习写作》

所举到的几位作家是现在一般文学史都公认为现实主义者，而高尔基却说这未必“完全正确”，就如说他们是浪漫主义者不完全正确一样。从此可见，在大作家身上简单地贴一个“现实主义者”或“浪漫主义者”的标签，像某些文学史家所爱做的那样，总不免犯片面性的毛病。我们已见到法国现实主义大师们多半带有浪漫主义因素。歌德晚期是一个自觉的古典主义者（现实主义者），却是一个不自觉的浪漫主义者。莎士比亚的戏剧是近代浪漫运动的一个很大的推动力，过去许多文学史家都把它看作和“古典型戏剧”相对立的“浪漫型戏剧”，而近来有些文学史家们则把莎士比亚尊为伟大的现实主义者。对于拜伦和普希金的看法也有类似的分歧。究竟谁是谁非呢？高尔基早就已解决了这个问题，现实主义和浪漫主义在伟大的艺术家们身上总是结合在一起的。

这种结合不但是文学史所已证明的事实，而且也是正确的美学观点所必然达到的结论。一切真正的艺术都必然要反映现实，要有客观基础，浪漫主义艺术也不能是例外。同时，一切真正的艺术也都必然要表现理想，具有一定的教育目的和倾向性，现实主义艺术也不能是例外。浪漫主义与现实主义的区分起于对客观现实与主观理想各有所侧重，侧重并不是对另一方面就完全排斥。如果浪漫主义只表现主观理想而排斥客观现实，或是现实主义只抄袭客观现实而排斥主观理想，结果就都会失其为艺术，因为前一种情形抛弃了艺术反映现实的基本任务，后一种情形抛弃了艺术通过教育人来改造社会的基本目的。情感和想象之类主观因素在浪漫主义文艺里比重固然较大，但是它们毕竟还是依存于客观基础的，所以浪漫主义的主观性并不应等于主观主义，不是与现实主义的客观性完全相对立的。现实主义固然侧重忠实地反映现实，却也不能只是被动地依样画葫芦似的反映现实，把现实和盘托出，而是要就现实所提供的素材加以选择，提炼和重新组织，而这种典型化的过程必然要或多或少地，自觉地或自发地，反映出作者的世界观和人生观，这就是说，反映出他的主观理想，所以现实主义的客观性也并不应等于客观主义，不是与浪漫主义的主观性完全相对立的。历史上伟大文艺作品所体现的浪漫主义与现实主义的统一正足以证实美学中主观与客观的统一。

只有消极的浪漫主义才坚持自我中心，蔑视客观现实，完全陶醉于主观情感和幻想而落到主观主义。歌德、黑格尔和车尔尼雪夫斯基都对这种“病态”的倾向进行过中肯的批判。只有流于自然主义的现实主义才坚持对现实中浮面现象作依样画葫芦似的抄袭，蔑视主观理想，完全沉埋到琐屑细节里而落到客观主义。这种倾向在历史上也遭到过不断的批判。但是法国巴拿斯派所提的“不动情感”和福楼拜所提的“取消私人性格主义”之类荒谬的口号似乎还有广泛的市场。这些口号之所以是荒谬的，因为取消了作者的私人性格，就等于取消了他的情感和思想，他的世界观和人生观；作者“不动情感”，也就无法打动读者的情感，像贺拉斯早就指出的。这也就等于取消了艺术所应有的教育功用和实践意义。

问题的关键在于对于艺术本质的认识。艺术在本质上是一种创造，而创造是一种自觉的有目的的活动。这种活动必须根据自然或客观现实，不能是无中生有；但也必须超越自然或客观现实，不能是依样画葫芦，而是能动地反映现实。用达·芬奇和歌德都说过的话来说，艺术须是一种“第二自然”，一种由人创造而且为人服务的产品，一种既反映客观现实又表现主观理想的产品。就在这个意义上，浪漫主义和现实主义是艺术在本质上都不可缺少的因素。

浪漫主义与现实主义之间并没有不可调和的矛盾，只有自然主义才既与浪漫主义又与现实主义有不可调和的矛盾，因为自然主义是艺术的否定。自然主义有由现实主义蜕化来的一种，也有由浪漫主义蜕化来的一种。现实主义如果落到客观主义，它就会蜕化为自然主义，十九世纪后期法国文艺流派的演变可以为证。浪漫主义如果落到主观主义，使文艺创作成为主观情感和幻想的漫无约束和剪裁的倾泻，它也会流为自然主义，所以拉法格在《浪漫主义的起源》里把近代自然主义称为“浪漫主义的尾巴”[①]。这种自然主义之恶劣并不下于由现实主义蜕化来的那一种，泛滥于现代资产阶级和修正主义文坛上的赤裸裸地发泄色狂和投合动物性本能的诗歌和小说可以为证。

现实主义与浪漫主义的结合是艺术的唯一的康庄大道。这当然只能就这两种创作方法的精神实质而言，并不是把十八九世纪在西方流行的两个文学流派糅合在一起，让它们在今天复活起来，尽管它们的遗产有些足资借鉴的地方。我们不能这样做，因为它们毕竟是一定历史时期的资本主义社会的意识形态，不能适应我们的社会主义社会的现实基础。歌德、拜伦和雪莱的爱情诗不能表现我们今天的主观理想，巴尔扎克和果戈理的揭露性的小说所反映的也不是我们今天的客观现实。艺术的内容变了，艺术的形式就得随之而变。双结合的原则是可以肯定而且必须肯定的，至于这个原则的具体运用，则只能从长期实践中探索得来。这可能还要经过一种辛苦而曲折的过程，但是文艺的将来成就应该远远超过歌德时代或巴尔扎克时代的成就，正因为我们的理想和现实远远超过他们那些时代的理想和现实。在我们的时代，文艺必须是为无产阶级革命服务的；所以毛主席的革命的现实主义与革命的浪漫主义相结合的文艺创作方法的方针是最能适应全世界无产阶级革命要求的方针。

①拉法格：《文学论文选》，人民文学出版社 1962 年版，第 207 页。

[附录]

简要书目

1．西方美学史

西方美学史的研究是由黑格尔的门徒开始的。最早的著作有以下两种：

粹姆曼（Rudolf Zimmermann）的《作为哲学科学的美学史》，1858，维也纳。

夏斯勒（Max Schasler）的《美学批评史》，两卷 1872，柏林。

这两种均系用德文写的。另外一种是用西班牙文写的比较详细的资料书：

麦嫩德兹（Marcelino Menéndezy pplayo）的《西班牙的美学思想史》，五卷，1883—1891，但四、五两卷所叙述的是法德英三国的美学思想史。此书在 1946 年由桑坦德（Santander）修改过。

以上三书除第二种以外，编者都未见过。较流行的西方美学史有下列几种：

鲍申葵（Bernard Bosanquet）的《美学史》，1892，伦敦。这本书从新黑格尔派立场出发，着重形式主义与表现主义的对立，作者有独到的见解，但叙述不够全面，文字有些艰晦。

克罗齐（Benedetto Croce）的《美学史》，附在他的《美学原理》后面，1902，巴里。这是用意大利文写的，有昂斯里（Donglas Anslie）的英译本，

1909，伦敦。《美学原理》部分曾由编者译出，1958，作家出版社，《美学史》部分未译。此书也是从新黑格尔派立场出发，目的在证明作者的艺术即直觉的基本论点，所以对形象思维的学说叙述较详。

赖伊特（William Knight）的《美的哲学》第一卷叙述美学思想史，1895，伦敦。这是一部通俗书籍，对古代叙述甚略，对近代德、法、英各国分章叙述，罗列代表人物较多，对关键性问题注意不够。第二卷分论诗歌、音乐、建筑、绘画、雕刻、舞蹈各门艺术，还约略评介了俄国和丹麦的一些美学家。

吉尔博特和库恩(K．Gilbert and H．Kuhn)的《美学史》,1939,纽约，有增订本，1960。资料搜集得很多，但作者缺乏分析力，时而以代表人物为纲，时而以问题为纲，叙述也很杂乱。

李斯托威尔（Earl of Listowell）的《近代美学的批评史》,1933,伦敦。这部书把近代各流派归纳为"主观"和"客观"两派加以扼要叙述，作者是持"移情说"的法国巴希的门徒，对"移情说"的叙述较详。

莱蒙·伯叶（Raymond Bayer）的《美学史》，1961，巴黎 Colin 书店出版。作者是巴黎大学教授，在序文里说，"这部美学史——正如美学本身一样——一方面越界到了哲学领域，另一方面又越界到了艺术史领域"。他结合文艺作品的比较多，结合到哲学思潮的方面则比较薄弱。第五部分有六章专讲二十世纪的美学史，法、德、英、意、美、苏各占一章，颇有用。

奥夫襄尼柯夫（М. Ф. Овсянников）和斯米尔诺娃（З. В. Смирнова）的《美学简史》，1963，苏联艺术科学研究所出版社出版。古代部分较简略，近代俄国部分较详,约占全书四分之一强。最后一章（第十一章）叙《马克思主义·列宁主义的美学的兴起》。全书面铺得很广，不够深入。

美学史和文学批评史与艺术批评史是有密切联系的。较流行的书有下列几种：

圣兹博里（George Saintsbury）的《文学批评史》，三卷，1900—

1904，伦敦。这部书开创了研究文学批评史的风气，但作者充满着学究的成见，文字亦不易读，只可作为参考资料看待。

斯宾干（J. E. Spingarn）的《文艺复兴时代文学批评》，1899，纽约。文艺复兴时代是近代美学思想开始发达的时代，这部书作了简赅的叙述。

劳伯特生（I. G. Robertson）的《浪漫派理论的生长》（*The Genesis of Romantic Theory*）介绍十八世纪法意英一些美学家及其影响，涉及形象思维的较多，1923，剑桥大学出版。

韦勒克（René Wellek）的《近代文学批评史》，1750—1950，四卷，第一卷，十八世纪后期；第二卷，浪漫主义时代；第三卷，十九世纪后期；第四卷，二十世纪。1954—？；纽约。编者只见过第一二两卷。作者是捷克人，书是用英文写的。在文学批评史著作中，这部是后来居上的，作者所掌握的资料很丰富，叙述的条理也很清楚，但是观点仍然是资产阶级的，过分着重每个时代的个别代表人物，而对每个时代的总的精神面貌则往往没有抓住，对一些关键性的问题也没有足够地重视。

文屠里（Lionello Venturi）的《艺术批评史》，1936，纽约。这是唯一的一部书叙述西方各时代的艺术理想，但仍嫌粗略。

2. 西方美学论著选集

过去文艺理论的选集甚多，近来才有美学论著的选集陆续出现，现在略举几种常用的：

圣兹博里（George Saintsbury）：(批评论著摘要》。这是作者的《文学批评史》的附编，嫌简略，英国部分较详。

卡里特（E. F. Carritt）：《美学文献》，1931，牛津。这是比较全面的一种美学论著选本，也是对英国部分较详。作者是克罗齐的英国门徒，著有《美的理论》，1928，介绍几种主要流派的美学理论，亦可参考。

阿朗（Allan）和吉尔博特（K. Gilbert）：《文学批评文献》，两卷，

1940，纽约。这部书的好处在选得较全面，入选的文章篇幅也较长，割裂的痕迹较少。

维亚尔和丹尼斯（Francisque Vial et Louis Denise）：《十六世纪至十九世纪文论选》，共三册，1928，巴黎。这是专门介绍法国文艺理论的一部书，以文学流派为纲，以文学体裁为目，眉目清楚；但常把一篇文章割裂开来，分载于不同的纲目之下，有些断章取义。十九世纪部分有严重的遗漏，例如丹纳、福楼拜、左拉和波德莱尔都没有入选。

汉斯·玛约（Hans Mayer）：《德国文学批评名著选》，1954—1956，柏林。这部书分两卷，上卷选启蒙运动到浪漫运动，下卷选海涅到梅林。每卷有长序，后附注释。入选的大半是全文，没有割裂的毛病，但入选的不全是代表性较大的文章。

阿斯木斯（Acmyc）：《古代思想家论艺术》，1937，莫斯科。这部书专选希腊罗马时代的文艺理论名著，选得比较全面，但没有选朗吉弩斯，是一个严重的遗漏。

麦尔文·拉多（Melvin Rader）：《近代美学论文选集》，1903，纽约。以流派为纲，分选重要的代表作，较详于英美。

博干姆（E. B. Burgum）：《新批评》，附题是《近代美学和文学批评论文选》，1930，纽约。性质与上引麦尔文·拉多的选本很相近。

奥夫襄尼柯夫（М. Ф. Овсянников）主编的《美学史·世界美学思想文献》，按计划要出五册，第一册已出版，1962，苏联艺术科学研究所出版社，包括古代，中世纪和文艺复兴，选择面较广，但重点不够突出。每时期附有参考书目录，先列苏联方面的，后列西欧各国的，西欧各国方面的目录较片面，但在这两方面都注意到最近文献，对美学史研究者颇有用。

3. 重要美学名著

美学史的基本训练要求从头到尾地精读几部精选的名著，现在推荐下列十八种，其中加“◦”的四种最重要：

1.◦ 柏拉图：《文艺对话集》，1963，人民文学出版社。

2.◦ 亚理士多德：《诗学》
3. 贺拉斯：《诗艺》
} 合订本，1962，人民文学出版社。

4. 朗吉弩斯：《论崇高》。

5. 普洛丁：《论美》。

6. 里阿那多·达·芬奇：《笔记》。

7. 布瓦罗：《论诗艺》，1960，人民文学出版社。

8. 狄德罗：《谈演员》，李健吾译，载戏剧理论译丛。
《论美》。

9. 莱辛：《拉奥孔》，1979，人民文学出版社。

10. 鲍姆嘉通：《美学》。

11. 博克：《论崇高与美两种观念的根源》，参看《古典文艺理论译丛》，1963年第五册。

12. 维柯：《新科学》，1986，人民文学出版社。

13.◦ 康德：《审美判断力批判》，宗白华译，1964，商务印书馆。

14. 爱克曼：《歌德谈话录》，1979，人民文学出版社。

15. 席勒：(a)《审美教育书简》，参看《古典文艺理论译丛》，1963年第五册。
(b)《论素朴的诗和感伤的诗》，参看《古典文艺理论译丛》，1961年第二册。

16.◦ 黑格尔：《美学》，共四卷，商务印书馆印行。

17. 车尔尼雪夫斯基：《艺术与现实的审美关系》(附第三版序言)，《选集》，上卷，1962，三联书店。

18. 葛塞尔：《罗丹艺术论》，1978，人民美术出版社。

凡是能读西文的最好参看西文原文本。

想深入研究的人们如果要看较详的书目，可查看上引鲍申葵、克罗齐、吉尔博特、韦勒克、麦尔文·拉多和奥夫襄尼柯夫诸人的编著中所附载的书目，以及哈蒙德（William Hammond）所编的《美学和艺术哲学的文献目录》（从 1900 年起），1934 年增订本，纽约。

图书在版编目（CIP）数据

西方美学史／朱光潜著.—杭州：浙江文艺出版社，2017.9
ISBN 978-7-5339-4853-5

Ⅰ.①西… Ⅱ.①朱… Ⅲ.①美学史－西方国家 Ⅳ.①B83-091.956

中国版本图书馆 CIP 数据核字（2017）第 069178 号

责任编辑 闻 艺
特约监制 姚常伟
特约编辑 陶栎宇
封面设计 熊猫布克

西方美学史
朱光潜 著

出版发行 浙江文艺出版社
地　　址 杭州市体育场路 347 号 邮编 310006
网　　址 www.zjwycbs.cn
经　　销 浙江省新华书店集团有限公司
印　　刷 北京盛通印刷股份有限公司
开　　本 880 毫米 ×1230 毫米 1/32
字　　数 525 千字
印　　张 22
插　　页 4
版　　次 2017 年 9 月第 1 版 2017 年 9 月第 1 次印刷
书　　号 ISBN 978-7-5339-4853-5
定　　价 88.00 元

版权所有 侵权必究

